Agujeros negros y tiempo curvo

Drakontos

Director:

José Manuel Sánchez Ron

Agujeros negros y tiempo curvo

El escandaloso legado de Einstein

Kip S. Thorne

Presentación de
Stephen Hawking

Traducción castellana de
Javier García Sanz

Crítica
Barcelona

Primera edición: abril de 1995
Primera edición en esta nueva presentación: septiembre de 2024
Tercera impresión: octubre de 2025

Agujeros negros y tiempo curvo
Kip S. Thorne

Título original: *Black Holes and Time Wraps*

ISBN: 978-84-9199-617-0
Depósito legal: B. 12.393-2024
Impresión y encuadernación: Arteos Digital
Printed in Spain - Impreso en España

PEFC Certificado
Este libro procede de
bosques gestionados
de forma sostenible
PEFC
PEFC/14-38-00305   www.pefc.es

*Dedico este libro a
John Archibald Wheeler,
mi mentor y amigo*

Presentación

E *ste libro trata sobre una revolución en nuestra idea del espacio y el tiempo y sus notables consecuencias, algunas de las cuales todavía están siendo desveladas. Es también un relato fascinante, escrito por alguien profundamente involucrado, de las luchas y ocasionales triunfos en una investigación para comprender los que posiblemente son los objetos más misteriosos de nuestro Universo: los agujeros negros.*

Se solía considerar como algo obvio que la Tierra era plana: o bien se extendía hasta el infinito o bien tenía algún borde por el que usted podría caer si era lo suficientemente temerario para viajar demasiado lejos. El regreso sana y salva de la expedición de Magallanes y otros viajeros que dieron la vuelta al mundo convencieron finalmente a la gente de que la superficie de la Tierra se curvaba en una esfera, pero se seguía considerando indudable que esta esfera existía en un espacio plano en el sentido de que obedecía a las reglas de la geometría de Euclides. Las líneas paralelas nunca se encontraban. Sin embargo, en 1915 Einstein presentó una teoría que combinaba el espacio y el tiempo en algo llamado espacio-tiempo. Éste no era plano sino que estaba curvado o distorsionado por la materia y la energía que contenía. Debido a que el espacio-tiempo es bastante aproximadamente plano en nuestro entorno, esta curvatura apenas supone alguna diferencia en situaciones normales. Pero las implicaciones para las investigaciones posteriores del Universo fueron más sorprendentes de lo que incluso Einstein pudo haber imaginado. Una de éstas era la posibilidad de que las estrellas pudieran colapsar bajo su propia gravedad hasta que el espacio a su alrededor se curvase tanto que las aislase del resto del Universo. El propio Einstein no creía que semejante colapso pudiera ocurrir, pero otras personas demostraron que era una consecuencia inevitable de su teoría.

La historia de cómo lo hicieron, y de cómo descubrieron las peculiares propiedades de los agujeros negros en el espacio que dejaban atrás, constituye el tema de este libro. Es una historia de descubrimiento científico en acción, escrita por uno de los participantes, algo parecido a lo que fue La doble hélice *de James Watson respecto al descubrimiento de la estructura del ADN, que llevó a la comprensión del código genético. Pero a diferencia del caso del ADN, no se disponía de resultados experimentales que guiaran a los investigadores.*

En lugar de ello, la teoría de los agujeros negros fue desarrollada antes de que hubiera cualquier indicio procedente de observaciones de que realmente existen. No conozco ningún otro ejemplo en la ciencia donde se haya llevado a cabo una extrapolación tan satisfactoria únicamente sobre la base del pensamiento. Demuestra el notable poder y profundidad de la teoría de Einstein.

Queda aún mucho por conocer, cosas como qué es lo que sucede con los objetos y la información que caen en un agujero negro. ¿Reemergen en algún otro lugar del Universo, o en otro universo? ¿Y pueden distorsionar tanto el espacio y el tiempo que sea posible viajar hacia atrás en el tiempo? Estas cuestiones son parte de nuestra búsqueda para comprender el Universo. Quizá alguien regresará del futuro y nos dirá las respuestas.

STEPHEN HAWKING

Introducción

E ste libro se basa en una combinación de principios físicos firmemente establecidos y de especulación muy imaginativa con la que el autor intenta
ir más allá de lo que actualmente se conoce con solidez y entrar en una parte
del mundo físico que no tiene contrapartida conocida en nuestra vida cotidiana en la Tierra. Su objetivo es, entre otras cosas, el examen del exterior tanto
como del interior de un agujero negro —un cuerpo estelar tan masivo y concentrado que su campo gravitatorio impide que las partículas materiales y la
luz escapen por las vías que son comunes en una estrella como nuestro Sol.
Las descripciones que se dan de los sucesos que experimentaría un observador
que se aproximase a dicho agujero negro desde fuera están basadas en las predicciones de la teoría de la relatividad general en un dominio de «gravedad-
fuerte» donde nunca ha sido directamente verificada. Las especulaciones que
van más allá de esto y tratan de la región interna de lo que se denomina el «horizonte» del agujero negro se basan en un tipo especial de valor, en realidad
de osadía, que Thorne y sus colaboradores internacionales tienen en abundan-
cia y comparten con gusto. Uno se acuerda de la afirmación de un distinguido
físico: «Los cosmólogos normalmente se equivocan, pero raramente dudan».
Habría que leer este libro con dos objetivos: aprender algunos hechos fidedig-
nos concernientes a las extrañas pero reales características de nuestro Universo
físico, y disfrutar con la especulación autorizada acerca de lo que podría haber
más allá de lo que sabemos con razonable certeza.

Como prefacio al trabajo, habría que decir que la teoría de la relatividad
general de Einstein, una de las más grandes creaciones de la ciencia especulativa, fue formulada precisamente hace más de tres cuartos de siglo. Sus éxitos
a mediados de los años veinte, que proporcionaron una explicación de las desviaciones del movimiento del planeta Mercurio respecto a las predicciones de
la teoría de la gravitación newtoniana, y más tarde una explicación del desplazamiento hacia el rojo de las nebulosas descubiertas por Hubble y sus colegas
en el Observatorio del Monte Wilson, fueron seguidos de un periodo de relativa quietud mientras la comunidad de los físicos orientaba más su atención a
la explotación de la mecánica cuántica, tanto como a la física nuclear, la física
de partículas de altas energías y los avances en la cosmología observacional.

El concepto de agujeros negros había sido propuesto de forma especulativa poco después del descubrimiento de la teoría de la gravitación de Newton. Con los cambios adecuados, se encontró que tenían un lugar natural en la teoría de la relatividad si se estaba dispuesto a extrapolar soluciones de las ecuaciones básicas hasta campos gravitatorios muy intensos —un procedimiento que Einstein consideró con escepticismo en esa época. No obstante, utilizando la teoría, Chandrasekhar había señalado en los años treinta que, de acuerdo con ella, las estrellas que tienen una masa por encima de cierto valor crítico, el llamado límite de Chandrasekhar, deberían colapsar y convertirse en lo que ahora llamamos agujeros negros cuando han agotado las fuentes nucleares de energía responsable de sus altas temperaturas. Algo más avanzados los años treinta, este trabajo fue ampliado por Zwicky y por Oppenheimer y sus colegas, quienes demostraron que existe un rango de masas estelares dentro del cual cabría esperar que la estrella colapse más bien hacia un estado en el que esté constituida por neutrones densamente empaquetados, la llamada estrella de neutrones. En cualquier caso, la implosión final de la estrella cuando se agota su energía nuclear debería estar acompañada por un inmenso derramamiento de energía en un tiempo relativamente corto, un derramamiento que debe estar asociado con el brillo de las supernovas vistas ocasionalmente tanto en nuestra propia galaxia como en nebulosas más distantes.

La segunda guerra mundial interrumpió este trabajo. Sin embargo, en los años cincuenta y sesenta la comunidad científica volvió a él con renovado interés y vigor, tanto en la frontera experimental como en la teórica. Se hicieron tres avances principales. Primero, los conocimientos obtenidos en la investigación en física nuclear y de altas energías encontraron un lugar natural en la teoría cosmológica, proporcionando apoyo para la que comúnmente se conoce como teoría del «big bang» de la formación de nuestro Universo. Muchas líneas de evidencia apoyan ahora la idea de que el Universo que conocemos tuvo su origen como resultado de la explosión de una pequeña sopa primordial hecha de partículas calientes y densamente concentradas, comúnmente llamada una bola de fuego. El suceso primario ocurrió hace entre diez y veinte mil millones de años. Quizá el apoyo más espectacular para la hipótesis fue el descubrimiento de los restos degradados de las ondas luminosas que acompañaban a una fase posterior de la explosión inicial.

Segundo, las estrellas de neutrones predichas por Zwicky y el equipo de Oppenheimer fueron observadas realmente y se comportaban en gran medida como predecía la teoría, dando plena credibilidad a la idea de que las supernovas están asociadas a estrellas que han sufrido lo que puede denominarse un colapso gravitatorio final. Si las estrellas de neutrones pueden existir para un rango de masas estelares, no es irrazonable concluir que los agujeros negros serán producidos por estrellas más masivas, aceptando que muchos de los datos observacionales serán indirectos. En realidad, existen en el momento presente muchas de estas pruebas indirectas.

Finalmente, varias líneas de evidencia han dado apoyo adicional a la validez de la teoría de la relatividad general. Éstas incluyen medidas de alta precisión de las órbitas de naves espaciales y planetas de nuestro Sistema Solar, y observaciones de la acción de «lente» de algunas galaxias sobre la luz que nos llega de fuentes situadas tras dichas galaxias. Luego, más recientemente, existe una buena evidencia de la pérdida de energía del movimiento de estrellas binarias masivas que orbitan una en torno a la otra como resultado de la generación de ondas gravitatorias, una predicción fundamental de la teoría. Tales observaciones nos animan a creer las predicciones no verificadas de la teoría de la relatividad general en la proximidad de un agujero negro y abren el camino a otra especulación imaginativa del tipo aquí desplegado.

Hace algunos años la Commonwealth Fund decidió, a sugerencia de su presidenta, Margaret E. Mahoney, patrocinar un Programa de Libros en el que distinguidos científicos en activo fueran invitados a escribir sobre su trabajo para una audiencia ilustrada aunque profana. El profesor Thorne es uno de estos científicos, y el Programa de Libros se complace en ofrecer su libro como su novena publicación.

El comité asesor del Programa de Libros de la Commonwealth Fund, que recomendó el patrocinio de este libro, está formado por los siguientes miembros: Lewis Thomas, doctor en medicina, director; Alexander G. Bearn, doctor en medicina, director delegado; Lynn Margulis, doctor en filosofía; Maclyn McCarty, doctor en medicina; Lady Medawar; Berton Roueché; Frederick Seitz, doctor en filosofía; y Otto Westphal, doctor en medicina. El editor está representado por Edwin Barber, vicepresidente y director del Departamento Comercial en W. W. Norton & Company, Inc.

FREDERICK SEITZ

Prefacio

*de qué trata este libro
y cómo leerlo*

Durante treinta años he participado en una gran búsqueda: una búsqueda para comprender un legado dejado por Albert Einstein a las generaciones futuras —su teoría de la relatividad y sus predicciones acerca del Universo— y descubrir dónde y cómo falla la relatividad y qué la reemplaza.

Esta búsqueda me ha llevado por laberintos de objetos exóticos: agujeros negros, enanas blancas, estrellas de neutrones, singularidades, ondas gravitatorias, agujeros de gusano, distorsiones del tiempo y máquinas del tiempo. Me ha enseñado epistemología: ¿qué es lo que hace «buena» una teoría?, ¿qué principios transcendentales controlan las leyes de la naturaleza?, ¿por qué piensan los físicos que sabemos las cosas que creemos saber, incluso si la tecnología es demasiado débil para verificar nuestras predicciones? La búsqueda me ha mostrado cómo trabajan las mentes de los físicos, y las enormes diferencias entre unas mentes y otras (por ejemplo, la de Stephen Hawking y la mía) y por qué se necesitan tantos tipos diferentes de científicos, trabajando cada uno a su manera, para desarrollar nuestra comprensión del Universo. Nuestra búsqueda, con sus cientos de participantes diseminados por todo el globo terrestre, me ha ayudado a apreciar el carácter internacional de la ciencia, las diferentes formas en que la empresa científica se organiza en diferentes sociedades, y la imbricación de la ciencia con la política, especialmente la rivalidad entre soviéticos y norteamericanos.

Este libro es un intento por mi parte de compartir estas intuiciones con quienes no son científicos, y con científicos que trabajan en campos diferentes del mío. Es un libro de temas entrelazados unidos por un hilo histórico: la historia de nuestra lucha por descifrar el legado de Einstein, por descubrir sus predicciones aparentemente escandalosas sobre agujeros negros, singularidades, ondas gravitatorias, agujeros de gusano y distorsiones del tiempo.

El libro comienza con un prólogo: una historia de ciencia ficción que introduce al lector, de golpe, en los conceptos físicos y astrofísicos del libro. Algunos lectores pueden sentirse desanimados por esta historia. Los conceptos (agujeros negros y sus horizontes, agujeros de gusano, fuerzas de marea, singularidades, ondas gravitatorias) surgen con rapidez, sin mucha explicación. Mi consejo: déjenlos surgir; disfruten con la historia; saquen una impresión general. Cada concepto será introducido de nuevo, de una forma más reposada, en el texto central del libro. Después de leer el texto central vuelvan al prólogo y apreciarán sus matices técnicos.

El cuerpo central (capítulos 1 a 14) tiene un sabor completamente diferente al del prólogo. Su hilo conductor es histórico y con este hilo se han entretejido los otros temas del libro. Sigo el hilo histórico durante algunas páginas, luego me desvío a un tema tangencial, y luego a otro; luego vuelvo a la historia por unos momentos, y después me lanzo a otro tema tangencial. Esta ramificación, lanzamiento y entretejido expone al lector un elegante tapiz de ideas interrelacionadas sobre física, astrofísica, filosofía de la ciencia, sociología de la ciencia, y ciencia en la arena política.

Quizá se escape algo de la física. Como ayuda hay un glosario de conceptos físicos al final del libro.

La ciencia es una empresa colectiva. Las intuiciones que conforman nuestra idea del Universo no vienen de una sola persona o de un puñado de personas, sino de los esfuerzos combinados de muchas de ellas. Por consiguiente, este libro tiene muchos personajes. Para ayudar al lector a recordar aquellos que aparecen varias veces, hay una lista y unas pocas palabras sobre cada uno de ellos en la sección Personajes al final del libro.

En la investigación científica, como en la vida, muchos temas son estudiados simultáneamente por muchas personas diferentes; y las intuiciones que surgen en una década pueden provenir de ideas con varias décadas de antigüedad pero que fueron ignoradas durante los años intermedios. Para dar sentido a todo esto, el libro salta hacia atrás y hacia adelante en el tiempo, demorándose un poco en los años sesenta, retrocediendo luego a los años treinta, y volviendo después al hilo principal en los años setenta. Los lectores que se sientan confundidos por todos estos viajes en el tiempo encontrarán ayuda en la Cronología incluida al final del libro.

No aspiro a los niveles de compleción, precisión o imparcialidad de un historiador. Si buscara la compleción, la mayoría de los lectores quedarían exhaustos a lo largo del camino, como lo haría yo. Si buscara mucha mayor precisión, el libro estaría lleno de ecuaciones y sería ilegiblemente técnico. Aunque he buscado la imparcialidad, seguramente he fracasado; me hallo demasiado próximo a mi tema: he estado implicado personalmente en su desarrollo desde principios de los años sesenta hasta el presente, y varios de mis amigos íntimos estuvieron personalmente implicados desde los años treinta en adelante. He tratado de compensar mi visión sesgada mediante extensas entrevistas grabadas con otros participantes en la búsqueda (véase la Bibliografía) y dando a leer capítulos a algunos de ellos (véanse los Agradecimientos). Sin embargo, es casi seguro que siga habiendo algunos prejuicios.

Como ayuda para el lector que quiera más compleción, precisión e imparcialidad, he citado en las notas al final del libro las fuentes de muchas de las afirmaciones históricas del texto, y referencias de algunos de los artículos técnicos originales que los participantes en la búsqueda han escrito para explicar sus descubrimientos a los demás. Las notas contienen también discusiones más precisas (y, por consiguiente, más técnicas) de algunos puntos que mi afán de simplicidad ha distorsionado algo a lo largo del libro.

Los recuerdos son volátiles; personas diferentes, que hayan vivido los mismos sucesos, pueden interpretarlos y recordarlos de formas muy diferentes. He relegado estas diferencias a las notas. En el texto, he expuesto mi propia visión final de las cosas como si fuera el Evangelio. Que me perdonen los historiadores auténticos y me lo agradezcan los que no lo son.

John Wheeler, mi principal mentor y maestro durante mis años de formación como físico (y un personaje capital en este libro), disfruta preguntando a sus amigos: «¿Qué es lo más importante que has aprendido sobre esto o aquello?». Pocas preguntas centran con más claridad la atención de la mente. En el espíritu de la pregunta de John, yo mismo me pregunto, al poner fin a quince años de escritura intermitente (con más pausas que periodos activos): «¿qué es lo más importante que quieres que aprendan tus lectores?».

Esta es mi respuesta: el sorprendente poder de la mente humana —aunque sea a trompicones, por callejones sin salida, y con golpes de intuición— para desvelar las complejidades de nuestro Universo, y revelar la simplicidad, la elegancia y la gloriosa belleza final de las leyes fundamentales que lo gobiernan.

Un viaje por los agujeros

donde el lector,
en una historia de ciencia ficción,
encuentra agujeros negros
con todas sus extrañas propiedades
tal como los entendemos en los años noventa

De todas las ideas concebidas por la mente humana, desde los unicornios y las gárgolas a la bomba de hidrógeno, la más fantástica es, quizá, la del agujero negro: un agujero en el espacio con un borde perfectamente definido en cuyo interior puede caer cualquier cosa y de donde nada puede escapar; un agujero con una fuerza gravitatoria tan intensa que incluso la luz queda atrapada en su poder; un agujero que curva el espacio y distorsiona el tiempo (véanse los capítulos 3, 6 y 7). Como los unicornios y las gárgolas, los agujeros negros parecen pertenecer más a los reinos de la ciencia ficción y los mitos antiguos que al Universo real. De todas formas, leyes de la física bien comprobadas predicen inequívocamente que los agujeros negros existen. Sólo en nuestra galaxia podría haber millones de ellos, pero su oscuridad los oculta a la vista. Los astrónomos tienen grandes dificultades para encontrarlos (véase el capítulo 8).[1]

Hades

Imagine que usted es el propietario y capitán de una gran nave espacial, con ordenadores, robots y una tripulación de cientos de personas a sus órdenes. La Sociedad Geográfica Mundial le ha asignado la misión de explorar los agujeros negros en regiones lejanas del espacio interestelar y transmitir por radio a la Tierra una descripción de sus experiencias. Tras seis años de viaje, su nave está decelerando en la vecindad del agujero negro más próximo a la Tierra: un agujero llamado «Hades» cercano a la estrella Vega.

En la videopantalla de su nave, usted y su tripulación ven manifestaciones de la presencia del agujero: los escasísimos átomos de gas en el espacio interestelar, aproximadamente uno por centímetro cúbico, son atraídos por la gravedad del agujero (figura P.1). Fluyen hacia el agujero desde todas direcciones,

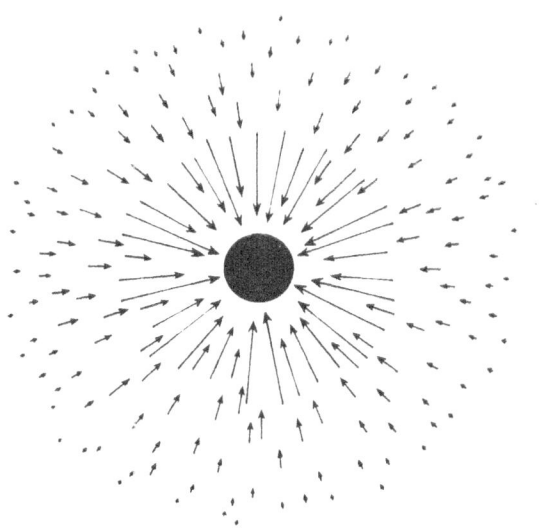

P.1.   Átomos de gas, atraídos por la gravedad de un agujero negro, fluyen hacia el agujero desde todas direcciones.

lentamente a grandes distancias donde la gravedad les atrae con poca fuerza, más rápidos más cerca del agujero donde la gravedad es más fuerte, y extremadamente rápidos —casi tan rápidos como la luz— muy cerca del agujero donde la gravedad es máxima. Si no hace algo, su nave espacial también será absorbida.

Con rapidez y habilidad su primera oficial, Kares, maniobra la nave para sacarla de su trayectoria de caída y colocarla en una órbita circular; a continuación apaga los motores. Mientras permanece en una órbita de cabotaje en torno al agujero, la fuerza centrífuga de su movimiento circular mantiene a su nave contrarrestando la atracción gravitatoria que el agujero ejerce sobre ella. Es como si su nave estuviese en el extremo de una cuerda que gira rápidamente, como en una de esas hondas con la que usted jugaba cuando era pequeño, impulsada hacia afuera por su fuerza centrífuga y retenida por la tensión de la cuerda, que juega el papel análogo a la gravedad del agujero. Cuando la nave espacial ha quedado en esta órbita de cabotaje, usted y su tripulación se preparan para explorar el agujero.

En una primera fase su exploración es pasiva: utiliza telescopios para estudiar las ondas electromagnéticas (la radiación) que el gas emite al fluir hacia el agujero. Lejos del agujero los átomos de gas están fríos, a tan sólo unos pocos grados sobre el cero absoluto. Estando fríos, vibran lentamente; y sus lentas vibraciones producen ondas electromagnéticas lentamente oscilantes, es decir, ondas con largas distancias entre dos crestas consecutivas o, lo que es lo mismo, largas longitudes de onda. Estas ondas son ondas de radio (véase la figura P.2). Más cerca del agujero, donde la gravedad produce una corriente de átomos más rápida, éstos chocan entre sí y se calientan hasta varios miles

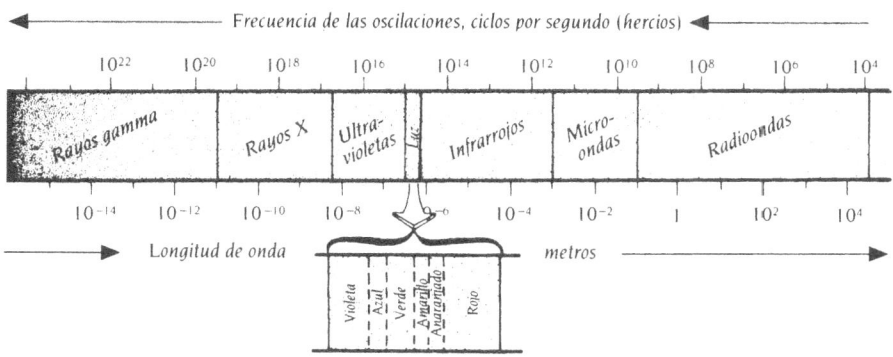

P.2. El espectro de las ondas electromagnéticas, que abarca desde las ondas de radio a longitudes de onda muy largas (frecuencias muy bajas) hasta los rayos gamma a longitudes de onda muy cortas (frecuencias muy altas). Para una discusión de la notación utilizada aquí para los números (10^{21}, 10^{-12}, etc.), véase el recuadro P.1 *infra*.

de grados. El calor hace que vibren más rápidamente y emitan radiación con oscilaciones más rápidas, o longitudes de onda más cortas, ondas que usted reconoce como luz de diversos colores: rojo, anaranjado, amarillo, verde, azul, violeta (figura P.2). Mucho más cerca del agujero, donde la gravedad es mucho más fuerte y el flujo de átomos mucho más rápido, los choques calientan los átomos hasta temperaturas de varios millones de grados, y éstos vibran muy rápidamente produciendo ondas electromagnéticas de longitud de onda muy corta: rayos X. Al ver estos rayos X que emanan de la vecindad del agujero, usted recuerda que fue precisamente mediante la detección y estudio de rayos X de este tipo cómo los astrofísicos identificaron en 1972 el primer agujero negro en el espacio lejano: Cygnus X-1, a 14.000 años-luz de la Tierra (capítulo 8).

Al orientar sus telescopios hacia una región aún más próxima al agujero se observan rayos gamma emitidos por los átomos calentados a temperaturas aún mayores. Luego, de repente, en el centro de esta imagen brillante, se muestra una esfera grande y redonda absolutamente negra; es el agujero negro, que absorbe toda la luz, rayos X y rayos gamma de los átomos que hay tras él. Usted observa que los átomos supercalientes fluyen hacia el interior del agujero negro desde todas las direcciones. Una vez en el interior del agujero, más calientes que nunca, los átomos deberían vibrar también con más rapidez que nunca y radiar más intensamente que nunca, pero su radiación no puede escapar de la fuerte gravedad del agujero. Nada puede escapar. Por esto es por lo que el agujero se ve negro; negro como el carbón (capítulos 3 y 6).

Con su telescopio usted examina la esfera negra detalladamente. Tiene un borde absolutamente nítido, la superficie del agujero, el lugar de «no retorno». Cualquier cosa que esté justamente *por encima* de esta superficie puede escapar, con esfuerzo suficiente, del poder de la gravedad: un cohete puede despegar y alejarse; las partículas pueden escapar si se las lanza hacia arriba con suficiente velocidad; la luz puede escapar. Pero apenas *por debajo* de la superficie, el poder de la gravedad es inexorable; nada puede escapar de ahí, por mucho que lo intente: ni cohetes, ni partículas, ni luz, ni radiación de ningún tipo; nada de esto podrá llegar a su nave espacial en órbita. De este modo, la superficie del agujero es como el horizonte en la Tierra, que impide ver todo lo que hay más allá. Por esta razón, esta superficie ha recibido el nombre de *horizonte del agujero negro* (capítulo 6).

Su primera oficial, Kares, mide cuidadosamente la circunferencia de la órbita de su nave espacial. Esta mide 1 millón de kilómetros, aproximadamente la mitad de la circunferencia de la órbita de la Luna en torno a la Tierra. A continuación Kares mira hacia las estrellas lejanas y observa que describen círculos en la parte superior del cielo a medida que la nave se mueve. Cronometrando sus movimientos aparentes, Kares infiere que la nave tarda 5 minutos y 46 segundos en hacer una órbita completa en torno al agujero. Este es el *periodo orbital* de la nave.

A partir de la circunferencia y el periodo orbital es posible calcular la masa del agujero. El método de cálculo es el mismo que utilizó Isaac Newton en 1685 para calcular la masa del Sol: cuanto más masivo es el objeto (el Sol o el agujero), mayor es la atracción gravitatoria y, por consiguiente, más rápidamente debe moverse un cuerpo en órbita (planeta o nave espacial) para evitar ser absorbido y más corto debe ser el periodo orbital de dicho cuerpo. Aplicando la versión matemática de Newton de esta ley gravitatoria (capítulo 2) a la órbita de su nave, usted calcula que el agujero negro Hades tiene una masa diez veces mayor que la del Sol («10 masas solares»).[*2]

Usted sabe que este agujero se originó hace mucho tiempo por la muerte de una estrella, una muerte en la que la estrella, incapaz de resistir por más tiempo la atracción hacia dentro de su propia gravedad, implosionó bajo su propio peso (capítulos 3-5). Sabe también que cuando la estrella implosionó su masa no cambió; el agujero negro Hades tiene la misma masa hoy que tenía su estrella madre hace mucho tiempo; o casi la misma. En realidad, la masa de Hades debe ser un poco mayor, incrementada por la masa de todo lo que ha ido cayendo en el interior del agujero desde su nacimiento: gas interestelar, rocas, naves espaciales...

Usted sabe todo esto porque antes de iniciar su viaje estudió las leyes fundamentales de la gravedad, leyes que fueron descubiertas en una forma aproximada por Isaac Newton en 1687, y fueron revisadas radicalmente para llevarlas a una forma más exacta por Albert Einstein en 1915 (capítulo 2). Usted aprendió que las leyes gravitatorias de Einstein, que se denominan *relatividad general,* obligan a los agujeros negros a comportarse de esta forma, de un modo tan inexorable como obligan a una piedra arrojada a caer al suelo. Resulta imposible para la piedra violar las leyes de la gravedad y caer hacia arriba o quedar suspendida en el aire, y del mismo modo resulta imposible que un agujero

---

* Los lectores que quieran calcular por sí mismos las propiedades de los agujeros negros encontrarán las fórmulas pertinentes en las notas al final del libro (pp. 519 ss.).

negro se sustraiga a las leyes gravitatorias: el agujero debe nacer cuando una estrella implosiona bajo su propio peso; la masa del agujero debe ser en su nacimiento la misma que la de la estrella; y cada vez que algo cae en el interior del agujero, la masa de éste debe crecer.* Análogamente, si la estrella está girando cuando implosiona, entonces el agujero recién nacido también debe girar; y el *momento angular* del agujero (una medida precisa de la rapidez de su giro) debe ser el mismo que el de la estrella.

Antes de iniciar su viaje, usted estudió también la historia del conocimiento humano acerca de los agujeros negros. Ya en la década de 1970, Brandon Carter, Stephen Hawking, Werner Israel y otros, utilizando la descripción de las leyes gravitatorias que hace la relatividad general de Einstein (capítulo 2), dedujeron que un agujero negro debe ser un monstruo extraordinariamente simple (capítulo 7): todas las propiedades del agujero (la intensidad de su atracción gravitatoria, la cantidad en que desvía las trayectorias de la luz de las estrellas, la forma y tamaño de su superficie) están determinadas por sólo tres números: la masa del agujero, que usted ya conoce; el momento angular de su rotación, que usted no conoce todavía; y su carga eléctrica. Usted sabe, además, que ningún agujero en el espacio interestelar puede contener mucha carga eléctrica; si lo hiciera, rápidamente atraería cargas opuestas del espacio interestelar hacia su interior, neutralizando de este modo su propia carga.

Al girar, el agujero debería arrastrar al espacio próximo formando un remolino, un movimiento similar a un tornado con respecto al espacio más alejado, de forma muy parecida al arrastre que produce la hélice giratoria de un aeroplano en el aire próximo; y el remolino del espacio debería dar lugar a un remolino en el movimiento de todo lo que haya cerca del agujero (capítulo 7).

Por consiguiente, para conocer el momento angular de Hades usted busca algo similar a un remolino en el flujo de átomos de gas interestelar que caen hacia el agujero. Pero para su sorpresa, a medida que los átomos se acercan más y más al agujero, moviéndose cada vez a mayor velocidad, no aparece ninguna señal de ningún remolino. A medida que van cayendo, algunos átomos rodean al agujero en el sentido de las agujas del reloj, otros hacen círculos en sentido contrario y de vez en cuando colisionan con los primeros; pero, en promedio, la caída de los átomos se dirige directamente hacia adentro (directamente hacia abajo) sin que se produzca ningún remolino. Usted concluye que este agujero negro de 10 masas solares apenas gira; su momento angular es prácticamente nulo.

Conociendo la masa y el momento angular del agujero, y sabiendo que su carga eléctrica debe ser despreciable, es posible calcular, utilizando las fórmulas de la relatividad general, todas las propiedades que debería tener el agujero: la intensidad de su atracción gravitatoria, su correspondiente poder para desviar la luz de las estrellas y, lo que es más interesante, la forma y tamaño de su horizonte.

---

* Para una discusión adicional de la idea de que las leyes de la física *obligan* a que los agujeros negros, el Sistema Solar y el Universo se comporten de ciertas maneras, véanse los últimos párrafos del capítulo 1.

Si el agujero negro estuviera girando, su horizonte tendría polos norte y sur bien definidos, los polos en torno a los que gira y en torno a los que se produce el remolino de átomos que caen. Tendría un ecuador bien definido a mitad de camino entre los polos, y la fuerza centrífuga de la rotación del horizonte haría que su ecuador se abombase (capítulo 7), del mismo modo que el ecuador de la Tierra en rotación se abomba un poco. Pero Hades apenas gira, y por lo tanto apenas debe tener ningún abombamiento ecuatorial. Su horizonte debe tener una forma casi exactamente esférica según le obligan las leyes de la gravedad. Así es precisamente como se ve a través del telescopio.

En cuanto a su tamaño, las leyes de la física, tal como las describe la relatividad general, insisten en que cuanto más masivo es el agujero, mayor debe ser su horizonte. De hecho, la circunferencia del horizonte debe tener un valor de 18,5 kilómetros multiplicado por la masa del agujero en unidades de masa solar.*[3] Puesto que sus medidas orbitales le han dicho que la masa del agujero es diez veces mayor que la del Sol, la circunferencia de su horizonte debe tener 185 kilómetros, casi la misma que la circunvalación de Los Ángeles. Con su telescopio usted puede medir cuidadosamente la circunferencia: 185 kilómetros; un acuerdo perfecto con la fórmula de la relatividad general.

Esta circunferencia del horizonte es minúscula comparada con la órbita de 1 millón de kilómetros que describe su nave espacial; y concentrada en el interior de esta minúscula circunferencia hay una masa que es ¡diez veces mayor que la del Sol! Si el agujero fuera un cuerpo sólido concentrado en una circunferencia tan pequeña, su densidad media sería de 200 millones (2×10^8) de toneladas por centímetro cúbico; 2×10^{14} veces más densa que el agua; véase el recuadro P.1. Pero el agujero no es un cuerpo sólido. La relatividad general insiste en que las 10 masas solares de materia estelar, que dieron lugar al agujero por implosión hace mucho tiempo, están ahora concentradas en el mismo centro del agujero: concentradas en una minúscula región del espacio denominada una *singularidad* (capítulo 13). Dicha singularidad, de un tamaño aproximado de 10^{-33} centímetros (unos cien trillones de veces más pequeña que un núcleo atómico), debería estar rodeada del puro vacío, excepto un tenue gas interestelar que está cayendo ahora hacia adentro y la radiación que este gas emite. Debería haber un vacío casi total entre la singularidad y el horizonte, y también un vacío casi total entre el horizonte y su nave espacial.

La singularidad y la materia estelar encerrada en ella quedan ocultas por el horizonte del agujero. Por mucho que usted espere, la materia encerrada nunca podrá volver a salir. La gravedad del agujero lo impide. Tampoco la materia encerrada podrá nunca enviarle información, ni mediante ondas de radio, ni luz, ni rayos X. Para todos los efectos prácticos, ha desaparecido por completo de nuestro Universo. La única huella que ha dejado detrás es su intensa atrac-

---

* Véase el capítulo 3. La cantidad 18,5 kilómetros, que aparecerá muchas veces en este libro, es 4π (es decir, 12,5663706...) multiplicado por la constante gravitatoria de Newton y por la masa del Sol, y dividido por el cuadrado de la velocidad de la luz. Para estas y otras fórmulas útiles que describen los agujeros negros, véanse las notas al final del libro (pp. 519-520).

RECUADRO P.1

Notación de potencias para números grandes y pequeños

En este libro utilizaré ocasionalmente la «notación de potencias» para describir números muy grandes o muy pequeños. Ejemplos son 5×10^6, que significa cinco millones, o 5.000.000, y 5×10^{-6}, que significa cinco millonésimas, o 0,000005.

En general, la potencia a la que está elevado 10 es el número de cifras que hay que desplazar la coma decimal para escribir el número en notación decimal estándar. Así, 5×10^6 significa tomar 5 (5,00000000) y desplazar su coma decimal seis cifras hacia la derecha. El resultado es 5000000,00. Análogamente, 5×10^{-6} significa tomar 5 y desplazar su coma decimal seis cifras hacia la izquierda. El resultado es 0,000005.

ción gravitatoria, una atracción que es la misma en su órbita de 1 millón de kilómetros hoy día que en el tiempo anterior a que la estrella implosionara para formar el agujero, pero una atracción tan fuerte en el horizonte y dentro de él que nada puede resistirla.

«¿A qué distancia de la singularidad está el horizonte?», se pregunta usted. (Por supuesto no intenta medirla. Una medida semejante sería suicida; usted nunca podría escapar del horizonte e informar de su resultado a la Sociedad Geográfica Mundial.) Puesto que la singularidad es tan pequeña, 10^{-33} centímetros, y está en el centro exacto del agujero, la distancia de la singularidad al horizonte debería ser igual al radio del horizonte. Usted está tentado de calcular este radio por el método estándar de dividir la circunferencia por 2π (6,283185307...). Sin embargo, en sus cursos en la Tierra se le advirtió que no creyese en semejante método de cálculo. La enorme atracción gravitatoria del agujero distorsiona completamente la geometría del espacio en el interior y en las proximidades del agujero (capítulos 3 y 13), de la misma forma que una piedra muy pesada, colocada sobre una lámina elástica, distorsiona la geometría de la lámina (figura P.3), y como resultado el radio del agujero no es igual a su circunferencia dividida por 2π.

«No importa —se dice usted—. Lobachevsky, Riemann y otros grandes matemáticos nos han enseñado cómo calcular las propiedades de los círculos cuando el espacio está curvado, y Einstein ha incorporado estos cálculos en su descripción de las leyes de la gravedad mediante la relatividad general. Puedo utilizar estas fórmulas del espacio curvo para calcular el radio del horizonte.»

Pero entonces recuerda de los cursos que estudió en la Tierra que, aunque la masa y el momento angular de un agujero negro determinan todas las propiedades del horizonte del agujero y su exterior, no determinan su interior. La

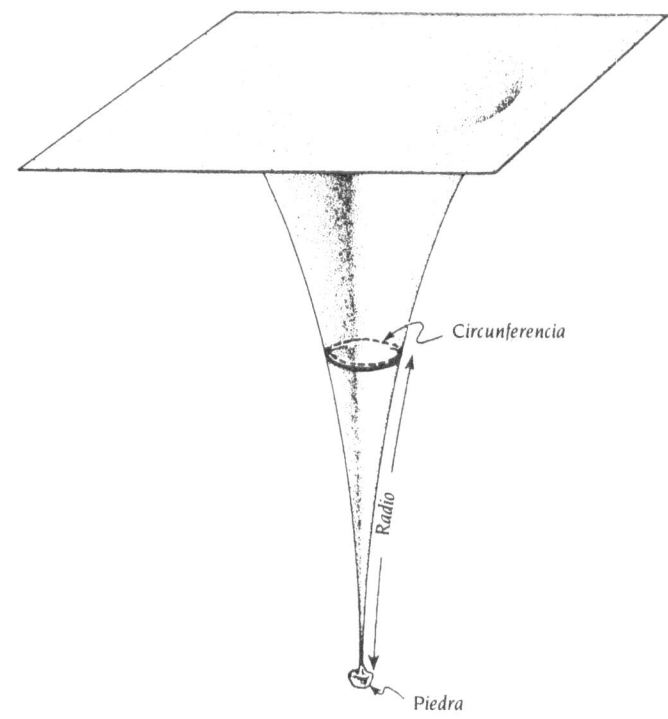

P.3.   Una piedra pesada colocada sobre una lámina elástica (por ejemplo, una cama elástica) distorsiona la lámina como se muestra en el dibujo. La geometría distorsionada de la lámina es muy similar a la distorsión de la geometría del espacio alrededor y en el interior de un agujero negro. Por ejemplo, la circunferencia del círculo negro continuo es mucho menor que 2π veces su radio, igual que la circunferencia del horizonte del agujero es mucho menor que 2π veces su radio. Para más detalles, véanse los capítulos 3 y 13.

relatividad general insiste en que la región interior próxima a la singularidad debería ser caótica y violentamente no esférica (capítulo 13), igual que lo sería el vértice puntiagudo de la lámina elástica de la figura P.3 si la piedra pesada que hay en él fuera irregular y estuviese agitándose incontroladamente. Además, la naturaleza caótica del núcleo del agujero dependerá no sólo de su masa y su momento angular, sino también de los detalles de la implosión estelar de la que nació el agujero, y de los detalles de la caída subsiguiente de gas interestelar, detalles que usted no conoce.

«¿Y qué? —se dice—. Cualquiera que pueda ser su estructura, el núcleo caótico debe tener una circunferencia mucho menor que un centímetro. Por consiguiente, cometeré sólo un error minúsculo si lo ignoro al calcular el radio del horizonte.»

Pero entonces recuerda que el espacio puede estar tan extraordinariamente distorsionado cerca de la singularidad que la región caótica podría tener millones de kilómetros de radio aunque sólo tuviera una fracción de centímetro de circunferencia, igual que la piedra en la figura P.3, si es suficientemente pesada, puede desplazar hacia abajo una gran distancia el vértice caótico de la lámina elástica y, sin embargo, dejar la circunferencia de la región caótica extraordinariamente pequeña. Los errores en el cálculo del radio podrían así ser enormes. El radio del horizonte no puede calcularse sencillamente a partir de la exigua información que usted posee: la masa del agujero y su momento angular.

Abandonando sus elucubraciones sobre el interior del agujero, usted se prepara para explorar la vecindad de su horizonte. Para no poner en peligro su vida, pide a un robot, llamado Arnold, de 10 centímetros de altura y dotado de un motor a reacción, que haga la exploración en su lugar y transmita los resultados a su nave espacial. Arnold tiene instrucciones simples: en primer lugar, debe dar a sus motores a reacción el impulso suficiente para detener el movimiento circular que ha compartido con la nave espacial; a continuación, debe apagar sus motores y dejar que la atracción de la gravedad del agujero le lleve directamente hacia abajo. Mientras cae, Arnold debe dirigir un rayo láser de un color verde brillante a la nave espacial, y en las oscilaciones electromagnéticas del rayo luminoso debe codificar la información sobre la distancia que ha recorrido y el estado de sus sistemas electrónicos, de forma análoga a como una estación de radio codifica un noticiario en las ondas de radio que transmite.
Dentro de la nave espacial la tripulación recibirá el rayo láser y Kares lo decodificará para obtener la información sobre la distancia y los sistemas. También medirá la longitud de onda del rayo láser (o, lo que es lo mismo, su color; véase la figura P.2). La longitud de onda es importante; dice a qué velocidad se está moviendo Arnold. A medida que se aleja a una velocidad cada vez mayor, el haz de luz verde que emite se recibe en la nave con un *desplazamiento Doppler* (véase el recuadro 2.3) hacia longitudes de onda cada vez mayores; es decir, se hace cada vez más rojo. (Hay un desplazamiento adicional hacia el rojo debido a la lucha del haz contra la atracción gravitatoria del agujero. Cuando calcula la velocidad de Arnold, Kares debe corregir sus cálculos para tener en cuenta este *desplazamiento gravitatorio hacia el rojo*; capítulos 2 y 3.)
Y así comienza el experimento. Arnold despega para salirse de la órbita y entrar en una trayectoria de caída. Cuando empieza a caer, Kares pone en marcha un reloj para medir el tiempo de llegada de las señales del láser. Cuando han transcurrido 10 segundos, la señal decodificada del láser informa que todos los sistemas están funcionando correctamente y que ha caído ya una distancia de 2.630 kilómetros. A partir del color de la luz láser, Kares calcula que ahora se está moviendo hacia el interior con una velocidad de 530 kilómetros por segundo. Cuando el reloj marca 20 segundos, su velocidad se ha duplicado hasta llegar a ser de 1.060 kilómetros por segundo y su distancia de caída se ha cuadruplicado hasta 10.500 kilómetros. El reloj sigue en marcha. A los 60 segundos su velocidad es de 9.700 kilómetros por segundo, y ha caído 135.000 kilómetros, cinco sextas partes de su camino hacia el horizonte.

Ahora debe usted prestar mucha atención. Los próximos segundos serán cruciales, de modo que Kares conecta un sistema de registro de alta velocidad para recoger todos los detalles de los datos de entrada. A los 61 segundos Arnold informa que todos los sistemas siguen funcionando normalmente; el horizonte está a 14.000 kilómetros por debajo y él está cayendo hacia el horizonte a 13.000 kilómetros por segundo. A los 61,7 segundos todo sigue bien, ha avanzado 1.700 kilómetros más, la velocidad es de 39.000 kilómetros por segundo, o algo más de una décima parte de la velocidad de la luz, y el color del láser empieza a cambiar rápidamente. En la próxima décima de segundo usted observa con sorpresa que el color del láser se desplaza rápidamente a través del espectro electromagnético, desde el verde hasta el rojo, al infrarrojo, a las microondas, a las radioondas, a... A los 61,8 segundos todo ha terminado. El rayo láser se ha desvanecido por completo. Arnold ha alcanzado la velocidad de la luz y ha desaparecido más allá del horizonte. Y en esa última décima de segundo, justo antes de que el rayo se apagase, Arnold estaba informando felizmente: «Todos los sistemas funcionan, todos los sistemas funcionan, aproximándome al horizonte, todos los sistemas funcionan, todos los sistemas funcionan ...».

Cuando su excitación se apacigua, usted examina los datos registrados. Allí encuentra todos los detalles del desplazamiento de la longitud de onda del láser. Observa que cuando Arnold caía, la longitud de onda de la señal láser se incrementó muy lentamente al principio, y luego cada vez más rápido. Pero, sorprendentemente, una vez que la longitud de onda se hubo cuadruplicado, su ritmo de duplicación se hizo casi constante; a partir de entonces la longitud de onda se duplicó cada 0,00014 segundos. Al cabo de 33 duplicaciones (0,0046 segundos) la longitud de onda llegó a ser de 4 kilómetros, el límite de la capacidad de su sistema de registro. Presumiblemente la longitud de onda siguió duplicándose tras ese instante. Puesto que se necesita un número infinito de duplicaciones para que la longitud de onda se haga infinita, todavía deben estar saliendo de las proximidades del horizonte algunas señales extremadamente débiles, con longitudes de onda extremadamente largas.

¿Significa esto que Arnold no ha cruzado todavía el horizonte y que nunca lo hará? No, nada de eso. Estas últimas señales que se duplican sin cesar necesitan un tiempo infinito para escapar del poder gravitatorio del agujero. Arnold atravesó el horizonte, moviéndose a la velocidad de la luz, hace muchos minutos. Si siguen llegando señales débiles remanentes es debido simplemente a que han estado viajando mucho tiempo. Son reliquias del pasado (capítulo 6).

Tras muchas horas de examen de los datos de la caída de Arnold, y tras un largo sueño para recuperar fuerzas, usted se embarca en la próxima fase de la exploración. Esta vez será usted mismo quien sondeará la vecindad del horizonte; pero procederá con mucha mayor cautela de lo que lo hizo Arnold.

Despidiéndose de su tripulación, se introduce en una cápsula espacial y sale del vientre de la nave hasta colocarse en una órbita circular junto a ella. Entonces acciona sus motores a reacción muy suavemente para detener ligeramente su movimiento orbital. Esto reduce ligeramente la fuerza centrífuga que mantenía su cápsula en órbita, y entonces la gravedad del agujero le atrae hacia una órbita circular de cabotaje ligeramente más pequeña. A medida que usted va accionando suavemente sus motores, su órbita circular se contrae poco a poco. Su objetivo, mediante esta suave y segura trayectoria espiral que se cierra, es alcanzar una órbita circular exactamente por encima del horizonte, una órbita con una circunferencia que sea precisamente 1,0001 veces mayor que la del propio horizonte. Desde allí, usted podrá explorar casi todas las propiedades del horizonte, pero aún podrá escapar de su poder fatal.

Sin embargo, a medida que su órbita se contrae lentamente algo extraño empieza a suceder. Usted lo siente ya en una circunferencia de 100.000 kilómetros. Flotando dentro de la cápsula con sus pies en dirección hacia el agujero y su cabeza hacia las estrellas, usted siente un débil tirón hacia abajo en sus pies y hacia arriba en su cabeza; está siendo estirado como una pasta de caramelo aunque muy suavemente. Esto se debe, advierte usted, a la gravedad del agujero: sus pies están más próximos al agujero que su cabeza, así que el agujero los atrae un poco más fuertemente que a su cabeza. Lo mismo era cierto, por supuesto, cuando usted permanecía de pie en la Tierra; pero la diferencia entre la atracción sobre la cabeza y los pies en la Tierra era tan minúscula, menor que una parte en un millón, que usted nunca lo notó. En cambio, cuando usted flota en su cápsula en una circunferencia de 100.000 kilómetros, la diferencia de atracción entre cabeza y pies es de una octava parte de la gravedad terrestre ($1/8$ «g»). En el centro de su cuerpo la fuerza centrífuga de su movimiento orbital equilibra exactamente la atracción del agujero. Es como si la gravedad no existiera; usted flota libremente. Pero en sus pies, la gravedad algo mayor atrae hacia abajo con un $1/16$ g adicional, y en su cabeza la gravedad algo menor permite que la fuerza centrífuga tire hacia afuera con un $1/16$ g adicional.

Perplejo, usted continúa su espiral convergente; pero su perplejidad se transforma rápidamente en preocupación. A medida que su órbita se hace más pequeña, las fuerzas que actúan sobre su cabeza y sus pies se hacen mayores. En una circunferencia de 80.000 kilómetros la diferencia equivale a una tensión de estiramiento de $1/4$ g; a 50.000 kilómetros equivale a un tirón de una intensidad igual a la de la gravedad de la Tierra; a 30.000 kilómetros es equivalente a 4 gravedades terrestres. Apretando los dientes de dolor, ya que está siendo estirado de la cabeza y de los pies, usted continúa hasta llegar a 20.000 kilómetros y soportar una tensión de 15 g. ¡Ya no puede resistir más! Trata usted de resolver el problema encogiéndose como un ovillo para que su cabeza y sus pies estén más próximos y la diferencia de fuerzas sea más pequeña, pero las fuerzas son tan intensas que no le dejan encogerse y vuelven a enderezar su cuerpo de la cabeza a los pies a lo largo de una dirección radial. Si su cápsula se mueve en espiral durante mucho más tiempo, su cuerpo cederá; ¡usted será desgarrado! No hay esperanza de alcanzar la vecindad del horizonte.

Frustrado y con enormes dolores, detiene el descenso de su cápsula, da la vuelta y empieza, cuidadosa y suavemente, a accionar sus motores para recuperar su camino de vuelta a través de órbitas circulares de circunferencia cada vez mayor hasta llegar de nuevo al vientre de la nave espacial.

Al entrar en el camarote del capitán, desahoga sus frustraciones en AURO-RA, el ordenador principal de la nave. «Tikhii, tikhii* —dice ella tranquiliza-doramente, emitiendo palabras del ruso antiguo—. Sé que está enfadado, pero en realidad todo es culpa suya. Se le habló de estas fuerzas de cabeza a pies en su adiestramiento. ¿No lo recuerda? Son las mismas fuerzas que producen las mareas en los océanos de la Tierra» (capítulo 2).

Rememorando su adiestramiento, usted recuerda que los océanos del lado de la Tierra más próximo a la Luna son atraídos con mayor fuerza por la grave-dad lunar y por ello se abomban hacia la Luna. Los océanos del lado opuesto son atraídos más débilmente y por ello se abomban en dirección opuesta a la Luna. Como resultado se producen dos abombamientos oceánicos; y a medida que la Tierra gira, estos abombamientos se manifiestan como dos mareas altas cada veinticuatro horas. En honor de estas mareas, recuerda, la fuerza gravita-toria de cabeza-a-pies que usted sintió se denomina *fuerza de marea*.[4] Recuerda usted también que la relatividad general de Einstein describe esta fuerza de ma-rea como debida a una curvatura del espacio y una distorsión del tiempo o, en el lenguaje de Einstein, una *curvatura del espacio-tiempo* (capítulo 2). Las fuerzas de marea y las distorsiones del espacio-tiempo van a la par; una siem-pre acompaña a la otra, aunque en el caso de las mareas oceánicas la distorsión del espacio-tiempo es tan minúscula que sólo puede ser medida con instrumen-tos extremadamente precisos.

Pero ¿qué ocurrió con Arnold? ¿Por qué era tan felizmente inmune a la fuerza de marea del agujero? Por dos razones, explica AURORA: en primer lugar, porque era mucho más pequeño que usted, sólo medía 10 centímetros, y la fuerza de marea, que es la diferencia entre la atracción gravitatoria en su cabeza y sus pies, era consiguientemente mucho más pequeña; y en segundo lugar, porque estaba hecho de una aleación superresistente de titanio que po-día soportar la tensión mucho mejor que sus huesos y su carne.

Entonces, usted se da cuenta horrorizado de que a medida que Arnold iba cayendo a través del horizonte y hacia la singularidad interior, tuvo que haber sentido que la fuerza de marea aumentaba en intensidad hasta que ni siquiera su cuerpo superresistente de titanio pudo aguantar. Menos de 0,0002 segundos después de cruzar el horizonte, su cuerpo estirado y en desintegración debió haberse aproximado a la singularidad central del agujero. Allí, recuerda usted de sus previos estudios de la relatividad general en la Tierra, las fuerzas de ma-rea del agujero debieron entrar en juego, bailando una caótica danza que estiró a Arnold primero en una dirección, luego en otra, a continuación en otra, cada vez más deprisa, cada vez con más fuerza, hasta que incluso los átomos indivi-duales de los que estaba hecho fueron distorsionados hasta quedar irreconoci-bles. De hecho, esta es una característica esencial de la singularidad: es una re-gión donde la curvatura del espacio-tiempo oscilando caóticamente crea enormes y caóticas fuerzas de marea (capítulo 13).

Reflexionando acerca de la historia de la investigación sobre los agujeros

---

* «Calma, calma» (en ruso). (*N. del t.*)

negros, usted recuerda que en 1965 el físico británico Roger Penrose utilizó la descripción de las leyes de la física que hace la relatividad general para demostrar que en el interior de todo agujero negro debe haber una singularidad, y en 1969 la troica rusa constituida por Lifshitz, Khalatnikov y Belinsky la utilizaron para deducir que, muy cerca de la singularidad, las fuerzas de marea deben oscilar caóticamente, como la pasta de caramelo que es estirada en una dirección y luego en otra por la máquina mecánica de estirar el caramelo (capítulo 13). ¡Aquellos años, los sesenta y los setenta, fueron los años dorados de la investigación teórica de los agujeros negros! Pero debido a que los físicos de esos años dorados no fueron lo bastante inteligentes para resolver las ecuaciones de la relatividad general de Einstein, se les escapó una característica clave del comportamiento de los agujeros negros. Sólo pudieron conjeturar que dondequiera que la implosión de una estrella cree una singularidad, debe crear también un horizonte que la rodea y que oculta la singularidad de la vista; una singularidad nunca puede crearse «desnuda» a la vista de todo el Universo. Penrose llamó a esto la «conjetura de censura cósmica», puesto que, si es correcta, censuraría toda la información experimental sobre las singularidades: nunca podrían hacerse experimentos para verificar la comprensión teórica de las singularidades, a menos que uno estuviera dispuesto a pagar el precio de entrar en un agujero negro, morir mientras hace las medidas y no poder siquiera transmitir los resultados al exterior del agujero como recordatorio a los esfuerzos realizados.

Aunque Dame Abygaile Lyman resolvió finalmente en el 2023 la cuestión de la verdad o falsedad de la censura cósmica, la resolución es ahora irrelevante para usted. Las únicas singularidades representadas en las cartas de viaje de su nave son las que están dentro de los agujeros negros, y usted se niega a pagar el precio de la muerte para explorarlas.

Afortunadamente, en el exterior próximo al horizonte de un agujero negro existen muchos fenómenos que explorar. Usted está decidido a experimentar estos fenómenos de primera mano e informar a la Sociedad Geográfica Mundial, pero no puede experimentarlos cerca del horizonte de Hades. La fuerza de marea es allí demasiado grande. En lugar de ello, tendrá que explorar un agujero negro con fuerzas de marea más débiles.

La relatividad general predice, le recuerda AURORA, que a medida que un agujero negro se hace más masivo las fuerzas de marea en su horizonte y por encima de él se hacen más débiles. Este comportamiento aparentemente paradójico tiene un origen sencillo: la fuerza de marea es proporcional a la masa del agujero dividida por el cubo de su circunferencia; por consiguiente, cuando la masa crece, y la circunferencia del horizonte crece proporcionalmente, las fuerzas de marea en las proximidades del horizonte decrecen.[5] Para un agujero con una masa de 1 millón de masas solares, es decir, 100.000 veces más masivo que Hades, el horizonte será 100.000 veces mayor, y la fuerza de marea será 10.000 millones (10^{10}) de veces más débil. Eso sí sería cómodo; ¡ninguna molestia! Así que usted empieza a hacer planes para la próxima etapa de su viaje: un viaje al agujero de un millón de masas solares que esté más próximo a su posición actual de acuerdo con el Atlas de Agujeros Negros de Schechter; un agujero llamado Sagitario en el centro de nuestra Vía Láctea, a 30.100 años-luz de distancia.

Varios días más tarde su tripulación transmite a la Tierra un informe detallado de sus exploraciones en Hades, incluyendo imágenes animadas que muestran cómo usted es estirado por las fuerzas de marea e imágenes de átomos que caen en el agujero. El informe necesitará 26 años para cubrir los 26 años-luz de distancia a la Tierra, y cuando finalmente llegue será publicado a bombo y platillo por la Sociedad Geográfica Mundial.

En la transmisión, la tripulación describe su proyecto de un viaje al centro de la Vía Láctea: los motores a reacción de su nave espacial estarán encendidos durante todo el camino para dar lugar a una aceleración de 1 *g*, de modo que usted y su tripulación puedan sentir una cómoda fuerza de 1 gravedad terrestre en el interior de la nave. La nave será acelerada hacia el centro de la galaxia durante la primera mitad del viaje, a continuación girará sobre sí misma 180 grados y decelerará a 1 *g* durante la segunda mitad. El viaje entero, con un recorrido de 30.100 años-luz, requerirá 30.102 años tal como se medirían en la Tierra; pero se necesitarán sólo 20 años medidos en la nave espacial.[6] De acuerdo con las leyes de la relatividad especial de Einstein (capítulo 1), la alta velocidad de su nave hace que el tiempo, medido en la nave, se «dilate»; y esta *dilatación del tiempo* (o *distorsión del tiempo*) hará que la nave espacial se comporte en efecto como una máquina del tiempo, proyentándole hacia el futuro de la Tierra mientras usted envejece muy poco (capítulo 1).

Usted explica a la Sociedad Geográfica Mundial que su próxima transmisión se emitirá desde la vecindad del centro de la galaxia, después de que haya explorado su agujero de un millón de masas solares, Sagitario. Los miembros de la Sociedad deben entrar en una hibernación profunda de 60.186 años si desean vivir para recibir su transmisión (30.102 − 26 = 30.076 años desde el momento en que reciban su mensaje hasta que usted alcance el centro de la galaxia, más 30.110 años que necesita su próxima transmisión para viajar desde el centro de la galaxia a la Tierra).

Sagitario

Después de un viaje de 20 años de tiempo medido en la nave espacial, su nave se frena en el centro de la Vía Láctea. A cierta distancia ve usted una mezcla rica en gas y polvo que fluye desde todas las direcciones hacia un enorme agujero negro. Kares ajusta el impulso del reactor para colocar la nave espacial en una órbita circular de cabotaje muy por encima del horizonte. Midiendo la circunferencia y el periodo de su órbita, e introduciendo los resultados en la fórmula de Newton, usted determina la masa del agujero. Es 1 millón de veces la masa solar, tal como figuraba en el Atlas de Agujeros Negros de Schechter. De la ausencia de cualquier remolino en el gas y el polvo que fluyen hacia adentro, usted deduce que el agujero apenas gira; por lo tanto, su horizonte debe ser esférico y su circunferencia debe ser de 18,5 millones de kilómetros, ocho veces mayor que la órbita de la Luna alrededor de la Tierra.

Tras exámenes adicionales del gas que cae, usted se prepara para descender hacia el horizonte. Por seguridad, Kares establece un vínculo de comunicación mediante láser entre su cápsula espacial y el ordenador principal de la nave, AURORA. A continuación sale usted del vientre de la nave espacial, hace girar su cápsula de modo que los chorros de sus motores apunten en la dirección de su movimiento orbital circular y empieza a activarlos suavemente para frenar su movimiento orbital y colocarse en una órbita espiral que se cierra suavemente hacia adentro (hacia abajo) pasando por sucesivas órbitas de cabotaje.

Todo marcha como se esperaba hasta que alcanza una órbita de 55 millones de kilómetros de circunferencia; exactamente tres veces la circunferencia del horizonte. Allí, el suave impulso de su motor a reacción, en lugar de dirigirle hacia una órbita circular ligeramente más ceñida, le lanza en una inmersión suicida hacia el horizonte. Aterrado, usted gira su cápsula y activa el motor con gran fuerza para retroceder hacia una órbita justo por encima de los 55 millones de kilómetros.

—¿Qué demonios estaba mal? —pregunta usted a AURORA por medio del láser.

—Tikhii, tikhii —responde ella tranquilizadoramente—. Usted planeó su órbita utilizando la descripción newtoniana de las leyes de la gravedad. Pero la descripción newtoniana es sólo una aproximación a las verdaderas leyes gravitatorias que gobiernan el Universo (capítulo 2). Es una aproximación excelente lejos del horizonte, pero mala cerca de él. La descripción de la relatividad general de Einstein es mucho más aproximada; concuerda dentro de una enorme precisión con las verdaderas leyes de la gravedad cerca del horizonte, y predice que, conforme usted se acerca al horizonte, la atracción de la gravedad se hace mayor de lo que Newton pudo esperar. Para permanecer en una órbita circular, con esta gravedad reforzada equilibrada por la fuerza centrífuga, usted debe reforzar su fuerza centrífuga, lo que significa que debe incrementar su velocidad orbital en torno al agujero negro. Cuando desciende por debajo de una circunferencia de tres horizontes, debe dar la vuelta a su cápsula y empezar a impulsarse hacia adelante. Como, en lugar de ello, usted siguió impulsándose hacia atrás, frenando su movimiento, la gravedad superó a su fuerza centrífuga al llegar a la circunferencia de tres horizontes, y le atrajo hacia adentro.[7]

«¡Condenada AURORA!* —piensa usted—. Siempre responde a mis preguntas, pero nunca da espontáneamente la información crucial. ¡Nunca me advierte cuando lo estoy haciendo mal!» Por supuesto, usted sabe la razón de que actúe así. La vida humana perdería su gracia y riqueza si a los ordenadores se les permitiera avisar cuando se va a cometer un error. Ya en el año 2032, el Consejo Mundial aprobó una ley para que en todos los ordenadores fuera incorporado un bloque de Hobson que impidiera tales advertencias. Por mucho que quisiera, AURORA no podría pasar por encima de su bloque de Hobson.

---

* «Damn that DAWN!». Juego de palabras intraducible. (*N. del t.*)

Conteniendo su exasperación, usted hace girar su cápsula y empieza una cuidadosa secuencia de impulso hacia adelante, espiral que se cierra, órbita de cabotaje, impulso hacia adelante, espiral que se cierra, órbita de cabotaje que le lleva desde órbitas de una circunferencia de 3 horizontes a órbitas de circunferencias de 2,5, luego 2, 1,6, 1,55, 1,51, 1,505, 1,501... ¡Qué frustración! Cuantas más veces se da impulso y más rápido es su movimiento circular de cabotaje resultante, más pequeña se hace su órbita; pero a medida que su velocidad de cabotaje se aproxima a la velocidad de la luz, su órbita sólo se aproxima a circunferencias de 1,5 horizontes. Puesto que usted no puede moverse a más velocidad que la luz, no hay esperanza de acercarse más al horizonte por este método.

Una vez más usted pide ayuda a AURORA, y una vez más ella le tranquiliza y le explica: por debajo de las circunferencias de 1,5 horizontes no existen órbitas circulares. La atracción de la gravedad es allí tan fuerte que no puede ser contrarrestada por ninguna fuerza centrífuga, ni siquiera si uno da vueltas una y otra vez en torno al agujero a la velocidad de la luz. Si usted quiere acercarse más, dice AURORA, debe abandonar su órbita circular de cabotaje y descender directamente hacia el horizonte, con sus motores de propulsión dirigidos hacia abajo para preservarle de una caída catastrófica. La fuerza de sus motores le sustentará contra la gravedad del agujero a medida que usted descienda lentamente hasta quedarse suspendido exactamente sobre el horizonte, como un astronauta que se mantiene sobre la superficie de la Luna sustentado por el impulso de sus cohetes.

Habiendo aprendido a tomar precauciones, usted pide a AURORA consejo sobre las consecuencias que podría tener un impulso tan fuerte y continuado del cohete. Usted explica que quiere mantenerse suspendido en una posición situada en una circunferencia de 1,0001 horizontes, donde la mayoría de los efectos del horizonte pueden ser experimentados pero de la que usted puede escapar. Si mantiene allí su cápsula mediante un impulso continuado del cohete, ¿qué fuerza de aceleración sentiría? «Ciento cincuenta millones de gravedades terrestres», responde dulcemente AURORA.

Profundamente desanimado, usted despega y recorre la espiral de retorno hasta regresar al vientre de la nave espacial.

Tras un largo sueño, seguido de cinco horas de cálculos con las fórmulas de los agujeros negros de la relatividad general, tres horas de examen del Atlas de Agujeros Negros de Schechter, y una hora de consultas con su tripulación, usted establece el plan para la próxima etapa de su viaje.

Entonces su tripulación transmite a la Sociedad Geográfica Mundial, bajo la hipótesis optimista de que aún existe, un informe de sus experiencias en Sagitario. Al final de la transmisión la tripulación expone su plan:

Sus cálculos demuestran que cuanto mayor es el agujero, más débil es el impulso del cohete necesario para mantenerse en una circunferencia de 1,0001 horizontes.[8] Para un molesto aunque soportable impulso de 10 gravedades terrestres, el agujero debe ser de 15 billones (15×10^{12}) masas solares. El agujero más próximo de estas características es uno llamado Gargantúa, mucho más allá de los 100.000 (10^5) años-luz de los límites de nuestra Vía Láctea, y muy lejos de los 100 millones (10^8) de años-luz del cúmulo de galaxias de Virgo, en torno al cual orbita nuestra Vía Láctea. De hecho, está próximo al cuásar 3C273, a 2.000 millones (2×10^9) de años-luz de la Vía Láctea, lo que equivale a un 10 por 100 de la distancia al límite del Universo observable.

El plan, explica su tripulación en su transmisión, consiste en un viaje a Gargantúa. Utilizando la aceleración normal de 1 *g* en la primera mitad del viaje y una deceleración de 1 *g* durante la segunda mitad, el viaje necesitará un tiempo de 2.000 millones de años tal como se medirían en la Tierra, pero, gracias a la distorsión del tiempo inducida por la velocidad, sólo 42 años tal como lo miden usted y su tripulación en la nave espacial.[9] Si los miembros de la Sociedad Geográfica Mundial no están dispuestos a arriesgarse a una hibernación profunda de 4.000 millones de años (2.000 millones de años necesarios para que la nave espacial llegue a Gargantúa y 2.000 millones de años para que su transmisión llegué de regreso a la Tierra) entonces tendrán que olvidarse de recibir su próxima transmisión.

Gargantúa

Cuarenta y dos años más tarde, según el tiempo de su nave espacial, la nave decelera en la vecindad de Gargantúa. Sobre su cabeza ve usted el cuásar 3C273, con dos brillantes chorros azules que brotan de su centro (capítulo 9); debajo está el abismo negro de Gargantúa. Poniéndose en órbita en torno a Gargantúa y haciendo las medidas normales, usted confirma que su masa es realmente 15 billones de veces la del Sol, ve que está girando muy lentamente y calcula, a partir de estos datos, que la circunferencia de su horizonte mide 29 años-luz. ¡Aquí, por fin, hay un agujero cuya vecindad puede usted explorar mientras experimenta pequeñas fuerzas de marea y aceleraciones del cohete bastante soportables! La seguridad de la exploración está tan garantizada que usted decide llevar la propia nave espacial en lugar de sólo una cápsula.

Sin embargo, antes de comenzar el descenso ordena a su tripulación que fotografíe el cuásar gigante que está sobre sus cabezas, los billones de estrellas que orbitan en torno a Gargantúa, y los miles de millones de galaxias que brillan en el cielo. También fotografían el disco negro de Gargantúa que está debajo; tiene aproximadamente el tamaño del Sol visto desde la Tierra. A primera vista parece haberse tragado la luz de todas las estrellas y galaxias situadas tras el agujero. Pero observando más detenidamente, su tripulación descubre que el campo gravitatorio del agujero ha actuado como una lente (capítulo 8), desviando parte de la luz de las estrellas y galaxias alrededor del borde del horizonte y concentrándola en un anillo fino y brillante en el borde del disco negro. Ahí, en dicho anillo, se ven varias imágenes de cada estrella interceptada: una imagen producida por los rayos de luz desviados en torno al borde izquierdo del agujero, otra producida por los rayos desviados en torno al borde derecho, una tercera por los rayos que fueron atraídos para dar una órbita completa en torno al agujero y luego liberados en la misma dirección que traían, una cuarta por los rayos que dieron dos vueltas al agujero, y así sucesivamente. El resultado es una estructura anular muy compleja que su tripulación fotografía con gran detalle para su estudio posterior.

Terminada la sesión fotográfica, usted ordena a Kares que inicie el descenso de la nave espacial. Pero debe ser paciente. El agujero es tan enorme que acelerando y luego decelerando a 1 *g*, se necesitarán 13 años de tiempo de la nave espacial para alcanzar el objetivo de una circunferencia de 1,0001 horizontes.

Conforme la nave desciende, su tripulación hace un registro fotográfico de los cambios de apariencia del cielo en torno a la nave espacial. El más notable es el cambio en el disco negro del agujero bajo la nave: poco a poco se hace más grande. Usted espera que deje de crecer cuando haya cubierto toda la parte inferior del cielo como una alfombra negra gigante, dejando el cielo superior tan claro como en la Tierra. Pero no; el disco negro sigue creciendo, invadiendo las zonas laterales de su nave espacial hasta cubrirlo todo excepto una abertura circular brillante en la parte superior, una abertura a través de la que usted ve el Universo externo (figura P.4). Es como si hubiese entrado en una cueva y estuviese descendiendo cada vez más, observando que la boca brillante de la cueva se hace cada vez más pequeña en la distancia.

Su pánico aumenta y pide ayuda a AURORA:

—¿Cometió Kares algún error en el cálculo de nuestra trayectoria? ¿Nos hemos sumergido en el horizonte? ¡¿Estamos perdidos?!

—Tikhii, tikhii —responde tranquilizadoramente—. Estamos a salvo; todavía estamos fuera del horizonte. La oscuridad ha cubierto la mayor parte del cielo debido simplemente al poderoso efecto de lente de la gravedad del agujero. Mire allí, donde apunta mi aguja, casi exactamente sobre nuestras cabezas; esa es la galaxia 3C295. Antes de que usted empezase su descenso estaba en una dirección horizontal a 90 grados del cenit. Pero aquí, cerca del horizonte de Gargantúa, la gravedad del agujero atrae con tal fuerza los rayos de luz procedentes de 3C295 que los curva y los desvía desde una trayectoria horizontal hasta una casi vertical. Como resultado, 3C295 parece estar casi sobre nuestras cabezas.

Más tranquilo, continúa usted su descenso. La consola muestra el avance de su nave en términos tanto de la distancia radial (hacia abajo) recorrida como de la circunferencia de un círculo concéntrico con el agujero y que pasa por el lugar donde usted está situado. En las primeras etapas de su descenso, por cada kilómetro de distancia radial recorrido su circunferencia decrece en 6,283185307... kilómetros. La razón entre el decrecimiento de la circunferencia y el decrecimiento del radio era de 6,283185307 kilómetros por kilómetro, que es igual a 2π, precisamente lo que predice la fórmula estándar de Euclides para los círculos. Pero ahora, conforme su nave se acerca al horizonte, la razón entre el decrecimiento de la circunferencia y el decrecimiento del radio se está haciendo mucho menor que 2π: su valor es 5,960752960 en circunferencias de 10 horizontes, 4,442882938 en circunferencias de 2 horizontes; 1,894451650 en circunferencias de 1,1 horizontes; 0,625200306 en circunferencias de 1,01 horizontes. Estas desviaciones respecto a la geometría euclidiana estándar que los co-

P.4. La nave espacial cerniéndose sobre el horizonte del agujero negro, y las trayectorias a lo largo de las que viaja la luz hasta él procedentes de galaxias distantes (los rayos de luz). La gravedad del agujero desvía los rayos de luz hacia abajo («efecto de lente gravitatoria»), haciendo que los seres humanos en la nave espacial vean toda la luz concentrada en una mancha brillante circular sobre sus cabezas.

legiales aprenden en la escuela solamente son posibles en un espacio curvo; usted está viendo la curvatura que, según predice la relatividad general de Einstein, debe acompañar a la fuerza de marea del agujero (capítulos 2 y 3).

En la fase final del descenso de su nave, Kares aumenta cada vez más el impulso de los cohetes para detener su caída. Finalmente la nave llega a mantenerse en reposo en una circunferencia de 1,0001 horizontes, impulsando los motores con una aceleración de 10 *g* para mantenerse contra la poderosa atracción gravitatoria del agujero. En este kilómetro final de viaje radial la circunferencia decrece en sólo 0,062828712 kilómetros.

Haciendo esfuerzos para levantar sus brazos contra la molesta fuerza de 10 *g*, su tripulación orienta los teleobjetivos de sus cámaras para una larga y detallada sesión fotográfica. Excepto vestigios de radiación débil en su entorno debida al gas que cae y se calienta por colisiones, las únicas ondas electromagnéticas fotografiadas son aquellas que proceden de la mancha brillante superior. La mancha es pequeña, con un diámetro de sólo 3 grados de arco, seis veces el tamaño del Sol visto desde la Tierra.[10] Pero concentradas en el interior de esa mancha están las imágenes de todas las estrellas que orbitan en torno a Gargantúa y de todas las galaxias del Universo. En el centro exacto están las galaxias que están verdaderamente encima. En la región comprendida dentro de un 55 por 100 de la distancia entre el centro de la mancha y su borde están las imágenes de galaxias como 3C295 que, si no fuera por el efecto de lente del agujero, estarían en posiciones horizontales, a 90 grados del cenit. En el 35 por 100 de la distancia al límite de la mancha están las imágenes de las galaxias que usted sabe que están realmente en el lado opuesto del agujero con respecto a su posición, es decir, directamente bajo usted. En el 30 por 100 más externo de la mancha hay una segunda imagen de cada galaxia, y en el 2 por 100 más externo, ¡una tercera imagen!

De forma también peculiar, los colores de todas las estrellas y galaxias son falsos. Una galaxia que usted sabe que realmente es verde parece brillar con rayos X blandos: la gravedad de Gargantúa, al atraer la radiación de la galaxia que está bajo usted, ha hecho que la radiación sea más energética al disminuir su longitud de onda desde 5×10^{-7} metros (verde) a 5×10^{-9} metros (rayos X). Y, análogamente, el disco externo del cuásar 3C273, que usted sabe que emite radiación infrarroja con una longitud de onda de 5×10^{-5} metros, parece brillar con una luz verde de 5×10^{-7} metros de longitud de onda.[11]

Después de registrar completamente los detalles de la mancha superior, usted dirige su atención al interior de su nave espacial. Espera más o menos que aquí, tan cerca del horizonte del agujero, las leyes de la física cambiarán de alguna forma y estos cambios afectarán a su propia fisonomía. Pero no es así. Usted mira a su primera oficial, Kares; su apariencia es normal. Mira a su segundo oficial, Bret; su apariencia es normal. Toca a todos los demás; los siente normales. Bebe un vaso de agua; salvo los efectos de la aceleración de 10 g, el agua cae normalmente. Kares conecta un láser de argón ionizado; el láser produce la misma luz verde brillante de siempre. Bret lanza un pulso de un láser de rubí, luego lo desconecta y mide el tiempo que tarda el pulso de luz en viajar desde el láser a un espejo y volver; a partir de su medida calcula la velocidad de la luz. El resultado es exactamente el mismo que en un laboratorio situado en la Tierra: 299.792 kilómetros por segundo.

Todo en la nave es normal, exactamente igual que si la nave hubiese permanecido en la superficie de un planeta masivo con una gravedad de 10 g. Si usted no mirase fuera de la nave espacial y no viera la extraña mancha superior y la oscuridad que todo lo rodea, no sabría que estaba muy cerca del horizonte de un agujero negro en lugar de estar a salvo en la superficie del planeta; o casi no lo sabría. El agujero curva el espacio-tiempo en el interior de su nave espacial tanto como en el exterior y, con instrumentos suficientemente precisos, usted puede detectar la curvatura; por ejemplo, por la tensión de marea entre su cabeza y sus pies. Pero mientras que la curvatura es muy importante en la escala de la circunferencia de 300 billones de kilómetros del horizonte, sus efectos son minúsculos en la escala de 1 kilómetro de su nave espacial; la fuerza de marea producida por la curvatura entre un extremo de la nave y el otro es solamente de una centésima de una billonésima de gravedad terrestre (10^{-14} g), y entre su propia cabeza y sus pies es ¡mil veces menor que esto!

Para confirmar esta notable normalidad, Bret lanza fuera de la nave espacial una cápsula que contiene un instrumento constituido por un láser de pulsos y un espejo para medir la velocidad de la luz. Conforme la cápsula baja hacia el horizonte, el instrumento mide la velocidad con la que viajan los pulsos de luz desde el láser situado en el morro de la cápsula hasta el espejo que hay en su cola y regresa. Un ordenador de la cápsula transmite el resultado mediante un rayo láser dirigido hacia la nave: «299.792 kilómetros por segundo; 299.792; 299.792; 299.792...». El color del rayo láser recibido se desplaza desde el verde hasta el rojo, luego al infrarrojo, a las microondas, a las radioondas... a medida que la cápsula se acerca al horizonte, pero el mensaje sigue siendo el mismo: «299.792; 299.792; 299.792...». Y entonces el rayo del láser desaparece. La cápsula ha atravesado el horizonte, y mientras caía nunca hubo cambio alguno en la velocidad de la luz en su interior, ni hubo cambio alguno en las leyes de la física que gobernaban el funcionamiento de los sistemas electrónicos de la cápsula.

Estos resultados experimentales le satisfacen mucho. A comienzos del siglo xx Albert Einstein afirmó, basado fundamentalmente en argumentos filosóficos, que las leyes locales de la física (las leyes en regiones lo bastante pequeñas para que se pueda ignorar la curvatura del espacio-tiempo) deberían ser las mismas en cualquier parte del Universo. Esta afirmación ha quedado consagrada como un principio fundamental de la física, el *principio de equivalencia* (capítulo 2). En los siglos posteriores el principio de equivalencia fue sometido con mucha frecuencia a verificaciones experimentales, pero nunca fue verificado de una forma tan gráfica y tan completa como en los experimentos que usted lleva a cabo cerca del horizonte de Gargantúa.

Usted y su tripulación están ahora muy cansados por la lucha contra 10 gravedades terrestres, así que se preparan para la siguiente y última etapa de su viaje, el regreso a nuestra Vía Láctea. Su tripulación transmitirá un informe de sus exploraciones en Gargantúa durante las primeras fases del viaje; y puesto que su propia nave espacial pronto estará viajando a una velocidad próxima a la de la luz, las transmisiones llegarán a la Vía Láctea con menos de un año de antelación respecto a la nave, tal como se mide en la Tierra.

Mientras su nave espacial se aleja de Gargantúa, su tripulación hace un cuidadoso estudio telescópico del cuásar 3C273 en la parte superior (capítulo 9; véase la figura P.5). Sus chorros, finos haces de gas caliente expulsados del núcleo del cuásar, son enormes: su longitud es de 3 millones de años-luz. Orientando los telescopios hacia el núcleo, su tripulación ve la fuente de energía de los chorros: una espesa y caliente rosquilla de gas de un tamaño menor que 1 año-luz, con un agujero negro en su centro. La rosquilla, a la que los astrofísicos denominan un «disco de acreción», gira sin cesar en torno al agujero negro. Midiendo su circunferencia y periodo de rotación, su tripulación deduce la masa del agujero: 2.000 millones (2×10^9) de masas solares, 7.500 veces más pequeña que Gargantúa, pero mucho mayor que cualquier agujero en la

P.5.   El cuásar 3C273: un agujero negro de 2.000 millones de masas solares rodeado por una rosquilla de gas («disco de acreción») y con dos chorros gigantes que son expulsados a lo largo del eje de rotación del agujero.

Vía Láctea. Una corriente de gas fluye, atraída por la gravedad del agujero, desde la rosquilla hacia el horizonte. A diferencia de cualquier cosa que usted haya visto antes, conforme la corriente se aproxima al horizonte da vueltas en torno al agujero con un moviento de remolino similar a un tornado. ¡Este agujero debe estar girando muy rápidamente! El eje de giro es fácil de identificar; es el eje alrededor del cual se arremolina la corriente de gas. Usted nota que los dos haces son expulsados a lo largo del eje de giro. Nacen precisamente sobre los polos norte y sur del horizonte, donde absorben energía del giro del agujero y de la rosquilla (capítulos 9 y 11) de forma muy similar a como un tornado aspira el polvo del suelo.

El contraste entre Gargantúa y 3C273 es sorprendente: ¿por qué Gargantúa, con su masa y tamaño 1.000 veces mayor, no posee una rosquilla de gas que le rodee ni los chorros gigantes del cuásar? Tras un largo estudio telescópico, Bret le da la respuesta: cada pocos meses, alguna estrella en órbita en torno al agujero más pequeño de 3C273 se aproxima al horizonte y queda triturada por la fuerza de marea del agujero. Las entrañas de la estrella, equivalentes aproximadamente a 1 masa solar de gas, son vomitadas y derramadas en torno al agujero. Poco a poco la fricción interna dirige el gas derramado hacia el interior de la rosquilla. Este gas fresco reemplaza al gas de la rosquilla que está alimentando continuamente al agujero y los chorros. Por consiguiente, la rosquilla y los chorros se mantienen muy ricos en gas y continúan brillando intensamente.

Las estrellas también se acercan a Gargantúa, explica Bret. Pero, puesto que Gargantúa es mucho mayor que 3C273, la fuerza de marea fuera de su horizonte es demasiado débil para romper cualquier estrella. Gargantúa se traga las estrellas enteras sin vomitar sus entrañas a una rosquilla que le rodee. Y sin rosquilla a su alrededor, Gargantúa no tiene forma de producir chorros u otras muestras de violencia del cuásar.

Mientras su nave espacial sigue alejándose del poder gravitatorio de Gargantúa, usted hace planes para el viaje de regreso a casa. Cuando su nave llegue a la Vía Láctea, la Tierra será 4.000 millones de años más vieja que cuando usted partió. Los cambios en la sociedad humana serán tan enormes que usted no quiere volver allí. En lugar de ello, usted y su tripulación deciden colonizar el espacio que rodea a un agujero negro en rotación. Sabe que, del mismo modo que la energía de rotación del agujero en 3C273 proporcionaba la potencia a los chorros del cuásar, también la energía de rotación de un agujero más pequeño puede utilizarse como fuente de energía para la civilización humana.

Usted no quiere llegar a algún agujero escogido y descubrir que otros seres ya han construido otra civilización en torno a él; de modo que, en lugar de dirigir su nave espacial a un agujero en rotación rápida ya existente, decide dirigirse a un sistema de estrellas que darán lugar a un agujero en rápida rotación al poco tiempo de que su nave llegue allí.

Cuando usted dejó la Tierra, en la nebulosa de Orión de la Vía Láctea había un *sistema binario de estrellas* compuesto por dos estrellas de 30 masas solares orbitando cada una en torno a la otra. AURORA ha calculado que cada una de estas estrellas debería haber implosionado mientras usted estaba cerca de Gargantúa, para formar un agujero sin rotación de 24 masas solares (con 6 masa solares de gas expulsadas durante la implosión). Estos dos agujeros de 24 masas solares deberían estar ahora dando vueltas uno en torno al otro como un *agujero negro binario* y, a medida que orbitan, deberían emitir ondulaciones de fuerza de marea (ondulaciones de «curvatura del espacio-tiempo») llamadas *ondas gravitatorias* (capítulo 10). Estas ondas gravitatorias deberían provocar un retroceso en el sistema binario de la misma forma que una bala disparada hace retroceder el fúsil que dispara, y el *retroceso debido a la onda gravitatoria* debería llevar los agujeros a una lenta pero inexorable espiral convergente. Con un ligero ajuste de la aceleración de su nave espacial, usted puede sincronizar su llegada para hacerla coincidir con la última etapa de esta espiral convergente: varios días después de su llegada, usted verá que los horizontes no giratorios de los agujeros se arremolinan uno en torno al otro, cada vez más próximos y cada vez más rápidos, hasta que se fusionan para dar lugar a un único horizonte más grande y en rotación.

Debido a que los dos agujeros padres no giran, ninguno de ellos por sí solo puede servir como una fuente eficiente de energía para su colonia. Sin embargo, ¡el agujero recién nacido en rápida rotación será ideal!

Hogar

Después de 42 años de viaje, su nave espacial finalmente decelera en la nebulosa de Orión, donde AURORA predijo que estarían los dos agujeros. Ahí están, ¡en el lugar exacto! Midiendo el movimiento orbital de los átomos del gas interestelar que caen en los agujeros, usted comprueba que sus horizontes no están girando y que cada uno de ellos tiene una masa de 24 masas solares, exactamente como predijo AURORA. Cada horizonte tiene una circunferencia de 440 kilómetros; están a 30.000 kilómetros de distancia; y cada uno describe una órbita en torno al otro cada 13 segundos. Introduciendo estos números en las fórmulas de la relatividad general que dan el retroceso debido a la onda gravitatoria, usted concluye que los dos agujeros se fusionarán dentro de siete días.[12] Este es el tiempo justo que necesita su tripulación para preparar sus cámaras telescópicas y registrar los detalles. Fotografiando el anillo brillante de luz estelar focalizada que rodea al disco negro de cada agujero, ellos pueden seguir fácilmente los movimientos de los agujeros.

Usted quiere estar lo suficientemente cerca para ver con claridad, pero lo suficientemente alejado para estar a salvo de las fuerzas de marea de los agujeros. Decide que un buen lugar es una órbita diez veces mayor que la órbita que describe cada agujero en torno al otro, una órbita de un diámetro de 300.000 kilómetros y una circunferencia orbital de 940.000 kilómetros. Kares maniobra la nave espacial hasta colocarla en dicha órbita, y su tripulación empieza la observación fotográfica y telescópica.

Durante los tres días siguientes los dos agujeros se van acercando poco a poco y acelerando su movimiento orbital. Un día antes de la coalescencia, la distancia entre ellos se ha reducido desde 30.000 a 18.000 kilómetros y su periodo orbital ha disminuido desde 13 a 6,3 segundos. Una hora antes de la coalescencia están a 8.300 kilómetros de distancia y su periodo orbital es de 1,9 segundos. Un minuto antes de la coalescencia: separación 3.000 kilómetros, periodo 0,41 segundos. Diez segundos antes de la coalescencia: separación 1.900 kilómetros, periodo 0,21 segundos.

Entonces, en los últimos diez segundos, usted y su nave espacial empiezan a vibrar, suavemente al principio, luego cada vez con más violencia. Es como si un par de manos gigantescas le hubieran agarrado por la cabeza y los pies y estuvieran comprimiéndole y estirándole alternativamente cada vez con más fuerza y con más rapidez. Y entonces, más repentinamente de como empezó, la vibración se detiene. Todo está tranquilo.

—¿Qué fue eso? —murmura a AURORA su voz temblorosa.

—Tikhii, tikhii —responde ella tranquilizadoramente—. Eso era la fuerza de marea ondulante de las ondas gravitatorias producidas por la coalescencia de los agujeros. Usted está acostumbrado a ondas gravitatorias tan débiles que sólo instrumentos muy delicados pueden detectar sus fuerzas de marea. Sin embargo, aquí, cerca de los agujeros coalescentes, las ondas eran tremendamente intensas, tan intensas que si hubiésemos estado en una órbita 30 veces más pequeña la nave espacial habría sido triturada por las ondas. Pero ahora estamos a salvo. La coalescencia ha terminado y las ondas han pasado; siguen su camino por el Universo, llevando a los astrónomos lejanos una descripción sinfónica de la coalescencia (capítulo 10).

Orientando uno de los telescopios de su equipo hacia la fuente de gravedad que hay debajo, usted ve que AURORA tiene razón: la coalescencia ha terminado. Donde antes había dos agujeros, ahora hay sólo uno, y está girando rápidamente, como puede apreciarse por el remolino de átomos que caen dentro. Este agujero será un generador ideal de energía para su tripulación y miles de generaciones de descendientes.

Midiendo la órbita de la nave espacial, Kares deduce que el agujero tiene 45 masas solares. Puesto que la masa total de los agujeros padres era de 48 masas solares, 3 masas solares deben de haberse convertido en pura energía transportada por las ondas gravitatorias. ¡No sorprende que las ondas golpeasen tan fuerte!

Cuando ustedes están orientando sus telescopios hacia el agujero, un objeto pequeño pasa inesperadamente como un rayo junto a su nave espacial, desprendiendo chispas brillantes profusamente y en todas direcciones, y luego explota, abriendo un orificio en la pared de la nave. Sus bien entrenados robots y su tripulación corren a sus puestos de combate, buscan en vano la nave de guerra atacante hasta que, respondiendo a una petición de ayuda, AURORA anuncia tranquilizadoramente por el sistema de altavoces de la nave: «Tikhii, tikhii; no nos están atacando. Eso era simplemente un agujero negro primordial, evaporándose y explotando finalmente» (capítulo 12).

—¡¿Un qué?! —grita usted.

—Un agujero negro primordial, evaporándose y luego destruyéndose en una explosión —repite AURORA.

—¡Explícate! —ordena usted—. ¿Qué quieres decir con *primordial*? ¿Qué quieres decir con *evaporándose y explotando*? Estás diciendo cosas absurdas. Las cosas pueden caer dentro de un agujero negro, pero nada puede escapar nunca; nada puede «evaporarse». Y un agujero negro vive eternamente; siempre crece, nunca se contrae. No hay manera de que un agujero negro pueda «explotar» y destruirse a sí mismo. Eso es absurdo.

Pacientemente, como siempre, AURORA le instruye:

—Los objetos grandes, tales como seres humanos, estrellas y agujeros negros formados a partir de la implosión de una estrella, están gobernados por las leyes *clásicas* de la física —explica ella—, por las leyes del movimiento de Newton, las leyes de la relatividad de Einstein, y demás. Por el contrario, los objetos minúsculos, por ejemplo, átomos, moléculas y agujeros negros más pequeños que un átomo, están gobernados por un conjunto de leyes muy diferentes, las leyes *cuánticas* de la física (capítulos 4-6, 10 y 12-14). Mientras las leyes clásicas prohíben que un agujero negro de tamaño normal se evapore, se contraiga, explote o se destruya, no sucede lo mismo con las leyes cuánticas. Estas últimas exigen que cualquier agujero negro de tamaño atómico se evapore poco a poco y se contraiga hasta alcanzar una pequeña circunferencia crítica, aproximadamente la misma que la de un núcleo atómico. El agujero, que a pesar de su minúsculo tamaño tiene una masa de alrededor de mil millones de toneladas, debe destruirse entonces en una enorme explosión. La explosión convierte toda la masa de mil millones de toneladas del agujero en energía que se derrama: es un billón de veces más energético que la más potente explosión nuclear que los humanos hayan nunca provocado en la Tierra en el siglo xx. Precisamente una de estas explosiones ha dañado ahora nuestra nave —explica AURORA.

»Pero no tiene que preocuparse de que pueda haber más explosiones —continúa AURORA—. Tales explosiones son extraordinariamente raras porque los agujeros negros minúsculos son extraordinariamente raros. El único lugar en donde los agujeros negros minúsculos pudieron crearse fue en el big bang que dio origen a nuestro Universo, hace veinte mil millones de años; por esto es por lo que se les llama agujeros *primordiales*. El big bang dio lugar solamente a unos pocos de tales agujeros primordiales, y esos pocos agujeros se han estado evaporando y contrayendo lentamente desde su nacimiento. De tanto en tanto, uno de ellos alcanza su tamaño crítico más pequeño y explota (capítulo 12). Si uno de ellos hizo explosión mientras pasaba como un rayo junto a nuestra nave fue sólo una casualidad, un suceso extraordinariamente poco probable, y es muy poco probable que nuestra nave espacial vuelva a encontrar alguna vez otro agujero de estas características.

Aliviado, ordena a su tripulación que empiece a reparar la nave mientras usted y sus oficiales inician un estudio telescópico del agujero negro de 45 masas solares y en rápida rotación situado bajo ustedes.

La rotación del agujero se manifiesta no sólo en el remolino de los átomos que caen hacia él, sino también en la forma de la mancha negra con borde brillante que forma en el cielo bajo ustedes: la mancha negra está comprimida como una calabaza; está ensanchada en su ecuador y achatada en sus polos. La fuerza centrífuga debida a la rotación del agujero, que tira hacia afuera, origina el ensanchamiento y el achatamiento (capítulo 7). Pero el ensanchamiento no es simétrico: parece mayor en el borde derecho del disco, que se está alejando de usted por efecto de la rotación del horizonte, que en el borde izquierdo. AURORA explica que esto se debe a que el horizonte puede capturar los rayos de la luz estelar con más facilidad si éstos se mueven hacia usted pasando cerca del borde derecho, en sentido contrario a su rotación, que cuando pasan cerca del borde izquierdo, a favor de su rotación.

Midiendo la forma de la mancha y comparándola con las fórmulas de la relatividad general para los agujeros negros, Bret infiere que el momento angular de rotación del agujero es de un 96 por 100 del valor máximo permitido para un agujero con esa masa. Y a partir de este momento angular y la masa de 45 soles del agujero usted calcula otras propiedades del mismo, incluyendo la velocidad angular de rotación de su horizonte, 270 revoluciones por segundo, y su circunferencia ecuatorial, 533 kilómetros.

La rotación del agujero le intriga. Nunca antes pudo usted observar tan de cerca un agujero en rotación. De modo que, con remordimientos de conciencia, pide a un robot voluntario que explore la vecindad del horizonte y transmita sus experiencias. El robot, cuyo nombre es Kolob, recibe instrucciones detalladas: «Desciende hasta diez metros sobre el horizonte y enciende allí tus motores a reacción para mantenerte en reposo, suspendido justamente en la vertical de la nave espacial. Utiliza tus motores a reacción para contrarrestar la atracción hacia adentro de la gravedad y el remolino en forma de tornado del espacio».

Dispuesto para la aventura, Kolob sale del vientre de la nave espacial y se lanza hacia abajo accionando sus motores a reacción, suavemente al principio, con más intensidad luego, para resistir el remolino del espacio y permanecer directamente bajo la nave. Al principio Kolob no tiene problemas, pero cuando alcanza una circunferencia de 833 kilómetros, un 56 por 100 mayor que la del horizonte, su luz láser transmite el siguiente mensaje: «¡No puedo resistir el remolino, no puedo; no puedo!» y, como una piedra atrapada en un tornado, comienza a girar con un movimiento circular en torno al agujero (capítulo 7).

—No te preocupes —responde usted—. Resiste como puedas el remolino, y continúa descendiendo hasta que estés a diez metros por encima del horizonte.

Kolob obedece. A medida que desciende es arrastrado con movimientos circulares cada vez más rápidos. Finalmente, cuando detiene su descenso y se mantiene a diez metros por encima del horizonte, está dando vueltas en torno al agujero en una órbita que se ciñe estrechamente al mismo horizonte, a 270 revoluciones por segundo. Por mucho que trate de oponerse a este movimiento, no puede. El remolino del espacio no le deja detenerse.

—Dispara los motores en la dirección contraria —ordena usted—. Si no puedes girar a menos de 270 revoluciones por segundo, trata de moverte más rápido.

Kolob lo intenta. Dispara los motores, manteniéndose siempre a 10 metros por encima del horizonte pero tratando de dar vueltas más rápido que antes. Aunque él siente la aceleración normal del impulso de sus motores, usted ve que su movimiento apenas cambia. Sigue dando vueltas en torno al agujero 270 veces por segundo. Y luego, antes de que pueda usted transmitirle más instrucciones, su combustible se agota; empieza a caer hacia abajo; su luz láser se desplaza rápidamente de un extremo a otro del espectro electromagnético, desde el verde al rojo, al infrarrojo, a las radioondas, y luego se desvanece sin que haya ningún cambio en su movimiento circular. Ha desaparecido dentro del agujero, hundiéndose hacia la violenta singularidad que usted no verá nunca.

Tras tres semanas de lamentaciones, experimentos y estudios telescópicos, su tripulación empieza a planear el futuro. Trayendo materiales de planetas lejanos, construyen una estructura anular en torno al agujero. El anillo tiene una circunferencia de 5 millones de kilómetros, un grosor de 3,4 kilómetros y una anchura de 4.000 kilómetros. Gira a la velocidad precisa, dos revoluciones por hora, para que las fuerzas centrífugas equilibren la atracción gravitatoria del agujero en el plano central del anillo, a 1,7 kilómetros de sus caras interna y externa. Sus dimensiones se han escogido cuidadosamente para que las personas que prefieran vivir con 1 gravedad terrestre puedan establecer sus hogares cerca de las caras interna o externa del anillo, mientras aquellos que prefieren una gravedad menor puedan vivir cerca de su centro. Estas diferencias en gravedad se deben en parte a la fuerza centrífuga del anillo rotatorio, y en parte a la fuerza de marea del agujero o, en lenguaje de Einstein, a la curvatura del espacio-tiempo.[13]

La energía eléctrica que calienta e ilumina este mundo anular se extrae del agujero negro: el 20 por 100 de la masa del agujero está almacenada en forma de energía en el remolino similar a un tornado en el espacio exterior aunque próximo al horizonte (capítulos 7 y 11). ¡Esto supone una energía 10.000 veces mayor que la que radiará el Sol en forma de calor y luz durante toda su vida!; y, al estar fuera del horizonte, puede ser extraída. No importa que el extractor de energía del mundo anular tenga una eficiencia de sólo un 50 por 100; su suministro de energía es aún 5.000 veces mayor que el del Sol.

El extractor de energía funciona basado en el mismo principio por el que lo hacen algunos cuásares (capítulos 9 y 11): su tripulación ha ensartado un campo magnético a través del horizonte del agujero y lo mantiene en el agujero, a pesar de su tendencia a salirse de él, por medio de bobinas superconductoras gigantes (figura P.6). Al girar el horizonte, arrastra al espacio cercano en un remolino similar a un tornado que a su vez interacciona con el campo magnético ensartado para formar un gigantesco generador de energía eléctrica. Las líneas de campo magnético actúan como líneas de transmisión para la energía. La corriente eléctrica sale del ecuador del agujero (en forma de electrones que fluyen hacia adentro) y remonta las líneas de campo magnético hasta el mundo anular. Allí la corriente deposita su energía. A continuación sale del mundo anu-

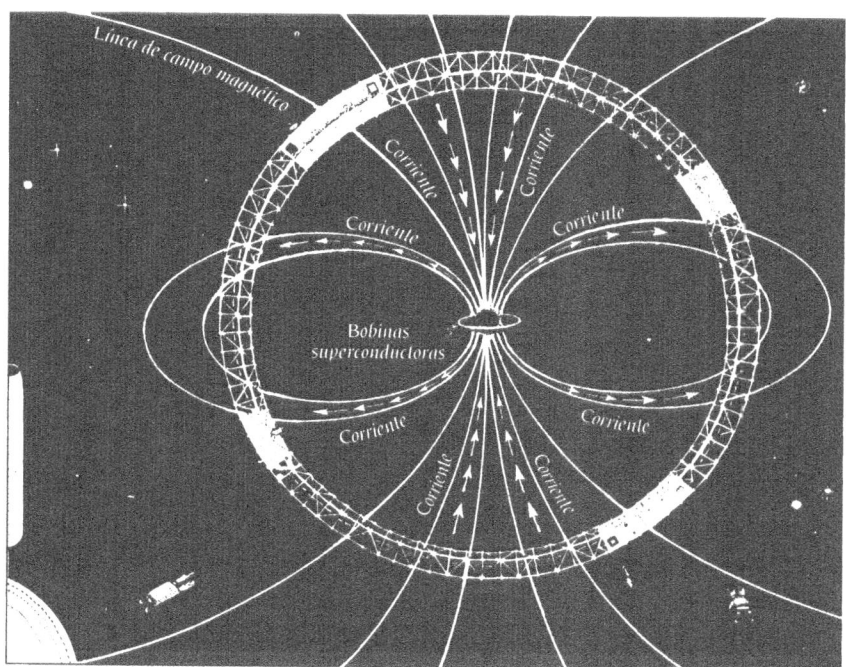

P.6. Una ciudad en una estructura anular alrededor de un agujero negro en rotación, y el sistema electromagnético mediante el cual la ciudad extrae energía de la rotación del agujero.

lar por otro conjunto de líneas de campo magnético y baja hasta los polos norte y sur del agujero (en forma de positrones que fluyen hacia adentro). Ajustando la intensidad del campo magnético, los habitantes de este mundo pueden ajustar la potencia de salida: un campo débil y una baja potencia en los primeros años del mundo; campo fuerte y alta potencia en años posteriores. Poco a poco, a medida que se extrae energía, el agujero frenará su rotación, pero necesitará muchos eones para agotar la enorme reserva de energía de rotación del agujero.

Su tripulación y las incontables generaciones de sus descendientes pueden llamar «hogar» a este mundo artificial y utilizarlo como base para futuras exploraciones del Universo. Pero no usted. Usted añora la Tierra y los amigos que dejó allí, amigos que deben haber muerto hace más de 4.000 millones de años. Su añoranza es tan grande que está dispuesto a arriesgar el último cuarto de su vida normal de unos 200 años en un peligroso y quizá temerario intento de volver a la era idílica de su juventud.

Viajar hacia el futuro es bastante fácil, como ha demostrado su viaje por los agujeros. Pero no lo es viajar hacia el pasado. De hecho, un viaje semejante

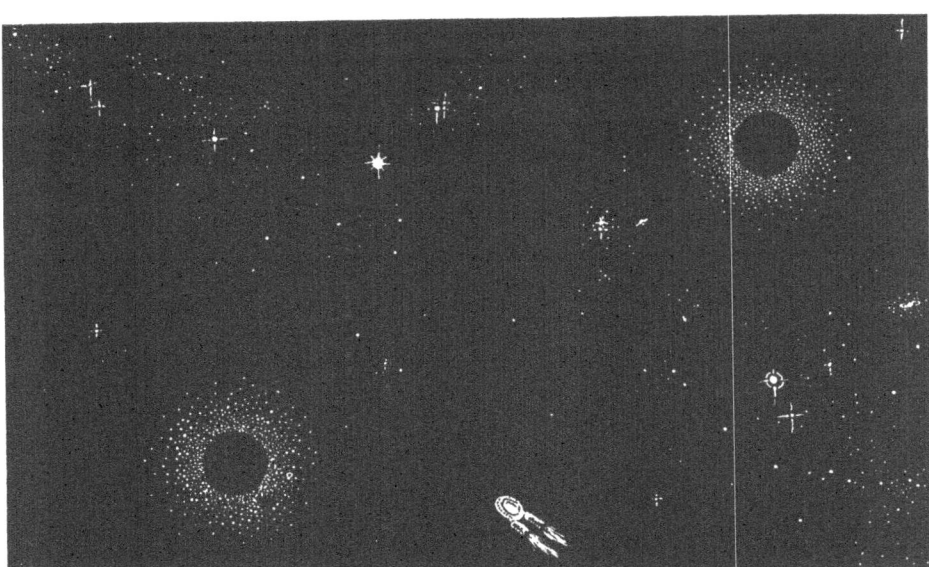

P.7.   Las dos bocas de un agujero de gusano hipotético. Entre en cualquiera de las bocas, y emergerá usted por la otra, habiendo viajado a través de un corto tubo (la garganta del agujero de gusano) que no se extiende a través de nuestro Universo sino a través del hiperespacio.

podría estar completamente prohibido por las leyes fundamentales de la física. Sin embargo, AURORA le habla de especulaciones, que se remontan al siglo XX, acerca de que el viaje hacia atrás en el tiempo podría conseguirse con la ayuda de una hipotética distorsión del espacio llamada *agujero de gusano* (capítulo 14). Esta distorsión del espacio consiste en dos agujeros de entrada (las *bocas* del agujero de gusano), que se parecen mucho a agujeros negros aunque sin horizontes, y que pueden estar muy distantes uno de otro en el Universo (figura P.7). Cualquier cosa que entra por una boca se encuentra en un tubo muy corto (la *garganta* del agujero de gusano) que conduce de una boca a otra. El tubo no puede verse desde nuestro Universo porque se extiende a través del *hiperespacio* y no a través del espacio normal. Podría ser que el tiempo se conectara consigo mismo en el agujero de gusano de una manera diferente a como lo hace en nuestro Universo, explica AURORA. Atravesando el agujero de gusano en una dirección, por ejemplo desde la boca izquierda hacia la derecha, uno podría retroceder en el tiempo de nuestro Universo, mientras que atravesando el agujero de gusano en dirección opuesta, de derecha a izquierda, uno iría hacia adelante. Un agujero de gusano semejante constituiría una distorsión del tiempo tanto como una distorsión del espacio.

Las leyes de la gravedad cuántica exigen la existencia de este tipo de agujeros de gusano extraordinariamente minúsculos (capítulos 13 y 14), le dice AURO-RA. Estos agujeros cuánticos deben ser tan minúsculos, de un tamaño de apenas 10^{-33} centímetros, que su existencia es sólo fugaz, demasiado breve, 10^{-43} segundos, para ser utilizables para viajar en el tiempo.[14] Deben nacer súbitamente y luego desaparecer en una forma aleatoria e impredecible: aquí, allí y en cualquier parte. Muy ocasionalmente, un agujero de gusano fugaz tendrá una boca cerca del mundo anular hoy y la otra cerca de la Tierra en una época hace 4.000 millones de años cuando usted inició su viaje. AURORA propone tratar de atrapar un agujero de gusano de este tipo cuando surja, ampliarlo como un niño hincha un globo, y mantenerlo abierto el tiempo suficiente para que usted pueda viajar a través de él al hogar de su juventud.

Pero AURORA le advierte de un gran peligro. Los físicos han conjeturado, aunque nunca ha sido probado, que un instante antes de que un agujero de gusano ampliado se convierta en una máquina del tiempo, el agujero de gusano debe autodestruirse en un destello explosivo gigante. De esta forma, el Universo podría protegerse a sí mismo de las paradojas del viaje en el tiempo, tales como la de un hombre que se remonta en el tiempo y mata a su madre antes de que él fuera concebido, y de esta forma se impide a sí mismo el haber nacido y matar a su madre (capítulo 14).

Si la conjetura de los físicos es falsa, entonces AURORA podría ser capaz de mantener abierto el agujero de gusano durante unos pocos segundos, con una garganta suficientemente grande para que usted viaje a través de ella. Esperando atentamente a que AURORA amplíe el agujero de gusano e introduciéndose entonces en él, en una fracción de segundo de su propio tiempo llegará usted a su casa en la Tierra, en la época de su juventud hace 4.000 millones de años. Pero si la máquina del tiempo se autodestruye, usted será destruido con ella. Usted decide probar suerte...

* * *

La historia anterior parece ciencia ficción. En realidad, parte de ella lo es: yo no puedo garantizarle de ninguna forma que exista un agujero negro de 10 masas solares cerca de la estrella Vega, o un agujero de un millón de masas solares en el centro de la Vía Láctea, o un agujero negro de 15 billones de masas solares en cualquier parte del Universo; todo ello es especulación aunque ficción plausible. Tampoco puedo garantizar que los seres humanos tengan éxito alguna vez en desarrollar la tecnología para viajes intergalácticos, o siquiera para viajes interestelares, o para construir mundos anulares de estructuras rígidas en torno a agujeros negros. Estas también son ficciones especulativas.

Por el contrario, puedo garantizar con bastante, aunque no completa, fiabilidad que en nuestro Universo existen agujeros negros y que tienen las propiedades descritas en la historia anterior. Si usted se mantiene en una nave espacial justo por encima del horizonte de un agujero de 15 billones de masas solares, le garantizo que las leyes de la física serán las mismas en el interior de su nave espacial que en la Tierra y que, cuando usted mire los cielos que

le rodean, verá el Universo entero brillando bajo usted en un brillante y pequeño disco de luz. Le garantizo que si envía una sonda robot a las proximidades
del horizonte de un agujero giratorio, por mucho que se esfuerce nunca podrá
moverse hacia adelante o hacia atrás a una velocidad distinta de la propia velocidad de rotación del agujero (270 revoluciones por segundo en mi ejemplo).
Garantizo que un agujero que gire con mucha velocidad puede almacenar hasta un 29 por 100 de su masa como energía de rotación y que, si uno es lo bastante ingenioso, puede extraer dicha energía y utilizarla.

   ¿Cómo puedo garantizar todas estas cosas con tanta certidumbre? Después
de todo, yo no he visto nunca un agujero negro. Nadie lo ha visto. Los astrónomos sólo han encontrado evidencia indirecta de la existencia de agujeros negros (capítulos 8 y 9) y ninguna evidencia observacional de sus propiedades detalladas tal como aquí se exponen. ¿Cómo puedo ser tan audaz para garantizar
tantas cosas acerca de ellos? Por una sencilla razón. De la misma forma que
las leyes de la física predicen la pauta de las mareas oceánicas en la Tierra, la
hora y altura de cada marea alta y cada marea baja, también las leyes de la
física, si las entendemos correctamente, predicen estas propiedades de los agujeros negros, y las predicen sin equívocos. A partir de la descripción newtoniana de las leyes de la física es posible deducir, mediante cálculos matemáticos,
la secuencia de las mareas terrestres para el año 1999 o el año 2010; análogamente, a partir de la descripción de las leyes que da la relatividad general de
Einstein, es posible deducir, mediante cálculos matemáticos, todo lo que hay
que saber sobre las propiedades de los agujeros negros, del horizonte hacia
afuera.

   ¿Y por qué creo yo que la descripción de las leyes fundamentales de la física
que da la relatividad general de Einstein es muy aproximada? Después de todo,
sabemos que la descripción newtoniana deja de ser aproximada en las proximidades de un agujero negro.

   Las descripciones acertadas de las leyes fundamentales contienen en sí mismas una indicación fuerte de dónde dejarán de ser válidas (sección final del
capítulo 1). La descripción newtoniana nos dice que probablemente fallará cerca de un agujero negro (aunque sólo en el siglo xx aprendimos a leer esto en
la descripción newtoniana). Análogamente, la descripción de la relatividad general de Einstein inspira confianza en el exterior de un agujero negro, en su
horizonte y en el interior del agujero hasta llegar casi (pero no del todo) a la
singularidad que existe en su centro. Esto es algo que me da confianza en las
predicciones de la relatividad general. Otra cosa que me da confianza es el hecho de que, aunque las predicciones de agujeros negros de la relatividad general no han sido directamente verificadas, ha habido verificaciones de alta precisión de otras características de la relatividad general en la Tierra, en el Sistema
Solar y en sistemas binarios que contienen estrellas compactas y exóticas llamadas púlsares. La relatividad general ha superado todas estas pruebas con brillantes resultados.[15]

   Durante los últimos veinte años he participado en la investigación en física
teórica que dio lugar a nuestra comprensión actual de los agujeros negros así

como en el intento de verificar las predicciones de agujeros negros mediante la observación astronómica. Mis contribuciones personales han sido modestas, pero junto a mis colegas físicos y astrónomos he disfrutado con la excitación de la búsqueda y me he maravillado de las ideas a que ha dado lugar. Este libro es mi intento por transmitir algo de esa excitación y sensación de maravilla a las personas que no son expertas en astronomía o en física.

La relatividad
del espacio y del tiempo

*donde Einstein destruye
las ideas newtonianas
del espacio y del tiempo absolutos* [1]

13 de abril de 1901

Profesor Wilhelm Ostwald
Universidad de Leipzig
Leipzig, Alemania

Estimado Herr Profesor:

Le ruego disculpe a un padre que es tan atrevido como para dirigirse a usted, estimado Herr Profesor, en interés de su hijo.

Empezaré diciéndole que mi hijo Albert tiene 22 años, que estudió en el Politécnico de Zurich durante 4 años, y que el pasado verano superó con brillantes notas los exámenes para obtener su título en matemáticas y física. Desde entonces ha estado tratando sin éxito de obtener un puesto como ayudante, lo que le permitiría continuar su formación en física teórica y experimental. Todos aquellos en situación de emitir un juicio, elogian su talento; en cualquier caso, puedo asegurarle que es extraordinariamente estudioso y diligente y se dedica con gran amor a su ciencia.

Por todo ello, mi hijo se siente profundamente disgustado debido a su actual falta de empleo; tiene la idea de que ha equivocado el camino en su carrera y cada vez se encierra más en sí mismo. Además, está agobiado por la idea de que representa una carga para nosotros, gente de medios modestos.

Puesto que es a usted, altamente reconocido Herr Profesor, a quien mi hijo parece admirar y estimar por encima de cualquier otro estudioso actualmente en activo en la física, es a usted a quien me he tomado la libertad de dirigirme con la humilde petición de que lea su artículo publicado en los *Annalen für Physick* y le escriba, si es posible, algunas palabras de ánimo para que pueda recuperar su alegría de vivir y trabajar.

Si, además, usted pudiera asegurarle un puesto como ayudante para ahora mismo o para el próximo otoño, mi gratitud no tendría límites.

Le ruego una vez más que perdone mi atrevimiento al escribirle, y también me tomo la libertad de mencionar que mi hijo no sabe nada de este paso poco usual que he dado.

Quedo, altamente estimado Herr Profesor, suyo afectísimo

HERMANN EINSTEIN[2]

R ealmente era un periodo de depresión para Albert Einstein. Habían pasado ocho meses desde que se graduó en el Politécnico de Zurich a la edad de 21 años, y no encontraba trabajo. Se sentía un fracasado.

En el Politécnico (normalmente llamado el «ETH» por sus iniciales alemanas), Einstein había sido alumno de algunos de los más reputados físicos y matemáticos del mundo, pero no se había llevado bien con ellos. En el mundo académico de comienzos de siglo, donde la mayoría de los Profesores (con una P mayúscula) pedían y esperaban respeto, Einstein no les concedía mucho. Desde su infancia se había rebelado contra la autoridad, cuestionándoselo todo y no aceptando nunca nada sin comprobar su verdad por sí mismo. «El respeto irreflexivo por la autoridad es el mayor enemigo de la verdad»,[3] afirmaba. Heinrich Weber, el más famoso de sus dos profesores de física en el ETH, se quejaba con exasperación: «Usted es un muchacho inteligente, Einstein, un muchacho muy inteligente. Pero tiene un gran defecto: no deja que nadie le diga nada». Su otro profesor de física, Jean Pernet, le preguntó por qué no estudiaba medicina, derecho o filología en lugar de física. «Usted puede hacer lo que le guste —le dijo Bernet—, sólo quiero advertirle por su propio interés.»

Einstein no hacía nada por mejorar las cosas con su actitud displicente hacia los programas de estudio. «Uno tenía que empollarse todo ese material para los exámenes, le gustase o no», dijo más tarde. Su profesor de matemáticas, Hermann Minkowski, de quien oiremos hablar mucho en el capítulo 2, estaba tan harto de la actitud de Einstein que le calificó de «zángano».

Pero Einstein no era un zángano. Simplemente era selectivo. Estudió exhaustivamente algunas partes del programa; y otras las ignoró, prefiriendo emplear su tiempo en estudio y reflexión autodidacta. Pensar era divertido, alegre y satisfactorio; por sí mismo pudo aprender la «nueva» física, la física que Heinrich Weber omitía en sus lecciones.

El espacio y el tiempo absolutos de Newton, y el éter

La «vieja» física, la física que Einstein *pudo* aprender de Weber, era un gran cuerpo de conocimientos al que llamaré *física newtoniana*, no porque Isaac Newton fuera el responsable de toda ella (no lo era), sino porque sus fundamentos fueron establecidos por Newton en el siglo XVII.

A finales del siglo XIX, todos los fenómenos dispares del Universo físico podían explicarse de una forma muy bella a partir de un puñado de sencillas *leyes*

físicas newtonianas. Por ejemplo, todos los fenómenos en los que estaba implicada la gravedad podían explicarse por las *leyes newtonianas del movimiento
y de la gravedad*:

- Todo objeto se mueve uniformemente en línea recta a menos que sobre
  él actúe alguna fuerza.
- Cuando una fuerza actúa, la velocidad del objeto cambia a un ritmo proporcional a la fuerza e inversamente proporcional a su masa.
- Entre dos objetos cualesquiera en el Universo actúa una fuerza gravitatoria que es proporcional al producto de sus masas e inversamente proporcional al cuadrado de la distancia que los separa.

Manipulando matemáticamente* estas tres leyes, los físicos del siglo xix podían explicar las órbitas de los planetas alrededor del Sol, las órbitas de los
satélites alrededor de los planetas, el flujo y reflujo de las mareas oceánicas,
y la caída de los graves; e incluso podían saber cuánto pesaban el Sol y la Tierra. Análogamente, manipulando un conjunto sencillo de leyes eléctricas y magnéticas, los físicos podían explicar los relámpagos, los imanes, las ondas de radio y la propagación, difracción y reflexión de la luz.

La fama y la fortuna esperaban a quienes pudieran aplicar las leyes de Newton a la tecnología. Manipulando matemáticamente las leyes newtonianas del
calor, James Watt concibió cómo se podría convertir una primitiva máquina
de vapor diseñada por otros en un dispositivo práctico que llegó a llevar su nombre. Apoyándose firmemente en la manera de Joseph Henry de entender las
leyes de la electricidad y el magnetismo, Samuel Morse diseñó su provechosa
versión del telégrafo.

Tanto los inventores como los físicos estaban orgullosos de la perfección
de sus conocimientos. Cualquier cosa en los cielos y en la Tierra parecía obedecer a las leyes de la física newtoniana, y el dominio de las leyes proporcionaba
a los seres humanos un dominio de su entorno —y quizá un día llegarían a
dominar el Universo entero.

Einstein pudo aprender todas estas viejas y bien establecidas leyes newtonianas, y sus aplicaciones tecnológicas, en las clases de Heinrich Weber, y las
aprendió bien. De hecho, en sus primeros años en el ETH, Einstein sentía entusiasmo por Weber. En febrero de 1898 escribió a Mileva Marić, la única mujer compañera de curso en el ETH (y de quien estaba enamorado): «las lecciones de Weber son magistrales. Espero ansioso cada una de sus clases».[5]

Pero en su cuarto año en el ETH, Einstein llegó a sentirse muy insatisfecho.
Weber explicaba sólo la *vieja* física. Ignoraba completamente algunos de los
desarrollos más importantes de las últimas décadas, incluyendo el descubrimiento
por parte de James Clerk Maxwell de un nuevo conjunto de elegantes leyes del

---

* Los lectores que deseen comprender lo que se entiende por «*manipulando matemáticamente*» las leyes de la física encontrarán una discusión en las notas al final del libro.[4]

electromagnetismo a partir de las cuales se podían deducir *todos* los fenómenos electromagnéticos: el comportamiento de los imanes, las descargas eléctricas, los circuitos eléctricos, las ondas de radio o la luz. Einstein tuvo que aprender por su cuenta las leyes unificadoras del electromagnetismo de Maxwell, leyendo libros actualizados escritos por físicos de otras universidades, y presumiblemente no dudó en informar a Weber de su insatisfacción. Sus relaciones con Weber se deterioraron.

Visto retrospectivamente, resulta evidente que de todas las cosas que Weber ignoró en sus lecciones, la más importante era la creciente evidencia de grietas en los fundamentos de la física newtoniana, unos fundamentos cuyo cemento y ladrillos eran los conceptos del espacio y del tiempo absolutos de Newton.

El *espacio absoluto* de Newton era el espacio de la experiencia cotidiana, con sus tres dimensiones: este-oeste, norte-sur, arriba-abajo. Resultaba obvio, por la experiencia cotidiana, que existe uno y sólo un espacio semejante. Es un espacio compartido por toda la humanidad, por el Sol, por todos los planetas y estrellas. Cada uno de nosotros se mueve en este espacio en trayectorias y con velocidades propias, pero nuestra experiencia del espacio es la misma, independientemente de nuestro movimiento. Este espacio nos proporciona nuestra sensación de longitud, anchura y altura; y de acuerdo con las leyes de Newton, todos nosotros, independientemente de nuestro movimiento, estaremos de acuerdo en la longitud, anchura y altura de un objeto, con tal de que hagamos medidas suficientemente precisas.

El *tiempo absoluto* de Newton era el tiempo de la experiencia cotidiana, el tiempo que fluye inexorablemente hacia adelante a medida que envejecemos, el tiempo medido por los relojes de alta calidad y por la rotación de la Tierra y el movimiento de los planetas. Es un tiempo cuyo flujo es experimentado en común por toda la humanidad, por el Sol, por todos los planetas y por todas las estrellas. Según Newton, todos nosotros, independientemente de nuestro movimiento, estaremos de acuerdo en el periodo de una órbita planetaria o en la duración del discurso de algún político, con tal de que utilicemos relojes suficientemente precisos para medir la órbita o el discurso.

Si los conceptos de espacio y tiempo absolutos de Newton se derrumbaran, todo el edificio de las leyes físicas newtonianas se vendría abajo. Afortunadamente, año tras año, década tras década, siglo tras siglo, los conceptos fundamentales de Newton habían permanecido firmes dando lugar a un triunfo científico tras otro, desde el dominio de los planetas al domino de la electricidad o el dominio del calor. No había indicio de ninguna grieta en los fundamentos; no hasta 1881, cuando Albert Michelson comenzó a medir la propagación de la luz.

Parecía obvio, y las leyes newtonianas así lo exigían, que si se mide la velocidad de la luz (o de cualquier otra cosa) el resultado debe depender del movimiento de quien mide. Si quien mide está en reposo en el espacio absoluto, entonces debería ver la misma velocidad de la luz en todas las direcciones. Por el contrario, si quien mide se está moviendo a través del espacio absoluto, pongamos por caso hacia el este, entonces debería ver más lenta la luz que se propaga hacia el este y más rápida la luz que se propaga hacia el oeste, de la misma forma que una persona situada en un tren que viaja hacia el este ve más lentos los pájaros que vuelan hacia el este y más rápidos los que vuelan hacia el oeste.

En el caso de los pájaros es el aire el que determina la velocidad de su vuelo. Al batir sus alas en el aire, los pájaros de cada especie se mueven con la misma velocidad máxima a través del aire, independientemente de la dirección de su vuelo. Análogamente, para la luz existía una sustancia, llamada *éter*, que determinaba la velocidad de propagación de acuerdo con las leyes de la física newtoniana. Al batir sus campos eléctrico y magnético en el éter, la luz se propaga siempre con la misma velocidad universal a través del éter, independientemente de su dirección de propagación. Y puesto que el éter (según los conceptos newtonianos) está en reposo en el espacio absoluto,[6] alguien que esté en reposo medirá la misma velocidad de la luz en todas las direcciones, mientras que alguien que esté en movimiento medirá diferentes velocidades de la luz según la dirección.

Ahora bien, la Tierra se mueve a través del espacio absoluto, aunque sólo fuera por su movimiento alrededor del Sol: en enero se mueve en una dirección; en junio, seis meses después, se mueve en la dirección opuesta. Por consiguiente, nosotros en la Tierra mediremos una velocidad de la luz diferente en direcciones diferentes, y las diferencias cambiarán con las estaciones —aunque sólo de forma muy ligera (alrededor de 1 parte en 10.000), porque la Tierra se mueve muy lentamente comparada con la luz.

Verificar esta predicción suponía un desafío apasionante para los físicos experimentales. Albert Michelson, un norteamericano de 28 años, aceptó el desafío en 1881, utilizando una técnica experimental exquisitamente precisa (actualmente llamada «interferometría Michelson»; capítulo 10) que él había inventado.[7] Pero por mucho que lo intentara, Michelson no pudo encontrar ninguna evidencia de la más mínima variación de la velocidad de la luz con la dirección. La velocidad resultaba ser la misma en *todas* las direcciones y en *todas* las estaciones del año en sus experimentos iniciales de 1881, y también resultó ser la misma en los experimentos posteriores, y mucho más precisos, que realizó en 1887 en Cleveland, Ohio, en colaboración con un químico, Edward Morley. Michelson reaccionó con una mezcla de regocijo por su descubrimiento y consternación por sus consecuencias. Heinrich Weber y la mayoría de los físicos de la década de 1890 reaccionaron con escepticismo.

Era fácil ser escéptico. Los experimentos interesantes suelen ser terriblemente difíciles; tan difíciles, de hecho, que por mucho cuidado que se ponga en su realización, pueden dar resultados erróneos. Simplemente una pequeña anormalidad en el aparato, o una minúscula fluctuación incontrolada de la temperatura, o una inesperada vibración en el suelo en que se asienta, podría alterar el resultado final del experimento. Por ello, no es sorprendente que los físicos actuales, al igual que los físicos de finales del siglo pasado, se vean enfrentados en ocasiones a experimentos terriblemente difíciles que entran en conflicto entre sí o en conflicto con nuestras profundas creencias sobre la naturaleza del Universo y sus leyes físicas. Ejemplos recientes los constituyen los experimentos que pretendían descubrir una «quinta fuerza» (una fuerza no presente en las actuales y muy satisfactorias leyes físicas estándar) frente a otros experimentos que niegan que semejante fuerza exista; asimismo, los experimentos que afirman haber descubierto la «fusión fría» (un fenómeno prohibido por las leyes estándar, si los físicos entienden estas leyes correctamente) frente a otros experimentos que niegan que tal fusión fría tenga lugar. Casi siempre los experimentos que amenazan nuestras profundas creencias resultan ser falsos; sus resultados radicales son artificios debidos a errores experimentales. No obstante, ocasionalmente son correctos y señalan el camino hacia una revolución en nuestra comprensión de la naturaleza.

Una marca de un físico sobresaliente es su capacidad para «oler» qué experimentos son dignos de confianza y cuáles no; de cuáles hay que preocuparse y cuáles hay que ignorar. Conforme la tecnología mejora y los experimentos se repiten una y otra vez, la verdad resplandece finalmente; pero si uno está tratando de contribuir al progreso de la ciencia, y si quiere colocar su propio imprimátur en los descubrimientos mayores, entonces uno necesita adivinar antes, y no después, qué experimentos son dignos de crédito.

Varios físicos sobresalientes de finales de siglo examinaron el experimento de Michelson-Morley y llegaron a la conclusión de que los detalles internos del aparato y el exquisito cuidado con que fue realizado constituían un argumento muy convincente. Decidieron que este experimento «olía bien»; algo podría estar mal en los fundamentos de la física newtoniana. Por el contrario, Heinrich Weber y muchos otros confiaban en que, pasado un tiempo y tras un esfuerzo experimental adicional, todo volvería a su cauce; la física newtoniana triunfaría al final como ya lo había hecho tantas veces antes. Sería incluso inapropiado mencionar este experimento en una lección en la universidad; no había que confundir a las mentes jóvenes.[8]

El físico irlandés George F. Fitzgerald fue el primero en aceptar al pie de la letra el experimento de Michelson-Morley y en especular acerca de sus implicaciones. Comparándolo con otros experimentos,[9] llegó a la conclusión radical de que el fallo residía en la comprensión que tenían los físicos del concepto de «longitud» y que, por consiguiente, debía haber algo erróneo en el concepto de espacio absoluto de Newton. En un corto artículo publicado en 1889 en la revista norteamericana *Science*, escribió:

> He leído con interés el experimento extraordinariamente delicado de los señores Michelson y Morley ... Su resultado parece contrario al de otros experimentos ... Yo sugeriría que prácticamente la única hipótesis que puede reconciliar esta contradicción es que la longitud de los cuerpos materiales cambia, dependiendo de cómo se mueven a través del éter [a través del espacio absoluto], en una cantidad que depende del cuadrado del cociente entre sus velocidades y la de la luz.

Una minúscula (cinco partes por mil millones) contracción de la longitud en la dirección del movimiento de la Tierra podría realmente dar cuenta del resultado negativo del experimento de Michelson-Morley.[10] Pero esto exigía un rechazo de la comprensión de los físicos acerca del comportamiento de la materia: ninguna fuerza conocida podía hacer que los objetos se contrajesen en la dirección de su movimiento, ni siquiera en una cantidad tan mínima. Si los físicos entendían correctamente la naturaleza del espacio y la naturaleza de las fuerzas moleculares en el interior de los cuerpos sólidos, entonces los cuerpos sólidos que se movieran con velocidad uniforme tendrían siempre la misma forma y el mismo tamaño con respecto al espacio absoluto, independientemente de la velocidad con que se movieran.

Hendrik Lorentz en Amsterdam también creyó en el experimento de Michelson-Morley, y se tomó en serio la sugerencia de Fitzgerald de que los objetos en movimiento se contraen. Al enterarse de ello, Fitzgerald escribió a Lorentz manifestando su satisfacción, puesto que «aquí más bien se han reído de mi opinión». En busca de una comprensión más profunda, Lorentz —e independientemente Henri Poincaré en París, y Joseph Larmor en Cambridge— reexaminaron las leyes del electromagnetismo y advirtieron una peculiaridad que encajaba con la idea de contracción de la longitud de Fitzgerald:

Si se expresan las leyes del electromagnetismo de Maxwell en términos de campos eléctrico y magnético medidos en reposo en el espacio absoluto, las leyes toman una forma matemática especialmente simple y muy bella. Por ejemplo, una de la leyes dice simplemente: «las líneas de campo magnético, tal como las ve cualquiera que esté en reposo en el espacio absoluto, no tienen extremos» (véase la figura 1.1a, b). Sin embargo, si se expresan las leyes de Maxwell en términos de los campos ligeramente diferentes medidos por una persona en movimiento, entonces las leyes aparecen mucho más complicadas y feas. En particular, la ley de «ausencia de extremos» se transforma en: «vistas por alguien en movimiento, la mayoría de las líneas de campo magnético no tienen extremos, pero unas pocas quedan cortadas por el movimiento y, de esta forma, adquieren extremos. Además, cuando la persona en movimiento agita el imán se cortan nuevas líneas de campo, luego se cierran, luego se cortan de nuevo, luego se vuelven a cerrar» (véase la figura 1.1c).[11]

El nuevo descubrimiento matemático de Lorentz, Poincaré y Larmor era una forma de hacer que las leyes del electromagnetismo apareciesen bellas para la persona en movimiento, y de hecho pareciesen idénticas a las leyes utilizadas por una persona en reposo en el espacio absoluto: «las líneas de campo magnético nunca terminan en ningún punto, bajo ninguna circunstancia». ¡Podía hacerse que las leyes tomasen esta forma bella suponiendo, contrariamente a los preceptos newtonianos, que todos los objetos en movimiento se contraen a lo largo de su dirección de movimiento en la cantidad exacta que Fitzgerald necesitaba para explicar el experimento de Michelson-Morley!

Si la contracción de Fitzgerald hubiera sido la única «física nueva» que se necesitaba para hacer que las leyes del electromagnetismo fueran universalmente simples y bellas, Lorentz, Poincaré y Larmor, con su fe intuitiva en que las leyes de la física *debían ser* bellas, podrían haber dejado de lado los preceptos newtonianos y haber creído firmemente en la contracción. Sin embargo, la contracción no era suficiente por sí misma. Para hacer que las leyes fuesen bellas,

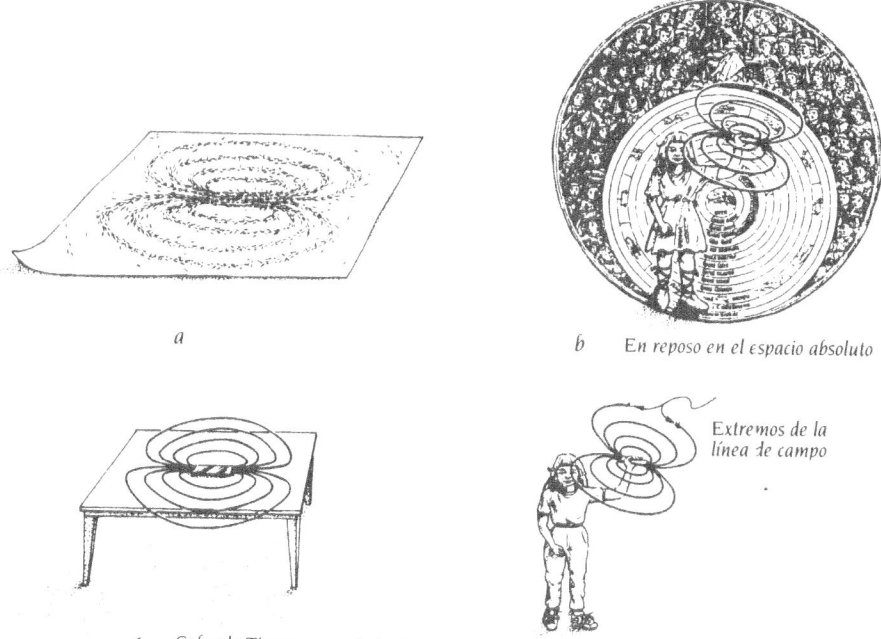

a

b   En reposo en el espacio absoluto

Extremos de la
línea de campo

c   Sobre la Tierra en movimiento

1.1.   Una de las leyes electromagnéticas de Maxwell, tal como se entendía dentro del marco de la física newtoniana en el siglo XIX: *a*) el concepto de una línea de campo magnético: cuando se coloca una barra magnética bajo una hoja de papel y se esparcen limaduras de hierro sobre la hoja, las limaduras señalan las líneas de campo de la barra magnética. Cada línea de campo sale del polo norte del imán, se curva rodeando al imán y vuelve a entrar en él por el polo sur, y entonces viaja a través del imán hasta el polo norte, donde se empalma consigo misma. La línea de campo es, por lo tanto, una curva cerrada, algo parecido a una goma elástica sin ningún extremo. La afirmación de que «las líneas de campo magnético nunca tienen extremos» es la ley de Maxwell en su forma más simple y bella. *b*) Según la física newtoniana, esta versión de la ley de Maxwell es correcta independientemente de lo que se haga con el imán (por ejemplo, incluso si uno lo agita violentamente) siempre que uno esté en reposo en el espacio absoluto. Ninguna línea de campo magnético tiene nunca ningún extremo, desde el punto de vista de alguien en reposo. *c*) Cuando es estudiada por alguien situado en la superficie de la Tierra y moviéndose a través del espacio absoluto, la ley de Maxwell es mucho más complicada, según la física newtoniana. Si el imán de la persona en movimiento reposa en una mesa, entonces algunas de sus líneas de campo (aproximadamente una de cada cien millones) tendrá extremos. Si la persona agita el imán violentamente, líneas de campo adicionales (una de cada billón) será cortada temporalmente por la agitación, y luego se reempalmará, luego se cortará, y luego volverá a empalmarse. Aunque una línea de campo en cien millones o un billón con extremos era algo demasiado pequeño para ser distinguido en cualquier experimento de física en el siglo XIX, el hecho de que las leyes de Maxwell predijeran tal cosa parecía bastante complicado y feo para Lorentz, Poincaré y Larmor.

también había que suponer que el tiempo fluía más lentamente cuando lo mide alguien que se mueve a través del Universo que cuando lo mide alguien en reposo; el movimiento «dilata» el tiempo.[12]

Ahora bien, las leyes de la física newtoniana eran inequívocas: el tiempo es *absoluto*. Fluye uniforme e inexorablemente al mismo ritmo universal, independientemente de cómo se mueva cada uno. Si las leyes newtonianas eran correctas, entonces el movimiento no puede producir una dilatación del tiempo como tampoco puede producir que las longitudes se contraigan. Por desgracia, los relojes de la última década del siglo XIX eran muy poco precisos para revelar la verdad; y, a la vista de los triunfos científicos y tecnológicos de la física newtoniana, triunfos basados firmemente sobre la idea del tiempo absoluto, nadie estaba dispuesto a afirmar con convicción que el tiempo realmente se dilata. Lorentz, Poincaré y Larmor divagaban.

Einstein, todavía un estudiante en Zurich, no estaba aún listo para abordar estas excitantes cuestiones, pero ya comenzaba a pensar sobre ellas. En agosto de 1899 escribió a su amiga Mileva Marić (con quien tenía un romance en ciernes): «Cada vez estoy más convencido de que la electrodinámica de los cuerpos en movimiento, tal como se presenta hoy día, no es correcta».[13] Durante los siguientes seis años, a medida que sus cualidades como físico maduraban, meditaría sobre esta cuestión y la realidad de la contracción de las longitudes y la dilatación del tiempo.[14]

Weber, por el contrario, no mostró ningún interés en tales cuestiones especulativas. Siguió explicando la física newtoniana como si todo estuviese en perfecto orden, como si no hubiera ningún indicio de grietas en los fundamentos de la física.

Cuando se acercaba al final de sus estudios en el ETH, Einstein supuso ingenuamente que, puesto que era inteligente y no le había ido nada mal en sus cursos (una nota media de 4,91 sobre 6,00) se le ofrecería el puesto de ayudante en física en el ETH bajo la dirección de Weber, y podría utilizarlo como era habitual como un trampolín hacia el mundo académico. Como ayudante podría empezar a hacer investigación por su cuenta, lo que le llevaría en unos pocos años al grado de doctor.

Pero no iba a ser así. De los cuatro estudiantes que superaron sus exámenes finales en el programa combinado de física y matemáticas en agosto de 1900, tres obtuvieron puestos de ayudante en el ETH trabajando con matemáticos; el cuarto, Einstein, no obtuvo nada. Weber contrató como ayudante a dos estudiantes de ingeniería en lugar de a Einstein.

Einstein siguió intentándolo. En septiembre, un mes después de su graduación, solicitó un puesto vacante de ayudante en matemáticas en el ETH. Fue rechazado. En el invierno y la primavera siguientes solicitó un puesto a Wilhelm Ostwald en Leipzig, y a Heike Kamerlingh Onnes en Leiden. Parece que de ellos ni siquiera recibió nunca una respuesta de cortesía —aunque su carta a Onnes se exhibe ahora orgullosamente en un museo en Leiden, y aunque Ostwald iba a ser diez años más tarde el primero en proponer a Einstein para un

Premio Nobel. Ni siquiera la carta que el padre de Einstein dirigió a Ostwald parece haber tenido respuesta.

El 27 de marzo de 1901 Einstein escribió a la insolente y temperamental Mileva Marić,[15] con quien su romance se había intensificado: «Estoy absolutamente convencido de que la culpa es de Weber ... no tiene sentido escribir a ningún otro profesor porque éste seguramente se dirigirá a Weber para pedirle información sobre mí, y Weber volverá a dar otra mala recomendación».[16] El 14 de abril de 1901, Einstein escribió a un íntimo amigo, Marcel Grossmann: «Podría haber encontrado [un puesto de ayudante] hace tiempo si no hubiese sido por los manejos de Weber. En cualquier caso, no dejo piedra sin remover y no pierdo mi sentido del humor ... Dios creó al burro con una piel dura».[17]

Necesitaba una piel dura. No sólo estaba buscando un trabajo infructuosamente sino que sus padres se oponían vehementemente a sus planes de casarse con Mileva, y su relación con ella se estaba volviendo turbulenta. La madre de Einstein escribió acerca de Mileva: «Esta señorita Marić me está causando las horas más amargas de mi vida; si de mí dependiera haría todo lo posible para barrerla de nuestro horizonte, realmente me disgusta».[18] Y Mileva escribió de la madre de Einstein: «Parece que esta señora se haya fijado como objetivo de su vida el amargar no sólo la mía sino también la de su hijo ... ¡Nunca hubiera creído que pudiera existir alguien tan malvado y sin corazón!».[19]

Einstein deseaba desesperadamente escapar de la dependencia financiera de sus padres y disponer de la tranquilidad y libertad de espíritu necesarias para dedicar la mayor parte de su energía a la física. Quizá esto podía conseguirse por algún otro medio que no fuera un puesto de ayudante en la universidad. Su título en el ETH le cualificaba para enseñar en un *gymnasium* (instituto de enseñanza media), de modo que se orientó hacia este objetivo: a mediados de mayo de 1901 consiguió un trabajo temporal en un instituto técnico en Winterthur, Suiza, sustituyendo a un profesor de matemáticas que tenía que cumplir parte de su servicio militar.

Einstein escribió a su antiguo profesor de historia en el ETH, Alfred Stern: «No puedo ocultar mi alegría por [este puesto en la enseñanza] porque hoy he recibido la noticia de que todo ha quedado arreglado definitivamente. No tengo la más mínima idea de quién pudo ser la persona humanitaria que me recomendó allí, porque por lo que me han dicho yo no estoy en las listas de honor de ninguno de mis antiguos profesores».[20] El trabajo en Winterthur, al que siguió en el otoño de 1901 otro puesto de enseñanza temporal en un instituto en Schaffhausen, Suiza, y más tarde, en junio de 1902, un trabajo como «experto técnico de tercera clase» en la Oficina Suiza de Patentes en Berna, le proporcionó independencia y estabilidad.

A pesar de las continuas agitaciones en su vida personal (largas separaciones de Mileva; una hija ilegítima con Mileva en 1902, a la que parece que cedieron en adopción, quizá para no poner en peligro las posibilidades de una carrera de Einstein en la tranquila Suiza;[21] su matrimonio con Mileva, a pesar de la violenta oposición de sus padres), Einstein mantuvo un espíritu optimista y permaneció con su cabeza bastante despejada para pensar, y pensar profun-

Izquierda: Einstein sentado en su mesa de trabajo en la oficina de patentes de Berna, Suiza, *c.* 1905. (Cortesía de los Archivos Albert Einstein de la Universidad Hebrea de Jerusalén.) *Derecha:* Einstein con su esposa, Mileva, y su hijo Hans Albert, *c.* 1904. (Cortesía del Schweizerisches Literaturachiv/Archiv der Einstein-Gesellschaft, Berna.)

damente, sobre física: entre 1901 y 1904 puso a prueba sus capacidades como físico en la investigación teórica sobre la naturaleza de las fuerzas intermoleculares en líquidos, tales como el agua, y en metales, y en la investigación sobre la naturaleza del calor. Sus nuevas ideas, que eran fundamentales, fueron publicadas en una serie de cinco artículos en la más prestigiosa revista de física de principios de siglo: los *Annalen der Physik*.

El trabajo en la oficina de patentes de Berna era muy apropiado para poner a prueba las capacidades de Einstein. En el trabajo se le planteaba el desafío de imaginar si los inventos sometidos a patente funcionarían —una tarea a menudo deliciosa y que agudizaba su mente. Y el trabajo le dejaba libres la mitad de sus horas de vigilia y todo el fin de semana. Pasó muchas de estas horas estudiando y pensando sobre física,[22] con frecuencia en medio de un caos familiar.

Su capacidad para concentrarse a pesar de las distracciones fue descrita por un estudiante que le visitó en su casa varios años después de su matrimonio con Mileva: «Él estaba sentado en su estudio frente a un montón de papeles llenos de fórmulas matemáticas. Mientras escribía con la mano derecha y sostenía a su hijo más pequeño en su mano izquierda, siguió respondiendo a las preguntas de su hijo mayor Alberto que estaba jugando con sus bloques de construcción. Con las palabras "Espera un minuto, casi he acabado", me dejó al cuidado de los niños durante unos instantes y siguió trabajando».[23]

En Berna, Einstein estaba aislado de los demás físicos (aunque hizo algunos amigos íntimos no físicos con quienes podía discutir de ciencia y filosofía). Para la mayoría de los físicos, tal aislamiento hubiera sido desastroso. La mayoría de ellos requieren contacto continuo con colegas que trabajan en problemas similares para no perderse en direcciones improductivas en su investigación. Pero el intelecto de Einstein era diferente; trabajaba más provechosamente aislado que en el medio estimulante de otros físicos.

A veces le servía de ayuda hablar con otros, no porque le ofreciesen algunas ideas profundas o alguna nueva información, sino porque al explicar las paradojas y los problemas a los demás podía clarificarlos en su propia mente. Particularmente importante fue la ayuda de Michele Angelo Besso, un ingeniero italiano que había sido compañero de curso de Einstein en el ETH y que ahora estaba trabajando con él en la oficina de patentes. Einstein dijo de Besso: «No podría haber encontrado mejor tabla armónica en toda Europa».[24]

El espacio y el tiempo relativos de Einstein, y la velocidad absoluta de la luz

La ayuda de Michele Angelo Besso resultó especialmente importante en mayo de 1905, cuando Einstein, después de concentrarse durante varios años en otras cuestiones de física, volvió a las leyes electrodinámicas de Maxwell y sus sorprendentes ideas sobre la contracción de la longitud y la dilatación del tiempo. La investigación de Einstein para dar sentido a estas ideas estaba estancada por un bloqueo mental. Para acabar con este bloqueo buscó la ayuda de Besso. Como recordaba más tarde: «Fue un día muy hermoso cuando visité [a Besso] y empecé a hablar con él en estos términos: "Recientemente se me planteó una cuestión que no podía comprender. Por ello he venido hoy aquí a discutir sobre este tema". Ensayando muchos argumentos con él, de repente pude comprender la cuestión. Al día siguiente le visité de nuevo y le dije antes de saludarle: "Gracias. He resuelto el problema por completo"».

La solución de Einstein: *No existe tal cosa como un espacio absoluto. No existe tal cosa como un tiempo absoluto. Los fundamentos de toda la física newtoniana se agrietaban. Y lo mismo sucedía con el éter: no existe.*

Al rechazar el espacio absoluto, Einstein vació de cualquier significado la noción de «estar en reposo en el espacio absoluto». No hay manera, afirmó, de medir el movimiento de la Tierra a través del espacio absoluto, y por esto es por lo que el experimento de Michelson-Morley dio el resultado que dio. Sólo se puede medir la velocidad de la Tierra *relativa a otros objetos físicos* tales como el Sol o la Luna, de la misma forma que sólo se puede medir la velocidad de un tren relativa a objetos físicos tales como el suelo o el aire. Pero ni para la Tierra ni para el tren ni para ninguna otra cosa existe ningún patrón de movimiento absoluto; el movimiento es puramente «relativo».

Al rechazar el espacio absoluto, Einstein también rechazaba la idea de que todos, independientemente de nuestro movimiento, debemos estar de acuerdo en la longitud, altura y anchura de una mesa o un tren o cualquier otro objeto. Por el contrario, insistía Einstein, *la longitud, la altura y la anchura son conceptos «relativos»*. Dependen del movimiento relativo del objeto que se está midiendo respecto a la persona que hace la medida.

Al rechazar el tiempo absoluto, Einstein rechazaba la noción de que todos, independientemente de nuestro movimiento, debemos sentir el flujo del tiempo de la misma manera. *El tiempo es relativo*, afirmaba Einstein. Cada persona que sigue su propia trayectoria debe experimentar un flujo del tiempo diferente de otros que siguen trayectorias diferentes.

Es difícil no sentirse mareado cuando uno se encuentra con estas afirmaciones. Si son correctas, no sólo derriban los cimientos de todo el edificio de la ley física newtoniana, sino que también nos privan de nuestras nociones cotidianas y de sentido común del espacio y del tiempo.

Pero Einstein no era sólo un destructor. También era un creador. Nos ofreció unos nuevos cimientos para reemplazar a los antiguos, unos cimientos muy firmes y, como después se vio, en un acuerdo mucho más perfecto con el Universo.

La nueva base de Einstein consistía en dos nuevos principios fundamentales:

- *El principio del carácter absoluto de la velocidad de la luz*: cualquiera que pueda ser su naturaleza, el espacio y el tiempo deben estar constituidos de tal forma que hagan que la velocidad de la luz sea absolutamente la misma en todas direcciones, y absolutamente independiente del movimiento de la persona que la mide.

Este principio es una rotunda afirmación de que el experimento de Michelson-Morley era correcto y que, cualquiera que sea la precisión que puedan alcanzar en el futuro los instrumentos para medir la luz, siempre continuarán dando el mismo resultado: una velocidad de la luz universal.

- *El principio de relatividad*: cualquiera que pueda ser su naturaleza, las leyes de la física deben tratar todos los estados de movimiento en pie de igualdad.

Este principio supone un rotundo rechazo del espacio absoluto: si las leyes de la física no trataran a todos los estados de movimiento (por ejemplo, el del Sol y el de la Tierra) en pie de igualdad, entonces, utilizando las leyes de la física, los físicos serían capaces de escoger algún estado de movimiento «privilegiado» (por ejemplo, el del Sol) y definirlo como el estado de «reposo absoluto».

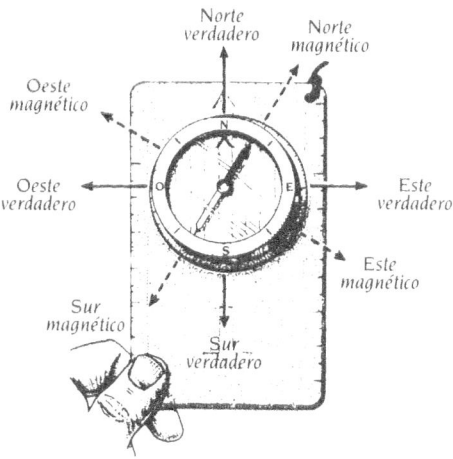

1.2.   El norte magnético es una mezcla del norte verdadero y el este verdadero, y el norte verdadero es una mezcla del norte magnético y el oeste magnético.

El espacio absoluto sería entonces reintroducido en la física. Volveremos a esta cuestión más adelante en este mismo capítulo.

A partir del carácter absoluto de la velocidad de la luz, Einstein dedujo, mediante un elegante argumento lógico descrito en el recuadro 1.1, que si usted y yo nos movemos con movimiento mutuamente relativo, *lo que yo llamo espacio debe ser una mezcla de su espacio y su tiempo, y lo que usted llama espacio debe ser una mezcla de mi espacio y mi tiempo.*

Esta «mezcla de espacio y tiempo» es análoga a la mezcla de las direcciones en la Tierra. La naturaleza nos ofrece dos modos de calcular las direcciones, uno ligado al eje de rotación de la Tierra y el otro ligado a su campo magnético. En Pasadena, California, el norte magnético (la dirección que marca la aguja de una brújula) está desplazado hacia el este respecto del norte verdadero (la dirección en la que apunta el eje de giro de la Tierra, es decir, la del Polo Norte) alrededor de 20 grados (véase la figura 1.2). Esto significa que para viajar en la dirección del norte magnético, hay que viajar una parte (alrededor del 80 por 100) en la dirección del norte verdadero y una parte (alrededor de un 20 por 100) hacia el este verdadero. En este sentido, *el norte magnético es una mezcla del norte verdadero y el este verdadero;* análogamente, el norte verdadero es una mezcla del norte magnético y el oeste magnético.

Para entender la mezcla análoga de espacio y tiempo (*su espacio es una mezcla de mi espacio y mi tiempo, y mi espacio es una mezcla de su espacio y su tiempo*), imagínese que es el propietario de un potente automóvil deportivo. A usted le gusta conducir su automóvil por Colorado Boulevard en Pasadena, a gran velocidad y a altas hora de la noche, cuando yo, un policía, estoy durmiendo. En la baca de su automóvil coloca usted una serie de petardos, uno

RECUADRO 1.1

Demostración de Einstein de la mezcla del espacio y el tiempo

El principio de Einstein del carácter absoluto de la velocidad de la luz obliga a la mezcla del espacio y el tiempo; en otras palabras, obliga a la relatividad de la simultaneidad: sucesos que son simultáneos vistos por usted (que yacen en su espacio en un instante específico de su tiempo) cuando su coche deportivo viaja a gran velocidad por Colorado Boulevard, no son simultáneos vistos por mí, en reposo en el puesto de policía. Probaré esto utilizando las palabras descriptivas que acompañan a los diagramas espacio-temporales mostrados más abajo. Esta demostración es esencialmente la misma que la ideada por Einstein en 1905.[25]

Coloque una lámpara de flash en medio de su automóvil. Dispare el flash. Éste envía un destello de luz hacia la parte delantera de su coche, y un destello hacia la parte trasera de su coche. Puesto que los dos destellos se emiten simultáneamente, recorren la misma distancia tal como usted la mide en su automóvil, y puesto que viajan a la misma velocidad (la velocidad de la luz es absoluta), deben llegar simultáneamente a la parte delantera y a la parte trasera de su coche desde su punto de vista; véase el diagrama izquierdo más abajo. Los dos sucesos de la llegada de los destellos (llamémosles *A* al que tiene lugar en la parte delantera de su automóvil y *B* al que tiene lugar en su parte trasera) son por lo tanto simultáneos desde su punto de vista, y resultan coincidir con las detonaciones de los petardos de la figura 1.3, tal como usted los ve.

A continuación, examinemos los destellos de luz y sus sucesos de llegada *A* y *B* desde mi punto de vista, cuando su automóvil pasa frente a mí; véase el diagrama derecho más abajo. Desde mi punto de vista, la parte trasera de su automóvil se está moviendo hacia adelante, hacia el destello de luz que viaja hacia atrás, y de este modo ambos se encuentran (suceso B) antes vistos por mí que vistos por usted. Análogamente, la parte delantera de su coche se está moviendo hacia adelante, alejándose del destello dirigido hacia adelante, y por lo tanto éstos se encuentran (suceso A) más tarde vistos por mí que vistos por

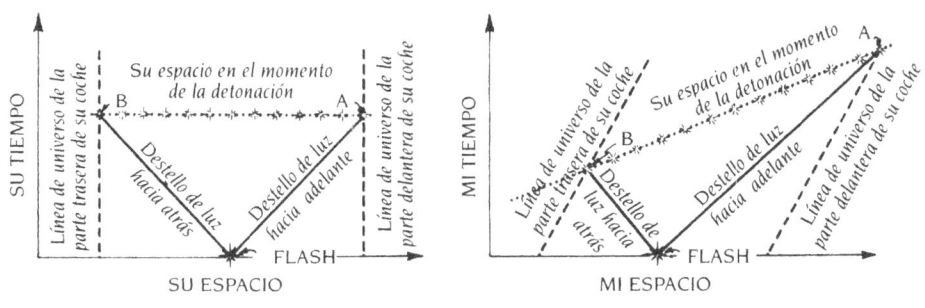

usted. (Estas conclusiones descansan de forma crucial en el hecho de que las velocidades de los dos destellos de luz son las mismas vistas por mí; es decir, descansan en el carácter absoluto de la velocidad de la luz.) Por consiguiente, yo considero que el suceso *B* ocurre antes que el suceso *A*; y análogamente, yo veo que los petardos próximos a la parte trasera de su automóvil detonan antes que los que están próximos a la parte delantera.

Nótese que las localizaciones de las detonaciones (su espacio en un instante específico de su tiempo) son las mismas en los diagramas espacio-temporales superiores que en la figura 1.3. Esto justifica la afirmación de la mezcla del espacio y el tiempo discutida en el texto.

justo sobre el parachoques delantero, otro sobre el trasero, y otros muchos en medio (véase la figura 1.3a). Usted hace que los petardos exploten simultáneamente tal como los ve usted, en el preciso instante en que pasa frente a mi puesto de policía.

La figura 1.3b muestra esto desde su punto de vista. En el eje vertical se representa el flujo del tiempo medido por usted («su tiempo»). En el eje horizontal se representa la distancia a lo largo de su coche, desde la parte trasera hasta la delantera, tal como usted la mide («su espacio»). Puesto que todos los petardos están en reposo en su espacio (es decir, tal como usted los ve), todos ellos seguirán en las mismas posiciones horizontales en el diagrama en el curso de su tiempo. Las líneas de trazos, una para cada petardo, muestran esto. Estas líneas se extienden en vertical hacia arriba en el diagrama, indicando que no hay ningún movimiento espacial hacia la derecha o hacia la izquierda conforme pasa el tiempo, y luego terminan abruptamente en el instante en que explotan los petardos. Cada suceso correspondiente a una detonación se muestra como un asterisco.

Esta figura se denomina *diagrama espacio-temporal* porque representa el espacio en horizontal y el tiempo en vertical; las líneas de trazos se denominan *líneas de universo* porque muestran por qué lugar del Universo pasan los petardos conforme transcurre el tiempo. Haremos gran uso de los diagramas espacio-temporales y de las líneas de universo a lo largo de este libro.

Si uno se mueve horizontalmente en el diagrama (figura 1.3b), se está moviendo por el espacio en un instante fijo de su tiempo (de usted). Por esta razón, es conveniente pensar que cada línea horizontal del diagrama está mostrando el espacio tal como usted lo ve («su espacio») en un instante dado de su tiempo. Por ejemplo, la línea horizontal de puntos es su espacio en el instante de la detonación de los petardos. Cuando uno se mueve hacia arriba en línea vertical en el diagrama, se está moviendo a través del tiempo manteniendo una posición fija en su espacio. Por esta razón, es conveniente pensar que cada línea vertical en el diagrama espacio-temporal (por ejemplo, cada línea de universo de un petardo) muestra el flujo de su tiempo en una posición dada en su espacio.

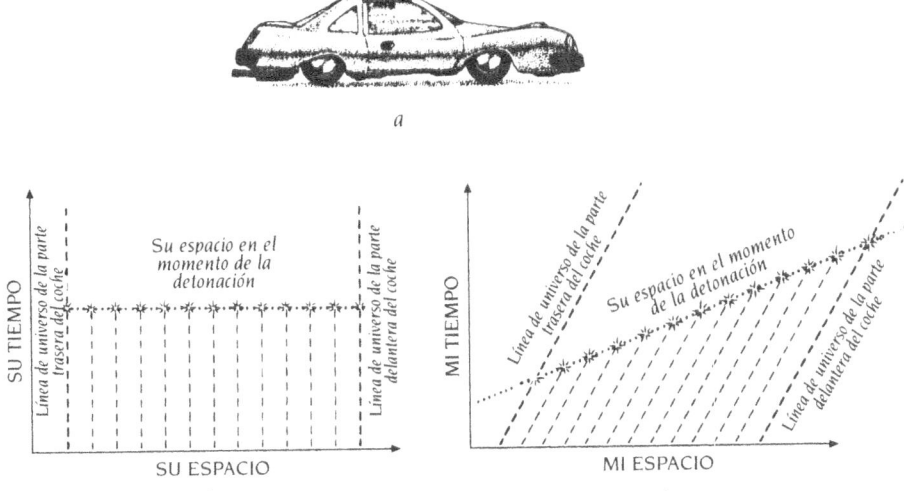

a

b

SU TIEMPO

Línea de universo de la parte
trasera del coche

Su espacio en el
momento de la
detonación

Línea de universo de la parte
delantera del coche

SU ESPACIO

c

MI TIEMPO

Línea de universo de la parte
trasera del coche

Su espacio en el momento
de la detonación

Línea de universo de la parte
delantera del coche

MI ESPACIO

1.3. *a*) Su coche deportivo circulando a gran velocidad por Colorado Boulevard con petardos atados a su baca. *b*) Diagrama espacio-temporal mostrando el movimiento y detonación de los petardos desde su punto de vista (viajando en el coche). *c*) Diagrama espacio-temporal mostrando el movimiento y detonación de los mismos petardos desde mi punto de vista (en reposo en el puesto de la policía).

Si yo no estuviera dormido en el puesto de policía, dibujaría un diagrama espacio-temporal bastante diferente para mostrar su automóvil, sus petardos y la detonación (figura 1.3c). Yo representaría el flujo del tiempo, medido por mí, en vertical, y la distancia a lo largo de Colorado Boulevard en horizontal. Conforme pasa el tiempo, cada petardo se desplaza por Colorado Boulevard con su automóvil a gran velocidad y, correspondientemente, las líneas de universo de los petardos se inclinan hacia la derecha en el diagrama: en el instante de su detonación, cada petardo está mucho más hacia la derecha en Colorado Boulevard que en instantes anteriores.

Ahora bien, la sorprendente conclusión del argumento lógico de Einstein (recuadro 1.1) es que el carácter absoluto de la velocidad de la luz exige que los petardos *no* hagan detonación simultáneamente tal como yo los veo, incluso si detonan simultáneamente tal como usted los ve. Desde mi punto de vista el petardo que está situado más atrás en su coche detona primero, y el que está situado más adelante detona el último. Correspondientemente, la línea de puntos que llamamos «su espacio en el instante de la detonación» (figura 1.3b) está inclinada en mi diagrama espacio-temporal (figura 1.3c).

De la figura 1.3c resulta evidente que, para moverme a través de su espacio en su instante de detonación (a lo largo de la línea de detonación de puntos), yo debo moverme tanto a través de mi espacio como de mi tiempo. En este sentido, su espacio es una mezcla de mi espacio y mi tiempo. Precisamente en este mismo sentido es en el que se puede afirmar que el norte magnético es una mezcla del norte verdadero y el este verdadero (compárese la figura 1.3c con la figura 1.2).

Usted podría estar tentado de afirmar que esta «mezcla de espacio y tiempo» es simplemente una forma egocéntrica y complicada de decir que «la simultaneidad depende del estado de movimiento de cada uno». Cierto. Sin embargo, los físicos, construyendo sobre los cimientos de Einstein, han encontrado que esta forma de pensar es muy poderosa. Les ha ayudado a descifrar el legado de Einstein (sus nuevas leyes de la física), y a descubrir en este legado un conjunto de fenómenos aparentemente insólitos: agujeros negros, agujeros de gusano, singularidades, distorsiones del tiempo y máquinas del tiempo.

A partir del carácter absoluto de la velocidad de la luz y del principio de relatividad, Einstein dedujo otras características notables del espacio y del tiempo. En los términos de la historia anterior:

- Einstein dedujo que, cuando usted se mueve velozmente hacia el este por Colorado Boulevard, yo debo ver su espacio y cualquier cosa que esté en reposo en él (su automóvil, sus petardos y usted mismo) contraídos en la dirección este-oeste, pero no en las direcciones norte-sur o arriba-abajo. Esta era la contracción inferida por Fitzgerald, pero puesta ahora sobre una base firme: la contracción es debida a la naturaleza peculiar del espacio y el tiempo, y no se debe a ninguna fuerza física que actúe sobre la materia en movimiento.
- Análogamente, Einstein dedujo que, cuando usted se mueve velozmente hacia el este, debe ver mi espacio y todo lo que esté en reposo en él (mi puesto de policía, mi mesa y yo mismo) contraídos en la dirección este-oeste, pero no en las direcciones norte-sur o arriba-abajo. Puede parecer enigmático que usted me vea contraído y yo le vea contraído, pero de hecho no podría ser de otra forma: ello deja su estado de movimiento y el mío en pie de igualdad, de acuerdo con el principio de relatividad.
- Einstein también dedujo que, cuando usted pasa velozmente, yo veo su flujo del tiempo frenado, es decir, dilatado. El reloj del salpicadero de su automóvil parece andar más lentamente que mi reloj situado en la pared del puesto de policía. Usted habla más lentamente, su cabello crece más lentamente, usted envejece más lentamente que yo.
- Análogamente, de acuerdo con el principio de relatividad, cuando usted pasa velozmente frente a mí, usted ve mi flujo de tiempo frenado. Ve que el reloj en la pared en mi puesto de policía anda más lentamente que el de su salpicadero. A usted le parece que yo hablo más lentamente, que mi cabello crece más lentamente y que yo envejezco más lentamente que usted.

¿Cómo puede ser que yo vea que su tiempo fluye más lentamente, mientras que usted ve que el mío es más lento? ¿Cómo es esto lógicamente posible? ¿Y cómo puedo yo ver su espacio contraído mientras que usted ve mi espacio contraído? La respuesta radica en la relatividad de la simultaneidad. Usted y yo discrepamos al decir que sucesos en diferentes posiciones en nuestros espacios respectivos son simultáneos, y este desacuerdo resulta encajar con nuestros desacuerdos sobre el flujo del tiempo y la contracción del espacio de la manera precisa para hacer que todo siga siendo lógicamente consistente. Para demostrar esta consistencia, no obstante, necesitaría más páginas de las que quisiera emplear, de modo que les remito, para una demostración, al capítulo 3 de Taylor y Wheeler (1992).

¿Cómo es posible que nosotros, como seres humanos, no hayamos notado nunca este extraño comportamiento del espacio y el tiempo en nuestras vidas cotidianas? La respuesta radica en nuestra lentitud. Nosotros siempre nos movemos unos con respecto a otros a velocidades mucho menores que la de la luz (299.792 kilómetros por segundo). Si su automóvil se desplazase por Colorado Boulevard a 150 kilómetros por hora, yo vería su flujo del tiempo dilatado y su espacio contraído en, aproximadamente, una parte en cien billones (1×10^{-14}), algo demasiado pequeño para que lo notemos. Por el contrario, si su automóvil pasase frente a mí a un 87 por 100 de la velocidad de la luz, entonces (utilizando instrumentos de respuesta muy rápida) yo vería que su flujo del tiempo es dos veces más lento que el mío, mientras que usted vería que mi flujo del tiempo es dos veces más lento que el suyo; análogamente, yo vería todas las cosas en su coche con una longitud mitad de la normal en la dirección este-oeste, y usted vería cualquier cosa en mi puesto de policía con una longitud mitad de la normal en la dirección este-oeste. De hecho, en el siglo xx que termina se ha llevado a cabo una amplia variedad de experimentos que han verificado que el espacio y el tiempo se comportan precisamente de esta forma.[26]

¿Cómo llegó Einstein a semejante descripción radical del espacio y el tiempo?

No lo hizo a partir del examen de resultados experimentales. Los relojes de su época eran demasiado imprecisos para mostrar, a las bajas velocidades alcanzables, cualquier dilatación del tiempo o cualquier desacuerdo sobre la simultaneidad, y las reglas de medir eran demasiado imprecisas para mostrar contracciones de la longitud. Los únicos experimentos relevantes eran aquellos pocos, tales como el experimento de Michelson-Morley, que sugerían que la velocidad de la luz en la superficie de la Tierra debería ser la misma en todas las direcciones. ¡Realmente eran datos muy escasos sobre los que basar una revisión tan radical de las nociones de espacio y tiempo! Además, Einstein prestó poca atención a estos experimentos.

En lugar de ello, Einstein confió en su propia intuición acerca de cómo *deberían* comportarse las cosas. Tras mucha reflexión, se le hizo *intuitivamente obvio* que la velocidad de la luz debe ser una constante universal, independiente de la dirección e independiente del movimiento de cada uno. Sólo entonces, razonó él, podrían las leyes electromagnéticas de Maxwell hacerse uniformemente simples y bellas (por ejemplo, «las líneas de campo magnético nunca tienen extremos»), y estaba firmemente convencido de que en cierto sentido profundo el Universo insiste en tener leyes simples y bellas. Por lo tanto, introdujo como un nuevo principio sobre el que basar toda la física su principio del carácter absoluto de la velocidad de la luz.

Este principio por sí mismo, sin ninguna otra cosa más, ya garantizaba que el edificio de las leyes físicas construido sobre los cimientos de Einstein diferiría profundamente del de Newton. *Un físico newtoniano, que supone que el espacio y el tiempo son absolutos, está obligado a concluir que la velocidad de la luz es relativa —depende del estado de movimiento de cada uno (como muestra la analogía del pájaro y el tren que se expuso antes en este capítulo). Einstein, al suponer que la velocidad de la luz es absoluta, estaba obligado a concluir que el espacio y el tiempo son relativos: dependen del estado de movimiento de cada uno. Habiendo deducido que el espacio y el tiempo son relativos, Einstein fue impulsado por su búsqueda de la simplicidad y la belleza a su principio de relatividad:*[27] *ningún estado de movimiento debe ser privilegiado frente a ningún otro; todos los estados de movimiento deben ser iguales a los ojos de la ley física.*

No sólo los experimentos fueron de poca importancia en la construcción einsteiniana de un nuevo fundamento para la física; tampoco las ideas de los otros físicos fueron importantes. Prestó poca atención al trabajo de los demás. Ni siquiera parece haber leído algunos de los artículos técnicos importantes sobre el espacio, el tiempo y el éter que Hendrik Lorentz, Henri Poincaré, Joseph Larmor y otros escribieron entre 1896 y 1905.

En sus artículos, Lorentz, Poincaré y Larmor andaban a tientas hacia la misma revisión de nuestras nociones del espacio y el tiempo que Einstein, pero andaban a tientas entre una niebla de concepciones erróneas que les imponía la física newtoniana. Einstein, por el contrario, fue capaz de desprenderse de todas las falsas concepciones newtonianas. Su convicción de que el Universo ama la simplicidad y la belleza, y su disposición a guiarse por esta convicción, incluso si eso significaba destruir los fundamentos de la física newtoniana, le condujeron, con una claridad de ideas que otros no podían encajar, a su nueva descripción del espacio y el tiempo.

El principio de relatividad jugará más adelante un papel importante en este libro. Por esta razón dedicaré algunas páginas a una explicación más profunda de dicho principio.

Una explicación más profunda requiere el concepto de *sistema de referencia*. Un sistema de referencia es un laboratorio que contiene todos los aparatos de medida que uno pudiera necesitar para cualquier medida que desee hacer. El laboratorio y todos sus aparatos deben moverse juntos por el Universo; todos ellos deben compartir el mismo movimiento. De hecho, el movimiento del sistema de referencia es realmente la cuestión central. Cuando un físico habla de «diferentes sistemas de referencia», el énfasis se pone en los diferentes estados de movimiento y no en diferentes aparatos de medida en los laboratorios.

El laboratorio de un sistema de referencia y sus aparatos no necesitan ser reales. Pueden ser perfectamente constructos imaginarios, existentes sólo en la mente del físico que se quiere plantear alguna cuestión tal como: «Si estuviera en una nave espacial flotando a través del cinturón de asteroides, y fuera a medir el tamaño de algún asteroide particular, ¿cuál sería la respuesta?». Los físicos se imaginan a sí mismos en un sistema de referencia (laboratorio) ligado a su nave espacial y utilizando los aparatos de dicho sistema para hacer la medida.

Einstein no expresó su principio de relatividad en términos de sistemas de referencia arbitrarios, sino en términos de unos sistemas bastante especiales: sistemas (laboratorios) que se mueven libremente por su propia inercia, que no son empujados ni atraídos por ninguna fuerza y que, por consiguiente, continúan para siempre en el mismo estado de movimiento uniforme en el que empezaron. Einstein denominó *inerciales* a tales sistemas porque su movimiento está gobernado solamente por su propia inercia.

Un sistema de referencia ligado a un cohete a reacción (un laboratorio en el interior del cohete) *no* es inercial, porque su movimiento está afectado por el empuje del cohete tanto como por su inercia. El empuje impide que el movimiento del sistema sea uniforme. Un sistema de referencia ligado a la lanzadera espacial cuando hace su entrada en la atmósfera de la Tierra tampoco es inercial, porque la fricción entre la pared de la lanzadera y las moléculas de aire de la Tierra frena la lanzadera y hace que su movimiento no sea uniforme.

Lo que es más importante, cerca de cualquier cuerpo masivo tal como la Tierra, *todos* los sistemas de referencia están atraídos por la gravedad. No hay ninguna forma de proteger un sistema de referencia (o cualquier otro objeto) de la atracción de la gravedad. Por lo tanto, al restringirse a sistemas inerciales Einstein renunció a considerar, en 1905, situaciones físicas en las que la gravedad es importante;* en efecto, él idealizó nuestro Universo como uno en el que no había ninguna gravedad. Idealizaciones extremas como ésta son fundamentales para el progreso en física; se omiten, conceptualmente, aspectos del Universo que son difíciles de tratar, y sólo después de obtener algún control intelectual sobre los restantes aspectos más fáciles de tratar se vuelve a los más difíciles. Einstein alcanzó el control intelectual sobre un Universo idealizado sin gravedad en 1905. Entonces emprendió la tarea más difícil de comprender la naturaleza del espacio y el tiempo en nuestro Universo real dotado de gravedad, una tarea que finalmente le obligaría a concluir que la gravedad distorsiona el espacio y el tiempo (capítulo 2).

Una vez entendido el concepto de sistema de referencia inercial, estamos listos para una formulación más precisa y más profunda del principio de relatividad de Einstein: *Formúlese cualquier ley de la física en términos de medidas realizadas en un sistema de referencia inercial. Entonces, cuando se reformula en*

---

* Esto significa que hice una pequeña trampa al utilizar un coche deportivo a gran velocidad, que experimenta la gravedad de la Tierra, en mi ejemplo anterior. Sin embargo, resulta que puesto que la atracción gravitatoria de la Tierra es perpendicular a la dirección de movimiento del automóvil (dirección hacia abajo frente a dirección horizontal), aquélla no afecta a ninguna de las cuestiones discutidas en la historia del coche deportivo.

términos de medidas en cualquier otro sistema inercial, dicha ley de la física debe tomar exactamente la misma forma matemática y lógica que en el sistema original. En otras palabras, las leyes de la física no deben proporcionar ningún medio para distinguir un sistema de referencia inercial (un estado de movimiento uniforme) de cualquier otro.

Dos ejemplos de leyes físicas harán esto más claro:

- «Cualquier objeto libre (sobre el que no actúan fuerzas) que está inicialmente en reposo en un sistema de referencia inercial permanecerá siempre en reposo; y cualquier objeto libre que inicialmente se está moviendo en un sistema de referencia inercial continuará moviéndose para siempre, a lo largo de una línea recta con velocidad constante.» Si (como es el caso) tenemos fuertes razones para creer que esta versión relativista de la primera ley del movimiento de Newton es verdadera en al menos un sistema de referencia inercial, entonces el principio de relatividad insiste en que debe ser verdadera en todos los sistemas de referencia inerciales independientemente de su situación en el Universo e independientemente de la velocidad con que se muevan.
- Las leyes de Maxwell del electromagnetismo deben tomar la misma forma en todos los sistemas de referencia. No lo hacían así cuando la física se construía sobre bases newtonianas (las líneas de campo magnético podían tener extremos en algunos sistemas pero no en otros), y este fallo era profundamente perturbador para Lorentz, Poincaré, Larmor y Einstein. En opinión de Einstein era absolutamente inaceptable que las leyes fueran simples y bellas en un sistema, el del éter, pero complejas y feas en todos los sistemas que se mueven con respecto al éter. Al reconstruir los fundamentos de la física, Einstein hizo posible que las leyes de Maxwell tomaran la misma forma simple y bella (por ejemplo, «las líneas de campo magnético nunca tienen extremos») en todos y cada uno de los sistemas de referencia inerciales —de acuerdo con su principio de relatividad.

El principio de relatividad es realmente un *metaprincipio* en el sentido de que no es en sí mismo una ley de la física, sino que es más bien una pauta o regla (afirmaba Einstein) que deben obedecer *todas* las leyes de la física, no importa cuáles puedan ser estas leyes, ni tampoco si son leyes que gobiernan la electricidad y el magnetismo, o los átomos y moléculas, o las máquinas de vapor y los automóviles deportivos. La potencia de este metaprincipio es impresionante. Toda nueva ley que se proponga debe ser confrontada con él. Si la nueva ley supera el test (si la ley es la misma en todos los sistemas de referencia inerciales), entonces la ley tiene alguna esperanza de describir el comportamiento de nuestro Universo. Si no supera el test, entonces no tiene ninguna esperanza, afirmaba Einstein; debe ser rechazada.

Toda nuestra experiencia acumulada en los casi 100 años transcurridos desde 1905 sugiere que Einstein estaba en lo cierto. Todas las leyes nuevas que han sido acertadas en la descripción del Universo real han resultado obedecer al principio de relatividad de Einstein. Este metaprincipio se ha consagrado como un regidor de la ley física.

En mayo de 1905, una vez que su discusión con Michele Angelo Besso había desatascado su bloqueo mental y le había permitido abandonar el espacio y el tiempo absolutos, Einstein sólo necesitó unas pocas semanas de reflexión y cálculo para establecer su nueva base para la física, y deducir sus consecuencias con respecto a la naturaleza del espacio, el tiempo, el electromagnetismo y los comportamientos de los objetos a alta velocidad. Dos de las consecuencias eran espectaculares: la masa puede transformarse en energía (lo que llegó a ser la base de la bomba atómica; véase el capítulo 6), y la inercia de cada objeto debe aumentar de forma tan rápida, conforme su velocidad se aproxima a la velocidad de la luz, que por mucha que sea la fuerza con que uno empuja al objeto, nunca podrá conseguir que éste alcance o sobrepase la velocidad de la luz («nada puede viajar más rápido que la luz»).*

A finales de junio, Einstein escribió un artículo técnico describiendo estas ideas y sus consecuencias y lo envió a los *Annalen der Physik*. Su artículo llevaba el título algo trivial de «Sobre la electrodinámica de los cuerpos en movimiento». Pero no era ni mucho menos trivial. Un examen rápido mostraba que Einstein, el «experto técnico de tercera clase» de la Oficina de Patentes de Suiza, planteaba una base completamente nueva para la física, proponía un metaprincipio al que todas las leyes físicas futuras debían obedecer, revisaba radicalmente nuestros conceptos de espacio y tiempo y derivaba consecuencias espectaculares. Las nuevas bases de Einstein y sus consecuencias pronto iban a ser conocidas como *relatividad especial* («especial» porque describe correctamente el Universo sólo en aquellas situaciones especiales en que la gravedad es poco importante).

El artículo de Einstein fue recibido en las oficinas de los *Annalen der Physik*, en Leipzig, el 30 de junio de 1905. Fue examinado por un evaluador para juzgar su exactitud e importancia, fue considerado aceptable y fue publicado.[28]

En las semanas posteriores a su publicación, Einstein esperó con expectación una respuesta de los grandes físicos del momento. Su punto de vista y sus conclusiones eran tan radicales y tenían tan poca base experimental que él esperaba una fuerte crítica y controversia. En lugar de ello, se encontró con un silencio sepulcral. Finalmente, muchas semanas más tarde, llegó una carta de Berlín: Max Planck pedía aclaraciones sobre algunas cuestiones técnicas del artículo. ¡Einstein estaba más que contento! Recibir la atención de Planck, uno de los más reputados de entre todos los físicos vivos, era profundamente satisfactorio. Y cuando Planck siguió utilizando al año siguiente el principio de relatividad de Einstein como una herramienta capital en su propia investigación, Einstein se animó más todavía. La aprobación de Planck, la aprobación gradual de otros físicos destacados y, lo que es más importante, su propia auto-

---

* Pero véase la advertencia que se hace en el capítulo 14.

confianza suprema le mantuvieron firme durante los veinte años siguientes en los que la controversia que él había esperado se desató realmente en torno a su teoría de la relatividad. La controversia era tan fuerte aún en 1922 que, cuando el secretario de la Academia Sueca de Ciencias informó por telegrama a Einstein que había ganado el Premio Nobel, el telegrama afirmaba explícitamente que la relatividad *no* estaba entre los trabajos que le habían valido el premio.

La controversia cesó finalmente en los años treinta, cuando la tecnología avanzó lo suficiente para hacer posibles verificaciones experimentales aproximadas de las predicciones de la relatividad especial. Ahora, en los años noventa, no cabe ninguna duda: todos los días más de 10^{17} electrones en los aceleradores de partículas de la Universidad de Stanford, la Universidad de Cornell y otros muchos lugares son lanzados a velocidades tan elevadas como 0,9999999995 veces la velocidad de la luz; y su comportamiento a estas velocidades ultraaltas está en completo acuerdo con las leyes de la física tal como las describe la relatividad especial de Einstein. Por ejemplo, la inercia de los electrones aumenta conforme se acercan a la velocidad de la luz, lo que impide que la puedan alcanzar alguna vez; y cuando los electrones chocan con algún blanco, producen partículas de alta velocidad, llamadas mesones mu, que viven sólo durante 2,22 microsegundos medidos en su propio tiempo, aunque, debido a la dilatación del tiempo, viven durante 100 microsegundos o más medidos según el tiempo de los físicos que están en reposo en el laboratorio.

La naturaleza de la ley física

¿Significa el triunfo de la relatividad especial de Einstein que debemos abandonar totalmente las leyes de la física newtoniana? Obviamente no. Las leyes newtonianas siguen utilizándose ampliamente en la vida cotidiana, en la mayoría de los campos de la ciencia y en la mayor parte de la tecnología. No prestamos atención a la dilatación del tiempo cuando planeamos un viaje en avión, y los ingenieros no se preocupan por la contracción de la longitud cuando diseñan un avión. La dilatación y la contracción son demasiado pequeñas para que se las tome en consideración.

Por supuesto, *podríamos* utilizar, si quisiéramos, las leyes de Einstein en lugar de las leyes de Newton en la vida de cada día. Las dos dan casi exactamente las mismas predicciones para todos los efectos físicos, puesto que la vida diaria implica velocidades relativas que son muy pequeñas comparadas con la velocidad de la luz.

Las predicciones de Einstein y Newton empiezan a diferir fuertemente sólo cuando las velocidades relativas se aproximan a la velocidad de la luz. Entonces y sólo entonces debemos abandonar las predicciones de Newton y atenernos estrictamente a las de Einstein.

Este es un ejemplo de una pauta muy general, que nos encontraremos de nuevo en capítulos futuros. Es una pauta que se ha repetido una y otra vez en la historia de la física del siglo xx: un conjunto de leyes (en nuestro caso las *leyes newtonianas*) es ampliamente aceptado al principio, porque concuerda muy bien con el experimento. Pero luego los experimentos se hacen más precisos y este primer conjunto de leyes resulta funcionar bien sólo en un dominio limitado, su *dominio de validez* (para las leyes de Newton, el dominio de velocidades pequeñas comparadas con la velocidad de la luz). Entonces los físicos se esfuerzan, experimental y teóricamente, para comprender qué está pasando en el límite de dicho dominio de validez, y finalmente formulan un nuevo conjunto de leyes que es muy acertado dentro, cerca y más allá del límite (en el caso de Newton, la *relatividad especial de Einstein*, válida a velocidades próximas a la de la luz tanto como a bajas velocidades). Luego el proceso se repite. Nos encontraremos con la repetición en próximos capítulos: el fracaso de la relatividad especial cuando la gravedad se hace importante, y su reemplazo por un nuevo conjunto de leyes llamado *relatividad general* (capítulo 2); el fracaso de la relatividad general cerca de la singularidad interna de un agujero negro, y su reemplazo por un nuevo conjunto de leyes denominado *gravedad cuántica* (capítulo 13).

Se ha dado una característica sorprendente en cada transición de un viejo conjunto de leyes a otro nuevo: en cada caso, los físicos (si eran suficientemente inteligentes) no necesitaban ninguna guía experimental que les dijera dónde empezaría a fallar el viejo conjunto, es decir, que les indicara el límite de su dominio de validez. Ya hemos visto esto para la física newtoniana: las leyes de la electrodinámica de Maxwell no encajaban bien con el espacio absoluto de la física newtoniana. En reposo en el espacio absoluto (en el sistema del éter), las leyes de Maxwell eran simples y bellas —por ejemplo, las líneas de campo magnético no tienen extremos. En los sistemas en movimiento se vuelven complicadas y feas —las líneas de campo magnético tienen a veces extremos. Sin embargo, las complicaciones tienen una influencia despreciable sobre el resultado de los experimentos cuando los sistemas se mueven, con relación al espacio absoluto, a velocidades pequeñas comparadas con la de la luz; entonces casi ninguna línea de campo tiene extremos. Sólo a velocidades que se aproximan a la de la luz era previsible que las feas complicaciones tuvieran una influencia suficientemente grande como para ser medidas con facilidad: montones de extremos. De este modo, era razonable sospechar, incluso en ausencia del experimento de Michelson-Morley, que el dominio de validez de la física newtoniana podría ser el de velocidades pequeñas comparadas con la de la luz, y que las leyes newtonianas podrían venirse abajo a velocidades próximas a la de la luz.

Análogamente, veremos en el capítulo 2 cómo la relatividad especial predice su propio fallo en presencia de gravedad; y en el capítulo 13, veremos cómo la relatividad general predice su propio fallo cerca de una singularidad.

Al contemplar la secuencia anterior de conjuntos de leyes (física newtoniana, relatividad especial, relatividad general, gravedad cuántica), y una secuencia similar de leyes que gobiernan la estructura de la materia y las partículas elementales, la mayoría de los físicos tienden a creer que estas secuencias están convergiendo hacia un conjunto de leyes últimas que verdaderamente gobiernan el Universo, leyes que *obligan* al Universo a comportarse como lo hace, que *obligan* a la lluvia a condensarse en las ventanas, *obligan* al Sol a quemar combustible nuclear, *obligan* a los agujeros negros a producir ondas gravitatorias cuando colisionan, y así sucesivamente.

Se podría objetar que cada conjunto de leyes en la secuencia «tiene un aspecto» muy diferente del conjunto precedente. (Por ejemplo, el tiempo absoluto de la física newtoniana tiene un aspecto muy diferente de los muchos flujos de tiempo diferentes de la relatividad especial.) En los «aspectos» de las leyes, no hay ningún signo de convergencia. ¿Por qué, entonces, deberíamos esperar una convergencia? La respuesta es que hay que distinguir claramente entre las predicciones hechas a partir de un conjunto de leyes y las imágenes mentales que las leyes transmiten (lo que las leyes «aparentan»). Yo espero la convergencia sólo en términos de predicciones, pero esto es todo lo que finalmente cuenta. Las imágenes mentales (un tiempo absoluto en la física newtoniana frente a muchos flujos del tiempo en la física relativista) no son importantes para la naturaleza última de la *realidad*. De hecho, es posible cambiar completamente lo que un conjunto de leyes «aparenta» sin cambiar sus predicciones. En el capítulo 11 discutiré y daré ejemplos de este hecho notable, y explicaré sus implicaciones para la naturaleza de la realidad.

¿Por qué espero convergencia en términos de predicciones? Porque toda la evidencia de que disponemos apunta hacia ello. Cada conjunto de leyes tiene un dominio de validez más amplio que los conjuntos que le preceden: las leyes de Newton funcionan en el dominio de la vida cotidiana, pero no en los aceleradores de partículas de los físicos y tampoco en partes exóticas del Universo distante, tales como púlsares, cuásares y agujeros negros; las leyes de la relatividad general de Einstein funcionan en cualquiera de nuestros laboratorios, y en cualquier parte del Universo distante, excepto en el interior profundo de los agujeros negros y en el big bang en el que nació el Universo; podría resultar que las leyes de la gravedad cuántica (que aún no entendemos bien, ni mucho menos) funcionen absolutamente en cualquier parte.

A lo largo de este libro adoptaré, sin justificación, el punto de vista de que *existe* un conjunto final de leyes físicas (que aún no conocemos pero que podría ser la gravedad cuántica), y que estas leyes verdaderamente *gobiernan,* en todo lugar, el Universo que nos rodea. Ellas *obligan* al Universo a comportarse como lo hace. Cuando tenga que ser extremadamente preciso, diré que las leyes con las que ahora trabajamos (por ejemplo, la relatividad general) son «una aproximación a» o «una descripción aproximada de» las verdaderas leyes. Sin embargo, con frecuencia abandonaré las comillas y no distinguiré entre las verdaderas leyes y nuestras aproximaciones a ellas. En estas ocasiones afirmaré, por ejemplo, que «las leyes de la relatividad general [más bien que las verdaderas leyes] *obligan* a un agujero negro a mantener a la luz tan estrechamente en su poder que la luz no puede escapar del horizonte del agujero». Así es cómo mis colegas físicos y yo pensamos cuando nos esforzamos en comprender el Universo. Es una forma fructífera de pensar; ha ayudado a producir profundas ideas nuevas acerca de las estrellas que implosionan, los agujeros negros, las ondas gravitatorias y otros fenómenos.

Este punto de vista es incompatible con la opinión común de que los físicos trabajan con *teorías* que tratan de describir el Universo, pero que son solamente invenciones humanas y no tienen poder real sobre el Universo. La palabra *teoría*, de hecho, está tan cargada de connotaciones de provisionalidad y capricho humano que evitaré usarla siempre que sea posible. En su lugar utilizaré la expresión *ley física* con su firme connotación de algo que realmente gobierna el Universo, es decir, que verdaderamente obliga al Universo a comportarse como lo hace.

2

La distorsión del espacio y del tiempo

*donde Hermann Minkowski
unifica el espacio y el tiempo,
y Einstein los distorsiona* [1]

El espacio-tiempo absoluto de Minkowski

Las ideas del espacio y el tiempo que deseo exponer ante ustedes han brotado del suelo de la física experimental, y en ello reside su fuerza. Son radicales. En lo sucesivo, el espacio por sí mismo, y el tiempo por sí mismo, están condenados a desvanecerse en meras sombras, y sólo un tipo de unión de ambos conservará una realidad independiente.[2]

Con estas palabras Hermann Minkowski reveló al mundo, en septiembre de 1908, un nuevo descubrimiento sobre la naturaleza del espacio y el tiempo.

Einstein había mostrado que el espacio y el tiempo son «relativos». La longitud de un objeto y el flujo del tiempo son diferentes cuando se miran desde diferentes sistemas de referencia. Mi tiempo difiere del suyo si yo me muevo con respecto de usted, y mi espacio difiere del suyo. Mi tiempo es una mezcla de su tiempo y su espacio; mi espacio es una mezcla de su espacio y su tiempo.

Sobre la base del trabajo de Einstein, Minkowski había descubierto ahora que el Universo está formado por un tejido de «espacio-tiempo» tetradimensional que es absoluto, no relativo. Este tejido tetradimensional es el mismo visto desde todos los sistemas de referencia (con tal de que uno sepa cómo «verlo»); existe independientemente de los sistemas de referencia.

La siguiente historia (adaptada de Taylor y Wheeler, 1992) ilustra la idea subyacente al descubrimiento de Minkowski.

Érase una vez un pueblo que vivía en una isla llamada Mledina, en un mar del lejano Oriente, con extrañas costumbres y tabúes. Cada mes de junio, en el día más largo del año, todos los hombres de Mledina hacían un viaje en un enorme barco de vela a una lejana isla sagrada llamada Serona, para comunicarse allí con un enorme sapo. Durante toda la noche el sapo les encantaba con historias maravillosas de estrellas y galaxias, púlsares y cuásares. Al día siguiente los hombres regresaban a Mledina llenos de una inspiración que les sostenía durante todo el año siguiente.

Cada mes de diciembre, en la noche más larga del año, las mujeres de Mledina viajaban a Serona, se comunicaban con el mismo sapo durante todo el día siguiente y regresaban la noche siguiente, inspiradas con las visiones del sapo sobre estrellas y galaxias, cuásares y púlsares.

Ahora bien, estaba absolutamente prohibido para una mujer de Mledina describir a cualquier hombre de Mledina su viaje a la isla sagrada de Serona, o cualquier detalle de las historias del sapo. Los hombres de Mledina se regían por el mismo tabú; nunca debían exponer a una mujer nada relativo a su viaje anual.

En el verano de 1905 un joven radical de Mledina llamado Albert, al que poco le preocupaban los tabúes de su cultura, descubrió y mostró a todos los mledinenses, hombres y mujeres, dos mapas sagrados. Uno era el mapa del que se valían las sacerdotisas de Mledina para guiar el barco de vela en el viaje de las mujeres de mediados del invierno. El otro era el mapa utilizado por los sacerdotes de Mledina en el viaje de los hombres a mediados de verano. Los hombres sintieron una gran vergüenza al ver expuesto su mapa sagrado. La vergüenza de las mujeres no fue menor. Pero ahí estaban los mapas, para que los viera todo el mundo, y se produjo una gran conmoción: discrepaban en la situación de Serona. Las mujeres navegaban 210 estadios hacia el este y luego 100 estadios hacia el norte, mientras que los hombres navegaban 164,5 estadios hacia el este y luego 164,5 estadios hacia el norte. ¿Cómo podía ser esto? La tradición religiosa era firme; las mujeres y los hombres tenían que buscar su inspiración anual en el mismo sapo sagrado y en la misma isla sagrada de Serona.

La mayoría de los mledinenses trataron de evitar su vergüenza diciendo que los mapas expuestos eran falsos. Pero un viejo sabio de Mledina, llamado Hermann, los creyó auténticos. Durante tres años se esforzó por entender el misterio de la discrepancia entre los mapas. Finalmente, un día de otoño de 1908, le llegó la verdad: los hombres de Mledina se guiaban en su navegación por la brújula magnética, y las mujeres de Mledina por las estrellas (figura 2.1). Los hombres de Mledina calculaban el norte y el este magnéticamente, las mujeres de Mledina los calculaban a partir de la rotación de la Tierra que hace que las estrellas giren sobre sus cabezas, y los dos métodos de cálculo diferían en 20 grados. Cuando los hombres navegaban hacia el norte, tal como ellos lo calculaban, realmente estaban navegando «20 grados al este del norte», o alrededor de un 80 por 100 hacia el norte y un 20 por 100 hacia el este, tal como lo calculaban las mujeres. En este sentido, el norte de los hombres era una mezcla del norte y el este de las mujeres; y, análogamente, el norte de las mujeres era una mezcla del norte y el oeste de los hombres.

La clave que condujo a Hermann a su descubrimiento fue la fórmula de Pitágoras: tómense dos catetos de un triángulo rectángulo; elévese al cuadrado la longitud de un cateto, elévese al cuadrado la longitud del otro, súmense estos números y tómese la raíz cuadrada. El resultado debería ser la longitud de la hipotenusa del triángulo.

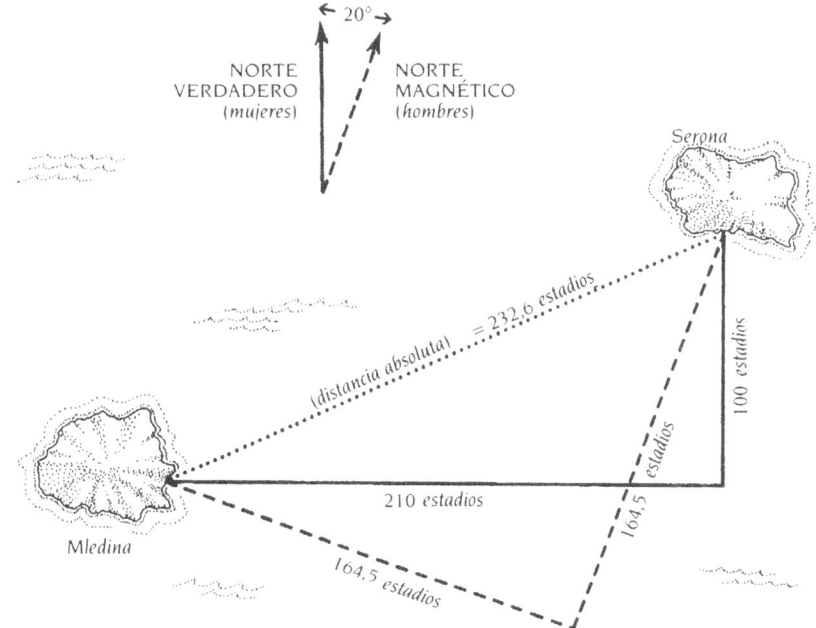

2.1.   Los dos mapas del camino de Mledina a Serona superpuestos, junto con las notaciones de Hermann de norte magnético, norte verdadero y la distancia absoluta.

La hipotenusa era el camino en línea recta desde Mledina a Serona. La distancia absoluta a lo largo de esta línea recta era $\sqrt{210^2 + 100^2} = 232{,}6$ estadios, calculados utilizando el mapa de las mujeres con sus catetos dirigidos a lo largo del este verdadero y el norte verdadero. Calculados usando el mapa de los hombres con sus catetos a lo largo del este magnético y el norte magnético, la distancia absoluta era $\sqrt{164{,}5^2 + 164{,}5^2} = 232{,}6$ estadios. La distancia hacia el este y la distancia hacia el norte eran «relativas»; dependían de si el sistema de referencia de los mapas era magnético o verdadero. Pero a partir de cualquier par de distancias relativas sería posible calcular la misma distancia absoluta en línea recta.

La historia no registra cómo respondió el pueblo de Mledina, con su cultura de tabúes, a este maravilloso descubrimiento.

El descubrimiento de Hermann Minkowski fue análogo al descubrimiento de Hermann el mledinense: supongamos que usted se mueve con respecto a mí (por ejemplo, en su automóvil deportivo a velocidad ultraalta). Entonces:

• De la misma forma que el norte magnético es una mezcla del norte verdadero y el este verdadero, también mi tiempo es una mezcla de su tiempo y su espacio.

- De la misma forma que el este magnético es una mezcla del este verdadero y el sur verdadero, también mi espacio es una mezcla de su espacio y su tiempo.
- De la misma forma que el norte y el este magnéticos, y el norte y el este verdaderos, son simplemente diferentes maneras de hacer medidas en una superficie bidimensional preexistente —la superficie de la Tierra— también mi espacio y tiempo, y su espacio y tiempo, son simplemente maneras diferentes de hacer medidas en una «superficie» o «tejido» tetradimensional preexistente, que Minkowski llamó *espacio-tiempo*.
- De la misma forma que existe una distancia absoluta en línea recta en la superficie de la Tierra desde Mledina a Serona, calculable mediante la fórmula de Pitágoras utilizando o bien distancias a lo largo del norte y este magnéticos o bien distancias a lo largo del norte y este verdaderos, también entre dos sucesos cualesquiera en el espacio-tiempo existe un *intervalo absoluto en línea recta*, calculable mediante una fórmula análoga a la de Pitágoras utilizando longitudes y tiempos medidos en cualquiera de los sistemas de referencia, el mío o el suyo.

Fue esta fórmula análoga a la de Pitágoras (la llamaré *fórmula de Minkowski*) la que condujo a Hermann Minkowski a su descubrimiento del espacio-tiempo absoluto.

Los detalles de la fórmula de Minkowski *no* serán importantes para el resto de este libro. No hay necesidad de dominarlos (aunque para los lectores curiosos, están descritos en el recuadro 2.1). Lo único importante es que los sucesos en el espacio-tiempo son análogos a puntos en el espacio, y existe un intervalo absoluto entre dos puntos cualesquiera en el espacio-tiempo completamente análogo a la distancia en línea recta entre dos puntos cualesquiera en una hoja de papel plana. El carácter absoluto de este intervalo (el hecho de que su valor es el mismo, independientemente de qué sistema de referencia se haya utilizado para calcularlo) demuestra que el espacio-tiempo tiene una realidad absoluta; es un tejido tetradimensional con propiedades que son independientes del movimiento de cada uno.

Como veremos en las próximas páginas, la gravedad está producida por una curvatura (una distorsión) del tejido tetradimensional absoluto del espacio-tiempo, y los agujeros negros, agujeros de gusano, ondas gravitatorias y singularidades están constituidos total y únicamente a partir de dicho tejido; es decir, cada uno de ellos es un tipo específico de distorsión del espacio-tiempo.

Puesto que el tejido absoluto del espacio-tiempo es responsable de semejantes fenómenos fascinantes, resulta frustrante que usted y yo no tengamos experiencia de él en nuestras vidas cotidianas. La culpa reside en nuestra tecnología de baja velocidad (por ejemplo, automóviles deportivos que se mueven mucho más lentamente que la luz). A causa de nuestras bajas velocidades relativas, experimentamos el espacio y el tiempo únicamente como entidades independientes; nunca notamos las discrepancias entre las longitudes y los tiempos que medimos usted y yo (nunca notamos que el espacio y el tiempo son relati-

Fórmula de Minkowski

Usted me adelanta en un potente coche deportivo de 1 kilómetro de longitud, a una velocidad de 162.000 kilómetros por segundo (un 54 por 100 de la velocidad de la luz); recuerde la figura 1.3. El movimiento de su automóvil se muestra en los siguientes diagramas espacio-temporales. El diagrama (*a*) está dibujado desde su punto de vista; (*b*) desde el mío. Cuando usted me adelanta, el motor de su coche produce una falsa explosión, expulsando una bocanada de humo por su tubo de escape; este suceso esta etiquetado *B* en los diagramas. Dos microsegundos (dos millonésimas de segundo) después, visto por usted, explota un petardo colocado en su parachoques delantero; este suceso está etiquetado *D*.

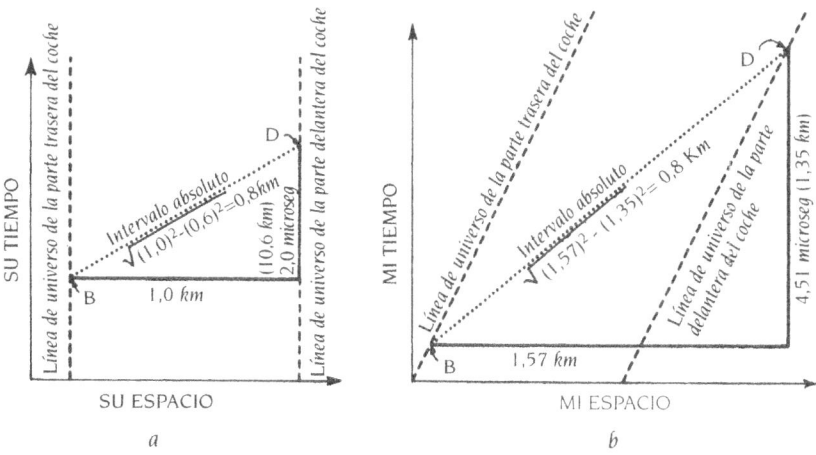

a   *b*

Puesto que el espacio y el tiempo son relativos (su espacio es una mezcla de mi espacio y mi tiempo), usted y yo estamos en desacuerdo sobre la separación temporal entre el suceso *B* y el suceso *D*. Ambos sucesos están separados por 2,0 microsegundos en su tiempo, y por 4,51 microsegundos en el mío. Análogamente, tampoco estamos de acuerdo sobre la separación espacial de los sucesos; ésta es de 1,0 kilómetros en su espacio y 1,57 kilómetros en el mío. Pese a estos desacuerdos temporal y espacial, nosotros *coincidimos* en que los dos sucesos están separados por una línea recta en el espacio-tiempo tetradimensional, y *coincidimos* en que el «intervalo absoluto» a lo largo de dicha línea (la longitud espacio-temporal de la línea) es 0,8 kilómetros. (Esto es análogo al acuerdo de los hombres y mujeres de Mledina respecto a la distancia en línea recta entre Mledina y Serona.)

Podemos utilizar la fórmula de Minkowski para calcular el intervalo absoluto: cada uno de nosotros multiplica la separación temporal de los sucesos por la velocidad de la luz (299.792 kilómetros por segundo), obteniendo los números redondeados que se muestran en los diagramas (0,600 kilómetros para usted, 1,35 kilómetros para mí). A continuación elevamos al cuadrado las separaciones temporal y espacial de los sucesos, *restamos* la separación temporal al cuadrado de la separación espacial al cuadrado, y tomamos la raíz cuadrada. (Esto es análogo a la manera en que los mledinenses elevan al cuadrado las separaciones hacia el este y hacia el norte, las *suman,* y toman la raíz cuadrada.) Como se muestra en los diagramas, aunque sus separaciones espacial y temporal difieren de las mías, ambos obtenemos la misma respuesta final para el intervalo absoluto: 0,8 kilómetros.

Hay sólo una diferencia importante entre la fórmula de Minkowski, que utilizamos usted y yo, y la fórmula de Pitágoras, que utilizan los mledinenses: nuestras separaciones al cuadrado deben ser restadas en lugar de sumadas. Esta resta está íntimamente relacionada con la diferencia física entre el espacio-tiempo, que usted y yo estamos explorando, y la superficie de la Tierra que exploran los mledinenses —pero a riesgo de enfadarle, omitiré explicar la relación y simplemente le remitiré a las discusiones en Taylor y Wheeler (1992).

vos), y nunca notamos que nuestros espacios y tiempos relativos están unidos para formar un tejido tetradimensional y absoluto de espacio-tiempo.

Recuerde que Minkowski era el profesor de matemáticas que había calificado a Einstein de zángano en sus días de estudiante. En 1902 Minkowski, ruso de nacimiento, había dejado el ETH de Zurich para asumir un puesto de profesor más atractivo en Gotinga, Alemania. (La ciencia era tan internacional entonces como lo es ahora.) En Gotinga, Minkowski estudió el artículo de Einstein sobre la relatividad especial y quedó impresionado. Este estudio le llevó en 1908 a su descubrimiento de la naturaleza absoluta del espacio-tiempo tetradimensional.

Cuando Einstein supo del descubrimiento de Minkowski *no* quedó impresionado. Minkowski estaba reescribiendo simplemente las leyes de la relatividad especial en un lenguaje nuevo y más matemático; y, para Einstein, las matemáticas oscurecían las ideas físicas que subyacían a las leyes. Cuando Minkowski continuó ensalzando la belleza de su visión del espacio-tiempo, Einstein empezó a hacer chistes sobre los matemáticos de Gotinga que describían la relatividad en un lenguaje tan complicado que los físicos no serían capaces de entenderlo.

En realidad, el chiste se volvió contra Einstein. Cuatro años más tarde, en 1912, se dio cuenta de que el espacio-tiempo absoluto de Minkowski es un fundamento esencial para incorporar la gravedad en la relatividad especial. Por desgracia, Minkowski no vivió para verlo; murió de apendicitis en 1909 a la edad de cuarenta y cinco años.

Volveré al espacio-tiempo absoluto de Minkowski más adelante en este mismo capítulo. Antes de eso, sin embargo, debo desarrollar otro hilo de mi historia: la ley de la gravedad de Newton y los primeros pasos de Einstein para reconciliarla con la relatividad especial, pasos que dio antes de que empezara a apreciar la idea revolucionaria de Minkowski.

La ley gravitatoria de Newton y los primeros pasos de Einstein para unirla con la relatividad

Newton concibió la gravedad como una fuerza que actúa entre cualquier par de objetos en el Universo, una fuerza con la que los objetos se atraen mutuamente. Cuanto mayores son las masas de los objetos y más próximos están, más intensa es la fuerza. Dicho de forma más precisa, la fuerza es proporcional al producto de las masas de los objetos e inversamente proporcional al cuadrado de la distancia entre ellos.

Esta ley gravitatoria supuso un enorme triunfo intelectual. Combinada con las leyes del movimiento de Newton, explicó las órbitas de los planetas alrededor del Sol y las de los satélites alrededor de los planetas, el flujo y reflujo de las mareas oceánicas y la caída de los graves; y enseñó a Newton y a sus compatriotas del siglo XVII a pesar el Sol y la Tierra.*

Durante los dos siglos que separaron a Newton de Einstein, las medidas de las órbitas celestes hechas por los astrónomos mejoraron enormemente, sometiendo a la ley gravitatoria de Newton a pruebas cada vez más rigurosas. De vez en cuando nuevas medidas astronómicas dieron resultados en desacuerdo con la ley de Newton, pero a su debido tiempo las observaciones o su interpretación resultaron ser falsas. Una y otra vez la ley de Newton triunfó sobre el error experimental o intelectual. Por ejemplo, cuando el movimiento del planeta Urano (que había sido descubierto en 1781) parecía violar las predicciones de la ley gravitatoria de Newton, se consideró la posibilidad de que la gravedad de algún otro planeta, todavía no descubierto, estuviera atrayendo a Urano y perturbando su órbita. Los cálculos, basados exclusivamente en las leyes de la gravedad y del movimiento de Newton y en las observaciones de Urano, predecían en qué lugar del cielo debería estar este nuevo planeta. En 1846, cuando U.J.J. Leverrier dirigió su telescopio a dicha región, ahí estaba el planeta predicho, demasiado tenue para ser visto a simple vista pero suficientemente brillante para verlo en su telescopio. Este nuevo planeta, que vindicó la ley gravitatoria de Newton, recibió el nombre de «Neptuno».

A comienzos del siglo XX, persistían otras dos discrepancias, exquisitamente pequeñas pero enigmáticas, con la ley gravitatoria de Newton. Una era una peculiaridad en la órbita del planeta Mercurio que finalmente resultaría ser un

---

* Para los detalles, véase la nota al pie de la página 54.

anuncio de un fracaso de la ley de Newton. La otra, una peculiaridad en la órbita de la Luna, desaparecería finalmente; resultó ser una errónea interpretación de las medidas de los astrónomos.[3] Como suele suceder con medidas exquisitamente precisas, era difícil discernir cuál de las dos discrepancias, si lo era alguna de ellas, debía ser preocupante.

Einstein sospechó correctamente que la peculiaridad de Mercurio (un desplazamiento anómalo de su *perihelio*; recuadro 2.2) era real y que la peculiaridad de la Luna no lo era. La peculiaridad de Mercurio «olía» a real; la de la Luna no lo hacía. Sin embargo, este sospechoso desacuerdo del experimento con la ley gravitatoria de Newton era mucho menos interesante e importante para Einstein que su convicción de que la ley de Newton debería violar su principio de relatividad recientemente formulado (el «metaprincipio» según el cual todas las leyes de la física deben ser las mismas en cualquier sistema de referencia inercial). Puesto que Einstein creía firmemente en su principio de relatividad, semejante violación significaría que la ley gravitatoria de Newton debía tener un punto débil.*

El razonamiento de Einstein era simple: según Newton, la fuerza gravitatoria depende de la *distancia* entre los dos objetos gravitantes (por ejemplo, el Sol y Mercurio), pero, según la relatividad, la distancia es diferente en diferentes sistemas de referencia. Por ejemplo, las leyes de la relatividad de Einstein predicen que la distancia entre el Sol y Mercurio diferirá aproximadamente en una parte en mil millones, dependiendo de si uno está situado en la superficie de Mercurio cuando la mide o si está situado en la superficie del Sol. Si ambos sistemas de referencia, el de Mercurio y el del Sol, son igualmente buenos a los ojos de las leyes de la física, entonces ¿qué sistema debería utilizarse para medir la distancia que aparece en la ley gravitatoria de Newton? Cualquier elección, la del sistema de Mercurio o la del Sol, violaría el principio de relatividad. Este dilema convenció a Einstein de que la ley gravitatoria de Newton debía tener un punto débil.

La audacia de Einstein es impresionante. Habiendo descartado sin apenas justificación experimental el espacio absoluto y el tiempo absoluto de Newton, ahora estaba inclinado a descartar la ley de la gravedad de Newton y todos sus enormes éxitos con una justificación experimental aún menor. Sin embargo, él no estaba motivado por el experimento sino por su idea profunda e intuitiva de cómo *debían* comportarse las leyes de la física.

---

* No era completamente obvio que la ley gravitatoria de Newton violara el principio de relatividad de Einstein, porque Einstein, al formular su principio, se había basado en el concepto de un sistema de referencia inercial, y este concepto no podía utilizarse en presencia de gravedad. (No hay forma de proteger un sistema de referencia respecto de la gravedad y permitir de esta forma que se mueva solamente bajo la influencia de su propia inercia.) Sin embargo, Einstein estaba convencido de que debía haber algún modo de extender el alcance de su principio de relatividad al reino de la gravedad (algún modo de «generalizarlo» para incluir efectos gravitatorios), y estaba convencido de que la ley gravitatoria de Newton violaría el todavía-por-formular «principio de relatividad generalizado».

RECUADRO 2.2

El desplazamiento del perihelio de Mercurio

Kepler describió la órbita de Mercurio como una elipse con el Sol en uno de sus focos (diagrama de la izquierda, en el que se ha exagerado la elongación elíptica de la órbita). Sin embargo, a finales del siglo XIX los astrónomos habían deducido de sus observaciones que la órbita de Mercurio no es completamente elíptica. Después de cada revolución, Mercurio no vuelve exactamente al mismo punto en el que empezó sino que lo yerra en una cantidad minúscula. Este error puede describirse como un desplazamiento, que tiene lugar a cada revolución, en la localización del punto de la órbita de Mercurio más próximo al Sol (un desplazamiento de su *perihelio*). Los astrónomos midieron un desplazamiento del perihelio de 1,38 segundos de arco durante cada revolución (diagrama de la derecha, en el que se ha exagerado el desplazamiento).

La ley de la gravedad de Newton podía dar cuenta de 1,28 segundos de los 1,38 segundos de arco del desplazamiento: se debían a la atracción gravitatoria de Júpiter y los demás planetas sobre Mercurio. Sin embargo, subsistía una discrepancia de un 0,10 segundos de arco: *un desplazamiento anómalo de 0,10 segundos de arco del perihelio de Mercurio en cada revolución*. Los astrónomos afirmaban que los errores y las imprecisiones en sus medidas eran de sólo 0,01 segundo de arco, pero considerando los ángulos minúsculos que había que medir (0,01 segundo de arco es equivalente al ángulo subtendido por un cabello humano a una distancia de 10 kilómetros), no era sorprendente que muchos físicos de finales del siglo XIX y comienzos del siglo XX fueran escépticos y esperaran que las leyes de Newton triunfarían al final.

ÓRBITA DE MERCURIO SEGÚN KEPLER   ÓRBITA REAL DE MERCURIO

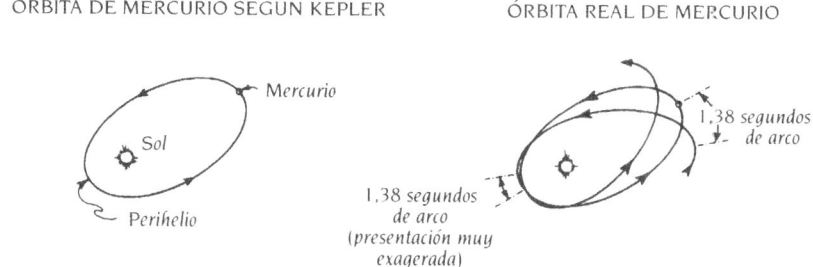

Einstein comenzó su búsqueda de una nueva ley de la gravitación en 1907. Sus pasos iniciales fueron desencadenados y guiados por un proyecto de redacción: aunque ahora la oficina de patentes le clasificaba simplemente como un «experto técnico de segunda clase» (ascendido recientemente de la tercera clase), era lo suficientemente respetado por los grandes físicos del mundo como para ser invitado a escribir un artículo para la publicación anual *Jahrbuch der Ra-*

dioaktivität und Elektronik sobre sus leyes de la física de la relatividad especial y sus consecuencias.[4] Mientras trabajaba en su artículo, Einstein descubrió una valiosa estrategia para la investigación científica: la necesidad de exponer un tema de una manera pedagógica, coherente y autocontenida le obliga a uno a pensar sobre ello de nuevas formas. Uno está obligado a examinar todas las carencias y los puntos débiles del tema, y buscar soluciones para ellos.

La gravedad era la mayor carencia de su tema; la relatividad especial, con sus sistemas inerciales sobre los que no puede actuar ninguna fuerza gravitatoria, ignoraba totalmente la gravedad. De este modo, mientras Einstein escribía trataba de ver las formas de incorporar la gravedad en sus leyes relativistas. Como sucede a la mayoría de la gente absorta en un rompecabezas, incluso cuando Einstein no estaba pensando directamente sobre este problema sí lo estaba rumiando inconscientemente. Así fue como un día de noviembre de 1907, en palabras del propio Einstein: «Estaba sentado en una silla en la oficina de patentes en Berna, cuando de repente se me ocurrió una idea: "si una persona cae en caída libre, no sentirá su propio peso"».

Ahora bien, usted o yo podríamos haber tenido esa misma idea y no haber llegado a ninguna parte. Pero Einstein era diferente. Perseguía las ideas hasta sus últimos extremos; extraía de ellas cada bocado de intuición que podía. Y esta idea fue clave; apuntaba hacia una nueva visión revolucionaria de la gravedad. Posteriormente la calificó como «la idea más feliz de mi vida».

Las consecuencias de esta idea llegaron rápidamente, y quedaron inmortalizadas en el artículo de Einstein. Si usted cae en caída libre (por ejemplo, saltando desde un acantilado), no sólo no sentirá su propio peso sino que se sentirá, en todos los aspectos, como si la gravedad hubiese desaparecido completamente de su entorno. Por ejemplo, si cuando cae suelta usted algunas piedras que llevaba en su mano, usted y las piedras caerán juntos lado a lado. Si mira las piedras e ignora el resto de lo que le rodea, no puede discernir si usted y las piedras están cayendo juntos hacia el suelo que hay debajo o están flotando libremente en el espacio, lejos de cualquier cuerpo gravitante. De hecho, notó Einstein, en su inmediata vecindad la gravedad es tan irrelevante, tan imposible de detectar, que *todas* las leyes de la física en un pequeño sistema de referencia (laboratorio) que usted lleve consigo cuando cae deben ser las mismas que si usted se estuviera moviendo libremente en un universo sin gravedad. En otras palabras, su pequeño sistema de referencia en caída libre es «equivalente a» un sistema de referencia inercial en un universo libre de gravedad, y las leyes de la física que usted experimenta son las mismas que en un sistema inercial libre de gravedad; son las leyes de la relatividad especial. (Más adelante sabremos por qué el sistema de referencia debe mantenerse pequeño, y que «pequeño» significa muy pequeño comparado con el tamaño de la Tierra o, generalizando, muy pequeño comparado con la distancia sobre la que la intensidad y dirección de la gravedad tienen una variación apreciable.)

Como ejemplo de la equivalencia entre un sistema inercial libre de gravedad y su pequeño sistema en caída libre, consideremos la ley de la relatividad especial que describe el movimiento de un objeto que se mueve libremente (pongamos una bala de cañón) en un universo sin gravedad. Medida en cualquier sistema inercial en dicho universo idealizado, la bala debe moverse en línea recta y con velocidad uniforme. Compárese esto con el movimiento de la bala en nuestro Universo real y dotado de gravedad: si la bala se dispara desde un cañón en un prado en la Tierra y es observada por un perro sentado en la hierba, la bala describe un arco que sube primero hacia arriba y luego cae a la Tierra (figura 2.2). Se mueve a lo largo de una parábola (curva continua negra) tal como se ve en el sistema de referencia del perro. Einstein se preguntaba cómo vería usted esta misma bala de cañón desde un pequeño sistema de referencia en caída libre. Esto es más fácil de ver si el prado está en el borde de un acantilado. En tal caso usted puede saltar desde el acantilado en el mismo momento en que la bala de cañón es disparada y observar la bala conforme usted va cayendo.

Como ayuda para mostrar lo que usted ve cuando cae, imagínese que sostiene ante sí una ventana dividida en doce hojas de cristal y observa la bala a través de su ventana (secuencia central de la figura 2.2). Mientras cae, usted ve la secuencia de escenas mostradas en la figura 2.2, en el sentido de las agujas del reloj. Al mirar esta secuencia, ignore el perro, el cañón, el árbol y el acantilado; céntrese únicamente en los cristales de la ventana y en la bala. Tal como usted la ve, con respecto a los cristales de su ventana, la bala se mueve a lo largo de la línea recta de trazos con velocidad constante.

Así pues, en el sistema de referencia del perro la bala obedece a las leyes de Newton: se mueve a lo largo de una parábola. En su pequeño sistema de referencia en caída libre la bala obedece las leyes de la relatividad especial libre de gravedad; se mueve a lo largo de una línea recta con velocidad constante. Y lo que es verdadero en este ejemplo debe ser verdadero en el caso general, notó Einstein en un gran golpe de intuición:

En cualquier pequeño sistema de referencia en caída libre, en cualquier parte de nuestro Universo real dotado de gravedad, las leyes de la física deben ser las mismas que en un sistema de referencia inercial en un universo idealizado libre de gravedad. Einstein llamó a este principio el *principio de equivalencia*, porque afirma que pequeños sistemas de referencia en caída libre en presencia de gravedad son equivalentes a sistemas inerciales en ausencia de gravedad.

Esta afirmación, advirtió Einstein, tenía una consecuencia enormemente importante: implicaba que, si simplemente damos el nombre de «sistema de referencia inercial» a cualquier pequeño sistema de referencia en caída libre en nuestro Universo real dotado de gravedad (por ejemplo, a un pequeño laboratorio que usted lleva consigo cuando cae en el acantilado), entonces cualquier cosa que diga la relatividad especial sobre sistemas inerciales en un universo idealizado sin gravedad será también automáticamente verdadera en nuestro Universo real. Lo que es más importante, el *principio de relatividad* debe ser verdadero: cualquier pequeño sistema de referencia inercial (en caída libre) en nuestro Universo real dotado de gravedad debe ser «creado igual»; ninguno puede estar privilegiado sobre cualquier otro a los ojos de las leyes de la física. O, enunciado en forma más precisa (véase el capítulo 1):

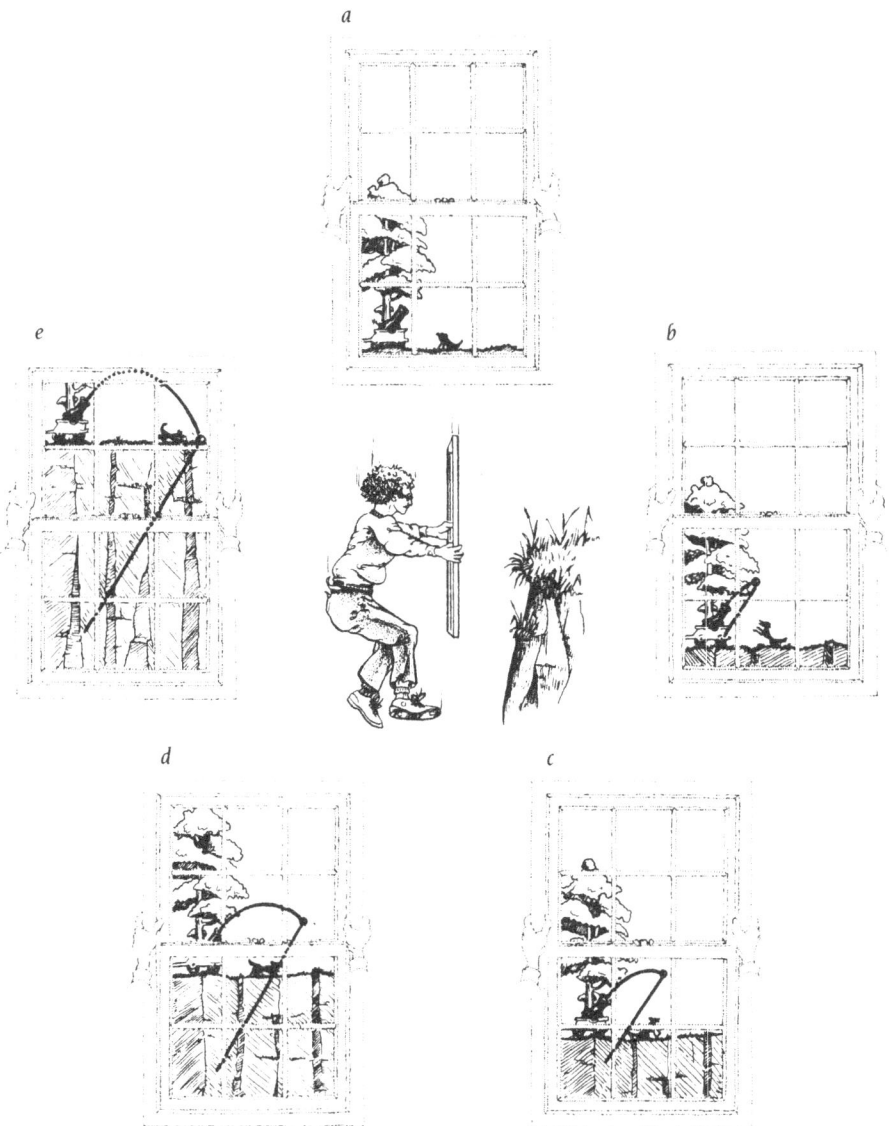

2.2.   *Centro*: usted salta desde un acantilado manteniendo una ventana de doce hojas delante de usted. *Resto de la figura, en el sentido de las agujas del reloj empezando desde arriba*: lo que usted ve a través de la ventana cuando se dispara un cañón. Respecto al marco de la ventana en caída, la trayectoria de la bala es la línea recta de trazos; con relación al perro y la superficie de la Tierra, es la parábola continua.

Formúlese cualquier ley de la física en términos de medidas realizadas en un pequeño sistema de referencia inercial (en caída libre). Entonces, cuando se reformula en términos de medidas en cualquier otro pequeño sistema iner- cial (en caída libre), dicha ley de la física debe tomar exactamente la misma forma matemática y lógica que en el sistema original. Y esto debe ser verdade- ro ya esté el sistema inercial (en caída libre) en el espacio intergaláctico libre de gravedad, ya esté cayendo en un acantilado en la Tierra, ya en el centro de nuestra galaxia, ya cayendo a través del horizonte de un agujero negro.

Con esta extensión de su principio de relatividad para incluir la gravedad, Einstein dio su primer paso hacia un nuevo conjunto de leyes gravitatorias; su primer paso de la relatividad *especial* a la relatividad *general*.

Tenga paciencia, querido lector. Este capítulo es probablemente el más difí- cil del libro. Mi historia se hará menos técnica en el próximo capítulo, cuando empecemos a explorar los agujeros negros.

Pocos días después de formular su principio de equivalencia, Einstein lo utilizó para hacer una sorprendente predicción, llamada *dilatación gravitatoria del tiempo*: *si uno está en reposo con respecto a un cuerpo gravitante, entonces cuanto más próximo esté al cuerpo, más lentamente debe fluir el tiempo.* Por ejemplo, en una habitación en la Tierra, el tiempo debe fluir más lentamente cerca del suelo que cerca del techo. Lo que sucede es que esta diferencia en la Tierra resulta ser tan minúscula (sólo 3 partes en 10^{16}; es decir, 300 partes en un trillón) que es extraordinariamente difícil detectarla. Por el contrario (como veremos en el próximo capítulo), cerca de un agujero negro la dilatación gravi- tatoria del tiempo es enorme: si la masa del agujero es 10 veces la masa del Sol, entonces el tiempo fluirá 6 millones de veces más lento a 1 centímetro de altura sobre el horizonte del agujero que muy lejos de su horizonte; y exacta- mente en el horizonte, el flujo del tiempo se detendrá completamente. (Imagi- ne las posibilidades de viajar en el tiempo: si usted desciende hasta situarse exac- tamente por encima del horizonte del agujero, se mantiene allí durante 1 año de flujo de tiempo en la proximidad del horizonte, y a continuación regresa a la Tierra, encontrará que durante ese año de su tiempo ¡han transcurrido mi- llones de años en la Tierra!)

Einstein descubrió la dilatación gravitatoria del tiempo mediante un argu- mento algo complicado, pero después dio una demostración simple y elegante que ilustra de forma muy bella sus métodos de razonamiento físico. Esa de- mostración se expone en el recuadro 2.4,[5] y el *desplazamiento Doppler* de la luz, sobre la que descansa, se explica en el recuadro 2.3.

Cuando empezó a escribir su artículo de revisión de 1907, Einstein espera- ba describir la relatividad en un universo sin gravedad. Sin embargo, mientras lo escribía había descubierto tres claves del misterio de cómo conjugar la grave- dad con sus leyes relativistas —el principio de equivalencia, la dilatación gravi- tatoria del tiempo y la extensión de su principio de relatividad para incluir la

Desplazamiento Doppler

Cuando un emisor y un receptor de ondas se están aproximando, el receptor ve las ondas desplazadas hacia frecuencias mayores; es decir, periodos más cortos y longitudes de onda más cortas. Si el emisor y el receptor se están alejando, entonces el receptor ve las ondas desplazadas hacia frecuencias menores; es decir, periodos mayores y longitudes de onda mayores. Esto se denomina *desplazamiento Doppler*, y es una propiedad de cualquier tipo de ondas: ondas sonoras, ondas de agua, ondas electromagnéticas y demás.

Para las ondas sonoras, el desplazamiento Doppler es un fenómeno cotidiano familiar. Se puede percibir en el rápido descenso del tono cuando una ambulancia pasa a gran velocidad haciendo sonar su sirena (dibujo *b*), o cuando un avión que aterriza pasa sobre nuestras cabezas. Se puede entender el desplazamiento Doppler reflexionando sobre el diagrama inferior.

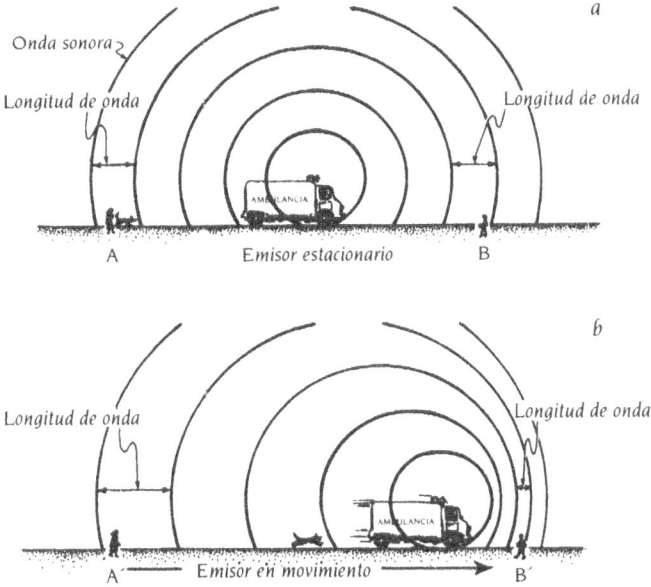

Lo que es cierto de las ondas también lo es de los pulsos. Si el emisor transmite pulsos de luz (o de cualquier otra cosa) regularmente espaciados, entonces el receptor, a medida que el emisor se acerca hacia él, encontrará los pulsos con una frecuencia mayor (un tiempo más corto entre pulsos) que la frecuencia con que fueron emitidos.

gravedad— así que incorporó estas claves en su artículo. Más adelante, hacia primeros de diciembre, envió el artículo al editor del *Jahrbuch der Radioaktivität und Elektronik*[6] y dirigió toda su atención al desafío de concebir una descripción relativista completa de la gravedad.

El 24 de diciembre, escribió a un amigo diciendo: «Ahora estoy ocupado en consideraciones sobre la teoría de la relatividad en relación con la ley de la gravitación ... Espero aclarar los hasta ahora inexplicados cambios seculares del desplazamiento del perihelio de Mercurio ... pero por el momento no parece funcionar». A comienzos de 1908, frustrado por la falta de progresos reales, Einstein lo dejó y dirigió su atención al reino de los átomos, las moléculas y la radiación (el «reino de lo pequeño»), donde los problemas no resueltos por el momento parecían más tratables e interesantes.*

Durante 1908 (mientras Minkowski unificaba el espacio y el tiempo, y Einstein desdeñaba la unificación) y durante 1909, 1910 y 1911, Einstein permaneció en el reino de lo pequeño. Estos años vieron también su traslado desde la oficina de patentes en Berna hasta un puesto de profesor asociado en la Universidad de Zurich, y más tarde a un puesto de profesor ordinario en Praga, uno de los centros de la vida cultural del imperio austrohúngaro.

La vida de Einstein como profesor no fue fácil. Encontraba irritante tener que impartir clases regulares sobre temas que no estaban relacionados con su investigación. No podía reunir ni la energía para preparar bien estas lecciones ni el entusiasmo para hacerlas vibrantes, aunque sí era brillante cuando impartía lecciones sobre los temas que le eran más queridos.[7] Einstein estaba ahora completamente inmerso en el círculo académico europeo, pero estaba pagando un precio. A pesar de este precio, su investigación en el reino de lo pequeño continuó de forma impresionante, produciendo ideas que más tarde le valdrían el Premio Nobel (véase el recuadro 4.1).

Luego, a mediados de 1911, la fascinación de Einstein por lo pequeño decreció y su atención volvió a la gravedad, con la que luchó casi a tiempo completo hasta su triunfante formulación de la relatividad general en noviembre de 1915.

El interés inicial de la lucha de Einstein con la gravedad fueron las *fuerzas gravitatorias de marea*.

La gravedad de marea
y la curvatura del espacio-tiempo

Imagine que usted es un astronauta en el espacio exterior, por encima y muy lejos del ecuador de la Tierra, y que está cayendo en caída libre hacia el mismo. Aunque, mientras usted cae, no sentirá su propio peso, de hecho sentirá algunos minúsculos efectos residuales de la gravedad. Dichos efectos se denominan «gravedad de marea», y pueden entenderse reflexionando sobre las fuerzas gra-

---

* Véanse el capítulo 4 y especialmente el recuadro 4.1.

RECUADRO 2.4

Dilatación gravitatoria del tiempo

Tómense dos relojes idénticos. Colóquese uno en el suelo de una habitación junto a un agujero en el que más tarde caerá, y cuélguese el otro del techo de la habitación con una cuerda. La marcha del reloj del suelo está regulada por el flujo de tiempo cerca del suelo, y la marcha del reloj del techo está regulada por el flujo de tiempo cerca del techo.

Hagamos que el reloj del techo emita un pulso de luz muy corto cuando hace su tic-tac, y dirija los pulsos hacia abajo, hacia el reloj del suelo. Inmediatamente antes de que el reloj del techo emita su primer pulso, cortemos la cuerda que le sostiene para que caiga en caída libre. Si el tiempo entre tic-tacs es muy corto, entonces en el momento en que emite su segundo pulso, el reloj sólo habrá caído una distancia imperceptible y aún estará muy aproximadamente en reposo con respecto al techo (diagrama *a*). Esto significa a su vez que el reloj todavía está sintiendo el mismo flujo de tiempo que el propio techo; es decir, el intervalo entre las emisiones de sus pulsos está gobernado por el flujo temporal en el techo.

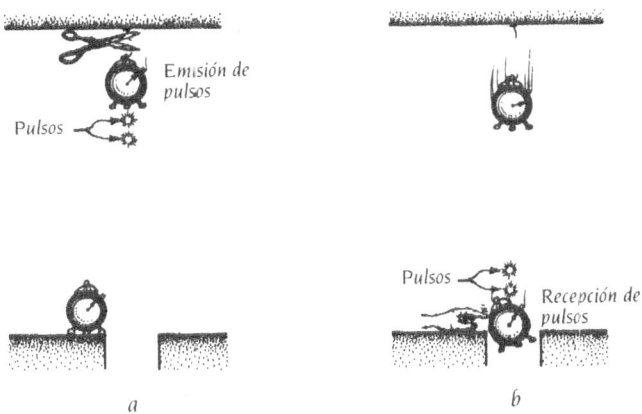

a   *b*

Inmediatamente antes de que el primer pulso de luz llegue al suelo, dejemos caer el reloj del suelo por el agujero (diagrama *b*). El segundo pulso llega inmediatamente después de que el reloj del suelo en caída libre se ha movido imperceptiblemente entre pulsos, y aún está muy aproximadamente en reposo con respecto al suelo y, por lo tanto, aún está sintiendo el mismo flujo de tiempo que el propio suelo.

De este modo, Einstein convirtió el problema de comparar el flujo del tiempo experimentado en el techo y en el suelo en el problema de comparar los ritmos de marcha de dos relojes en caída libre: el reloj que cae desde el techo, que experimenta el tiempo del techo, y el reloj que cae desde el suelo, que experimenta el tiempo del suelo. El principio de equivalencia de Einstein le permitió entonces comparar las marchas de los relojes en caída libre con la ayuda de sus leyes de la relatividad especial.

Puesto que el reloj del techo fue soltado antes que el reloj del suelo, su velocidad hacia abajo es siempre mayor que la del reloj del suelo (diagrama *b*); es decir, se acerca al reloj del suelo. Esto implica que el reloj del suelo verá que los pulsos de luz del reloj del techo sufren un *desplazamiento Doppler* (recuadro 2.3); es decir, les verá llegar con un intervalo de tiempo menor que el intervalo transcurrido entre sus propios tic-tacs. Puesto que el intervalo temporal entre pulsos estaba regulado por el flujo de tiempo del techo, y el intervalo temporal entre tic-tacs del reloj del suelo está regulado por el flujo temporal en el suelo, esto significa que el tiempo debe fluir más lentamente cerca del suelo que cerca del techo; en otras palabras, *la gravedad debe dilatar el flujo del tiempo.*

vitatorias que usted siente, primero desde el punto de vista de alguien que le está observando desde la Tierra y luego desde su propio punto de vista.

Tal como se ve desde la Tierra (figura 2.3a), la atracción gravitatoria es ligeramente diferente sobre las diversas partes de su cuerpo. Puesto que sus pies están más cerca de la Tierra que su cabeza, la gravedad los atrae con más fuerza que a su cabeza, de modo que le estira a usted de pies a cabeza. Y puesto que la gravedad atrae siempre hacia el centro de la Tierra, una dirección que está inclinada ligeramente hacia la izquierda en su lado derecho y ligeramente hacia la derecha en su lado izquierdo, la atracción se dirige ligeramente hacia la izquierda en su lado derecho y ligeramente hacia la derecha en su lado izquierdo; es decir, comprime los lados de su cuerpo hacia adentro.

Desde su punto de vista (figura 2.3b), la gran fuerza de la gravedad hacia abajo ha desaparecido, se ha desvanecido. Usted se siente ingrávido. Sin embargo, la única componente de la gravedad que ha desaparecido es la que le atraía hacia abajo. La tensión entre la cabeza y los pies y la compresión lateral permanecen. Son producidas por las *diferencias* entre la gravedad en las partes externas de su cuerpo y la gravedad en el centro de su cuerpo, diferencias de las que usted no puede librarse en la caída libre.

La tensión vertical y la compresión lateral que usted siente a medida que cae, son denominadas gravedad de marea o fuerzas gravitatorias de marea, porque, cuando su fuente es la Luna en lugar de la Tierra y cuando es la Tierra la que las siente en lugar de usted, estas fuerzas producen las mareas oceánicas (véase el recuadro 2.5).

Al deducir su principio de equivalencia, Einstein ignoró las fuerzas gravitatorias de marea; consideró que no existían. (Recuérdese la esencia de su argumento: mientras cae en caída libre, usted «no sentirá su propio peso» y «le parecerá, en todos los aspectos, como si la gravedad hubiera desaparecido de su

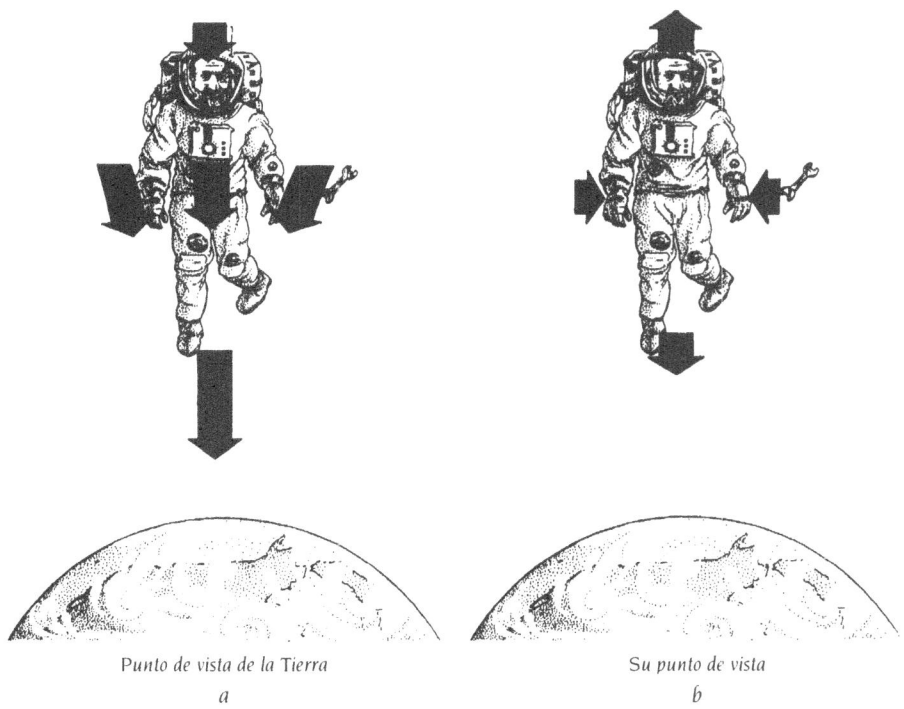

Punto de vista de la Tierra
a

Su punto de vista
b

2.3.   Conforme usted cae hacia la Tierra, las fuerzas gravitatorias de marea le estiran de la cabeza a los pies y le comprimen en las partes laterales.

vecindad».) Einstein justificó el ignorar las fuerzas de marea imaginando que usted (y su sistema de referencia) son muy pequeños. Por ejemplo, si usted es del tamaño de una hormiga o más pequeño, entonces las partes de su cuerpo estarán todas muy próximas entre sí y, por consiguiente, la dirección y la fuerza de la atracción gravitatoria serán casi iguales en las partes externas de su cuerpo que en su centro; y la *diferencia* de la gravedad entre sus partes externas y su centro, que es la causante del tirón y la compresión de marea, será extremadamente pequeña. Por el contrario, si usted fuera un gigante de 5.000 kilómetros de altura, entonces la dirección y la fuerza de la atracción gravitatoria de la Tierra diferirían mucho entre las partes externas de su cuerpo y su centro; y consecuentemente, mientras usted cayera, experimentaría una tensión y una compresión de marea enormes.

Este razonamiento convenció a Einstein de que en un sistema de referencia en caída libre suficientemente pequeño (un sistema muy pequeño comparado con la distancia sobre la que varía apreciablemente la atracción gravitatoria) uno no sería capaz de detectar ninguna influencia de la gravedad de marea; es decir, los sistemas de referencia pequeños en caída libre en nuestro Universo dotado de gravedad son equivalentes a sistemas inerciales en un universo sin

RECUADRO 2.5

Mareas oceánicas producidas por las fuerzas de marea

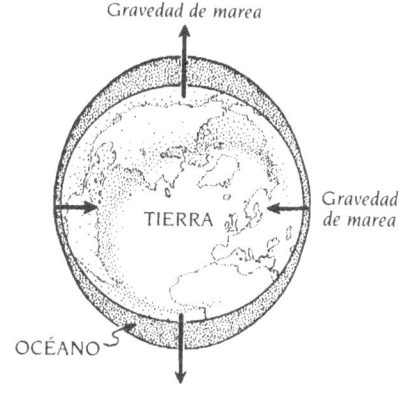

Gravedad de marea

Gravedad
de marea

TIERRA

OCÉANO

LUNA

La fuerza que ejerce la gravedad lunar sobre el lado de la Tierra más próximo a la Luna es mayor que la que ejerce en el centro de la Tierra, de modo que atrae a los oceanos hacia la Luna con más fuerza de la que atrae a la Tierra sólida, y en respuesta los oceanos de este lado se abomban un poco hacia la Luna. En el lado de la Tierra más alejado de la Luna, la gravedad lunar es más débil, de modo que atrae a los océanos hacia la Luna con menor fuerza de la que atrae a la Tierra sólida, y en respuesta los océanos de este otro lado se abomban en dirección contraria a la de la Luna. En el lado izquierdo de la Tierra, la atracción gravitatoria de la Luna, que apunta hacia el centro de la Luna, tiene una ligera componente hacia la derecha, y en el lado derecho tiene una ligera componente hacia la izquierda; y estas componentes comprimen los océanos hacia adentro. Esta pauta de estiramiento y compresión oceánica produce dos mareas altas y dos mareas bajas cada día, a medida que la Tierra gira.

Si las mareas en la playa favorita de su océano no se comportan exactamente de este modo, no es por culpa de la gravedad de la Luna; más bien, se debe a dos efectos: 1) existe un retraso en la respuesta del agua a la gravedad de marea. Se necesita algún tiempo para que el agua entre y salga de las bahías, puertos, canales fluviales, fiordos y otros accidentes de la costa. 2) El estiramiento y la compresión gravitatoria debidos al Sol son casi tan fuertes en la Tierra como los debidos a la Luna, pero tienen una orientación diferente ya que la posición del Sol en el cielo es (normalmente) diferente de la de la Luna. Las mareas de la Tierra son un resultado combinado de la gravedad de marea del Sol y de la Luna.

gravedad. Pero no es así para sistemas grandes. Y para Einstein, en 1911, las fuerzas de marea parecían ser una clave de la naturaleza última de la gravedad.

Era evidente la forma en que la ley gravitatoria de Newton explica las fuerzas de marea: estas fuerzas están producidas por una diferencia en la fuerza y dirección de la atracción de la gravedad de un lugar a otro. Pero la ley de Newton, con su fuerza gravitatoria que depende de la distancia, tenía que ser falsa; violaba el principio de relatividad («¿en qué sistema debía medirse la distancia?»). El desafío de Einstein consistía en formular una ley gravitatoria completamente nueva que fuera compatible con el principio de relatividad y a la vez explicara la gravedad de marea de forma nueva, sencilla e inevitable.

Desde mediados de 1911 a mediados de 1912, Einstein trató de explicar la gravedad de marea suponiendo que el tiempo está distorsionado pero el espacio es plano. Esta idea que sonaba tan radical era un resultado natural de la dilatación gravitatoria del tiempo: los diferentes ritmos de flujo del tiempo cerca del techo y del suelo de una habitación en la Tierra podían considerarse como una distorsión del tiempo. Quizá, especulaba Einstein, una pauta más complicada de distorsión del tiempo podría dar lugar a todos los efectos gravitatorios conocidos, desde la gravedad de marea a las órbitas elípticas de los planetas e incluso al desplazamiento anómalo del perihelio de Mercurio.

Después de trabajar durante doce meses con esta idea intrigante, Einstein la abandonó, y por una buena razón. El tiempo es relativo. Su tiempo es una mezcla de mi tiempo y mi espacio (si nos movemos uno con respecto al otro), y por consiguiente, si su tiempo está distorsionado pero su espacio es plano, entonces tanto mi tiempo como mi espacio deben estar distorsionados, como lo debe estar el tiempo y el espacio de cualquier otro. Usted y sólo usted tendrá un espacio plano, así que las leyes de la física deben estar discriminando su sistema de referencia como uno fundamentalmente diferente de todos los demás, en violación del principio de relatividad.

De todas formas, la distorsión del tiempo «olía bien» para Einstein, de modo que quizá, razonó él, el tiempo de todo el mundo está distorsionado e, inevitablemente con ello, el espacio de todo el mundo está distorsionado. Quizá estas distorsiones combinadas podrían explicar la gravedad de marea.

La idea de una distorsión de *ambos*, espacio y tiempo, era algo intimidatoria. Puesto que el Universo admite un número infinito de diferentes sistemas de referencia, cada uno de ellos moviéndose con una velocidad diferente, ¡tendría que haber una infinidad de tiempos distorsionados y una infinidad de espacios distorsionados! Afortunadamente, notó Einstein, Hermann Minkowski había proporcionado una herramienta poderosa para simplificar semejante complejidad: «en lo sucesivo, el espacio por sí mismo y el tiempo por sí mismo están condenados a desvanecerse en meras sombras, y sólo un tipo de unión de ambos conservará una realidad independiente». Hay sólo un único y absoluto espacio-tiempo tetradimensional en nuestro Universo; y una distorsión del tiempo de cada uno y el espacio de cada uno debe manifestarse como *una distorsión del simple, único y absoluto espacio-tiempo de Minkowski*.

Esta fue la conclusión a la que fue llevado Einstein en el verano de 1912 (aunque él prefirió utilizar la palabra «curvatura» en lugar de «distorsión»). Después de cuatro años de ridiculizar la idea de Minkowski del espacio-tiempo absoluto, Einstein se había visto finalmente obligado a aceptarlo y distorsionarlo.

¿Qué significa que el espacio-tiempo esté curvado (o distorsionado)? Para mayor claridad, preguntemos primero qué significa que una superficie bidimensional esté curvada (o distorsionada). La figura 2.4 muestra una superficie plana y una superficie curvada. Sobre la superficie plana (una hoja de papel ordinaria) se han dibujado dos líneas absolutamente rectas. Las líneas comienzan juntas y paralelas. El antiguo matemático griego Euclides, quien creó la disciplina ahora conocida como «geometría euclidiana», utilizó como uno de sus postulados geométricos la exigencia de que dos líneas semejantes inicialmente paralelas nunca se cortan. Esta ausencia de corte es una prueba inequívoca para la planitud de la superficie en la que están dibujadas las líneas. Si el espacio es plano, entonces las líneas rectas inicialmente paralelas nunca se cortarán. Si encontramos alguna vez un par de líneas rectas inicialmente paralelas que se cruzan, entonces sabremos que el espacio no es plano.

La superficie curvada de la figura 2.4 es la superficie de un globo terráqueo. Localicemos en dicho globo la ciudad de Quito; está situada precisamente sobre el ecuador. Tracemos una línea recta desde Quito y dirigida hacia el norte. La línea viajará hacia el norte, manteniendo la longitud geográfica constante, hasta el Polo Norte.

¿En qué sentido es recta esta línea? En dos sentidos. Uno de ellos es el que resulta tan importante para las líneas aéreas: se trata de un círculo máximo, y los círculos máximos del globo terráqueo son los caminos más cortos entre dos puntos y, por consiguiente, son los tipos de rutas que les gusta seguir a las líneas aéreas. Constrúyase cualquier otra línea que conecte Quito con el Polo Norte; necesariamente será más larga que el círculo máximo.

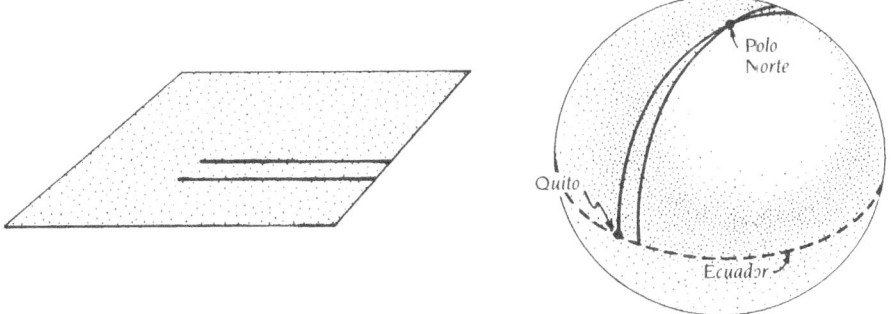

2.4.   Dos líneas rectas, inicialmente paralelas, nunca se cortan en una superficie plana como la hoja de papel mostrada a la izquierda. Dos líneas rectas, inicialmente paralelas, normalmente se cortarán en una superficie curva como la del globo terráqueo mostrado a la derecha.

El segundo sentido de rectitud es el que usaremos más adelante cuando discutamos el espacio-tiempo: en regiones del globo suficientemente pequeñas situadas a lo largo de la ruta del círculo máximo, la curvatura del globo apenas puede ser notada. En una región semejante, el círculo máximo parece recto en el sentido normal de rectitud de la hoja plana de papel —el sentido de rectitud utilizado por los topógrafos profesionales que establecen los lindes de las propiedades utilizando teodolitos o rayos láser. El círculo máximo es recto, en el sentido de estos topógrafos, en todas y cada una de las regiones pequeñas a lo largo de su ruta.

Los matemáticos califican de *geodésica* a cualquier línea en una superficie curvada o distorsionada que es recta en estos dos sentidos: el sentido de «ruta más corta» de las líneas aéreas, y el sentido de los topógrafos.

Desplacémonos ahora sobre el globo unos pocos centímetros hacia el este a partir de Quito, y construyamos una nueva línea recta (círculo máximo; geodésica) que es exactamente paralela, en el ecuador, a la que pasa por Quito. Esta línea recta, como la primera, pasará por el Polo Norte del globo. *Es la curvatura de la superficie del globo la que obliga a que las dos líneas rectas, inicialmente paralelas, se corten en el Polo Norte.*

Con esta comprensión de los efectos de curvatura en superficies bidimensionales podemos volver al espacio-tiempo tetradimensional y preguntarnos sobre su curvatura.

En un universo idealizado sin gravedad no existe distorsión del espacio ni distorsión del tiempo; el espacio-tiempo no tiene curvatura. En un universo semejante, según las leyes de la relatividad especial de Einstein, las partículas que se mueven libremente deben viajar a lo largo de líneas absolutamente rectas. Deben mantener una dirección constante y una velocidad constante, medidas en todos y cada uno de los sistemas de referencia inerciales. Este es un principio fundamental de la relatividad especial.

Ahora bien, el principio de equivalencia de Einstein garantiza que la gravedad no puede cambiar este principio fundamental del movimiento libre: cada vez que una partícula que se mueve libremente en nuestro Universo real dotado de gravedad entra y atraviesa un pequeño sistema de referencia inercial (en caída libre), la partícula debe moverse en línea recta a través de dicho sistema. El movimiento en línea recta a través de un pequeño sistema de referencia inercial es, sin embargo, el análogo obvio del comportamiento de la línea recta medido por topógrafos en una región pequeña de la superficie de la Tierra; y de la misma forma que tal comportamiento de la línea recta en regiones pequeñas de la Tierra implica que una línea es realmente una geodésica de la superficie de la Tierra, también el movimiento en línea recta de la partícula en una pequeña región del espacio-tiempo implica que la partícula se mueve a lo largo de una geodésica del espacio-tiempo. Y lo que es cierto para esta partícula debe ser cierto para todas las partículas: *toda partícula que se mueve libremente (toda partícula sobre la que no actúan fuerzas, excepto la gravedad) viaja a lo largo de una geodésica del espacio-tiempo.*

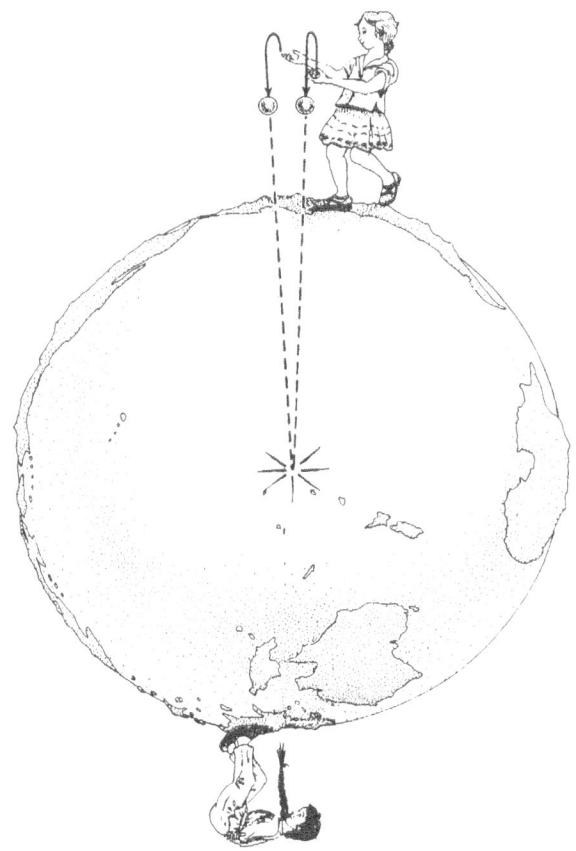

2.5. Dos bolas arrojadas al aire en trayectorias exactamente paralelas, y que fueran capaces de atravesar la Tierra sin impedimento, colisionarían cerca del centro de la Tierra.

En cuánto Einstein advirtió esto, se le hizo obvio que *la gravedad de marea es una manifestación de la curvatura del espacio-tiempo*.

Para comprender el porqué, imaginemos el siguiente experimento mental (mío, no de Einstein). Situémonos sobre una placa de hielo en el Polo Norte, sosteniendo dos bolas pequeñas, una en cada mano (figura 2.5). Arrojemos juntas las bolas al aire de tal manera que suban hacia arriba con trayectorias exactamente paralelas, y luego observemos cómo caen de nuevo hacia la Tierra. Ahora bien, en un experimento mental como éste, usted puede hacer cualquier cosa que desee con tal de que no viole las leyes de la física. Usted desea observar las trayectorias de las bolas cuando caen bajo la acción de la gravedad, no sólo sobre la superficie de la Tierra sino también bajo ella. Para este fin, usted puede suponer que las bolas están constituidas de un material que cae atravesando el suelo y las rocas de la Tierra sin ser frenado en absoluto (los agujeros negros minúsculos tendrían esta propiedad), y puede suponer que usted y un amigo situado en el lado opuesto de la Tierra, que también observa, pueden seguir el movimiento de las bolas en el interior de la Tierra mediante «visión de rayos X».

A medida que las bolas caen en el interior de la Tierra, la gravedad de marea de la Tierra hace que se vayan aproximando de la misma forma que comprimiría sus partes laterales si usted fuera un astronauta en caída (figura 2.3). La fuerza de la gravedad de marea es la precisa para hacer que ambas bolas caigan casi exactamente hacia el centro de la Tierra, y se golpeen allí.

Ahora viene la recompensa que se obtiene de este experimento mental: cada bola se mueve a lo largo de una línea exactamente recta (una geodésica) a través del espacio-tiempo. Inicialmente las dos líneas rectas eran paralelas. Más tarde se cortan (las bolas chocan). Este corte de líneas rectas inicialmente paralelas es señal de una curvatura del espacio-tiempo. Desde el punto de vista de Einstein, la curvatura del espacio-tiempo es la *causa* del corte, es decir, la causa de la colisión de las bolas, de la misma forma que la curvatura del globo era la causa del corte de las líneas rectas en la figura 2.4. Desde el punto de vista de Newton es la gravedad de marea la causa del corte.

De este modo, Einstein y Newton, con sus puntos de vista muy diferentes sobre la naturaleza del espacio y el tiempo, dan nombres muy diferentes al agente que causa el corte. Einstein lo llama curvatura del espacio-tiempo; Newton lo llama gravedad de marea. Pero hay sólo un agente en acción. Por lo tanto, *la curvatura del espacio-tiempo y la gravedad de marea deben ser exactamente lo mismo, expresado en lenguajes diferentes.*

Nuestras mentes humanas tienen grandes dificultades para visualizar superficies curvas con más de dos dimensiones; por lo tanto, es casi imposible visualizar la curvatura del espacio-tiempo tetradimensional. Sin embargo, podemos hacernos una ligera idea de él mirando varios trozos bidimensionales de espacio-tiempo. La figura 2.6 utiliza dos de estos fragmentos para explicar la forma en que la curvatura del espacio-tiempo crea la tensión y la compresión de marea que dan lugar a las mareas oceánicas.

La figura 2.6a representa un fragmento de espacio-tiempo en la vecindad de la Tierra, un fragmento que incluye el tiempo más el espacio a lo largo de la dirección que apunta hacia la Luna. La Luna curva este fragmento de espacio-tiempo, y la curvatura separa las dos geodésicas de la forma mostrada. En consecuencia, nosotros seres humanos vemos dos partículas moviéndose libremente que viajan a lo largo de geodésicas y que se separan a medida que viajan, e interpretamos esta separación como una fuerza gravitatoria de marea. Esta fuerza de marea tensional (curvatura espacio-temporal) afecta no sólo a las partículas que se mueven libremente sino también a los océanos de la Tierra; estira los océanos de la forma mostrada en el recuadro 2.5, produciendo abombamientos oceánicos en los lados de la Tierra más próximo y más alejado de la Luna. Los dos abombamientos están tratando de viajar a lo largo de geodésicas en el espacio-tiempo curvo (figura 2.6a), y por lo tanto están tratando de separarse; pero la gravedad de la Tierra (la curvatura espacio-temporal produ-

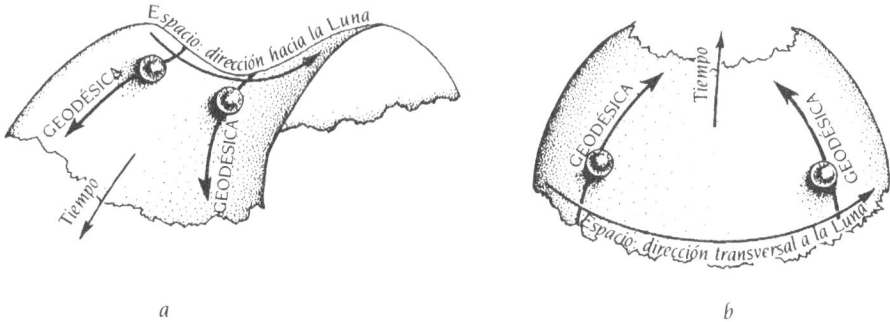

2.6. Dos fragmentos bidimensionales del espacio-tiempo curvo en la vecindad de la Tierra. La curvatura está producida por la Luna. La curvatura crea una tensión de marea a lo largo de la dirección hacia la Luna *a*), y una compresión de marea a lo largo de la dirección transversal a la de la Luna *b*), y esta tensión y compresión produce las mareas oceánicas de la forma discutida en el recuadro 2.5, *supra.*

cida por la Tierra, no mostrada en el diagrama) está contrarrestando dicha separación, de modo que el océano simplemente se abomba.

La figura 2.6b es un fragmento diferente de espacio-tiempo próximo a la Tierra, un fragmento que incluye el tiempo más el espacio a lo largo de una dirección transversal a la dirección de la Luna. La Luna curva este fragmento de espacio-tiempo, y la curvatura comprime las geodésicas de la forma mostrada. En consecuencia, nosotros seres humanos vemos partículas moviéndose libremente que viajan a lo largo de geodésicas transversales a la dirección de la Luna y que se concentran debido a la curvatura (por la gravedad de marea de la Luna), y análogamente vemos que los océanos de la Tierra se comprimen a lo largo de direcciones transversales a la dirección de la Luna. Esta compresión de marea produce la compresión oceánica transversal mostrada en el recuadro 2.5.

Einstein era profesor en Praga en el verano de 1912, cuando se dio cuenta de que la gravedad de marea y la curvatura espacio-temporal son una y la misma cosa. Fue una maravillosa revelación, aunque él no estaba todavía seguro de ella y ni siquiera la comprendía de forma tan completa como la acabo de describir, y no proporcionaba una explicación completa de la gravedad. La revelación le decía que la curvatura espacio-temporal dicta el movimiento de partículas libres y provoca las mareas en el océano, pero no cómo se produce la curvatura. Einstein creía que la materia en el interior del Sol, la Tierra y otros planetas es de algún modo responsable de la curvatura. ¿Pero cómo? *¿De qué manera la materia distorsiona el espacio-tiempo, y cuáles son los detalles de la distorsión?* La búsqueda de la *ley de distorsión* se convirtió en el interés principal de Einstein.

Unas pocas semanas después del «descubrimiento» de la curvatura del espacio-tiempo, Einstein se trasladó desde Praga de nuevo a Zurich, para ocupar una cátedra en su alma máter, el ETH. Al llegar a Zurich en agosto de 1912, Einstein pidió consejo a un antiguo condiscípulo, Marcel Grossmann, que era ahora profesor de matemáticas en el instituto. Einstein le explicó su idea de que la gravedad de marea es la curvatura del espacio-tiempo, y luego le preguntó si algún matemático había desarrollado un conjunto de ecuaciones matemáticas que le pudiera ayudar a imaginar la ley de distorsión, es decir, la ley que describe de qué forma la materia obliga al espacio-tiempo a curvarse. Grossmann, que estaba especializado en otros aspectos de la geometría, no estaba seguro, pero después de echar una ojeada en la biblioteca regresó con una respuesta: sí, las ecuaciones necesarias existían. Habían sido inventadas hacía tiempo por el matemático alemán Bernhard Riemann en la década de 1860, el italiano Gregorio Ricci en la de 1880, y el estudiante de Ricci, Tullio Levi-Civita en las de 1890 y 1900; se denominaban «cálculo diferencial absoluto» (o, en el lenguaje de los físicos de 1915-1960, «análisis tensorial», o en el lenguaje desde 1960 hasta hoy, «geometría diferencial»). Pero, dijo Grossmann a Einstein, esta geometría diferencial es un terrible revoltijo en el que los físicos no deberían involucrarse. ¿No había ninguna otra geometría que pudiera ser utilizada para imaginar la ley de distorsión? No.

Y así, con gran ayuda de Grossmann, Einstein comenzó a dominar las dificultades de la geometría diferencial. Al mismo tiempo que Grossmann enseñaba matemáticas a Einstein, Einstein enseñaba algo de física a Grossmann. Más tarde, Einstein contó que Grossmann decía: «Admito que después de todo he sacado algo bastante importante del estudio de la física. Antes, cuando me sentaba en una silla y sentía el calor dejado por mi "predecesor", solía estremecerme un poco. Ya he superado esto completamente, pues sobre este punto la física me ha enseñado que el calor es algo completamente impersonal».

Aprender geometría diferencial no fue una tarea fácil para Einstein. El espíritu del tema era ajeno a los argumentos físicos intuitivos que él encontraba tan naturales. A finales de octubre de 1912 escribió a Arnold Sommerfeld, un destacado físico alemán:

> Ahora estoy ocupado exclusivamente en el problema de la gravitación y creo que, con ayuda de un matemático local [Grossmann] que es amigo mío, seré capaz de dominar todas las dificultades. Pero una cosa es cierta, y es que nunca en toda mi vida me he esforzado tanto, y que he ganado un gran respeto por las matemáticas cuyas partes más sutiles, en mi ingenuidad, había considerado hasta ahora como un puro lujo. Comparado con este problema la teoría de la relatividad original [relatividad especial] es un juego de niños.

Juntos, Einstein y Grossmann se esforzaron durante el otoño y el invierno para resolver el enigma de cómo la materia obliga al espacio-tiempo a curvarse. Pero a pesar de todo su esfuerzo, las matemáticas no podían ponerse de acuerdo con la visión de Einstein. La ley de distorsión las eludía.

Einstein estaba convencido de que la ley de distorsión debería obedecer a una *versión generalizada (ampliada) de su principio de relatividad*: tendría el mismo aspecto en cualquier sistema de referencia; no sólo en los sistemas inerciales (en caída libre) sino también en los sistemas no inerciales. La ley de distorsión no debería descansar para su formulación en ningún sistema de referencia especial o en ninguna otra clase de sistemas de referencia especiales.* Por desgracia, las ecuaciones de la geometría diferencial no parecían admitir una ley semejante. Finalmente, a finales del invierno, Einstein y Grossmann abandonaron la investigación y publicaron la mejor ley de distorsión que pudieron encontrar: una ley que descansaba para su definición en una clase especial de sistemas de referencia.

Einstein, eternamente optimista, consiguió convencerse de que esto no era una catástrofe. A comienzos de 1913 escribió a su amigo el físico Paul Ehrenfest: «¿Qué puede haber más bello que lo que está en el origen de esta necesaria especialización [las ecuaciones matemáticas para la conservación de la energía y el momento]?». Pero después de pensarlo un poco más, lo consideró un desastre. En agosto de 1913 escribió a Lorentz: «Mi fe en la fiabilidad de la teoría [la «ley de distorsión»] aún fluctúa ... [Debido a que no obedece el principio de relatividad generalizado,] la teoría contradice su propio punto de partida y todo queda en el aire».

Mientras Einstein y Grossmann luchaban con la curvatura del espacio-tiempo, otros físicos desperdigados por el continente europeo asumieron el desafío de unificar las leyes de la gravedad con la relatividad especial. Pero ninguno de ellos (Gunnar Nordström en Helsinki; Gustav Mie en Greiswald, Alemania; Max Abraham en Milán) adoptó el principio de la curvatura del espacio-tiempo de Einstein. En lugar de ello consideraron que la gravedad, al igual que el electromagnetismo, era debida a un campo de fuerzas que habita en el espacio-tiempo plano de Minkowski de la relatividad especial. Y no puede sorprender que ellos adoptaran este enfoque: las matemáticas utilizadas por Einstein y Grossmann eran terriblemente complejas y habían dado lugar a una ley de distorsión que violaba los propios preceptos de sus autores.

Surgieron controversias entre los proponentes de los diversos puntos de vista. Abraham escribió: «Alguien que, como el presente autor, ha tenido que advertir repetidamente contra el canto de sirenas de [el principio de la relatividad] acogerá con satisfacción el hecho de que su autor original se ha convencido ahora por sí mismo de su insostenibilidad». Einstein escribió en respuesta: «En mi opinión, la situación no indica el fracaso del principio de relatividad ... No hay la más mínima base para dudar de su validez». Y en privado describió la teoría de la gravedad de Abraham como «un caballo imponente al que le faltan tres patas». Escribiendo a sus amigos en 1913 y 1914, Einstein opinaba sobre la controversia: «Me gusta que este asunto se tome al menos con la animación necesaria. Me gustan las controversias. Es el talante de Fígaro: le haré una canción»; «Me gusta que los colegas se ocupen de la teoría [desarrollada por Gross-

---

* Einstein utilizó la nueva expresión «covariancia general» para esta propiedad, aunque era simplemente una extensión natural de su principio de relatividad.

mann y por mí] aunque por ahora sea simplemente con el ánimo de matarla ... Frente a ella, la teoría de Nordström ... es mucho más plausible. Pero también está construida sobre [el espacio-tiempo plano de Minkowski], cuya aceptación equivale en mi opinión a algo parecido a una superstición».

En abril de 1914 Einstein dejó el ETH para ocupar un puesto de profesor en Berlín que no conllevaba tareas docentes. Al fin podría dedicar a la investigación todo el tiempo que quisiera, e incluso hacerlo en la vecindad estimulante de los grandes físicos berlineses, Max Planck y Walther Nernst. A pesar del estallido en junio de 1914 de la primera guerra mundial, Einstein continuó en Berlín su búsqueda de una descripción aceptable de la forma en que la materia curva el espacio-tiempo, una descripción que no descansaba en ninguna clase especial de sistemas de referencia: una ley de distorsión mejorada.

A tres horas de tren de Berlín, en la pequeña ciudad universitaria de Gotinga donde Minkowski había trabajado, vivía uno de los más grandes matemáticos de todos los tiempos: David Hilbert. Durante los años 1914 y 1915 Hilbert mantuvo un interés apasionado por la física. Las ideas publicadas por Einstein le fascinaron, de modo que a finales de junio de 1915 invitó a Einstein a que le hiciera una visita. Einstein permaneció en Gotinga durante una semana aproximadamente y dio seis charlas de dos horas a Hilbert y sus colegas. Varios días después de la visita Einstein escribió a un amigo: «Tuve la gran alegría de ver en Gotinga que todo [lo relacionado con mi trabajo] es entendido hasta el último detalle. Quedé encantado con Hilbert».

Varios meses después de regresar a Berlín, Einstein se sintió más insatisfecho que nunca con la ley de distorsión de Einstein-Grossmann. No sólo violaba su idea de que las leyes de la gravedad debían ser las mismas en todos los sistemas de referencia, sino que además descubrió, después de arduos cálculos, que daba un valor erróneo para el anómalo desplazamiento del perihelio de la órbita de Mercurio. Había esperado que su teoría explicase el desplazamiento del perihelio y resolviera así, de forma triunfal, la discrepancia de este desplazamiento con las leyes de Newton. Tal logro hubiera dado al menos una confirmación experimental de que sus leyes de la gravedad eran correctas y las de Newton, falsas. Sin embargo, su cálculo, basado en la ley de distorsión de Einstein-Grossmann, daba para el desplazamiento del perihelio un valor de la mitad del observado.

Repasando sus antiguos cálculos con Grossmann, Einstein descubrió algunos errores cruciales. Trabajó febrilmente todo el mes de octubre, y el 4 de noviembre presentó, en la sesión plenaria semanal de la Academia Prusiana de Ciencias en Berlín, un informe de sus errores y una ley de distorsión revisada, que dependía aún ligeramente de una clase especial de sistemas de referencia, pero menos que antes.

Todavía insatisfecho, Einstein luchó durante toda la semana siguiente con su ley del 4 de noviembre, encontró errores y presentó una nueva propuesta para la ley de distorsión en la reunión de la Academia del 11 de noviembre. Pero la ley aún descansaba sobre sistemas especiales; aún violaba su principio de relatividad.

Resignándose a esta violación, Einstein luchó durante la semana siguiente para derivar consecuencias de su nueva ley que pudieran ser observadas con telescopios. Encontró que la ley predecía que la luz de una estrella que pasase rozando el borde del Sol debería ser desviada gravitatoriamente en un ángulo de 1,7 segundos de arco (una predicción que sería verificada cuatro años más tarde mediante medidas cuidadosas durante un eclipse solar). Y lo más importante para Einstein, ¡la nueva ley daba el desplazamiento correcto del perihelio de Mercurio! No cabía en sí de gozo; durante tres días estuvo tan excitado que no podía trabajar. Presentó este triunfo en la siguiente reunión de la Academia el 18 de noviembre.

Pero la violación de su ley del principio de relatividad le seguía molestando. Por eso, durante la semana siguiente Einstein repasó sus cálculos y encontró otro error, el error crucial. Al fin todo encajaba. Todo el formalismo matemático estaba ahora completamente libre de cualquier dependencia de sistemas de referencia especiales: tenía la misma forma cuando se expresaba en todos y cada uno de los sistemas de referencia (véase el recuadro 2.6) y por consiguiente obedecía al principio de relatividad. ¡La concepción de Einstein de 1914 quedaba completamente vindicada! Y el nuevo formalismo seguía dando las mismas predicciones para el desplazamiento del perihelio de Mercurio y para la desviación gravitatoria de la luz, e incorporaba su predicción de 1907 sobre la dilatación gravitatoria del tiempo. Einstein presentó estas conclusiones, y la forma definitiva de su ley de distorsión de la *relatividad general,* en la reunión de la Academia Prusiana del 25 de noviembre.[8]

Tres días después Einstein escribió a su amigo Arnold Sommerfeld: «Durante el mes pasado he vivido uno de los momentos más excitantes y agotadores de mi vida, pero también uno de los de más éxito». Luego, en una carta en enero a Paul Ehrenfest: «Imagínate mi alegría [porque mi nueva ley de distorsión obedece el principio de relatividad] y por el resultado de que la ley predice el movimiento correcto del perihelio de Mercurio. Estuve fuera de mí durante días». Y, más adelante, hablando del mismo periodo: «Sólo quien los haya experimentado por sí mismo conoce los años de investigación en la oscuridad en busca de una verdad que uno siente pero no puede expresar, el intenso deseo y las alternancias de confianza y duda hasta que uno empieza a ver la claridad y comprender».

Resulta curioso que Einstein no fuese el primero en descubrir la forma correcta de la ley de distorsión, la forma que obedece a su principio de relatividad. El reconocimiento por el primer descubrimiento debe ser para Hilbert. En el otoño de 1915, cuando Einstein todavía estaba luchando por llegar a la ley correcta, cometiendo un error matemático tras otro, Hilbert estaba reflexionando sobre las cosas que había aprendido de la visita estival de Einstein a Gotinga. Mientras disfrutaba de unas vacaciones de otoño en la isla de Rugen en el Báltico le vino la idea clave, y en unas pocas semanas tenía la ley correcta, derivada no por el arduo camino de Einstein a base de ensayo y error, sino mediante una elegante y sucinta ruta matemática. Hilbert presentó su derivación

RECUADRO 2.6

La ecuación de campo de Einstein:
ley de Einstein de la distorsión espacio-temporal[9]

La ley de Einstein de la distorsión espacio-temporal, la *ecuación de campo de Einstein*, establece que «masa y presión distorsionan el espacio-tiempo». Más concretamente:

Escojamos un sistema de referencia arbitrario en una localización cualquiera del espacio-tiempo. En dicho sistema de referencia, exploremos la curvatura del espacio-tiempo estudiando cómo esta curvatura (es decir, la gravedad de marea) hace que las partículas que se mueven libremente se acerquen o separen a lo largo de cada una de las tres direcciones del espacio del sistema escogido: la dirección este-oeste, la dirección norte-sur, y la dirección arriba-abajo. Las partículas se mueven a lo largo de geodésicas del espacio-tiempo (figura 2.6), y la velocidad a la que son acercadas o separadas es proporcional a la intensidad de la curvatura a lo largo de la dirección entre ellas. Si son acercadas como en los diagramas (*a*) y (*b*), se dice que la curvatura es positiva; si son separadas como en (*c*), la curvatura es negativa.

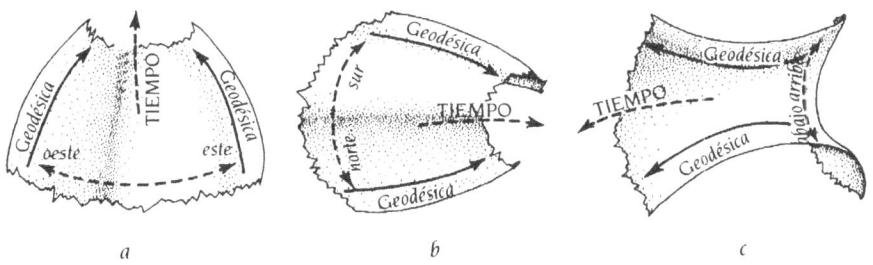

Sumemos las intensidades de las curvaturas a lo largo de las tres direcciones, este-oeste (*a*), norte-sur (*b*), y arriba-abajo (*c*). La ecuación de campo de Einstein establece que *la suma de las intensidades de estas tres curvaturas es proporcional a la densidad de masa en la vecindad de la partícula (multiplicada por el cuadrado de la velocidad de la luz para convertirla en una densidad de energía; véase el recuadro 5.2), más 3 veces la presión de la materia en la vecindad de las partículas.*

Incluso aunque usted y yo podamos estar en la misma localización en el espacio-tiempo (por ejemplo, volando sobre París, a las doce del mediodía el 14 de julio de 1996), si nos movemos uno con respecto al otro, su espacio será diferente del mío y análogamente la densidad de masa (por ejemplo, la masa del aire que nos rodea) que usted mide será diferente de la densidad que yo mido, y la presión de materia (por ejemplo, la presión del aire) que nosotros dos medimos también será diferente. De modo análogo, resulta que la suma de las tres curvaturas del espacio-tiempo que usted mide serán diferentes de la suma de las que yo mido. Sin embargo, tanto usted como yo encontramos que la suma de las curvaturas que medimos es proporcional a la densidad de masa que medimos más 3 veces la presión que medimos. En este sentido, la ecuación de campo de Einstein es la misma en cualquier sistema de referencia; obedece al principio de relatividad de Einstein.

En la mayoría de la circunstancias (por ejemplo, en el Sistema Solar), la presión de materia es pequeñísima comparada con su densidad de masa multiplicada por el cuadrado de la velocidad de la luz, y por lo tanto la presión apenas contribuye a la curvatura espacio-temporal; *la distorsión espacio-temporal se debe casi exclusivamente a la masa*. Sólo en el interior profundo de las estrellas de neutrones (capítulo 5), y algunos otros pocos lugares exóticos, la presión contribuye de forma significativa a la distorsión.

Manipulando matemáticamente la ecuación de campo de Einstein, éste y otros físicos no sólo explicaron la desviación de la luz de las estrellas por el Sol y los movimientos de los planetas en sus órbitas, incluyendo el misterioso desplazamiento del perihelio de Mercurio, sino que también predijeron la existencia de agujeros negros (capítulo 3), ondas gravitatorias (capítulo 10), singularidades del espacio-tiempo (capítulo 13), y quizá la existencia de agujeros de gusano y máquinas del tiempo (capítulo 14). El resto de este libro está dedicado a este legado del genio de Einstein.

y la ley resultante en una reunión de la Real Academia de Ciencias en Gotinga el 20 de noviembre de 1915, precisamente cinco días antes de la presentación por Einstein de la misma ley en la reunión de la Academia Prusiana en Berlín.

De forma bastante natural, y de acuerdo con la propia visión de las cosas de Hilbert, la ley de distorsión resultante recibió enseguida el nombre de *ecuación de campo de Einstein* (recuadro 2.6) en lugar de ser conocida con el nombre de Hilbert. Hilbert había llevado a cabo los últimos pasos matemáticos hacia su descubrimiento independientemente y casi simultáneamente con Einstein, pero Einstein era responsable de esencialmente todo lo que precedía a dichos pasos: el reconocimiento de que la gravedad de marea debe ser lo mismo que una distorsión del espacio-tiempo, la visión de que la ley de distorsión debe de obedecer al principio de relatividad, y el primer 90 por 100 de dicha ley, la ecuación de campo de Einstein. De hecho, sin Einstein las leyes de la gravedad de la relatividad general no hubieran sido descubiertas hasta varias décadas más tarde.

Cuando revisé los artículos científicos publicados por Einstein (una revisión que, por desgracia, debí hacer en la edición rusa de 1965 de sus obras completas debido a que yo no leía alemán y la mayoría de sus artículos ¡todavía no habían sido traducidos al inglés a comienzos de 1993!),[10] quedé impresionado por el profundo cambio de carácter del trabajo de Einstein en 1912. Antes de 1912 sus artículos son fantásticos por su elegancia, su profunda intuición y su modesto uso de las matemáticas. Muchos de los argumentos son los mismos que yo y mis amigos utilizamos en los años noventa cuando impartimos cursos de relatividad. Nadie ha sabido mejorar estos argumentos. Por el contrario, a partir de 1912, en los artículos de Einstein abundan las matemáticas complicadas —aunque normalmente en combinación con ideas intuitivas sobre las leyes físicas. Esta combinación de matemáticas y de intuición física, que distinguía a Einstein de todos los físicos que trabajaban en gravedad en el período 1912-1915, condujo finalmente a Einstein a la forma completa de sus leyes gravitatorias.

Pero Einstein manejaba sus herramientas matemáticas con cierta tosquedad. Como Hilbert diría más adelante, «Cualquier muchacho de las calles de Gotinga sabe más de geometría tetradimensional que Einstein. Pero, a pesar de eso, fue Einstein quien hizo el trabajo [formuló las leyes de la gravedad de la relatividad general] y no los matemáticos». Hizo el trabajo porque las matemáticas solas no eran suficientes; también era necesaria la intuición física única de Einstein.

En realidad Hilbert exageraba. Einstein era un matemático bastante bueno, aunque en técnica matemática no fuera la figura capital que era en intuición física. Como resultado, pocos de los argumentos de Einstein posteriores a 1912 se presentan hoy tal como Einstein los presentó. Hemos aprendido a mejorarlos. Y, a medida que la búsqueda para entender las leyes de la física se hizo cada vez más matemática a partir de 1915, la figura de Einstein empezó a dejar de ser la figura dominante que había sido. La antorcha pasaba a otros.

3

Los agujeros negros, descubiertos y rechazados

*donde las leyes de Einstein
del espacio-tiempo distorsionado
predicen agujeros negros,
y Einstein rechaza la predicción*

«E l resultado esencial de esta investigación —escribió Albert Einstein en un artículo técnico en 1939— es una comprensión clara de por qué las "singularidades de Schwarzschild" no existen en la realidad física.»[1] Con estas palabras, Einstein hacía claro e inequívoco su rechazo de su propio legado intelectual: los agujeros negros que sus leyes gravitatorias de la relatividad general parecían estar prediciendo.

En aquella época, sólo unas pocas características de los agujeros negros habían sido deducidas a partir de las leyes de Einstein, y todavía no se había acuñado el nombre de «agujeros negros». Entonces se denominaban «singularidades de Schwarzschild». Sin embargo, era evidente que cualquier cosa que cae en un agujero negro nunca puede regresar y no puede enviar luz ni ninguna otra cosa, y esto era suficiente para convencer a Einstein y a la mayoría de los físicos de su tiempo de que los agujeros negros eran objetos escandalosamente extraños que seguramente no existirían en el Universo real. De algún modo, las leyes de la física deben proteger al Universo contra tales monstruos.

¿Qué se sabía acerca de los agujeros negros cuando Einstein los rechazó tan firmemente? ¿Hasta qué punto era su existencia una predicción firme de la relatividad general? ¿Cómo pudo rechazar Einstein esta predicción y seguir manteniendo la confianza en sus leyes de la relatividad general? Las respuestas a estas preguntas tienen sus raíces en el siglo XVIII.

Durante dicho siglo los científicos (entonces llamados filósofos naturales) creyeron que la gravedad estaba gobernada por las leyes de Newton, y que la luz estaba constituida por corpúsculos (partículas) que eran emitidos por sus fuentes a una velocidad universal muy alta. Se sabía que dicha velocidad era de unos 300.000 kilómetros por segundo gracias a las medidas telescópicas de la luz emitida por los satélites de Jupiter cuando describen sus órbitas en torno a su planeta padre.

En 1783 John Michell, un filósofo natural británico, se atrevió a combinar la descripción corpuscular de la luz con las leyes de la gravitación de Newton y predecir así qué aspecto tendrían las estrellas muy compactas.[2] Hizo esto mediante un experimento mental que repito aquí algo modificado.

Láncese una partícula desde la superficie de una estrella con cierta velocidad inicial, y déjesela mover libremente hacia arriba. Si la velocidad inicial es demasiado baja, la gravedad de la estrella frenará la partícula hasta detenerla y luego la hará caer hacia la superficie de la estrella. Si la velocidad inicial es suficientemente alta, la gravedad frenará la partícula pero no llegará a detenerla; la partícula podrá escapar. El valor límite, la mínima velocidad inicial necesaria para que la partícula pueda escapar, se denomina «velocidad de escape». Para una partícula expulsada desde la superficie de la Tierra, la velocidad de escape es de unos 11 kilómetros por segundo; para una partícula expulsada desde la superficie del Sol, es de 617 kilómetros por segundo, o un 0,2 por 100 de la velocidad de la luz.

Michell pudo calcular la velocidad de escape utilizando las leyes de la gravedad de Newton, y pudo demostrar que es proporcional a la raíz cuadrada de la masa de la estrella dividida por su circunferencia. Por consiguiente, para una estrella de masa fija, cuanto más pequeña es la circunferencia mayor es la velocidad de escape. La razón es simple: cuanto más pequeña es la circunferencia, más cerca está la superficie de la estrella de su centro y, por lo tanto, mayor es la gravedad en la superficie y más trabajo tiene que hacer la partícula para escapar de la atracción gravitatoria de la estrella.

Existe una *circunferencia crítica*, razonó Michell, para la que la velocidad de escape es igual a la velocidad de la luz. Si los corpúsculos de la luz se ven afectados por la gravedad de la misma forma que otros tipos de partículas, entonces la luz apenas puede escapar de una estrella que tenga esta circunferencia crítica. Para una estrella un poco más pequeña, la luz no puede escapar en absoluto. Cuando un corpúsculo de luz es lanzado desde una estrella semejante con la velocidad estándar de la luz de 299.792 kilómetros por segundo, volará hacia arriba al principio, luego se frenará hasta detenerse y volverá a caer a la superficie de la estrella; véase la figura 3.1.

Michell pudo calcular fácilmente la circunferencia crítica; era de 18,5 kilómetros si la estrella tuviera la misma masa del Sol, y proporcionalmente mayor si la masa era mayor.

Nada en las leyes de la física del siglo XVIII impedía que existiera una estrella tan compacta. Por consiguiente, Michell fue llevado a especular que el Universo podría contener un número enorme de tales estrellas oscuras, cada una de ellas habitando felizmente en el interior de su propia circunferencia crítica e invisible desde la Tierra debido a que los corpúsculos de luz emitidos desde su superficie quedaban inexorablemente atrapados. Tales *estrellas oscuras* eran las versiones del siglo XVIII de los agujeros negros.

Michell, que era Rector de Thornhill en Yorkshire, Inglaterra, informó de

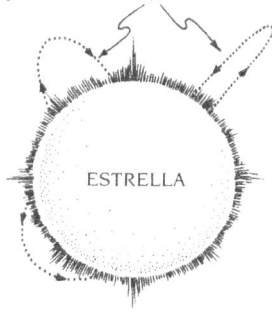

Trayectorias de los corpúsculos de luz

ESTRELLA

3.1. El comportamiento de la luz emitida desde una estrella que es más pequeña que la circunferencia crítica, tal como lo calculó en 1783 John Michell utilizando las leyes de la gravedad de Newton y la descripción corpuscular de la luz.

su predicción acerca de la posible existencia de las estrellas oscuras a la Royal Society de Londres el 27 de noviembre de 1783. Su informe causó algún revuelo entre los filósofos naturales británicos. Trece años más tarde, el filósofo natural francés Pierre Simon Laplace popularizó la misma predicción en la primera edición de su famosa obra *El sistema del mundo*, sin referencia al trabajo anterior de Michell. Laplace mantuvo su predicción de estrellas oscuras en la segunda edición (1799), pero en la época de la tercera edición (1808), el descubrimiento de Thomas Young de la interferencia de la luz consigo misma (capítulo 10) estaba obligando a los filósofos naturales a abandonar la descripción corpuscular de la luz en favor de una nueva descripción ondulatoria propugnada por Christiaan Huygens —y no estaba claro en absoluto cómo esta descripción ondulatoria podría hacerse encajar con las leyes de la gravedad de Newton para calcular el efecto de la gravedad de una estrella sobre la luz que emite. Presumiblemente por esta razón, Laplace suprimió el concepto de estrella oscura de la tercera y sucesivas ediciones de su libro.[3]

Sólo en noviembre de 1915, después de que Einstein hubiera formulado sus leyes de la gravedad en la relatividad general, volvieron los físicos a confiar en que tenían un conocimiento suficiente de la gravitación y la luz como para calcular el efecto de la gravedad de una estrella sobre la luz que emite. Sólo entonces pudieron volver confiados a las estrellas oscuras (agujeros negros) de Michell y Laplace.

El primer paso fue dado por Karl Schwarzschild, uno de los más distinguidos astrofísicos de comienzos del siglo xx. Schwarzschild, que entonces estaba sirviendo en el ejército alemán en el frente ruso de la primera guerra mundial, leyó la formulación de Einstein de la relatividad general en el número del 25 de noviembre de 1915 de las *Actas de la Academia Prusiana de Ciencias*. Casi inmediatamente se puso a la tarea de descubrir qué predicciones podrían hacer las nuevas leyes de la gravitación de Einstein con respecto a las estrellas.

Puesto que sería muy complicado analizar matemáticamente una estrella que gire o que no sea esférica, Schwarzschild se limitó a estrellas que no giran en absoluto y que son exactamente esféricas; y para facilitar su cálculos buscó en primer lugar una descripción matemática de la región exterior a la estrella y dejó su interior para más tarde. En pocos días tuvo la respuesta. A partir de la nueva ecuación de campo de Einstein, había calculado en sus detalles exactos la curvatura del espacio-tiempo en el exterior de *cualquier* estrella esférica y sin rotación. Su cálculo era bello y elegante, y la geometría espacio-temporal curvada que predecía, la *geometría de Schwarzschild* como pronto iba a ser conocida, estaba destinada a tener un enorme impacto sobre nuestra comprensión de la gravedad y el Universo.

Schwarzschild envió a Einstein un artículo donde describía sus cálculos, y Einstein lo presentó en su nombre en una reunión de la Academia Prusiana de Ciencias en Berlín el 13 de enero de 1916. Varias semanas más tarde, Einstein presentó a la Academia un segundo artículo de Schwarzschild: un cálculo exacto de la curvatura del espacio-tiempo *en el interior* de la estrella.[4] Tan sólo cuatro meses después, la notable productividad de Schwarzschild se detuvo bruscamente: el 19 de junio, Einstein tuvo la ingrata tarea de informar a la Academia de que Karl Schwarzschild había muerto a causa de una enfermedad contraída en el frente ruso.

La geometría de Schwarzschild es el primer ejemplo concreto de curvatura del espacio-tiempo que hemos encontrado en este libro. Por esta razón, y puesto que resulta capital para las propiedades de los agujeros negros, la examinaremos en detalle.

Si durante toda nuestra vida hubiéramos estado pensando en el espacio y el tiempo como un «tejido» espacio-temporal tetradimensional, unificado y absoluto, entonces sería apropiado describir la geometría de Schwarzschild inmediatamente en el lenguaje del espacio-tiempo tetradimensional curvado (distorsionado). Sin embargo, nuestra experiencia cotidiana se refiere a un espacio tridimensional y un tiempo unidimensional no unificados; por lo tanto, daré una descripción en la que el espacio-tiempo distorsionado está desdoblado en un espacio distorsionado más un tiempo distorsionado.

Puesto que el espacio y el tiempo son «relativos» (mi espacio difiere de su espacio y mi tiempo difiere de su tiempo, si nos estamos moviendo uno respecto a otro),* un desdoblamiento semejante requiere ante todo escoger un sistema de referencia; es decir, escoger un estado de movimiento. Para una estrella hay una elección natural, un sistema en el que la estrella está en reposo; es decir, el propio sistema de referencia de la estrella. En otras palabras, resulta natural examinar el espacio propio de la estrella y el tiempo propio de la estrella en lugar del espacio y el tiempo de alguien que se mueve a gran velocidad a través de la estrella.

Como ayuda para visualizar la curvatura (distorsión) del espacio de la es-

---

* Véanse la figura 1.3 y las lecciones del cuento de Mledina y Serona en el capítulo 2.

Karl Schwarzschild en traje académico en Gotinga, Alemania. (Cortesía de AIP Emilio Segrè Visual Archives.)

trella, utilizaré un dibujo denominado un *diagrama de inserción*. Puesto que los diagramas de inserción tendrán un papel capital en futuros capítulos, introduciré el concepto cuidadosamente, con ayuda de una analogía.

Imagínese una familia de criaturas humanoides que viven en un universo con sólo dos dimensiones espaciales. Su universo es la superficie curvada y cóncava mostrada en la figura 3.2. Ellos, al igual que su universo, son bidimensionales; son infinitesimalmente finos en dirección perpendicular a la superficie. Además, no pueden ver fuera de la superficie; ven mediante rayos de luz que se mueven a lo largo de la superficie y nunca la abandonan. Por consiguiente, estos «seres 2D», como les llamaré, no tienen ningún método de obtener ninguna información sobre cualquier cosa que pueda haber fuera de su universo bidimensional.

Estos seres 2D pueden explorar la geometría de su universo bidimensional haciendo medidas de líneas rectas, triángulos y círculos. Sus líneas rectas son las «geodésicas» discutidas en el capítulo 2 (figura 2.4 y texto asociado): las líneas más rectas que existen en su universo bidimensional. En el fondo del «cuenco» de su universo, que en la figura 3.2 vemos como un casquete esférico, sus líneas rectas son segmentos de círculos máximos como el ecuador o los meridianos de la Tierra. Fuera del borde de la región cóncava su universo es plano, de modo que sus líneas rectas son las que reconoceríamos como líneas rectas ordinarias.

Si los seres 2D examinan cualquier par de líneas rectas paralelas en la parte exterior plana de su universo (por ejemplo, L1 y L2 de la figura 3.2), entonces, por mucho que los seres sigan dichas líneas, nunca las verán cortarse. De este modo, los seres 2D descubren la planitud de la región exterior. Por otro lado, si ellos construyen las líneas rectas paralelas L3 y L4 fuera del borde de la región cóncava, y luego siguen estas líneas en el interior de la concavidad, manteniéndolas siempre tan rectas como sea posible (manteniéndolas geodésicas), verán que las líneas se cortan en el fondo de la concavidad. De este modo descubren que la región cóncava interna de su universo está curvada.

Los seres 2D pueden descubrir también la planitud de la región exterior y la curvatura de la región interior midiendo círculos y triángulos (figura 3.2). En la región exterior, las circunferencias de todos los círculos son igual a π (3,14159265...) veces sus diámetros. En la región interior, las circunferencias de los círculos son menores que π veces sus diámetros; por ejemplo, el gran círculo dibujado cerca del fondo de la concavidad en la figura 3.2 tiene una circunferencia igual a 2,5 veces su diámetro. Cuando los seres 2D construyen un triángulo cuyos lados son líneas rectas (geodésicas) y luego suman los ángulos internos del triángulo, obtienen 180 grados en la región plana exterior y más de 180 grados en la región curva interior.

Tras descubrir mediante tales medidas que su universo está curvado, los seres 2D podrían empezar a especular sobre la existencia de un espacio tridimensional en el que reside su universo, en el que está *insertado*. Podrían dar a dicho espacio tridimensional el nombre de *hiperespacio*, y especular sobre sus propiedades; por ejemplo, podrían suponer que es «plano» en el sentido euclidiano de

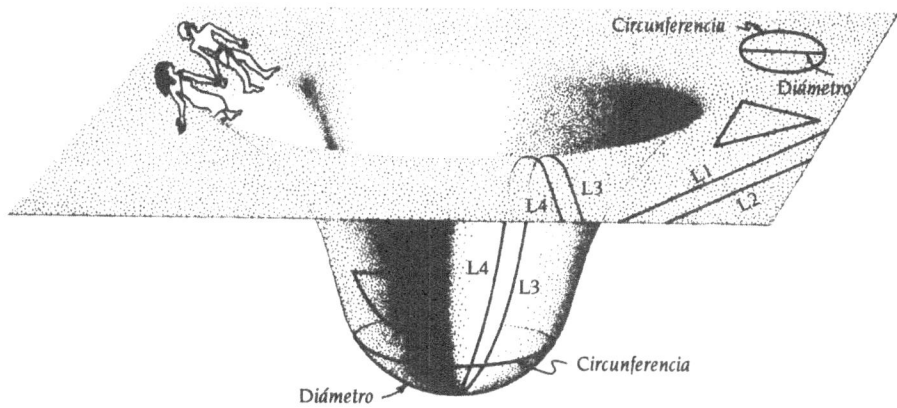

3.2. Un universo bidimensional poblado por seres 2D.

que, en él, las líneas rectas paralelas nunca se cortan. Usted y yo no tenemos dificultad para visualizar semejante hiperespacio; es el espacio tridimensional de la figura 3.2, el espacio de nuestra experiencia cotidiana. Sin embargo, los seres 2D, con su experiencia bidimensional limitada, tendrán grandes dificultades para visualizarlo. Además, no hay ninguna forma por la que pudieran saber alguna vez si tal hiperespacio existe realmente. Nunca pueden salir de su universo bidimensional y entrar en la tercera dimensión del hiperespacio y, puesto que sólo pueden ver mediante rayos de luz que permanecen siempre en su universo, nunca pueden ver dentro del hiperespacio. Para ellos, el hiperespacio sería completamente hipotético.

La tercera dimensión del hiperespacio no tiene nada que ver con la dimensión «tiempo» de los seres 2D, dimensión que ellos podrían considerar también como una tercera dimensión. Al pensar sobre el hiperespacio, los seres tendrían en realidad que pensar en términos de cuatro dimensiones: dos para el espacio de su universo, una para su tiempo y una para la tercera dimensión del hiperespacio.

Nosotros somos seres tridimensionales y vivimos en un espacio tridimensional curvado. Si tuviéramos que hacer medidas de la geometría de nuestro espacio en el interior o en las proximidades de una estrella —la *geometría de Schwarzschild*— descubriríamos que está curvado de una manera estrechamente análoga a la del universo de los seres 2D.

Podemos especular sobre un hiperespacio plano de mayores dimensiones en el que está insertado nuestro espacio tridimensional curvado. Resulta que tal hiperespacio debe tener seis dimensiones para poder acomodar espacios tridimensionales como el nuestro en su interior. (Y cuando recordamos que nuestro Universo también tiene una dimensión temporal, debemos pensar en términos de siete dimensiones en total.)

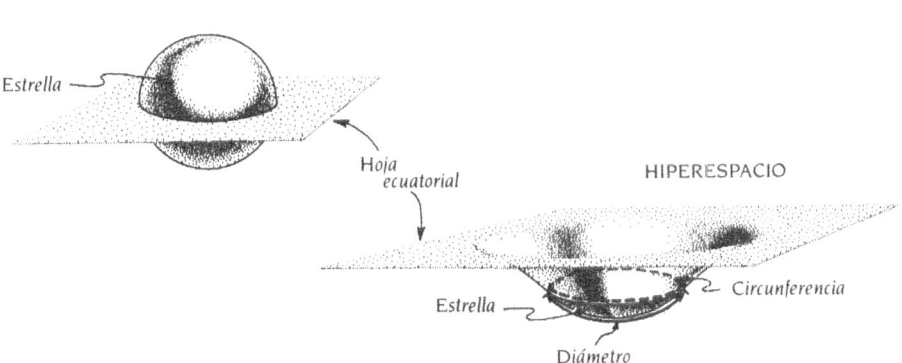

ESPACIO FÍSICO

Estrella

Hoja
ecuatorial

HIPERESPACIO

Estrella

Circunferencia

Diámetro

3.3.   La curvatura del espacio tridimensional en el interior y alrededor de una estrella (*arriba izquierda*), representada por medio de un diagrama de inserción (*abajo derecha*). Esta es la curvatura predicha por la solución de Schwarzschild a la ecuación de campo de Einstein.

Ahora bien, es incluso más difícil para mí visualizar nuestro espacio tridimensional insertado en un hiperespacio de seis dimensiones de lo que sería para los seres 2D visualizar su espacio bidimensional incluido en un hiperespacio tridimensional. Sin embargo, hay un truco que ayuda enormemente, un truco que se muestra en la figura 3.3.

La figura 3.3 muestra un experimento mental: una delgada hoja de material se inserta a través del plano ecuatorial de una estrella (arriba a la izquierda), de modo que la lámina biseccina la estrella dejando mitades exactamente idénticas por encima y por debajo. Aunque esta hoja ecuatorial parece plana en el dibujo, no es realmente plana. La masa de la estrella distorsiona el espacio tridimensional dentro y en la proximidad de la estrella de una forma que la imagen superior izquierda no puede representar, y dicha distorsión curva la hoja ecuatorial de una forma que la imagen no puede mostrar. Podemos descubrir la curvatura de la hoja haciendo medidas geométricas sobre ella en nuestro espacio físico real, exactamente de la misma forma que los seres 2D hacen medidas en el espacio bidimensional de su universo. Tales medidas revelarán que líneas rectas que son inicialmente paralelas se cortan cerca del centro de la estrella, que la circunferencia de cualquier círculo en el interior o cerca de la estrella es menor que π veces su diámetro, y que las sumas de los ángulos internos de los triángulos son mayores que 180 grados. Los detalles de estas distorsiones del espacio curvo están predichos por la solución de Schwarzschild a la ecuación de Einstein.

Para ayudar a visualizar esta curvatura de Schwarzschild, nosotros, como los seres 2D, podemos imaginar que extraemos la hoja ecuatorial del espacio curvado tridimensional de nuestro Universo real y la insertamos en un hiperespacio tridimensional plano ficticio (parte derecha inferior en la figura 3.3). En el hiperespacio no curvado, la hoja sólo puede mantener su geometría curva si se pandea hacia abajo como un cuenco. Tales diagramas de hojas bidimensionales de nuestro Universo curvado, insertados en un hipotético hiperespacio tridimensional plano, se denominan *diagramas de inserción*.

Es tentador considerar que la tercera dimensión del hiperespacio es la misma que la tercera dimensión espacial de nuestro propio Universo. Debemos evitar esta tentación. La tercera dimensión del hiperespacio no tiene nada que ver con ninguna de las dimensiones de nuestro propio Universo. Es una dimensión en la que nunca podemos entrar y nunca podemos ver, y de la que nunca podemos tener ninguna información; es puramente hipotética. De todas formas, es útil. Nos ayuda a visualizar la geometría de Schwarzschild, y nos ayudará en este libro más adelante a visualizar otras geometrías del espacio curvo: las de los agujeros negros, ondas gravitatorias, singularidades y agujeros de gusano (capítulos 6, 7, 10, 13 y 14).

Como muestra el diagrama de inserción de la figura 3.3, la geometría de Schwarzschild de la hoja ecuatorial de la estrella es cualitativamente la misma que la geometría del universo de los seres 2D: en el interior de la estrella la geometría es cóncava y curvada; lejos de la estrella se hace plana. Como sucedía con el gran círculo en la zona cóncava de los seres 2D (figura 3.2), también aquí (figura 3.3) la circunferencia de la estrella dividida por su diámetro es menor que π. En el caso de nuestro Sol, la razón predicha entre la circunferencia y el diámetro es menor que π en algunas partes por millón; en otras palabras, en el interior del Sol el espacio es plano dentro de un margen de algunas partes por millón. Sin embargo, si el Sol mantuviera su misma masa y su circunferencia se hiciera cada vez más pequeña, entonces la curvatura en su interior se haría cada vez más fuerte, el vértice inferior de la zona cóncava en el diagrama de inserción de la figura 3.3 se haría cada vez más pronunciado, y la razón entre la circunferencia y el diámetro sería sustancialmente menor que π.

Puesto que el espacio es diferente en diferentes sistemas de referencia («su espacio es una mezcla de mi espacio y mi tiempo, si nos movemos uno con respecto al otro»), los detalles de la curvatura espacial de la estrella serán diferentes según se midan en un sistema de referencia que se mueva a gran velocidad con respecto a la estrella o se midan en un sistema en el que la estrella está en reposo. En el espacio del sistema de referencia a gran velocidad, la estrella está algo achatada en la dirección perpendicular a su movimiento, de modo que los diagramas de inserción tienen un aspecto muy parecido al de la figura 3.3, pero con la zona cóncava comprimida transversalmente en una forma oblonga. Este achatamiento es la variante en el espacio curvo de la contracción del espacio que Fitzgerald descubrió en un universo sin gravedad (capítulo 1).

La solución de Schwarzschild a la ecuación de campo de Einstein no sólo describe esta curvatura (o distorsión) del espacio, sino también una distorsión del tiempo cerca de la estrella, distorsión producida por la intensa gravedad de la estrella. En un sistema de referencia que esté en reposo con respecto a la estrella, y no se mueva respecto a ella a alta velocidad, esta distorsión del tiempo es precisamente la *dilatación gravitatoria del tiempo* discutida en el capítulo 2 (recuadro 2.4 y discusión asociada): el tiempo fluye más lentamente cerca de la superficie de la estrella que lejos de ella, y fluye aún más lentamente en el centro de la estrella.

En el caso del Sol, la distorsión del tiempo es pequeña: en la superficie del Sol el flujo del tiempo se haría tan sólo 2 partes por millón (64 segundos en un año) más lento que el flujo lejos del Sol, y en su centro se haría alrededor de 1 parte en 100.000 (5 minutos en un año) más lento que lejos de él. Sin embargo, si el Sol mantuviera su misma masa y se hiciera menor en circunferencia de modo que su superficie estuviera más próxima a su centro, entonces su gravedad sería mayor y, consiguientemente, su dilatación gravitatoria de tiempo —su distorsión del tiempo— se haría mayor.

Una consecuencia de esta distorsión del tiempo es el *desplazamiento gravitatorio hacia el rojo* de la luz emitida desde la superficie de una estrella. Puesto que la frecuencia de oscilación de la luz está gobernada por el flujo del tiempo en el lugar donde se emite la luz, la luz que emerge de átomos en la superficie de la estrella tendrá una frecuencia más baja cuando alcanza la Tierra que la luz emitida por el mismo tipo de átomos en el espacio interestelar. La frecuencia estará disminuida exactamente en la misma cantidad en que está frenado el flujo del tiempo. Una frecuencia más baja significa una longitud de onda mayor, de modo que la luz de la estrella debe estar desplazada hacia el extremo rojo del espectro en la misma cantidad en la que el tiempo está dilatado en la superficie de la estrella.

En la superficie del Sol la dilatación del tiempo es de 2 partes por millón, de modo que el desplazamiento gravitatorio hacia el rojo de la luz que llega a la Tierra procedente del Sol debería ser también de 2 partes por millón. Este era un desplazamiento hacia el rojo demasiado pequeño para poder ser medido con precisión en la época de Einstein, pero a comienzos de los años sesenta la tecnología empezó a abordar las leyes de la gravedad de Einstein: Jim Brault, de la Universidad de Princeton, midió en un experimento muy delicado el desplazamiento hacia el rojo de la luz del Sol, y obtuvo un resultado en buen acuerdo con la predicción de Einstein.[5]

Sólo unos pocos años después de la prematura muerte de Schwarzschild, su geometría del espacio-tiempo se convirtió en una herramienta de trabajo estándar para físicos y astrónomos. Muchas personas, incluyendo a Einstein, la estudiaron y desarrollaron sus implicaciones. Todos estuvieron de acuerdo y asumieron seriamente la conclusión de que si la estrella tenía una circunferencia bastante grande, como es el caso del Sol, entonces el espacio-tiempo en su interior y cerca de ella estaría curvado muy ligeramente, y la luz emitida desde su superficie y recibida en la Tierra debería tener su color desplazado, aunque sólo fuera muy ligeramente, hacia el rojo. Todos ellos estaban de acuerdo también en que cuanto más compacta fuera la estrella, mayor debía ser la distorsión de su espacio-tiempo y mayor el desplazamiento gravitatorio hacia el rojo de la luz procedente de su superficie. Sin embargo, pocos estaban dispues-

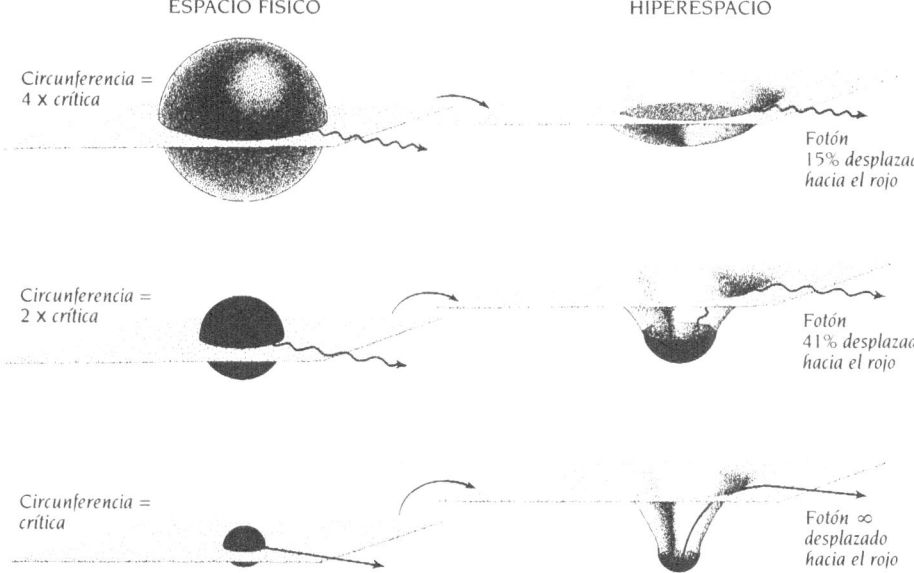

ESPACIO FÍSICO   HIPERESPACIO

Circunferencia =
4 x crítica

Fotón
15% *desplazado*
hacia el rojo

Circunferencia =
2 x crítica

Fotón
41% *desplazado*
hacia el rojo

Circunferencia =
crítica

Fotón ∞
desplazado
hacia el rojo

3.4.   Predicciones de la relatividad general para la curvatura del espacio y el desplazamiento hacia el rojo de la luz de tres estrellas altamente compactas con la misma masa
pero distintas circunferencias. La primera es cuatro veces mayor que la circunferencia
crítica, la segunda es dos veces la circunferencia crítica, y la tercera tiene su circunferencia exactamente crítica. En lenguaje moderno, la superficie de la tercera estrella es un
horizonte de agujero negro.

tos a considerar seriamente las predicciones extremas que hacía la geometría
de Schwarzschild para estrellas altamente compactas[6] (figura 3.4).
   La geometría de Schwarzschild predecía que para cada estrella existe una
circunferencia crítica que depende de la masa de la estrella —la misma circunferencia crítica que había sido descubierta por John Michell y Pierre Simon
Laplace más de cien años antes: 18,5 kilómetros multiplicada por la masa de
la estrella expresada en unidades de masa solar. Si la circunferencia real de la
estrella es mayor que 4 veces esta circunferencia crítica (parte superior de la
figura 3.4), entonces el espacio de la estrella estará moderadamente curvado
como se muestra en la figura, el tiempo en su superficie fluirá un 15 por 100
más lentamente que lejos de ella, y la luz emitida desde su superficie estará
desplazada en un 15 por 100 hacia el extremo rojo del espectro. Si la circunferencia de la estrella es más pequeña, exactamente dos veces la circunferencia
crítica (parte central de la figura 3.4), su espacio estará más fuertemente curvado, el tiempo en su superficie fluirá un 41 por 100 más lentamente que muy
lejos de ella, y la luz de su superficie estará desplazada en un 41 por 100 hacia
el rojo. Estas predicciones parecían aceptables y razonables. Lo que no parecía
en absoluto razonable a los físicos y astrofísicos de los años veinte, o incluso

en una época tan reciente como los años sesenta, era la predicción para una estrella cuya circunferencia real fuera la misma que su circunferencia crítica (parte inferior de la figura 3.4). Para una estrella semejante, con su espacio más fuertemente curvado, el flujo del tiempo en su superficie está infinitamente dilatado; el tiempo no fluye en absoluto —está congelado. Y, en consecuencia, cualquiera que pueda ser el color de la luz cuando empieza su viaje hacia arriba desde la superficie de la estrella, será desplazado mucho más allá del rojo, más allá del infrarrojo, más allá de las longitudes de las ondas de radio, hasta las regiones de longitud de onda infinita; es decir, la luz deja de existir. En lenguaje moderno, la superficie de la estrella, con su circunferencia crítica, es exactamente el horizonte de un agujero negro; debido a su fuerte gravedad, la estrella está creando un horizonte de agujero negro en torno a sí misma.

El resultado final de esta discusión de la geometría de Schwarzschild es el mismo que encontraron Michell y Laplace: una estrella con el tamaño de la circunferencia crítica debe aparecer completamente oscura cuando se la mira desde muy lejos; debe ser lo que ahora llamamos un agujero negro. El resultado final es el mismo, pero el mecanismo es completamente diferente.

Michell y Laplace, con su idea newtoniana del espacio y el tiempo absolutos y de la velocidad de la luz relativa, creían que para una estrella sólo un poco más pequeña que la circunferencia crítica, los corpúsculos de luz no escaparían por muy poco. Subirían hasta grandes alturas por encima de la superficie de la estrella, alturas mucho mayores que la de cualquier planeta en órbita; pero a medida que subieran serían frenados por la gravedad de la estrella, luego se detendrían en algún lugar del espacio intergaláctico, y más adelante darían la vuelta y serían llevados hacia abajo por la atracción de la estrella. Aunque las criaturas en un planeta en órbita podrían ver la estrella, pues todavía les llegaría su luz moviéndose lentamente (para ellos no sería oscura), nosotros, viviendo en la muy lejana Tierra, no podríamos verla en absoluto. La luz de la estrella no podría alcanzarnos. Para nosotros la estrella sería completamente negra.

Por el contrario, la curvatura del espacio-tiempo de Schwarzschild exigía que la luz siempre se propague con la misma velocidad universal; nunca puede ser frenada. (La velocidad de la luz es absoluta, pero el espacio y el tiempo son relativos.) Sin embargo, si se emitía desde la circunferencia crítica, la longitud de onda de la luz debía quedar desplazada una cantidad infinita al viajar hacia arriba una distancia infinitesimal. (El desplazamiento en la longitud de onda de la luz debe ser infinito puesto que el flujo del tiempo está infinitamente dilatado en el horizonte, y la longitud de onda siempre se desplaza en la misma cantidad en que se dilata el tiempo.) Este desplazamiento infinito de la longitud de onda anula, en efecto, toda la energía de la luz; y, de este modo, la luz ¡deja de existir! Así, por muy próximo a la circunferencia crítica que estuviera situado un planeta, las criaturas que vivieran en él no podrían ver en absoluto ninguna luz que emergiera de la estrella.

En el capítulo 7 estudiaremos cómo se comporta la luz vista desde el interior de la circunferencia crítica de un agujero negro, y descubriremos que, después de todo, no deja de existir. Lo que sucede, más bien, es que es sencillamente incapaz de escapar de la circunferencia crítica (el horizonte del agujero) incluso aunque se esté moviendo hacia afuera a la velocidad universal estándar de 299.792 kilómetros por segundo. Pero todavía es pronto, no estamos aún listos para comprender un comportamiento tan aparentemente contradictorio. Antes debemos aumentar nuestro conocimiento sobre otras cosas, como hicieron los físicos en las décadas comprendidas entre 1916 y 1960.

Durante los años veinte y entrados los treinta, los más reconocidos expertos mundiales en relatividad general eran Albert Einstein y el astrofísico británico Arthur Eddington. Había otros que entendían la relatividad, pero Einstein y Eddington marcaban el tono intelectual en la materia. Y, aunque algunos otros estaban dispuestos a considerar seriamente los agujeros negros, Einstein y Eddington no lo estaban. Los agujeros negros sencillamente no «olían bien»; eran escandalosamente extraños; violaban las intuiciones de Einstein y Eddington acerca de cómo debería comportarse el Universo.

Durante los años veinte Einstein parece haberse limitado a ignorar la cuestión. Nadie insistía en los agujeros negros como una predicción seria, de modo que no había mucha necesidad de aclarar las cosas a este respecto. Y puesto que otros misterios de la naturaleza resultaban más interesantes y enigmáticos para Einstein, éste dedicó sus energías a otras cuestiones.

En los años veinte Eddington adoptó un enfoque más caprichoso. Él era un poco histrión, disfrutaba popularizando la ciencia y, mientras nadie se tomara los agujeros negros muy seriamente, resultaba divertido jugar con ellos. De este modo, le encontramos escribiendo en su libro de 1926 *The Internal Constitution of the Stars* que posiblemente ninguna estrella observable puede ser más compacta que la circunferencia crítica:

> En primer lugar, la fuerza de la gravedad sería tan grande que la luz sería incapaz de escapar de ella, los rayos caerían a la estrella como una piedra cae a la Tierra. En segundo lugar, el desplazamiento hacia el rojo de las líneas espectrales sería tan grande que el espectro dejaría de existir. En tercer lugar, la masa produciría tanta curvatura en la métrica del espacio-tiempo que el espacio se cerraría en torno a la estrella, dejándonos fuera (es decir, en ninguna parte).

La primera conclusión era la versión newtoniana de la luz que no escapa; la segunda era una descripción relativista semiaproximada; y la tercera era la típica hipérbole eddingtoniana. Como se ve claramente en los diagramas de inserción de la figura 3.4, cuando una estrella es tan pequeña como la circunferencia crítica, la curvatura del espacio es fuerte pero no infinita, y el espacio no está definitivamente enrollado alrededor de la estrella. Quizá Eddington sabía esto, pero su descripción constituía una bonita historia, y captaba de una forma caprichosa el espíritu de la curvatura del espacio-tiempo de Schwarzschild.

En los años treinta, como veremos en el capítulo 4, empezó a aumentar la presión para reconsiderar seriamente los agujeros negros. A medida que la presión aumentaba, Eddington, Einstein y otros entre los «creadores de opinión»

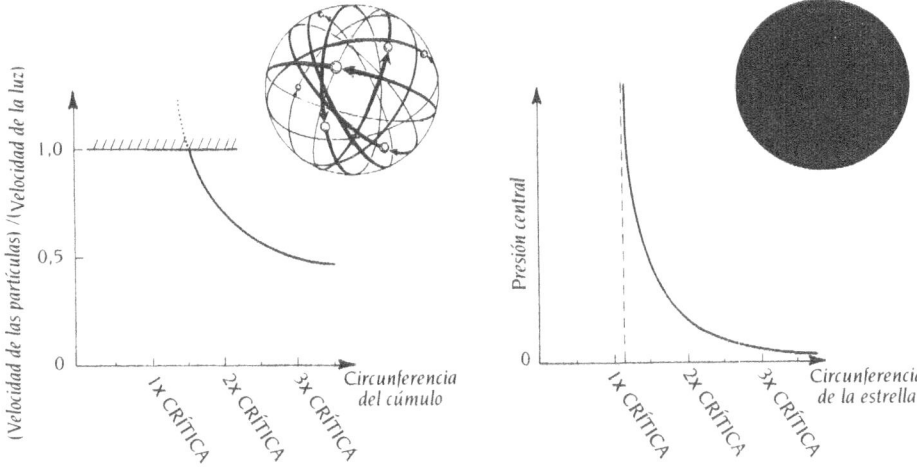

CÚMULO DE PARTÍCULAS *de* EINSTEIN

ESTRELLA DE SCHWARZSCHILD
con DENSIDAD CONSTANTE

3.5.   Prueba de Einstein de que ningún objeto puede nunca ser tan pequeño como su circunferencia crítica. *Izquierda*: si el cúmulo esférico de partículas de Einstein tiene un tamaño menor que 1,5 circunferencias críticas, entonces las velocidades de las partículas deben superar la velocidad de la luz, lo que es imposible. *Derecha*: si una estrella con densidad constante es mencr que 9/8 = 1,125 circunferencias críticas, entonces la presión en el centro de la estrella debe ser infinita, lo que es imposible.

empezaron a manifestar una oposición inequívoca a estos escandalosos objetos.

En 1939, Einstein publicó un cálculo basado en la relatividad general que interpretó como un ejemplo de por qué los agujeros negros no pueden existir.[7] Su cálculo analizaba el comportamiento de un tipo idealizado de objeto que podría considerarse apropiado para formar un agujero negro. El objeto era un cúmulo de partículas que se atraían mutuamente mediante fuerzas gravitatorias que mantenían el cúmulo unido, de la misma forma que el Sol mantiene unido al Sistema Solar atrayendo gravitatoriamente a sus planetas. Todas las partículas en el cúmulo de Einstein se movían en órbitas circulares en torno a un centro común; sus órbitas formaban una esfera con las partículas de un lado de la esfera atrayendo gravitatoriamente a las del otro lado (mitad izquierda de la figura 3.5).

Einstein suponía que este cúmulo se iba haciendo cada vez más pequeño, tratando de llevar su circunferencia real por debajo de la circunferencia crítica. Como cabría esperar, su cálculo demostraba que cuanto más compacto es el cúmulo, más fuerte es la gravedad en su superficie esférica y más rápidamente deben moverse las partículas en su superficie para impedir que sean llevadas hacia adentro. Si el cúmulo fuese más pequeño que 1,5 veces la circunferencia crítica, los cálculos de Einstein mostraban que su gravedad sería entonces tan fuerte que las partículas tendrían que moverse a una velocidad mayor que la de la luz para evitar ser atraídas hacia adentro. Puesto que nada puede moverse a más velocidad que la luz, no había manera de que el conjunto pudiera ser nunca más pequeño que 1,5 veces el tamaño crítico. «El resultado esencial de esta investigación —escribió Einstein— es una comprensión clara de por qué las ''singularidades de Schwarzschild'' no existen en la realidad física.»

En apoyo de su opinión, Einstein podría apelar también a la estructura interna de una estrella idealizada constituida por materia cuya densidad es constante en todo su interior (mitad derecha de la figura 3.5). Semejante estrella no podía implosionar debido a la presión del gas en su interior. Karl Schwarzschild había utilizado la relatividad general para derivar una descripción matemática completa de tal estrella, y sus fórmulas demostraban que, si la estrella se hace cada vez más compacta, la presión interna de la estrella debe crecer cada vez más para poder contrarrestar el incremento de la fuerza de su gravedad interna. A medida que la circunferencia de la estrella en contracción se acerca a 9/8 = 1,125 veces su circunferencia crítica, las fórmulas de Schwarzschild muestran que la presión en el centro se hace infinitamente grande. Puesto que ningún gas real puede ejercer nunca una presión verdaderamente infinita (ni lo puede hacer ningún otro tipo de materia), tal estrella nunca podría hacerse tan pequeña como 1,125 veces el tamaño crítico, creía Einstein.[8]

Los cálculos de Einstein eran correctos, pero su lectura de su mensaje no lo era. El mensaje que él extrajo, el de que ningún objeto puede hacerse tan pequeño como la circunferencia crítica, estaba determinado más por su oposición intuitiva a las singularidades de Schwarzschild (agujeros negros) que por los propios cálculos. El mensaje correcto, como ahora sabemos en retrospectiva, era éste:

El cúmulo de partículas de Einstein y la estrella de densidad constante nunca podrían ser tan compactos como para formar un agujero negro porque Einstein exigía que algún tipo de fuerza en su interior contrarrestase la compresión de la gravedad: la fuerza de la presión del gas en el caso de la estrella, la fuerza centrífuga debida a los movimientos de las partículas en el caso del cúmulo. De hecho, es cierto que ninguna fuerza puede resistir la compresión de la gravedad cuando un objeto está muy próximo a la circunferencia crítica. Pero esto no significa que el objeto no pueda hacerse nunca tan pequeño. Lo que significa más bien es que, si el objeto se hace tan pequeño, entonces *la gravedad necesariamente aplasta a todas las demás fuerzas en el interior del objeto, y comprime el objeto en una catastrófica implosión que da lugar a un agujero negro.* Puesto que los cálculos de Einstein no incluían la posibilidad de implosión (la omitió de todas sus ecuaciones), él confundió este mensaje.

Estamos tan acostumbrados hoy día a la idea de los agujeros negros que es difícil no hacerse la pregunta: «¿Cómo pudo Einstein haber sido tan torpe? ¿Cómo pudo omitir la implosión, precisamente lo que da lugar a los agujeros negros?». Semejante reacción manifiesta nuestra ignorancia sobre la estructura mental de casi *todo el mundo* en los años veinte y treinta.

Las predicciones de la relatividad general eran muy mal comprendidas. Nadie advirtió que un objeto suficientemente compacto *debe* implosionar, y que la implosión producirá un agujero negro. En lugar de ello, las singularidades de Schwarzschild (agujeros negros) se imaginaban, incorrectamente, como objetos que se mantienen exactamente en o apenas por debajo de su circunferencia crítica, sostenidos frente a la fuerza de la gravedad por algún tipo de fuerza interna; así, Einstein pensó que se había deshecho de los agujeros negros demostrando que nada sostenido por fuerzas internas puede ser tan pequeño como la circunferencia crítica.

Si Einstein hubiera sospechado que las «singularidades de Schwarzschild» podían existir realmente, podría haber advertido perfectamente que la implosión es la clave para formarlas y que las fuerzas internas son irrelevantes. Pero estaba tan firmemente convencido de que no pueden existir («olían mal»; terriblemente mal) que sufrió un bloqueo mental impenetrable frente a la verdad —como lo sufrieron casi todos sus colegas.

En la novela épica de T. H. White, *The Once and Future King*, existe una sociedad de hormigas que tiene el lema: «Todo lo que no está prohibido es obligatorio». *No* es así como funcionan las leyes de la física y el Universo real. Muchas de las cosas permitidas por las leyes de la física son tan altamente improbables que en la práctica nunca suceden. Un ejemplo simple y manido es la reconstrucción espontánea de un huevo entero a partir de los fragmentos desperdigados por el suelo: tómese una película de un huevo cuando cae al suelo y se rompe en fragmentos y sustancia pegajosa. A continuación, pásese la película hacia atrás y obsérvese cómo el huevo se regenera espontáneamente y sube por el aire. Las leyes de la física permiten una regeneración semejante aun con el tiempo marchando hacia adelante, pero esto nunca sucede en la práctica porque es altamente improbable.

Los estudios de los físicos sobre los agujeros negros durante los años veinte y treinta, e incluso ya entrados los cuarenta y cincuenta, trataban sólo la cuestión de si las leyes de la física *permiten* que existan tales objetos. Y la respuesta era equívoca: a primera vista parecía que los agujeros negros están permitidos; más tarde, Einstein, Eddington y otros dieron argumentos (incorrectos) a favor de que no lo están. En los años cincuenta, cuando esos argumentos fueron definitivamente desestimados, muchos físicos volvieron a argumentar que las leyes de la física permitían la existencia de los agujeros negros, pero eran tan altamente improbables que (como la reconstrucción del huevo) nunca existirían en la práctica.

En realidad, los agujeros negros, a diferencia de la reconstrucción del huevo, son obligatorios en ciertas situaciones comunes; pero sólo a finales de los años sesenta, cuando la evidencia de que *son* obligatorios se hizo aplastante, empezó la mayoría de los físicos a considerar seriamente los agujeros negros. En los próximos tres capítulos describiré cómo aumentó esa evidencia desde los años treinta hasta los sesenta, y la amplia resistencia que encontraron.

Esta amplia y casi universal resistencia del siglo XX hacia los agujeros negros está en notorio contraste con el entusiasmo con que los agujeros negros fueron recibidos en el siglo XVIII, la época de John Michell y Pierre Simon Laplace. Werner Israel, un físico actual en la Universidad de Alberta que ha estudiado esta historia en profundidad, ha especulado sobre las razones para esta diferencia.

> Estoy seguro [de que la aceptación de los agujeros negros en el siglo XVIII] no sólo era un síntoma del fervor revolucionario de fin de siglo —escribe Israel—. La explicación debe estar en que las estrellas oscuras laplaceanas [agujeros negros] no suponían ninguna amenaza para nuestra querida fe en la permanencia y estabilidad de la materia. Por el contrario, los agujeros negros del siglo XX suponen una gran amenaza para dicha fe.[9]

Tanto Michell como Laplace imaginaban sus estrellas oscuras constituidas de materia con la misma densidad aproximada que el agua o la tierra o las piedras o el Sol, alrededor de 1 gramo por centímetro cúbico. Con esta densidad, una estrella debe tener una masa alrededor de 400 millones de veces mayor que la del Sol y una circunferencia alrededor de 3 veces mayor que la órbita de la Tierra para ser oscura (estar contenida dentro de su circunferencia crítica). Tales estrellas, gobernadas por las leyes de la física de Newton, podrían ser exóticas, pero ciertamente no amenazaban ninguna creencia acariciada sobre la naturaleza. Si uno quería ver la estrella, sólo necesitaba situarse en un planeta próximo y mirar los corpúsculos de luz cuando subían hacia su órbita antes de que volvieran de nuevo hacia la superficie de la estrella. Si uno quería una muestra del material del que la estrella estaba hecha, sólo necesitaba descender hasta la superficie de la estrella, recoger algo y volver a la Tierra para estudiarlo en el laboratorio. Yo no sé si Michell, Laplace u otros de su época especularon sobre estas cuestiones, pero es evidente que, si lo hicieron, no existía ninguna razón para preocuparse por las leyes de la naturaleza, por la permanencia y estabilidad de la materia.

La circunferencia crítica (horizonte) de un agujero negro del siglo XX presenta un desafío bastante diferente. Uno no puede ver ninguna luz emergente a ninguna altura por encima del horizonte. Cualquier cosa que cae a través del horizonte nunca podrá escapar; se ha perdido para nuestro Universo, una pérdida que plantea un serio desafío a las ideas de los físicos sobre la conservación de la masa y la energía.

> Existe un curioso paralelismo entre la historia de los agujeros negros y la historia de la deriva continental [el movimiento de desplazamiento relativo de los continentes de la Tierra] —escribe Israel—. La evidencia a favor de ambos ya no podía ser ignorada en 1916, pero ambas ideas quedaron frenadas durante medio siglo por una resistencia que bordeaba lo irracional. Creo que la razón psicológica subyacente era la misma en ambos casos. Otra coincidencia: la resistencia a ambos empezó a derrumbarse hacia 1960. Por supuesto, ambos campos [astrofí-

sica y geofísica] se beneficiaron de los desarrollos tecnológicos de la posguerra. Pero, en cualquier caso, resulta interesante que este fuera el momento en que la bomba H y el Sputnik soviéticos acabaron con la idea de la ciencia occidental como algo grabado en piedra e inmune a cualquier desafío y, quizá, despertaron la sospecha de que podría haber más cosas en el cielo y la tierra que las que la ciencia occidental estaba preparada para soñar.[10]

4

El misterio de las enanas blancas

*donde Eddington y Chandrasekhar se enfrentan
a propósito de la muerte de las estrellas masivas:
¿deben contraerse cuando mueren,
creando agujeros negros,
o serán salvadas por la mecánica cuántica?*[1]

E ra el año 1928; el lugar, la ciudad de Madrás en la bahía de Bengala, al sureste de la India. Allí, en la Universidad de Madrás, un muchacho indio de diecisiete años llamado Subrahmanyan Chandrasekhar estaba inmerso en el estudio de la física, la química y las matemáticas. Chandrasekhar era alto y apuesto, tenía un porte regio y estaba orgulloso de sus logros académicos. Acababa de leer el libro de texto clásico de Arnold Sommerfeld, *Atomic Structure and Spectral Lines*, y ahora estaba alborozado porque Sommerfeld, uno de los más grandes físicos teóricos del mundo, había venido desde su lugar de residencia en Munich para visitar Madrás.

Deseoso de un contacto personal, Chandrasekhar se acercó a la habitación del hotel de Sommerfeld y pidió una entrevista. Sommerfeld le citó para algunos días después.

El día de su cita Chandrasekhar, lleno de orgullo y confiado en su dominio de la física moderna, fue a la habitación del hotel de Sommerfeld y llamó a la puerta. Sommerfeld le saludó cortésmente, le preguntó sobre sus estudios y luego le bajó los ánimos. «La física que usted ha estado estudiando es una cosa del pasado. La física ha cambiado por completo en los cinco años transcurridos desde que escribí mi libro», le explicó. Siguió describiendo una revolución en la comprensión por parte de los físicos de las leyes que gobiernan el reino de lo pequeño: el reino de los átomos, las moléculas, los electrones y los protones. En este reino se había descubierto que las leyes newtonianas tenían fallos de un tipo que la relatividad no había previsto. Fueron reemplazadas por un conjunto radicalmente nuevo de leyes físicas —leyes que recibieron el nombre de *mecánica cuántica** porque trataban el comportamiento (la «me-

---

* Para una clara discusión de las leyes de la mecánica cuántica, véase *The Cosmic Code*, de Heinz Pagels (Simon and Schuster, Nueva York, 1982).

cánica») de las partículas de materia (cuantos). Aunque sólo tenían dos años, las nuevas leyes de la mecánica cuántica habían cosechado ya un gran éxito al explicar cómo se comportaban los átomos y las moléculas.

Chandrasekhar había leído en el libro de Sommerfeld una primera versión provisional de las nuevas leyes. Pero Sommerfeld le explicó que las leyes cuánticas provisionales habían resultado insatisfactorias. Aunque concordaban bien con experimentos en átomos y moléculas sencillos tales como el hidrógeno, las leyes provisionales no podían dar cuenta de los comportamientos de átomos y moléculas más complejos, y no encajaban entre sí ni con las demás leyes de la física de una forma lógicamente consistente. Eran poco más que un revoltijo de reglas de cálculo *ad hoc* y poco estéticas.

La nueva versión de las leyes, aunque radical en su forma, parecía más prometedora. Daba razón de los átomos y las moléculas complejos, y parecía estar encajando muy bien con el resto de la física.

Chandrasekhar, extasiado, escuchaba todos los detalles.

La mecánica cuántica
y las entrañas de las enanas blancas

Cuando se despidieron, Sommerfeld dio a Chandrasekhar las pruebas de imprenta de una artículo técnico que acababa de escribir. Contenía una derivación de las leyes mecanocuánticas que gobiernan grandes conjuntos de electrones comprimidos en volúmenes pequeños, por ejemplo, en un metal.

Chandrasekhar leyó con fascinación el escrito de Sommerfeld, lo entendió, y luego pasó muchos días en la biblioteca de la Universidad estudiando todos los artículos de investigación que pudo encontrar concernientes al tema. Especialmente interesante era un artículo titulado «Sobre la materia densa», del físico inglés R. H. Fowler, publicado en el número de 10 de diciembre de 1926 del *Monthly Notices of the Royal Astronomical Society*.[2] El artículo de Fowler dirigió a Chandrasekhar hacia un libro más fascinante, *The Internal Constitution of the Stars*, del eminente astrofísico británico Arthur S. Eddington,[3] en el que Chandrasekhar encontró una descripción del *misterio de las estrellas enanas blancas*.

Las enanas blancas eran un tipo de estrellas que habían descubierto los astrónomos a través de sus telescopios. Lo misterioso de las enanas blancas era la densidad extraordinariamente alta de la materia en su interior, una densidad muchísimo mayor que la de cualquier otra cosa que los seres humanos hubieran encontrado antes. Chandrasekhar no tenía modo de saberlo cuando abrió el libro de Eddington, pero la lucha por desvelar el misterio de esta alta densidad les obligaría finalmente a él y a Eddington a afrontar la posibilidad de que las estrellas masivas, cuando mueren, pudieran contraerse para formar agujeros negros.

«Las enanas blancas son probablemente muy abundantes —leyó Chandrasekhar en el libro de Eddington—. Sólo se conocen con seguridad tres, pero todas ellas están a pequeña distancia del Sol ... La más famosa de estas estrellas es el Compañero de [la estrella ordinaria] Sirio», que tiene el nombre de Sirio *B*. Sirio y Sirio B son la sexta y la séptima estrellas en orden de proximidad a la Tierra, a 8,6 años-luz de distancia, y Sirio es la estrella más brillante en nuestro cielo. Sirio B orbita en torno a Sirio del mismo modo que la Tierra orbita en torno al Sol, pero Sirio B tarda 50 años en completar una órbita, mientras que la Tierra sólo tarda uno.

Eddington describía cómo habían estimado los astrónomos, a partir de observaciones telescópicas, la masa y la circunferencia de Sirio B. La masa era 0,85 veces la masa del Sol; la circunferencia medía 118.000 kilómetros. Esto significaba que la densidad media de Sirio B era de 61.000 gramos por centímetro cúbico —61.000 veces mayor que la densidad del agua. «Este argumento se conoce hace ya algunos años —escribía Eddington—. Pienso que generalmente se ha considerado suficiente añadir la conclusión "lo cual es absurdo"». La mayoría de los astrónomos no podían tomar en serio una densidad tan enormemente mayor que la de cualquier cosa jamás encontrada en la Tierra —y si hubieran conocido la verdad real, tal como la revelan observaciones astronómicas más modernas (una masa de 1,05 soles, una circunferencia de 31.000 kilómetros y una densidad de 4 millones de gramos por centímetro cúbico), la habrían considerado aún más absurda; véase la figura 4.1.

Eddington continuaba con la descripción de una nueva observación clave que reforzaba la conclusión «absurda». Si Sirio B era, en efecto, 61.000 veces más densa que el agua, entonces, según las leyes de la gravedad de Einstein, la luz que emergía de su intenso campo gravitatorio estaría desplazada hacia el rojo en 6 partes por 100.000, un desplazamiento 30 veces mayor que el de la luz que emerge del Sol, y por consiguiente más fácil de medir. Parecía que esta predicción de desplazamiento hacia el rojo había sido comprobada y verificada poco antes de que el libro de Eddington entrase en prensa en 1925 por el astrónomo W. S. Adams en el Observatorio de Monte Wilson en la cima de una montaña cercana a Pasadena, California.* «El profesor Adams ha matado dos pájaros de un tiro —escribía Eddington—; ha realizado un nuevo test de la teoría de la relatividad general de Einstein y ha confirmado nuestra sospecha de que materia 2.000 veces más densa que el platino no sólo es posible, sino que realmente está presente en el Universo.»

Más adelante en el libro de Eddington, Chandrasekhar encontró una descripción de cómo está gobernada la estructura interna de una estrella, tal como el Sol o Sirio B, por el equilibrio entre la presión interna y la compresión gravitatoria. Este equilibrio compresión/presión puede ser entendido (aunque no era esta la forma de Eddington) mediante una analogía con la compresión de un

---

* Es peligrosamente fácil, en una medición delicada, obtener el resultado que uno piensa que se debe obtener. La medición de Adams del desplazamiento gravitatorio hacia el rojo es un ejemplo. Su resultado coincidía con las predicciones, pero las predicciones eran seriamente erróneas (cinco veces más pequeñas) debido a errores en las estimaciones de los astrónomos de la masa y la circunferencia de Sirio B.[4]

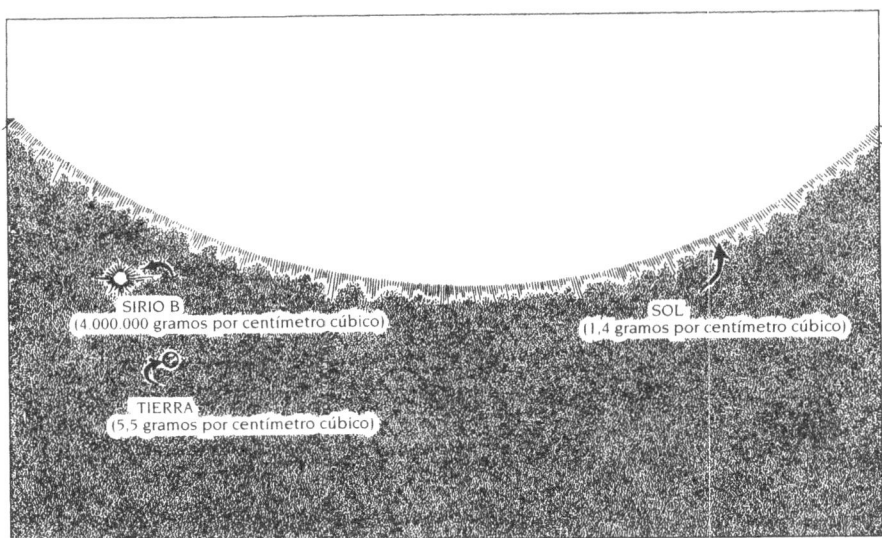

4.1. Comparación de los tamaños y densidades medias del Sol, la Tierra y la estrella enana blanca Sirio B, utilizando valores modernos.

globo sostenido entre las manos (mitad izquierda de la figura 4.2): la fuerza hacia adentro que ejercen las manos que comprimen el globo está contrarrestada exactamente por la fuerza hacia afuera que ejerce la presión del aire del globo —presión debida al bombardeo de las moléculas de aire del interior del globo sobre la pared elástica del mismo.

En el caso de una estrella (mitad derecha de la figura 4.2), el papel análogo a las manos que comprimen lo juega el peso de una corteza exterior de materia estelar, y el papel análogo al del aire en el globo lo juega la bola esférica de materia en el interior de dicha corteza. La frontera entre la corteza exterior y la bola interior puede escogerse en cualquier parte que uno quiera: a un metro de profundidad en el interior de la estrella, a un kilómetro de profundidad, a mil kilómetros de profundidad. Dondequiera que uno escoja la frontera debe satisfacerse el requisito de que el peso de la corteza exterior que comprime la bola interior (la «compresión gravitatoria» ejercida por la corteza exterior) esté contrarrestado exactamente por la presión de las moléculas de la bola interior que bombardean la corteza exterior. Este equilibrio, que se cumple en cualquier lugar en el interior de la estrella, determina la *estructura* de la estrella; es decir, determina los detalles de cómo varían la presión, la gravedad y la densidad desde la superficie de la estrella hasta su centro.

El libro de Eddington describía también una inquietante paradoja en lo que se conocía acerca de las estructuras de las estrellas enanas blancas. Eddington creía —y de hecho lo creían todos los astrónomos en 1925— que la presión de la materia de la enana blanca, al igual que la presión dentro del globo en nues-

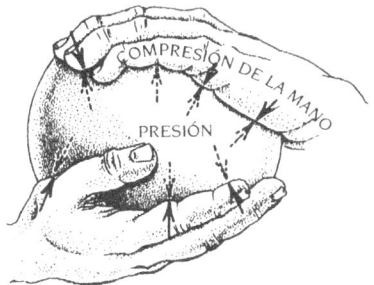 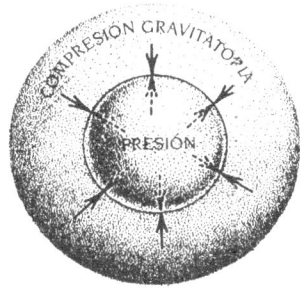

4.2. *Izquierda*: el equilibrio entre la compresión de las manos y la presión interna de un globo. *Derecha*: el equilibrio análogo entre la compresión gravitatoria (peso) de una corteza exterior de materia estelar y la presión de una bola interior de materia estelar.

tro ejemplo, debe estar causada por su calor. El calor hace que los átomos de la materia se muevan en el interior de la estrella a gran velocidad, bombardeándose entre sí y bombardeando la frontera de separación entre la corteza exterior de la estrella y su bola interior. Si adoptamos un punto de vista «macroscópico», demasiado tosco para detectar los átomos individuales, entonces todo lo que podemos medir es la fuerza total debida al bombardeo de todos los átomos que golpean, digamos, un centímetro cuadrado de la frontera de separación. Esta fuerza total es la presión de la estrella.

A medida que la estrella se enfría por la emisión de radiación hacia el espacio, sus átomos se moverán más lentamente, su presión disminuirá y el peso de la corteza exterior de la estrella comprimirá entonces a su bola interior en un volumen más pequeño. Sin embargo, esta compresión de la bola la calienta de nuevo, elevando su presión hasta que pueda conseguirse un nuevo equilibrio compresión/presión —una situación de equilibrio con la estrella ligeramente más pequeña que antes. Así, a medida que Sirio B continúa enfriándose poco a poco irradiando calor al espacio interestelar, su tamaño debe contraerse gradualmente.

¿Cómo termina esta contracción gradual? ¿Cuál será el destino final de Sirio B? La respuesta más obvia (pero falsa), según la cual la estrella se contraerá hasta que sea tan pequeña que se convierta en un agujero negro, resultaba anatema para Eddington; se negaba incluso a considerarla. La única respuesta razonable, afirmaba, era que la estrella debía finalmente enfriarse, y entonces ya no sería mantenida por su presión térmica (es decir, la presión inducida por el calor), sino más bien por el único otro tipo de presión conocida en 1925: la presión que uno encuentra en objetos sólidos como las rocas, una presión debida a la repulsión entre átomos adyacentes. Pero tal «presión de roca» sólo era posible, creía Eddington (incorrectamente), si la materia de la estrella tenía una densidad similar a la de una roca, unos pocos gramos por centímetro cúbico (10.000 veces menor que la densidad real de Sirio B).

Esta línea argumental conducía a la paradoja de Eddington. Para reexpandirse hasta llegar a la densidad de la roca, y de este modo ser capaz de mantenerse cuando se enfría, Sirio B tendría que realizar un enorme trabajo contra su propia gravedad y los físicos no sabían de ningún suministro de energía en el interior de la estrella que fuera suficiente para semejante trabajo. «¡Imagínense un cuerpo que está perdiendo calor continuamente pero con energía insuficiente para enfriarse! —escribió Eddington—. Este es un problema curioso y uno puede hacer muchas conjeturas fantásticas acerca de lo que realmente sucederá. Dejamos aquí la dificultad pues no parece necesariamente fatal.»

Chandrasekhar había encontrado la solución a esta paradoja de 1925 en el artículo de R. H. Fowler «Sobre la materia densa» de 1926. La solución residía en el fallo de las leyes de la física que utilizaba Eddington. Dichas leyes debían ser reemplazadas por la nueva mecánica cuántica, que describía la presión en el interior de Sirio B y otras enanas blancas como debida no al calor sino a un fenómeno mecanocuántico nuevo: los *movimientos degenerados de los electrones*, también llamado *degeneración electrónica*.*

La degeneración electrónica es algo similar a la claustrofobia humana. Cuando la materia es comprimida hasta una densidad 10.000 veces mayor que la de una roca, la nube de electrones en torno a cada uno de sus núcleos atómicos se hace 10.000 veces más condensada. Así, cada electrón queda confinado en una «celda» con un volumen 10.000 veces menor que el volumen en el que previamente podía moverse. Con tan poco espacio disponible para él, el electrón, como un hombre con claustrofobia, empieza a agitarse incontroladamente. Se mueve en su minúscula celda a gran velocidad, golpeando con gran fuerza a los electrones de las celdas adyacentes. Este *movimiento degenerado*, como lo llaman los físicos, no puede ser detenido mediante el enfriamiento de la materia. Nada puede detenerlo; el electrón está obligado a ello por las leyes de la mecánica cuántica, incluso si la materia está en el cero absoluto de temperatura.

Este movimiento degenerado es una consecuencia de una característica de la materia que nunca soñó la física newtoniana, una característica denominada *dualidad onda/partícula*: según la mecánica cuántica, cualquier tipo de partícula se comporta a veces como una onda, y cualquier tipo de onda se comporta a veces como una partícula. De este modo, ondas y partículas son realmente la misma cosa, una «cosa» que a veces se comporta como una onda y a veces como una partícula (véase el recuadro 4.1).

La degeneración electrónica se entiende fácilmente en términos de dualidad onda/partícula. Cuando la materia se comprime a altas densidades, y cada electrón en el interior de la materia queda confinado en una celda extremadamente pequeña comprimida contra las celdas de los electrones vecinos, el electrón empieza a comportarse en parte como una onda. La longitud de onda de la onda electrónica (la distancia entre sus crestas) no puede ser mayor que la celda del

---

* Este uso de la palabra «degenerado» no tiene su origen en la idea de «degeneración moral» (el *más bajo nivel posible de moralidad*), sino más bien en la idea de electrones que han alcanzado sus *más bajos niveles posibles de energía*.

RECUADRO 4.1

Una breve historia de la dualidad onda/partícula

Ya en la época de Isaac Newton (a finales del siglo XVII), los físicos discutían sobre la cuestión de si la *luz* está constituida por partículas o por ondas. Newton, aunque se mostraba equívoco sobre la cuestión, se inclinó hacia las partículas que llamó *corpúsculos*, mientras que Christiaan Huygens argumentaba a favor de las ondas. El punto de vista de las partículas de Newton prevaleció hasta comienzos del siglo XIX, cuando el descubrimiento de que la luz puede interferir consigo misma (capítulo 10) convirtió a los físicos al punto de vista ondulatorio de Huygens. A mediados del siglo XIX, James Clerk Maxwell estableció la descripción ondulatoria sobre una base firme con sus leyes unificadas de la electricidad y el magnetismo, y entonces los físicos pensaron que la cuestión había quedado definitivamente zanjada. Sin embargo, eso fue antes de la mecánica cuántica.

En la década de 1890 Max Planck notó indicios, en la forma del espectro de la luz emitida por objetos muy calientes, de que algo podría estar equivocado en la comprensión de la luz por parte de los físicos. Einstein, en 1905, mostró qué era lo que faltaba: la luz se comporta a veces como una onda y a veces como una partícula (hoy denominada *fotón*). Se comporta como una onda, explicó Einstein, cuando interfiere consigo misma; pero se comporta como una partícula en el *efecto fotoeléctrico*: cuando un rayo de luz incide sobre una pieza metálica, el haz expulsa electrones del metal uno a uno, precisamente como si partículas individuales de luz (fotones individuales) estuvieran golpeando a los electrones y sacándolos uno a uno de la superficie del metal. A partir de la energía de los electrones, Einstein infirió que la energía del fotón es siempre inversamente proporcional a la longitud de onda de la luz. Por lo tanto, el fotón y las propiedades ondulatorias de la luz están entremezclados; la longitud de onda está inexorablemente ligada a la energía del fotón. El descubrimiento de Einsten de la dualidad onda/partícula de la luz, y las leyes provisionales mecanocuánticas de la física que él empezó a construir en torno a este descubrimiento, le valieron el Premio Nobel de 1921 en 1922.*

Aunque Einstein formuló la relatividad general casi por sí solo, él fue sólo uno entre los muchos que contribuyeron a las leyes de la mecánica cuántica —la leyes del «reino de lo pequeño».

Cuando Einstein descubrió la dualidad onda/partícula de la luz no se dio cuenta que un electrón o un protón podría también comportarse a veces como una partícula y a veces como una onda. Nadie reconoció esto hasta que, a me-

---

* En aquella época no era infrecuente que la concesión del Premio Nobel se aplazase por un año (y en ocasiones quedó definitivamente desierto). Esto hizo posible que a Einstein y a Bohr se les comunicase la concesión de sendos Premios Nobel el mismo día, aunque el premio de Einstein correspondía a 1921, y el de Bohr, a 1922. (*N. del t.*)

diados de los años veinte, Louis de Broglie lo planteó como una conjetura, y luego Erwin Schrödinger lo utilizó como base para un conjunto completo de leyes mecanocuánticas, leyes en las que un electrón es una onda de probabilidad. ¿Probabilidad de qué? De la localización de una partícula. Estas «nuevas» leyes mecanocuánticas (que se han mostrado enormemente satisfactorias en la explicación del comportamiento de los electrones, protones, átomos y moléculas) no nos interesan mucho en este libro. Sin embargo, de vez en cuando algunas de sus características serán importantes. En este capítulo, la característica importante es la degeneración electrónica.

---

electrón; si lo fuera, la onda se extendería más allá de la celda. Ahora bien, las partículas con longitudes de onda muy cortas son necesariamente muy energéticas. (Un ejemplo común es la partícula asociada con una onda electromagnética, el fotón. Un fotón de rayos X tiene una longitud de onda mucho más corta que la de un fotón de luz y, como resultado, los fotones de rayos X son mucho más energéticos que los fotones de luz. Sus mayores energías capacitan a los fotones de rayos X para penetrar en la carne y en los huesos humanos.)

En el caso de un electrón en el interior de una materia muy densa, la corta longitud de onda del electrón y la alta energía que le acompaña implican un movimiento rápido, y esto significa que el electrón debe agitarse en el interior de su celda, comportándose como un mutante errático a alta velocidad: mitad partícula, mitad onda. Los físicos dicen que el electrón está «degenerado», y denominan a la presión que produce su movimiento errático a alta velocidad «presión de degeneración electrónica». No hay manera de librarse de esta presión de degeneración; es una consecuencia inevitable del confinamiento del electrón en una celda tan pequeña. Además, cuanto mayor es la densidad de materia, más pequeña es la celda, más corta la longitud de onda del electrón, mayor la energía electrónica, más rápido el movimiento electrónico y, por lo tanto, mayor es su presión de degeneración. En la materia ordinaria con densidades ordinarias la presión de degeneración es tan minúscula que uno nunca la nota, pero a las tremendas densidades de las enanas blancas la presión es enorme.

Cuando Eddington escribió su libro, la degeneración electrónica todavía no había sido predicha, y no era posible calcular correctamente cómo responderían las rocas u otros materiales si se les comprimiera a las densidades ultra-altas de Sirio B. Disponiendo de las leyes de la degeneración electrónica, tales cálculos eran ahora posibles, y habían sido concebidos y desarrollados por R. H. Fowler en su artículo de 1926.

Según los cálculos de Fowler, puesto que los electrones en Sirio B y otras estrellas enanas blancas han sido confinados en celdas tan minúsculas, su presión de degeneración es mucho mayor que su presión térmica (inducida por el calor). En consecuencia, cuando Sirio B se enfría, su minúscula presión térmica desaparecerá, pero su enorme presión de degeneración seguirá existiendo y continuará sustentándola contra la gravedad.

De este modo, la resolución de la paradoja de las enanas blancas de Eddington era doble: 1) Sirio B no está sustentada contra su propia gravedad fundamentalmente por la presión térmica, como todos habían pensado antes de la llegada de la nueva mecánica cuántica; más bien, está sustentada fundamentalmente por la presión de degeneración. 2) Cuando Sirio B se enfría, no necesita reexpandirse hasta la densidad de la roca para sustentarse a sí misma; más bien, continuará sustentándose muy satisfactoriamente por la presión de degeneración a su densidad actual de 4 millones de gramos por centímetro cúbico.

Al leer estas cosas y estudiar sus formulaciones matemáticas en la biblioteca de Madrás, Chandrasekhar quedó encantado. Este era su primer contacto con la astronomía moderna y estaba descubriendo aquí, una al lado de otra, profundas consecuencias de las dos revoluciones de la física del siglo XX: la relatividad general de Einstein, con sus nuevos puntos de vista sobre el espacio y el tiempo, quedaba de manifiesto en el desplazamiento gravitatorio hacia el rojo de la luz procedente de Sirio B; y la nueva mecánica cuántica, con su dualidad onda/partícula, era responsable de la presión interna de Sirio B. Esta astronomía era un campo fértil en el que un joven podía dejar su huella.

Mientras continuaba sus estudios universitarios en Madrás, Chandrasekhar siguió explorando las consecuencias de la mecánica cuántica para el Universo astronómico. Escribió incluso un pequeño artículo con sus ideas, lo envió a Inglaterra a R. H. Fowler, a quien nunca había visto, y Fowler lo dispuso todo para que fuera publicado.

Finalmente, en 1930, a la edad de diecinueve años, Chandrasekhar completó el equivalente indio a un grado de licenciatura norteamericano, y en la última semana de julio se embarcó en un vapor rumbo a la lejana Inglaterra. Había sido aceptado para cursar estudios de doctorado en la Universidad de Cambridge, el hogar de sus héroes, R. H. Fowler y Arthur Eddington.

La masa máxima

Aquellos dieciocho días en el mar, navegando desde Madrás a Southampton, fueron la primera oportunidad de Chandrasekhar en muchos meses para pensar tranquilamente sobre física sin la distracción que suponían los estudios y los exámenes formales. La soledad del mar le inducía a pensar, y los pensamientos de Chandrasekhar eran fértiles. Tan fértiles, de hecho, que le ayudarían a ganar el Premio Nobel, pero cincuenta y cuatro años más tarde, y sólo después de una gran batalla para hacer que fueran aceptados por la comunidad astronómica mundial.

A bordo del vapor, Chandrasekhar dejó que su mente repasara las enanas blancas, la paradoja de Eddington y la solución de Fowler. La solución de Fowler tenía que ser correcta casi con certeza; no había otra a la vista. Sin embargo, Fowler no había discutido todos los detalles del equilibrio entre la presión de degeneración y la gravedad en una estrella enana blanca, ni había calculado la estructura interna resultante de la estrella —la forma en que cambian su densidad, presión y gravedad cuando uno se mueve desde su superficie hasta su centro. Aquí había un desafío interesante que permitía evitar el aburrimiento durante el largo viaje.

Como herramienta para calcular la estructura de la estrella, Chandrasekhar necesitaba saber la respuesta a la siguiente pregunta: supongamos que la materia de la enana blanca ha sido ya comprimida hasta una cierta densidad (por ejemplo, una densidad de 1 millón de gramos por centímetro cúbico). Comprimamos la materia (es decir, reduzcamos su volumen e incrementemos su densidad) en un 1 por 100 adicional. La materia protestará contra esta compresión adicional elevando su presión. Pero ¿en qué porcentaje aumentará su presión? Los físicos dan el nombre de *coeficiente de compresión adiabática* al incremento porcentual de la presión que resulta de una compresión adicional de un 1 por 100. En este libro utilizaré el nombre más gráfico de *resistencia a la compresión*, o simplemente *resistencia*. (No hay que confundir esta «resistencia a la compresión» con la «resistencia eléctrica»; son conceptos completamente diferentes.)

Chandrasekhar calculó la resistencia a la compresión examinando paso a paso las consecuencias de un incremento del 1 por 100 en la densidad de la materia de la enana blanca: el decrecimiento resultante en el tamaño de la celda del electrón, el decrecimiento en la longitud de onda del electrón, el incremento en la energía y velocidad del electrón y, finalmente, el incremento en la presión.[5] El resultado era claro: un incremento de un 1 por 100 en la densidad producía un incremento de 5/3 por 100 (1,667 por 100) en la presión. Por consiguiente, la resistencia de la materia de la enana blanca era de 5/3.

Muchas décadas antes del viaje de Chandrasekhar, los astrofísicos ya habían calculado los detalles del equilibrio de gravedad y presión en el interior de cualquier estrella cuya materia tuviera una resistencia a la compresión independiente de la profundidad a que se encontrase dentro de la estrella —es decir, una estrella cuya presión y densidad incrementan a la par a medida que uno profundiza en la estrella, con un 1 por 100 de incremento en la densidad acompañado siempre del mismo porcentaje constante de incremento en la presión. Los detalles de las estructuras estelares resultantes estaban contenidos en el libro de Eddington *The Internal Constitution of the Stars*, que Chandrasekhar había llevado a bordo debido a lo mucho que lo apreciaba. De este modo, cuando Chandrasekhar descubrió que la materia de la enana blanca tiene una resistencia a la compresión de 5/3, independiente de su densidad, quedó complacido. Ahora podría ir directamente al libro de Eddington para descubrir la estructura interna de la estrella: la forma en que varían su densidad y presión entre la superficie y el centro.

Entre las cosas que descubrió Chandrasekhar, combinando las fórmulas del libro de Eddington con sus propias fórmulas, estaba la densidad en el centro de Sirio B, 360.000 gramos por centímetro cúbico, y la velocidad del movimiento de degeneración electrónica en el centro, que resultaba ser un 57 por 100 de la velocidad de la luz.

Esta velocidad electrónica era inquietantemente grande. Chandrasekhar, como R. H. Fowler antes que él, había calculado la resistencia de la materia de la enana blanca utilizando las leyes de la mecánica cuántica pero ignorando los efectos de la relatividad. Sin embargo, cuando un objeto cualquiera se mueve a una velocidad próxima a la de la luz, incluso para una partícula que obedece a las leyes de la mecánica cuántica, los efectos de la relatividad especial deben hacerse importantes. A un 57 por 100 de la velocidad de la luz, los efectos de la relatividad quizá no fueran terriblemente grandes, pero una enana blanca más masiva y con una gravedad más intensa necesitaría una mayor presión central para mantenerse y, en consecuencia, las velocidades aleatorias de sus electrones serían mucho mayores. Seguramente en una enana blanca semejante los efectos de la relatividad no podrían ignorarse. Por lo tanto, Chandrasekhar volvió al punto de partida de su análisis, el cálculo de la resistencia a la compresión para la materia de la enana blanca, con la idea de incluir esta vez los efectos de la relatividad.

Incluir la relatividad en el cálculo requería encajar las leyes de la relatividad especial con las leyes de la mecánica cuántica, un encaje que las grandes mentes de la física teórica sólo entonces estaban intentando. Solo en el barco y recién graduado de la universidad, Chandrasekhar no podría hacer este encaje completo. Sin embargo, fue capaz de producir lo suficiente para indicar los principales efectos de las altas velocidades electrónicas.

La mecánica cuántica insiste en que cuando la materia ya densa se comprime un poco, haciendo cada celda electrónica más pequeña de lo que era, la longitud de onda del electrón debe disminuir y, en consecuencia, la energía de su movimiento de degeneración debe aumentar. Sin embargo, advirtió Chandrasekhar, la naturaleza de la energía electrónica adicional es diferente, dependiendo de si el electrón se mueve lentamente comparado con la velocidad de la luz o se mueve con una velocidad próxima a la de la luz. Si el movimiento del electrón es lento, entonces, como en la vida cotidiana, un incremento de energía significa movimiento más rápido, es decir, velocidad más alta. Sin embargo, si el electrón se está moviendo ya a una velocidad próxima a la de la luz no hay forma de que su velocidad pueda aumentar mucho (¡si lo hiciera, superaría el límite de velocidad!), de modo que el incremento de energía toma una forma diferente y poco familiar en la vida cotidiana. La energía adicional se transforma en inercia; es decir, aumenta la resistencia del electrón a ser acelerado —hace que el electrón se comporte como si se hubiese hecho un poco más pesado. Estos dos destinos diferentes de la energía añadida (velocidad añadida *versus* inercia añadida) dan lugar a incrementos diferentes en la presión electrónica, y por lo tanto a diferentes resistencias a la compresión. Chandrasekhar dedujo que, para bajas velocidades electrónicas, la resistencia es de 5/3, la misma que había calculado antes; para altas velocidades, la resistencia es de 4/3.

Combinando su resistencia de 4/3 para la *materia relativísticamente degenerada* (es decir, materia tan densa que los electrones degenerados se mueven a una velocidad próxima a la de la luz) con las fórmulas dadas en el libro de Eddington, Chandrasekhar dedujo a continuación las propiedades de las enanas blancas de gran densidad y gran masa. La respuesta era sorprendente: la materia de gran densidad tendría dificultad para sustentarse contra la gravedad;

tanta dificultad que *la compresión de la gravedad sólo podría ser contrarrestada si la masa de la estrella fuese menor que 1,4 soles*. ¡Esto significaba que ninguna enana blanca podría tener una masa que excediera de 1,4 masas solares!

Con su limitado conocimiento de la astrofísica, Chandrasekhar quedó profundamente intrigado por el significado de este extraño resultado. Verificó sus cálculos una y otra vez, pero no pudo encontrar ningún error. Así, en los últimos días de su viaje escribió dos manuscritos técnicos para su publicación. En uno describía sus conclusiones sobre la estructura de enanas blancas de pequeña masa y baja densidad tales como Sirio B. En el otro explicaba muy brevemente su conclusión de que ninguna enana blanca puede ser más pesada que 1,4 soles.

Cuando Chandrasekhar llegó a Cambridge, Fowler estaba fuera del país. Cuando Fowler regresó, en septiembre, Chandrasekhar fue rápidamente a su despacho y le presentó los dos manuscritos. Fowler aprobó el primero y lo envió al *Philosophical Magazine* para su publicación, pero el segundo, el relativo a la masa máxima de la enana blanca, le intrigó. No podía comprender la demostración de Chandrasekhar de que ninguna enana blanca puede ser más pesada que 1,4 soles; pero puesto que él era un físico más que un astrónomo, pidió a un colega suyo, el famoso astrónomo E. A. Milne, que le echase un vistazo. Cuando vio que Milne tampoco llegaba a entender la demostración, Fowler desistió de enviarla para su publicación.

Chandrasekhar estaba disgustado. Habían pasado tres meses desde su llegada a Inglaterra y Fowler había estado reteniendo su artículo durante dos meses. Esta era una espera demasiado larga para una aprobación para publicar. Por ello, irritado, Chandrasekhar abandonó sus intentos de publicar en Gran Bretaña y envió el artículo al *Astrophysical Journal* en Norteamérica.

Algunas semanas después llegó una respuesta del editor en la Universidad de Chicago: el manuscrito había sido enviado al físico norteamericano Carl Eckart para que lo juzgara. En el manuscrito Chandrasekhar establecía, sin explicación, el resultado de su cálculo mecanocuántico y relativista, según el cual la resistencia a la compresión es de 4/3 a densidades extraordinariamente altas. Esta resistencia de 4/3 resultaba esencial para el límite que podía alcanzar la masa de una enana blanca. Si la resistencia era mayor que 4/3, entonces las enanas blancas podrían ser tan pesadas como quisieran —y Eckart pensaba que debería ser mayor. Chandrasekhar envió una respuesta que contenía una derivación matemática de la resistencia de 4/3; al leer los detalles, Eckart admitió que Chandrasekhar tenía razón y aprobó la publicación de su artículo. Finalmente, un año después de que Chandrasekhar lo hubiera escrito, su artículo fue publicado.[6]*

La comunidad astronómica respondió con un estruendoso silencio. Nadie

---

* Mientras tanto, Edmund C. Stoner había deducido y publicado independientemente la posible existencia de una masa máxima para las enanas blancas, pero su derivación era bastante menos convincente que la de Chandrasekhar porque suponía que la estrella tenía una densidad constante en su interior.[7]

pareció interesado. Por ello, Chandrasekhar, que esperaba completar su doctorado, se orientó hacia otra investigación más aceptable.

Tres años después, con su doctorado acabado, Chandrasekhar hizo una visita a Rusia para intercambiar ideas con los científicos soviéticos. En Leningrado, un joven astrofísico armenio, Viktor Amazapovich Ambartsumian, dijo a Chandrasekhar que los astrónomos del mundo no creerían su extraño límite para las masas de enanas blancas a menos que calculase, a partir de las leyes de la física, las masas de una muestra representativa de las enanas blancas y demostrase explícitamente que todas ellas estaban por debajo del límite afirmado. No era suficiente, decía Ambartsumian, que Chandrasekhar hubiera analizado enanas blancas con densidades más bien bajas y resistencias de 5/3, y enanas blancas con densidades extremadamente altas y resistencias de 4/3; necesitaba también analizar una buena muestra de enanas blancas con densidades intermedias y demostrar que también ellas tenían siempre masas por debajo de 1,4 soles. Al regresar a Cambridge, Chandrasekhar aceptó el desafío de Ambartsumian.

Chandrasekhar necesitaba basarse en una *ecuación de estado* para la materia de las enanas blancas en todo el rango de densidades que van desde las densidades bajas a las extremadamente altas. (Por «estado» de la materia, los físicos entienden la densidad y la presión de la materia —o equivalentemente su densidad y su resistencia a la compresión, puesto que a partir de la resistencia y la densidad uno puede calcular la presión. Por «ecuación de estado» se entiende la relación entre la resistencia y la densidad, es decir, la resistencia expresada *como función de* la densidad.)

A finales de 1934, cuando Chandrasekhar asumió el desafío de Ambartsumian, la ecuación de estado para la materia de las enanas blancas era conocida gracias a los cálculos de Edmund Stoner de la Universidad de Leeds en Inglaterra y Wilhelm Anderson de la Universidad de Tartu en Estonia.[8] La ecuación de estado de Stoner-Anderson mostraba que a medida que la densidad de la materia de una enana blanca es comprimida cada vez más, moviéndose desde el régimen no relativista de bajas densidades y bajas velocidades electrónicas hacia el dominio relativista de densidades extremadamente altas y velocidades electrónicas próximas a la velocidad de la luz, la resistencia de la materia a la compresión decrece monótonamente desde 5/3 a 4/3 (mitad izquierda de la figura 4.3). La resistencia no podría haberse comportado de forma más simple.

Para afrontar el desafío de Ambartsumian, Chandrasekhar tenía que combinar esta ecuación de estado (esta forma de variación de la resistencia con la densidad) con la ley de equilibrio entre gravedad y presión en la estrella, y obtener así una *ecuación diferencial** que describiera la estructura interna de la es-

---

* Una ecuación diferencial es una ecuación que combina en una simple fórmula varias funciones y sus ritmos de variación, es decir, las funciones y sus «derivadas». En la ecuación diferencial de Chandrasekhar, las funciones eran la densidad y la presión de la estrella y la intensidad de su gravedad, que eran funciones de la distancia al centro de la estrella. La ecuación diferencial era una relación entre estas funciones y el ritmo al que cambian cuando nos movemos en el interior de la estrella hacia afuera. «Resolver la ecuación diferencial» quiere decir «obtener las propias funciones a partir de esta ecuación diferencial».

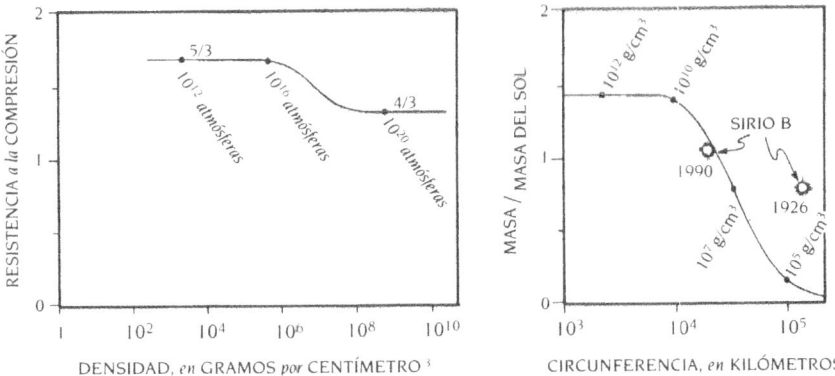

4.3. *Izquierda*: la *ecuación de estado* de Stoner-Anderson para la materia de las enanas blancas, es decir, la relación entre la densidad de la materia y su resistencia a la
compresión. En horizontal se representa la densidad a la que ha sido comprimida la
materia. En vertical se representa su resistencia (el incremento porcentual de presión que
acompaña a un 1 por 100 de incremento de densidad). A lo largo de la curva se ha marcado la presión de compresión (igual a la presión interna), en múltiplos de la presión
atmosférica. *Derecha*: las circunferencias (representadas en horizontal) y masas (representadas en vertical) de estrellas enanas blancas calculadas por Chandrasekhar utilizando la calculadora mecánica Braunschweiger de Eddington. A lo largo de la curva se ha
marcado la densidad de la materia en el centro de la estrella, en gramos por centímetro
cúbico.[9]

trella, es decir, la variación de su densidad con la distancia medida a partir del
centro de la estrella. Tenía entonces que resolver la ecuación diferencial para
aproximadamente una docena de estrellas con densidades en su centro que cu-
briesen el intervalo entre valores bajos y valores extremadamente altos. Sólo
resolviendo la ecuación diferencial para cada estrella podría conocer la masa
de la estrella y ver si era menor que 1,4 soles.

Para las estrellas con una densidad central baja o extremadamente alta, que
había estudiado en el barco, Chandrasekhar había encontrado la solución a la
ecuación diferencial y las estructuras estelares resultantes en el libro de Eddington; pero para estrellas con densidades intermedias el libro de Eddington no
servía de ayuda y, a pesar de sus grandes esfuerzos, Chandrasekhar no fue capaz de obtener la solución utilizando fórmulas matemáticas. Las matemáticas
eran demasiado complicadas. No quedaba otro recurso que resolver su ecuación diferencial numéricamente, en un computador.

Ahora bien, los computadores de 1934 eran muy diferentes de los de los
años noventa. Se parecían más a la más sencilla de las calculadoras de bolsillo:
sólo podían multiplicar dos números a un tiempo, y el usuario tenía que introducir estos números a mano y luego accionar una manivela. La manivela ponía
en movimiento una complicada maraña de engranajes y rodillos que realizaba
la multiplicación y daba el resultado.

Tales computadores eran máquinas preciadas; era muy difícil tener acceso a una. Pero Arthur Eddington poseía una, una «Braunschweiger» del tamaño aproximado de un ordenador personal de mesa de comienzos de los años noventa; por ello, Chandrasekhar, que ahora estaba bien familiarizado con el gran hombre, se dirigió a Eddington y le pidió que se la prestase. En aquella época Eddington andaba involucrado en una controversia con Milne sobre las enanas blancas y estaba dispuesto a ver cuáles eran los detalles completos de la estructura de la enana blanca, así que permitió que Chandrasekhar se llevase la Braunschweiger a las habitaciones del Trinity College donde estaba alojado.

Los cálculos fueron largos y tediosos. Todas las noches después de cenar, Eddington, que era miembro del Trinity College, subía las escaleras hasta las habitaciones de Chandrasekhar para ver cómo iban las cosas y darle ánimos.

Por fin, al cabo de muchos días, Chandrasekhar concluyó su trabajo. Había superado el desafío de Ambartsumian. Había calculado la estructura interna para cada una de las diez enanas blancas representativas y, a partir de ella, había calculado la masa y la circunferencia de la estrella. Todas las masas eran menores que 1,4 soles, como firmemente había esperado. Además, cuando representó las masas y las circunferencias de las estrellas en un diagrama y «unió los puntos», obtuvo una sola curva continua (mitad derecha de la figura 4.3; véase también el recuadro 4.2) a la que se ajustaban moderadamente bien las masas medidas de Sirio B y otras enanas blancas conocidas. (Con la mejora de las observaciones astronómicas modernas el ajuste se ha hecho mucho mejor; nótense los nuevos valores de 1990 para la masa de Sirio B en la figura 4.3.) Orgulloso de sus resultados y previendo que los astrónomos del mundo finalmente aceptarían su afirmación de que las enanas blancas no pueden ser más pesadas que 1,4 soles, Chandrasekhar se sentía muy feliz.

Especialmente gratificante sería la oportunidad de presentar estos resultados ante la Royal Astronomical Society en Londres. Se programó una presentación de Chandrasekhar para el viernes 11 de enero de 1935. El protocolo dictaba que los detalles del programa de la reunión debían mantenerse en secreto hasta el comienzo de la misma, pero miss Kay Williams, secretaria ayudante de la Sociedad y amiga de Chandrasekhar, tenía costumbre de enviarle los programas secretamente por adelantado. La tarde del jueves, cuando el programa llegó en el correo, él se sorprendió al descubrir que inmediatamente después de su propia exposición habría una charla a cargo de Eddington sobre el tema «Degeneración relativista». Chandrasekhar estaba un poco molesto. Durante los últimos meses Eddington había estado yendo a verle al menos una vez por semana para informarse sobre su trabajo, y había estado leyendo borradores de los artículos que estaba escribiendo, ¡pero Eddington nunca había mencionado que él estuviese haciendo ninguna investigación propia sobre el mismo tema!

Conteniendo su disgusto, Chandrasekhar bajó a cenar. Eddington estaba allí, cenando en la mesa principal, pero el protocolo dictaba que, precisamente porque uno conocía a un hombre tan eminente y precisamente porque él había estado expresando interés en su trabajo, uno no tenía derecho a molestarle so-

RECUADRO 4.2

Una explicación de las masas y circunferencias de las estrellas enanas blancas

Para comprender cualitativamente por qué las enanas blancas tienen las masas y circunferencias mostradas en la figura 4.3, examinemos el dibujo inferior. Muestra la presión y la gravedad medias en el interior de una enana blanca (representadas hacia arriba) como funciones de la circunferencia (representada hacia la derecha) o la densidad (representada hacia la izquierda) de la estrella. Si uno comprime la estrella de modo que su densidad aumente y su circunferencia disminuya (movimiento hacia la izquierda en el dibujo), entonces la presión de la estrella aumenta siguiendo la curva continua, con un ascenso más rápido a bajas densidades, donde la resistencia a la presión es de 5/3, y un ascenso más lento a altas densidades, donde la resistencia es de 4/3. Esta misma compresión de la estrella provoca que la superficie se acerque hacia su centro, incrementando así la intensidad de la gravedad interna de la estrella siguiendo las líneas de trazos. El ritmo de incremento de la gravedad es análogo a una resistencia de 4/3: hay 4/3 por 100 de incremento en la fuerza de la gravedad por cada 1 por 100 de compresión. Los dibujos muestran varias líneas de trazos para la gravedad, una para cada valor de la masa de la estrella, puesto que cuanto mayor es la masa de la estrella, más fuerte es su gravedad.

En el interior de cada estrella, por ejemplo en una estrella de 1,2 masas solares, la gravedad y la presión deben equilibrarse. Por consiguiente, la estrella debe situarse en la intersección de la línea de trazos para la gravedad marcada «1,2 masas solares» con la curva continua de presión; esta intersección determina la circunferencia de la estrella (indicada en la parte inferior del gráfico).

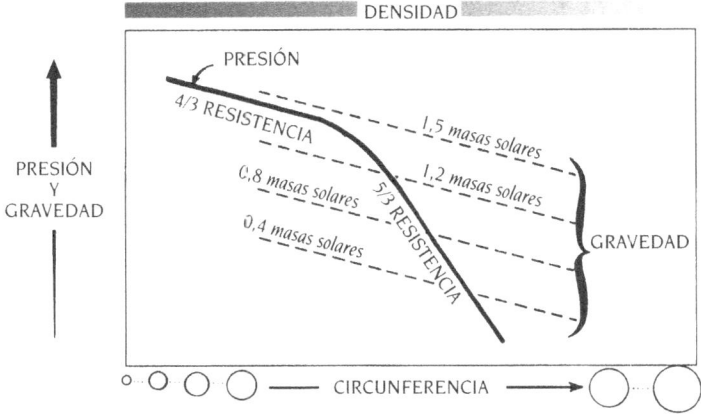

Si la circunferencia fuera mayor, entonces la línea de trazos para la gravedad estaría por encima de su curva continua de presión, la gravedad superaría a la presión y la estrella implosionaría. Si la circunferencia fuera más pequeña, la presión superaría a la gravedad y la estrella explotaría.

Las intersecciones de las diversas líneas de trazos con la curva continua corresponden a masas y circunferencias de enanas blancas en equilibrio, como se muestran en la mitad derecha de la figura 4.3. Para una estrella de masa pequeña (línea de trazos inferior), la circunferencia en la intersección es grande. Para una estrella de masa mayor (líneas de trazos superiores), la circunferencia es menor. Para una estrella con una masa mayor que 1,4 soles no existe ninguna intersección; la línea de trazos para la gravedad está siempre por encima de la curva continua de presión, de modo que la gravedad siempre supera a la presión, cualquiera que sea la circunferencia de la estrella, y obliga a la estrella a implosionar.

bre un tema como éste. Por ello, Chandrasekhar se sentó en otra parte y contuvo su lengua.

Después de la cena el propio Eddington buscó a Chandrasekhar y le dijo: «Le he pedido a Smart que le conceda media hora mañana en lugar de los quince minutos habituales». Chandrasekhar le dio las gracias y esperó que le dijese algo sobre su propia charla, pero Eddington se excusó y se marchó. El disgusto de Chandrasekhar se transformó en una punzada de ansiedad.

La batalla

A la mañana siguiente Chandrasekhar tomó el tren a Londres y un taxi a Burlington House, sede de la Royal Astronomical Society. Mientras él y un amigo, Bill McCrae, estaban esperando el comienzo de la reunión, Eddington llegó andando y McCrae, que acababa de leer el programa, le preguntó: «Bien, profesor Eddington, ¿qué debemos entender por "Degeneración relativista"?». Eddington, por toda respuesta, se volvió a Chandrasekhar y dijo: «Esto es una sorpresa para usted», y siguió andando dejando a Chandrasekhar aún más inquieto.

Por fin, comenzó la reunión. El tiempo fue pasando a medida que el presidente de la Sociedad hacía varios anuncios, y varios astrónomos daban charlas sobre temas diversos. Por fin llegó el turno de Chandrasekhar. Conteniendo su ansiedad hizo una presentación impecable, haciendo énfasis particularmente en su masa máxima para las enanas blancas.

Tras los aplausos de cortesía de los miembros de la Sociedad, el presidente invitó a Eddington a tomar la palabra.

Eddington comenzó despacio, revisando la historia de la investigación so-

Izquierda: Arthur Stanley Eddington en 1932. (Cortesía UPI/Bettmann.) *Derecha*: Subrahmanyan Chandrasekhar en 1934. (Cortesía de S. Chandrasekhar.)

bre enanas blancas. Luego, tomando fuerza, describió las implicaciones perturbadoras del resultado de masa máxima de Chandrasekhar.

En el diagrama de Chandrasekhar con la masa de una estrella representada en el eje vertical y su circunferencia representada en el eje horizontal (figura 4.4), existe sólo un conjunto de masas y circunferencias para el que la gravedad puede ser contrarrestada por la presión de origen no térmico (presión que permanece después de que la estrella se enfríe): el de las enanas blancas. En la región a la izquierda de la curva de enanas blancas de Chandrasekhar (región rayada; estrellas con circunferencias menores), la presión de degeneración no térmica de las estrellas supera abrumadoramente a la gravedad. La presión de degeneración llevará a cualquier estrella en la región rayada a explotar. En la región a la derecha de la curva de las enanas blancas (región blanca; estrellas con circunferencias mayores), la gravedad supera abrumadoramente a la presión de degeneración de la estrella. Cualquier estrella *fría* que se encuentre en esta región implosionará inmediatamente bajo la compresión de la gravedad.

El Sol puede vivir en la región blanca solamente debido a que ahora está muy caliente; su presión térmica (inducida por el calor) le permite contrarrestar su

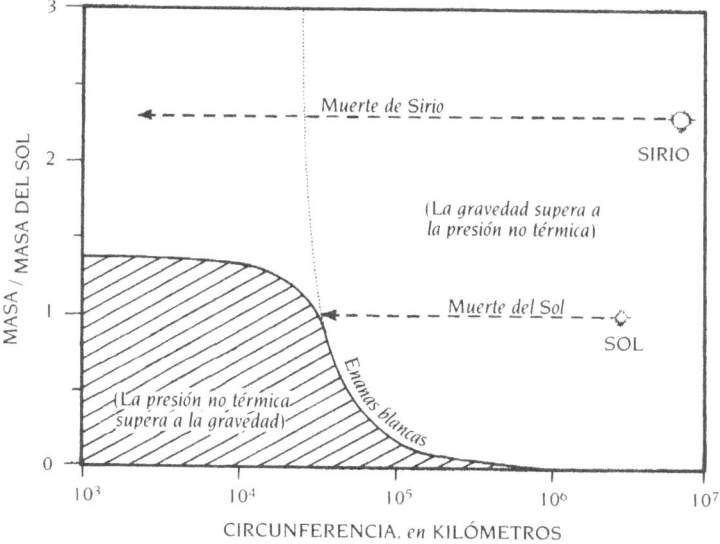

4.4. Cuando una estrella normal tal como el Sol o Sirio (no Sirio B) empieza a enfriarse, debe contraerse, moviéndose hacia la izquierda en este diagrama de masa frente a
circunferencia. La contracción del Sol se detendrá cuando alcance el límite de la región
rayada (la curva de enanas blancas). Allí la presión de degeneración equilibra a la compresión de la gravedad. La contracción de Sirio, por el contrario, no puede ser detenida
puesto que nunca alcanza el límite de la región rayada. Véase el recuadro 4.2 para una
exposición diferente de estas conclusiones. Si, como afirma Eddington, la resistencia
a la compresión de la materia de las enanas blancas fuera siempre de 5/3, es decir, si
la relatividad no la redujera a 4/3 a altas densidades, entonces la curva de la masa frente a la circunferencia tendría la forma de la curva tenue de puntos, y la contracción de
Sirio se detendría ahí.

gravedad. Sin embargo, cuando el Sol finalmente se enfríe, su presión térmica
desaparecerá y ya no será capaz de sustentarse. La gravedad le obligará a contraerse cada vez más, confinando los electrones del Sol en celdas cada vez más
pequeñas, hasta que al final estos electrones protesten con la presión de degeneración suficiente (presión no térmica) para detener la contracción. Durante
esta «muerte» por contracción, la masa del Sol permanecerá aproximadamente constante, pero su circunferencia disminuirá, de modo que se moverá hacia
la izquierda en línea horizontal en la figura 4.4, deteniéndose finalmente en
la curva de las enanas blancas: su tumba. Allí, como enana blanca, el Sol continuará residiendo para siempre, enfriándose poco a poco y convirtiéndose en
una enana negra: un objeto sólido, oscuro y frío, del tamaño aproximado de
la Tierra pero un millón de veces más pesado y más denso.
    Este destino final del Sol parecía bastante satisfactorio para Eddington. No
así el destino último de una estrella más masiva que el límite de 1,4 masas solares establecido por Chandrasekhar para las enanas blancas —por ejemplo, Si-

rio, el compañero de 2,3 masas solares de Sirio B. Si Chandrasekhar tuviera razón, dicha estrella nunca podría morir con la muerte dulce que espera al Sol. Cuando la radiación que emite hacia el espacio se haya llevado calor suficiente para que la estrella empiece a enfriarse, su presión térmica declinará y la compresión de la gravedad hará que se contraiga cada vez más. Para una estrella tan masiva como Sirio, la contracción no puede ser detenida por la presión de degeneración no térmica. Esto es evidente en la figura 4.4, donde la región rayada no se extiende lo suficiente hacia arriba como para interceptar el camino de la contracción de Sirio. Eddington encontraba perturbadora esta predicción.

> La estrella tiene que continuar radiando cada vez más y contrayéndose cada vez más —dijo Eddington a su audiencia—, hasta que, supongo, se reduzca a unos pocos kilómetros de radio, cuando la gravedad se haga suficientemente fuerte para refrenar la radiación y la estrella pueda finalmente encontrar la paz. —En palabras de los años noventa, debe formar un agujero negro—. El doctor Chandrasekhar ha obtenido antes este resultado, pero lo ha suprimido de su último artículo; y cuando lo discutí con él, me sentí llevado a la conclusión de que esto era casi una *reductio ad absurdum* de la fórmula de degeneración relativista. Accidentes diversos pueden intervenir para salvar la estrella, pero yo quiero más protección que eso. ¡Pienso que debería haber una ley de la naturaleza que impida que una estrella se comporte de esta forma absurda![10]

A continuación, Eddington argumentó que la demostración matemática que hacía Chandrasekhar de su resultado no era fiable puesto que estaba basada en un ajuste sofisticado e inadecuado de la relatividad especial con la mecánica cuántica. «Yo no creo que la descendencia de tal unión haya nacido de un matrimonio legítimo —dijo Eddington—. Estoy convencido de que [si el ajuste se hace correctamente] las correcciones de la relatividad se compensan, de modo que volvemos a la fórmula "ordinaria"» (es decir, a una resistencia de 5/3, que permitiría que las enanas blancas fueran arbitrariamente masivas y, de este modo, permitiría que la presión detuviera la contracción de Sirio en la curva de puntos hipotética en la figura 4.4). Eddington esbozó entonces cómo pensaba *él* que la relatividad especial y la mecánica cuántica deberían ajustarse: un tipo de ajuste bastante diferente del que habían utilizado Chandrasekhar, Stoner y Anderson, y un ajuste, afirmaba Eddington, que salvaría a todas las estrellas del destino del agujero negro.

Chandrasekhar quedó conmocionado. Nunca hubiera esperado un ataque semejante a su trabajo. ¿Por qué Eddington no lo discutió con él por adelantado? Y en cuanto al argumento de Eddington, a Chandrasekhar le pareció artificioso —casi con seguridad erróneo.

Ahora bien, Arthur Eddington era *el* gran hombre de la astronomía británica. Sus descubrimientos eran casi legendarios. Era el principal responsable de la comprensión que tenían los astrónomos de las estrellas normales como el Sol y Sirio, sus interiores, sus atmósferas y la luz que emiten; por lo tanto, era natural que los miembros de la Sociedad y los astrónomos de todo el mundo le escuchasen con gran respeto. Evidentemente, si Eddington pensaba que el análisis de Chandrasekhar era incorrecto, entonces debía ser incorrecto.

Después de la reunión, un miembro tras otro se acercaron a Chandrasekhar para ofrecerle condolencias. «Presiento que Eddington tiene razón», le dijo Milne.

Al día siguiente, Chandrasekhar empezó a buscar ayuda entre sus amigos físicos. Escribió a Leon Rosenfeld en Copenhague: «Si Eddington tiene razón, todo el trabajo de mis últimos cuatro meses se va a la basura. ¿Podría Eddington estar en lo cierto? Me gustaría mucho conocer la opinión de Bohr». (Niels Bohr era uno de los padres de la mecánica cuántica y el físico más respetado de los años treinta.) Rosenfeld contestó dos días más tarde asegurando que tanto él como Bohr estaban convencidos de que Eddington estaba equivocado y Chandrasekhar tenía razón: «Puedo decir que tu carta constituyó una cierta sorpresa para mí —le escribió—, pues nadie había siquiera soñado en cuestionarse las ecuaciones [que tú utilizaste para derivar la resistencia 4/3], y el comentario de Eddington que recoges en tu carta es absolutamente oscuro. Por ello, pienso que deberías animarte y no dejarte asustar tanto [*sic*] por los sumos sacerdotes». En una carta posterior ese mismo día, Rosenfeld escribió: «Bohr y yo somos absolutamente incapaces de encontrar cualquier significado en las afirmaciones de Eddington».[11]

Pero para los astrónomos la cuestión no estaba tan clara al principio. No eran expertos en estas cuestiones de mecánica cuántica y relatividad, de modo que la autoridad de Eddington prevaleció entre ellos durante varios años. Además, Eddington se mantenía en sus trece. Estaba tan cegado por su oposición a los agujeros negros que su juicio se hallaba totalmente obnubilado. Deseaba tan profundamente que hubiera «una ley de la naturaleza que impida a una estrella comportarse de esta forma absurda» que continuó creyendo durante el resto de su vida que *existe* tal ley, cuando, de hecho, no existe.

A finales de los años treinta, los astrónomos, después de consultar con sus colegas físicos, comprendieron el error de Eddington, pero su respeto por sus enormes logros anteriores les impidió manifestarlo públicamente. Durante una charla en una conferencia de astronomía en París en 1939, Eddington atacó de nuevo las conclusiones de Chandrasekhar. Mientras Eddington estaba haciendo su ataque, Chandrasekhar le pasó una nota a Henry Norris Russell (un famoso astrónomo de la Universidad de Princeton en Norteamérica), que presidía la sesión. La nota de Chandrasekhar le pedía permiso para responder. Russell le mandó otra nota diciendo: «Prefiero que no lo haga», aunque ese mismo día le había dicho a Chandrasekhar en privado: «Allí ninguno de nosotros creemos en Eddington».[12]

Una vez que los astrónomos más destacados del mundo habían aceptado finalmente —al menos a espaldas de Eddington— la masa máxima de Chandrasekhar para las enanas blancas, ¿estaban dispuestos a admitir que los agujero negros podían existir en el Universo real? En absoluto. Si la naturaleza no proporcionaba ninguna ley contra ellos del tipo de la que Eddington había buscado, entonces la naturaleza seguramente encontraría otra salida: presumiblemente toda estrella masiva expulsaría suficiente materia al espacio interestelar, a medida que envejece o durante sus estertores de muerte, como para reducir su masa por debajo de 1,4 soles y, de este modo, entrar en una tranquila tumba de enana blanca.[13] Esta era la opinión a la que se adhirieron la mayoría de los astrónomos cuando Eddington perdió su batalla, y la mantuvieron durante los años cuarenta y cincuenta y entrados los sesenta.

En cuanto a Chandrasekhar, salió bastante quemado de la controversia con Eddington. Como recordaba unos cuarenta años más tarde:

> Sentí que los astrónomos sin excepción pensaban que yo estaba equivocado. Me consideraban una especie de Don Quijote tratando de matar a Eddington. Como usted puede imaginar fue una experiencia muy desagradable para mí; encontrarme enfrentado a la figura capital de la astronomía y ver que mi trabajo era completamente desacreditado por la comunidad astronómica. Tuve que plantearme lo que iba a hacer. ¿Tendría que pasar el resto de mi vida peleando? Después de todo yo tenía veinticinco años en esa época. Preveía para mí unos treinta o cuarenta años de trabajo científico, y sencillamente no pensé que fuera productivo estar remachando constantemente algo que ya estaba hecho. Era mucho mejor para mí cambiar mi campo de interés y dedicarme a otra cosa.[14]

Por esta razón, en 1939 Chandrasekhar dio la espalda a las enanas blancas y la muerte de las estrellas y no volvió a ellas hasta un cuarto de siglo más tarde (capítulo 7).

¿Y qué fue de Eddington? ¿Por qué trató tan mal a Chandrasekhar? Es posible que a Eddington el tratamiento no le pareciese malo en absoluto. Para él, el conflicto intelectual agitado y voluble era una forma de vida. Tratar al joven Chandrasekhar de esta forma pudo haber sido, en cierto sentido, una medida de respeto, un signo de que estaba aceptando a Chandrasekhar como un miembro de la comunidad astronómica.[15] De hecho, desde su primer enfrentamiento en 1935 hasta la muerte de Eddington en 1944, Eddington mostró una calurosa estima personal hacia Chandrasekhar, y Chandrasekhar, aunque quemado en la controversia, le correspondió.

5

La implosión es obligatoria

donde incluso la fuerza nuclear,
supuestamente la más fuerte de todas las fuerzas,
no puede resistir la opresión de la gravedad[1]

Zwicky

En los años treinta y cuarenta, muchos de los colegas de Fritz Zwicky le consideraban un bufón irritante. Las futuras generaciones de astrónomos le recordarán como un genio creativo.

«Cuando conocí a Fritz en 1933, él estaba completamente convencido de que tenía la vía interior hacia el conocimiento último, y que cualquier otro estaba equivocado»,[2] dice William Fowler, entonces estudiante en el Caltech (el Instituto Tecnológico de California) donde Zwicky enseñaba e investigaba. Jesse Greenstein, un colega de Zwicky en el Caltech desde finales de los años cuarenta en adelante, recuerda a Zwicky como

> un genio autoproclamado ... No hay duda de que tenía una mente bastante extraordinaria. Pero también era, aunque él no quisiera admitirlo, poco disciplinada y falta de autocontrol ... Impartía un curso de física en el que ser admitido dependía de su voluntad. Si pensaba que una persona era suficientemente devota de sus ideas, entonces dicha persona podía ser admitida ... Estaba demasiado sólo [entre la facultad de físicas del Caltech], y no era popular entre el sistema ... Sus publicaciones incluían a menudo violentos ataques a otras personas.[3]

Zwicky —un hombre bajo pero robusto, engreído y siempre dispuesto al combate— no dudaba en proclamar su vía interior hacia el conocimiento último ni en anunciar las revelaciones a que conducía. Conferencia tras conferencia durante los años treinta, y artículo tras artículo, pregonaba el concepto de una *estrella de neutrones* —un concepto que él, Zwicky, había ideado para explicar los orígenes de los fenómenos más energéticos vistos por los astrónomos: las supernovas y los rayos cósmicos. Incluso participó en un programa radiofónico de alcance nacional para popularizar sus estrellas de neutrones.[4] Pero sus artículos y conferencias no resultaban convincentes cuando se les sometía a un riguroso examen. Contenían poca base comprobable para sus ideas.

Zwicky   Millikan   Einstein   Tolman

Fritz Zwicky entre un grupo de científicos en el Caltech en 1931. En la fotografía aparecen también Richard Tolman (que más adelante será una figura importante de este capítulo), Robert Millikan y Albert Einstein. (Cortesía de los Archivos del California Institute of Technology.)

Se rumoreaba que cuando, en medio de esta barahúnda, se le preguntó a Robert Millikan (el hombre que había erigido el Caltech como una centro impulsor de las instituciones científicas) por qué mantenía a Zwicky en el Caltech, contestó que bien podría suceder que algunas de las extravagantes ideas de Zwicky fuesen ciertas. Millikan, a diferencia de otros dentro del mundo científico dominante, debió de percibir indicios del genio intuitivo de Zwicky, un genio que fue ampliamente reconocido sólo treinta y cinco años más tarde cuando los astrónomos observacionales descubrieron estrellas de neutrones reales en el cielo y verificaron algunas de las extravagantes afirmaciones de Zwicky sobre ellas.

Entre las afirmaciones de Zwicky, la más relevante para este libro es el papel de las estrellas de neutrones como cadáveres estelares. Como veremos, una estrella normal que es demasiado masiva para tener una muerte de enana blanca puede morir, en su lugar, como estrella de neutrones. Si *todas* las estrellas masivas tuviesen que morir de esta forma, entonces el Universo se salvaría de los más escandalosos de entre los hipotéticos cadáveres estelares: los agujeros negros. Con las estrellas ligeras convirtiéndose en enanas blancas cuando mueren, y las estrellas pesadas convirtiéndose en estrellas de neutrones, la naturaleza no tendría modo de construir un agujero negro. Einstein y Eddington, y la mayoría de los físicos y astrónomos de su época, darían un suspiro de alivio.

Zwicky había sido tentado por Millikan en 1925 para ir al Caltech. Millikan esperaba que hiciera investigación teórica sobre las estructuras mecanocuánticas de átomos y cristales, pero entre finales de los años veinte y principios de los treinta Zwicky se orientó cada vez más hacia la astrofísica. Resultaba difícil no sentirse extasiado ante el Universo astronómico cuando se trabajaba en Pasadena, la sede no sólo del Caltech sino también del Observatorio del Monte Wilson, que disponía del mayor telescopio del mundo, un telescopio reflector de 2,5 metros de diámetro.

En 1931 Zwicky se asoció a Walter Baade, un recién llegado a Monte Wilson procedente de Hamburgo y Gotinga, que era un extraordinario astrónomo observacional. Baade y Zwicky compartían un bagaje cultural común: Baade era alemán, Zwicky era suizo, y ambos hablaban alemán como lengua materna. También compartían un mutuo respeto por la brillantez del otro. Pero ahí terminaban las cosas en común. El carácter de Baade era diferente del de Zwicky. Era reservado, orgulloso, difícil de llegar a conocer, bien informado sobre cualquier cosa; y tolerante con las peculiaridades de sus colegas. Zwicky pondría a prueba la tolerancia de Baade durante los años siguientes hasta que finalmente, durante la segunda guerra mundial, se separaron violentamente. «Zwicky llamó nazi a Baade, cosa que no era, y Baade dijo que tenía miedo de que Zwicky le matase. Se convirtieron en una pareja peligrosa para meter en la misma habitación»,[5] recuerda Jesse Greenstein.

Durante 1932 y 1933, a Baade y Zwicky se les vio a menudo en Pasadena, conversando animadamente en alemán sobre estrellas llamadas «novas», que repentinamente se encienden en una llamarada y resplandecen con un brillo 10.000 veces mayor que antes; y luego, al cabo de aproximadamente un mes, se oscurecen lentamente hasta volver a la situación normal. Baade, con su conocimiento enciclopédico de la astronomía, sabía de la evidencia provisional de que, además de estas novas «ordinarias», podrían existir también novas superluminosas poco usuales y extrañas. Al principio, los astrónomos no habían sospechado que estas novas fuesen superluminosas, puesto que a través de los telescopios parecían tener aproximadamente el mismo brillo que una nova ordinaria. Sin embargo, residían en nebulosas peculiares («nubes» brillantes); y en los años veinte, las observaciones en el Monte Wilson y en otro lugares empezaron a convencer a los astrónomos de que aquellas nebulosas no eran simplemente nubes de gas en nuestra propia Vía Láctea, como se había pensado, sino que más bien eran galaxias independientes: agregados gigantes de aproximadamente 10^{12} (un billón) estrellas, fuera y muy lejos de nuestra propia galaxia. Al estar tan alejadas de las novas ordinarias de nuestra Vía Láctea, las escasas novas vistas en dichas galaxias deberían tener una luminosidad intrínseca mucho mayor que las novas ordinarias para que pudiesen tener un brillo similar vistas desde la Tierra.

Baade recogió de la literatura publicada todos los datos observacionales que

La galaxia NGC 4725 en la constelación Coma de Berenice. *Izquierda*: tal como fue fotografiada el 10 de mayo de 1940, antes de un estallido de supernova. *Derecha*: el 2 de enero de 1941 durante el estallido de supernova. La línea blanca apunta a la supernova, en los confines externos de la galaxia. Se sabe ahora que esta galaxia está a 30 millones de años-luz de la Tierra y contiene 3×10^{11} (un tercio de billón) de estrellas. (Cortesía del California Institute of Technology.)

pudo encontrar sobre cada una de las seis novas superluminosas que los astrónomos habían detectado desde comienzos de siglo. Combinó estos datos con toda la información observacional que pudo extraer de las distancias a las galaxias en las que residían y, a partir de esta combinación, calculó cuánta luz emitían las novas superluminosas. Su conclusión fue estremecedora: durante el estallido estas novas superluminosas eran típicamente ¡10^8 (100 millones) veces más luminosas que nuestro Sol! (Hoy sabemos, gracias principalmente al trabajo del propio Baade en 1952, que las distancias estaban infravaloradas en los años treinta[6] en un factor aproximado de 10 y que, en consecuencia,* las novas superluminosas son aproximadamente 10^{10} —10.000 millones— veces más luminosas que nuestro Sol.)

Zwicky, un amante de los extremos, estaba fascinado por estas novas superluminosas. Él y Baade discutieron incansablemente sobre ellas y acuñaron el nombre de *supernovas*. Cada supernova, suponían ellos (correctamente), estaba producida por la explosión de una estrella normal. Y la explosión era tan caliente, sospechaban ellos (esta vez incorrectamente), que irradiaba mucha más energía en forma de luz ultravioleta y en forma de rayos X que en forma de luz ordinaria. Debido a que la luz ultravioleta y los rayos X no pueden atravesar la atmósfera de la Tierra, era imposible medir de forma precisa cuánta energía contenían. Sin embargo, sería posible estimar su energía a partir del espectro

---

* La cantidad de luz recibida en la Tierra es inversamente proporcional al *cuadrado* de la distancia a la supernova, de modo que un error de un factor 10 en la distancia se traduce en un error de un factor 100 en la estimación de Baade de la emisión total de luz.

de la luz observada y de las leyes de la física que gobiernan el gas caliente en las supernovas en explosión.

Combinando los conocimientos de Baade de las observaciones y de las novas ordinarias con la comprensión de Zwicky de la física teórica, Baade y Zwicky concluyeron (incorrectamente) que la radiación ultravioleta y los rayos X de una supernova deben llevar al menos 10.000 y quizá 10 millones de veces más energía incluso que la luz visible. Zwicky, con su amor por los extremos, supuso rápidamente que el factor mayor, 10 millones,[7] era el correcto y lo citaba con entusiasmo.

Este factor (incorrecto) de 10 millones significaba que durante los días en que la supernova alcanza su mayor brillo emite una enorme cantidad de energía: una energía aproximadamente 100 veces mayor que la que radiará nuestro Sol en forma de calor y de luz durante todos sus 10.000 millones de años de vida. ¡Esta es aproximadamente la energía que se obtendría si se pudiera convertir una décima parte de la masa de nuestro Sol en pura energía luminosa!

(Gracias a décadas de posteriores estudios observacionales de las supernovas —muchos de ellos realizados por el propio Zwicky— sabemos hoy que la estimación de Baade-Zwicky para la energía total de una supernova no estaba muy lejos de la verdad. Sin embargo, sabemos también que su cálculo de esta energía tenía serios errores: casi toda la energía derramada es transportada por partículas llamadas neutrinos, y no por rayos X y radiaciones ultravioletas como ellos pensaban. Baade y Zwicky obtuvieron la respuesta correcta simplemente por azar.)

¿Cuál podría ser el origen de esta enorme energía de la supernova? Para explicarlo, Zwicky inventó la estrella de neutrones.

Zwicky estaba interesado en todas las ramas de la física y la astronomía, y se consideraba a sí mismo un filósofo. Trataba de unir todos los fenómenos que encontraba en lo que posteriormente denominó un «método morfológico». En 1932, el tema más popular en física y astronomía era la *física nuclear*, el estudio de los núcleos atómicos. De allí extrajo Zwicky el ingrediente clave para su idea de la estrella de neutrones: el concepto de *neutrón*.

Puesto que el neutrón será tan importante en este capítulo y en el próximo, dejaré brevemente a Zwicky y sus estrellas de neutrones para describir el descubrimiento del neutrón y la relación de los neutrones con la estructura de los átomos.

Después de formular las «nuevas» leyes de la mecánica cuántica en 1926 (capítulo 4), los físicos pasaron los cinco años siguientes utilizando algunas leyes mecanocuánticas para explorar el reino de lo pequeño. Desvelaron los misterios de los átomos (recuadro 5.1) y de materiales tales como las moléculas, metales, cristales y la materia de las enanas blancas, que están hechos de átomos. Luego, en 1931, los físicos dirigieron su atención hacia el interior de los átomos y los núcleos atómicos que allí residen.

La naturaleza del núcleo atómico constituía un gran misterio. La mayoría de los físicos pensaban que estaba hecho de unos cuantos electrones y el doble

RECUADRO 5.1

La estructura interna de los átomos

Un átomo consiste en una nube de electrones que rodean a un núcleo central masivo. La nube electrónica tiene un tamaño de aproximadamente 10^{-8} centímetros (alrededor de una millonésima del diámetro de un cabello humano), y el núcleo en su parte central es 100.000 veces más pequeño, aproximadamente 10^{-13} centímetros; véase el diagrama inferior. Si la nube electrónica se ampliase hasta el tamaño de la Tierra, entonces el núcleo tendría el tamaño de un campo de fútbol. A pesar de este minúsculo tamaño, el núcleo es varios miles de veces más pesado que la tenue nube electrónica.

Los electrones cargados negativamente se mantienen en su nube por la atracción eléctrica del núcleo cargado positivamente, pero no caen en el núcleo por la misma razón por la que no implosiona una estrella enana blanca: una ley mecanocuántica, llamada principio de exclusión de Pauli, prohíbe que más de dos electrones ocupen la misma región del espacio al mismo tiempo (dos pueden hacerlo si tienen «espines» opuestos, una sutileza ignorada en el capítulo 4). De este modo, los electrones de la nube se emparejan en celdas llamadas «orbitales». Cada par de electrones, en protesta contra su confinamiento en su pequeña celda, sufren movimientos «claustrofóbicos» erráticos de alta velocidad, como los de los electrones en una estrella enana blanca (capítulo 4). Estos movimientos dan lugar a la aparición de la «presión de degeneración electrónica», que contrarresta la atracción eléctrica del núcleo. Por lo tanto, se puede considerar el átomo como una estrella enana blanca minúscula con una fuerza eléctrica, en lugar de una fuerza gravitatoria, que atrae los electrones hacia adentro, y con la presión de degeneración electrónica que los empuja hacia afuera.

El diagrama de la parte inferior derecha es un esbozo de la estructura del núcleo atómico, tal como se discute en el texto; es un cúmulo minúsculo de protones y neutrones, que se mantienen unidos por la fuerza nuclear.

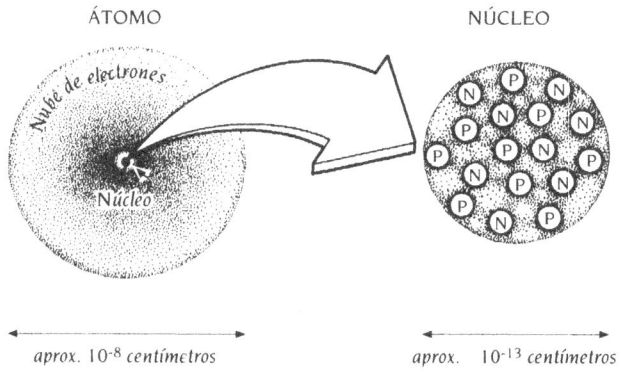

ÁTOMO   NÚCLEO

aprox. 10^{-8} *centímetros*   aprox. 10^{-13} *centímetros*

de protones, unidos de alguna forma todavía mal comprendida. Sin embargo, Ernest Rutherford en Cambridge, Inglaterra, tenía una hipótesis diferente: los núcleos estaban constituidos de protones y neutrones. Ahora bien, era ya sabido que los protones existían. Habían sido estudiados durante décadas en experimentos físicos, y se sabía que eran unas 2.000 veces más pesados que los electrones y tenían cargas eléctricas positivas. Los neutrones eran desconocidos. Rutherford tuvo que postular la existencia del neutrón para obtener las leyes de la mecánica cuántica que explicasen los núcleos satisfactoriamente. Una explicación satisfactoria requería tres cosas: 1) cada neutrón debe tener aproximadamente la misma masa que un protón, pero no debe tener carga eléctrica, 2) cada núcleo debe contener aproximadamente el mismo número de protones que de neutrones, y 3) todos los neutrones y protones deben estar muy estrechamente ligados en sus minúsculos núcleos por un nuevo tipo de fuerza, ni eléctrica ni gravitatoria —una fuerza llamada, naturalmente, la *fuerza nuclear*. (Ahora también es denominada *fuerza fuerte*.) Los neutrones y los protones protestarían por su confinamiento en los núcleos con movimientos claustrofóbicos y erráticos de alta velocidad que darían lugar a una presión de degeneración; y esta presión contrarrestaría la fuerza nuclear, manteniendo al núcleo estable en su tamaño de unos 10^{-13} centímetros.

En 1931 y principios de 1932, todos los físicos experimentales competían vivamente entre sí para verificar esta descripción del núcleo. El método consistía en bombardear los núcleos con radiación de alta energía para tratar de golpear alguno de los neutrones postulados por Rutherford y sacarlo fuera del núcleo atómico. La competición fue ganada en febrero de 1932 por James Chadwick, un miembro del propio equipo experimental de Rutherford. El bombardeo de Chadwick tuvo éxito, los neutrones emergieron con profusión y tenían precisamente las propiedades que Rutherford había postulado. El descubrimiento fue anunciado a bombo y platillos en los periódicos de todo el mundo, y naturalmente llamó la atención de Zwicky.

El neutrón entraba en escena el mismo año en que Baade y Zwicky estaban esforzándose por comprender las supernovas. Este neutrón era precisamente lo que necesitaban, estimó Zwicky.[8] Quizá, razonó él, el núcleo central de una estrella normal con densidades de, digamos, 100 gramos por centímetro cúbico, podría ser forzado a implosionar hasta que alcanzase una densidad similar a la de un núcleo atómico, 10^{14} (100 billones) gramos por centímetro cúbico; y quizá la materia de este núcleo estelar contraído se transformaría entonces en un «gas» de neutrones —una «estrella de neutrones» como Zwicky la denominó. Si así fuera, calculó Zwicky (correctamente en este caso), la intensa gravedad del núcleo central contraído lo mantendría tan estrechamente unido que no sólo se reduciría su circunferencia sino que también lo haría su masa. La masa del núcleo estelar sería ahora un 10 por 100 menor que antes de la implosión. ¿Adónde habría ido a parar ese 10 por 100 de la masa del núcleo central? A la energía de la explosión, razonó Zwicky (de nuevo correctamente; véanse la figura 5.1 y el recuadro 5.2).

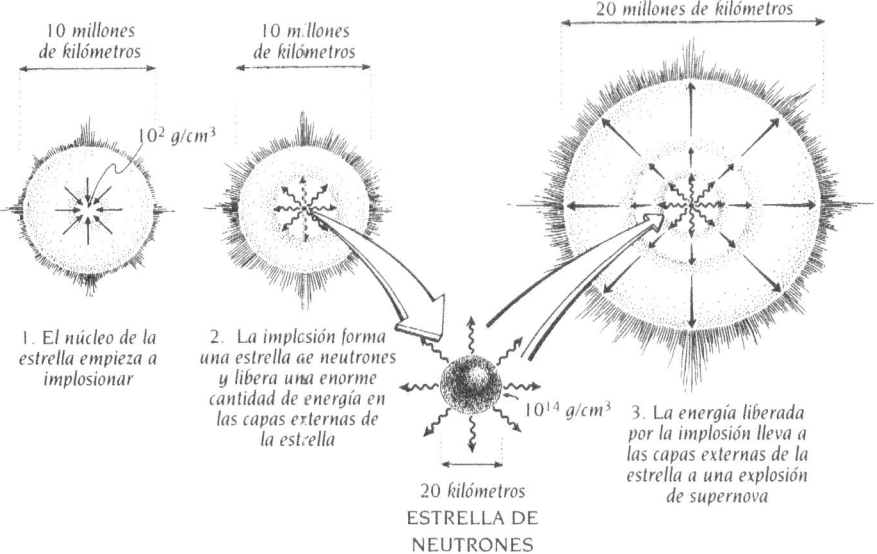

5.1.   Hipótesis de Fritz Zwicky sobre el desencadenamiento de las explosiones de supernova: la energía explosiva de la supernova procede de la implosión del núcleo de densidad normal de una estrella para formar una estrella de neutrones.

Si, como creía Zwicky (correctamente), la masa del núcleo contraído de la estrella es aproximadamente la misma que la masa del Sol, entonces el 10 por 100 de la masa que se convierte en energía explosiva cuando el núcleo central se convierte en una estrella de neutrones produciría 10^{46} julios, un valor próximo a la energía que Zwicky estimaba necesaria para alimentar una supernova. La energía explosiva podría calentar a una enorme temperatura las capas externas de la estrella y arrojarlas al espacio interestelar (figura 5.1) y, cuando la estrella explotara, su alta temperatura podría hacerla brillar intensamente de la manera que lo hacían las supernovas que él y Baade habían identificado.

Zwicky no sabía qué era lo que podría iniciar la implosión del núcleo central de la estrella y convertirla en una estrella de neutrones, ni sabía cómo podía comportarse el núcleo cuando implosionaba; por lo tanto, no podía estimar cuánto tiempo duraría la implosión (¿se trataba de una contracción lenta o de una implosión a gran velocidad?). (Cuando los detalles completos se establecieron finalmente en los años sesenta y posteriores, resultó que el núcleo implosionaba violentamente; su propia gravedad intensa le lleva a implosionar desde un tamaño aproximado al de la Tierra hasta un tamaño de 100 kilómetros de circunferencia en menos de 10 segundos.) Zwicky tampoco comprendía en detalle cómo la energía de la contracción del núcleo estelar podía dar lugar a una explosión de supernova, o por qué los residuos de la explosión brillarían de forma tan intensa durante algunos días y permanecerían brillantes durante algunos meses, en lugar de durante unos segundos o unas horas o unos años.

RECUADRO 5.2

La equivalencia entre masa y energía

La masa, según las leyes de la relatividad especial de Einstein, es simplemente una forma muy compacta de energía. Es posible, aunque *cómo lo es* no es algo trivial, convertir cualquier masa, incluyendo la de una persona, en energía explosiva. La cantidad de energía que resulta de tal conversión es enorme. Está dada por la famosa fórmula de Einstein $E = Mc^2$, donde E es la energía explosiva, M es la masa que se ha convertido en energía, y $c = 2,99792 \times 10^8$ metros por segundo es la velocidad de la luz. A partir de los 75 kilogramos de masa de una persona estándar esta fórmula predice una energía explosiva de 7×10^{18} julios, que es treinta veces mayor que la energía de la más potente bomba de hidrógeno que nunca haya explotado.

La conversión de masa en calor o en la energía cinética de una explosión subyace a la explicación de Zwicky de las supernovas (figura 5.1), a la combustión nuclear que mantiene caliente al Sol (más adelante en este capítulo) y a las explosiones nucleares (capítulo siguiente).

Sin embargo, sabía —o creía saber— que la energía liberada al formar una estrella de neutrones era la cantidad correcta, y eso bastaba para él. Zwicky no se contentaba con explicar las supernovas; quería explicar todas las cosas del Universo. De todas las cosas inexplicadas, la que llamaba más la atención en el Caltech en 1932-1933 eran los *rayos cósmicos*: partículas a alta velocidad que bombardean la Tierra procedentes del espacio. Robert Millikan del Caltech era el líder mundial en el estudio de los rayos cósmicos, a los que había dado el nombre, y Carl Anderson del Caltech había descubierto que algunas partículas de los rayos cósmicos estaban constituidas de *antimateria*.* Zwicky, con su amor por los extremos, intentó convencerse (correctamente como resultó ser) de que la mayoría de los rayos cósmicos proceden del exterior de nuestro Sistema Solar e (incorrectamente) de que la mayoría proceden del exterior de nuestra Vía Láctea —de los confines más distantes del Universo—, y se convenció luego (casi correctamente) de que la energía total transportada por todos los rayos cósmicos del Universo era aproximadamente la misma que la energía total liberada por las supernovas en todo el Universo. La conclusión era obvia para Zwicky (y quizá sea correcta):** los rayos cósmicos se creaban en las explosiones de las supernovas.

* El nombre de antimateria se debe al hecho de que cuando una partícula de materia se encuentra con una partícula de antimateria, ambas partículas se aniquilan mutuamente.

** Ocurre que los rayos cósmicos se producen de muchas formas. No se sabe cuál de ellas produce la mayor parte de los rayos cósmicos, pero es muy posible que sea la aceleración de partículas a altas velocidades por ondas de choque en nubes de gas remanentes de explosiones de supernova, mucho después de que las explosiones hayan concluido. Si es así, entonces Zwicky tenía razón, aunque de un modo indirecto.

Era a finales de 1933 cuando Zwicky se había convencido de estas relaciones entre las supernovas, los neutrones, y los rayos cósmicos. Puesto que el conocimiento enciclopédico de Baade de la astronomía observacional había sido una base crucial para dichas relaciones, y puesto que muchos de los cálculos de Zwicky y muchos de sus razonamientos habían salido de un toma y daca verbal con Baade, Zwicky y Baade acordaron presentar su trabajo conjuntamente en una reunión de la American Physical Society en la Universidad de Stanford, a un día de viaje de Pasadena a lo largo de la costa. El resumen de su charla, publicado en el número de *Physical Review* del 15 de enero de 1934, se muestra en la figura 5.2. Es uno de los documentos más clarividentes de la historia de la física y la astronomía.

Afirma inequívocamente la existencia de supernovas como una clase diferente de objetos astronómicos —aunque los datos precisos para demostrar firmemente que eran diferentes de las novas ordinarias sólo serían obtenidos por Baade y Zwicky cuatro años más tarde, en 1938. Introduce por primera vez el nombre de «supernovas» para estos objetos. Estima, correctamente, la energía total liberada en una supernova. Sugiere que los rayos cósmicos son producidos por las supernovas —una hipótesis que aún se cree plausible en 1993, aunque no está firmemente establecida (véase la nota al pie de la página anterior). Inventa el concepto de una estrella constituida por neutrones —un concepto que no sería ampliamente aceptado como algo teóricamente viable hasta 1939, y no sería verificado de forma observacional hasta 1968. Acuña el nombre de *estrella de neutrones* para este concepto. Y sugiere «con toda reserva» (una frase presumiblemente insertada por el prudente Baade) que las supernovas se producen por la transformación de estrellas ordinarias en estrellas de neutrones —una sugerencia que se demostraría teóricamente viable solamente a comienzos de los años sesenta, y sería confirmada por la observación únicamente a finales de los sesenta con el descubrimiento de los *púlsares* (estrellas de neutrones magnetizadas y en rotación) en el interior del gas en explosión de antiguas supernovas.

Los astrónomos de los años treinta respondieron de forma entusiasta al concepto de supernova de Baade y Zwicky, pero trataron con cierto desdén las ideas de Zwicky sobre las estrellas de neutrones y los rayos cósmicos. «Demasiado especulativas», fue la opinión general. «Basadas en cálculos poco fiables», podría añadirse, con bastante razón. Nada en los escritos o las charlas de Zwicky proporcionaba otra cosa que magros indicios de base fiable para sus ideas. De hecho, para mí resulta evidente, a partir de un estudio detallado de los escritos de Zwicky de aquella época, que él no comprendía suficientemente bien las leyes de la física para poder justificar sus ideas. Volveré a esto un poco más adelante en este capítulo.

Algunos conceptos en ciencia son tan obvios vistos en retrospectiva que resulta sorprendente que nadie los advirtiese antes. Este es el caso de la conexión entre estrellas de neutrones y agujeros negros. Zwicky pudo haber empezado a establecer esta conexión en 1933, pero no lo hizo; la conexión se plantearía

JANUARY 15, 1934   PHYSICAL REVIEW   VOLUME 45

Proceedings
of the
American Physical Society

MINUTES OF THE STANFORD MEETING, DECEMBER 15-16, 1933

38. Supernovae and Cosmic Rays. W. BAADE, *Mt. Wilson Observatory*, AND F. ZWICKY, *California Institute of Technology.*—Supernovae flare up in every stellar system (nebula) once in several centuries. The lifetime of a supernova is about twenty days and its absolute brightness at maximum may be as high as $M_{vis} = -14^M$. The visible radiation L, of a supernova is about 10^8 times the radiation of our sun, that is, $L_r = 3.78 \times 10^{41}$ ergs/sec. Calculations indicate that the total radiation, visible and invisible, is of the order $L_r = 10^7 L_r = 3.78 \times 10^{48}$ ergs/sec. The supernova therefore emits during its life a total energy $E_r \gtrsim 10^5 L_r = 3.78 \times 10^{53}$ ergs. If supernovae initially are quite ordinary stars of mass $M < 10^{34}$ g, E_r/c^2 is of the same order as M itself. In the *supernova* process *mass is bulk is annihilated*. In addition the hypothesis suggests itself that *cosmic rays are produced by supernovae*. Assuming that in every nebula one supernova occurs every thousand years, the intensity of the cosmic rays to be observed on the earth should be of the order $\sigma = 2 \times 10^{-3}$ erg/cm² sec. The observational values are about $\sigma = 3 \times 10^{-3}$ erg/cm² sec. (Millikan, Regener). With all reserve we advance the view that supernovae represent the transitions from ordinary stars into *neutron stars*, which in their final stages consist of extremely closely packed neutrons.

5.2. Resumen de la conferencia sobre supernovas, estrellas de neutrones y rayos cósmicos dada por Walter Baade y Fritz Zwicky en la Universidad de Stanford en diciembre de 1933.[9]

de una forma provisional seis años más tarde, y definitivamente un cuarto de siglo después. La ruta tortuosa que finalmente puso a los físicos en la pista de esta conexión ocupará gran parte del resto de este capítulo.

Para apreciar la historia de cómo llegaron los físicos a reconocer la conexión entre estrella de neutrones y agujero negro, será útil saber antes algo de dicha conexión. Por esto, haremos primero una digresión:

¿Cuál es el destino de las estrellas cuando mueren? El capítulo 4 mostró una respuesta parcial, una respuesta incorporada en la parte derecha de la figura 5.3 (que es similar a la figura 4.4). Esta respuesta depende de si la estrella es menos o más masiva que 1,4 soles (*masa límite* de Chandrasekhar).

Si la estrella es menos masiva que el límite de Chandrasekhar, por ejemplo si la estrella es el propio Sol, entonces al final de su vida sigue el camino etiquetado «muerte del Sol» en la figura 5.3. A medida que irradia luz hacia el espacio se enfría gradualmente, perdiendo su presión térmica (inducida por el calor). Con su presión reducida ya no puede soportar por más tiempo la atracción hacia adentro de su propia gravedad; su gravedad la obliga a contraerse. A medida que se contrae se mueve hacia la izquierda en la figura 5.3, hacia circunferencias más pequeñas, mientras que permanece siempre a la misma altura en la figura porque su masa no cambia. (Nótese que en la figura se representa la masa hacia arriba y la circunferencia hacia la derecha.) Y a medida que se contrae, la estrella confina a los electrones de su interior en celdas cada vez más pequeñas, hasta que finalmente los electrones protestan con una presión de degeneración tan fuerte que la estrella ya no puede contraerse más. La presión de degeneración contrarresta la atracción hacia adentro de la gravedad de la estrella, obligando a la estrella a asentarse en una tumba de enana blanca en la curva límite (curva de enana blanca) entre la región blanca de la figura 5.3 y la región rayada. Si la estrella siguiera contrayéndose aún más (es decir, si se moviera hacia la izquierda de la curva de enana blanca y entrase en la región rayada), su presión de degeneración electrónica crecería aún más y haría que la estrella se volviese a expandir hasta la curva de enana blanca. Si la estrella siguiera expandiéndose en la región blanca, su presión de degeneración electrónica se debilitaría, permitiendo que la gravedad la volviese a contraer hasta la curva de enana blanca. De este modo, la estrella no tiene otra elección que permanecer para siempre sobre la curva de enana blanca, donde la gravedad y la presión se equilibran perfectamente, enfriándose poco a poco y convirtiéndose en una enana negra: un cuerpo sólido, frío y oscuro del tamaño aproximado de la Tierra aunque con la masa del Sol.

Si la estrella es más masiva que el límite de Chandrasekhar de 1,4 masas solares, por ejemplo si se trata de la estrella Sirio, entonces al final de su vida seguirá el camino etiquetado como «muerte de Sirio». A medida que emite radiación y se enfría y contrae, moviéndose a la izquierda en este camino hasta circunferencias cada vez más pequeñas, sus electrones se encuentran confinados en celdas cada vez más pequeñas; protestan con una presión de degeneración creciente, pero protestan en vano. Debido a su gran masa, la gravedad de la estrella es suficientemente fuerte para acallar cualquier protesta de los electrones. Los electrones nunca pueden producir presión de degeneración suficiente para contrarrestar la gravedad de la estrella;* la estrella debe, en palabras de Arthur Eddington, «seguir radiando cada vez más y contrayéndose cada vez más hasta que, supongo, se reduce a unos pocos kilómetros de radio, cuando la gravedad se hace suficientemente fuerte para refrenar la radiación, y la estrella puede por fin encontrar la paz».

O más bien ese sería su destino si no fuera por las estrellas de neutrones. Si Zwicky tenía razón en que las estrellas de neutrones pueden existir, entonces deben ser bastante parecidas a las estrellas enanas blancas, pero ahora su presión interna estará producida por neutrones en lugar de electrones. Esto significa que debe haber una curva de estrella de neutrones en la figura 5.3, análoga a la curva de enana blanca pero a circunferencias (marcadas sobre el eje horizontal) de aproximadamente cien kilómetros en lugar de decenas de miles de kilómetros. En esta curva de estrella de neutrones la presión de los neutrones equilibraría perfectamente a la gravedad, de modo que las estrellas de neutrones podrían permanecer allí para siempre.

Supongamos que la curva de estrella de neutrones se extiende hacia arriba en la figura 5.3 hacia la zona de grandes masas; es decir, supongamos que tiene la forma etiquetada *B* en la figura. Entonces Sirio *no puede* crear un agujero negro cuando muere. En su lugar, Sirio se contraerá hasta que alcance la curva de estrella de neutrones, y entonces ya no puede contraerse más. Si trata de

---

* La razón se explicó en el recuadro 4.2.

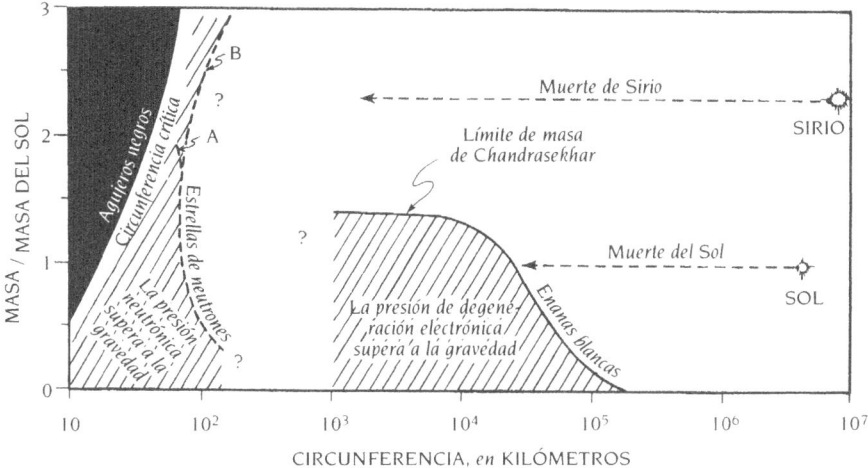

5.3. El destino final de una estrella más masiva que el límite de Chandrasekhar de 1,4 soles depende de cuán masivas puedan ser las estrellas de neutrones. Si pueden ser arbitrariamente masivas (curva B), entonces una estrella como Sirio, cuando muere, sólo puede implosionar para formar una estrella de neutrones; no puede formar un agujero negro. Si existe un límite superior para la masa de las estrellas de neutrones (como en la curva A), entonces una estrella masiva que muere no puede convertirse en una enana blanca ni en una estrella de neutrones; y a menos que exista alguna otra tumba disponible, morirá con una muerte de agujero negro.

contraerse aún más (es decir, moverse a la izquierda de la curva de estrella de neutrones entrando en la región rayada), los neutrones en su interior protestarán contra su confinamiento; producirán una gran presión (debida en parte a la degeneración, es decir, a la «claustrofobia», y en parte a la fuerza nuclear); y la presión será suficientemente grande para superar a la gravedad y llevar la estrella de nuevo hacia afuera. Si la estrella trata de reexpandirse hacia la región blanca, la presión de los neutrones disminuirá lo suficiente para que la gravedad la supere y comprima la estrella de nuevo hacia adentro. De este modo, Sirio no tendrá otra elección que asentarse en la curva de estrella de neutrones y permanecer allí para siempre, enfriándose gradualmente y convirtiéndose en una estrella de neutrones sólida, fría y negra.

Supongamos, por el contrario, que la curva de estrella de neutrones no se extiende hacia arriba en la figura 5.3 hasta la zona de masas grandes, sino que se curva del modo de la curva hipotética etiquetada como *A*. Esto significaría que existe una masa máxima posible para cualquier estrella de neutrones, análoga al límite de Chandrasekhar de 1,4 soles para las enanas blancas. Como en el caso de las enanas blancas, también en el de las estrellas de neutrones la existencia de una masa máxima anunciaría un hecho de gran importancia: en una estrella más masiva que el valor máximo, la gravedad aplastará por completo a la presión de los neutrones. Por lo tanto, cuando una estrella tan masiva muere, o bien expulsará masa suficiente para llevarla por debajo del máximo, o bien se contraerá inexorablemente, bajo la atracción de la gravedad, hasta cruzar la curva de estrella de neutrones; y luego —*si* no existen otros posibles cementerios de estrellas, salvo los de las enanas blancas, estrellas de neutrones y agujeros negros— continuará contrayéndose hasta que forme un agujero negro.

De este modo, la cuestión central, la cuestión que encierra la clave del destino último de las estrellas masivas es ésta: *¿Cuán masiva puede ser una estrella de neutrones?* Si puede ser muy masiva, más masiva que cualquier estrella normal, entonces los agujeros negros nunca pueden formarse en el Universo real. Si existe una masa máxima posible para las estrellas de neutrones, y dicho máximo no es demasiado grande, entonces *sí* se formarán agujeros negros —a menos que exista todavía otro cementerio estelar, insospechado en los años treinta.

Esta línea argumental es tan obvia vista en retrospectiva que parece sorprendente que Zwicky no la siguiera, ni la siguiera Chandrasekhar, y ni siquiera la siguiera Eddington. Sin embargo, si Zwicky hubiera tratado de seguirla no hubiera ido demasiado lejos; sabía demasiado poco de física nuclear y demasiado poco de relatividad para poder descubrir si las leyes de la física establecen o no una masa límite para las estrellas de neutrones. En el Caltech, sin embargo, había otras dos personas que *sí* entendían la física suficientemente bien para deducir las masas de las estrellas de neutrones: Richard Chace Tolman, un químico convertido en físico que había escrito un libro de texto clásico llamado *Relativity, Thermodynamics and Cosmology*; y J. Robert Oppenheimer, quien más tarde dirigiría el programa norteamericano para el desarrollo de la bomba atómica.

Sin embargo, Tolman y Oppenheimer no les prestaron ninguna atención a las estrellas de neutrones de Zwicky. Para ser más preciso, no les prestaron atención hasta 1938, cuando la idea de una estrella de neutrones fue publicada (bajo el nombre ligeramente diferente de *núcleo de neutrones*) por otro físico, un físico a quien, a diferencia de Zwicky, respetaban: Lev Davidovich Landau, en Moscú.

Landau

La publicación de Landau sobre los núcleos de neutrones era realmente un grito pidiendo ayuda:[10] las purgas de Stalin se hallaban en pleno apogeo en la URSS y Landau estaba en peligro. Landau esperaba que dando un golpe de efecto en los periódicos con su idea del núcleo de neutrones podría protegerse del arresto y la muerte. Pero Tolman y Oppenheimer no sabían nada de todo esto.

Landau estaba en peligro debido a sus anteriores contactos con los científicos occidentales. Poco después de la Revolución rusa, la ciencia había sido objeto de atención especial por parte de la nueva dirección comunista. El propio Lenin había impulsado una resolución del Octavo Congreso del Partido Bolchevique en 1919 eximiendo a los científicos de los requisitos de pureza ideológica: «El problema del desarrollo industrial y económico exige el inmediato y

 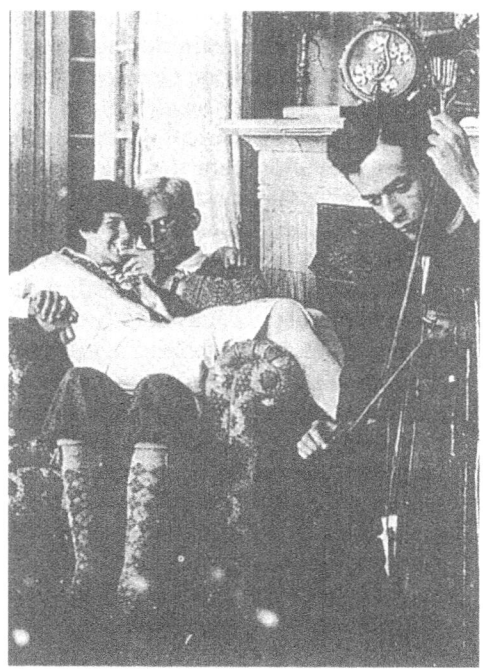

Izquierda: Lev Landau, cuando era estudiante en Leningrado a mediados de los años veinte. (Cortesía de AIP Emilio Segrè Visual Archives, Margarethe Bohr Collection.) *Derecha*: Landau, con sus compañeros estudiantes de física George Gamow y Yevgenia Kanegiesser, bromeando en medio de sus estudios en Leningrado, *c.* 1927. En realidad, Landau nunca tocó ningún instrumento musical. (Cortesía de la Biblioteca del Congreso.)

amplio uso de expertos en la ciencia y la tecnología que hemos heredado del capitalismo, pese al hecho de que ellos están inevitablemente contaminados con ideas y costumbres burguesas». Especial interés merecía para los líderes de la ciencia soviética el penoso estado de la física teórica soviética, de modo que, con la bendición del Partido Comunista y del Gobierno, los jóvenes teóricos más brillantes y prometedores de la URSS fueron llevados a Leningrado (San Petersburgo) para realizar algunos años de estudios de postgrado, y luego, después de completar el equivalente a un doctorado en física, fueron enviados a la Europa Occidental para uno o dos años de estudios postdoctorales.

¿Por qué estudios postdoctorales? Porque en los años veinte la física se había hecho tan compleja que una formación al nivel de doctorado no era suficiente para dominarla. Para promover estudios complementarios se había establecido un sistema de becas postdoctorales a nivel mundial financiado principalmente por la Fundación Rockefeller (ventajas de las aventuras petrolíferas capitalistas). Cualquiera, incluso los fervientes marxistas rusos, podía competir por tales becas. Los que las obtenían eran denominados «becarios postdoctorales» o simplemente «postdocs».

¿Por qué la *Europa Occidental* para estudios postdoctorales? Porque en los años veinte Europa Occidental era la meca de la física teórica; allí residían casi todos los físicos teóricos sobresalientes del mundo. Los líderes soviéticos, en su desesperación para trasvasar la física teórica de la Europa Occidental a la URSS, no tenían otra elección que enviar allí a sus jóvenes teóricos para su formación, pese a los peligros de contaminación ideológica.

De todos los jóvenes teóricos soviéticos que hicieron el camino de Leningrado, luego Europa Occidental, y después la vuelta a la URSS, quien iba a tener con creces la mayor influencia en la física era Lev Davidovich Landau. Nacido en 1908 en una familia judía bien acomodada (su padre era un ingeniero petrolífero en Bakú, en el mar Caspio), ingresó en la Universidad de Leningrado a los 16 años y acabó sus estudios de licenciatura a la edad de 19 años. Después de sólo dos años de estudios de doctorado en el Instituto Físico-técnico de Leningrado, completó el equivalente a un doctorado en física y fue a Europa Occidental, donde pasó dieciocho meses entre 1929 y 1930 recorriendo los grandes centros de la física teórica en Suiza, Alemania, Dinamarca, Inglaterra, Bélgica y Holanda.

Rudolph Peierls, un estudiante becario postdoctoral en Zurich, de origen alemán, escribió más tarde:

> Recuerdo vivamente la gran impresión que causó Landau en todos nosotros cuando apareció en el departamento de Wolfgang Pauli en Zurich en 1929 ... No hizo falta mucho tiempo para descubrir la profundidad de su conocimiento de la física moderna, y su habilidad para resolver problemas fundamentales. Raramente leía en detalle un artículo sobre física teórica sino que lo hojeaba lo suficiente para ver si el problema era interesante y, si lo era, ver cuál era el enfoque del autor. Entonces se ponía a trabajar para hacer el cálculo por sí mismo y, si su respuesta coincidía con la del autor, aprobaba el artículo.[11]

Peierls y Landau se convirtieron en inmejorables amigos.

Alto, flaco, fuertemente crítico hacia los demás tanto como hacia sí mismo, Landau se desesperaba porque había nacido algunos años demasiado tarde. Pensaba que la edad dorada de la física había sido el periodo 1925-1927, cuando De Broglie, Schrödinger, Heisenberg, Bohr y otros estaban creando la nueva mecánica cuántica. Si hubiera nacido antes, él, Landau, podría haber participado en ello. «Todas las chicas bonitas están prometidas y casadas, y todos los problemas bonitos están resueltos. Realmente no me gusta ninguno de los que quedan», dijo en un momento de desesperación en Berlín en 1929.[12] Pero, de hecho, las exploraciones de las *consecuencias* de las leyes de la mecánica cuántica y la relatividad no habían hecho más que comenzar, y aquellas consecuencias depararían sorpresas maravillosas: la estructura de los núcleos atómicos, la energía nuclear, los agujeros negros y su evaporación, la superfluidez, la superconductividad, los transistores, los láseres y las imágenes mediante resonancia magnética, por citar sólo unas pocas. Y Landau, a pesar de su pesimismo, se convertiría en una figura capital en la búsqueda por descubrir estas consecuencias.

A su regreso a Leningrado en 1931, Landau, que era un ardiente marxista y patriota, decidió centrar su carrera en transferir la moderna física teórica a la Unión Soviética. Tuvo un éxito enorme, como veremos en capítulos posteriores.

Poco después del regreso de Landau cayó el telón de acero de Stalin, haciendo casi imposibles nuevos viajes a Occidente. Como recordaba más tarde George Gamow, un condiscípulo de Landau en Leningrado, «La ciencia rusa se ha convertido ahora en un arma para combatir al mundo capitalista. Igual que Hitler estaba dividiendo la ciencia y las artes en campos judío y ario, Stalin creó la noción de ciencia capitalista y ciencia proletaria. ''Confraternizar'' con los científicos capitalistas [se estaba convirtiendo en] ... un crimen para los científicos rusos».[13]

El clima político pasó de ser malo a ser horroroso. En 1936, Stalin, habiendo acabado ya con 6 o 7 millones de campesinos y kulaks (terratenientes) en su colectivización forzosa de la agricultura, inició una purga de varios años de duración de los líderes políticos e intelectuales del país, una purga ahora conocida como el Gran Terror. La purga incluyó la ejecución de casi todos los miembros del Politburó original de Lenin, la ejecución o desaparición forzosa, para no volver a ser vistos, de los jefes supremos del Ejército Soviético, cincuenta de los setenta y un miembros del Comité Central del Partido Comunista, muchos de los embajadores en el extranjero, y los primeros ministros y los funcionarios principales de las repúblicas no rusas. En niveles inferiores, aproximadamente 7 millones de personas fueron arrestadas y encarceladas, y 2,5 millones murieron —la mitad de ellos intelectuales, incluyendo un gran número de científicos y algunos equipos de investigación completos. La biología. la genética y las ciencias agrícolas soviéticas quedaron destrozadas.[14]

A finales de 1937 Landau, entonces un líder de la investigación en física teórica en Moscú, sintió que el calor de la purga se le acercaba. Presa del pánico buscó protección. Una posible protección podría ser el centrar la atención pública sobre él como un eminente científico, así que buscó entre sus ideas científicas una que pudiera suponer un gran golpe de efecto en Occidente y en el Este al mismo tiempo. Su elección fue una idea en la que había estado meditando desde principios de los años treinta: la idea de que las estrellas «normales» como el Sol podrían tener estrellas de neutrones en sus centros: *núcleos de neutrones* como les llamó Landau.

El razonamiento que había tras la idea de Landau era el siguiente: el Sol y las demás estrellas normales se mantienen contra la opresión de su propia gravedad por medio de la presión térmica (inducida por el calor). Conforme irradia calor y luz al espacio, el Sol debe enfriarse, contraerse y morir en unos 30 millones de años —a menos que tenga alguna forma de reponer el calor que pierde. Puesto que existían datos geológicos concluyentes, en los años veinte y treinta, de que la Tierra se había mantenido a temperatura aproximadamente

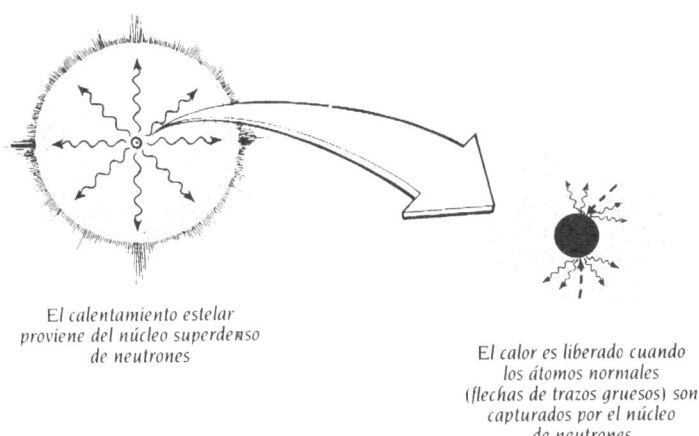

El calentamiento estelar
proviene del núcleo superdenso
de neutrones

El calor es liberado cuando
los átomos normales
(flechas de trazos gruesos) son
capturados por el núcleo
de neutrones

5.4. Especulación de Lev Landau sobre el origen de la energía que mantiene caliente una estrella normal.

constante durante mil millones de años o más, el Sol *debe* estar renovando su calor de alguna forma. Arthur Eddington y otros habían sugerido (correctamente) en los años veinte que el nuevo calor podía proceder de reacciones nucleares en las que un tipo de núcleo atómico se transmuta en otro —lo que ahora se denomina *combustión nuclear* o *fusión nuclear*[15] (véase el recuadro 5.3). Sin embargo, los detalles de esta combustión nuclear no habían sido estudiados suficientemente en 1937 para que los físicos supieran si podría realizar esta tarea. El núcleo de neutrones de Landau proporcionaba una alternativa atractiva.

De la misma forma que Zwicky podía imaginar que el suministro de potencia a una supernova procedía de la energía liberada cuando una estrella normal implosiona para formar una estrella de neutrones, también Landau podía imaginar que el suministro de potencia al Sol y otras estrellas normales procedía de la energía liberada cuando sus átomos son capturados, uno a uno, en un núcleo de neutrones (figura 5.4).

La captura de un átomo en un núcleo de neutrones era algo muy parecido a dejar caer una piedra sobre una losa de cemento desde una gran altura: la gravedad atrae la piedra hacia abajo, acelerándola a gran velocidad, y cuando golpea en la losa, su enorme energía cinética (energía de movimiento) puede romperla en mil pedazos. Análogamente, razonó Landau, la gravedad de un núcleo de neutrones aceleraría los átomos en caída a muy altas velocidades. Cuando uno de estos átomos incide en el núcleo, su destructiva parada convierte su enorme energía cinética (una cantidad equivalente a un 10 por 100 de su masa) en calor. Según esto, la fuente última del calor del Sol es la intensa gravedad de su núcleo de neutrones; y, como sucede con las supernovas de Zwicky, la gravedad del núcleo tiene una eficiencia del 10 por 100 en la conversión de los átomos que caen en el calor.

La combustión nuclear (fusión) comparada con la combustión ordinaria

La combustión ordinaria es una *reacción química*. En las reacciones químicas los átomos se combinan en moléculas, en las que comparten sus nubes electrónicas con otros átomos; las nubes electrónicas mantienen las moléculas unidas. La combustión nuclear es una *reacción nuclear*. En la combustión nuclear, los núcleos atómicos se fusionan (*fusión nuclear*) para formar núcleos atómicos más masivos; la fuerza nuclear mantiene unidos los núcleos más masivos.

El siguiente diagrama muestra un ejemplo de combustión ordinaria: la combustión del hidrógeno para producir agua (una forma poderosamente explosiva de combustión que se utiliza para dar energía a algunos cohetes que transportan cargas al espacio). Dos átomos de hidrógeno se combinan con un átomo de oxígeno para formar una molécula de agua. En la molécula de agua, los átomos de hidrógeno y oxígeno comparten sus nubes electrónicas, pero no comparten sus núcleos atómicos.

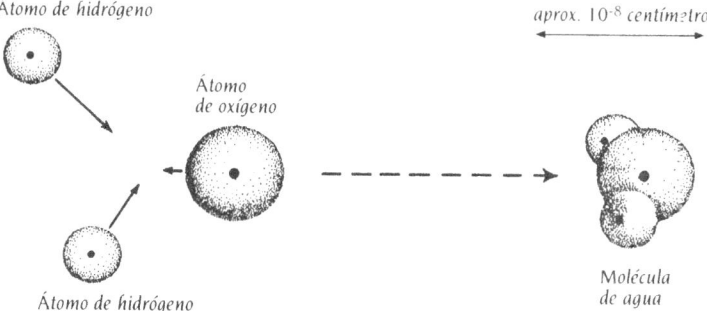

Átomo de hidrógeno

Átomo de oxígeno

aprox. 10^{-8} centímetros

Molécula de agua

Átomo de hidrógeno

El siguiente diagrama muestra un ejemplo de combustión nuclear: la fusión de un núcleo de deuterio («hidrógeno pesado») y un núcleo de hidrógeno ordinario para formar un núcleo de helio-3. Esta es una de las reacciones de fusión que ahora sabemos que da energía al Sol y otras estrellas, y que da energía a las bombas atómicas (capítulo 6). El núcleo de deuterio contiene un neutrón y un protón, ligados por la fuerza nuclear; el núcleo de hidrógeno consta de un solo protón; el núcleo de helio-3 creado por la fusión contiene un neutrón y dos protones.

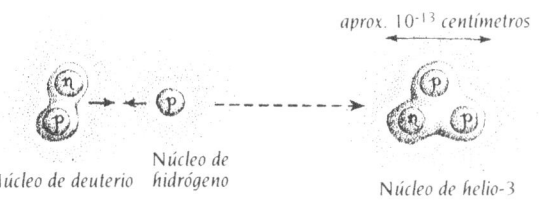

aprox. 10^{-13} centímetros

Núcleo de deuterio

Núcleo de hidrógeno

Núcleo de helio-3

La combustión del combustible nuclear (recuadro 5.3), en contraste con la captura de átomos en un núcleo de neutrones (figura 5.4), puede convertir sólo unas décimas de un 1 por 100 de la masa del combustible en calor. En otras palabras, la fuente de calor de Eddington (energía nuclear) tenía una potencia aproximadamente treinta veces menor que la fuente de calor de Landau (energía gravitatoria).*

En realidad, Landau había elaborado ya en 1931 una versión más primitiva de su idea del núcleo de neutrones. Sin embargo, el neutrón no había sido descubierto aún entonces y los núcleos atómicos habían constituido un enigma, de modo que la captura de átomos por el núcleo en su modelo de 1931 hubiera liberado energía mediante un proceso totalmente especulativo —un modelo basado en una sospecha (incorrecta) de que las leyes de la mecánica cuántica podían fallar en los núcleos atómicos.[16] Ahora que el neutrón se conocía desde hacía cinco años y las propiedades de los núcleos atómicos empezaban a entenderse, Landau pudo hacer su idea mucho más precisa y convincente. Presentándola al mundo con un gran golpe publicitario podría desviar el fuego de la purga de Stalin.

A finales de 1937 Landau concluyó un manuscrito[17] donde describía su idea del núcleo de neutrones; para asegurarse de que recibiría la máxima atención pública dio una serie de pasos poco usuales: la sometió para publicación, en ruso, a las *Doklady Akademii Nauk* (Comunicaciones de la Academia de Ciencias de la URSS, publicadas en Moscú), y paralelamente envió una versión inglesa a Niels Bohr, en Copenhague, el mismo famoso físico occidental al que Chandrasekhar había apelado cuando Eddington le atacó (capítulo 4). (Bohr, como miembro honorario de la Academia de Ciencias de la URSS, era más o menos aceptable para las autoridades soviéticas incluso durante el Gran Terror.) Con su manuscrito, Landau envió a Bohr la siguiente carta:

Moscú, 5 de noviembre de 1937

Querido señor Bohr:

Adjunto un artículo que he escrito sobre la energía estelar. Si tiene sentido físico para usted, le pido que lo envíe a *Nature*. Si no es mucha molestia para usted, me gustaría mucho saber su opinión sobre este trabajo.

Con mi agradecimiento más profundo.

Suyo, L. Landau

---

* Esto puede parecer sorprendente a las personas que creen que la fuerza nuclear es mucho más poderosa que la fuerza gravitatoria. Realmente la fuerza nuclear es mucho más poderosa cuando sólo se cuenta con unos pocos átomos o núcleos atómicos. Sin embargo, cuando se cuenta con un número de átomos equivalente a varias masas solares (10^{57} átomos) o más, entonces la fuerza gravitatoria de todos los átomos juntos puede llegar a ser abrumadoramente más poderosa que sus fuerzas nucleares. Este simple hecho garantiza a la postre, como veremos más adelante en este capítulo, que, cuando una estrella masiva muere, su enorme gravedad superará a la repulsión de sus núcleos atómicos y los aplastará para formar un agujero negro.

(*Nature* es una revista científica británica que publica, con rapidez, anuncios de descubrimientos en todos los campos de la ciencia, y que tiene una de las difusiones más amplias de entre las revistas científicas serias.)

Landau tenía amigos en altos puestos —lo bastante altos para disponer que, tan pronto como se recibiera la noticia de que Bohr había aprobado su artículo y lo había enviado a *Nature*, se le enviaría un telegrama de parte del consejo editorial de *Izvestia*. (*Izvestia* era uno de los dos periódicos más influyentes de la URSS, un periódico editado por y en nombre del gobierno soviético.) El telegrama salió el 16 de noviembre de 1937 y decía:

> Por favor, infórmenos de su opinión sobre el trabajo del profesor Landau. Telegrafíenos, por favor, su breve conclusión.
>
> Consejo editorial, *Izvestia*

Bohr, evidentemente algo intrigado y preocupado por la petición, respondió desde Copenhague el mismo día:

> La nueva idea del profesor Landau sobre los núcleos de neutrones de las estrellas masivas es muy prometedora y del más alto nivel. Les enviaré con gusto una corta evaluación de ella y de otros diversos trabajos de investigación de Landau. Por favor, infórmenme más exactamente del fin para el que necesitan mi opinión.
>
> Bohr

El consejo de *Izvestia* respondió que deseaban publicar la evaluación de Bohr en su periódico. Lo hicieron precisamente el 23 de noviembre, en un artículo que describía la idea de Landau y la alababa con fuerza:

> Este trabajo del profesor Landau ha despertado gran interés entre los físicos soviéticos, y su idea central da nueva vida a uno de los procesos más importantes en astrofísica. Existen muchas razones para pensar que la nueva hipótesis de Landau resultará ser correcta y dará soluciones a toda una serie de problemas no resueltos en astrofísica ... Niels Bohr ha hecho una evaluación extremadamente favorable del trabajo de este científico soviético [Landau], diciendo que «La nueva idea de L. Landau es excelente y muy prometedora».[18]

Esta campaña no fue suficiente para salvar a Landau. A primeras horas de la mañana del 28 de abril de 1938, llamaron a la puerta de su apartamento y se lo llevaron en una limusina negra oficial mientras su futura mujer Cora observaba aturdida desde la puerta del apartamento. El destino que habían corrido tantos otros era ahora también el de Landau.

La limusina llevó a Landau a una de las más famosas prisiones políticas de Moscú, la Butyrskaya. Allí le dijeron que sus actividades como espía alemán habían sido descubiertas, y tenía que pagar un precio por ellas. El que los cargos fueran ridículos (¿Landau, un judío y un ardiente marxista espiando para la Alemania nazi?) era irrelevante. Los cargos casi siempre eran ridículos. En la Rusia de Stalin raramente sabía uno la razón real de que hubiese sido encarcelado —aunque en el caso de Landau existen indicios en los archivos del KGB:[19] en conversaciones con colegas había criticado al Partido Comunista y al Gobierno soviético por su forma de organizar la investigación científica y por los arrestos masivos de 1936-1937 que caracterizaron la época del Gran Terror. Tales críticas se consideraban una «actividad antisoviética» y podían llevarle a uno a la cárcel.

Landau tuvo suerte. Su encarcelamiento duró sólo un año, y sobrevivió a él —aunque a duras penas. Fue liberado en abril de 1939, después de que Pyotr Kapitsa, el más famoso físico experimental soviético de los años treinta, apelase directamente a Molotov y Stalin para que le dejasen salir con el argumento de que Landau y sólo Landau, de entre todos los físicos teóricos soviéticos, tenía la capacidad para resolver el misterio de cómo se produce la superfluidez.* (La superfluidez había sido descubierta en el laboratorio de Kapitsa, e independientemente por J. F. Allen y A. D. Misener en Cambridge, Inglaterra, y si pudiera ser explicada por un científico soviético, esto demostraría al mundo por partida doble la potencia de la ciencia soviética.)[20]

Landau salió de la cárcel demacrado y extremadamente enfermo. Con el tiempo se recuperó física y mentalmente, resolvió el misterio de la superfluidez utilizando las leyes de la mecánica cuántica y recibió el Premio Nobel por su solución. Pero su espíritu estaba quebrantado. Nunca más pudo resistir siquiera la más tibia presión psicológica de las autoridades políticas.

Oppenheimer

En California, Robert Oppenheimer tenía la costumbre de leer atentamente todos los artículos científicos publicados por Landau. Por ello, el artículo de Landau sobre los núcleos de neutrones en el número de *Nature* del 19 de febrero de 1938 captó inmediatamente su atención. Viniendo de Fritz Zwicky, la idea de una estrella de neutrones dando energía a las supernovas era —en opinión de Oppenheimer— una especulación extravagante y sospechosa. Viniendo de Lev Landau, un núcleo de neutrones dando energía a una estrella normal era una idea digna de ser considerada seriamente. ¿Podría tener realmente el Sol un núcleo semejante? Oppenheimer se propuso descubrirlo.

El estilo de investigación de Oppenheimer era completamente diferente de cualquier otro que hayamos encontrado hasta ahora en este libro. Mientras Baade y Zwicky trabajaban juntos como colegas iguales cuyos talentos y conocimientos se complementaban mutuamente, y Chandrasekhar y Einstein trabajaban

---

* La superfluidez consiste en una completa ausencia de viscosidad (fricción interna) que se da en algunos fluidos cuando se enfrían a algunos pocos grados por encima del cero absoluto, es decir, se enfrían a unos —270 grados centígrados.

aislados, Oppenheimer trabajaba con entusiasmo rodeado de estudiantes. Mientras que Einstein había sufrido cuando se le exigió enseñar, Oppenheimer se crecía enseñando.

Como Landau, Oppenheimer había ido a la meca de la física teórica, Europa Occidental, para formarse; y como Landau, al volver a casa Oppenheimer había comenzado una transfusión de la física teórica desde Europa a su tierra natal.

En la época de su regreso a Norteamérica Oppenheimer había adquirido una reputación tan grande que recibió ofertas de trabajo de diez universidades norteamericanas, incluyendo Harvard y el Caltech, y de dos universidades europeas. Entre las ofertas había una de la Universidad de California en Berkeley, en la que no se impartía física teórica. «Visité Berkeley —recordaba Oppenheimer más tarde—, y pensé que me gustaría ir allí porque era un desierto.» En Berkeley podría crear algo enteramente suyo. Sin embargo, temiendo las consecuencias del aislamiento intelectual, Oppenheimer aceptó tanto la oferta de Berkeley como la del Caltech. Pasaría el otoño y el invierno en Berkeley y la primavera en el Caltech. «Mantuve la conexión con el Caltech ... era un lugar donde estaría controlado si me equivocaba y donde aprendería cosas que pudieran no estar reflejadas adecuadamente en los textos publicados.»

Al principio Oppenheimer era un maestro demasiado rápido, demasiado impaciente, demasiado exigente con sus estudiantes. No se daba cuenta de lo poco que sabían; no podía rebajarse a su nivel. Su primera lección en el Caltech en la primavera de 1930 fue un *tour de force* —poderosa, elegante, intuitiva. Cuando la lección hubo terminado y el aula se había vaciado, Richard Tolman, el químico convertido en físico que ahora era un íntimo amigo suyo, permaneció allí para hacerle volver a la tierra: «Bien, Robert —dijo—; eso fue muy bello pero yo no entendí una maldita palabra».[21]

Sin embargo, Oppenheimer aprendió rápidamente. En un año, estudiantes graduados y postdocs comenzaron a llegar a Berkeley procedentes de toda Norteamérica para aprender física con él, y en algunos años hizo de Berkeley un lugar aún más atractivo que Europa para los físicos teóricos postdoctorales norteamericanos.

Uno de los postdocs de Oppenheimer, Robert Serber, describió más tarde cómo era el trabajo con él:

«Oppie (como le conocían sus estudiantes en Berkeley) era rápido, impaciente y con una lengua afilada, y en los primeros días de sus enseñanzas se había ganado fama de aterrorizar a los estudiantes. Pero tras cinco años de experiencia había madurado (si hay que creer a sus primeros estudiantes). Su curso [sobre mecánica cuántica] constituyó un gran logro tanto en el aspecto educativo como en inspiración. Transmitía a sus estudiantes un sentimiento de belleza de la estructura lógica de la física y una excitación sobre su desarrollo. Casi todos asistieron al curso más de una vez, y en ocasiones Oppie tuvo dificultad para disuadir a los estudiantes de ir una tercera o cuarta vez ...

El modo de trabajar de Oppie con sus estudiantes de investigación también era original. Su grupo constaba de 8 o 10 estudiantes licenciados y alrededor de media docena de becarios postdoctorales. Se reunía con el grupo una vez al día en su despacho. Un poco antes de la hora fijada, los miembros se dispersaban entre las mesas y alrededor de la habitación. Oppi entraba y discutía con uno después de otro el estado del problema de investigación del estudiante mientras los demás escuchaban y a menudo hacían comentarios. Todos estaban expuestos a un amplio abanico de temas. Oppenheimer estaba interesado en todo; un tema era presentado a continuación de otro y coexistía con todos los demás. En una tarde podían discutir sobre electrodinámica, rayos cósmicos, astrofísica y física nuclear.

Cada primavera Oppenheimer apilaba libros y artículos y varios estudiantes en el asiento trasero de su descapotable, y conducía hasta Pasadena. «Nunca pensamos en dejar nuestras casas o apartamentos en Berkeley —dijo Serber—, confiando en que encontraríamos una casa con jardín en Pasadena por veinticinco dólares al mes.»[22]

Por cada problema que le interesaba, Oppenheimer seleccionaba un estudiante o postdoc para examinar todos los detalles. Para el problema de Landau, la cuestión de si un núcleo de neutrones podría mantener caliente al Sol, seleccionó a Serber.

Oppenheimer y Serber advirtieron rápidamente que si el Sol tiene un núcleo de neutrones en su centro, y si la masa del núcleo es una fracción importante de la masa del Sol, entonces la intensa gravedad del núcleo mantendría a las capas externas del Sol fuertemente ligadas, haciendo que la circunferencia del Sol fuese mucho más pequeña de lo que realmente es. Por lo tanto, la idea del núcleo de neutrones de Landau sólo podría funcionar si los núcleos de neutrones pueden ser mucho menos masivos que el Sol.

«¿Cuán *pequeña* puede ser la masa de un núcleo de neutrones?» Es la pregunta que se plantearon Oppenheimer y Serber. «¿Cuál es la *mínima* masa posible para un núcleo de neutrones?» Nótese que esta es la pregunta *opuesta* a la que resulta crucial para la existencia de agujeros negros; para saber si pueden formarse los agujeros negros es necesario conocer la *máxima* masa posible para una estrella de neutrones (figura 5.3 *supra*). Oppenheimer no tenía aún idea de la importancia de la cuestión de la masa máxima, pero ahora sabía que la masa mínima del núcleo de neutrones era fundamental para la idea de Landau.

En su artículo Landau, también consciente de la importancia de la masa mínima del núcleo de neutrones, había utilizado las leyes de la física para estimarla. Oppenheimer y Serber examinaron con cuidado la estimación de Landau. Encontraron que Landau había tenido en cuenta adecuadamente las fuerzas atractivas de la gravedad en el interior y cerca del núcleo. Y que también había tenido en cuenta apropiadamente la presión de degeneración de los neutrones del núcleo (la presión producida por los movimientos claustrofóbicos de los neutrones cuando se mantienen confinados en celdas minúsculas). Pero, por el contrario, no había tenido en cuenta apropiadamente la fuerza nuclear que cada neutrón ejerce sobre los demás. Dicha fuerza todavía no se comprendía por completo. No obstante, se entendía lo suficiente para que Oppenheimer y Serber llegasen a la conclusión de que probablemente —no de forma ab-

Robert Serber (*izquierda*) y Robert Oppenheimer (*derecha*) discutiendo sobre física, *c.* 1942. (Cortesía de la U.S. Information Agency.)

solutamente definitiva, pero probablemente— ningún núcleo de neutrones podía ser más ligero que 1/10 de una masa solar. Si la naturaleza tuviera éxito alguna vez en crear un núcleo de neutrones más ligero que éste, su gravedad sería demasiado débil para mantenerlo unido; su presión lo haría explotar.

A primera vista esto no descartaba que el Sol poseyese un núcleo de neutrones; después de todo, un núcleo de 1/10 de masa solar, que estaba permitido por las estimaciones de Oppenheimer y Serber, podría ser bastante pequeño para ocultarse en el interior del Sol sin afectar demasiado a las propiedades de su superficie (sin afectar a las cosas que vemos). Pero cálculos posteriores, equilibrando la atracción de la gravedad del núcleo con la presión del gas que lo rodea, mostraban que los efectos del núcleo no podrían quedar ocultos: alrededor del núcleo existiría una corteza de materia del tipo enana blanca con un peso aproximado de una masa solar completa; y con sólo una minúscula cantidad de gas normal fuera de dicha corteza, el Sol no podía tener el aspecto que nosotros vemos. Por lo tanto, el Sol no podía tener un núcleo de neutrones, y la energía para mantener caliente al Sol debería proceder de alguna otra parte.

¿De qué otra parte? Al mismo tiempo que Oppenheimer y Serber estaban haciendo estos cálculos en Berkeley, Hans Bethe en la Universidad de Cornell en Ithaca, Nueva York, y Charles Critchfield en la Universidad George Washington en Washington, D.C., estaban utilizando las leyes recientemente desarrolladas de la física nuclear para demostrar en detalle que la combustión nuclear (la fusión de núcleos atómicos; recuadro 5.3) puede mantener calientes al Sol y otras estrellas. Eddington había estado en lo cierto y Landau se había equivocado, al menos para el Sol y la mayoría de las demás estrellas. (De hecho, a principios de los años noventa se piensa que algunas estrellas gigantes podrían utilizar el mecanismo de Landau.)[23]

Oppenheimer y Serber no tenían idea de que el artículo de Landau era un intento desesperado por evitar la prisión y la posible muerte, así que el 1 de septiembre de 1938, mientras Landau languidecía en la prisión de Butyrskaya, enviaron su crítica del mismo a la *Physical Review*. Puesto que Landau era un físico suficientemente importante para aguantar la crítica, decían abiertamente: «Una estimación de Landau ... conduce al valor de 0,001 masas solares para la masa límite [mínima para un núcleo de neutrones]. Esta cifra parece ser errónea.... [Las fuerzas nucleares] del tipo normalmente supuesto de intercambio de espín impiden la existencia de un núcleo [de neutrones] en las estrellas con masas comparables a la del Sol».[24]

Los núcleos de neutrones de Landau y las estrellas de neutrones de Zwicky son en realidad la misma cosa. Un núcleo de neutrones no es nada más que una estrella de neutrones que de algún modo resulta encontrarse en el interior de una estrella normal. Esto debió resultar claro para Oppenheimer, y ahora que había empezado a pensar en las estrellas de neutrones fue llevado inexorablemente a la cuestión que Zwicky debería haber tanteado pero no lo hizo: ¿Cuál es el destino exacto de las estrellas masivas cuando agotan el combustible nuclear que, según Bethe y Critchfield, las mantiene calientes? ¿A qué cadáveres darán lugar: enanas blancas, estrellas de neutrones, agujeros negros, otros?

Los cálculos de Chandrasekhar habían demostrado inequívocamente que las estrellas menos masivas que 1,4 soles deben transformarse en enanas blancas. Zwicky estaba especulando a voz en grito que al menos algunas estrellas más masivas que 1,4 soles implosionarían para formar estrellas de neutrones, y en el proceso generarían supernovas. ¿Podría tener razón Zwicky? ¿Y morirían todas las estrellas masivas de esta manera, librando así al Universo de los agujeros negros?

Una de las grandes cualidades de Oppenheimer como teórico consistía en una infalible capacidad para considerar un problema complicado y dejar de lado las complicaciones hasta que descubría la cuestión fundamental que lo controlaba. Años más tarde, este talento contribuiría a la brillantez de Oppenheimer como líder del proyecto de la bomba atómica norteamericana. Ahora, en su lucha por comprender la muerte de las estrellas, le decía que debía ignorar todas las complicaciones que Zwicky estaba aireando: los detalles de la implosión estelar, la transformación de materia normal en materia neutrónica, la liberación de una gran cantidad de energía y su posible alimentación para supernovas y rayos cósmicos. Todo esto era irrelevante para la cuestión del *destino final* de la estrella. La única cosa relevante era la masa máxima que podía tener una estrella de neutrones. Si las estrellas de neutrones podían ser arbitrariamente masivas (curva *B* en la figura 5.3), entonces los agujeros negros nunca podrían formarse. Si existe una masa máxima posible para una estrella de neutrones (curva *A* de la figura 5.3), entonces una estrella más pesada que dicho máximo podrá formar, cuando muera, un agujero negro.

Habiendo planteado con absoluta claridad esta cuestión de la masa máxima, Oppenheimer procedió a resolverla metódica e inequívocamente —y, como era su práctica estándar, en colaboración con un estudiante, en este caso un joven llamado George Volkoff. La historia de la búsqueda de Oppenheimer para conocer las masas de las estrellas de neutrones, y las contribuciones capitales del amigo de Oppenheimer en el Caltech, Richard Tolman, se narra en el recuadro 5.4. Es una historia que ilustra el modo de investigar de Oppeneheimer y algunas estrategias que utilizan los físicos cuando comprenden claramente *algunas* de las leyes que gobiernan los fenómenos que están estudiando, pero *no todas*: en este caso, Oppenheimer comprendía las leyes de la mecánica cuántica y la relatividad general, pero ni él ni ningún otro comprendía muy bien la fuerza nuclear.

Pese a su pobre conocimiento de la fuerza nuclear, Oppenheimer y Volkoff fueron capaces de demostrar inequívocamente (recuadro 5.4) que *existe una masa máxima para las estrellas de neutrones, y que está comprendida entre aproximadamente media masa solar y varias masas solares*.

En los años noventa, tras cincuenta años de estudios complementarios, sabemos que Oppenheimer y Volkoff tenían razón; las estrellas de neutrones tienen, de hecho, una masa máxima permitida, y ahora se sabe que está comprendida entre 1,5 y 3 masas solares,[25] aproximadamente las mismas cotas que ellos estimaron. Además, desde 1967 los astrónomos han observado cientos de estrellas de neutrones, y se han medido las masas de varias de ellas con gran exactitud. Todas las masas medidas están próximas a 1,4 soles; el porqué, no lo sabemos.

La conclusión de Oppenheimer y Volkoff no puede haber resultado grata para personas como Eddington y Einstein, quienes consideraban anatema los agujeros negros. Si hubiera que creer a Chandrasekhar (como la mayoría de los astrónomos empezaban a pensar en 1938 que había que hacer), y si hubiera que creer a Oppenheimer y Volkoff (y era difícil refutarlos), entonces ni el cementerio de enanas blancas ni el cementerio de estrellas de neutrones podían

RECUADRO 5.4

La historia de Oppenheimer, Volkoff y Tolman: una búsqueda de las masas de las estrella de neutrones[26]

Cuando uno se embarca en un análisis complicado, es útil guiarse inicialmente por un cálculo aproximado del «orden de magnitud», es decir, un cálculo aproximado sólo hasta un factor de, pongamos, 10. Al atenerse a esta norma, Oppenheimer comenzó su asalto a la cuestión de si las estrellas de neutrones pueden tener una masa máxima con un cálculo rudimentario, de sólo unas pocas páginas. El resultado era algo intrigante: encontró una masa máxima de 6 soles para cualquier estrella de neutrones. Si un cálculo detallado daba el mismo resultado, entonces Oppenheimer podría concluir que los agujeros negros podrían formarse cuando mueren las estrellas más pesadas que 6 soles.

Un «cálculo detallado» supone seleccionar una masa de una hipotética estrella de neutrones y preguntarse luego si, para dicha masa, la presión neutrónica en el interior de la estrella puede equilibrar a la gravedad. Si puede conseguirse el equilibrio, entonces las estrellas de neutrones pueden tener esa masa. Sería necesario escoger una masa tras otra, y preguntarse para cada una de ellas sobre el equilibrio entre presión y gravedad. Esta empresa es más dura de lo que podría parecer, porque la presión y la gravedad deben compensarse *en cualquier punto* en el interior de la estrella. Sin embargo, era una empresa que ya había sido emprendida una vez antes, por Chandrasekhar, en su análisis de las enanas blancas (el análisis realizado utilizando la calculadora Braunschweiger de Arthur Eddington, con Eddington mirando por encima del hombro de Chandrasekhar; capítulo 4).

Oppenheimer podía hacer sus cálculos de las estrellas de neutrones siguiendo los cálculos para enanas blancas de Chandrasekhar, pero sólo después de hacer dos cambios cruciales: en primer lugar, en una enana blanca la presión se debe a los electrones, y en una estrella de neutrones se debe a los neutrones, de modo que la *ecuación de estado* (la relación entre presión y densidad) será diferente. En segundo lugar, en una enana blanca la gravedad es lo suficientemente débil para que pueda describirse bien tanto por las leyes de Newton como por la relatividad general de Einstein; las dos descripciones darán casi exactamente las mismas predicciones, de modo que Chandrasekhar eligió la descripción más simple, la de Newton. Por el contrario, en una estrella de neutrones, con su circunferencia mucho más pequeña, la gravedad es tan fuerte que la utilización de las leyes de Newton podría dar lugar a graves errores, de modo que Oppenheimer tendría que describir la gravedad mediante las leyes de la relatividad general de Einstein.* Salvo estos dos cambios —una nueva ecuación de es-

---

* Véase la exposición en la última sección del capítulo 1 («La naturaleza de la ley física»), de la relación entre diferentes descripciones de las leyes de la física y sus dominios de validez.

tado (presión neutrónica en lugar de electrónica) y una nueva descripción de la gravedad (la de Einstein en lugar de la de Newton)— el cálculo de Oppenheimer sería el mismo que el de Chandrasekhar.

Habiendo llegado hasta aquí, Oppenheimer estaba listo para ceder los detalles del cálculo a un estudiante. Escogió a George Volkoff, un joven de Toronto, que había emigrado de Rusia en 1924.

Oppenheimer explicó el problema a Volkoff y le dijo que la descripción matemática de la gravedad que necesitaba utilizar estaba en el libro de texto que había escrito Richard Tolman, *Relativity, Thermodynamics and Cosmology.* Sin embargo, la ecuación de estado para la presión neutrónica era algo más difícil porque la presión estaría influida por la fuerza nuclear (con la que los neutrones se repelen y se atraen mutuamente). Aunque la fuerza nuclear estaba empezando a entenderse bien a las densidades que hay dentro de los núcleos atómicos, se entendía muy poco a las densidades mayores a las que se encontrarían los neutrones en el interior profundo de una estrella de neutrones masiva. Los físicos ni siquiera sabían si la fuerza nuclear era atractiva o repulsiva a estas densidades (si los neutrones se atraían o se repelían), y por consiguiente no había forma de saber si la fuerza nuclear reducía la presión de los neutrones o la incrementaba. Pero Oppenheimer tenía una estrategia para tratar estas incógnitas.

Supongamos, en primer lugar, que la fuerza nuclear no existe, sugirió Oppenheimer a Volkoff. Entonces toda la presión será de un tipo bien conocido; será presión de degeneración neutrónica (presión producida por los movimientos «claustrofóbicos» de los neutrones). Equilibremos esta presión de degeneración neutrónica con la gravedad y, a partir del equilibrio, calculemos las estructuras y masas que tendrían las estrellas de neutrones en un universo sin ninguna fuerza nuclear. Después de esto, tratemos de estimar cómo cambiarían las estructuras y las masas de las estrellas si, en nuestro Universo real, la fuerza nuclear se comporta de esta aquella, o alguna otra forma.

Con semejantes instrucciones bien planteadas era difícil fallar. Sólo fueron necesarios unos días para que Volkoff, guiado por las discusiones diarias con Oppenheimer y por el libro de Tolman, derivase la descripción relativista general de la gravedad en el interior de una estrella de neutrones. Y sólo le llevó unos días traducir la ecuación de estado bien conocida para la presión de degeneración electrónica a una ecuación para la presión de degeneración neutrónica. Equilibrando la presión y la gravedad, Volkoff obtuvo una complicada ecuación diferencial cuya solución le diría la estructura interna de la estrella. Ahí se quedó bloqueado. Por mucho que lo intentase, Volkoff no podía resolver su ecuación diferencial para obtener una fórmula para la estructura de la estrella; por consiguiente, como hizo Chandrasekhar con las enanas blancas, se vio obligado a resolver su ecuación numéricamente. Del mismo modo que Chandrasekhar había pasado muchos días en 1934 apretando los botones de la calculadora Braunschweiger de Eddington para calcular la estructura análoga de las enanas blancas, también Volkoff trabajó durante gran parte de noviembre y diciembre de 1938, apretando los botones de una calculadora Marchant.

Mientras Volkoff apretaba botones en Berkeley, Richard Tolman en Pasadena tomó un camino diferente: él prefería sobre todo expresar la estructura estelar en términos de fórmulas en lugar de simples números en una calculadora. Una sola fórmula podría englobar toda la información contenida en muchísimas tablas de números. Si pudiera obtener la fórmula correcta, contendría simultáneamente las estructuras de estrellas de 1 masa solar, 2 masas solares, 5 masas solares —cualquier masa. Pero incluso con sus brillantes habilidades matemáticas, Tolman fue incapaz de resolver la ecuación de Volkoff en términos de fórmulas.

> Por otro lado —argumentaba presumiblemente Tolman para sí mismo—, sabemos que la ecuación de estado correcta no es realmente la que Volkoff está utilizando. Volkoff ha ignorado la fuerza nuclear; y puesto que no conocemos los detalles de dicha fuerza a altas densidades, tampoco conocemos la ecuación de estado correcta. Por lo tanto, yo me plantearé una cuestión diferente de la de Volkoff. Me plantearé cómo dependen las masas de las estrellas de neutrones de la ecuación de estado. Supondré que la ecuación de estado es muy «rígida», es decir, que da presiones excepcionalmente altas, y preguntaré cuáles serían las masas de las estrellas de neutrones en ese caso. Luego supondré que la ecuación de estado es muy «blanda», es decir, que da presiones excepcionalmente bajas, y preguntaré cuáles serían entonces las masas de las estrellas de neutrones. En cada caso, ajustaré la ecuación de estado hipotética en una forma para la que puedo resolver la ecuación diferencial de Volkoff en fórmulas. Aunque la ecuación de estado que yo utilizo probablemente no será la correcta, aun así mis cálculos me darán una idea general de cuáles podrían ser las masas de las estrellas de neutrones si la naturaleza escogiera una ecuación de estado rígida, y cuáles podrían ser si la naturaleza escogiese una ecuación de estado blanda.

El 19 de octubre, Tolman envió una larga carta a Oppenheimer describiendo algunas de las fórmulas de las estructuras estelares y las masas de las estrellas de neutrones que él había derivado para varias ecuaciones de estado hipotéticas. Aproximadamente una semana más tarde, Oppenheimer viajó a Pasadena para pasar algunos días hablando con Tolman sobre el proyecto. El 9 de noviembre, Tolman escribió a Oppenheimer otra larga carta con más fórmulas.[27] Mientras tanto, Volkoff estaba apretando los botones en su calculadora Marchant. A comienzos de diciembre, Volkoff terminó. Tenía modelos numéricos para estrellas de neutrones con masas de 0,3, 0,6 y 0,7 masas solares; y había encontrado que, *si no existiese fuerza nuclear en nuestro Universo, las estrellas de neutrones serían siempre menos masivas que 0,7 masas solares.*

¡Qué sorpresa! Las estimaciones rudimentarias de Oppenheimer, antes de que Volkoff empezase a calcular, habían dado una masa máxima de 6 masas solares. Para proteger a las estrellas masivas contra la formación de agujeros negros, el cálculo detallado habría tenido que elevar la masa máxima hasta un centenar de soles o más. En lugar de ello, llevaba la masa hacia abajo, hasta 0,7 masas solares.

Tolman fue a Berkeley para conocer más detalles. Cincuenta años más tarde Volkoff recordaba la escena con agrado:

> Recuerdo que estaba muy impresionado por tener que explicar a Oppenheimer y Tolman lo que había hecho. Estábamos sentados en el césped del club de la vieja facultad en Berkeley. Entre los bonitos prados y los árboles altos, aquí estaban estos dos venerados caballeros y allí estaba yo, un estudiante licenciado a punto de terminar mi doctorado, explicando mis cálculos.[28]

Ahora que ellos conocían las masas de las estrellas de neutrones en un universo idealizado sin fuerza nuclear, Oppenheimer y Volkoff estaban listos para estimar la influencia de la fuerza nuclear. Aquí las fórmulas que Tolman había desarrollado cuidadosamente para varias ecuaciones de estado hipotéticas eran muy útiles. A partir de las fórmulas de Tolman se podía ver aproximadamente cómo cambiaría la estructura de la estrella si la fuerza nuclear fuera repulsiva y, por consiguiente, hiciera la ecuación de estado más «rígida» que la que Volkoff había utilizado, y cómo sería el cambio si fuera atractiva e hiciera así la ecuación de estado más «blanda». Dentro del rango de las fuerzas nucleares previsibles, estos cambios no eran grandes. Aún debía haber una masa máxima para las estrellas de neutrones, concluyeron Tolman, Oppenheimer y Volkoff, y debía estar en algún lugar entre media masa solar y varias masas solares.[29]

acoger a las estrellas masivas. ¿Se podía concebir entonces alguna forma de que las estrellas masivas evitaran una muerte de agujero negro? Sí; había dos formas.

En primer lugar, todas las estrellas masivas podrían expulsar tanta masa a medida que envejecieran (por ejemplo, expulsando fuertes vientos desde su superficie o mediante explosiones nucleares) que la redujeran por debajo de 1,4 masas solares hasta entrar en el cementerio de las enanas blancas, o (si uno creía en el mecanismo de Zwicky para las supernovas, lo que pocas personas hacían) podrían expulsar tanta materia en explosiones de supernova que se reducirían por debajo de 1 masa solar durante la explosión y se desviarían hacia el cementerio de las estrellas de neutrones. La mayoría de los astrónomos en las décadas de los cuarenta y los cincuenta —si es que pensaban algo sobre la cuestión— defendían esta opinión.

En segundo lugar, además de los cementerios de enanas blancas, estrellas de neutrones y agujeros negros, podría haber un cuarto cementerio para las estrellas masivas, un cementerio desconocido en los años treinta. Por ejemplo, se podría imaginar un cementerio en la figura 5.3 en circunferencias intermedias entre las estrellas de neutrones y las enanas blancas —de algunos cientos o un millar de kilómetros. La contracción de una estrella masiva podría detenerse en un cementerio semejante antes de que la estrella se hiciese suficientemente pequeña para formar o bien una estrella de neutrones o bien un agujero negro.

Si no hubiese sido por la segunda guerra mundial y la posterior guerra fría, Oppenheimer y sus estudiantes, u otros, habrían explorado probablemente tal posibilidad en los años cuarenta y habrían demostrado firmemente que no existe tal cuarto cementerio.

Sin embargo, la segunda guerra mundial *sí* entró en juego y absorbió las energías de casi todos los físicos teóricos del mundo; terminada la guerra, los programas intensivos para desarrollar las bombas de hidrógeno retrasaron aún más la vuelta de los físicos a la normalidad (véase el próximo capítulo).

Finalmente, a mediados de los años cincuenta, dos físicos salieron de sus respectivas dedicaciones a la bomba de hidrógeno y recogieron el problema donde Oppenheimer y sus estudiantes lo habían dejado. Estos físicos eran John Archibald Wheeler, en la Universidad de Princeton, y Yakov Borisovich Zel'dovich, en el Instituto de Matemáticas Aplicadas de Moscú —dos físicos soberbios, que serán figuras capitales en lo que queda de este libro.

Wheeler

En marzo de 1956, Wheeler dedicó varios días a estudiar los artículos de Chandrasekhar, Landau y Oppenheimer y Volkoff.[30] Aquí, reconoció, había un misterio digno de ser explorado. ¿Realmente podría ser cierto que las estrellas más masivas que aproximadamente 1,4 soles no tuvieran otra elección, cuando morían, que formar agujeros negros? «De todas las consecuencias de la relatividad general para la estructura y evolución del Universo, esta cuestión del destino de las grandes masas de materia es una de las más desafiantes», escribió Wheeler poco después; y se propuso completar el examen de los cementerios estelares que Chandrasekhar, Oppenheimer y Volkoff habían empezado.

Para precisar su tarea, Wheeler formuló una detallada caracterización del tipo de materia del que deberían estar constituidas las estrellas frías muertas: la denominó *materia en el punto final de la evolución termonuclear*, puesto que la palabra *termonuclear* se había hecho popular para las reacciones de fusión que producen la combustión nuclear en las estrellas y también la bomba de hidrógeno. Dicha materia sería absolutamente fría y habría quemado completamente su combustible nuclear; no habría forma de extraer, mediante ningún tipo de reacción nuclear, ninguna energía de los núcleos de la materia. Por esta razón, en este libro se utilizará el calificativo de *materia fría muerta* en lugar de «materia en el punto final de la evolución termonuclear».

Wheeler se planteó el objetivo de comprender *todos* los objetos que pueden estar hechos de materia fría muerta. Estos incluirían objetos pequeños como bolas de hierro, objetos más pesados tales como planetas fríos muertos hechos de hierro, y objetos aún más pesados: enanas blancas, estrellas de neutrones, y cualquier otro tipo de objetos fríos muertos que permitan las leyes de la física. Wheeler quería un catálogo *general* de las cosas frías muertas.

Wheeler trabajaba de una manera muy parecida a la de Oppenheimer, rodeado de estudiantes y postdocs. De entre ellos seleccionó a B. Kent Harrison,

John Archibald Wheeler, *c.* 1954. (Foto de Blackstone-Shelburne, Nueva York; cortesía de J. A. Wheeler.)

un severo mormón de Utah, para calcular los detalles de la ecuación de estado para la materia fría muerta. Esta ecuación de estado describiría cómo aumenta la presión de dicha materia a medida que se la comprime gradualmente a densidades cada vez mayores —o, lo que es equivalente, cómo cambia su resistencia a la compresión cuando aumenta su densidad.

Wheeler estaba excelentemente preparado para ofrecer guía a Harrison en el cálculo de la ecuación de estado para la materia fría muerta, pues era uno de los más grandes expertos del mundo en las leyes de la física que gobiernan la estructura de la materia: las leyes de la mecánica cuántica y la física nuclear. Durante los veinte años anteriores había elaborado potentes modelos matemáticos para describir el comportamiento de los núcleos atómicos; junto con Niels Bohr había desarrollado las leyes de la fisión nuclear (la división de núcleos atómicos pesados tales como uranio y plutonio, el principio que subyace a la bomba atómica); y había sido el líder de un equipo que diseñó la bomba de hidrógeno norteamericana[31] (capítulo 6). Basándose en esta experiencia, Wheeler guió a Harrison por los vericuetos del análisis.

El resultado de sus análisis, la ecuación de estado para la materia fría muerta, se muestra y discute en el recuadro 5.5. A las densidades de las enanas blancas era la misma ecuación de estado que Chandrasekhar había utilizado en sus estudios de enanas blancas (capítulo 4); a las densidades de las estrellas de neutrones, era la misma que Oppenheimer y Volkoff habían utilizado (recuadro 5.4); a densidades menores que las de las enanas blancas y entre las enanas blancas y las estrellas de neutrones, era completamente nueva.

Disponiendo de esta ecuación de estado para la materia fría muerta, John Wheeler pidió a Masami Wakano, un postdoc japonés, que hiciera con ella lo que Volkoff había hecho para las estrellas de neutrones y Chandrasekhar para las enanas blancas: combinar la ecuación de estado con la ecuación de la relatividad general que describe el equilibrio de gravedad y presión en el interior de una estrella y, a partir de dicha combinación, deducir una ecuación diferencial que describiera la estructura de la estrella; a continuación, resolver numéricamente la ecuación diferencial. Los cálculos numéricos proporcionarían los detalles de las estructuras internas de todas las estrellas frías muertas y, lo que es más importante, las masas de las estrellas.

Los cálculos para la estructura de una estrella sencilla (la distribución de densidad, presión y gravedad en el interior de la estrella) habían exigido a Chandrasekhar y Volkoff muchos días de trabajo apretando los botones de sus calculadoras en Cambridge y Berkeley en los años treinta. Por el contrario, Wakano tuvo a su disposición en Princeton en los años cincuenta uno de los primeros ordenadores digitales del mundo, el MANIAC —una habitación llena de válvulas de vacío y cables que había sido construida en el Instituto para Estudio Avanzado de Princeton para ser utilizada en el diseño de la bomba de hidrógeno. Con el MANIAC, Wakano pudo desentrañar la estructura de cada estrella en menos de una hora.

Los resultados de los cálculos de Wakano se muestran en la figura 5.5. *Esta figura es el catálogo firme y definitivo de los objetos fríos muertos; responde a todas las preguntas que planteamos antes en este capítulo en nuestra discusión de la figura 5.3.*

En la figura 5.5 la circunferencia de una estrella se representa hacia la derecha, y su masa hacia arriba. Cualquier estrella con una circunferencia y masa en la región blanca de la figura tiene una gravedad interna más fuerte que su presión, de modo que su gravedad hace que la estrella se contraiga hacia la izquierda en el diagrama. Cualquier estrella en la región rayada tiene una presión más fuerte que su gravedad, de modo que su presión hace que la estrella se expanda hacia la derecha en el diagrama. Sólo a lo largo de la frontera entre la

RECUADRO 5.5

La ecuación de estado de Harrison-Wheeler para la materia fría muerta[32]

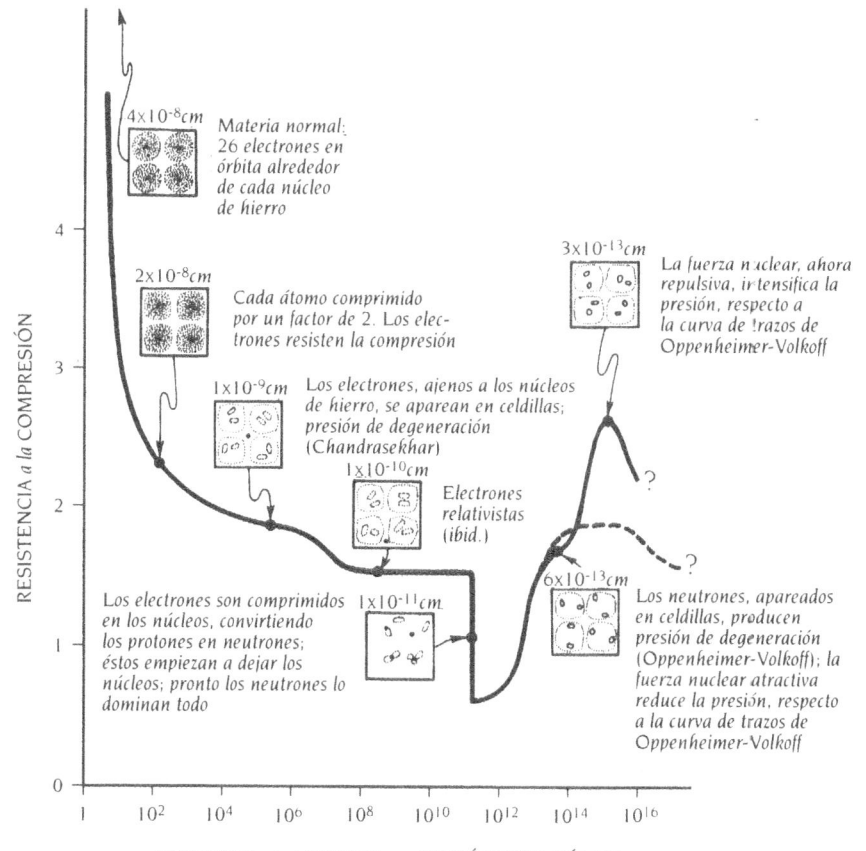

El dibujo superior muestra la ecuación de estado de Harrison-Wheeler. En horizontal se representa la densidad de la materia. En vertical se representa su resistencia a la compresión (o coeficiente de compresión adiabática, como a los físicos les gusta llamarlo): el incremento porcentual en la presión que acompaña a un incremento de un 1 por 100 en la densidad. Los recuadros junto a la curva muestran lo que le sucede a la materia a nivel microscópico, cuando se comprime desde bajas hasta altas densidades. El tamaño de cada recuadro, en centímetros, está señalado a lo largo del borde superior de cada uno de ellos.

A densidades normales (límite izquierdo de la figura), la materia fría muerta está compuesta de hierro. Si los núcleos atómicos de la materia fueran más pesados que el hierro, se podría liberar energía separándolos para obtener hierro (fisión nuclear, como en una bomba atómica). Si sus núcleos fueran más ligeros que el hierro, se podría liberar energía uniéndolos para formar hierro (fusión nuclear, como en la bomba de hidrógeno). Una vez en forma de hierro, la materia no puede liberar energía nuclear por ningún medio. La fuerza nuclear mantiene a los neutrones y a los protones más estrechamente ligados cuando forman núcleos de hierro que cuando forman cualquier otro tipo de núcleo atómico.

A medida que el hierro se comprime desde su densidad normal de 7,6 gramos por centímetro cúbico hasta una densidad de 100 y luego 1.000 gramos por centímetro cúbico, el hierro resiste de la misma forma que una roca resiste a la compresión: los electrones de cada átomo protestan con movimientos «claustrofóbicos» (tipo degeneración) contra su confinamiento por los electrones de los átomos adyacentes. La resistencia inicial es enorme, no porque las fuerzas repulsivas sean especialmente fuertes, sino más bien porque la presión de partida, a baja densidad, es muy baja. (Recuérdese que la resistencia es el incremento porcentual de la presión que acompaña a un incremento del 1 por 100 en la densidad. Cuando la presión es muy baja, un fuerte incremento de la presión representa un enorme incremento porcentual y, por lo tanto, una enorme «resistencia». Más adelante, a densidades mayores cuando la presión ha aumentado, un fuerte incremento de la presión representa un incremento porcentual mucho más modesto y, por consiguiente, una resistencia más modesta.)

Inicialmente, a medida que la materia fría se comprime, los electrones se congregan estrechamente en torno a sus núcleos de hierro formando nubes electrónicas constituidas por orbitales electrónicos. (Realmente hay dos electrones, no uno, en cada orbital —una sutileza que pasamos por alto en el capítulo 4 pero discutimos brevemente en el recuadro 5.1.) A medida que sigue la compresión cada orbital y sus dos electrones quedan confinados gradualmente en una celda espacial cada vez más pequeña; los electrones claustrofóbicos protestan de este confinamiento haciéndose más tipo onda y desarrollando movimientos claustrofóbicos erráticos de alta velocidad («movimientos de degeneración»; véase el capítulo 4). Cuando la densidad ha alcanzado 10^5 (100.000) gramos por centímetro cúbico, los movimientos de degeneración de los electrones y la presión de degeneración a que dan lugar se han hecho tan grandes que superan completamente a las fuerzas eléctricas con las que los núcleos atraen a los electrones. Los electrones ya no pueden congregarse en torno al núcleo de hierro; ignoran completamente el núcleo. La materia fría muerta, que empezó como un montón de hierro, se ha convertido ahora en el tipo de material del que están hechas las enanas blancas, y su ecuación de estado se ha transformado en la que calcularon Chandrasekhar, Anderson y Stoner a comienzos de los años treinta (figura 4.3): una resistencia de 5/3, que luego varía monótonamente para empalmar con el valor 4/3 a una densidad de aproximadamente 10^7 gramos por centímetro cúbico, cuando las velocidades erráticas de los electrones se aproximan a la velocidad de la luz.

La transición de la materia de las enanas blancas a la materia de las estrellas de neutrones comienza a una densidad de 4×10^{11} gramos por centímetro cúbico, según los cálculos de Harrison-Wheeler. Los cálculos muestran varias fases hacia la transición: en la primera fase, los electrones empiezan a quedar comprimidos en los núcleos atómicos, y los protones de los núcleos los engullen para formar neutrones. La materia, habiendo perdido de esta forma parte de sus electrones con su presión sustentadora, se hace repentinamente mucho menos resistente a la compresión; esto provoca la brusca caída en la ecuación de estado (véase el diagrama *supra*). Conforme continúa esta primera fase y la resistencia disminuye drásticamente, los núcleos atómicos se cargan cada vez más de neutrones, desencadenando una segunda fase. Los neutrones empiezan a apretarse (comprimirse) fuera de los núcleos y en el espacio entre ellos junto con los pocos electrones restantes. Estos neutrones apretados, como los electrones, protestan contra la compresión continua con una presión de degeneración propia. Esta presión de degeneración neutrónica detiene la caída en picado de la ecuación de estado; la resistencia a la compresión se recupera y empieza a crecer. En la tercera fase, a densidades entre aproximadamente 10^{12} y 4×10^{12} gramos por centímetro cúbico, cada núcleo cargado de neutrones se desintegra completamente, es decir, se rompe en neutrones individuales formando el gas de neutrones estudiado por Oppenheimer y Volkoff, más una minúscula fracción de electrones y protones. A partir de dicha densidad y hacia arriba, la ecuación de estado toma la forma de la estrella de neutrones de Oppenheimer-Volkoff (curva de trazos en el diagrama cuando se ignoran las fuerzas nucleares; curva continua cuando se usan las mejores estimaciones de los años noventa sobre la influencia de las fuerzas nucleares).

zona blanca y la rayada se equilibran perfectamente la gravedad y la presión; por lo tanto, la curva frontera es la curva de las estrellas frías muertas que están en equilibrio presión/gravedad.

Cuando nos movemos a lo largo de esta *curva de equilibrio* estamos recorriendo «estrellas» muertas de densidades cada vez mayores. A las más bajas densidades (a lo largo del límite inferior de la figura y principalmente ocultas a la vista), estas «estrellas» no son estrellas en absoluto; más bien se trata de planetas fríos hecho de hierro. (Cuando Júpiter agote finalmente su suministro interno de calor radioactivo y se enfríe, quedará cerca del punto más a la derecha de la curva de equilibrio, a pesar de que está hecho principalmente de hidrógeno y no de hierro.) A densidades mayores que los planetas se encuentran las enanas blancas de Chandrasekhar.

Cuando alcanzamos el punto más alto de la parte de enana blanca de la curva (la enana blanca con la masa máxima de Chandrasekhar de 1,4 soles)*

* En realidad, la masa máxima de una enana blanca en la figura 5.5 (cálculo de Wakano) es de 1,2 soles, que es ligeramente menor que los 1,4 soles que calculó Chandrasekhar. La diferencia se debe a una composición química diferente: las estrellas de Wakano estaban constituidas de «ma-

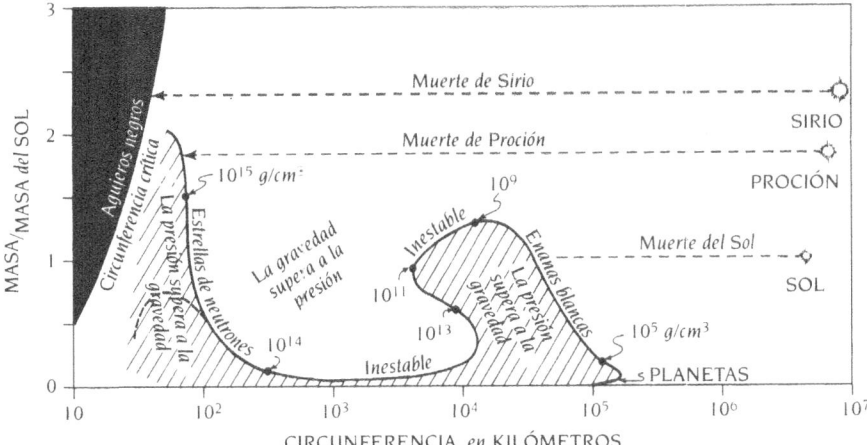

5.5.   Las circunferencias (representadas en horizontal), masas (representadas en vertical) y densidades centrales (indicadas sobre la curva) para estrellas frías muertas, calculadas por Masami Wakano bajo la dirección de John Wheeler, utilizando la ecuación
de estado del recuadro 5.5. A densidades centrales por encima de las de un núcleo atómico (por encima de 2 × 10^{14} gramos por centímetro cúbico), la curva continua es una
curva moderna, de los años noventa, que toma en cuenta adecuadamente la fuerza nuclear, y la curva de trazos es la de Oppenheimer y Volkoff sin fuerzas nucleares.[33]

y luego nos movemos hacia densidades aún más altas, encontramos estrellas
frías muertas que no pueden existir en la naturaleza porque son inestables frente a la implosión o la explosión (recuadro 5.6). Cuando nos movemos desde
las densidades de enanas blancas hasta las densidades de estrellas de neutrones, las masas de estas estrellas en equilibrio inestable decrecen hasta que alcanzan un mínimo de aproximadamente 0,1 masas solares con una circunferencia de 1.000 kilómetros y una densidad central de 3 × 10^{13} gramos por
centímetro cúbico. Esta es la primera de las estrellas de neutrones; es el «núcleo
de neutrones» que Oppenheimer y Serber estudiaron y para el que demostraron que posiblemente no puede ser tan ligero como las 0,001 masas solares que
quería Landau para un núcleo en el interior del Sol.

Moviéndonos a lo largo de la curva de equilibrio encontramos toda la familia de estrellas de neutrones, con masas que abarcan desde 0,1 a alrededor de
2 soles. La masa máxima de aproximadamente 2 soles para una estrella de neu-

---

teria fría muerta» (hierro en su mayor parte), cuyo número de electrones es un 46 por 100 del número de nucleones (neutrones y protones). Las estrellas de Chandrasekhar estaban constituidas
de elementos tales como helio, carbono, nitrógeno y oxígeno, cuyo número de electrones es el 50
por 100 del número de nucleones. De hecho, la mayoría de las enanas blancas en nuestro Universo
se acercan más a las de Chandrasekhar que a las de Wakano. Esta es la razón de que, en este libro,
cite invariablemente el valor de Chandrasekhar de 1,4 soles para la masa máxima.

RECUADRO 5.6

Habitantes inestables del hueco entre las enanas blancas y las estrellas de neutrones

A lo largo de la curva de equilibrio de la figura 5.5, todas las estrellas comprendidas entre las enanas blancas y las estrellas de neutrones son inestables. Un ejemplo es la estrella con una densidad central de 10^{13} gramos por centímetro cúbico, cuya masa y circunferencia son las del punto marcado 10^{13} en la figura 5.5. En el punto 10^{13} esta estrella está en equilibrio; su gravedad y su presión se equilibran perfectamente. Sin embargo, la estrella es tan inestable como un lápiz descansando sobre su punta.

Si alguna minúscula fuerza aleatoria (por ejemplo, la caída de gas interestelar en la estrella) comprime la estrella un poco más, es decir, reduce su circunferencia de modo que la lleva un poco hacia la izquierda de la figura 5.5 dentro de la región blanca, entonces la gravedad de la estrella empezará a superar a su presión y atraerá a la estrella hacia una implosión; cuando la estrella implosione, se moverá aún más hacia la izquierda en la figura 5.5 hasta que cruce la curva de estrella de neutrones y entre en la región rayada; allí su presión de neutrones se disparará, frenará la implosión y empujará la superficie de la estrella hacia afuera hasta que la estrella se asiente en una tumba de estrella de neutrones, sobre la curva de estrella de neutrones.

Por el contrario, si cuando la estrella está en el punto 10^{13}, en lugar de ser comprimida hacia adentro por una fuerza aleatoria minúscula, su superficie es empujada ligeramente hacia afuera (por ejemplo, por un incremento aleatorio en los movimientos erráticos de sus neutrones), entonces entrará en la región rayada donde la presión supera a la gravedad; la presión de la estrella hará entonces que su superficie explote hacia afuera atravesando la curva de enana blanca para penetrar en la región blanca de la figura; y allí su gravedad aumentará y la hará volver a la curva de enanas blancas y a una tumba de enana blanca.

Esta inestabilidad (comprímase la estrella 10^{13} una cantidad minúscula e implosionará para convertirse en una estrella de neutrones; expándase una cantidad minúscula y explotará para convertirse en una enana blanca) significa que ninguna estrella real puede vivir mucho tiempo en el punto 10^{13} —o en cualquier otro punto a lo largo de la porción de la curva de equilibrio señalada «inestable».

trones es algo incierta, incluso en los años noventa, porque todavía no se entiende bien el comportamiento de la fuerza nuclear a densidades muy altas. El máximo podría ser tan bajo como 1,5 soles pero no mucho menor, o tan alto como 3 soles pero no mucho mayor.

En el pico de la curva de equilibrio a (aproximadamente) 2 masas solares terminan las estrellas de neutrones. Cuando uno sigue moviéndose a lo largo de la curva a densidades aún más altas, las estrellas en equilibrio se hacen inestables de la misma forma que las situadas entre las enanas blancas y las estrellas de neutrones (recuadro 5.6). Debido a dicha inestabilidad, estas «estrellas», al igual que las situadas entre las enanas blancas y las estrellas de neutrones, no pueden existir en la naturaleza. Si se formaran, implosionarían inmediatamente para convertirse en agujeros negros o explosionarían para convertirse en estrellas de neutrones.

La figura 5.5 es absolutamente firme e inequívoca: *no* existe una tercera familia de objetos estables masivos, fríos y muertos situada entre las enanas blancas y las estrellas de neutrones. Por lo tanto, cuando estrellas tales como Sirio, que son más masivas que aproximadamente 2 soles, agotan su combustible nuclear, o bien deben expulsar todo su exceso de masa o bien implosionarán hacia adentro, superando las densidades de las enanas blancas y las densidades de las estrellas de neutrones, hasta entrar en la circunferencia crítica, donde hoy, en los años noventa, estamos completamente seguros de que deben formar agujeros negros. La implosión es obligatoria. Para estrellas de masa suficientemente grande, ni la presión de degeneración de los electrones ni la fuerza nuclear entre los neutrones puede detener la implosión. La gravedad aplasta incluso a la fuerza nuclear.

Queda, sin embargo, una salida, una vía para librar a todas las estrellas, incluso las más masivas, del destino de agujero negro: quizá *todas* las estrellas masivas expulsan masa suficiente al final de sus vidas (en vientos o explosiones), o durante sus muertes, para llevarlas por debajo de aproximadamente 2 soles de modo que puedan acabar en los cementerios de las estrellas de neutrones o las enanas blancas. Durante las décadas de los cuarenta y cincuenta, y comienzos de los sesenta, los astrónomos tendían a adoptar esta opinión cuando pensaban sobre la cuestión de los destinos finales de las estrellas. (En general, no obstante, no se ocupaban de esta cuestión. No existían datos observacionales que les empujasen a pensar sobre ello; y los datos observacionales que estaban reuniendo sobre otros tipos de objetos —estrellas normales, nebulosas, galaxias— eran lo suficientemente ricos, desafiantes y gratificantes como para absorber toda la atención de los astrónomos.)

Actualmente, en los años noventa, sabemos que las estrellas pesadas *sí* expulsan enormes cantidades de masa cuando envejecen y mueren; de hecho, expulsan tanta masa que la mayoría de la estrellas nacidas con masas tan grandes como 8 soles pierden masa suficiente para acabar en el cementerio de las enanas blancas, y la mayoría de las nacidas con masas entre 8 y 20 soles pierden masa suficiente para acabar en el cementerio de las estrellas de neutrones. De este modo, la naturaleza parece *casi* protegerse contra los agujeros negros. Pero no del todo: la preponderancia de los datos observacionales sugiere (aunque todavía no demuestra firmemente) que la mayoría de las estrellas que nacen con una masa mayor que alrededor de 20 soles siguen siendo tan pesadas cuando mueren que su presión no proporciona protección contra la gravedad. Cuando agotan su combustible nuclear y comienzan a enfriarse, la gravedad aplasta a su presión e implosionan para formar agujeros negros. Encontraremos algunos de los datos observacionales que sugieren esto en el capítulo 8.

* * *

Hay mucho que aprender sobre la naturaleza de la ciencia y los científicos a partir de los estudios realizados en los años treinta sobre las estrellas de neutrones y los núcleos de neutrones.

Los objetos que Oppenheimer y Volkoff estudiaron eran las estrellas de neutrones de Zwicky y no los núcleos de neutrones de Landau, ya que no tenían una capa envolvente de materia estelar. De todas formas, Oppenheimer tenía tan poco respeto por Zwicky que se negó a utilizar el nombre que les dio Zwicky e insistió en utilizar en su lugar el nombre de los objetos de Landau. Por ello, su artículo con Volkoff describiendo sus resultados, publicado en el número de *Physical Review* del 15 de febrero de 1939, lleva el título «Sobre núcleos masivos de neutrones».[34] Y para estar seguro de que nadie confundiría el origen de sus ideas sobre dichas estrellas, Oppenheimer llenó el artículo de referencias a Landau. Ni una sola vez citó la plétora de publicaciones anteriores de Zwicky sobre estrellas de neutrones.

Zwicky, por su parte, observaba en 1938 con creciente consternación cómo Tolman, Oppenheimer y Volkoff continuaban sus estudios sobre la estructura de las estrellas de neutrones. ¿Cómo podían hacer esto?, se preguntaba furioso. Las estrellas de neutrones eran sus criaturas, no las de ellos; ellos no tenían intereses en las estrellas de neutrones —y, además de eso, aunque Tolman le había hablado ocasionalmente, ¡Oppenheimer no le había consultado en absoluto!

No obstante, en la plétora de artículos que Zwicky había escrito sobre las estrellas de neutrones sólo había retórica y especulación, no detalles reales. Había estado tan ocupado llevando a cabo una investigación observacional capital (y de gran éxito) de las supernovas, y dando conferencias y escribiendo artículos sobre la idea de una estrella de neutrones y su papel en las supernovas, que nunca se había dedicado a tratar de resolver los detalles. Pero ahora su espíritu competitivo pedía acción. A comienzos de 1938 puso sus mayores esfuerzos en desarrollar una teoría matemática detallada de las estrellas de neutrones y ligarla a sus observaciones de supernovas. Su mejor trabajo fue publicado en el número de *Physical Review* del 15 de abril de 1939 bajo el título de «Sobre la teoría y observación de estrellas fuertemente colapsadas».[35] Su artículo es dos veces y media más largo que el de Oppenheimer y Volkoff; no contiene una sola referencia al artículo de Oppenheimer-Volkoff publicado dos meses antes, aunque cita un artículo subsidiario y menor de Volkoff en solitario; y no contiene nada memorable. De hecho, gran parte de él es sencillamente erróneo. Por el contrario, el artículo de Oppenheimer-Volkoff es un *tour de force,* elegante, rico en intuiciones, correcto en todos los detalles.

Pese a esto, Zwicky es venerado hoy, más de medio siglo después, por la invención del concepto de estrella de neutrones; por reconocer, correctamente, que las estrellas de neutrones se crean en explosiones de supernova y les dan energía; por probar observacionalmente, con Baade, que las supernovas son de hecho una clase especial de objetos astronómicos; por iniciar y llevar a cabo un estudio observacional definitivo y de décadas de duración de las supernovas —y por otras varias intuiciones no relacionadas con las estrellas de neutrones o las supernovas.

¿Cómo es posible que un hombre con una comprensión tan escasa de las leyes de la física pudiera haber sido tan clarividente? En mi opinión, reunía una notable combinación de rasgos de carácter: una comprensión suficiente de la física teórica para explicar las cosas al menos cualitativamente, si no cuantitativamente; una fuerte curiosidad para tratar con cualquier cosa que sucede en la física y la astronomía; una capacidad para discernir, intuitivamente, de una forma que pocos podrían hacer, conexiones entre fenómenos dispares; y, de no menor importancia, una fe tan grande en su propia vía interior a la verdad que no temía parecer un loco con sus especulaciones. Sabía que tenía razón (aunque a menudo no la tenía), y ninguna montaña de evidencias podría convencerle de lo contrario.

Landau, como Zwicky, tenía una gran seguridad en sí mismo y poco miedo a parecer un loco. Por ejemplo, no dudó en publicar su idea de 1931 de que las estrellas reciben energía de los núcleos estelares superdensos en los que fallan las leyes de la mecánica cuántica. En cuanto a dominio de la física teórica, Landau superaba totalmente a Zwicky; estaba entre los diez mejores físicos teóricos del siglo XX. Pero pese a ello, sus especulaciones eran erróneas y las de Zwicky eran correctas. El Sol *no* recibe energía de los núcleos de neutrones; las supernovas *sí* reciben energía de las estrellas de neutrones. ¿Fue Landau, al contrario que Zwicky, simplemente desafortunado? Quizá lo fue en parte. Pero hay otro factor: Zwicky estaba inmerso en la atmósfera de Monte Wilson, entonces el mayor centro del mundo para observaciones astronómicas. Y colaboraba con uno de los más grandes astrónomos observacionales del mundo, Walter Baade, quien era un maestro de los datos observacionales. Y en el Caltech podía hablar, y lo hacía casi diariamente, con los más grandes observadores de rayos cósmicos del mundo. Por el contrario, Landau no tenía apenas contacto directo con la astronomía observacional, y sus artículos lo demuestran. Sin tales contactos, no pudo desarrollar un agudo sentido de cómo son las cosas allí, muy lejos de la Tierra. El mayor triunfo de Landau lo constituyó su uso maestro de las leyes de la mecánica cuántica para explicar el fenómeno de la superfluidez, y en esta investigación trabajó en estrecha colaboración con el experimentador, Pyotr Kapitsa, quien estaba experimentando los detalles de la superfluidez.

Para Einstein, por contraste con Zwicky y Landau, el contacto estrecho entre observación y teoría fue de poca importancia; descubrió sus leyes gravitatorias de la relatividad general sin apenas intervención de la observación. Pero eso fue una rara excepción. Un rico intercambio entre observación y teoría resulta esencial para el progreso en la mayoría de las ramas de la física y la astronomía.

¿Y qué pasó con Oppenheimer, un hombre cuyo dominio de la física era comparable al de Landau? Su artículo, con Volkoff, sobre la estructura de las estrellas de neutrones es uno de los grandes artículos de astrofísica de todos los tiempos. Pero, por grande y bello que sea, «simplemente» completaba los detalles del concepto de estrella de neutrones. El concepto era, en realidad, la criatura de Zwicky —como lo eran las supernovas y la alimentación energética de las supernovas por la implosión de un núcleo estelar para formar una estrella de neutrones. ¿Por qué fue Oppenheimer, con todo lo que tenía a su favor, mucho menos innovador que Zwicky? Principalmente, creo yo, porque renunció —quizá incluso tenía miedo— a especular. Isador I. Rabi, un íntimo amigo y admirador de Oppenheimer, ha descrito esto de una forma mucho más profunda:

> Creo que en cierto modo Oppenheimer estaba sobreinstruido en aquellos campos que yacen fuera de la tradición científica, tales como su interés por la religión, y por la religión hindú en particular, que le producían un sensación de misterio en el Universo que le rodeaba casi como una nube. Veía la física claramente, mirando hacia lo que ya se había hecho, pero en la frontera tendía a sentir que había mucho más de misterio y novedad de lo que realmente había. No tenía la suficiente confianza en el poder de las herramientas intelectuales que ya poseía y no llevó su pensamiento hasta el límite porque sentía instintivamente que se necesitaban nuevas ideas y nuevos métodos para ir más lejos de donde él y sus estudiantes habían llegado.[36]

6

¿Implosión hacia qué?

*donde todo el armamento
de la física teórica
no puede evitar la conclusión:
la implosión produce agujeros negros* [1]

La confrontación era inevitable. Estos dos gigantes intelectuales, J. Robert Oppenheimer y John Archibald Wheeler, tenían puntos de vista tan diferentes sobre el Universo y sobre la condición humana que una y otra vez se encontraban en bandos opuestos acerca de cuestiones profundas: seguridad nacional, política de armas nucleares... y, ahora, agujeros negros.

El escenario fue una sala de conferencias en la Universidad de Bruselas. Oppenheimer y Wheeler, vecinos en Princeton, Nueva Jersey, se habían reunido allí, junto con otros treinta y un destacados físicos y astrónomos de todo el mundo, para discutir durante toda una semana sobre la estructura y evolución del Universo.

Era el martes 10 de junio de 1958. Wheeler acababa de presentar a los sabios allí reunidos los resultados de sus cálculos recientes con Kent Harrison y Masami Wakano: los cálculos que habían identificado inequívocamente las masas y circunferencias de todas las posibles estrellas frías muertas (capítulo 5). Había cubierto los huecos que faltaban en los cálculos de Chandrasekhar y Oppenheimer-Volkoff, y había confirmado sus conclusiones: la implosión es obligatoria cuando muere una estrella más masiva que aproximadamente 2 soles, y la implosión no puede producir una enana blanca, ni una estrella de neutrones, ni ningún otro tipo de estrella fría muerta, a menos que la estrella moribunda expulse masa suficiente para quedarse por debajo del límite de masa máxima de alrededor de 2 soles.

«De todas las implicaciones de la relatividad general para la estructura y evolución del Universo, esta cuestión del destino de las grandes masas de materia es una de las más desafiantes», afirmó Wheeler. En esto su audiencia podía estar de acuerdo. Luego Wheeler, en una casi repetición del ataque de Arthur Eddington a Chandrasekhar veinticuatro años antes (capítulo 4), expuso el punto de vista de Oppenheimer de que las estrellas masivas deben morir implosionando para formar agujeros negros, y luego se opuso a ello: tal implosión «no da una respuesta aceptable», afirmó Wheeler. ¿Por qué no? Esencialmente por la misma razón por la que la había rechazado Eddington; en palabras de Eddington, «debería existir una ley de la naturaleza que impida a una estrella comportarse de esta manera absurda». Pero había una diferencia profunda entre Eddington y Wheeler: mientras que el mecanismo especulativo de Eddington de 1935 para salvar al Universo de los agujeros negros fue inmediatamente tildado de falso por expertos tales como Niels Bohr, el mecanismo especulativo de Wheeler de 1958 no podía en esa época ser demostrado o refutado —y quince años más tarde resultaría ser parcialmente correcto (capítulo 12).

La especulación de Wheeler era ésta. Puesto que (en su opinión) la implosión hacia un agujero negro debe ser rechazada como físicamente implausible, «parecería no haber escapatoria a la conclusión de que los nucleones [neutrones y protones] en el centro de una estrella en implosión deben disolverse necesariamente en radiación, y esta radiación debe escapar de la estrella con rapidez suficiente para reducir su masa [por debajo de aproximadamente 2 soles]»[2] y permitirle desviarse hacia el cementerio de las estrellas de neutrones. Wheeler estaba dispuesto a reconocer que tal conversión de nucleones en radiación saliente estaba más allá de los límites de las leyes conocidas de la física. Sin embargo, tal conversión podría ser el resultado del todavía mal comprendido «matrimonio» de las leyes de la relatividad general con las leyes de la mecánica cuántica (capítulos 12-14). Para Wheeler, este era el aspecto más atractivo del «problema de las grandes masas»: lo absurdo de la implosión para formar un agujero negro le obligaba a contemplar un proceso físico enteramente nuevo (véase la figura 6.1).

Oppenheimer no quedó impresionado. Cuando Wheeler terminó de hablar, él fue el primero en tomar la palabra. Manteniendo una cortesía que no había mostrado cuando era joven, defendió su propia opinión:

> Yo no sé si masas sin rotación mucho más pesadas que el Sol se dan realmente en el curso de la evolución estelar; pero si lo hacen, creo que su implosión puede describirse dentro del marco de la relatividad general [sin recurrir a nuevas leyes de la física]. ¿No sería una hipótesis más sencilla la de que tales masas sufren una contracción gravitatoria continua y finalmente se aíslan cada vez más del resto del Universo [es decir, forman agujeros negros]? [véase la figura 6.1].

Wheeler fue igualmente cortés, pero se mantuvo firme. «Resulta muy difícil creer que el ''aislamiento gravitatorio'' sea una respuesta satisfactoria», afirmó.[3]

La confianza de Oppenheimer en los agujeros negros procedía de los cálculos detallados que él había realizado diecinueve años antes.

PUNTO DE VISTA DE OPPENHEIMER–SNYDER:

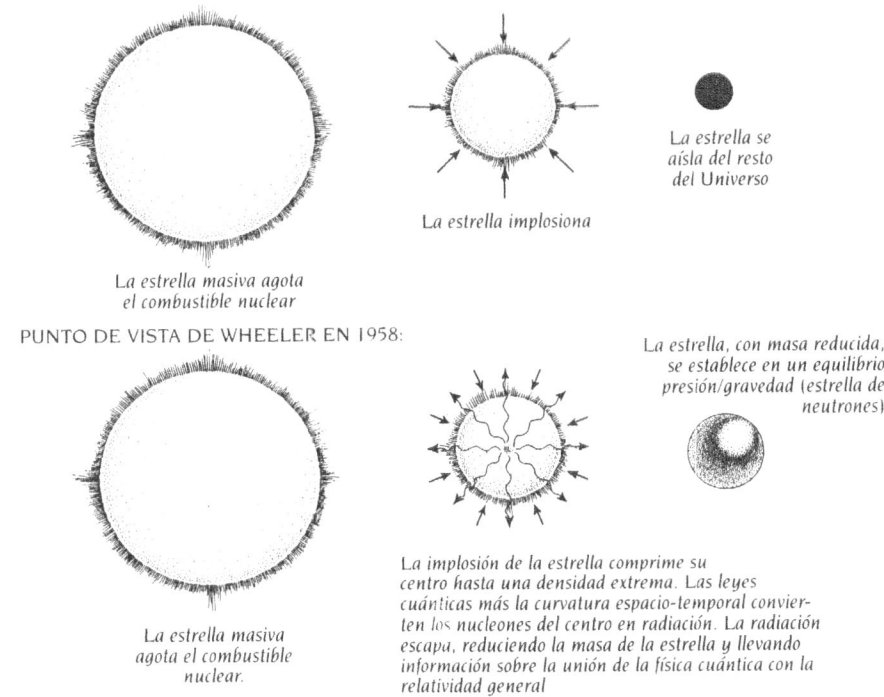

*La estrella masiva agota
el combustible nuclear*

La estrella implosiona

*La estrella se
aísla del resto
del Universo*

PUNTO DE VISTA DE WHEELER EN 1958:

*La estrella, con masa reducida,
se establece en un equilibrio
presión/gravedad (estrella de
neutrones)*

*La estrella masiva
agota el combustible
nuclear.*

*La implosión de la estrella comprime su
centro hasta una densidad extrema. Las leyes
cuánticas más la curvatura espacio-temporal convierten los nucleones del centro en radiación. La radiación
escapa, reduciendo la masa de la estrella y llevando
información sobre la unión de la física cuántica con la
relatividad general*

6.1.   Contraste entre los puntos de vista de Oppenheimer (*secuencia superior*) y de Wheeler en 1958 (*secuencia inferior*) de los destinos de las grandes masas.

El nacimiento de un agujero negro: una primera ojeada

En el invierno de 1938-1939, recién acabado su cálculo de las masas y circunferencias de las estrellas de neutrones con George Volkoff (capítulo 5), Oppenheimer estaba firmemente convencido de que las estrellas masivas deben implosionar cuando mueren. El siguiente desafío era obvio: utilizar las leyes de
la física para calcular los detalles de la implosión. ¿Qué aspecto tendría la implosión vista por alguien en órbita alrededor de la estrella? ¿Qué aspecto tendría vista por alguien situado en la superficie de la estrella? ¿Cuál sería el estado final de la estrella implosionada, miles de años después de la implosión?

Este cálculo no iba a ser fácil. Sus manipulaciones matemáticas serían las
más desafiantes que Oppenheimer y sus estudiantes hubieran emprendido nunca: las propiedades de la estrella en implosión cambiarían rápidamente en el
curso del tiempo, mientras que la estrella de neutrones de Oppenheimer-Volkoff
había sido estática, sin cambios. La curvatura espacio-temporal se haría enorme en el interior de la estrella en implosión, mientras que había sido mucho

más modesta en las estrellas de neutrones. Tratar con estas complicaciones requeriría un estudiante muy especial. La elección era obvia: Hartland Snyder.

Snyder era diferente de los demás estudiantes de Oppenheimer. Los otros procedían de la clase media; Snyder era de clase trabajadora. Corría el rumor en Berkeley de que era camionero en Utah antes de hacerse físico. Como recuerda Robert Serber, «Hartland desdeñaba un montón de cosas que eran normales para los estudiantes de Oppie, tales como apreciar a Bach y Mozart, oír cuartetos de cuerda y amar la comida exquisita y la política liberal».[4]

Los físicos nucleares del Caltech constituían un grupo más rudo que el entorno de Oppenheimer; en el viaje anual de primavera de Oppenheimer a Pasadena, Hartland se le unió. Dice William Fowler del Caltech:

> Oppie era extraordinariamente instruido; sabía de literatura, arte, música, sánscrito. Pero Hartland... él *sí* era como el resto de nosotros, un holgazán más. Le gustaban las fiestas del Kellogg Lab, donde Tommy Lauritsen tocaba el piano y Charlie Lauritsen [director del laboratorio] tocaba el violín y cantábamos canciones de colegiales y canciones de borrachos. De todos los estudiantes de Oppie, Hartland era el más independiente.[5]

Hartland también era mentalmente diferente. «Hartland tenía más talento para las dificultades matemáticas que el resto de nosotros —recuerda Serber—. Era muy bueno para mejorar los cálculos rudimentarios que el resto de nosotros hacíamos».[6] Fue esta capacidad lo que le hizo un candidato natural para el cálculo de la implosión.

Antes de embarcarse en el cálculo complicado y completo, Oppenheimer insistió (como siempre) en hacer primero un rápido examen del problema.[7] ¿Cuánto podía aprenderse con sólo un pequeño esfuerzo? La clave para este primer examen fue la geometría de Schwarzschild para el espacio-tiempo curvado fuera de una estrella (capítulo 3).

Schwarzschild había descubierto su geometría del espacio-tiempo como una solución a la ecuación de campo de la relatividad general de Einstein. Era la solución para el exterior de una estrella estática, una estrella que nunca implosiona, ni explosiona, ni late. Sin embargo, en 1923 George Birkhoff, un matemático de Harvard, había demostrado un notable teorema matemático: la geometría de Schwarzschild describe el exterior de cualquier estrella que sea esférica, incluyendo no sólo estrellas estáticas sino también estrellas en implosión, en explosión o pulsantes.

Así pues, para su rápido cálculo Oppenheimer y Snyder supusieron simplemente que una estrella esférica, al agotar su combustible nuclear, implosionaría indefinidamente; y, sin explorar qué sucede en el interior de la estrella, calcularon qué aspecto tendría la estrella en implosión para alguien que estuviese muy lejos. Fácilmente infirieron que, puesto que la geometría espacio-temporal fuera de la estrella en implosión es la misma que fuera de cualquier estrella estática, la estrella en implosión tendría un aspecto muy similar a una secuencia de estrellas estáticas, cada una de ellas más compacta que la anterior.

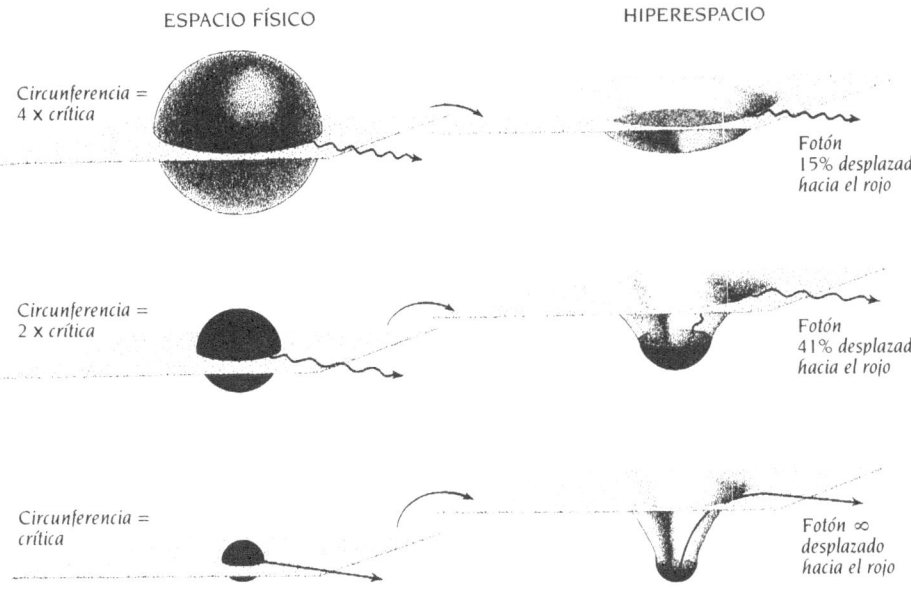

ESPACIO FÍSICO   HIPERESPACIO

Circunferencia =
4 × crítica

Fotón
15% desplazado
hacia el rojo

Circunferencia =
2 × crítica

Fotón
41% desplazado
hacia el rojo

Circunferencia =
crítica

Fotón ∞
desplazado
hacia el rojo

6.2.   (*Igual que la figura 3.4.*) Predicciones de la relatividad general para la curvatura del espacio y el desplazamiento hacia el rojo de la luz a partir de una secuencia de tres estrellas estáticas (que no implosionan) y altamente compactas que tienen todas la misma masa pero diferentes circunferencias.

Ahora bien, la apariencia externa de tales estrellas estáticas había sido estudiada dos décadas antes, alrededor de 1920. La figura 6.2 reproduce los *diagramas de inserción* que utilizamos en el capítulo 3 para discutir esta apariencia. Recordemos que cada diagrama de inserción representa la curvatura del espacio en el interior y en las proximidades de una estrella. Para hacer comprensible esta representación, el diagrama muestra la curvatura de sólo dos de las tres dimensiones del espacio: las dos dimensiones de una hoja que yace precisamente en el «plano» ecuatorial de la estrella (mitad izquierda de la figura). La curvatura del espacio en esta hoja se visualiza imaginando que sacamos la hoja de la estrella, y del espacio físico en el que nosotros y la estrella vivimos, y lo trasladamos a un *hiperespacio* ficticio plano (no curvado). En el hiperespacio no curvado, la hoja puede mantener su geometría curvada sólo pandeándose hacia abajo como un cuenco (mitad derecha de la figura).

La figura representa una secuencia de tres estrellas estáticas que imitan la implosión que Oppenheimer y Snyder estaban dispuestos a analizar. Las tres estrellas tienen la misma masa, pero cada una de ellas tiene una circunferencia diferente. La primera tiene una circunferencia cuatro veces mayor que la *circunferencia crítica* (cuatro veces mayor que la circunferencia para la que la gravedad de la estrella se haría tan intensa que formaría un agujero negro). La segunda tiene una circunferencia doble que la circunferencia crítica, y la tercera tiene precisamente la circunferencia crítica. Los diagramas de inserción muestran que cuanto más próxima está la estrella a su circunferencia crítica, más extrema es la curvatura del espacio que la rodea. Sin embargo, la curvatura no se hace infinitamente extrema. La geometría de tipo cóncavo es suave en todas partes, sin vértices abruptos ni puntas o crestas, incluso cuando la estrella está en su circunferencia crítica; es decir, la curvatura espacio-temporal no es infinita y, correspondientemente, puesto que las *fuerzas gravitatorias de marea* (los tipos de fuerzas que tiran de la cabeza y de los pies y producen las mareas en la Tierra) son la manifestación física de la curvatura espacio-temporal, la gravedad de marea no es infinita en la circunferencia crítica.

En el capítulo 3 discutimos también el destino de la luz emitida desde las superficies de las estrellas estáticas. Aprendimos que, puesto que el tiempo fluye más lentamente en la superficie de la estrella que muy lejos de ella (*dilatación gravitatoria del tiempo*), las ondas de luz emitidas desde la superficie de la estrella y recibidas a gran distancia tendrán un periodo de oscilación aumentado y, correspondientemente, una longitud de onda alargada y un color más rojo. La longitud de onda de la luz se desplazará hacia el extremo rojo del espectro a medida que la luz trata de salir del intenso campo gravitatorio de la estrella (*desplazamiento gravitatorio hacia el rojo*). Cuando la estrella estática es cuatro veces mayor que su circunferencia crítica, la longitud de onda de la luz se alarga en un 15 por 100 (véase el fotón de luz en la parte superior derecha de la figura); cuando la estrella es el doble de su circunferencia crítica, el desplazamiento hacia el rojo es de un 41 por 100 (parte central a la derecha); y cuando la estrella está exactamente en su circunferencia crítica, la longitud de onda de la luz está infinitamente desplazada hacia el rojo, lo que significa que la luz no conserva energía en absoluto y, por lo tanto, ha dejado de existir.

En su cálculo rápido, Oppenheimer y Snyder infirieron dos cosas de esta secuencia de estrellas estáticas: primero, al igual que estas estrellas estáticas, una estrella en implosión desarrollaría probablemente una fuerte curvatura espacio-temporal a medida que se aproxima a su circunferencia crítica, pero no una curvatura infinita ni, por lo tanto, fuerzas gravitatorias de marea infinitas. Segundo, conforme la estrella implosionase, la luz de su superficie debería desplazarse cada vez más hacia el rojo y, cuando alcanzase la circunferencia crítica, el desplazamiento hacia el rojo se habría hecho infinito, haciendo que la estrella deviniese completamente invisible. En palabras de Oppenheimer, la estrella debería «aislarse» visualmente de nuestro Universo externo.

¿No había ninguna forma, se preguntaban Oppenheimer y Snyder, de que las propiedades internas de la estrella —ignoradas en este cálculo rápido— pudieran librar a la estrella de su destino de aislamiento? Por ejemplo, ¿podría estar obligada la implosión a proceder tan lentamente que nunca, ni siquiera después de un tiempo infinito, se alcanzase realmente la circunferencia crítica?

A Oppenheimer y a Snyder les hubiera gustado responder a estas cuestiones calculando los detalles de una implosión estelar realista, como se muestra en la mitad izquierda de la figura 6.3. Cualquier estrella real girará, como lo hace

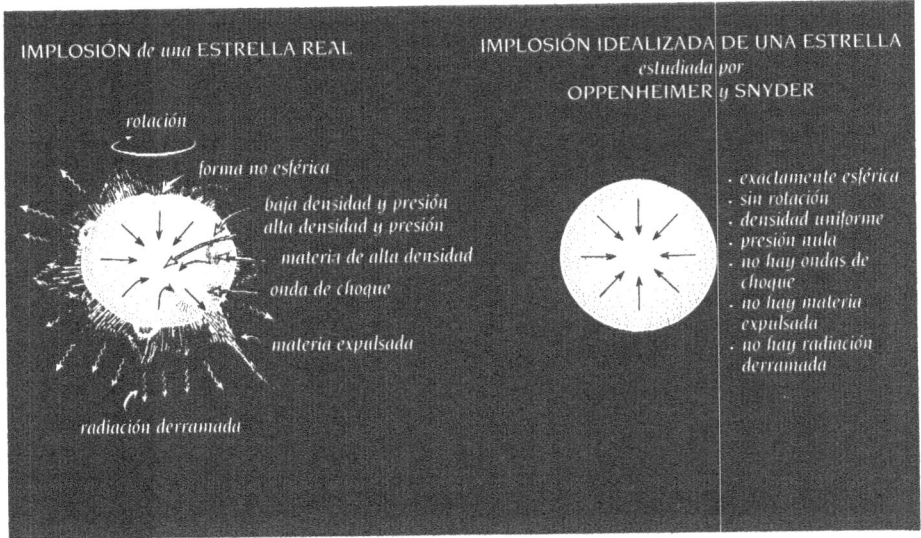

6.3. *Izquierda*: fenómenos físicos en una estrella realista en implosión. *Derecha*: la idealización que hicieron Oppenheimer y Snyder para calcular la implosión estelar.

la Tierra, al menos un poco. Las fuerzas centrífugas debidas a dicho giro obligarán al ecuador de la estrella a ensancharse al menos un poco, como lo hace el ecuador de la Tierra. Por lo tanto, la estrella no puede ser exactamente esférica. Conforme implosiona, la estrella debe girar cada vez más rápidamente como un patinador que encoge sus brazos; y este giro más rápido provocará que crezcan las fuerzas centrífugas en el interior de la estrella, haciendo más pronunciado el ensanchamiento ecuatorial —suficientemente pronunciado, quizá, para que incluso detenga la implosión, con las fuerzas centrífugas compensando entonces exactamente la atracción de la gravedad. Cualquier estrella real tiene altas densidades y presiones en su centro, y densidades y presiones más bajas en sus capas externas; cuando implosiona, se desarrollarán aquí y allí grumos de alta densidad como las pasas en un pudín de pasas. Además, la materia gaseosa de la estrella, cuando ésta implosiona, formará ondas de choque —análogas a las olas de los maremotos oceánicos— y estos choques pueden expulsar materia y masa de algunas partes de la superficie de la estrella de la misma forma que una ola del océano puede arrojar gotas de agua al aire. Finalmente, la estrella derramará radiación (ondas electromagnéticas, ondas gravitatorias, neutrinos) que se llevará parte de la masa.

A Oppenheimer y a Snyder les hubiera gustado incluir todos estos efectos en sus cálculos, pero hacerlo era una tarea formidable que sobrepasaba con mucho las capacidades de cualquier físico o máquina computadora en 1939. Sólo sería factible con la llegada de los superordenadores en los años ochenta. Por lo tanto, para poder hacer cualquier progreso era necesario construir un modelo idealizado de la estrella en implosión y luego calcular las predicciones de las leyes de la física para dicho modelo.

Tales idealizaciones eran el punto fuerte de Oppenheimer: cuando se enfrentaba con una situación terriblemente compleja como ésta, él podía discernir casi infaliblemente qué fenómenos eran de importancia crucial y cuáles eran secundarios.

Para una estrella en implosión había una característica crucial por encima de cualquier otra, creía Oppenheimer: la gravedad descrita por las leyes de la relatividad general de Einstein. Ella, y sólo ella, debería ser completamente tenida en cuenta al formular un cálculo que fuera factible. Por el contrario, la rotación de la estrella y su forma no esférica podían ignorarse; podrían ser de importancia crucial para *algunas* estrellas en implosión, pero probablemente no tendrían un efecto apreciable para estrellas que girasen lentamente. Oppenheimer no podía en realidad probar esto matemáticamente, pero intuitivamente parecía evidente, y de hecho resultó ser cierto. Análogamente, decía su intuición, el derramamiento de radiación era un detalle de poca importancia, como lo eran las ondas de choque y los grumos de densidad. Además, puesto que (como Oppenheimer y Volkoff habían demostrado) la gravedad puede aplastar cualquier presión en estrellas masivas muertas, parecía que no era peligroso suponer (incorrectamente, por supuesto) que la estrella en implosión no tenía ninguna presión interna: ni presión térmica, ni presión debida a los movimientos de degeneración claustrofóbica de los electrones o de los neutrones, ni presión debida a la fuerza nuclear. Una estrella real, con su presión real, debía implosionar de una manera diferente de la de una estrella idealizada sin presión; pero las diferencias de la implosión deberían ser solamente modestas, no grandes, insistía la intuición de Oppenheimer.

Por todo esto, Oppenheimer sugirió a Snyder un problema de cálculo idealizado: estudiar, utilizando las leyes exactas de la relatividad general, la implosión de una estrella supuesta exactamente esférica, sin rotación y sin radiación, una estrella con densidad uniforme (la misma cerca de su superficie que en su centro) y sin ningún tipo de presión interna (véase la figura 6.3).

Incluso con todas estas simplificaciones —simplificaciones que iban a generar escepticismo en otros físicos durante los treinta años posteriores— el cálculo era extremadamente difícil. Afortunadamente, Richard Tolman estaba disponible en Pasadena para ayudar. Apoyándose en los consejos de Tolman y Oppenheimer, Snyder desarrolló las ecuaciones que gobiernan toda la implosión; y en un *tour de force,* consiguió resolverlas. ¡Ahora tenía todos los detalles de la implosión expresados en fórmulas! Examinando estas fórmulas desde todas las perspectivas posibles, los físicos podrían deducir cualquier aspecto de la implosión: cómo se ve desde fuera de la estrella, cómo se ve desde su interior, cómo se ve en la superficie de la estrella, y así sucesivamente.[8]

Especialmente intrigante es la apariencia de la estrella en implosión observada desde un *sistema de referencia externo estático*, es decir, vista por observadores exteriores a la estrella que permanecen siempre en la misma circunferencia fija en lugar de moverse hacia adentro con la materia de la estrella en implosión. La estrella, vista desde un sistema externo estático, empieza su implosión precisamente de la forma que uno esperaría. Al igual que una piedra arrojada de un tejado, la superficie de la estrella cae hacia abajo (se contrae hacia adentro), lentamente al principio y luego cada vez más rápidamente. Si las leyes de la gravedad de Newton hubieran sido correctas, esta aceleración de la implosión continuaría inexorablemente hasta que la estrella, libre de cualquier presión interna, fuera aplastada en un punto a alta velocidad. Pero no era así según las fórmulas relativistas de Oppenheimer y Snyder. En lugar de ello, a medida que la estrella se acerca a su circunferencia crítica su contracción se frena hasta hacerse a paso lento. Cuanto más pequeña se hace la estrella, más lentamente implosiona, hasta que se *congela* exactamente en la circunferencia crítica. Por mucho tiempo que uno espere, si uno está en reposo fuera de la estrella (es decir, en reposo en el sistema de referencia externo estático), uno nunca podrá ver que la estrella implosiona a través de la circunferencia crítica. Este es el mensaje inequívoco de las fórmulas de Oppenheimer y Snyder.

¿Se debe esta congelación de la implosión a alguna fuerza inesperada de la relatividad general en el interior de la estrella? No, en absoluto, advirtieron Oppenheimer y Snyder. Más bien se debe a la dilatación gravitatoria del tiempo (el frenado del flujo del tiempo) cerca de la circunferencia crítica. Tal como lo ven los observadores estáticos, el tiempo en la superficie de la estrella en implosión debe fluir cada vez más lentamente cuando la estrella se aproxima a la circunferencia crítica; y, consiguientemente, cualquier cosa que ocurra sobre o en el interior de la estrella, incluyendo su implosión, debe aparecer como si su movimiento se frenara poco a poco hasta congelarse.

Por extraño que esto pudiera parecer, aún había otra predicción más extraña de las fórmulas de Oppenheimer y Snyder: si bien es cierto que vista por observadores externos estáticos la implosión se congela en la circunferencia crítica, *no se congela en absoluto* vista por los observadores que se mueven hacia adentro con la superficie de la estrella. Si la estrella tiene una masa de algunas masas solares y empieza con un tamaño aproximado al del Sol, entonces vista desde su propia superficie implosiona hacia la circunferencia crítica en aproximadamente una hora, y luego sigue implosionando más allá de la criticalidad hacia circunferencias más pequeñas.

En 1939, cuando Oppenheimer y Snyder descubrieron estas cosas, los físicos ya se habían acostumbrado al hecho de que el tiempo es relativo; el flujo del tiempo es diferente medido en diferentes sistemas de referencia que se mueven de diferentes formas a través del Universo. Pero nunca antes había encontrado nadie una diferencia tan extrema entre sistemas de referencia. Que *la implosión se congele para siempre medida en el sistema externo estático, pero continúe avanzando rápidamente superando al punto de congelación medida en el sistema de la superficie de la estrella* era extraordinariamente difícil de comprender. Nadie que estudiara las matemáticas de Oppenheimer y Snyder se sentía cómodo con semejante distorsión extrema del tiempo. Pero ahí estaba, en sus fórmulas. Uno podría agitar sus brazos con explicaciones heurísticas, pero ninguna explicación parecía muy satisfactoria. No sería completamente entendido hasta finales de los años cincuenta (cerca del final de este capítulo).

Considerando las fórmulas de Oppenheimer y Snyder desde el punto de vista de un observador en la superficie de la estrella, es posible deducir los detalles de la implosión aún después de que la estrella se hunda dentro de su circunferencia crítica; es decir, es posible descubrir que la estrella se ha aplastado hasta una densidad infinita y un volumen nulo, y es posible deducir los detalles de la curvatura espacio-temporal en este aplastamiento. Sin embargo, en el artículo que describía sus cálculos Oppenheimer y Snyder evitaron cualquier discusión del aplastamiento. Presumiblemente Oppenheimer se vio refrenado de discutirlo por su propio conservadurismo científico innato, su falta de disposición a especular (véanse los dos últimos parágrafos del capítulo 5).

Si la lectura del aplastamiento final de la estrella en sus propias fórmulas era demasiado para que Oppenheimer y Snyder se enfrentasen a ello, también los detalles fuera de y en la circunferencia crítica eran demasiado extraños para la mayoría de los físicos en 1939. En el Caltech, por ejemplo, Tolman era un creyente; después de todo, las predicciones eran consecuencias inequívocas de la relatividad general. Pero nadie más en el Caltech estaba muy convencido.[9] La relatividad general sólo había sido verificada experimentalmente en el Sistema Solar, donde la gravedad es tan débil que las leyes de Newton dan casi las mismas predicciones que la relatividad general. Por el contrario, las extrañas predicciones de Oppenheimer-Snyder descansaban en la gravedad ultrafuerte. La relatividad general muy bien podría fallar antes de que la gravedad se hiciese tan fuerte, pensaban muchos físicos; e incluso si no fallaba, Oppenheimer y Snyder podían estar malinterpretando lo que sus matemáticas trataban de decir; e incluso si ellos no estaban malinterpretando sus matemáticas, sus cálculos estaban tan idealizados, tan desprovistos de rotación, grumos, choques y radiación, que no deberían ser tomados en serio.

Tal escepticismo se extendió por todos los Estados Unidos y la Europa Occidental, pero no en la URSS. Allí Lev Landau, todavía recuperándose de su año en prisión, mantenía una «lista dorada» de los artículos de investigación en física más importantes publicados en cualquier parte del mundo. Al leer el de Oppenheimer-Snyder, Landau lo incluyó en su lista, y proclamó a sus amigos y colaboradores que estas últimas revelaciones de Oppenheimer tenían que ser correctas, incluso aunque resultasen extremadamente difíciles de comprender para la mente humana.[10] Tan grande era la influencia de Landau que su opinión prevaleció desde entonces entre los físicos teóricos destacados de la Unión Soviética.

Interludio nuclear

¿Tenían razón Oppenheimer y Snyder o estaban equivocados? La respuesta probablemente habría sido encontrada durante los años cuarenta si no hubiesen intervenido la segunda guerra mundial y los subsiguientes programas intensivos para desarrollar la bomba de hidrógeno. Pero la guerra y la bomba intervinieron, y la investigación sobre cuestiones poco prácticas y esotéricas como los agujeros negros se quedó congelada mientras los físicos orientaban todas sus energías al diseño de armas.

Sólo a finales de los años cincuenta los esfuerzos en la investigación armamentística se atenuaron lo suficiente para llevar de nuevo la implosión estelar a la conciencia de los físicos. Sólo entonces los escépticos lanzaron su primer ataque serio a las predicciones de Oppenheimer-Snyder. Uno de los que inicialmente portaban el estandarte de los escépticos, aunque no por mucho tiempo, era John Archibald Wheeler. Un líder de los creyentes, desde el comienzo, era la contrapartida soviética de Wheeler, Yakov Borisovich Zel'dovich.

Los caracteres de Wheeler y Zel'dovich se conformaron al fuego de los proyectos de armas nucleares durante las aproximadamente dos décadas, las de los años cuarenta y cincuenta, en que la investigación en agujeros negros quedó congelada. Wheeler y Zel'dovich salieron de su trabajo en investigación armamentística con herramientas cruciales para analizar los agujeros negros: poderosas técnicas computacionales, una profunda comprensión de las leyes de la física y estilos de investigación interactiva en la que ellos continuamente estimularían a los colegas más jóvenes. También salieron llevando un difícil equipaje, un conjunto de complejas relaciones con algunos de sus colegas clave: Wheeler con Oppenheimer; Zel'dovich con Landau y con Andrei Sajarov.

John Wheeler, recién licenciado en 1933, y ganador de una beca postdoctoral del National Research Council financiada por la Fundación Rockefeller, tenía que elegir dónde y con quién hacer sus estudios postdoctorales. Pudo haber escogido Berkeley y Oppenheimer, como hacían la mayoría de los postdocs en física teórica del NRC en aquellos días; en lugar de ello, escogió la Universidad de Nueva York y Gregory Breit. «Sus personalidades [las de Oppenheimer y Breit] eran completamente diferentes —dice Wheeler—. Oppenheimer veía las cosas en blanco y negro, y tomaba decisiones rápidas. Breit trabajaba con tonos de gris. Atraído por las cuestiones que requerían larga reflexión, yo escogí a Breit.»[11]

Desde la Universidad de Nueva York, Wheeler se trasladó, en 1933, a Copenhague para estudiar con Niels Bohr, luego ocupó una plaza de profesor ayudante en la Universidad de Carolina del Norte, seguida de otra en la Universidad de Princeton, en Nueva Jersey. En 1939, mientras Oppenheimer y sus estudiantes en California estaban explorando las estrellas de neutrones y los agujeros negros, Wheeler y Bohr en Princeton (donde Bohr estaba realizando una visita) estaban desarrollando la teoría de la *fisión nuclear*: la ruptura de los núcleos atómicos pesados, tales como el uranio, en fragmentos más pequeños cuando los núcleos son bombardeados por neutrones (recuadro 6.1). La fisión acababa de ser descubierta de una forma bastante inesperada por Otto Hahn y Fritz Strassman en Alemania, y sus implicaciones eran terribles: a partir de una reacción de fisiones en cadena se podría construir un arma de un poder sin precedentes. Pero Bohr y Wheeler no estaban interesados en las reac-

Fusión, fisión y reacciones en cadena

La *fusión* de núcleos muy ligeros para formar núcleos de tamaño medio libera enormes cantidades de energía. Un ejemplo sencillo tomado del recuadro 5.3 es la fusión de un núcleo de deuterio («hidrógeno pesado», con un protón y un neutrón) y un núcleo de hidrógeno ordinario (un solo protón) para formar un núcleo de helio-3 (dos protones y un neutrón):

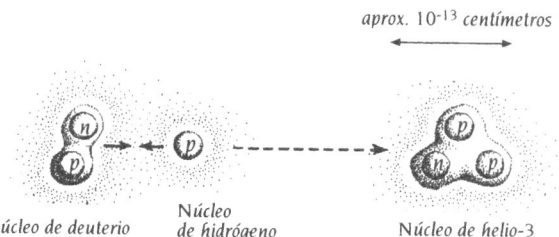

aprox. 10^{-13} *centímetros*

Núcleo de deuterio   Núcleo de hidrógeno   Núcleo de helio-3

Semejantes reacciones de fusión mantienen caliente el Sol y activan la bomba de hidrógeno (la «superbomba» como se le llamó en los años cuarenta y cincuenta).

La *fisión* (escisión) de un núcleo muy pesado para formar dos núcleos de tamaño medio libera una gran cantidad de energía, mucho mayor que la que procede de reacciones químicas (puesto que la fuerza nuclear que gobierna los núcleos es mucho más fuerte que la fuerza electromagnética que gobierna químicamente los átomos reactantes), pero mucha menos energía que la procedente de la fusión de núcleos ligeros. Algunos núcleos pesados sufren la fisión de forma natural, sin ninguna ayuda externa. Más interesantes para este capítulo son las reacciones de fisión en las que un neutrón golpea un núcleo muy pesado tal como el uranio-235 (un núcleo de uranio con 235 protones y neutrones) y lo divide aproximadamente por la mitad:

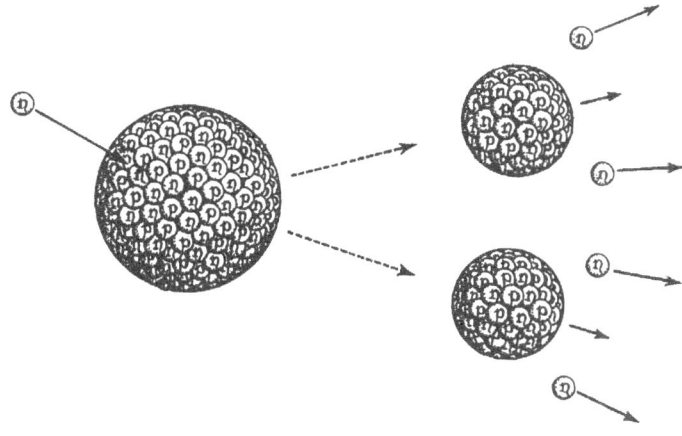

Existen dos núcleos pesados especiales, el uranio-235 y el plutonio-239, con la propiedad de que su fisión no sólo produce dos núcleos de tamaño medio, sino también unos cuantos neutrones (como en el dibujo anterior). Estos neutrones hacen posible una *reacción en cadena*: si uno concentra suficiente uranio-235 o plutonio-239 en un paquete suficientemente pequeño, entonces los neutrones liberados de una fisión golpearán a otros núcleos de uranio o plutonio y los fisionarán, produciendo más neutrones que fisionan más núcleos, que a su vez producen más neutrones que fisionan aún más núcleos, y así sucesivamente. El resultado de esta reacción en cadena, si es incontrolada, es una enorme explosión (un estallido de bomba atómica); si está controlada en un reactor, el resultado puede ser energía eléctrica de gran eficiencia.

ciones en cadena o las armas; simplemente trataban de comprender cómo se produce la fisión. ¿Cuál es el mecanismo subyacente? ¿Cómo lo producen las leyes de la física?

Bohr y Wheeler tuvieron un éxito notable. Descubrieron cómo las leyes de la física producen la fisión, y predijeron qué núcleos serían más efectivos para sostener una reacción en cadena: el uranio-235 (que sería el combustible de la bomba que destruyó Hiroshima) y el plutonio-239 (un tipo de núcleo que no existe en la naturaleza pero que los físicos norteamericanos aprenderían pronto a fabricar en los reactores nucleares y utilizarían como combustible de la bomba que destruyó Nagasaki). Sin embargo, Bohr y Wheeler no estaban pensando en bombas en 1939; tan sólo querían comprender.

El artículo de Bohr-Wheeler explicando la fisión nuclear fue publicado en el mismo número de la *Physical Review* en el que se publicó el artículo de Oppenheimer-Snyder describiendo la implosión de una estrella.[12] La fecha de publicación fue el 1 de septiembre de 1939, el mismo día en que las tropas de Hitler invadían Polonia desencadenando la segunda guerra mundial.

Yakov Borisovich Zel'dovich había nacido en una familia judía en Minsk en 1914; ese mismo año su familia se trasladó a San Petersburgo (rebautizado Leningrado en los años veinte, restaurado el primitivo nombre de San Petersburgo en los noventa). Zel'dovich terminó su estudios de grado medio a los quince años y, a continuación, en lugar de entrar en la universidad, fue a trabajar como ayudante de laboratorio en el Instituto Físico-Técnico de Leningrado. Allí aprendió por sí mismo tanta física y química e hizo una investigación tan impresionante que, sin ninguna instrucción universitaria formal, se le concedió un doctorado en física en 1934, a la edad de veinte años.

En 1939, mientras Wheeler y Bohr estaban desarrollando la teoría de la fisión nuclear, Zel'dovich y un amigo íntimo, Yuli Borisovich Khariton, estaban desarrollando la teoría de las reacciones en cadena producidas por la fisión nuclear: su investigación fue desencadenada por una sugerencia intrigante (e incorrecta) del físico francés Francis Perrin, según la cual las erupciones volcánicas podrían estar alimentadas por explosiones nucleares naturales subterráneas, que resultarían de una reacción en cadena de fisiones de núcleos atómicos. Sin embargo, nadie, ni siquiera Perrin, había calculado los detalles de tal reacción en cadena. Zel'dovich y Khariton —ya entre los mejores expertos mundiales en explosiones químicas— abordaron el problema. En pocos meses consiguieron demostrar (como, paralelamente, hacían otros en Occidente) que una explosión semejante no puede darse en la naturaleza debido a que el uranio que se da naturalmente consiste principalmente en uranio-238 y no hay suficiente uranio-235. Sin embargo, concluyeron, si se separase artificialmente el uranio-235 y se concentrase, entonces podría producirse una reacción en cadena explosiva. (Los norteamericanos se embarcarían pronto en una separación semejante para obtener el combustible para su bomba de Hiroshima.) La cortina del secreto no había descendido todavía sobre la investigación nuclear, de modo que Zel'dovich y Khariton publicaron sus cálculos en la más prestigiosa de las revistas soviéticas de física, la *Zhurnal Eksperimentalnoi i Teoreticheskoi Fiziki*, para que lo leyera todo el mundo.[13]

Durante los seis años de la segunda guerra mundial, los físicos de las naciones en guerra desarrollaron el sonar, los desactivadores de minas, los cohetes, el radar, y, fatídicamente, la bomba atómica. Oppenheimer dirigió el «Proyecto Manhattan» en Los Álamos, Nuevo México, para diseñar y construir las bombas norteamericanas. Wheeler fue el científico que dirigió el diseño y construcción de los primeros reactores nucleares del mundo para producción a gran escala, en Hanford, Washington, que dieron el plutonio-239 para la bomba de Nagasaki.[14]

Después de la destrucción de Hiroshima y Nagasaki, con la muerte de varios cientos de miles de personas, Oppenheimer estaba atormentado: «Si las bombas atómicas se añaden a los arsenales del mundo en guerra, o a los arsenales de las naciones que se preparan para la guerra, entonces llegará el tiempo en el que la humanidad maldecirá el nombre de Los Álamos e Hiroshima».[15] «En un sentido crudo, que ninguna vulgaridad, ni humor, ni sobreentendido puede borrar, los físicos han conocido el pecado; y este es un conocimiento que no pueden perder.»[16]

Pero Wheeler se lamentaba en sentido contrario:

> Cuando me remonto [a 1939 y a mi trabajo sobre la teoría de la fisión con Bohr], siento una gran tristeza. ¿Cómo pudo suceder que yo considerase la fisión primero como físico [simplemente curioso por saber cómo funciona la fisión], y sólo en segundo lugar como un ciudadano [que intenta defender a su país]? ¿Por qué no la consideré primero como ciudadano y sólo en segundo lugar como un físico? Un simple repaso de los registros muestra que entre veinte y veinticinco millones de personas murieron en la segunda guerra mundial, y más en los últimos años que en los primeros. Cada mes que se hubiera abreviado la guerra habría significado salvar de medio millón a un millón de vidas. Entre aquellos a los que se les hubiera salvado la vida habría estado mi hermano Joe, muerto en

octubre de 1944 en el frente de Italia. Qué diferente habría sido si la fecha crítica [del primer uso de la bomba atómica en la guerra] hubiera sido no el 6 de agosto de 1945, sino el 6 de agosto de 1943.[17]

En la URSS, los físicos abandonaron toda la investigación nuclear en junio de 1941, cuando Alemania atacó a Rusia, pues parecía que otro tipo de física produciría intereses más rápidos para la defensa nacional. Cuando el ejército alemán marchó sobre Leningrado y lo cercó, Zel'dovich y su amigo Khariton fueron evacuados a Kazán, donde trabajaron intensamente en la teoría de la explosión de las bombas de tipo ordinario, tratando de mejorar su poder explosivo. Más tarde, en 1943, fueron convocados a Moscú. Se había hecho evidente, les dijeron, que tanto norteamericanos como alemanes estaban haciendo esfuerzos para construir una bomba atómica. Ellos iban a formar parte de un pequeño y selecto grupo constituido para desarrollar la bomba soviética bajo el liderazgo de Igor V. Kurchatov.

Dos años después, cuando los norteamericanos bombardearon Hiroshima y Nagasaki, el equipo de Kurchatov había conseguido una comprensión teórica total de los reactores nucleares para fabricar el plutonio-239, y había desarrollado varios diseños posibles de bomba; y Khariton y Zel'dovich se habían convertido en los teóricos que dirigían el proyecto.

Cuando Stalin tuvo conocimiento de las explosiones de las bombas atómicas norteamericanas, se quejó enojado a Kurchatov de la lentitud del equipo soviético. Kurchatov defendió a su equipo: en medio de la devastación de la guerra, y con sus limitados recursos, el equipo no podía progresar más rápidamente. Stalin le dijo airadamente que si un niño no llora, su madre no puede saber lo que necesita. Pida cualquier cosa que necesite, ordenó, nada le será negado; y Kurchatov pidió entonces que se iniciase un proyecto intensivo sin trabas para construir una bomba, un proyecto bajo la autoridad última de Lavrenty Pavlovich Beria, el temido jefe de la policía secreta.

Es difícil hacerse una idea de la magnitud del proyecto que Beria puso en pie. Ordenó el trabajo forzado de millones de ciudadanos soviéticos procedentes de los campos de prisioneros de Stalin. Estos *zeks*, como se les llamaba coloquialmente, excavaron minas de uranio, construyeron factorías para su purificación, reactores nucleares, centros de investigación teórica, centros de verificación de armamentos y pequeñas ciudades autosuficientes para apoyar estos complejos. Las instalaciones dispersadas por todo el país estuvieron rodeadas de niveles de seguridad inauditos en el Proyecto Manhattan de los norteamericanos. Zel'dovich y Khariton fueron trasladados a una de estas instalaciones, en «un lugar alejado» cuya localización, aunque casi con seguridad bien conocida para las autoridades occidentales a finales de los años cincuenta, no pudo ser revelada a los ciudadanos soviéticos hasta 1990.* El complejo se conocía sencillamente como *Obyekt* («la Instalación»); Khariton se convirtió en su director y Zel'dovich en el cerebro de uno de sus equipos clave de diseño

---

* Está cerca de la ciudad de Arzimas, entre Cheliabinsk y los Urales.

de bombas. Bajo la autoridad de Beria, Kurchatov estableció varios equipos de físicos para estudiar, en paralelo y de forma completamente independiente, cada aspecto del proyecto de la bomba; la redundancia ofrecía seguridad. Los equipos residentes en la Instalación sugerían problemas de diseño a los otros equipos, incluyendo un pequeño equipo dirigido por Lev Landau en el Instituto de Problemas Físicos de Moscú.

Mientras este esfuerzo masivo seguía su curso inexorable, el espionaje soviético estaba consiguiendo a través de Klaus Fuchs (un físico británico* que había trabajado en el proyecto norteamericano) el diseño de la bomba norteamericana basada en el plutonio. Difería algo del diseño que Zel'dovich y sus colegas habían desarrollado, de modo que Kurchatov, Khariton y compañía se enfrentaron a una difícil decisión: estaban bajo la presión insoportable de Stalin y Beria en espera de resultados y temían las consecuencias de un fracaso en el ensayo de la bomba, en una era en que el fracaso a menudo significaba la ejecución; sabían que el diseño norteamericano había funcionado en Alamogordo y Nagasaki, pero no podían estar completamente seguros de su propio diseño; y sólo poseían plutonio suficiente para una bomba. La decisión era evidente aunque dolorosa: dejarían en suspenso** su propio diseño y orientarían su programa intensivo sobre la base del diseño norteamericano.[18]

Por fin, el 29 de agosto de 1949 —después de cuatro años de esfuerzo intensivo, miserias sin cuento, innumerables muertes de *zeks* utilizados para el trabajo de esclavos, y el comienzo de una acumulación de residuos procedentes de los reactores nucleares cercanos a Cheliabinsk que explotarían diez años más tarde, contaminando cientos de kilómetros cuadrados de terreno—[19] el programa intensivo se completó. La primera bomba atómica soviética fue explosionada cerca de Semipalatinsk en el Asia soviética, en un ensayo del que fueron testigos el Mando Supremo del Ejército Soviético y los dirigentes del gobierno.

El 3 de septiembre de 1949, un avión WB-29 norteamericano para misiones de reconocimiento meteorológico, que hacía un vuelo de rutina entre Japón y Alaska, descubrió productos de fisión nuclear procedentes del ensayo soviético. Los datos registrados fueron entregados a un comité de expertos, incluyendo a Oppenheimer, para su evaluación. El veredicto fue inequívoco. ¡Los rusos habían probado una bomba atómica!

En medio del pánico subsiguiente (refugios antiatómicos en los patios de las casas; simulacros de emergencia antibomba atómica para los niños en las

---

* En realidad, Klaus Fuchs era de origen alemán. Miembro del Partido Comunista huyó de Alemania en 1933, tras la llegada de Hitler al poder, y llegó a Gran Bretaña con la primera ola de refugiados por esta causa. En 1942 obtuvo la nacionalidad británica y formó parte del grupo de físicos británicos que trabajaron en el Proyecto Manhattan en Estados Unidos. En 1946 volvió a Gran Bretaña. Fue detenido en 1950 y confesó haber pasado información a agentes soviéticos. Condenado a 14 años de prisión, fue liberado en 1960. El gobierno de Alemania Oriental le ofreció un puesto en Leipzig, donde permaneció hasta su retiro. Murió en 1988. (*N. del t.*)

** Después del ensayo con éxito de una bomba basada en el diseño norteamericano, los soviéticos volvieron a su propio diseño, construyeron una bomba basada en éste, y la probaron con éxito en 1951.

escuelas; la «caza de brujas» de McCarthy para extirpar espías, comunistas y sus compañeros de viaje del gobierno, el ejército, los medios de comunicación y las universidades), tuvo lugar un profundo debate entre físicos y políticos. Edward Teller, uno de los más innovadores entre los físicos que diseñaron la bomba atómica norteamericana, abogaba por un programa intensivo para diseñar y contruir la «superbomba» (o «bomba de hidrógeno»): un arma basada en la fusión de núcleos de hidrógeno para formar helio. Si se pudiera construir, la bomba de hidrógeno sería aterradora. Parecía que no hubiese límite a su poder. ¿Deseaba uno una bomba atómica diez veces más potente que la de Hiroshima, cien veces más potente, mil veces, un millón de veces más potente? Si se pudiese conseguir que la bomba funcionase, podría hacerse tan potente como uno quisiera.

John Wheeler apoyó a Teller: creía que era esencial un programa intensivo para la «super» a fin de contrarrestar la amenaza soviética. Robert Oppenheimer y su Comité Asesor General de la Comisión de Energía Atómica de los Estados Unidos se oponían. No era obvio en absoluto, argumentaban Oppenheimer y su comité, el que una bomba como la que entonces se imaginaba pudiera funcionar, e incluso si funcionara, cualquier super que fuera mucho más poderosa que una bomba atómica ordinaria probablemente sería demasiado pesada para ser transportada en un avión o en un mísil. Y además estaban las cuestiones morales, que Oppenheimer y su comité se planteaban de la siguiente forma:

> Nosotros basamos nuestras recomendaciones [en contra de un programa intensivo] en nuestra creencia de que los peligros extremos para la humanidad inherentes a la propuesta superarían con mucho cualquier ventaja militar que pudiera venir de este desarrollo. Debe entenderse claramente que esta es una superarma; pertenece a una categoría totalmente diferente de la de una bomba atómica. La razón para desarrollar semejantes superbombas sería el tener la capacidad de devastar una gran área con una sola bomba. Su uso implicaría la decisión de masacrar a un gran número de civiles. Estamos alarmados por los posibles efectos globales de la radioactividad generada por la explosión de algunas superbombas de magnitud imaginable. Si las superbombas funcionasen, no habría límite inherente a la potencia destructiva que se pueda alcanzar con ellas. Por lo tanto, una superbomba podría convertirse en un arma para un genocidio.[20]

Estos argumentos no tenían ningún sentido para Edward Teller y John Wheeler. Los rusos debían estar avanzando con la bomba de hidrógeno; si Norteamérica no se ponía también en marcha, el mundo libre podría encontrarse en gran peligro, creían ellos.

La opinión de Teller y Wheeler prevaleció. El 10 de marzo de 1950, el presidente Truman ordenó un programa intensivo para desarrollar la super.

Visto en retrospectiva, el diseño de los norteamericanos de 1949 para la super parece haber sido una receta para el fracaso, precisamente lo que el comité de Oppenheimer había sospechado. Sin embargo, puesto que no era seguro que fracasase, y puesto que no se conocía nada mejor, fue continuado intensamente hasta marzo de 1951, cuando Teller y Stanislaw Ulam idearon un diseño radicalmente nuevo que aparecía como una brillante promesa.

La idea de Teller-Ulam era inicialmente sólo una idea para un diseño. Como ha dicho Hans Bethe, «nueve de cada diez ideas de Teller son inútiles. Necesita hombres con más juicio, incluso si son menos dotados, que seleccionen la décima idea, que a menudo es un golpe de genio».[21] Para comprobar si esta idea era un golpe de genio o un fiasco se hacía necesario adentrarse en un diseño concreto y detallado de una bomba, luego realizar cálculos extensivos con los ordenadores más grandes disponibles para ver si el diseño podía funcionar, y luego, si los cálculos predecían el éxito, construir y probar una bomba real.

Se establecieron dos equipos para realizar los cálculos: uno en Los Álamos, el otro en la Universidad de Princeton. John Wheeler dirigió el equipo de Princeton. Su equipo trabajó día y noche durante varios meses para desarrollar un diseño completo de la bomba basado en la idea de Teller-Ulam, y verificar mediante cálculos por ordenador si el diseño funcionaría. Como recuerda Wheeler:

> Hicimos una inmensa cantidad de cálculos. Estabamos utilizando las instalaciones de ordenadores de Nueva York, Filadelfia y Washington; de hecho, una fracción muy apreciable de la capacidad de computación de los Estados Unidos. Larry Wilets, John Toll, Ken Ford, Louis Henyey, Carl Hausman, Dick l'Olivier y otros trabajaron en tres sesiones de seis horas cada día para obtener resultados.[22]

Cuando los cálculos dejaron claro que la idea de Teller-Ulam probablemente funcionaría, se convocó una reunión en el Institute for Advanced Study en Princeton (del que Oppenheimer era director) para presentar la idea al Comité Asesor General de Oppenheimer y a su organismo matriz, la Comisión de Energía Atómica de los Estados Unidos. Teller describió la idea, y luego Wheeler describió el diseño específico de su equipo y la explosión que predecía. Recuerda Wheeler: «Mientras yo empezaba a dar mi charla, Ken Ford corrió hacia la ventana desde el exterior, la levantó y pasó por ella este gran gráfico. Yo lo desenrollé y lo coloqué en la pared; mostraba el avance de la combustión termonuclear [tal como la habíamos calculado] ... El comité no tenía otra opción que concluir que eso tenía sentido ... Nuestro cálculo hizo cambiar de opinión a Oppie».[23]

Oppenheimer ha descrito su propia reacción:

> El programa que teníamos en 1949 [la «receta para el fracaso»] era algo tortuoso sobre lo que se podía argumentar perfectamente que no tenía mucho sentido técnico. Por ello, también se podía argumentar que nadie lo querría aunque se lo diesen hecho. El programa de 1952 [el nuevo diseño basado en la idea de Teller-Ulam] era técnicamente tan correcto que uno no podía discutirlo. Las cuestiones a tratar ahora eran puramente las militares, los problemas humanos y políticos en los que nos veríamos implicados una vez que lo tuviésemos.[24]

Dejando al margen sus profundos recelos sobre cuestiones éticas, Oppenheimer,

Una parte del equipo de diseño de la bomba de hidrógeno dirigido por John Wheeler en la Universidad de Princeton en 1952. *Primera fila, de izquierda a derecha*: Margaret Fellows, Margaret Murray, Dorothea Ruffel, Audrey Ojala, Christene Shack, Roberta Casey. *Segunda fila*: Walter Aron, William Clendenin, Solomon Bochner, John Toll, John Wheeler, Kenneth Ford. *Tercera y cuarta filas*: David Layzer, Lawrence Wilets, David Carter, Edward Frieman, Jay Berger, John McIntosh, Ralph Pennington, no identificado, Robert Goerss. (Foto de Howard Schrader; cortesía de Lawrence Wilets y John A. Wheeler.)

con los demás miembros de su comité, cerraron filas junto a Teller, Wheeler y los proponentes de la super, y el proyecto continuó a un ritmo acelerado para construir y probar la bomba. Todo funcionó como habían pronosticado el equipo de Wheeler y los cálculos paralelos hechos en Los Álamos.

Los extensos cálculos del diseño del equipo de Wheeler fueron finalmente redactados como el documento secreto *Project Matterhorn Division B Report 31* o PMB-31. «Me contaron —dice Wheeler— que durante al menos diez años PMB-31 fue la biblia para el diseño de dispositivos termonucleares»[25] (bombas de hidrógeno).

En 1949-1950, mientras Norteamérica estaba en un estado de pánico, y Oppenheimer, Teller y otros estaban debatiendo sobre si debería ponerse en marcha un programa intensivo para desarrollar la super, la Unión Soviética ya estaba a medio camino de un proyecto intensivo propio para la superbomba.

En la primavera de 1948, quince meses antes[26] de la primera prueba de la bomba atómica soviética, Zel'dovich y su equipo en la Instalación habían realizado cálculos teóricos sobre un diseño de superbomba similar a la «receta para el fracaso» de los norteamericanos.* En junio de 1948 se estableció en Moscú un segundo equipo para la superbomba[28] bajo el liderazgo de Igor Tamm, uno de los más eminentes físicos teóricos soviéticos. Sus miembros eran Vitaly Ginzburg (de quien oiremos hablar mucho en los capítulos 8 y 10), Andrei Sajarov (que se convertiría en un disidente en los años setenta, y luego en un héroe y santo soviético a finales de los ochenta y en los noventa), Semyon Belen'ky, y Yuri Romanov. Al equipo de Tamm se le encomendó la tarea de comprobar y refinar los cálculos del diseño del equipo de Zel'dovich.

La actitud del equipo de Tamm hacia esta tarea se resume en una expresión de Belen'ky en aquella época: «Nuestro trabajo consiste en lamer el culo de Zel'dovich».[29] Zel'dovich, con su paradójica combinación de una personalidad vigorosa y exigente y una extrema timidez política, *no* estaba entre los físicos soviéticos más populares. Pero *sí estaba* entre los más brillantes. Landau, quien como líder de un pequeño equipo subsidiario recibía ocasionalmente órdenes del equipo de Zel'dovich para analizar esta u otra faceta del diseño de la bomba, a veces se refería a él a sus espaldas como «esa zorra, Zel'dovich».[30] Zel'dovich, por el contrario, reverenciaba a Landau como un gran juez de la corrección de las ideas físicas, y como su mejor maestro —aunque Zel'dovich nunca había recibido ningún curso formal de él.

Sólo fueron necesarios algunos meses para que Sajarov y Ginzburg, en el equipo de Tamm, ideasen un diseño mucho mejor para una superbomba que la «receta para el fracaso» que Zel'dovich y los norteamericanos estaban siguiendo. Sajarov propuso construir la bomba como un *pastel en capas* con capas alternativas de un combustible de fisión pesado (uranio) y un combustible de fusión ligero, y Ginzburg propuso el deuteruro de litio (LiD) como combustible para la fusión.[31] En el intenso estallido de la bomba, los núcleos de litio del LiD se fisionarían en dos núcleos de tritio, y estos núcleos de tritio, junto con el deuterio del LiD, se fusionarían a continuación para formar núcleos de helio, liberando enormes cantidades de energía. El uranio pesado reforzaría la explosión impidiendo que su energía escapase con demasiada rapidez, ayudando a comprimir el combustible de la fusión y añadiendo energía de fisión a la fusión. Cuando Sajarov presentó estas ideas, Zel'dovich percibió inmediata-

---

* Sajarov ha especulado que este diseño estaba directamente inspirado en la información obtenida de los norteamericanos mediante espionaje, quizá a través del espía Klaus Fuchs. Por el contrario, Zel'dovich ha asegurado que ni Fuchs ni ningún otro espía proporcionó una información significativa acerca de la superbomba que su equipo de diseño no conociera ya; el valor principal del espionaje para la superbomba soviética consistió en convencer a las autoridades políticas soviéticas de que sus físicos sabían lo que estaban haciendo.[27]

mente lo que daban de sí. El pastel en capas de Sajarov y el LiD de Ginzburg se convirtieron rápidamente en el centro del programa soviético de la superbomba.

Para avanzar más rápidamente con la superbomba, Sajarov, Tamm, Belen'ky y Romanov recibieron la orden de trasladarse de Moscú a la Instalación. Pero no Ginzburg. La razón parece obvia: tres años antes Ginzburg se había casado con Nina Ivanovna, una mujer vivaz y brillante que a principios de los años cuarenta había sido encarcelada bajo la acusación de conspirar para matar a Stalin. Supuestamente ella y sus compañeros conspiradores planeaban disparar a Stalin desde una ventana de la habitación donde ella vivía cuando él pasase por la calle Arbat. Cuando una troica de jueces se reunió para decidir su destino, se advirtió que su habitación no tenía ninguna ventana que diese a la calle Arbat, de modo que, en una exhibición inusual de gracia, se le perdonó la vida; simplemente fue sentenciada a prisión y luego al exilio, pero no a muerte. Presumiblemente, su encarcelamiento y exilio fueron suficiente para salpicar a Ginzburg, el inventor del combustible LiD para la bomba, y dejarle fuera de la Instalación. Ginzburg, que prefería la investigación en física básica al diseño de la bomba, se alegró, y el mundo de la ciencia cosechó las recompensas: mientras Zel'dovich, Sajarov y Wheeler se concentraban en las bombas, Ginzburg resolvía el misterio de cómo se propagan los rayos cósmicos en nuestra galaxia y, junto con Landau, utilizó las leyes de la mecánica cuántica para explicar el origen de la superconductividad.

En 1949, cuando el proyecto de la bomba atómica soviética empezó a dar resultados, Stalin ordenó que todos los recursos del Estado soviético fuesen asignados, sin pausa, al programa para construir la superbomba. El trabajo de esclavos de los *zeks,* las instalaciones de investigación teórica, las instalaciones de fabricación, las instalaciones de verificación, los múltiples equipos de físicos dedicados a cada aspecto del diseño y la construcción, todo debía ser concentrado para intentar superar a los norteamericanos en la bomba de hidrógeno. Los norteamericanos, en pleno debate sobre si poner en marcha un programa intensivo sobre la super, no sabían nada de esto. Sin embargo, los norteamericanos tenían una tecnología superior y una ventaja de partida.

El 1 de noviembre de 1952, los norteamericanos hicieron explosionar un dispositivo similar a una bomba de hidrógeno denominado en clave *Mike*. Mike estaba diseñado para verificar la idea de 1951 de Teller-Ulam, y estaba basado en los cálculos del diseño del equipo de Wheeler y el equipo paralelo en Los Álamos. Utilizaba deuterio líquido como su combustible principal. Para licuar el deuterio y bombearlo hasta la región de la explosión se requería un enorme aparato similar a una factoría. Por consiguiente, ésta no era el tipo de bomba que uno puede transportar en un avión o un misil. En cualquier caso, destruyó totalmente la isla de Elugelab en el atolón Eniwetok en el océano Pacífico; era 800 veces más potente que la bomba que mató a más de 100.000 personas en Hiroshima.[32]

El 5 de marzo de 1953, Radio Moscú anunció, entre música fúnebre, que

José Stalin había muerto. Hubo júbilo en Norteamérica y dolor en la Unión Soviética. Andrei Sajarov escribió a su esposa Klava: «Estoy bajo el efecto de la muerte de un gran hombre. Estoy pensando en su humanidad».[33]

El 12 de agosto de 1953, los soviéticos hicieron explosionar su primera bomba de hidrógeno en Semipalatinsk. Apodada *Joe-4* por los norteamericanos, utilizaba el diseño de pastel en capas de Sajarov y el combustible de fusión a base de LiD de Ginzburg, y era suficientemente pequeña para poder ser transportada en un avión. Sin embargo, el combustible de Joe-4 *no* sufría la ignición por el método de Teller-Ulam, y como resultado Joe-4 era bastante menos potente que el Mike norteamericano: «sólo» alrededor de 30 Hiroshimas, comparado con las 800 Hiroshimas de Mike.

De hecho, en el lenguaje de los físicos que diseñaron la bomba norteamericana, Joe-4 no era una bomba de hidrógeno en absoluto; era una *bomba atómica amplificada*, es decir, una bomba atómica cuya potencia se amplifica mediante la inclusión de algún combustible de fusión. Tales bombas atómicas amplificadas ya formaban parte del arsenal norteamericano, y los norteamericanos se negaron a considerarlas como bombas de hidrógeno porque su diseño de pastel en capas no las hacía capaces de producir la ignición de una cantidad de combustible de fusión *arbitrariamente grande*. No había forma de hacer que este diseño constituyese, por ejemplo, un «arma del juicio final» miles de veces más potente que la de Hiroshima.

Pero 30 Hiroshimas no es una cantidad a despreciar, ni lo era la transportabilidad. Joe-4 era en realidad un arma terrible, y Wheeler y otros norteamericanos dieron un suspiro de alivio al ver que, gracias a su propia y auténtica superbomba, el nuevo dirigente soviético, Georgi Malenkov, no podría amenazar a Norteamérica con ella.

El 1 de marzo de 1954, los norteamericanos explosionaron su primera superbomba transportable y alimentada con LiD. Su nombre en clave era *Bravo* y, como Mike, se basaba en los cálculos del diseño de los equipos de Wheeler y Los Álamos y hacía uso de la idea de Teller-Ulam. Su energía explosiva era de 1.300 Hiroshimas.

En marzo de 1954, Sajarov y Zel'dovich concibieron conjuntamente (independientemente de los norteamericanos) la idea de Teller-Ulam,[34] y en unos pocos meses los recursos soviéticos se concentraron en mejorarla para conseguir una auténtica superbomba, una que pudiera tener una potencia destructiva tan grande como cualquiera pudiese desear. Sólo llevó dieciocho meses completar el diseño y construir la bomba. Fue detonada el 23 de noviembre de 1955, con una energía explosiva de 300 Hiroshimas.

Como había sospechado el Comité Asesor General de Oppenheimer, en su oposición al programa intensivo para la super, estas bombas enormemente potentes —y la monstruosa arma de 5.000 Hiroshimas explosionada más adelante por los soviéticos en un intento de intimidar a John Kennedy— no han sido muy atractivas ni para el estamento militar de Estados Unidos ni para el de la URSS. Las armas habituales en los arsenales ruso y norteamericano son de alrededor de 30 Hiroshimas, y no de miles. Aunque son verdaderas bombas de hidrógeno, no son más potentes que una bomba atómica grande. Los militares no necesitaban ni deseaban un dispositivo del «juicio final». El único uso de tal dispositivo sería la intimidación psicológica del adversario —pero la intimidación puede ser una cuestión seria en un mundo con líderes como Stalin.

El 2 de julio de 1953, Lewis Strauss, un miembro de la Comisión de Energía Atómica que había peleado amargamente con Oppenheimer a propósito del programa intensivo para la super, fue nombrado presidente de la Comisión. Una de sus primeras actuaciones en su nuevo cargo consistió en ordenar la retirada de todo el material reservado de la oficina de Oppenheimer en Princeton. Strauss y muchos otros en Washington sospechaban profundamente de la lealtad de Oppenheimer. ¿Cómo podía un hombre leal a Norteamérica oponerse al programa de la super, como él había hecho antes de que el equipo de Wheeler demostrase que la idea de Teller-Ulam iba a funcionar? Willian Borden, que había sido consejero jefe del Comité Conjunto del Congreso para la Energía Atómica durante el debate de la super, envió una carta a J. Edgar Hoover diciendo: «El propósito de esta carta es exponer mi propia opinión exhaustivamente meditada, basada en años de estudio de la evidencia reservada disponible: creo que es más probable que J. Robert Oppenheimer sea un agente de la Unión Soviética que lo contrario». La credencial de seguridad de Oppenheimer fue cancelada, y en abril y mayo de 1954, simultáneamente con las primeras pruebas norteamericanas con bombas de hidrógeno transportables, la Comisión de Energía Atómica celebró audiencias para determinar si Oppenheimer era o no un riesgo para la seguridad.

En la época de las audiencias Wheeler estaba en Washington por otros motivos. Él no estaba implicado de ningún modo. Sin embargo, Teller, un íntimo amigo personal, fue a la habitación del hotel de Wheeler la noche anterior a su testimonio, y pasaron horas dando vueltas por la habitación. Si Teller decía lo que realmente pensaba, causaría un grave perjuicio a Oppenheimer. Pero ¿cómo podía no decirlo? Wheeler no tenía dudas; en su opinión, la integridad de Teller le obligaría a testificar en pleno.

Wheeler acertó. Al día siguiente Teller, adoptando un punto de vista que Wheeler comprendía, dijo:

> En gran número de ocasiones he visto actuar al doctor Oppenheimer ... de una forma que para mí resultaba extraordinariamente difícil de comprender. Yo discrepaba absolutamente de él en numerosas cuestiones y sus acciones francamente me resultaban confusas y complicadas. En este sentido creo que preferiría ver los intereses vitales del país en unas manos que yo pudiera comprender mejor, y por consiguiente tener más confianza ... Creo, y esto es simplemente una cuestión de creencia y no tengo ninguna prueba de ello, ninguna información real detrás de esta creencia, que el carácter del doctor Oppenheimer es tal que él no haría consciente y voluntariamente nada enfocado a poner en peligro la seguridad de este país. Por lo tanto, en la medida en que su pregunta pueda insinuar esto, yo diría que no veo ninguna razón para negar la credencial. Si de lo que se trata es de la prudencia y juicio demostrados en las actuaciones desde 1945, entonces yo diría que sería más prudente no conceder la credencial.[35]

RECUADRO 6.2

¿Por qué los físicos soviéticos construyeron la bomba para Stalin?

¿Por qué Zel'dovich, Sajarov y otros grandes físicos soviéticos trabajaron tan duramente para construir bombas atómicas y bombas de hidrógeno para Stalin? Stalin fue responsable de las muertes de millones de ciudadanos soviéticos: 6 o 7 millones de campesinos y *kulaks* en la colectivización forzada de comienzos de los años treinta, 2,5 millones de los estamentos superiores del ejército, el gobierno y la sociedad en el Gran Terror de 1937-1939, 10 millones de todas las capas de la sociedad en las cárceles y los campos de trabajo entre los años treinta y los cincuenta. ¿Cómo pudo cualquier físico, en buena conciencia, poner el arma *definitiva* en las manos de un hombre tan *malvado*?

Quienes plantean tales preguntas olvidan o ignoran las condiciones —físicas y psicológicas— que imperaban en la Unión Soviética a finales de los años cuarenta y comienzos de los cincuenta:

1. La Unión Soviética acababa de salir de la guerra más sangrienta y devastadora de su historia —una guerra en la que Alemania, el agresor, había matado a 27 millones de soviéticos y había convertido en terreno baldío su patria— cuando Winston Churchill disparó una primera salva de la guerra fría: en un discurso en Fulton, Missouri, el 5 de marzo de 1946, Churchill advirtió a Occidente sobre la amenaza soviética y acuñó el término «telón de acero» para describir las fronteras que Stalin había establecido en torno a su imperio. La maquinaria propagandística de Stalin exprimió todo lo que pudo el discurso de Churchill, creando un profundo temor entre los ciudadanos soviéticos acerca de un posible ataque de los británicos y los norteamericanos. Los norteamericanos, afirmaba la propaganda subsiguiente,* estaban planeando una guerra nuclear contra la Unión Soviética, con cientos de bombas atómicas, transportadas en aviones y apuntadas sobre centenares de ciudades soviéticas. La mayoría de los físicos soviéticos creyeron la propaganda y aceptaron la absoluta necesidad de que la Unión Soviética crease armas nucleares para protegerse contra una repetición de la devastación de Hitler.

2. La maquinaria del Estado de Stalin fue tan efectiva en el control de la información y en el lavado de cerebro, incluso a los científicos destacados, que pocos de ellos comprendieron la maldad del hombre. Stalin fue reverenciado por la mayoría de los físicos soviéticos (incluso Sajarov),

---

* A partir de 1945, el plan estratégico norteamericano incluía, en efecto, una opción —en caso de que la URSS iniciase una guerra convencional— para un ataque nuclear masivo sobre ciudades soviéticas y sobre objetivos militares e industriales; véase Brown (1978).

así como por la mayoría de los ciudadanos soviéticos, como el *Gran Líder*: un duro pero benevolente dictador que había sido el cerebro de la victoria sobre Alemania y protegería a su pueblo contra un mundo hostil. Los físicos soviéticos eran terriblemente conscientes de que el mal impregnaba los niveles más bajos del gobierno: la más leve denuncia por parte de alguien a quien apenas se conocía podía enviarle a uno a la cárcel, y con frecuencia a la muerte. (A finales de los años sesenta, Zel'dovich recordaba para mí cómo era aquello: «La vida es ahora tan maravillosa —decía—; ya nadie llama a la puerta a mitad de la noche, y los amigos ya no desaparecen para no volverse a oír hablar de ellos nunca más».) Pero muchos físicos creían que la fuente de este mal no podía ser el Gran Líder; debían ser otros por debajo de él. (Landau lo sabía mejor; había aprendido mucho en la cárcel. Pero, destruido psicológicamente por su encarcelamiento, raramente hablaba de la responsabilidad de Stalin y, cuando lo hacía, sus amigos no le creían.)

3. Aunque uno viviese una vida de temor, la información estaba tan férreamente controlada que uno no podía deducir la enormidad de las víctimas que estaba causando Stalin. Estas víctimas sólo se llegaron a conocer en la época de *glasnost* de Gorbachov, a finales de los ochenta.

4. Muchos físicos soviéticos eran «fatalistas». No pensaban en estas cuestiones en absoluto. La vida era tan dura que uno simplemente luchaba para seguir adelante, haciendo su trabajo lo mejor que podía, cualquiera que pudiera ser. Además, el desafío técnico de imaginar cómo hacer una bomba que funcionase era fascinante, y había cierta alegría en disfrutar de la camaradería del equipo de diseño y el prestigio y salario sustancial que producía el trabajo propio.

Casi todos los demás físicos que testificaron lo hicieron inequívocamente en apoyo de Oppenheimer, y se quedaron estupefactos ante el testimonio de Teller. A pesar de esto, y a pesar de la ausencia de evidencia creíble de que Oppenheimer fuera «un agente de la Unión Soviética», se impuso el clima de los tiempos: Oppenheimer fue declarado un riesgo para la seguridad y se le negó la restitución de su credencial de seguridad.

Para la mayoría de los físicos norteamericanos, Oppenheimer se convirtió al instante en un mártir y Teller en un villano. Teller sufriría el ostracismo de la comunidad física para el resto de su vida. Pero para Wheeler, el mártir fue Teller: había «tenido el valor de expresar su juicio honesto, poniendo la seguridad de su país por delante de la solidaridad de la comunidad de los físicos», creía Wheeler. Tal testimonio, en opinión de Wheeler, «merecía consideración»,[36] no el ostracismo. Andrei Sajarov, treinta y cinco años más tarde, coincidiría en esta opinión.*[37]

---

* Sólo para que quede constancia, discrepo abiertamente de Wheeler (a pesar de que es mi mentor y uno de mis mejores amigos) y de Sajarov. Para conocer opiniones serias y bien informa-

El nacimiento de un agujero negro:
una comprensión más profunda

Wheeler y Oppenheimer no sólo diferían profundamente en cuestiones de seguridad nacional; también diferían profundamente en su enfoque de la física teórica. Mientras Oppenheimer escarbaba en las predicciones de la ley física bien establecida, a Wheeler le animaba un profundo prurito de saber qué hay más allá de la ley bien establecida. Continuamente estaba indagando con su mente en el dominio donde las leyes conocidas fallaban y nuevas leyes entraban en juego. Trataba de atajar hacia el siglo XXI, captar una idea de cómo podrían ser las leyes de la física más allá de las fronteras del siglo XX.

De todos los lugares en donde se podía captar una idea tal, ninguno le parecía más prometedor a Wheeler, desde los años cincuenta en adelante, que la frontera entre la relatividad general (el dominio de lo grande) y la mecánica cuántica (el dominio de lo pequeño). La relatividad general y la mecánica cuántica no encajaban mutuamente de una forma lógicamente consistente. Eran como las filas y las columnas de un crucigrama antes de que uno intente resolverlo. Uno tiene un conjunto provisional de palabras escritas en las filas y un conjunto provisional escrito en las columnas,

y uno descubre una inconsistencia lógica en algunas intersecciones de filas y columnas: donde la palabra MECÁNICA en una columna pide una N, la palabra GENERAL en una fila pide una E; donde la palabra CUÁNTICA en una columna pide una I, la palabra GENERAL en una fila pide otra E. Mirando

---

das sobre la controversia Teller-Oppenheimer, y los pros y contras del debate norteamericano sobre si construir o no la superbomba, recomiendo la lectura de Bethe (1982) y York (1976). Acerca de la opinión de Sajarov, véase Sajarov (1990); para una crítica de la opinión de Sajarov, véase Bethe (1990). Para una transcripción de las audiencias del caso Oppenheimer, véase USAEC (1954).

la fila y la columna resulta obvio que una u otra o las dos deben ser cambiadas para tener una consistencia. Análogamente, mirando las leyes de la relatividad general y las leyes de la mecánica cuántica resultaba obvio que una u otra o las dos debían cambiarse para hacerlas encajar lógicamente. Si pudiese lograrse un encaje semejante, la unión resultante de la relatividad general y de la mecánica cuántica daría lugar a un nuevo y poderoso conjunto de leyes que los físicos llamaban *gravedad cuántica*. Sin embargo, la comprensión de los físicos de cómo casar la relatividad general con la mecánica cuántica era tan primitiva en los años cincuenta que, a pesar del gran esfuerzo, nadie estaba haciendo muchos progresos.

También era lento el progreso en el intento de entender los ladrillos fundamentales de los núcleos atómicos: el neutrón, el protón, el electrón, y la plétora de otras *partículas elementales* que estaban apareciendo en los aceleradores de partículas.

Wheeler soñaba con saltar por encima de estos puntos muertos y atrapar una idea de la naturaleza de la gravedad cuántica y, simultáneamente, de la naturaleza de las partículas elementales. Esta idea, pensaba él, podría surgir de la búsqueda en aquellos lugares de la física teórica en donde abundan las paradojas. De la resolución de una paradoja resulta una comprensión profunda. Cuanto más profunda es la paradoja, más probable es que la comprensión resulte estar más allá de las fronteras del siglo xx.

Fue esta idea la que llevó a Wheeler, nada más salir del trabajo de la superbomba, a completar con Harrison y Wakano los huecos que faltaban en nuestro conocimiento de las estrellas frías muertas (capítulo 5); y fue con esta actitud que Wheeler contempló el resultante «destino de las grandes masas». Aquí había una profunda paradoja del tipo que Wheeler estaba buscando: ninguna estrella fría muerta puede ser más masiva que alrededor de 2 soles; y, pese a ello, parece que en los cielos abundan estrellas calientes mucho más masivas que esto, estrellas que algún día deben enfriarse y morir. Oppenheimer, en su estilo directo, había preguntado a las leyes bien establecidas de la física qué sucede con tales estrellas, y había obtenido (con Snyder) una respuesta que resultaba escandalosa para Wheeler. Esto reforzó la convicción de Wheeler de que aquí, en los destinos de las grandes masas, podría captar una idea de la física más allá de las fronteras del siglo xx. Wheeler tenía razón, como veremos en los capítulos 12 y 13.

Wheeler tenía fuego en su interior: una necesidad profunda e incesante de saber el destino de las grandes masas y conocer si ese destino podría desvelar los misterios de la gravedad cuántica y las partículas elementales. Oppenheimer, por el contrario, parecía no estar muy preocupado en 1958. Él creía en sus propios cálculos con Snyder pero no vio la necesidad de ir más allá ni de obtener una comprensión más profunda. Quizá estaba cansado de las intensas batallas de las dos décadas precedentes, batallas para el diseño de armas, batallas políticas, batallas personales. Quizá se sentía intimidado ante los misterios de lo desconocido. En cualquier caso, nunca más contribuiría con respuestas. La antorcha estaba pasando a una nueva generación. El legado de Oppenheimer se convertiría en el punto de partida de Wheeler; y en la URSS, el legado de Landau se convertiría en el punto de partida de Zel'dovich.

En su confrontación con Oppenheimer en Bruselas en 1958, Wheeler afirmó que los resultados de Oppenheimer-Snyder no eran dignos de crédito. ¿Por qué? Por sus profundas simplificaciones (figura 6.3, *supra*). Más concretamente, Oppenheimer había supuesto desde el principio que la estrella en implosión no tenía ningún tipo de presión. Sin presión, era imposible que el material en implosión formase ondas de choque (el análogo a las olas marinas rompientes, con su espuma). Sin presión ni ondas de choque, no había ninguna forma de que el material en implosión se calentara. Sin calor ni presión, no había forma de que se desencadenasen reacciones nucleares y ninguna forma de emitir radiación. Sin radiación derramada, y sin la expulsión de material hacia el exterior debida a las reacciones nucleares, la presión o las ondas de choque, no había forma de que la estrella perdiese masa. Prohibiendo desde el principio que hubiese pérdida de masa, no había forma de que la estrella masiva pudiese reducirse por debajo de los 2 soles y convertirse en una estrella de neutrones fría y muerta. No sorprende que la estrella en implosión de Oppenheimer hubiese formado un agujero negro, razonaba Wheeler; ¡sus simplificaciones no le dejaban otra alternativa!

En 1939, cuando Oppenheimer y Snyder realizaron su trabajo, había sido imposible calcular los detalles de la implosión con una presión realista (presión térmica, presión de degeneración y presión producida por la fuerza nuclear), y con reacciones nucleares, ondas de choque, calor, radiación y expulsión de masa. Sin embargo, los trabajos sobre el diseño de armas nucleares de los veinte años posteriores proporcionaron justamente las herramientas necesarias. Presión, reacciones nucleares, ondas de choque, calor, radiación y expulsión de masa eran todas ellas características fundamentales de una bomba de hidrógeno; sin ellas, una bomba no explosionaría. Para diseñar una bomba había que incorporar estas cosas en los cálculos del ordenador. El equipo de Wheeler, por supuesto, lo había hecho. Por lo tanto, hubiera sido natural para el equipo de Wheeler volver ahora a escribir sus programas de ordenador para que, en lugar de simular la explosión de una bomba de hidrógeno, simularan la implosión de una estrella masiva.

Hubiera sido natural... si el equipo existiera todavía. Sin embargo, el equipo estaba ahora desperdigado; habían redactado su informe PMB-31 y se habían dispersado para enseñar, hacer investigación en física o convertirse en administradores en una amplia variedad de universidades y laboratorios del gobierno.

Los expertos en el diseño de la bomba norteamericana estaban ahora concentrados en Los Álamos, y en un nuevo laboratorio del gobierno en Livermore, California. En Livermore, a finales de los años cincuenta, Stirling Colgate quedó fascinado por el problema de la implosión estelar. Con el apoyo de Edward Teller, y en colaboración con Richard White y posteriormente Michael May, Colgate se propuso simular semejante implosión en un ordenador. Las simulaciones de Colgate-White-May mantenían algunas de las simplificaciones de Oppenheimer: insistieron desde el principio en que la estrella en implosión fuera esférica y sin rotación. Sin esta restricción, sus cálculos hubieran sido enormemente más difíciles. Sin embargo, sus simulaciones tuvieron en cuenta todas las cosas que preocupaban a Wheeler —presión, reacciones nucleares, ondas de choque, calor, radiación, expulsión de masa— y lo hicieron apoyándose fuertemente en la experiencia del diseño de la bomba y los códigos de computación. Perfeccionar las simulaciones requirió varios años de esfuerzo, pero a comienzos de los años sesenta ya estaban funcionando correctamente.

Un día a principios de los años sesenta, John Wheeler entró corriendo en la clase de relatividad en la Universidad de Princeton a la que yo asistía como estudiante licenciado. Llegaba un poco tarde, pero sonreía con placer. Acababa de regresar de una visita a Livermore donde había visto los resultados de las simulaciones más recientes de Colgate, White y May. Con excitación en su voz dibujó en la pizarra un diagrama tras otro explicando lo que sus amigos de Livermore habían aprendido.

Cuando la estrella en implosión tenía una masa pequeña, desencadenaba una explosión de supernova y formaba una estrella de neutrones precisamente de la forma que Fritz Zwicky había especulado treinta años antes. Cuando la masa de la estrella era mucho mayor que el máximo de 2 soles para una estrella de neutrones, la implosión —a pesar de su presión, reacciones nucleares, ondas de choque, calor y radiación— producía un agujero negro.[38] Y el nacimiento del agujero negro era notablemente similar al altamente simplificado que había sido calculado veinticinco años antes por Oppenheimer y Snyder. Vista desde fuera, la implosión se frenaba y se quedaba congelada en la circunferencia crítica, pero vista por alguien en la superficie de la estrella, la implosión no se congelaba en absoluto. La superficie de la estrella se contraía a través de la circunferencia crítica y seguía hacia adentro sin vacilación.

Wheeler, de hecho, ya se esperaba este comportamiento. Otras intuiciones (que serán descritas más adelante) le habían convertido de un crítico de los agujeros negros de Oppenheimer en un defensor entusiasta. Pero aquí había, por primera vez, una prueba concreta de una simulación realista por ordenador: la implosión debía producir agujeros negros.

¿Se alegró Oppenheimer por la conversión de Wheeler? Él mostró poco interés y poca satisfacción. En una conferencia internacional en Dallas, Texas, en diciembre de 1963, con ocasión del descubrimiento de los cuásares (capítulo 9), Wheeler dio una larga charla sobre la implosión estelar. En su charla describió con entusiasmo los cálculos de Oppenheimer y Snyder de 1939. Oppenheimer asistía a la conferencia, pero durante la exposición de Wheeler se sentó en un sofá en el corredor charlando con amigos sobre otras cuestiones. Treinta años más tarde, Wheeler recuerda la escena con tristeza en sus ojos y en su voz.

A finales de los años cincuenta, Zel'dovich empezó a sentirse aburrido con el trabajo de diseño de armas. La mayoría de los problemas realmente interesantes estaban resueltos. En busca de nuevos desafíos hacía incursiones cuando podía en la teoría de las partículas elementales y, más adelante, en astrofísica, mientras seguía dirigiendo su equipo de diseño de la bomba en la Instalación así como otro equipo que hacía cálculos subsidiarios para la bomba en el Instituto de Matemáticas Aplicadas de Moscú.

En su trabajo en el diseño de la bomba, Zel'dovich acribillaba a su equipo con ideas, y los miembros del equipo hacían cálculos para ver si las ideas funcionaban. «Las chispas de Zel'dovich y la gasolina de su equipo», era como lo describía Ginzburg. Cuando se pasó a la astrofísica, Zel'dovich mantuvo este estilo.

La implosión estelar estaba entre los problemas astrofísicos que captaron la fantasía de Zel'dovich. Era obvio para él, como lo era para Wheeler, Colgate, White y May en Norteamérica, que las herramientas del diseño de la bomba de hidrógeno se adecuaban perfectamente a la simulación matemática de estrellas en implosión.

Para hacer encajar los detalles de una implosión estelar realista, Zel'dovich reunió a varios colegas jóvenes: Dmitri Nadezhin y Vladimir Imshennik en el Instituto de Matemáticas Aplicadas, y Mikhail Podurets en la Instalación. En una serie de intensas discusiones les mostró su idea de cómo podría simularse la implosión en un ordenador, incluyendo todos los efectos claves que fueron tan importantes para la bomba de hidrógeno: presión, reacciones nucleares, ondas de choque, calor, radiación, expulsión de masa.

Estimulados por estas discusiones, Imshennik y Nadezhin simularon la implosión de estrellas con masa pequeña; y verificaron, independientemente de Colgate y White en Norteamérica, las conjeturas de Zwicky sobre las supernovas. Paralelamente, Podurets simuló la implosión de una estrella masiva. Los resultados de Podurets, publicados casi simultáneamente con los de May y White en Norteamérica, eran prácticamente idénticos a los de los norteamericanos.[39] No cabía ninguna duda, la implosión produce agujeros negros y lo hace precisamente de la forma que Oppenheimer y Snyder habían afirmado.

La adaptación de los códigos del diseño de la bomba para simular la implosión estelar es precisamente una de las muchas conexiones íntimas entre las armas nucleares y la astrofísica. Estas conexiones eran obvias para Sajarov en 1948. Al ordenársele que se uniese al equipo de diseño de la bomba de Tamm, se embarcó en un estudio de la astrofísica para prepararse. Mi propio olfato cayó en la pista de las conexiones de forma inesperada en 1969.

Realmente nunca quise saber cuál era la idea de Teller-Ulam/Sajarov-Zel'dovich. La superbomba, aquella que en virtud de su idea podría «ser arbitrariamente potente», me parecía obscena y ni siquiera quería especular sobre su forma de funcionamiento. Pero mi búsqueda por entender los posibles papeles de las estrellas de neutrones en el Universo llevaron la idea de Teller-Ulam a mi consciencia.

Varios años antes, Zel'dovich había señalado que el gas del espacio interestelar o una estrella vecina, si caía en una estrella de neutrones, se calentaría y brillaría intensamente: se haría tan caliente, de hecho, que radiaría principal-

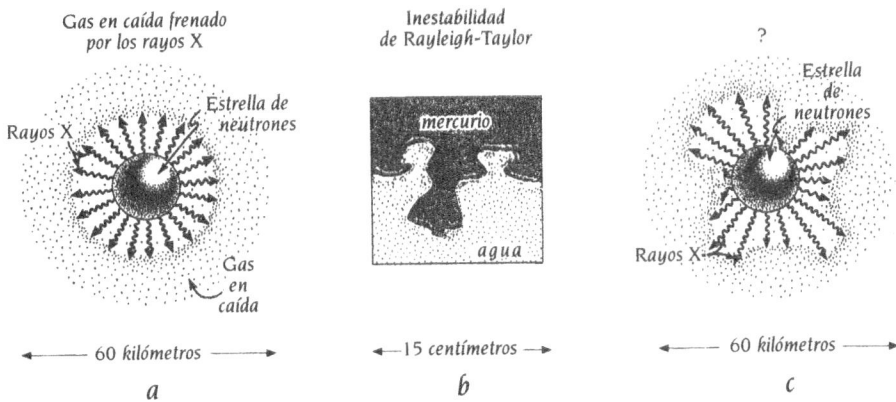

6.4. *a*) El gas que cae en una estrella de neutrones es frenado por la presión de los rayos X emitidos. *b*) El mercurio líquido tratando de caer en el campo gravitatorio de la Tierra es sustentado por el agua que hay bajo él; resulta una inestabilidad de Rayleigh-Taylor. *c*) ¿Es posible que exista también una inestabilidad de Rayleigh-Taylor cuando el gas que cae es sustentado por los rayos X de una estrella de neutrones?

mente rayos X de alta energía en lugar de luz menos energética. El gas en caída controla el ritmo de emisión de rayos X, razonaba Zel'dovich, y a la inversa, los rayos X salientes controlan el ritmo de caída del gas. De este modo, ambos, gas y rayos X, cooperan, produciendo un *flujo autorregulado* estacionario. Si el gas cae a un ritmo demasiado alto, entonces producirá grandes cantidades de rayos X, y los rayos X emitidos golpearán al gas en caída produciendo una presión hacia fuera que frenará la caída del gas (figura 6.4a). Por el contrario, si el gas cae a un ritmo demasiado bajo, entonces producirá tan pocos rayos X que serán incapaces de frenar la caída del gas, de modo que el ritmo de caída aumentará. Existe sólo un único ritmo de caída del gas, ni demasiado alto ni demasiado bajo, para el que los rayos X y el gas están en equilibrio mutuo.

Esta imagen del flujo de gas y de rayos X me confundía. Yo sabía muy bien que si, en la Tierra, uno trata de soportar un fluido denso, tal como el mercurio líquido, mediante un fluido menos denso, tal como el agua, situado debajo del primero, rápidamente se formarán lenguas de mercurio que penetrarán en el agua: el mercurio descenderá atropelladamente y el agua subirá desordenadamente (figura 6.4b). Este fenómeno se denomina *inestabilidad de Rayleigh-Taylor*. En la imagen de Zel'dovich, los rayos X eran como el agua de baja densidad y el gas en caída era como el mercurio de alta densidad. ¿No se formarían lenguas de gas que penetraran a través de los rayos X, y no pasaría entonces el gas libremente por entre estas lenguas destruyendo el flujo autorregulado de Zel'dovich? (figura 6.4c). Un cálculo detallado con las leyes de la física podría decirme si esto sucede, pero semejante cálculo sería muy complejo y requeriría mucho tiempo; por ello, en lugar de calcular, se lo pregunté a Zel'dovich una tarde de 1969, cuando estábamos discutiendo de física en su apartamento en Moscú.

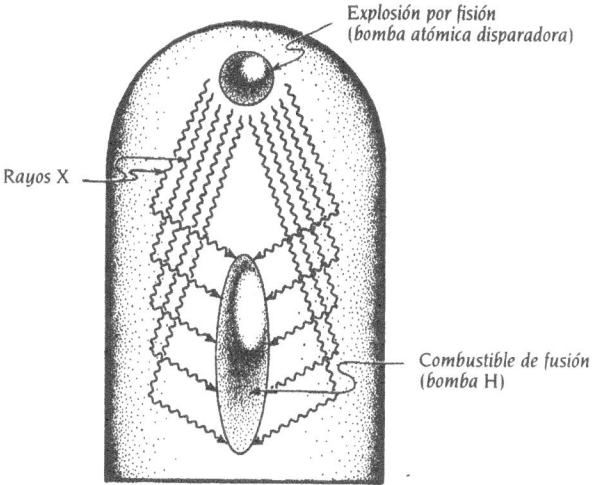

Explosión por fisión
(bomba atómica disparadora)

Rayos X

Combustible de fusión
(bomba H)

6.5. Diagrama esquemático que muestra un aspecto de la idea de Teller-Ulam/Sajarov-Zel'dovich para el diseño de una bomba de hidrógeno: una explosión alimentada por fisión (desencadenada por una bomba atómica) produce intensos rayos X que son concentrados de alguna manera sobre el combustible de fusión (deuteruro de litio, LiD). Los rayos X calientan presumiblemente el combustible de fusión y ayudan a comprimirlo lo suficiente para que tengan lugar reacciones de fusión. La tecnología para concentrar los rayos X y otros problemas prácticos son tan formidables que aun conociendo este elemento del «secreto» de Teller-Ulam, uno sólo ha recorrido una distancia infinitesimal del camino hacia la construcción de una superbomba operativa.

Zel'dovich se mostró un poco incómodo cuando planteé la cuestión, pero su respuesta fue firme: «No, Kip, eso no ocurre. No existen lenguas en los rayos X. El flujo de gas es estable». «¿Cómo lo sabes, Yakov Borisovich?», pregunté. Sorprendentemente no obtuve respuesta. Parecía evidente que Zel'dovich o alguien había hecho un cálculo detallado o un experimento que mostrase que los rayos X pueden presionar sobre el gas sin que lenguas de Rayleigh-Taylor destruyan el empuje, pero Zel'dovich no pudo indicarme ningún cálculo o experimento semejante en la literatura publicada, ni me describió la física detallada de lo que ocurre. ¡Qué poco característico de él!

Unos pocos meses después, yo estaba escalando en las Sierras altas en California con Stirling Colgate. (Colgate es uno de los mayores expertos norteamericanos sobre flujos de fluidos y radiación, estuvo profundamente implicado en los últimos pasos del trabajo de la superbomba norteamericana, y fue uno de los tres físicos de Livermore que había simulado una implosión de una estrella en un ordenador.) Mientras escalábamos, planteé a Colgate la misma cuestión que había preguntado a Zel'dovich y me dio la misma respuesta: el flujo es estable; el gas no puede evitar la fuerza de los rayos X desarrollando lenguas. «¿Cómo lo sabes, Stirling?», pregunté. «Ha sido demostrado», respondió. «¿Dónde puedo encontrar los cálculos o los experimentos?», pregunté. «No lo sé ...»

«Eso es muy curioso» —le dije a Stirling—. Zel'dovich me dijo exactamente lo mismo, que el flujo es estable. Pero, como tú, tampoco me dio ninguna prueba.» «¡Oh! Eso es fascinante. De modo que Zel'dovich lo sabía realmente», dijo Stirling.

Y entonces yo también lo supe. No había querido saberlo. Pero la conclusión era inevitable. La idea de Teller-Ulam debía consistir en utilizar rayos X, emitidos en el primer microsegundo del desencadenamiento de la fisión (bomba atómica), para calentar, ayudar a comprimir y provocar la ignición del combustible de fusión de la superbomba (figura 6.5). El que esto es, de hecho, parte de la idea de Teller-Ulam fue confirmado en los años ochenta en varias publicaciones norteamericanas a las que se levantó el secreto; de otro modo yo no lo hubiese mencionado aquí.

¿Qué es lo que convirtió a Wheeler de un escéptico sobre los agujeros negros en un creyente y defensor? Las simulaciones por ordenador de estrellas en implosión fueron sólo la validación final de su conversión. Mucho más importante fue la ruptura de un bloqueo mental. Este bloqueo mental imperó en la comunidad mundial de físicos teóricos desde los años veinte hasta los cincuenta. Fue alimentado en parte por la misma *singularidad de Schwarzschild* que estaba siendo entonces utilizada para un agujero negro. Fue también alimentado por la misteriosa y aparentemente paradójica conclusión de los cálculos simplificados de Oppenheimer y Snyder, según la cual una estrella en implosión se congela para siempre en la circunferencia crítica («singularidad de Schwarzschild») desde el punto de vista de un observador externo estático, pero implosiona rápidamente a través del punto de congelación y hacia dentro desde el punto de vista de un observador en la superficie de la estrella.

En Moscú, Landau y sus colegas, aunque creyendo en los cálculos de Oppenheimer y Snyder, tenían graves dificultades para reconciliar estos dos puntos de vista. «Tú no te puedes imaginar qué difícil era para la mente humana entender cómo ambos puntos de vista podían ser simultáneamente verdaderos»,[40] me dijo algunos años después Evgeny Lifshitz, el más íntimo amigo de Landau.

Entonces, un día de 1958, el mismo año en que Wheeler estaba atacando las conclusiones de Oppenheimer y Snyder, llegó a Moscú un número de la *Physical Review* con un artículo de David Finkelstein,[41] un desconocido postdoc en una universidad norteamericana poco conocida, el Stevens Institute of Technology en Hoboken, Nueva Jersey. Landau y Lifshitz leyeron el artículo. Fue una revelación. De repente todo estaba claro.*

Finkelstein visitó Inglaterra ese año y dio una charla en el Kings College en Londres. Roger Penrose (quien posteriormente revolucionaría nuestra com-

* Realmente la idea de Finkelstein había sido encontrada antes, en otros contextos y por otros físicos incluyendo a Arthur Eddington; pero éstos no habían comprendido su significado y fue rápidamente olvidada.[42]

David Finkelstein, *c.* 1958. (Foto de Herbert S. Sonnenfeld; cortesía de David Finkelstein.)

prensión de lo que pasa *en el interior* de los agujeros negros; véase el capítulo 13) tomó el tren hasta Londres para asistir a la charla de Finkelstein y volvió entusiasmado a Cambridge.

En Princeton, Wheeler estaba al principio intrigado, pero no completamente convencido. Sólo llegó a convencerse de forma gradual, a lo largo de los años siguientes. Era más lento que Landau o Penrose, creo yo, porque estaba mirando más allá. Estaba concentrado en su visión de que la gravedad cuántica debe hacer que los nucleones (neutrones y protones) en una estrella en implosión se disuelvan en radiación y escapen de la implosión, y parecía imposible reconciliar esta visión con la intuición de Finkelstein. De todas formas, como veremos más adelante, en un cierto sentido profundo tanto la visión de Wheeler como la intuición de Finkelstein eran correctas.

Pero ¿cuál era exactamente la intuición de Finkelstein? Finkelstein descubrió, casi por azar y en sólo dos líneas de matemáticas, un nuevo sistema de referencia en el que describir la geometría espacio-temporal de Schwarzschild. Finkelstein no estaba motivado por la implosión de estrellas y no estableció la conexión entre su nuevo sistema de referencia y la implosión estelar.[43] Sin embargo, la implicación de su nuevo sistema de referencia estaba clara para otros. Les dio una perspectiva totalmente nueva sobre la implosión estelar.

La geometría del espacio-tiempo fuera de una estrella en implosión es la de Schwarzschild, y por lo tanto la implosión de la estrella puede describirse utilizando el nuevo sistema de referencia de Finkelstein. Ahora bien, el nuevo sistema de Finkelstein era bastante diferente de los sistemas de referencia con los que nos hemos encontrado hasta ahora (capítulos 1 y 2). La mayoría de estos sistemas (laboratorios imaginarios) eran pequeños, y cada parte de cada sistema (arriba, abajo, los lados, el medio) estaban en reposo con respecto a las demás. Por el contario, el sistema de referencia de Finkelstein era suficientemente grande para cubrir simultáneamente las regiones de espacio-tiempo lejos de la estrella en implosión, las regiones próximas a ella y cualquier otra región comprendida entre ambas. Lo que es más importante, las diversas partes del sistema de Finkelstein se movían unas respecto a las otras: las partes alejadas de la estrella eran estáticas, es decir, no implosionaban, mientras que las partes próximas a la estrella caían hacia adentro junto con la superficie de la estrella en implosión. En consecuencia, el sistema de Finkelstein podía utilizarse para describir simultáneamente la implosión de la estrella desde el punto de vista de observadores estáticos muy alejados y desde el punto de vista de observadores que se mueven hacia adentro con la estrella en implosión. La descripción resultante reconciliaba de forma muy bella el congelamiento de la implosión tal como se observa desde muy lejos con la implosión continuada tal como se observaba desde la superficie de la estrella.

En 1962, dos miembros del equipo de investigación de Wheeler en Princeton, David Beckedorff y Charles Misner, construyeron un conjunto de diagramas de inserción para ilustrar esta reconciliación, y en 1967 yo transformé sus diagramas de inserción en la siguiente analogía fantástica para un artículo en *Scientific American*.[44]

Érase una vez seis hormigas que vivían en una gran membrana elástica (figura 6.6). Estas hormigas, que eran muy inteligentes, habían aprendido a comunicarse utilizando como señales bolas que ruedan con una velocidad constante (la «velocidad de la luz») a lo largo de la superficie de la membrana. Lamentablemente, las hormigas no habían calculado la resistencia de la membrana.

Sucedió un día que cinco de las hormigas se juntaron cerca del centro de la membrana, y su peso hizo que ésta empezara a colapsar. Quedaron atrapadas; no podían arrastrarse con la rapidez suficiente para escapar. La sexta hormiga —una hormiga astrónoma— estaba a salvo a gran distancia con su telescopio de bolas señalizadoras. Conforme la membrana colapsaba, las hormigas atrapadas lanzaban bolas señalizadoras a la hormiga astrónoma para que ella pudiera seguir su destino.

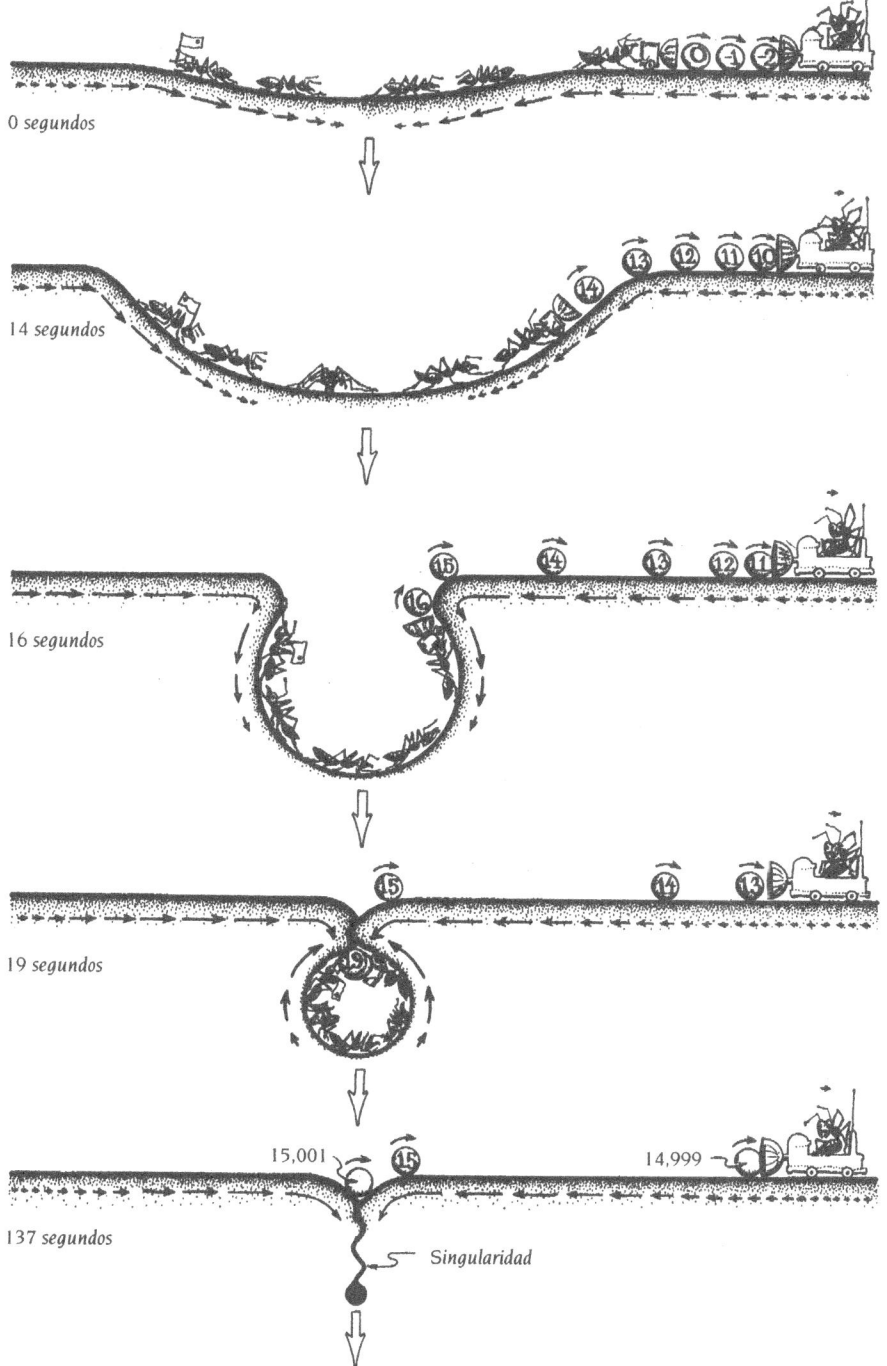

0 segundos

14 segundos

16 segundos

19 segundos

137 segundos

Singularidad

6.6.   El colapso de una membrana elástica poblada por hormigas proporciona una fantástica analogía de la implosión gravitatoria de una estrella para formar un agujero negro. [Adaptado de Thorne (1967).]

La membrana hizo dos cosas al colapsar: primero, su superficie se contrajo hacia adentro, arrastrando los objetos adyacentes hacia el centro del colapso de una forma muy parecida a como la gravedad de una estrella en implosión atrae los objetos hacia su centro. Segundo, la membrana se hundió y se curvó en una forma de concavidad análoga a la forma curvada del espacio en torno a una estrella en implosión (compárese con la figura 6.2).

La superficie de la membrana se contraía cada vez con mayor rapidez conforme continuaba el colapso. Como resultado, las bolas señalizadoras, que estaban uniformemente espaciadas en el tiempo cuando las emitían las hormigas atrapadas, eran recibidas por la hormiga astrónoma a intervalos de tiempo cada vez más largos. (Esto es análogo al enrojecimiento de la luz procedente de una estrella en implosión.) La bola número 15 fue emitida 15 segundos después de que empezara el colapso, en el preciso instante en que las hormigas atrapadas estaban siendo absorbidas a través de la circunferencia crítica de la membrana. La bola 15 permaneció para siempre en la circunferencia crítica porque la membrana se estaba contrayendo allí con la misma velocidad que el movimiento de la bola (la velocidad de la luz). Sólo 0,001 segundos antes de alcanzar la circunferencia crítica, las hormigas atrapadas emitieron la bola número 14,999 (mostrada sólo en el último diagrama). Esta bola, rebasando a duras penas la membrana en contracción, no llegó a la hormiga astrónoma hasta 137 segundos después de que empezase el colapso. La bola número 15,001, enviada 0,001 segundos después de la circunferencia crítica, fue inexorablemente absorbida en la región altamente curvada y fue aplastada junto con las cinco hormigas atrapadas.

Pero la hormiga astrónoma nunca pudo saber nada del aplastamiento. Nunca recibiría la señal de la bola número 15, ni ninguna otra bola de señal emitida después de ésta; y las enviadas justo antes de la 15 tardarían tanto en escapar que para ella el colapso parecería frenarse y congelarse exactamente en la circunferencia crítica.

Esta analogía es notablemente fiel para reproducir el comportamiento de una estrella en implosión:

1. La forma de la membrana es precisamente la del espacio curvado en torno a la estrella, tal como está incorporado en un diagrama de inserción.
2. Los movimientos de las bolas señalizadoras sobre la membrana son precisamente los mismos que los movimientos de los fotones de la luz en el espacio curvado de la estrella en implosión. En particular, las bolas señalizadoras se mueven con la velocidad de la luz medida localmente por cualquier hormiga en reposo sobre la membrana; pero las bolas emitidas exactamente antes de la número 15 necesitan mucho tiempo para escapar, tanto que para la hormiga astrónoma el colapso parece congelarse. Análogamente, los fotones emitidos desde la superficie de la estrella se mueven con la velocidad de la luz medida localmente por cualquiera; pero los fotones emitidos exactamente antes de que la estrella se contraiga dentro de su circunferencia crítica (su horizonte) necesitan un tiempo muy

largo para escapar, tan largo que para los observadores externos la implosión debe parecer congelarse.

3. Las hormigas atrapadas no ven ninguna congelación en la circunferencia crítica. Son absorbidas a través de la circunferencia crítica sin remisión, y aplastadas. Análogamente, cualquiera que esté sobre la superficie de una estrella en implosión no verá que la implosión se congela. Experimentará la implosión sin remisión, y será aplastado por la gravedad de marea (capítulo 13).

Esta era, traducida en diagramas de inserción, la idea que se derivaba del nuevo sistema de referencia de Finkelstein. Con esta manera de considerar la implosión, ya no había más misterio. Una estrella en implosión realmente se contrae a través de la circunferencia crítica sin remisión. El que parezca congelarse vista desde muy lejos es una ilusión.

Los diagramas de inserción de la parábola de las hormigas captan sólo algo de la idea que se deriva del nuevo sistema de referencia de Finkelstein, pero no todo. Ideas adicionales están incorporadas en la figura 6.7, que es un *diagrama espacio-temporal* para la estrella en implosión.

Hasta ahora, los únicos diagramas espacio-temporales que hemos encontrado eran en el espacio-tiempo plano de la relatividad especial; por ejemplo, la figura 1.3. En la figura 1.3 dibujamos nuestros diagramas desde dos puntos de vista diferentes: el de un sistema de referencia inercial en reposo en la ciudad de Pasadena (ignorando la atracción gravitatoria hacia abajo), figura 1.3c; y el de un sistema inercial ligado a su coche deportivo de alta velocidad cuando usted circulaba por Colorado Boulevard en Pasadena, figura 1.3b. En cada diagrama representábamos el espacio del sistema escogido en horizontal, y su tiempo en vertical.

En la figura 6.7, el sistema de referencia escogido es el de Finkelstein. De acuerdo con esto, representamos horizontalmente dos de las tres dimensiones del espacio, medidas en el sistema de Finkelstein («espacio de Finkelstein»), y representamos en vertical el tiempo medido en su sistema («tiempo de Finkelstein»). Puesto que, lejos de la estrella, el sistema de Finkelstein es estático (no está en implosión), el tiempo de Finkelstein allí es el que experimenta un observador estático. Y puesto que, cerca de la estrella, el sistema de Finkelstein cae hacia adentro con la superficie estelar en implosión, el tiempo de Finkelstein allí es el que experimenta un observador en caída.

En el diagrama se muestran dos secciones horizontales. Cada una indica dos de las dimensiones del espacio en un instante concreto de tiempo, pero eliminando la curvatura del espacio para que el espacio parezca plano. Más concretamente, las circunferencias en torno al centro de la estrella están fielmente representadas en estas secciones horizontales, pero los radios (distancias al centro) no lo están. Para representar fielmente tanto radios como circunferencias tendríamos que utilizar diagramas de inserción como los de la figura 6.2 o los

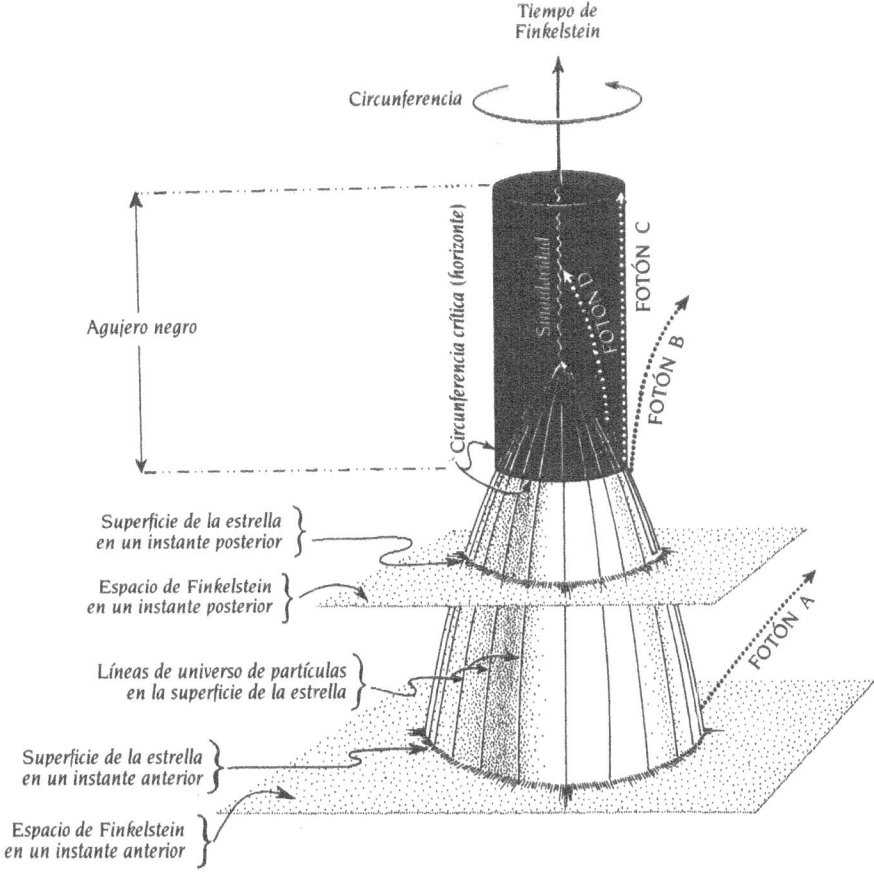

6.7. Un diagrama espacio-temporal que representa la implosión de una estrella para formar un agujero negro. Hacia arriba se representa el tiempo medido en el sistema de referencia de Finkelstein. En horizontal se representan dos de las tres dimensiones del espacio de dicho sistema. Las secciones horizontales son «instantáneas» bidimensionales de la estrella en implosión y el agujero negro que crea en instantes concretos del tiempo de Finkelstein, pero con la curvatura espacial suprimida.

de la parábola de las hormigas, figura 6.6. La curvatura espacial se mostraría entonces claramente: las circunferencias serían menores que 2π veces los radios. Al dibujar las secciones horizontales planas, estamos eliminando artificialmente su curvatura. Este aplanamiento incorrecto del espacio es un precio que pagamos por hacer legible el diagrama. A cambio, podemos ver juntos el espacio y el tiempo en un solo y legible diagrama.

En el tiempo más temprano mostrado en el diagrama (sección horizontal inferior), la estrella, con una dimensión espacial ausente, es el interior de un gran círculo; si se restableciese la dimensión que falta, la estrella sería el interior de una gran esfera. En un instante posterior (segunda sección), la estrella se ha contraído; ahora es el interior de un círculo más pequeño. En un instante más posterior, la estrella atraviesa su circunferencia crítica y, más tarde aún, se contrae hasta una circunferencia cero, creando allí una *singularidad* en la que, según la relatividad general, la estrella es aniquilada y deja de existir. No discutiremos los detalles de esta singularidad hasta el capítulo 13, pero es crucial saber que es algo completamente diferente de la «singularidad de Schwarzschild» de la que los físicos hablaron desde los años veinte hasta los cincuenta. La «singularidad de Schwarzschild» era un nombre mal ideado para la circunferencia crítica o para un agujero negro; esta «singularidad» es el objeto que reside en el centro del agujero negro.

El propio agujero negro es la región de espacio-tiempo que se muestra negra en el diagrama, es decir, la región interna a la circunferencia crítica y hacia el futuro de la superficie de la estrella en implosión. La superficie del agujero (su *horizonte*) está en la circunferencia crítica.

También se muestran en el diagrama las líneas de universo (trayectorias en el espacio-tiempo) de algunas partículas ligadas a la superficie de la estrella. Cuando uno eleva la vista hacia arriba en el diagrama (es decir, conforme pasa el tiempo), uno ve que estas líneas de universo se acercan cada vez más al centro de la estrella (al eje central del diagrama). Este movimiento muestra la contracción de la estrella con el tiempo.

De mayor interés son las líneas de universo de cuatro fotones (cuatro partículas de luz). Estos fotones son los análogos de las bolas señalizadoras en la parábola de las hormigas. El fotón A es emitido hacia afuera desde la superficie de la estrella en el instante en que la estrella empieza a implosionar (sección inferior). Viaja hacia afuera con facilidad, hacia circunferencias cada vez mayores, conforme pasa el tiempo (conforme se eleva la vista en el diagrama). El fotón B, emitido poco antes de que la estrella alcance su circunferencia crítica, necesita un tiempo grande para escapar; es el análogo de la bola señalizadora número 14,999 en la parábola de las hormigas. El fotón C, emitido exactamente en la circunferencia crítica, permanece siempre allí, igual que la bola de señal número 15. Y el fotón D, emitido desde el interior de la circunferencia crítica (en el interior del agujero negro), nunca escapa; es atraído hacia la singularidad por la intensa gravedad del agujero, exactamente igual que la bola señalizadora 15,001.

Es interesante contrastar esta comprensión moderna de la propagación de la luz desde una estrella en implosión con las predicciones del siglo XVIII para la luz emitida desde una estrella más pequeña que su circunferencia crítica.

Recordemos (capítulo 3) que, a finales del siglo XVIII, John Michell en Inglaterra y Pierre Simon Laplace en Francia utilizaron las leyes de Newton de la gravedad y la descripción corpuscular de la luz de Newton para predecir la existencia de agujeros negros. Estos «agujeros negros newtonianos» eran realmente estrellas estáticas con circunferencias tan pequeñas (menores que la circunferencia crítica) que la gravedad impedía a la luz escapar de sus alrededores.

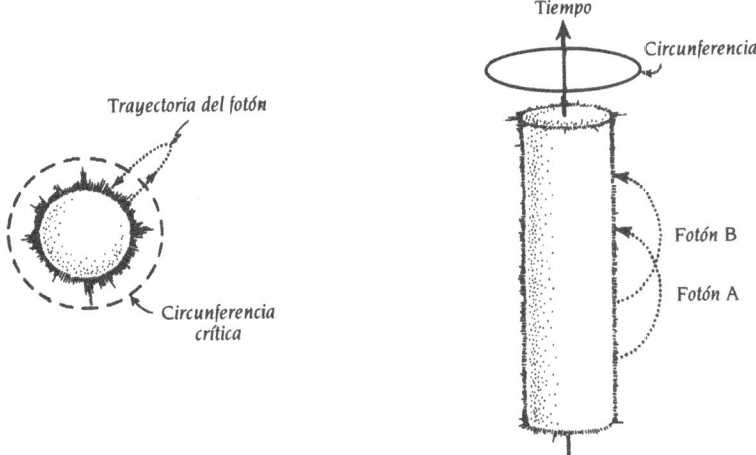

6.8.   Las predicciones de las leyes de la física de Newton para el movimiento de los corpúsculos de luz (fotones) emitidos por una estrella que está dentro de su circunferencia crítica. *Izquierda*: un diagrama espacial (similar al de la figura 3.1). *Derecha*: un diagrama espacio-temporal.

La mitad izquierda de la figura 6.8 (un diagrama espacial, no un diagrama espacio-temporal) muestra una tal estrella dentro de su circunferencia crítica, y muestra la trayectoria espacial de un fotón (corpúsculo de luz) emitido desde la superficie de la estrella casi en dirección vertical (radialmente). El fotón que sale hacia arriba, como una piedra arrojada, es frenado por la atracción de la gravedad de la estrella, llega a detenerse, y luego cae de nuevo a la estrella.

La mitad derecha de la figura muestra los movimientos de dos de estos fotones en un diagrama espacio-temporal. Hacia arriba se representa el tiempo universal de Newton; hacia afuera, se representa su espacio absoluto. Con el paso del tiempo, la estrella circular barre el cilindro vertical; en cualquier instante de tiempo (sección horizontal en el diagrama) la estrella está descrita por el mismo círculo que en la imagen izquierda. Conforme pasa el tiempo, el fotón A emerge y luego cae de nuevo a la estrella, y el fotón B, emitido un poco más tarde, hace lo mismo.

Es instructivo comparar esta versión newtoniana (incorrecta) de una estrella dentro de su circunferencia crítica y los fotones que emite con la versión relativista (correcta), en la figura 6.7. La comparación muestra dos profundas diferencias entre las predicciones de las leyes de Newton y las de Einstein:

1 . Las leyes de Newton (figura 6.8) permiten que una estrella más pequeña que la circunferencia crítica tenga una vida feliz y sin implosión, con su compresión gravitatoria equilibrada permanentemente con su presión interna. Las leyes de Einstein (figura 6.7) insisten en que cuando una

estrella cualquiera es más pequeña que su circunferencia crítica, su compresión gravitatoria será tan fuerte que ninguna presión interna podrá equilibrarla. La estrella no tiene otra elección que implosionar.

2 . Las leyes de Newton (figura 6.8) predicen que los fotones emitidos desde la superficie de la estrella subirán al principio hasta circunferencias mayores, en algunos casos incluso hasta circunferencias mayores que la crítica, y luego serán atraídos hacia abajo. Las leyes de Einstein (figura 6.7) exigen que cualquier fotón emitido desde el interior de la circunferencia crítica se mueva siempre hacia circunferencias cada vez más pequeñas. La única razón de que semejante fotón pueda escapar de la superficie de la estrella es que la estrella misma se esté contrayendo a una velocidad mayor que aquella con la que el fotón en dirección saliente se mueve hacia adentro (figura 6.7).

Aunque la intuición de Finkelstein y los códigos para la simulación de la bomba convencieron completamente a Wheeler de que la implosión de una estrella masiva debe producir un agujero negro, el destino de la materia estelar en implosión continuó intrigándole en los años sesenta, igual que le había intrigado en Bruselas en su confrontación con Oppenheimer en 1958. La relatividad general insistía en que la materia de las estrellas será aplastada en la singularidad en el centro del agujero (capítulo 13), pero tal predicción parecía físicamente inaceptable. Para Wheeler parecía evidente que las leyes de la relatividad general debían fallar en el centro del agujero y debían ser reemplazadas por nuevas leyes de la *gravedad cuántica*, y estas nuevas leyes debían detener el aplastamiento. Quizá, especulaba Wheeler, trabajando sobre las ideas que él había expuesto en Bruselas, las nuevas leyes convertirían la materia que implosiona en radiación que «tunelea» mecanocuánticamente su escape del agujero y sale al espacio interestelar. Para verificar su especulación se requeriría comprender en profundidad el matrimonio de la mecánica cuántica y la relatividad general. En ello residía la belleza de la especulación. Era un campo de pruebas para asistir al descubrimiento de las nuevas leyes de la gravedad cuántica.

Como estudiante de Wheeler a comienzos de los años sesenta, yo pensaba que su especulación de la materia convertida en radiación en la singularidad y luego tuneleando su vía de salida del agujero era escandalosa. ¿Cómo podía Wheeler creer algo semejante? Las nuevas leyes de la gravedad cuántica serían sin duda importantes en la singularidad central del agujero, como afirmaba Wheeler. Pero no cerca de la circunferencia crítica. La circunferencia crítica estaba en el «dominio de lo grande», donde la relatividad general debe ser muy aproximada; y las leyes de la relatividad general eran inequívocas: nada puede salir de la circunferencia crítica. La gravedad lo mantiene todo dentro. Por lo tanto, no puede haber «efecto túnel mecanocuántico» (cualquier cosa que esto sea) que deje escapar radiación; yo estaba firmemente convencido de ello.

En 1964 y 1965 Wheeler y yo escribimos un libro técnico, junto con Kent Harrison y Masami Wakano, sobre las estrellas frías muertas y la implosión estelar.[45] Quedé sorprendido cuando Wheeler insistió en incluir en el último capítulo su especulación de que la radiación debe tunelear su vía de salida del agujero y escapar al espacio interestelar. En una lucha de último minuto para convencer a Wheeler de suprimir su especulación del libro, acudí a David Sharp, uno de los postdocs de Wheeler, en busca de ayuda. David y yo discutimos enérgicamente con Wheeler en una llamada telefónica a tres bandas, y Wheeler capituló finalmente.

Wheeler tenía razón; David y yo estabamos equivocados. Diez años más tarde, Zel'dovich y Stephen Hawking utilizarían un matrimonio parcial recientemente desarrollado entre la relatividad general y la mecánica cuántica para demostrar matemáticamente que la radiación *puede* tunelear su vía de salida de un agujero negro, aunque muy, muy lentamente (capítulo 12). En otras palabras, los agujeros negros pueden evaporarse, aunque lo hacen tan lentamente que un agujero negro formado por la implosión de una estrella necesitará un tiempo mucho mayor que la edad de nuestro Universo para desaparecer.

Los nombres que damos a las cosas son importantes. Los agentes de las estrellas de cine, que cambian los nombres de sus clientes de Norma Jean Baker a Marilyn Monroe y de Béla Blasko a Béla Lugosi, lo saben muy bien. También los físicos. En la industria cinematográfica un nombre ayuda a establecer el tono, el esquema mental con el que el espectador considera a la estrella: glamour para Marilyn Monroe, horror para Béla Lugosi. En física, un nombre ayuda a establecer el esquema mental con el que vemos un concepto físico. Un buen nombre evocará una imagen mental que hará énfasis en las propiedades más importantes del concepto, y de este modo ayudará a desencadenar, en una especie de vía intuitiva e inconsciente, buena investigación. Un mal nombre puede producir bloqueos mentales que impidan la investigación.

Quizá nada influyó más para impedir a los físicos, entre 1939 y 1958, la comprensión de la implosión de una estrella que el nombre que utilizaron para la circunferencia crítica: «singularidad de Schwarzschild». La palabra «singularidad» evocaba la imagen de una región donde la gravedad se hace infinitamente fuerte, provocando que las leyes de la física tal como las conocemos se vengan a abajo —una imagen que ahora comprendemos que es correcta para el objeto en el centro de un agujero negro, pero no para la circunferencia crítica. Esta imagen hacía difícil que los físicos aceptaran la conclusión de Oppenheimer-Snyder de que una persona que penetra a través de la singularidad de Schwarzschild (la circunferencia crítica) en una estrella en implosión *no* sentirá gravedad infinita y *no* verá el desmoronamiento de las leyes de la física.

No se hizo completamente claro cuán *no singular* es la singularidad de Schwarzschild (circunferencia crítica) hasta que David Finkelstein descubrió su nuevo sistema de referencia y lo utilizó para demostrar que la singularidad de Schwarzschild no es otra cosa que un lugar en el que las cosas pueden caer pero del que nada puede salir; un lugar, por lo tanto, al que nosotros no podemos mirar desde el exterior. El sistema de referencia de Finkelstein demostraba que una estrella en implosión continúa existiendo después de que se hunda a través de la singularidad de Schwarzschild, igual que el Sol continúa existiendo después de hundirse bajo el horizonte de la Tierra. Pero de la misma forma que nosotros, situados en la Tierra, no podemos ver el Sol más allá de nuestro horizonte, tampoco los observadores alejados de una estrella en implosión pueden ver la estrella después de que implosione a través de la singularidad de Schwarzschild. Esta analogía motivó a Wolfgang Rindler, un físico de la Universidad de Cornell en los años cincuenta, para dar a la singularidad de Schwarzschild (circunferencia crítica) un nuevo nombre, un nombre que ha calado desde entonces: la llamó el *horizonte*.

Seguía quedando la cuestión de cómo llamar al objeto creado por la implosión estelar. Entre 1958 y 1968 se utilizaron diferentes nombres en el Este y en Occidente: los físicos soviéticos utilizaron un nombre que hacía énfasis en la visión de la implosión de un astrónomo distante. Recordemos que a causa de la enorme dificultad que tiene la luz para escapar al poder de la gravedad, la implosión parece durar eternamente vista desde muy lejos; parece que la superficie de la estrella nunca llega a alcanzar la circunferencia crítica y el horizonte nunca llega a formarse. A los astrónomos les parece (o parecería si sus telescopios fuesen suficientemente potentes para ver la estrella en implosión) que la estrella se congela exactamente fuera de la circunferencia crítica. Por esta razón, los físicos soviéticos llamaron al objeto producido por la implosión una *estrella congelada*, y este nombre ayudó a marcar el tono y el esquema mental para su investigación sobre la implosión en los años sesenta.

En Occidente, por el contrario, el énfasis se ponía en el punto de vista de la persona que se mueve hacia adentro sobre la superficie de la estrella en implosión, a través del horizonte y hacia la verdadera singularidad; y, en consecuencia, el objeto entonces creado fue denominado una *estrella colapsada*. Este nombre ayudó a centrar las mentes de los físicos en la cuestión que iba a resultar de mayor interés para John Wheeler: la naturaleza de la singularidad en la que la física cuántica y la curvatura espacio-temporal se unirían.

Ningún nombre resultaba satisfactorio. Ninguno de ellos prestaba particular atención al horizonte que rodea a la estrella colapsada y que es responsable de la ilusión óptica de la «congelación» estelar. Durante los años sesenta, los cálculos de los físicos revelaron poco a poco la enorme importancia del horizonte, y poco a poco John Wheeler —la persona que, más que cualquier otra, se preocupaba sobre la utilización de nombres óptimos— llegó a sentirse cada vez más insatisfecho.

Wheeler tiene la costumbre de meditar sobre los nombres que damos a las cosas cuando está relajado en la bañera o se acuesta en la cama por la noche. A veces buscará de este modo durante meses el nombre idóneo para algo. Así fue su búsqueda para reemplazar el de «estrella congelada»/«estrella colapsada». Finalmente, a finales de 1967, encontró el nombre perfecto.

En el estilo típico de Wheeler, no llegó a sus colegas y dijo: «He encontrado un gran nombre para estas cosas; se les llamará tal-tal-tal». En lugar de ello, simplemente empezó a utilizar el nombre como si ningún otro nombre hubiese existido nunca, como si todo el mundo estuviese ya de acuerdo en que éste era el nombre correcto. Lo ensayó en una conferencia sobre púlsares en Nueva York a finales de otoño de 1967, y luego lo adoptó firmemente en una charla en diciembre de 1967 pronunciada en la American Association for the Advancement of Science, titulada «Nuestro Universo, lo conocido y lo desconocido». Aquellos de nosotros que no estuvimos allí lo encontramos por primera vez en la versión escrita de su charla:

> Debido a su caída cada vez más veloz [la superficie de la estrella en implosión] se aleja del observador [distante] cada vez más rápidamente. La luz se desplaza hacia el rojo. Se hace más oscura milisegundo a milisegundo, y en menos de un segundo es demasiado oscura para ser vista ... [La estrella,] como el gato de Cheshire, desaparece de la visión. Uno deja tras él sólo su mueca sonriente, la otra, sólo su atracción gravitatoria. Atracción gravitatoria, sí; luz, no. Tampoco emerge ninguna partícula. Además, la luz y las partículas incidentes desde el exterior ... [y] descendiendo al agujero negro sólo se añaden a su masa e incrementan su atracción gravitatoria.[46]

Agujero negro era el nuevo nombre de Wheeler. En pocos meses fue adoptado de forma entusiasta por los físicos relativistas, los astrofísicos y el público general, tanto en Occidente como en el Este —con una excepción: en Francia, donde la expresión *trou noir* (agujero negro) tiene connotaciones obscenas, hubo resistencia durante varios años.

La edad de oro

*donde se descubre que los agujeros negros
giran y laten,
almacenan energía y la liberan,
y no tienen pelo[1]*

E ra el año 1975; el lugar, la Universidad de Chicago en la parte sur de la ciudad, cerca de la orilla del lago Michigan. Allí, en un despacho en una esquina que da a la calle Cincuenta y Seis, Subrahmanyan Chandrasekhar estaba enfrascado en el desarrollo de una descripción matemática completa de los agujeros negros. Los agujeros negros que estaba analizando eran criaturas radicalmente diferentes de las de comienzos de los años sesenta, cuando los físicos habían empezado a asumir el concepto de agujero negro. La década precedente había sido una *edad de oro* de la investigación en agujeros negros, una era que revolucionó nuestra comprensión de las predicciones de la relatividad general.

En 1964, en el inicio de la edad de oro, se pensaba que los agujeros negros eran precisamente lo que su nombre sugiere: agujeros en el espacio, en cuyo interior pueden caer cosas y de donde nada puede salir. Pero durante la edad de oro, cálculos realizados uno detrás de otro por más de un centenar de físicos utilizando las ecuaciones de la relatividad general de Einstein, habían cambiado esta imagen. Ahora, en los días en que Chandrasekhar estaba sentado en su despacho de Chicago, calculando, los agujeros negros ya no se consideraban como simples agujeros pasivos en el espacio, sino más bien como objetos dinámicos: un agujero negro debería ser capaz de girar, y con su giro debería crear un movimiento de remolino similar a un tornado en el espacio-tiempo curvo que le rodea. En dicho torbellino debería haber almacenada una enorme cantidad de energía, energía que la naturaleza podría explotar y utilizar para alimentar las explosiones cósmicas. Cuando estrellas o planetas o agujeros más pequeños caen dentro de un gran agujero, deberían hacer que el agujero negro empezase a latir. El horizonte del gran agujero debería latir hacia adentro y hacia afuera, igual que la superficie de la Tierra late hacia arriba y hacia abajo después de un terremoto, y dichas pulsaciones deberían producir ondas gravitatorias: ondulaciones en la curvatura del espacio-tiempo que se propagan a través del Universo, llevando una descripción sinfónica del agujero.

Quizá la mayor sorpresa que surgió de la edad de oro fue la insistencia de la relatividad general en que todas las propiedades de un agujero negro pueden predecirse exactamente a partir de sólo tres números: la masa del agujero, su velocidad de rotación y su carga eléctrica. A partir de estos tres números, si es suficientemente hábil en matemáticas, uno debería ser capaz de calcular, por ejemplo, la forma del horizonte del agujero, la intensidad de su atracción gravitatoria, los detalles del remolino del espacio-tiempo que le rodea y sus frecuencias de pulsación. Muchas de estas propiedades eran conocidas en 1975, pero no todas. Calcular, y en consecuencia conocer, todas las demás propiedades de un agujero negro era un reto difícil, precisamente el tipo de reto que amaba Chandrasekhar. Él lo asumió, en 1975, como su búsqueda personal.

Durante casi cuarenta años, el dolor de sus batallas de los años treinta con Eddington había dejado huella en el ánimo de Chandrasekhar, impidiéndole volver a una investigación sobre el destino de agujero negro de las estrellas masivas. Durante esos cuarenta años había establecido muchas de las bases de la astrofísica moderna: los fundamentos de las teorías de estrellas y sus pulsaciones, de las galaxias, de las nubes de gas interestelar, y muchas otras cosas. Pero en medio de todo, la fascinación por los destinos de las estrellas masivas le seguía atrayendo. Finalmente, en la edad de oro, había superado su dolor y regresó a ello.

Regresó a una familia de investigadores que eran casi todos estudiantes y postdocs. La edad de oro estaba dominada por la juventud, y Chandrasekhar, joven de corazón aunque maduro y conservador en su conducta, fue bien recibido entre ellos. En sus largas visitas al Caltech y a Cambridge se le podía ver a menudo en cafeterías rodeado de estudiantes con atuendos brillantes e informales, aunque él vestía un conservador traje gris oscuro («gris Chandrasekhar» llamaban sus jóvenes amigos a este color).

La edad de oro fue breve. Había sido bautizada con este nombre por Bill Press, un estudiante licenciado en el Caltech; y en el verano de 1975, precisamente cuando Chandrasekhar se estaba embarcando en su búsqueda para calcular las propiedades de los agujeros negros, Press organizó su funeral: una conferencia de cuatro días de duración en la Universidad de Princeton a la que sólo fueron invitados investigadores por debajo de los treinta años de edad.* En la conferencia, Press y muchos de sus jóvenes colegas coincidieron en que ahora era el momento de pasarse a otros temas de investigación. Los rasgos generales de los agujeros negros como objetos dinámicos giratorios y pulsantes estaban ahora bien establecidos, y el rápido avance de los descubrimientos teóricos estaba empezando a frenarse. Parecía que sólo restaba completar los detalles. Chandrasekhar y algunos otros podrían hacer esto con gran facilidad, mientras que sus jóvenes (pero ahora maduros) amigos buscaban nuevos retos en otros lugares. Chandrasekhar estaba decepcionado.

---

* Como recuerda Saul Teukolsky, un compatriota de Bill Press, «esta conferencia fue la respuesta de Bill a lo que consideraba una provocación. Había otra conferencia en marcha, a la que ninguno de nosotros había sido invitado. Pero a ella estaban asistiendo todas las eminencias grises, así que Bill decidió organizar una conferencia sólo para jóvenes».

Arriba: Subrahmanyan Chandrasekhar en la cafetería de estudiantes del Caltech («the Greasy», «la Grasienta») con los estudiantes de doctorado Saul Teukolsky (*izquierda*) y Alan Lightman (*derecha*), en otoño de 1971. (Cortesía de Sándor J. Kovács.) *Abajo*: los participantes en la conferencia/funeral por la edad de oro de la investigación en agujeros negros, Universidad de Princeton, verano de 1975. *Primera fila, de izquierda a derecha*: Jacobus Petterson, Philip Yasskin, Bill Press, Larry Smarr, Beverly Berger, Georgia Witt, Bob Wald. *Segunda y tercera filas, de izquierda a derecha*: Philip Marcus, Peter D'Eath, Paul Schechter, Saul Teukolsky, Jim Nestor, Paul Wiita, Michael Schull, Bernard Carr, Clifford Will, Tom Chester, Bill Unruh, Steve Christensen. (Cortesía de Saul Teukolsky.)

Los mentores: Wheeler, Zel'dovich, Sciama

¿Quiénes eran estos jóvenes que revolucionaron nuestra comprensión de los agujeros negros? Muchos de ellos eran estudiantes, postdocs, y «nietos» intelectuales de tres notables maestros: John Archibald Wheeler, en Princeton, Nueva Jersey; Yakov Borisovich Zel'dovich, en Moscú; y Dennis Sciama en Cambridge. A través de su progenie intelectual, Wheeler, Zel'dovich y Sciama pusieron sus sellos personales en nuestra moderna comprensión de los agujeros negros.

Cada uno de estos mentores tenía su propio estilo. De hecho, es difícil encontrar estilos más diferentes. Wheeler era un visionario inspirado y carismático. Zel'dovich era el guía férreo jugador/entrenador de un equipo estrechamente unido. Sciama era un catalizador que se autosacrificaba. Encontraremos a cada uno de ellos a su debido tiempo en las páginas que siguen.

Recuerdo perfectamente mi primer encuentro con Wheeler. Fue en septiembre de 1962, dos años antes del comienzo de la edad de oro. Wheeler era un converso reciente al concepto de agujero negro, y yo, con veintidós años de edad, acababa de licenciarme en el Caltech y llegaba a Princeton para continuar estudios de doctorado con vistas a obtener el título de doctor en física. Mi sueño era trabajar en investigación sobre relatividad bajo la guía de Wheeler, así que llamé por primera vez a la puerta de su despacho con azoramiento.

El profesor Wheeler me recibió con una cálida sonrisa, me hizo pasar a su despacho y empezó a discutir inmediatamente (como si yo fuera un colega estimado y no un completo novicio) los misterios de la implosión estelar. El tono y contenido de esa agitada discusión privada están recogidos en los escritos de Wheeler de esa época:

> Pocas ocasiones ha habido en la historia de la física en las que uno pudiera sospechar con más seguridad que ahora [en el estudio de la implosión estelar] que se enfrenta a un fenómeno nuevo, con una misteriosa naturaleza propia, esperando a ser desvelada ... Cualquiera que sea el resultado [de estudios futuros], uno siente que tiene por fin [en la implosión estelar] un fenómeno donde la relatividad general se muestra espectacularmente, y donde su apasionado matrimonio con la física cuántica será consumado.[2]

Una hora más tarde, salí convertido.

Wheeler daba inspiración a un entorno de entre cinco y diez estudiantes y postdocs de Princeton; inspiración, pero no guía detallada. Él suponía que éramos suficientemente brillantes para desarrollar los detalles por nosotros mismos. Nos sugirió a cada uno de nosotros un primer problema de investigación, alguna cuestión que pudiera arrojar alguna nueva idea sobre la implosión estelar, o los agujeros negros, o el «apasionado matrimonio» de la relatividad general con la física cuántica. Si ese primer problema resultaba ser demasiado difícil, él nos empujaba suavemente en alguna dirección más fácil. Si resultaba ser fácil, nos aguijoneaba para extraer de ello toda la intuición que fuese posible, escribir luego un artículo técnico sobre la idea y pasar después a un problema más estimulante. Pronto aprendimos a llevar varios problemas a la vez: un problema difícil que deba ser visitado y revisitado una vez tras otra a lo largo de muchos meses o años antes de que se abra la cáscara, con la esperanza de una gran ganancia; y otros problemas mucho más fáciles, con ganancias más inmediatas. En medio de todo, Wheeler daba el consejo preciso y suficiente para librarnos de un forcejeo absoluto, pero nunca tanto que pudiéramos sentir que había resuelto el problema por nosotros.

Mi primer problema no era nada trivial: tómese una barra magnetizada con un campo magnético que la atraviesa y sale por sus dos extremos. El campo consiste en líneas de campo, las líneas que los niños aprender a hacer visibles esparciendo limaduras de hierro sobre una hoja de papel colocada sobre el imán (figura 7.1a). Las líneas de campo contiguas se repelen mutuamente. (Su repulsión se siente cuando uno trata de acercar los polos norte de dos imanes.) Pese a su repulsión mutua, las líneas de campo de cada imán se mantienen unidas gracias al hierro del imán. Quitemos el hierro y la repulsión hará que las líneas de campo exploten (figura 7.1b). Todo esto me era familiar de mis estudios de licenciatura. Wheeler me lo recordó en una larga discusión privada en su despacho de Princeton. Luego describió un reciente descubrimiento de su amigo el profesor Mael Melvin en la Universidad Estatal de Florida en Tallahassee.

Melvin había demostrado, utilizando la ecuación de campo de Einstein, que las líneas de campo magnético no sólo podían ser mantenidas juntas y a salvo de la explosión por el hierro de una barra magnética, sino que también podían ser mantenidas juntas por la gravedad sin la ayuda de ningún imán. La razón es simple: el campo magnético tiene energía, y su energía gravita. [Para ver por qué la energía gravita, recuérdese que energía y masa son «equivalentes» (recuadro 5.2): es posible transformar masa de cualquier tipo (uranio, hidrógeno, o cualquier otra) en energía; y recíprocamente, es posible transformar energía de cualquier tipo (energía magnética, energía explosiva, o cualquier otra) en masa. Por lo tanto, masa y energía son, en el fondo, simplemente nombres diferentes para la misma cosa, y esto significa que, puesto que todas las formas de masa producen gravedad, también deben hacerlo todas las formas de energía. La ecuación de campo de Einstein, cuando se examina cuidadosamente, insiste en esto.] Ahora bien, si tenemos un campo magnético enormemente intenso —un campo mucho más intenso que cualquiera encontrado en la Tierra— entonces la gran energía del campo producirá una intensa gravedad, y dicha gravedad comprimirá el campo; mantendrá juntas las líneas de campo a pesar de la presión entre ellas (figura 7.1c). Este era el descubrimiento de Melvin.

La intuición de Wheeler le decía que tales líneas de campo «gravitatoriamente empaquetadas» deberían ser tan inestables como un lápiz que reposa sobre su punta: empújese el lápiz ligeramente y la gravedad le hará caer. Comprímanse las líneas de campo ligeramente, y la gravedad debería superar a su presión, atrayéndolas en una implosión (figura 7.1d). ¿Implosión hacia qué? Quizá hasta formar un agujero negro cilíndrico infinitamente largo; quizá has-

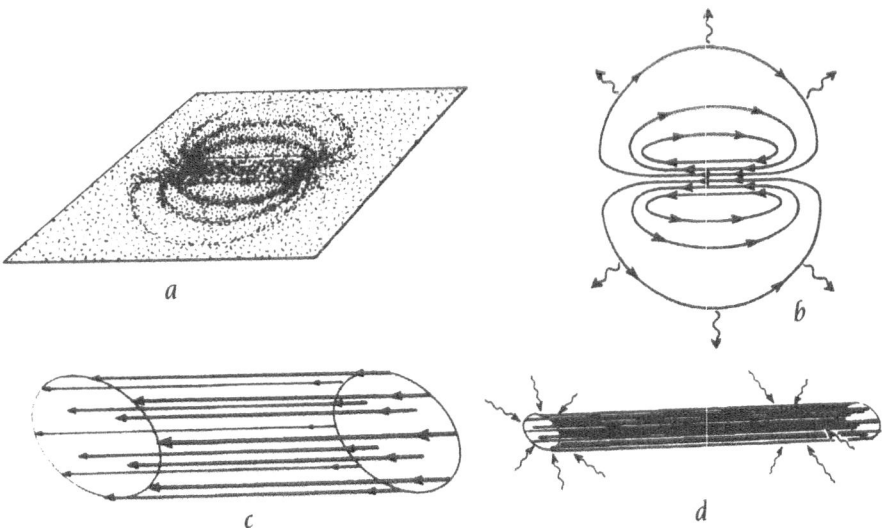

7.1.   *a*) Las líneas de campo magnético alrededor de una barra magnética hechas visibles mediante limaduras de hierro sobre una hoja de papel con el imán colocado debajo. *b*) Las mismas líneas de campo, con el papel y el imán eliminados. La presión entre líneas de campo adyacentes hace que exploten en las direcciones de las flechas onduladas. *c*) Un paquete cilíndrico infinitamente largo de líneas de campo magnético cuyo campo es tan intenso que su energía crea suficiente curvatura espacio-temporal (gravedad) para mantener unido el paquete, a pesar de la repulsión entre las líneas de campo. *d*) Conjetura de Wheeler de que cuando el paquete de líneas de campo en *c* se comprime ligeramente, su gravedad se haría tan intensa como para comprimir el paquete en una implosión (líneas finas onduladas).

ta formar una *singularidad desnuda* (una singularidad sin un horizonte envolvente).

No le importaba a Wheeler el que los campos magnéticos en el Universo real sean demasiado débiles para que la gravedad les mantenga a salvo de la explosión. La búsqueda de Wheeler *no* se dirigía a comprender el Universo tal como existe, sino más bien a comprender las leyes fundamentales que gobiernan el Universo. Al plantear problemas ideales que llevan estas leyes al límite, esperaba obtener nuevas ideas sobre las leyes. Con este espíritu, me ofreció mi primer problema de investigación gravitatoria: utilizar la ecuación de campo de Einstein para tratar de deducir si el paquete de Melvin de líneas de campo magnético implosionaría y, si lo hacía, hacia qué.

Luché con este problema durante muchos meses. El escenario de la batalla durante el día era el ático del Palmer Physical Laboratory en Princeton, donde compartía un enorme despacho con otros estudiantes de física y también compartíamos nuestros problemas, en una camaradería de toma y daca verbal. La lucha durante las horas nocturnas tenía lugar en el minúsculo apartamento, en unos barracones reacondicionados del ejército de la segunda guerra mundial, donde vivía con mi mujer, Linda (artista y estudiante de matemáticas), nuestra hija pequeña, Kares, y nuestro enorme perro collie, Prince. Cada día paseaba el problema conmigo de un lado a otro entre los barracones del ejército y el ático del laboratorio. Cada pocos días acudía a Wheeler en busca de consejo. Atacaba al problema con lápiz y papel; lo atacaba con cálculos numéricos en un ordenador; lo atacaba con largas discusiones en la pizarra con mis compañeros estudiantes; y, poco a poco, la verdad empezó a aclararse. La ecuación de Einstein, aporreada, manipulada y distorsionada por mis ataques, me dijo finalmente que la conjetura de Wheeler era errónea. Por mucho que uno pudiera comprimirlo, el paquete cilíndrico de Melvin de líneas de campo magnético siempre volvería a su posición. La gravedad nunca puede superar la presión repulsiva del campo. No hay implosión.

Este era el mejor resultado posible, me explicó Wheeler entusiasmado: cuando un cálculo confirma las propias expectativas, uno simplemente se reafirma un poco en su comprensión intuitiva de las leyes de la física. Pero cuando un cálculo contradice las expectativas, uno está en el camino hacia una nueva intuición.

El contraste entre una estrella esférica y el paquete cilíndrico de Melvin de líneas de campo magnético era extremo, advertimos Wheeler y yo: cuando una estrella esférica es muy compacta, la gravedad en su interior aplasta cualquier presión interna que la estrella pueda mostrar. *La implosión de estrellas esféricas masivas es obligatoria* (capítulo 5). Por el contrario, por mucho que uno comprima un paquete cilíndrico de líneas de campo magnético, por mucho que uno trate de hacer compacta la sección circular del paquete (figura 7.1d), la presión del paquete siempre superará a la gravedad y empujará las líneas de campo de nuevo hacia afuera. *La implosión de líneas de un campo magnético cilíndrico está prohibida*; nunca puede ocurrir.

¿Por qué las estrellas esféricas y el campo magnético cilíndrico se comportan de forma tan diferente? Wheeler me animó a investigar esta cuestión desde todas las direcciones posibles; la respuesta podría proporcionarnos ideas profundas sobre las leyes de la física. Pero no me dijo cómo investigarlo. Yo me estaba convirtiendo en un investigador independiente; sería mejor para mí, creía él, que desarrollase mi propia estrategia de investigación sin posterior guía de su parte. La independencia nutre a la fuerza.

Desde 1963 a 1972, durante la mayor parte de la edad de oro, luché por comprender el contraste entre estrellas esféricas y campos magnéticos cilíndricos, pero sólo de forma intermitente. La cuestión era profunda y difícil, y había otras cuestiones más fáciles que estudiar dedicándoles la mayor parte de mi esfuerzo: las pulsaciones de las estrellas, las ondas gravitatorias que las estrellas deberían emitir cuando laten, los efectos de la curvatura espacio-temporal en enormes cúmulos de estrellas y en su implosión. En medio de estos estudios, una o dos veces al año volvía a sacar del cajón de mi mesa las carpetas con borradores que contenían mis cálculos del campo magnético. Poco a poco aumenté estos cálculos con computaciones de otros objetos cilíndricos ideales con forma infinitamente larga: «estrellas» cilíndricas hechas de gas caliente, nubes cilíndricas de polvo que implosionan, o que giran e implosionan simultáneamente. Aunque estos objetos no existen en el Universo real, mis cálculos sobre ellos hechos a salto de mata iban proporcionando una comprensión gradual.

En 1972, la verdad era evidente: sólo si un objeto se comprime *en sus tres* direcciones espaciales, norte-sur, este-oeste, y arriba-abajo (por ejemplo, si se comprime esféricamente), la gravedad puede hacerse tan fuerte que supere a cualquier forma de presión interna. Si, en lugar de ello, el objeto se comprime sólo en dos direcciones espaciales (por ejemplo, si se comprime cilíndricamente para dar un hilo delgado y largo), la gravedad se hace intensa, pero no suficientemente intensa para ganar la batalla frente a la presión. Una presión muy modesta, ya sea debida a un gas caliente, degeneración electrónica o líneas de campo magnético, puede superar fácilmente a la gravedad y hacer que el objeto cilíndrico explosione. Y si el objeto se comprime en una sola dirección, para dar una oblea muy fina, la presión superará a la gravedad aún más fácilmente.

Mis cálculos mostraban esto de forma clara e inequívoca en el caso de esferas, cilindros infinitamente largos, y tortas infinitamente extensas. Para tales objetos los cálculos eran tratables. Mucho más difíciles de calcular —en realidad mucho más allá de mi capacidad— eran los objetos no esféricos de tamaño finito. Pero la intuición física que emanaba de mis cálculos y de los cálculos de mis jóvenes colegas me decía lo que cabía esperar. Formulé dicha expectativa como una *conjetura del aro*.[3]

Tómese cualquier objeto que se desee: una estrella, un cúmulo de estrellas, un paquete de líneas de campo magnético, o cualquier otro. Mídase la masa del objeto, por ejemplo, midiendo la intensidad de su atracción gravitatoria sobre planetas en órbita. Calcúlese a partir de la masa la circunferencia crítica del objeto (18,5 kilómetros multiplicado por la masa del objeto en unidades de la masa solar). Si el objeto fuera esférico (que no lo es) y fuera a implosionar o estuviera congelado, formaría un agujero negro cuando se comprimiera dentro de esta circunferencia crítica. ¿Qué sucede si el objeto no es esférico? La conjetura del aro pretende dar una respuesta (figura 7.2).

Constrúyase un aro de circunferencia igual a la circunferencia crítica del objeto. Trátese luego de colocar el objeto en el centro del aro y de girar el aro completamente alrededor del objeto. Si se tiene éxito, entonces el objeto debe haber creado ya un horizonte de agujero negro a su alrededor. Si se fracasa, entonces el objeto no es todavía suficientemente compacto para crear un agujero negro.

En otras palabras, la conjetura del aro afirma que, si un objeto (una estrella, un cúmulo de estrellas, o cualquier otro) se comprime de una manera sumamente no esférica, entonces el objeto formará un agujero negro a su alrededor cuando, y sólo cuando, su circunferencia en cualquier dirección se haya hecho menor que la circunferencia crítica.

Propuse esta conjetura del aro en 1972. Desde entonces, yo y otros hemos tratado arduamente de saber si es correcta o no. La respuesta está enterrada en la ecuación de campo de Einstein, pero extraer la respuesta se ha mostrado

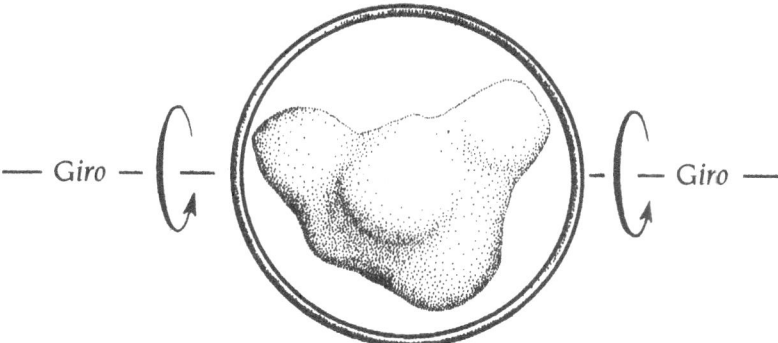

7.2. Según la conjetura del aro, un objeto en implosión forma un agujero negro cuando, y sólo cuando, un aro con la circunferencia crítica puede colocarse y hacerse girar alrededor del agujero.

extremadamente difícil. Mientras tanto, la evidencia circunstancial a favor de la conjetura del aro ha seguido creciendo. Más recientemente, en 1991, Stuart Shapiro y Saul Teukolsky en la Universidad de Cornell han simulado en un superordenador la implosión de una estrella sumamente no esférica y han visto que los agujeros negros se forman alrededor de la estrella en implosión precisamente cuando lo predice la conjetura del aro. Si un aro puede ser deslizado y rotado dejando dentro la estrella en implosión, se forma un agujero negro; si no puede serlo, no hay agujero negro. Pero sólo se han simulado unas pocas de tales estrellas y con formas no esféricas especiales. Por lo tanto, seguimos sin estar seguros, casi un cuarto de siglo después de que yo la propusiera, de si la conjetura del aro es correcta, aunque parece prometedora.

Igor Dmitrievich Novikov era en muchos aspectos mi contrapartida soviética, de la misma forma que Yakov Borisovich Zel'dovich era la de Wheeler. En 1962, cuando encontré por primera vez a Wheeler y emprendí mi carrera bajo su mentoría, Novikov encontraba por primera vez a Zel'dovich y se convertía en miembro de su equipo de investigación.

Mientras que mis años jóvenes habían sido sencillos y con apoyo —nacido y criado en una gran familia mormona* estrechamente unida en Logan, Utah— Igor Novikov había tenido una vida difícil. En 1937, cuando Igor tenía dos años, su padre, un alto funcionario en el Ministerio de Ferrocarriles en Moscú, fue atrapado por el Gran Terror de Stalin, detenido y (menos afortunado que Landau) ejecutado. A su madre se le perdonó la vida; fue enviada a la cárcel y luego al exilio, e Igor fue criado por una tía. (Tales tragedias familiares en la era de Stalin fueron algo terriblemente común entre mis amigos y colegas rusos.)

---

* A finales de los años ochenta, por sugerencia de mi madre, toda la familia pidió la separación de la Iglesia mormona en respuesta a la supresión en la Iglesia de los derechos de las mujeres.

A comienzos de los años sesenta, mientras yo estaba estudiando física como estudiante de licenciatura en el Caltech, Igor estaba estudiando en la Universidad de Moscú como estudiante de doctorado.

En 1962, cuando me disponía a ir a Princeton para cursar estudios de doctorado y hacer investigación en relatividad general con John Wheeler, uno de mis profesores del Caltech me previno contra esta asignatura: la relatividad general tiene poca relevancia para el Universo real, advirtió; para encontrar retos físicos interesantes había que buscar en otra parte. (Esta era la época de escepticismo extendido sobre los agujeros negros y de falta de interés en ellos.) Al mismo tiempo, en Moscú, Igor estaba completando su grado de *kandidat* (doctorado en física) con una especialidad en relatividad general, y su mujer, Nora, también física, estaba siendo advertida por amigos de que la relatividad era algo marginal sin ninguna relevancia para el Universo real. Su marido debería abandonar este tema en bien de su carrera.

Mientras yo ignoraba estas advertencias y seguía adelante hacia Princeton, Nora, preocupada por las advertencias, aprovechó una oportunidad en una conferencia de física en Estonia para pedir consejo al famoso físico Yakov Borisovich Zel'dovich. Buscó a Zel'dovich y le preguntó si creía que la relatividad general tenía alguna importancia. Zel'dovich, en su estilo dinámico y vigoroso, respondió que la relatividad estaba haciéndose extremadamente importante para la investigación astrofísica. Nora describió entonces una idea sobre la que su marido estaba trabajando: la idea de que la implosión de una estrella para formar un agujero negro podría ser análoga al big bang origen de nuestro Universo, pero con el tiempo invertido y corriendo hacia atrás.*[4] A medida que Nora hablaba, Zel'dovich se excitaba cada vez más. Él mismo había desarrollado la misma idea y la estaba explorando.

Algunos días después, Zel'dovich irrumpió en un despacho que Igor Novikov compartía con muchos otros estudiantes en el Instituto Astronómico Shternberg en la Universidad de Moscú, y empezó a interrogar a Novikov sobre su investigación. Aunque sus ideas eran similares, sus métodos de investigación eran completamente diferentes. Novikov, ya un gran experto en relatividad, había utilizado un cálculo matemático elegante para demostrar la analogía entre el big bang y la implosión estelar. Zel'dovich, que apenas sabía relatividad, lo había demostrado utilizando una profunda intuición física y cálculos algo burdos. Aquí había una conjunción ideal de talentos, advirtió Zel'dovich. Él salía entonces de su etapa como inventor y diseñador de armas nucleares y estaba empezando a formar un nuevo equipo de investigadores, un equipo para trabajar en su amor recién encontrado: la astrofísica. Novikov, con su dominio de la relatividad general, sería un miembro ideal del equipo.

Cuando Novikov, feliz en la Universidad de Moscú, dudó en aceptar, Zel'dovich ejerció presión. Acudió a Mstislav Keldysh, director del Instituto de Matemática Aplicada donde se estaba constituyendo el equipo de Zel'dovich;

---

* Esta idea, aunque correcta, todavía no ha dado grandes resultados, de modo que no la discutiré en este libro.

Keldysh telefoneó a Ivan Petrovsky, rector de la Universidad de Moscú, y Petrovsky hizo llamar a Novikov. Novikov entró temblando en el despacho de Petrovsky, en lo alto de la torre central de la Universidad, un lugar en el que Novikov nunca había pensado aventurarse. Petrovsky fue tajante: «Quizá usted no quiere *ahora* dejar la Universidad para trabajar con Zel'dovich, pero usted lo *querrá*».[5] Novikov aceptó y, a pesar de algunos momentos difíciles, nunca lo lamentó.

El estilo de Zel'dovich como mentor de los astrofísicos jóvenes era el que había desarrollado mientras trabajaba con su equipo de diseño de armas nucleares: «Las chispas [ideas] de Zel'dovich y la gasolina de su equipo»... a menos, quizá, de que algún otro miembro del equipo pudiera competir en la invención de ideas (como Novikov hacía normalmente cuando entraba en juego la relatividad). Luego Zel'dovich asumiría con entusiasmo la idea de su joven colega y la trabajaría con el equipo en una forma enérgica de ataques y paradas sucesivos, llevando la idea rápidamente hasta la madurez y haciéndola propiedad conjunta de sí mismo y de su inventor.

Novikov ha descrito vivamente el estilo de Zel'dovich. Llamando a su mentor por su nombre más el patronímico abreviado (una forma de trato ruso que es simultáneamente respetuoso e íntimo), Novikov explica:

> Yakov Boris'ch me despertaba a menudo por teléfono a las cinco o seis de la mañana. «¡Tengo una idea nueva! ¡Ven a mi apartamento! Hablaremos!» Yo acudía y hablábamos durante mucho, mucho tiempo. Yakov Boris'ch pensaba que todos podíamos trabajar durante tanto tiempo como él lo hacía. Trabajaba con su equipo desde las seis de la mañana hasta, digamos, las diez sobre un tema. Luego trataba un nuevo tema hasta el almuerzo. Después del almuerzo dábamos un pequeño paseo o hacíamos ejercicio o echábamos una corta siesta. Luego café y más trabajo en equipo hasta las cinco o las seis. Al atardecer quedábamos libres para calcular, pensar o escribir, preparándonos para el próximo día.[6]

Mimado desde sus días de diseñador de armas, Zel'dovich seguía exigiendo que el mundo se adaptase a él: que siguiera su horario, empezase a trabajar cuando él empezaba, durmiese la siesta cuando él lo hacía. (En 1968, John Wheeler, Andrei Sajarov y yo pasamos una tarde discutiendo de física con él en una habitación de un hotel en el sur profundo de la Unión Soviética. Al cabo de varias horas de intensa discusión, Zel'dovich anunció abruptamente que era hora de echar la siesta. Entonces se tendió y durmió durante veinte minutos, mientras Wheeler, Sajarov y yo nos relajábamos y leíamos silenciosamente en nuestros respectivos rincones de la habitación, esperando a que él se despertase.)

Impaciente con los perfeccionistas como yo, que insisten en tener correctamente todos los detalles de un cálculo, Zel'dovich sólo se preocupaba de las ideas principales. Al igual que Oppenheimer, podía descartar los detalles irrelevantes y apuntar, casi infaliblemente, a las cuestiones centrales. Unas pocas flechas y curvas en la pizarra, una ecuación no más larga que media línea, unas pocas sentencias de vívida prosa, con estas cosas llevaba a su equipo al corazón de un problema de investigación.

Era rápido para juzgar el valor de una idea o de un físico, y lento para cambiar sus juicios. Podía conservar la fe en un juicio precipitado falso durante años y, de esta forma, cegarse ante una verdad importante, como cuando rechazó la idea de que los agujeros negros minúsculos pueden evaporarse (capítulo 12). Pero cuando (como era normalmente el caso) sus juicios rápidos eran correctos, le capacitaban para avanzar a través de las fronteras del conocimiento a un ritmo tremendo, más rápido que cualquiera que yo haya visto nunca.

El contraste entre Zel'dovich y Wheeler era fuerte: Zel'dovich fustigaba a su equipo con mano firme, le sometía a una andanada constante de sus propias ideas y a una explotación conjunta de las ideas del equipo. Wheeler ofrecía a sus novicios un ambiente filosófico, una sensación de que había ideas excitantes a su alrededor, listas para ser recogidas; pero raramente proponía una idea en forma concreta en un estudiante, y absolutamente nunca se unía a sus estudiantes en la explotación de sus ideas. El objetivo principal de Wheeler era la educación de sus novicios, incluso si ello frenaba el ritmo del descubrimiento. Zel'dovich —aún imbuido del espíritu de la carrera hacia la superbomba— buscaba el ritmo más rápido posible, a cualquier precio.

Zel'dovich estaba en el teléfono a horas intempestivas de la mañana, exigiendo atención, exigiendo colaboración, exigiendo progresos. Wheeler nos parecía a sus novicios el hombre más ocupado del mundo; demasiado ocupado con sus propios proyectos para exigir nuestra atención. Pero él estaba siempre disponible ante nuestras demandas, para dar consejo, sabiduría y ánimo.

Dennis Sciama, el tercer gran mentor de la época, aún tenía otro estilo diferente. Dedicó los años sesenta y principios de los setenta casi exclusivamente a proporcionar un ambiente óptimo para que se formasen sus estudiantes de la Universidad de Cambridge. Debido a que relegó su propia investigación personal y su carrera a un segundo plano, por detrás de los de sus estudiantes, nunca fue promovido a la augusta posición de «Professor» en Cambridge (una posición mucho más elevada que ser profesor en Norteamérica). Fueron sus estudiantes, mucho más que él, quienes alcanzaron los premios y la gloria. A fines de los años setenta, dos de sus antiguos estudiantes, Stephen Hawking y Martin Rees, eran «Professors» en Cambridge.

Sciama era un catalizador; mantenía a sus estudiantes en estrecho contacto con los más importantes desarrollos recientes en física en todo el mundo. Cada vez que se publicaba un descubrimiento interesante, asignaba un estudiante para leer e informar de ello a los demás. Cada vez que se programaba una conferencia interesante en Londres, él llevaba o enviaba a su entorno de estudiantes en el tren para asistir a ella. Tenía un exquisito buen sentido sobre qué ideas eran interesantes, qué cuestiones eran dignas de ser seguidas, qué debía leer uno para emprender cualquier proyecto de investigación, y a quién debería acudir para un consejo técnico.

A Sciama le impulsaba un deseo desesperado de saber cómo está hecho el Universo. Él mismo describía este impulso como una especie de angustia metafísica. El Universo parecía tan loco, extraño y fantástico que la única forma

Arriba a la izquierda: John Archibald Wheeler, *c.* 1970. (Cortesía de Joseph Henry Laboratories, Universidad de Princeton.) *Arriba a la derecha*: Igor Dmitrievich Novikov y Yakov Borisovich Zel'dovich en 1962. (Cortesía de S. Chandrasekhar.) *Abajo*: Dennis Sciama en 1955. (Cortesía de Dennis W. Sciama.)

de tratarlo era intentar comprenderlo, y la mejor forma de comprenderlo era a través de sus estudiantes. Teniendo a sus estudiantes para resolver los problemas más desafiantes, él podía moverse de una cuestión a otra más rápidamente que si se detuviese para tratar de resolverlos por sí mismo.

Los agujeros negros no tienen pelo

Entre los descubrimientos de la edad de oro, uno de los más importantes fue que «un agujero negro no tiene pelo». (El significado de esta frase se clarificará poco a poco en las páginas siguientes.) Algunos descubrimientos en la ciencia se hacen rápidamente, por parte de individuos; otros surgen lentamente, como resultado de diversas contribuciones de muchos investigadores. La calvicie de los agujeros negros fue del segundo tipo. Surgió de la investigación de la progenie intelectual de los tres grandes mentores, Zel'dovich, Wheeler y Sciama, y a partir de la investigación de muchos otros. En las páginas siguientes observaremos cómo esta miríada de investigadores luchó paso a paso, poco a poco, para formular el concepto de la calvicie de los agujeros negros, demostrarlo y percibir sus implicaciones.

Las primeras sugerencias de que «un agujero negro no tiene pelo» llegaron en 1964, por parte de Vitaly Lazarevich Ginzburg, el hombre que había propuesto el combustible LiD para la bomba de hidrógeno soviética y a quien la supuesta complicidad de su mujer en un complot para matar a Stalin le había librado de posteriores trabajos en el diseño de la bomba (capítulo 6). Los astrónomos del Caltech acababan de descubrir los *cuásares,* objetos enigmáticos explosivos en los confines más apartados del Universo, y Ginzburg estaba tratando de comprender de dónde sacaban su energía (capítulo 9). Una posibilidad, pensó Ginzburg, podría ser la implosión de una estrella magnetizada supermasiva para formar un agujero negro. Las líneas de campo magnético de una estrella semejante tendrían la forma mostrada en la parte superior de la figura 7.3a, la misma forma que las líneas del campo magnético terrestre. Cuando la estrella implosionase, sus líneas de campo podrían comprimirse fuertemente y luego explotar violentamente, liberando una enorme energía, especuló Ginzburg; y esto podría ayudar a explicar los cuásares.

Verificar esta especulación calculando todos los detalles de la implosión de la estrella habría sido extraordinariamente difícil, de modo que Ginzburg hizo la segunda mejor cosa posible. Al igual que Oppenheimer en su primera exploración imprecisa de lo que sucede cuando una estrella implosiona (capítulo 6), Ginzburg examinó una secuencia de estrellas estáticas, cada una más compacta que la precedente, y todas con el mismo número de líneas de campo magnético atravesando su interior. Esta secuencia de estrellas estáticas remedaría a una sola estrella en implosión, razonó Ginzburg. Ginzburg derivó una fórmula que describía las formas de las líneas de campo magnético para cada una de las estrellas de su secuencia, y se encontró con una gran sorpresa. Cuando una estrella estaba próxima a su circunferencia crítica y empezando a formar un agu-

Izquierda: Vitaly Lazarevich Ginzburg (*c.* 1962), la persona que vio la primera evidencia para la «conjetura de ausencia de pelo». (Cortesía de Vitaly Ginzburg.) *Derecha*: Werner Israel (en 1964), la persona que concibió la primera demostración rigurosa de que la «conjetura de ausencia de pelo» es correcta. (Cortesía de Werner Israel.)

jero negro en torno a ella, su gravedad absorbía sus líneas de campo magnético en su superficie, fijándolas a ella estrechamente. Cuando se formaba el agujero negro, las líneas de campo pegadas estaban todas dentro de su horizonte. No quedaban líneas de campo sobresaliendo del agujero (figura 7.3a). Esto no suponía nada bueno para la idea de Ginzburg sobre cómo alimentar los cuásares, pero sugería una posibilidad intrigante: cuando una estrella magnetizada implosiona para formar un agujero negro, el agujero puede nacer perfectamente sin ningún campo magnético.[7]

Aproximadamente al mismo tiempo que Ginzburg estaba haciendo este descubrimiento, a sólo unos pocos kilómetros en Moscú el equipo de Zel'dovich —con Igor Novikov y Andrei Doroshkevich tomando el liderazgo— empezaron a preguntarse: «Puesto que una estrella redonda produce un agujero redondo cuando implosiona, una estrella deformada ¿producirá un agujero deformado?». A modo de ejemplo extremo, ¿una estrella cuadrada producirá un agujero cuadrado? (figura 7.3b). Calcular la implosión de una hipotética estrella cuadrada sería extremadamente difícil, de modo que Doroshkevich, Novikov y Zel'dovich se centraron en un ejemplo más fácil: cuando implosiona una estrella aproximadamente esférica, pero con una montaña minúscula sobresaliendo de su superficie, ¿tendrá el agujero que resulte una protuberancia similar

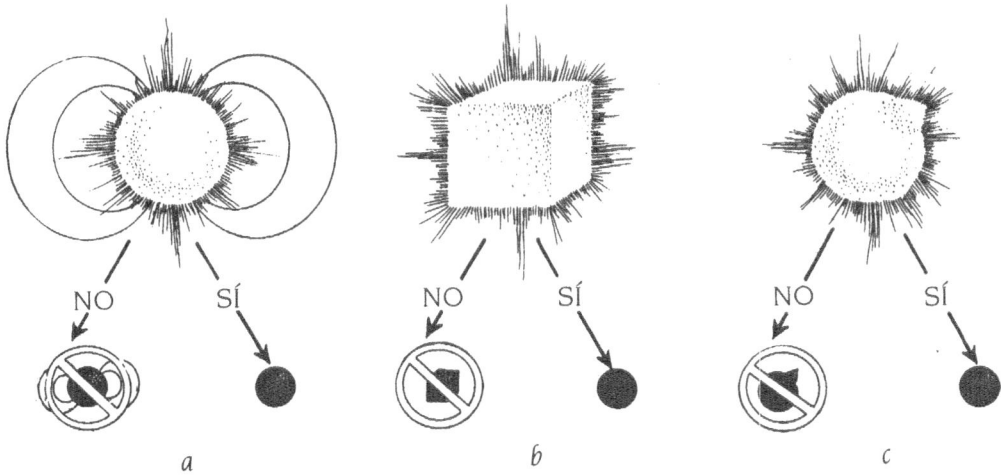

7.3. Algunos ejemplos de la «conjetura de ausencia de pelo»: *a*) cuando una estrella magnetizada implosiona, el agujero que forma no tiene campo magnético. *b*) Cuando una estrella cuadrada implosiona, el agujero que forma es redondo, no cuadrado. *c*) Cuando una estrella con una montaña en su superficie implosiona, el agujero que forma no tiene montaña.

a una montaña en su horizonte? Preguntándose sobre estrellas aproximadamente esféricas con montañas minúsculas, el equipo de Zel'dovich podía simplificar enormemente sus cálculos; podían utilizar técnicas matemáticas llamadas *métodos perturbativos* que ya John Wheeler y un postdoc, Tullio Regge, habían avanzado algunos años antes. Estos métodos perturbativos, que se explican un poco en el recuadro 7.1, estaban cuidadosamente diseñados para el estudio de cualquier pequeña «perturbación» (cualquier pequeña perturbación) de una forma que, salvo eso, sería esférica. La distorsión gravitatoria debida a una montaña minúscula en la estrella del equipo de Zel'dovich era precisamente una perturbación de este tipo.

Doroshkevich, Novikov y Zel'dovich simplificaron aún más sus cálculos mediante el mismo truco que utilizaron Oppenheimer y Ginzburg: en lugar de simular la implosión dinámica completa de una estrella con una montaña, examinaron sólo una secuencia de estrellas montañosas estáticas, cada una de ellas más compacta que la anterior. Con este truco, con técnicas perturbativas, y con intensos toma y daca entre ellos, Doroshkevich, Novikov y Zel'dovich llegaron rápidamente a un notable resultado: cuando una estrella estática con una montaña es suficientemente pequeña para formar un agujero negro a su alrededor, el horizonte del agujero debe ser exactamente redondo, sin ninguna protuberancia (figura 7.3c).[8]

Análogamente, resultaba tentador conjeturar que si una estrella cuadrada en implosión llegase a formar un agujero negro, su horizonte también sería re-

RECUADRO 7.1

Una explicación de los métodos perturbativos, para lectores a quienes les gusta el álgebra

En álgebra uno aprende a calcular el cuadrado de la suma de dos números, a y b, a partir de la fórmula

$$(a + b)^2 = a^2 + 2ab + b^2.$$

Supongamos que a es un número grande, por ejemplo 1.000, y que b es un número muy pequeño por comparación con el anterior, por ejemplo 3. Entonces, el tercer término en esta fórmula, b^2, será muy pequeño comparado con los otros dos, y por lo tanto puede ser despreciado sin cometer mucho error:

$$(1.000 + 3)^2 = 1.000^2 + 2 \times 1.000 \times 3 + 3^2 = 1.006.009$$
$$\simeq 1.000^2 + 2 \times 1.000 \times 3 = 1.006.000.$$

Los métodos perturbativos están basados en esta aproximación. El $a = 1.000$ es semejante a una estrella exactamente esférica, $b = 3$ es semejante a la minúscula montaña de la estrella y $(a + b)^2$ es semejante a la curvatura espacio-temporal producida por la estrella y la montaña juntas. Al calcular dicha curvatura, los métodos perturbativos conservan sólo efectos que son lineales en las propiedades de la montaña (efectos como $2ab = 6.000$, que es lineal en $b = 3$); estos métodos desprecian todos los demás efectos de la montaña (efectos como $b^2 = 9$). Mientras la montaña siga siendo pequeña comparada con la estrella, los métodos perturbativos tienen una gran precisión. Sin embargo, si la montaña creciera hasta hacerse tan grande como el resto de la estrella (como sería necesario para hacer la estrella cuadrada en lugar de redonda), entonces los métodos perturbativos darían graves errores —errores como los de las fórmulas superiores con $a = 1.000$ y $b = 1.000$:

$$(1.000 + 1.000)^2 = 1.000^2 + 2 \times 1.000 \times 1.000 + 1.000^2 = 4.000.000$$
$$\neq 1.000^2 + 2 \times 1.000 \times 1.000 = 3.000.000.$$

Estos dos resultados difieren de forma significativa.

dondo, no cuadrado (figura 7.3b). Si esta conjetura era correcta, entonces un agujero negro no debería llevar ninguna evidencia de si la estrella que lo creó era cuadrada o redonda o tenía una montaña, y tampoco (según Ginzburg) ninguna evidencia de si la estrella estaba magnetizada o libre de magnetización.

Siete años más tarde, conforme esta conjetura se estaba mostrando poco a poco correcta, John Wheeler inventó una frase concisa para describirla: *un agujero negro no tiene pelo* —siendo el pelo cualquier cosa que pudiera sobresalir del agujero para revelar los detalles de la estrella a partir de la cual se formó.

Para la mayoría de los colegas de Wheeler resulta difícil creer que este hombre conservador y absolutamente decente fuera consciente de la interpretación lasciva de su frase. Pero yo tengo otra sospecha; he visto su fondo pícaro en privado, en algunas raras ocasiones.* La frase de Wheeler cuajó rápidamente, a pesar de la resistencia de Simon Pasternak, el editor jefe de la *Physical Review*, la revista en la que se ha publicado la mayor parte de la investigación occidental sobre agujeros negros. Cuando Werner Israel trató de utilizar la frase en un artículo técnico hacia 1971, Pasternak publicó una nota perentoria advirtiendo que bajo ninguna circunstancia permitiría tales obscenidades en su revista. Pero Pasternak no pudo resistir por mucho tiempo el diluvio de artículos sobre «la ausencia de pelo». En Francia y en la URSS, donde las traducciones a la lengua francesa y rusa de la frase de Wheeler también se consideraban inapropiadas, la resistencia duró más tiempo. Sin embargo, a finales de los años setenta la frase de Wheeler era utilizada y publicada por los físicos de todo el mundo, en todos los idiomas, sin siquiera un parpadeo o una sonrisa pueril.

Era el invierno de 1964-1965, en la época en que Ginzburg, y Doroshkevich, Novikov y Zel'dovich habían propuesto su *conjetura de la ausencia de pelo* y acumulado evidencia a su favor. Cada tres años, los expertos en relatividad general se reunían en algún lugar del mundo en una conferencia científica de una semana de duración para intercambiar ideas y mostrarse mutuamente los resultados de sus investigaciones. La cuarta de estas conferencias tendría lugar en Londres en junio.

Nadie en el equipo de Zel'dovich había viajado nunca más allá de las fronteras del bloque de países comunistas. Seguramente al propio Zel'dovich no se le permitiría asistir; su contacto con la investigación armamentística era demasiado reciente. Sin embargo, Novikov era demasiado joven para haber estado implicado en el proyecto de la bomba de hidrógeno, su conocimiento de la relatividad general era mejor que el de cualquiera de los del equipo (esta era la razón por la que Zel'dovich lo había reclutado inicialmente), era ahora el capitán del equipo (Zel'dovich era el entrenador) y su inglés era pasable, aunque distaba mucho de ser fluido. Él era la elección lógica.

Las relaciones Este-Oeste pasaban entonces por un buen momento. La muerte de Stalin doce años antes había desencadenado una reanudación gradual de la correspondencia y de las visitas entre los científicos soviéticos y sus colegas occidentales (aunque no una correspondencia o visitas tan libres como habían sido en los años veinte y comienzos de los treinta antes de que descendiese el

---

* Sólo en una ocasión le he visto desatado en público. En 1971, con ocasión de su sexagésimo cumpleaños, Wheeler se encontraba en un elegante banquete en un castillo en Copenhague —un banquete en honor de una conferencia internacional, y no en su honor. Para celebrar su cumpleaños, Wheeler encendió una ristra de petardos detrás de su silla, creando el caos entre los comensales próximos.

telón de acero de Stalin). Como algo natural, la Unión Soviética estaba enviando ahora una pequeña delegación de físicos a todas las conferencias internacionales capitales; tales delegaciones eran importantes no sólo para mantener la fuerza de la ciencia soviética, sino también para mostrar la fuerza de los soviéticos a los científicos occidentales. Desde el tiempo de los zares, los burócratas rusos han tenido un complejo de inferioridad respecto a Occidente; es muy importante para ellos poder mantener sus cabezas altas ante la opinión pública occidental y mostrar con orgullo lo que puede hacer su nación.

Por todo ello, a Zel'dovich le resultó fácil, después de haber gestionado una invitación de Londres para que Novikov diera una de las charlas principales de la Conferencia sobre Relatividad, convencer a los burócratas de que incluyeran a su joven colega en la delegación soviética. Novikov tenía muchas cosas importantes que contar; crearía una impresión muy positiva de la fuerza de la ciencia soviética.

En Londres, Novikov presentó una ponencia de una hora a una audiencia de trescientos de los físicos más destacados en relatividad de todo el mundo. Su ponencia fue un *tour de force*. Los resultados de la implosión gravitatoria de una estrella con una montaña sólo eran una pequeña parte de su discurso; el resto era una serie de contribuciones igualmente importantes a nuestra comprensión de la gravedad relativista, las estrellas de neutrones, la implosión estelar, los agujeros negros, la naturaleza de los cuásares, la radiación gravitatoria y el origen del Universo. Mientras yo permanecía sentado en Londres oyendo a Novikov, quedé aturdido por la amplitud y potencia de la investigación del equipo de Zel'dovich. Nunca antes había visto nada igual.[9]

Después de la charla de Novikov me uní a la muchedumbre entusiasta que le rodeaba y descubrí, con gran placer, que mi ruso era ligeramente mejor que su inglés y que se requería mi ayuda para traducir la discusión. Cuando la multitud se disolvió, Novikov y yo salimos juntos para continuar nuestra conversación en privado. Así comenzó una de mis mejores amistades.

No era posible para mí ni para cualquier otro asimilar en Londres todos los detalles del análisis del equipo de Zel'dovich sobre la ausencia de pelo. Los detalles eran demasiado complicados. Teníamos que esperar una versión escrita del trabajo en la que los detalles estuvieran expuestos con cuidado.

La versión escrita llegó a Princeton en septiembre de 1965, en ruso.[10] Una vez más tuve que agradecer las muchas horas aburridas que había pasado en la clase de ruso cuando era estudiante de licenciatura. El análisis escrito contenía dos partes. La primera parte, claramente el trabajo de Doroshkevich y Novikov, era una demostración matemática de que, cuando una estrella estática con una montaña minúscula se hace cada vez más compacta, existen sólo dos resultados posibles. O bien la estrella crea un agujero exactamente esférico en torno a ella, o bien la montaña produce una curvatura espacio-temporal tan enorme, al aproximarse a su circunferencia crítica, que los efectos de la montaña ya no son una «pequeña perturbación»; entonces falla el método de cálculo, y el resultado de la implosión es desconocido. La segunda parte del análisis era lo que pronto aprendí a identificar como un argumento «típico de Zel'dovich»: si inicialmente la montaña es minúscula, es *intuitivamente obvio* que la montaña *no puede* producir una enorme curvatura cuando la estrella se acerca a su circunferencia crítica. Debemos descartar dicha posibilidad. La otra posibilidad debe ser la verdadera: la estrella debe producir un agujero exactamente esférico.

Lo que era intuitivamente obvio para Zel'dovich (y finalmente resultaría ser cierto) estaba lejos de ser obvio para la mayoría de los físico occidentales. La controversia empezó a tomar cuerpo.

Un resultado controvertido de una investigación tiene un enorme poder. Atrae a los físicos como una merienda en el campo atrae a las hormigas. Eso es lo que sucedió con la evidencia de ausencia de pelo que presentaba el equipo de Zel'dovich. Los físicos, como las hormigas, llegaron de uno en uno al principio, pero más tarde llegaron en oleadas.

El primero fue Werner Israel, nacido en Berlín, criado en Suráfrica, instruido en las leyes de la relatividad en Irlanda, y ahora luchando para poner en marcha un grupo de investigación en relatividad en Edmonton, Canadá. En un *tour de force* matemático, Israel mejoró la primera parte de la demostración soviética, la de Doroshkevich-Novikov: trató no sólo montañas minúsculas, como habían hecho los soviéticos, sino montañas de cualquier tamaño y forma. De hecho, sus cálculos funcionaban correctamente para cualquier implosión, no importa que se alejase de la esférica, incluso para una cuadrada; y permitían que la implosión fuera dinámica, no sólo una secuencia idealizada de estrellas estáticas. Igualmente notable fue la conclusión de Israel, similar a la conclusión de Doroshkevich-Novikov aunque mucho más fuerte: *una implosión fuertemente no esférica puede tener sólo dos resultados: o bien no produce ningún agujero negro en absoluto, o bien produce un agujero negro que es exactamente esférico*. Sin embargo, para que esta conclusión sea verdadera, el cuerpo en implosión tenía que tener dos propiedades especiales: debía estar completamente desprovisto de carga eléctrica y no debía girar en absoluto. Las razones se harán claras más adelante.[11]

Israel presentó por primera vez sus análisis y resultados el 8 de febrero de 1967, en una conferencia en el Kings College de Londres. El título de la conferencia era algo enigmático, pero Dennis Sciama en Cambridge apremió a sus estudiantes para que fuesen a Londres a escucharla. Como recuerda George Ellis, uno de los estudiantes: «Fue una conferencia muy, muy interesante. Israel demostró un teorema que llegó totalmente caído del cielo; era completamente inesperado; nada remotamente similar se había hecho antes». Cuando Israel iba a concluir su conferencia, Charles Misner (un antiguo estudiante de Wheeler) se puso en pie y planteó una especulación: ¿qué sucede si la estrella en implosión gira y tiene carga eléctrica? ¿Podría haber de nuevo sólo dos posibilidades: ningún agujero en absoluto, o un agujero con una forma única determinada completamente por la masa, el momento angular y la carga de la estrella en implosión? A la postre, la respuesta resultaría ser sí, pero no hasta después de que la idea intuitiva de Zel'dovich hubiera sido verificada.

Recuérdese que Zel'dovich, Doroshkevich y Novikov habían estudiado estrellas no muy deformadas, sino más bien estrellas aproximadamente esféricas, con pequeñas montañas. Sus análisis y las afirmaciones de Zel'dovich desencadenaron una plétora de cuestiones:

Si una estrella en implosión tiene una montaña minúscula en su superficie, ¿cuál es el resultado de la implosión? ¿Produce la montaña una enorme curvatura espacio-temporal cuando la estrella se aproxima a su circunferencia crítica (el resultado rechazado por la intuición de Zel'dovich)? ¿O desaparece la influencia de la montaña, dejando tras de sí un agujero negro perfectamente esférico (el resultado que prefería Zel'dovich)? Y si se forma un agujero perfectamente esférico, ¿cómo se las arregla el agujero para desembarazarse de la influencia gravitatoria de la montaña? *¿Qué hace que el agujero se vuelva esférico?*

Como estudiante de Wheeler, yo me planteé estas cuestiones. Sin embargo, me las planteé no como un reto para mí mismo, sino más bien como un reto para mis propios estudiantes. Ahora estábamos en 1968; yo había completado mi doctorado en física en Princeton y había regresado a mi alma máter, el Caltech, primero como postdoc y ahora como profesor; y estaba empezando a rodearme de un entorno de estudiantes análogo al de Wheeler en Princeton.

Richard Price era un joven de Brooklyn, barbudo, con más de cien kilos de peso y un físico poderoso, cinturón negro en kárate, y había trabajado ya conmigo en varios proyectos de investigación, incluyendo uno que utilizaba el tipo de métodos matemáticos necesarios para responder a estas cuestiones: los métodos perturbativos. Ahora estaba bastante maduro para abordar un proyecto más desafiante. La verificación de la intuición de Zel'dovich parecía ideal salvo en una cosa. Era un tema candente; muchos otros en otros lugares estaban luchando con él; las hormigas empezaban a atacar la merienda en oleadas. Price tendría que avanzar rápido.

No lo hizo. Otros llegaron antes a las respuestas. Él llegó a ellas en tercer lugar, después de Novikov y después de Israel,[12] pero las obtuvo de una forma más firme, más completa y con una intuición más profunda.

La intuición de Price fue inmortalizada por Jack Smith, quien escribía una columna humorística en *Los Angeles Times*. En el número del *Times* de 27 de agosto de 1970, Smith describía una visita que había hecho un día antes al Caltech:

> Después del almuerzo en el Club de la facultad paseé solo por el campus. Pude sentir las ideas profundas en el aire. Incluso en verano agitan los olivos. Miré a través de una ventana. Había una pizarra repleta de ecuaciones, espesas como las hojas de los árboles en una avenida, y tres sentencias en inglés: *Teorema de Price: cualquier cosa que pueda ser radiada es radiada. Observación de Schutz: cualquier cosa que es radiada puede ser radiada. Las cosas pueden ser radiadas si y sólo si son radiadas.* Seguí paseando, preguntándome cómo se vería afectado el Caltech este otoño cuando las jóvenes muchachas llegasen como novatas por primera vez. Pensé que no harían ningún daño al lugar ... tengo la corazonada de que ellas radiarán.

Esta cita requiere alguna explicación. «La observación de Schutz» era jocosa, pero el teorema de Price, «Cualquier cosa que pueda ser radiada es radiada», era una seria confirmación de una especulación de Roger Penrose en 1969.

El teorema de Price está ilustrado por la implosión de una estrella con una montaña. La figura 7.4 muestra la implosión. La mitad izquierda de esta figura es un diagrama espacio-temporal del tipo introducido en la figura 6.7; el lado derecho es una secuencia de instantáneas de las formas de la estrella y del horizonte a medida que pasa el tiempo, con los instantes anteriores en la parte inferior y los instantes posteriores en la superior.

Conforme la estrella implosiona (las dos instantáneas inferiores en la figura 7.4), su montaña crece, produciendo una distorsión creciente en forma de montaña en la curvatura espacio-temporal de la estrella. Luego, conforme la estrella se hunde dentro de su circunferencia crítica y crea un horizonte de agujero negro a su alrededor (instantánea del centro), la curvatura espacio-temporal distorsionada deforma el horizonte, produciéndole una protuberancia parecida a una montaña. Sin embargo, la protuberancia del horizonte no puede vivir por mucho tiempo. La montaña de la estrella que la generó está ahora en el interior del agujero, de modo que el horizonte ya no puede sentir por más tiempo la influencia de la montaña. El horizonte ya no está siendo forzado por la montaña a mantener su protuberancia. El horizonte expulsa la protuberancia de la única forma que puede hacerlo: transforma la protuberancia en ondulaciones de curvatura espacio-temporal (ondas gravitatorias: capítulo 10) que se propagan en todas direcciones (las dos instantáneas superiores). Algunas de las ondulaciones caen al agujero, otras salen al Universo circundante y, cuando se alejan, las ondulaciones dejan el agujero con una forma perfectamente esférica.

Se puede hacer una analogía familiar con el punteo de una cuerda de violín. Mientras el dedo mantiene la deformación de la cuerda, ésta permanece deformada; mientras la montaña está sobresaliendo del agujero, mantiene deformado al horizonte recién nacido. Cuando uno aparta el dedo de la cuerda, la cuerda vibra, enviando ondas sonoras al ambiente; las ondas sonoras se llevan la energía de la deformación de la cuerda y la cuerda va llegando a una forma absolutamente recta. Análogamente, cuando la montaña se hunde en el interior del agujero, ya no puede mantener por más tiempo al horizonte deformado, de modo que el horizonte vibra, emitiendo ondas gravitatorias; las ondas se llevan la energía de la deformación del horizonte y el horizonte va llegando a una forma absolutamente esférica.

¿Cómo se relaciona esta implosión con una montaña con el teorema de Price? Según las leyes de la física, la protuberancia montañosa del horizonte *puede* convertirse en radiación gravitatoria (ondulaciones de curvatura). El teorema de Price nos dice entonces que la protuberancia *debe* transformarse en ondas gravitatorias, y que esta radiación debe llevarse completamente la protuberancia. *Este es el mecanismo que deja al agujero sin pelo.*

El teorema de Price no sólo nos dice cómo pierde un agujero negro deformado su deformación, sino también cómo un agujero magnetizado pierde su campo magnético (figura 7.5). (El mecanismo, en este caso, ya estaba claro an-

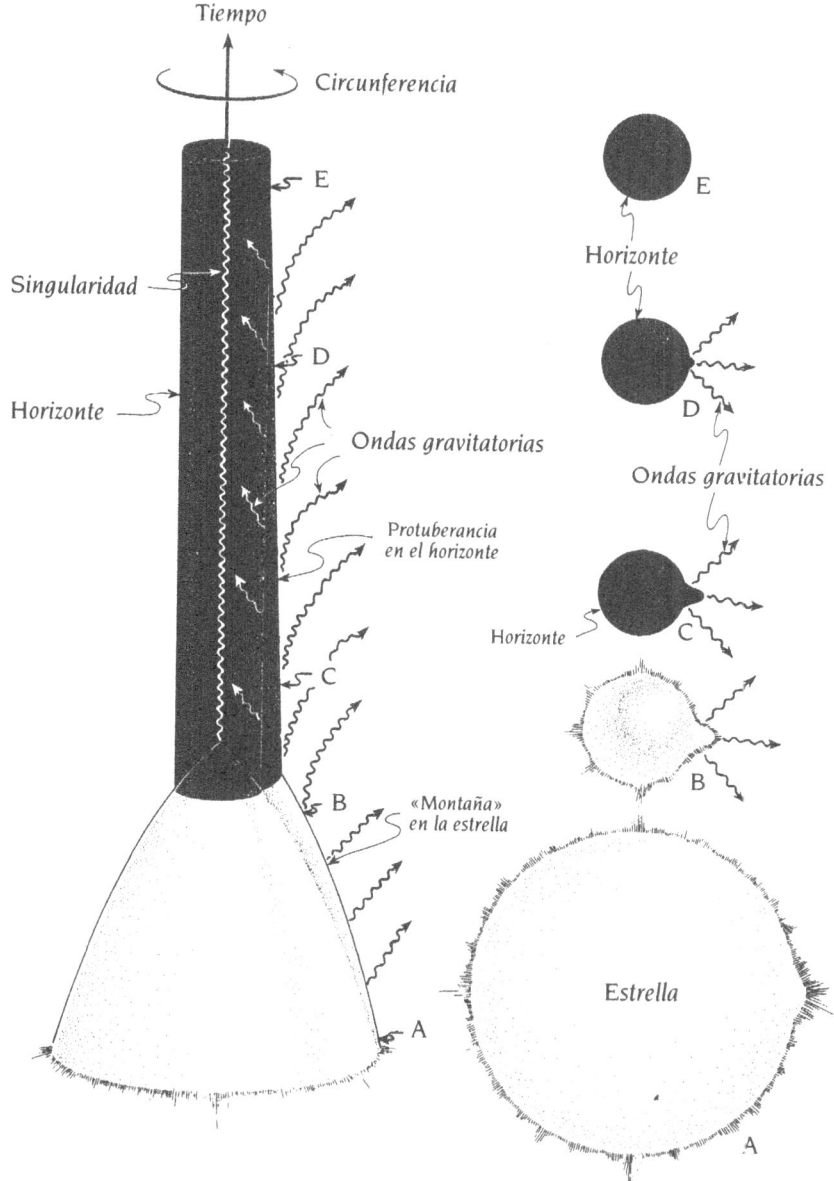

7.4.   Diagrama espacio-temporal (*izquierda*) y una secuencia de instantáneas (*derecha*) que muestran la implosión de una estrella con una montaña para formar un agujero negro.

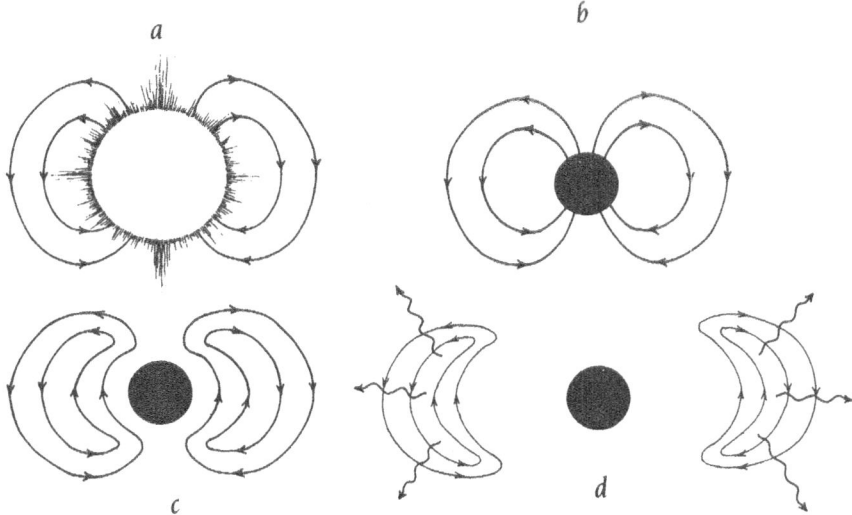

7.5. Una secuencia de instantáneas que muestran la implosión de una estrella magnetizada (*a*) para formar un agujero negro (*b*). Al principio el agujero hereda el campo
magnético de la estrella. Sin embargo, el agujero no tiene poder para sujetar el campo.
El campo se separa de él (*c*), es convertido en radiación electromagnética, y escapa hacia afuera (*d*).

tes del teorema de Price por una simulación por ordenador de Werner Israel
y dos de sus estudiantes en Canadá, Vicente de la Cruz y Ted Chase.)[13] El agujero magnetizado se crea por la implosión de una estrella magnetizada. Antes
de que el horizonte se trague a la estrella en implosión (figura 7.5a), el campo
magnético está firmemente anclado en el interior de la estrella; las corrientes
eléctricas dentro de la estrella impiden que el campo escape. Después de que
la estrella haya sido tragada por el horizonte (figura 7.5b), el campo ya no puede sentir por más tiempo las corrientes eléctricas de la estrella; éstas ya no le
anclan. Ahora el campo atraviesa el horizonte, en lugar de la estrella, pero el
horizonte es un ancla inservible. Las leyes de la física permiten que el campo
se transforme en radiación electromagnética (ondulaciones de fuerzas magnética y eléctrica), y el teorema de Price exige que así lo haga (figura 7.5c). Se
desprende radiación electromagnética, parcialmente hacia dentro del agujero
y parcialmente hacia afuera, dejando al agujero desmagnetizado[14] (figura
7.5d).

Si, como hemos visto, las montañas pueden ser radiadas hacia afuera y los
campos magnéticos pueden ser radiados hacia afuera, ¿entonces qué queda?
¿Qué es lo que *no puede* transformarse en radiación? La respuesta es simple:
entre las leyes de la física existe un conjunto especial de leyes llamadas *leyes
de conservación*. Según estas leyes de conservación, existen ciertas magnitudes
que no pueden nunca oscilar o vibrar de una manera radiativa, y que por lo
tanto nunca pueden transformarse en radiación y ser expulsadas de la vecindad

de un agujero negro. Estas magnitudes conservadas son la atracción gravitatoria debida a la masa del agujero, el remolino del espacio debido a la rotación del agujero (discutido más adelante) y las líneas de campo eléctrico que apuntan en *dirección radial*, es decir, los campos eléctricos que apuntan directamente hacia afuera (discutidos más abajo) debidos a la carga eléctrica del agujero.*

Así pues, según el teorema de Price las influencias de la masa, del momento angular y de la carga del agujero son las únicas cosas que pueden quedar atrás cuando toda la radiación ha desaparecido. Todas las demás características del agujero se habrán ido con la radiación. Esto significa que ninguna medida que se pudiera hacer de las propiedades del agujero final puede revelar ninguna característica de la estrella que implosionó para formarlo, excepto la masa, el momento angular y la carga de la estrella. A partir de las propiedades del agujero ni siquiera se puede averiguar (según los cálculos de James Hartle y Jacob Bekenstein, ambos estudiantes de Wheeler) si la estrella que formó el agujero estaba hecha de materia o antimateria, de electrones y protones, o de neutrinos y antineutrinos. En los términos de Wheeler, de forma más matizada, un agujero negro *casi* no tiene pelo; su único «pelo» es su masa, su momento angular y su carga eléctrica.

La prueba firme y definitiva de que un agujero negro no tiene pelo (excepto su masa, momento angular y carga eléctrica) no fue realmente de Price. El análisis de Price se restringía a estrellas en implosión que son muy aproximadamente esféricas, y que giran muy lentamente, si es que lo hacen. Los métodos perturbativos que él utilizaba exigían esta restricción. Conocer el destino último de una estrella en implosión muy deformada y en rápida rotación requería un conjunto de técnicas matemáticas muy diferentes de los métodos perturbativos.

Los estudiantes de Dennis Sciama en la Universidad de Cambridge eran maestros de las técnicas requeridas, pero las técnicas eran difíciles; extremadamente difíciles. Los estudiantes de Sciama y sus descendientes intelectuales necesitaron quince años, utilizando dichas técnicas, para conseguir una demostración firme y completa de que los agujeros negros no tienen pelo; que, incluso si un agujero gira muy rápidamente y queda fuertemente deformado por su giro, las propiedades finales del agujero (después de que toda la radiación se haya ido) están unívocamente fijadas por la masa, el momento angular y la carga del agujero. La parte del león del crédito de la prueba corresponde a dos estudiantes

---

* A finales de los años ochenta se hizo claro que las leyes de la mecánica cuántica pueden dar lugar a la conservación de magnitudes adicionales asociadas con «campos cuánticos» (un tipo de campos discutidos en el capítulo 12), y puesto que dichas magnitudes, al igual que la masa, el momento angular y la carga eléctrica de un agujero, no pueden ser radiadas, quedarán como «pelo cuántico» cuando nace un agujero negro. Aunque este pelo cuántico podría influir fuertemente en el destino final de un agujero microscópico en evaporación (capítulo 12), no tiene consecuencias para los agujeros macroscópicos (agujeros más pesados que el Sol) de este y los próximos capítulos, ya que la mecánica cuántica no es importante en general a escalas macroscópicas.

de Sciama, Brandon Carter y Stephen Hawking, y a Werner Israel; pero también se deben contribuciones importantes a David Robinson, Gary Bunting y Pavel Mazur.[15]

En el capítulo 3 comenté la gran diferencia entre las leyes de la física en nuestro Universo real y la sociedad de hormigas en la novela épica *The Once and Future King* de T. H. White. Las hormigas de White se regían por el lema «Todo lo que no está prohibido es obligatorio», pero las leyes de la física violan flagrantemente este lema. Muchas cosas permitidas por las leyes de la física son tan altamente improbables que nunca ocurren. El teorema de Price constituye una notable excepción. Es una de las pocas situaciones que he encontrado en la física en donde el lema de las hormigas siempre es válido: si la ley física no prohíbe que un agujero negro expulse algo en forma de radiación, entonces la expulsión es obligatoria.

Igualmente inusuales son las implicaciones del estado «calvo» resultante de un agujero negro. Normalmente los físicos construimos modelos teóricos o por ordenador simplificados para tratar de entender el complejo Universo que nos rodea. Como ayuda para entender el clima, los físicos meteorólogos construyen modelos numéricos de la circulación atmosférica en la Tierra. Como ayuda para comprender los terremotos, los geofísicos construyen modelos teóricos sencillos de rocas deslizantes. Como ayuda para entender la implosión estelar, Oppenheimer y Snyder construyeron en 1939 un modelo teórico sencillo: una nube de materia en implosión que era perfectamente esférica, perfectamente homogénea y completamente falta de presión. Y, cuando los físicos construimos todos estos modelos, somos muy conscientes de sus limitaciones. Son solamente pálidas imágenes de la complejidad que existe «ahí fuera», en el Universo «real».

No es este el caso de un agujero negro, o, al menos, no lo es una vez que la radiación se ha ido, llevándose todo el «pelo» del agujero. Entonces el agujero es tan extraordinariamente sencillo que podemos describirlo mediante fórmulas matemáticas simples y exactas. No necesitamos ninguna idealización en absoluto. En ningún otro lugar en el mundo macroscópico (es decir, a escalas mayores que una partícula subatómica) es esto cierto. En ningún otro lugar en nuestras matemáticas esperamos ser tan exactos. En ningún otro lugar estamos libres de las limitaciones de los modelos idealizados.

¿Por qué son los agujeros negros tan diferentes de todos los demás objetos del Universo macroscópico? ¿Por qué son ellos, y sólo ellos, tan elegantemente simples? Si yo supiera la respuesta, probablemente me revelaría algo muy profundo sobre la naturaleza de las leyes físicas. Pero no la sé. Quizá la próxima generación de físicos la descubra.

Los agujeros negros giran y laten

¿Cuáles son las propiedades de los agujeros calvos, que se describen tan perfectamente mediante las matemáticas de la relatividad general?

Si se idealiza un agujero negro de modo que no tenga absolutamente ningu-

RECUADRO 7.2

La organización de la ciencia soviética y la ciencia occidental: contrastes y consecuencias

Mientras yo y mis jóvenes colegas físicos nos esforzábamos en desarrollar la conjetura del aro y demostrar que los agujeros negros no tienen pelo y descubrir cómo lo pierden, también estábamos descubriendo cuán diferentes son las formas de organización de la física en la URSS, respecto de Gran Bretaña y Norteamérica, y qué profundos efectos tienen estas diferencias. Las lecciones que aprendimos pueden tener cierto valor al planear el futuro, especialmente en la antigua Unión Soviética, donde todas las instituciones del Estado —tanto científicas como gubernamentales y económicas— están ahora (1993) luchando para reorganizarse según las líneas occidentales. ¡El modelo occidental no es completamente perfecto, y el sistema soviético no era uniformemente malo!

En Norteamérica y en Gran Bretaña hay un flujo constante de jóvenes talentos que pasan por grupos de investigación tales como el de Wheeler o el de Sciama. Los estudiantes de licenciatura pueden unirse al grupo durante su último año de estudios, pero luego son enviados fuera para realizar estudios de doctorado. Los estudiantes graduados se unen al grupo de tres a cinco años, y luego son enviados a otros lugares para estudios postdoctorales. Los postdocs se unen a él durante dos o tres años y luego son enviados fuera y se espera que o bien formen su propio grupo de investigación en otro lugar (como yo hice en el Caltech) o se unan a un grupo pequeño y competitivo en otro lugar. A casi nadie en Gran Bretaña o en Norteamérica, no importa cuál sea su talento, se le permite quedarse en el nido de su mentor.

Por el contrario, en la URSS los jóvenes físicos sobresalientes (tales como Novikov) permanecen normalmente en el nido de sus mentores durante diez, veinte y a veces treinta o cuarenta años. Un gran mentor soviético como Zel'dovich o Landau trabajaba normalmente en un Instituto de la Academia de Ciencias, en lugar de una universidad, de modo que su carga docente era pequeña o inexistente; conservando a sus mejores estudiantes antiguos formaba en torno a sí un equipo permanente de investigadores a tiempo completo, que llegaba a estar estrechamente unido y a ser extraordinariamente potente, y que incluso podría permanecer con él hasta el fin de su carrera.

Algunos de mis amigos soviéticos atribuían esta diferencia a los fallos del sistema británico/norteamericano: casi todos los grandes físicos británicos o norteamericanos trabajan en universidades, donde la investigación está a menudo subordinada a la enseñanza y donde no existe un número adecuado de puestos permanentes disponibles para permitir construir un grupo fuerte y duradero de investigadores. Como resultado, *no* ha habido grupos de investigación en física teórica en Gran Bretaña o Norteamérica que puedan pretender compararse al grupo de Landau entre los años treinta y los cincuenta, o al grupo de Zel'dovich en los años sesenta y setenta. Occidente, en este sentido, no tenía esperanzas de competir con la Unión Soviética.

Algunos de mis amigos norteamericanos atribuían la diferencia a los fallos del sistema soviético: resultaba muy difícil, logísticamente hablando, trasladarse de un instituto a otro y de una ciudad a otra en la URSS, de modo que los físicos jóvenes se veían obligados a permanecer con sus mentores; no tenían oportunidad de salir y formar sus propios grupos independientes. El resultado, afirmaban los críticos, era un sistema feudal. El mentor era como un señor y su equipo como los siervos, ligados por un pacto para la mayor parte de sus carreras. El señor y los siervos eran interdependientes de una forma compleja, pero no se ponía en discusión quién era el jefe. Si el señor era un maestro artesano como Zel'dovich o Landau, el equipo señor/siervo podía ser muy productivo. Si el señor era autoritario y no tan sobresaliente (como normalmente era el caso), el resultado podía ser trágico: una pérdida de talento humano y una vida miserable para los siervos.

En el sistema soviético, cada gran mentor como Zel'dovich producía sólo un equipo de investigación, aunque un equipo tremendamente poderoso, un equipo sin igual en cualquier parte de Occidente. Por el contrario, los grandes mentores norteamericanos o británicos, como Wheeler o Sciama, daban como progenie muchos grupos de investigación más pequeños y más débiles, dispersos por todo el país, pero dichos grupos tenían un gran impacto acumulativo en la física. Los mentores norteamericanos y británicos tienen un aflujo constante de personas nuevas y jóvenes que les ayudan a mantener frescas sus mentes y sus ideas. En aquellos raros casos en los que los mentores soviéticos querían empezar algo nuevo, tenían que romper sus lazos con su viejo equipo de una forma que podía ser altamente traumática.

Este, de hecho, fue el destino que le esperaba a Zel'dovich: empezó a formar su equipo de astrofísica en 1961; para 1964 el equipo era superior a cualquier otro equipo de astrofísica teórica en cualquier lugar del mundo; luego, en 1978, poco después de que hubiera terminado la edad de oro, tuvo lugar una escisión traumática y explosiva en la que casi todos los miembros del equipo de Zel'dovich siguieron una dirección y él siguió otra, herido psicológicamente pero libre de rémoras, libre para empezar a construir desde el principio. Por desgracia, su reconstrucción no tendría éxito. Nunca volvería a rodearse de un equipo con tanto talento y potencia como el que él, con la ayuda de Novikov, había dirigido. Pero Novikov, ahora un investigador independiente, se revelaría en los años ochenta como el líder capaz de un equipo reconstruido.

na carga eléctrica ni ninguna rotación, entonces es precisamente el agujero esférico con el que nos encontramos en capítulos anteriores. Matemáticamente se describe mediante la solución de Karl Schwarzschild de 1916 a la ecuación de campo de Einstein (capítulos 3 y 6).

Cuando se arroja carga eléctrica en un agujero semejante, el agujero solamente adquiere una característica nueva: líneas de campo eléctrico que sobresalen radialmente como las espinas de un erizo. Si la carga es positiva, entonces

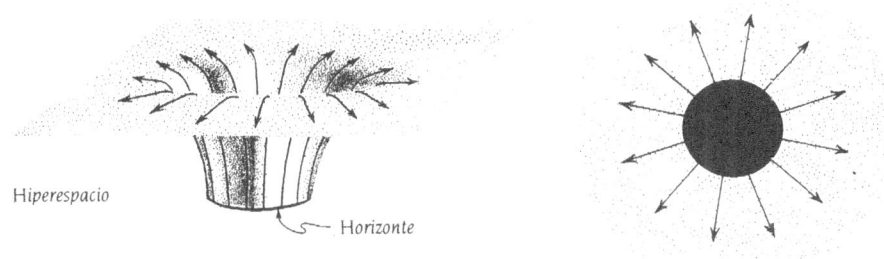

7.6. Líneas de campo eléctrico que emergen del horizonte de un agujero negro eléctricamente cargado. *Izquierda*: diagrama de inserción. *Derecha*: vista superior del diagrama de inserción.

estas líneas de campo eléctrico repelen a los protones alejándolos del agujero y atraen a los electrones; si es negativa, entonces las líneas de campo repelen a los electrones y atraen a los protones. Tal agujero dotado de carga se describe matemáticamente, con perfecta precisión, mediante una solución de la ecuación de campo de Einstein encontrada por los físicos Hans Reissner, alemán, y Gunnar Nordström, holandés, en 1916 y en 1918 respectivamente. Sin embargo, nadie comprendió el significado físico de la solución de Reissner y Nordström hasta 1960, cuando dos estudiantes de Wheeler, John Graves y Dieter Brill, descubrieron que describe un agujero negro cargado.[16]

Podemos representar la curvatura del espacio en torno a un agujero negro cargado, y las líneas de campo eléctrico del agujero, utilizando un diagrama de inserción (mitad izquierda de la figura 7.6). Este diagrama es esencialmente el mismo que el de la parte inferior derecha de la figura 3.4, pero en el que se ha suprimido la estrella (porción negra de la figura 3.4) porque la estrella está dentro del agujero negro y, por lo tanto, ya no tiene más contacto con el Universo externo. Dicho de forma más precisa, este diagrama muestra el «plano» ecuatorial —un fragmento bi-dimensional del espacio del agujero— fuera del agujero negro, insertado en un hiperespacio tri-dimensional plano. (Para una discusión del significado de tales diagramas, véanse la figura 3.3 y el texto que la acompaña.) El «plano» ecuatorial está recortado por el horizonte del agujero, de modo que sólo estamos viendo el exterior del agujero, no su interior. El horizonte, que en realidad es la superficie de una esfera, aparece como un círculo en el diagrama porque sólo estamos viendo su ecuador. El diagrama muestra las líneas de campo eléctrico del agujero sobresaliendo radialmente del horizonte. Si miramos el diagrama desde arriba (parte derecha de la figura 7.6), no vemos la curvatura del espacio, pero vemos más claramente las líneas de campo eléctrico.

Los efectos de la rotación en un agujero negro no se comprendieron hasta finales de los años sesenta, hasta la aparición en escena de Brandon Carter, uno de los estudiantes de Dennis Sciama en la Universidad de Cambridge.

Cuando Carter se unió en el otoño de 1964, al grupo de Sciama, éste le su-

Izquierda: Roy Kerr *c*. 1975. (Cortesía de Roy Kerr.) *Derecha*: Brandon Carter dando un seminario sobre agujeros negros en una escuela de verano en los Alpes franceses en junio de 1972. (Foto de Kip Thorne.)

girió inmediatamente, como su primer problema de investigación, un estudio de la implosión de estrellas rotatorias realistas. Sciama le explicó que todos los cálculos previos de la implosión trataban estrellas idealizadas sin rotación, pero que parecía ya llegado el tiempo y las herramientas correctas para un asalto de los efectos de la rotación. Un matemático neozelandés llamado Roy Kerr acababa de publicar un artículo dando una solución a la ecuación de campo de Einstein que describe la curvatura espacio-temporal fuera de una estrella giratoria.[17] Esta era la primera solución que alguien hubiese encontrado para una estrella giratoria. Por desgracia, explicó Sciama, era una solución muy particular; seguramente no describiría *todas* las estrellas giratorias. Las estrellas giratorias tienen montones de «pelos» (montones de propiedades tales como formas complicadas y complicados movimientos internos de su gas), y la solución de Kerr no tenía «pelo» en absoluto: las formas de su curvatura espacio-temporal eran muy suaves, muy simples; demasiado simples para corresponder a estrellas giratorias típicas. De todas formas, la solución de Kerr a la ecuación de campo de Einstein era un punto de partida.

Pocos problemas de investigación tienen el rendimiento inmediato que tuvo éste: en un año Carter había demostrado matemáticamente que la solución de Kerr no describe una estrella giratoria, sino más bien un agujero negro giratorio. (Este descubrimiento también fue hecho, independientemente, por Roger Penrose en Londres, y por Robert Boyer en Liverpool y Richard Lindquist, un antiguo estudiante de Wheeler que ahora estaba trabajando en la Universidad Wesleyana de Middletown, Connecticut.)[18] A mediados de los setenta, Carter y otros habían llegado a demostrar que la solución de Kerr no sólo describe

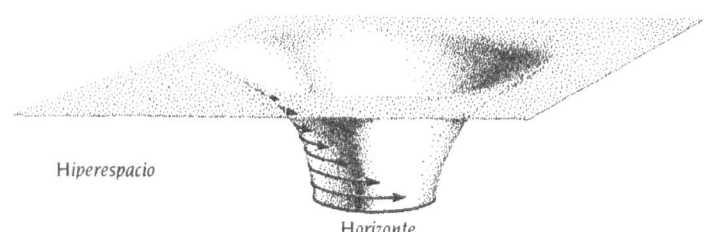

Hiperespacio

Horizonte

7.7. Un diagrama de inserción que muestra el «remolino de tipo tornado» en el espacio creado por la rotación de un agujero negro.

un tipo especial de agujero negro giratorio, sino que más bien describe cualquier agujero negro giratorio que pueda existir.[19]

Las propiedades físicas de un agujero negro giratorio están incorporadas en las matemáticas de la solución de Kerr, y Carter, explorando dichas matemáticas, descubrió cuáles debían ser exactamente estas propiedades.[20] Una de las más interesantes es un remolino semejante a un tornado que el agujero crea en el espacio que le rodea.

El remolino se muestra en el diagrama de inserción de la figura 7.7. La superficie en forma de pabellón de trompeta es la hoja ecuatorial del agujero (un fragmento bidimensional del espacio del agujero) insertada en un hiperespacio tridimensional plano. El giro del agujero agarra a su espacio circundante (la superficie del pabellón de la trompeta) y lo obliga a girar en forma de tornado, con velocidades proporcionales a las longitudes de las flechas del diagrama. Lejos del centro de un tornado el aire gira lentamente y, análogamente, lejos del horizonte de un agujero el espacio gira lentamente. Cerca del centro de un tornado el aire gira rápidamente y, análogamente, cerca del horizonte el espacio gira rápidamente. En el horizonte, el espacio está adherido estrechamente al horizonte: gira exactamente a la misma velocidad que gira el horizonte.

Este remolino del espacio tiene una influencia inexorable sobre los movimientos de las partículas que caen en el agujero. La figura 7.8 muestra las trayectorias de dos de estas partículas, vistas en el sistema de referencia de un observador externo estático, es decir, en el sistema de un observador que no cae a través del horizonte en el interior del agujero.

La primera partícula (figura 7.8a) se deja caer suavemente en el interior del agujero. Si el agujero no estuviese girando, esta partícula, como la superficie de una estrella en implosión, se movería radialmente hacia adentro y cada vez más rápido al principio; pero luego, vista por el observador externo estático, frenaría su caída y se quedaría congelada exactamente en el horizonte. (Recuérdense las «estrellas congeladas» del capítulo 6.) El giro del agujero cambia esto de un modo muy simple: el giro hace que el espacio se arremoline, y el remolino del espacio hace que la partícula, a medida que se acerca al horizonte, gire al paso del propio horizonte. Entonces la partícula se congela en el horizonte en rotación y, vista por el observador externo estático, da vueltas con el hori-

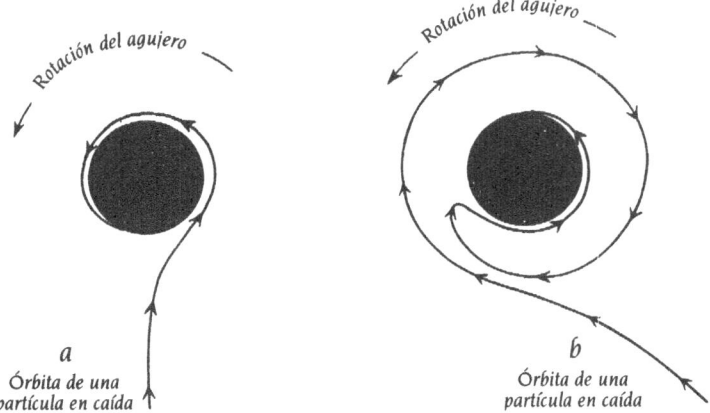

7.8.   Las trayectorias en el espacio de dos partículas que se arrojan hacia un agujero negro. (Las trayectorias son las que se medirían en un sistema de referencia externo estático.) A pesar de sus movimientos iniciales muy diferentes, ambas partículas son arrastradas, por el remolino del espacio, exactamente al mismo paso de rotación del agujero cuando se aproximan al horizonte.

zonte para siempre. (Análogamente, cuando una estrella giratoria implosiona para formar un agujero giratorio, vista por un observador externo estático, la superficie de la estrella «se congela» en el horizonte en rotación, dando vueltas con él para siempre.)

   Aunque los observadores externos ven que la partícula de la figura 7.8a se congela en el horizonte en rotación y permanece allí para siempre, la propia partícula ve algo completamente diferente. A medida que la partícula se acerca al horizonte, la dilatación gravitatoria del tiempo obliga al tiempo de la partícula a fluir cada vez más lentamente comparado con el tiempo de un sistema de referencia externo estático. Cuando ha transcurrido una cantidad infinita de tiempo externo, la partícula sólo ha experimentado una cantidad finita y muy pequeña de tiempo. En ese tiempo finito, la partícula ha alcanzado el horizonte del agujero, y en los siguientes instantes de su tiempo se hunde directamente a través del horizonte y desciende hacia el centro del agujero. Esta enorme diferencia entre la caída de la partícula vista por la partícula y vista por los observadores externos es completamente análoga a la diferencia entre una implosión estelar vista desde la superficie de la estrella (inmersión rápida a través del horizonte) y vista por observadores externos (congelamiento de la implosión; parte final del capítulo 6).

   La segunda partícula (figura 7.8b) se arroja hacia el agujero en una trayectoria de forma espiral que gira en sentido opuesto al giro del agujero. Sin embargo, a medida que la partícula se mueve en espiral cada vez más cerca del horizonte, el remolino del espacio la atrapa e invierte su movimiento de rotación. Al igual que la primera partícula, también es obligada a una rotación al mismo paso del horizonte, vista por observadores externos.

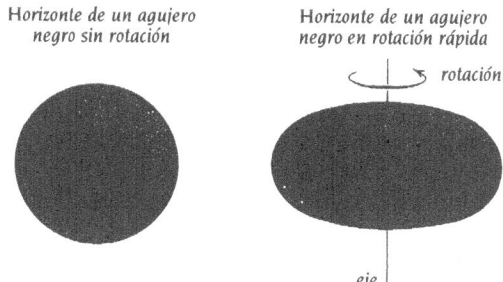

7.9. Formas de los horizontes de dos agujeros negros, uno (*izquierda*) sin rotación, y el otro (*derecha*) girando con una velocidad de rotación del 58 por 100 del valor máximo. El efecto de la rotación en la forma del horizonte fue descubierto en 1973 por Larry Smarr, un estudiante de la Universidad de Stanford, inspirado por Wheeler.

Además de crear un remolino en el espacio, la rotación del agujero negro también distorsiona el horizonte del agujero, de forma muy similar a como la rotación de la Tierra distorsiona la superficie de la Tierra. Las fuerzas centrífugas empujan hacia afuera al ecuador de la Tierra en rotación una distancia de 22 kilómetros con respecto a sus polos. Análogamente, la fuerza centrífuga hace que el horizonte de un agujero negro se abombe en su ecuador de la forma mostrada en la figura 7.9. Si el agujero no gira, su horizonte es esférico (mitad izquierda de la figura). Si el agujero gira rápidamente, su horizonte se abomba fuertemente (mitad derecha de la figura).

Si el agujero llegara a girar con extrema rapidez, las fuerzas centrífugas desgarrarían su horizonte de forma muy similar a como dividen el agua de un cubo cuando el cubo gira con gran rapidez. De este modo, existe una máxima velocidad angular a la que puede sobrevivir el agujero. El agujero de la mitad derecha de la figura 7.9 está girando a un 58 por 100 de este valor máximo.

¿Es posible que un agujero gire a una velocidad mayor que la velocidad máxima permitida, y de este modo destruya el horizonte y deje al descubierto lo que hay en su interior? Por desgracia, no. En 1986, una década después de la edad de oro, Werner Israel demostró que, si uno trata de hacer por cualquier método que el agujero gire más rápidamente que su valor máximo, uno siempre fracasará.[21] Por ejemplo, si trata de acelerar un agujero que gira a su velocidad máxima arrojando materia en rápida rotación dentro de él, las fuerzas centrífugas impedirán que la materia en rápida rotación alcance el horizonte y entre en el agujero. Yendo más al grano, quizá, cualquier minúscula interacción de un agujero en rotación máxima con el Universo circundante (por ejemplo, la atracción gravitatoria de estrellas lejanas) actúa para frenar un poco la rotación. Parece que las leyes de la física no quieren dejar que nadie que está fuera del agujero mire en su interior y descubra los secretos de la gravedad cuántica encerrados en la singularidad central del agujero (capítulo 13).

Para un agujero con la masa del Sol, la velocidad angular máxima es de una revolución cada 0,000062 segundos (62 microsegundos). Puesto que la circunferencia del agujero es de aproximadamente 18,5 kilómetros, esto corresponde a una velocidad en la circunferencia de aproximadamente (18,5 kilómetros)/(0,000062 segundos), que está próxima al valor de la velocidad de la luz, 299.792 kilómetros por segundo (¡lo que no es precisamente una coincidencia!). Un agujero cuya masa es de 1 millón de soles tiene una circunferencia 1 millón de veces mayor que un agujero de 1 masa solar, de modo que su velocidad angular máxima (la velocidad angular que hace que la circunferencia gire aproximadamente a la velocidad de la luz) es 1 millón de veces más pequeña, una revolución cada 62 segundos.

En 1969, Roger Penrose (del que aprenderemos mucho en el capítulo 13) hizo un descubrimiento maravilloso.[22] Manipulando las ecuaciones de la solución de Kerr a la ecuación de campo de Einstein, descubrió que un agujero negro en rotación almacena *energía rotacional* en el remolino del espacio que le rodea, y puesto que el remolino del espacio y la energía del remolino están *fuera* del horizonte del agujero y no en su interior, esta energía puede ser realmente extraída y utilizada como fuente de alimentación. El descubrimiento de Penrose era maravilloso porque la energía rotacional del agujero es enorme. Si el agujero gira con su velocidad máxima posible, su eficiencia para almacenar y liberar energía es 48 veces mayor que la eficiencia de todo el combustible nuclear del Sol. Si el Sol llegara a quemar todo su combustible nuclear durante todo su tiempo de vida (en realidad, no lo quemará *todo*), sólo podría convertir una fracción del 0,006 de su masa en calor y luz. Si uno llegara a extraer toda la energía rotacional de un agujero en rotación rápida (y consiguientemente detener su giro), uno obtendría 48 × 0,006 = 29 por 100 de la masa del agujero como energía utilizable.

Sorprendentemente, los físicos tuvieron que investigar durante siete años antes de descubrir un método práctico mediante el que la naturaleza podría extraer la energía de la rotación de un agujero y hacerla útil. Su investigación llevó a los físicos a través de un método disparatado tras otro, todos los cuales funcionaban en principio aunque ninguno de ellos se mostrara muy prometedor en la práctica, antes de que finalmente descubrieran la sabiduría de la naturaleza. En el capítulo 9 describiré esta búsqueda y descubrimiento, y su rendimiento: una «máquina» agujero negro para dar energía a los cuásares y los chorros gigantescos.

Si, como hemos visto, la carga eléctrica produce líneas de campo eléctrico que sobresalen radialmente del horizonte de un agujero, y la rotación produce un remolino en el espacio que rodea al agujero, una distorsión de la forma del horizonte y un almacenamiento de energía, entonces ¿qué sucede cuando un agujero tiene a la vez carga y rotación? Por desgracia, la respuesta no es terriblemente interesante; contiene poca novedad. La carga del agujero produce las normales líneas de campo eléctrico. La rotación del agujero crea el remolino normal del espacio del agujero, almacena la energía de rotación normal y hace que el horizonte del agujero se abombe de la manera normal. Las únicas cosas nuevas son algunas más bien poco interesantes líneas de campo magnético creadas por el remolino del espacio cuando fluye a través del campo eléctrico. (Estas líneas de campo *no* son una nueva forma de «pelo» en el agujero; son meramente una manifestación de la interacción de las viejas formas estándar de pelo: la interacción del remolino inducido por la rotación con el campo eléctrico inducido por la carga.) Todas las propiedades de un agujero negro cargado y en rotación están incorporadas en una elegante solución a la ecuación de campo de Einstein derivada en 1965 por Ted Newman en la Universidad de Pittsburgh y un grupo de estudiantes suyos: Eugene Couch, K. Chinnapared, Albert Exton, A. Prakash y Robert Torrence.[23]

Los agujeros negros no sólo pueden girar; también pueden latir. Sus latidos, sin embargo, no se descubrieron matemáticamente hasta casi una década después de que se descubriese su giro; el descubrimiento lo impedía un poderoso bloqueo mental.

Durante tres años (1969-1971) la progenie de John Wheeler «observó» el latido de los agujeros negros, pero no sabían lo que estaban viendo. La progenie estaba constituida por Richard Price (mi estudiante, y por consiguiente un nieto intelectual de Wheeler), C. V. Vishveshwara y Lester Edelstein (estudiantes de Charles Misner en la Universidad de Maryland, y por consiguiente también nietos intelectuales de Wheeler), y Frank Zerilli (estudiante del propio Wheeler en Princeton). Vishveshwara, Edelstein, Price y Zerilli observaron el latido de los agujeros negros en simulaciones por ordenador y en cálculos con lápiz y papel. Ellos pensaron que lo que estaban viendo era la radiación gravitatoria (ondulaciones de curvatura espacio-temporal) rebotando una y otra vez en la vecindad de un agujero, atrapada allí por la propia curvatura espacio-temporal del agujero. La captura no era completa; las ondulaciones se escaparían poco a poco de la vecindad del agujero y se alejarían. Esto era algo atractivo, pero no terriblemente interesante.

En otoño de 1971, Bill Press, un nuevo estudiante de doctorado en mi grupo, advirtió que las ondulaciones de curvatura espacio-temporal rebotando cerca de un agujero podrían ser consideradas como pulsaciones del propio agujero negro.[24] Después de todo, visto desde fuera de su horizonte, el agujero no consiste en nada más que curvatura espacio-temporal. Las ondulaciones de curvatura no eran entonces nada más que pulsaciones de la curvatura del agujero y, por lo tanto, pulsaciones del propio agujero.

Este cambio de punto de vista tuvo un enorme impacto. Si pensamos que los agujeros negros pueden latir, entonces resulta natural preguntar si existe alguna analogía entre sus pulsaciones y las pulsaciones («tañido») de una campana, o las pulsaciones de una estrella. Antes de la intuición de Press no se planteaban semejantes cuestiones. Después de ella, tales cuestiones eran obvias.

Una campana y una estrella tienen frecuencias naturales a las que les gusta vibrar. (Las frecuencias naturales de la campana producen su tono puro de tañido.) ¿Existen frecuencias naturales similares a las que late a gusto un agujero negro? Sí, descubrió Press, utilizando simulaciones por ordenador. Este descubrimiento hizo que Chandrasekhar, junto con Stephen Detweiler (un biznieto intelectual de Wheeler), se embarcara en un proyecto de catalogación de todas las frecuencias naturales de pulsación de un agujero negro. Volveremos a estas frecuencias, los tonos de tipo campana de un agujero negro, en el capítulo 10.

Cuando una rueda de automóvil que gira rápidamente está ligeramente desalineada, puede empezar a vibrar y sus vibraciones pueden empezar a extraer energía de la rotación y utilizar dicha energía para crecer cada vez más. De hecho, las vibraciones pueden hacerse tan fuertes que, en casos extremos, pueden arrancar la rueda del automóvil. Los físicos describen esto diciendo que «las vibraciones de la rueda son inestables». Bill Press era consciente de esto y de un comportamiento análogo de las estrellas en rotación, de modo que, cuando descubrió que los agujeros negros pueden latir, le resultó natural preguntar: «Si un agujero negro gira rápidamente, ¿serán inestables sus pulsaciones? ¿Extraerán energía de la rotación del agujero y utilizarán dicha energía para hacerse cada vez mayores, llegando a ser tan grandes que desgarren el agujero?». Chandrasekhar (que todavía no estaba profundamente sumergido en la investigación en agujeros negros) pensaba que sí. Yo pensaba que no. En noviembre de 1971, hicimos una apuesta.

Todavía no existían las herramientas para dilucidar la apuesta. ¿Qué tipo de herramientas se necesitaban? Puesto que las pulsaciones empezarían siendo débiles y sólo crecerían poco a poco (si es que crecían), se podían considerar como pequeñas «perturbaciones» de la curvatura espacio-temporal del agujero —igual que las vibraciones de una copa de vino que suena son pequeñas perturbaciones de la forma de la copa. Esto significaba que las pulsaciones del agujero podían ser analizadas utilizando los métodos perturbativos cuyo espíritu se describió en el recuadro 7.1 más arriba. Sin embargo, los métodos perturbativos concretos que Price, Press, Vishveshwara, Chandrasekhar y otros estaban utilizando en el otoño de 1971 sólo funcionarían para perturbaciones de agujeros negros *sin* rotación o con una rotación muy lenta. Lo que necesitaban eran métodos perturbativos completamente nuevos, métodos para perturbaciones de agujeros con rotación rápida.

Los esfuerzos para construir semejantes métodos perturbativos se convirtieron en un tema candente en 1971 y 1972. Mis estudiantes, los estudiantes de Misner, los estudiantes de Wheeler, y Chandrasekhar con su estudiante John Friedman trabajaban todos en ello, como lo hacían otros. La competencia fue dura. El ganador fue Saul Teukolsky,[25] uno de mis estudiantes que procedía de Suráfrica.

Teukolsky recuerda vívamente el momento en que las ecuaciones de su método empezaron a encajar.

A veces, cuando juegas con matemáticas, tu mente empieza a percibir estructuras —dice—. Yo estaba sentado en la mesa de la cocina en nuestro apartamento de Pasadena una tarde de mayo de 1972, jugando con las matemáticas; y mi mujer Roz estaba haciendo creps en una sartén de Teflon, que supuestamente no

Una fiesta en casa de Mama Kovács en Nueva York, diciembre de 1972. *De izquierda a derecha*: Kip Thorne, Margaret Press, Bill Press, Roselyn Teukolsky y Saul Teukolsky. (Cortesía de Sándor J. Kovács.)

se pegaba. Los creps seguían pegándose. Cada vez que ella vertía la pasta en la sartén, la golpeaba en el fondo. Estaba maldiciendo y golpeando, y yo le estaba gritando para que se tranquilizase porque me estaba excitando; los términos matemáticos empezaban a cancelarse mutuamente en mis fórmulas. ¡Todo se cancelaba! ¡Las ecuaciones encajaban! Mientras permanecía sentado mirando mis ecuaciones sorprendentemente simples, me empezó a invadir un sentimiento de lo torpe que había sido; podría haberlo hecho seis meses antes; todo lo que tenía que hacer era agrupar los términos correctos.[26]

Utilizando las ecuaciones de Teukolsky era posible analizar cualquier tipo de problemas: las frecuencias naturales de las pulsaciones de un agujero negro, la estabilidad de las pulsaciones de un agujero, la radiación gravitatoria producida cuando una estrella de neutrones es engullida por un agujero negro, y otros más. Tales análisis y extensiones de los métodos de Teukolsky fueron emprendidos inmediatamente por un pequeño ejército de investigadores: Alexi Starobinski (un estudiante de Zel'dovich), Bob Wald (un estudiante de Wheeler), Jeff Cohen (un estudiante de Dieter Brill, que fue estudiante de Wheeler), y muchos otros. El propio Teukolsky, con Bill Press, abordó el problema más importante: la estabilidad de las pulsaciones del agujero negro.

Su conclusión, derivada a partir de una combinación de simulaciones numéricas y cálculos con fórmulas, fue algo desagradable: por muy rápido que gire un agujero negro, sus pulsaciones son estables.*[27] Las pulsaciones del agujero *extraen* energía rotacional del agujero, pero también pueden radiar energía hacia afuera en forma de ondas gravitatorias; y el ritmo al que radian energía es siempre mayor que el ritmo al que extraen energía del giro del agujero. De este modo, su energía pulsacional siempre disminuye. Nunca crece y, por lo tanto, el agujero no puede quedar destruido por sus pulsaciones.

Chandrasekhar, insatisfecho con esta conclusión de Press-Teukolsky debido a que se basaba esencialmente en simulaciones numéricas por ordenador, se negó a pagar la apuesta. Sólo quedaría convencido cuando se pudiera dar la prueba completa directamente con fórmulas. Quince años más tarde, Bernard Whiting, un antiguo postdoc de Hawking (y, por lo tanto, un nieto intelectual de Sciama), dio una prueba semejante, y Chandrasekhar arrojó la toalla.**

Chandrasekhar es aún más perfeccionista que yo. Él y Zel'dovich están en los extremos opuestos del espectro perfeccionista. Así, en 1975, cuando los jóvenes de la edad de oro declararon que ésta había concluido y abandonaron en masa la investigación sobre agujeros negros, Chandrasekhar quedó aturdido. Estos jóvenes habían desarrollado los métodos perturbativos de Teukolsky lo suficiente para demostrar que los agujeros negros son probablemente estables, pero no habían puesto los métodos en una forma tal que otros físicos pudieran calcular automáticamente *todos* los detalles de *cualquier* perturbación deseada de un agujero negro, ya fuera una pulsación, las ondas gravitatorias de una estrella de neutrones en caída, una bomba de agujero negro o cualquier otra. Esta incompleción era inaceptable.

Por ello Chandrasekhar, en 1975, a los sesenta y cinco años de edad, orientó toda la fuerza de sus destrezas matemáticas hacia las ecuaciones de Teukolsky. Con inagotable energía e intuición matemática, siguió adelante, a través de las complejas matemáticas, organizándolas en una forma que ha sido calificada de «rococó: esplendorosa, alegre e inmensamente adornada». Finalmente, en 1983, a los setenta y tres años de edad, completó su tarea y publicó un tratado titulado *The Mathematical Theory of Black Holes*,[28] un tratado que será un manual matemático para los investigadores en agujeros negros en las próximas décadas, un manual del que podrán extraer métodos para resolver cualquier problema de perturbación de un agujero negro que despierte su curiosidad.

---

* Una pieza matemática significativa de la demostración de la estabilidad fue propocionada, independientemente, por Stephen Detweiler y James Ipser en Chicago, y una pieza que faltaba en la demostración fue suministrada un año después por James Hartle y Dan Wilkins en la Universidad de California en Santa Bárbara.

** Se suponía que Chandrasekhar me regalaría una suscripción a *Playboy* como mi recompensa, pero mi madre y mis hermanas, feministas, me hicieron sentir tan culpable que pedí, en su lugar, una suscripción a *The Listener*.

8

La búsqueda

donde se propone un método para buscar
agujeros negros en el cielo
y se sigue y tiene éxito (probablemente)[1]

El método

Imagínese que usted es J. Robert Oppenheimer. Estamos en 1939; usted acaba de convencerse de que las estrellas masivas deben formar agujeros negros cuando mueren (capítulos 5 y 6). ¿Se sienta usted ahora con los astrónomos y planifica una búsqueda de evidencias en el cielo de que los agujeros negros existen realmente? No, en absoluto. Si usted es Oppenheimer, su interés se dirige hacia la física fundamental; usted puede ofrecer sus ideas a los astrónomos, pero su propia atención está ahora centrada en el núcleo atómico... y en el estallido de la segunda guerra mundial, que pronto le involucrará en el desarrollo de la bomba atómica. ¿Y qué pasa con los astrónomos?; ¿asumen ellos su idea? No, en absoluto. Existe un conservadurismo extendido entre la comunidad astronómica, excepto por parte de ese «salvaje» Zwicky, empeñado en su estrella de neutrones (capítulo 5). La opinión mundial que rechazó la masa máxima de Chandrasekhar para una estrella enana blanca (capítulo 4) aún se mantiene.

Imagínese que usted es John Archibald Wheeler. Estamos en 1962; está empezando a convencerse, después de una gran resistencia, de que algunas estrellas masivas deben crear agujeros negros cuando mueren (capítulos 6 y 7). ¿Se sienta ahora usted con los astrónomos y planifica una búsqueda de aquéllos? No, en absoluto. Si usted es Wheeler, su interés se dirige hacia el apasionado matrimonio de la relatividad general con la mecánica cuántica, un matrimonio que puede tener lugar en el centro de un agujero negro (capítulo 13). Usted está pregonando a los físicos que el punto final de la implosión estelar es una gran crisis, de la que puede surgir una nueva comprensión profunda. Usted no está pregonando a los astrónomos que deberían buscar agujeros negros, ni siquiera estrellas de neutrones. De la búsqueda de agujeros negros, usted no dice nada; de la idea más prometedora de buscar una estrella de neutrones, usted refleja en sus escritos la opinión conservadora de la comunidad astronómica: «un objeto semejante tendría un diámetro del orden de 30 kilómetros ... se enfriaría rápidamente ... Existe tan poca esperanza de ver un objeto tan tenue como la de ver un planeta que pertenezca a otra estrella»[2] (en otras palabras, ninguna esperanza).

Imagínese que usted es Yakov Borisovich Zel'dovich. Estamos en 1964; Mikhail Podurets, un miembro de su antiguo equipo de diseño de la bomba de hidrógeno, acaba de terminar sus simulaciones por ordenador de la implosión estelar incluyendo los efectos de presión, ondas de choque, calor, radiación y expulsión de masa (capítulo 6). Las simulaciones producen un agujero negro (o, más bien, una versión por ordenador de uno de ellos). Usted está ahora completamente convencido de que algunas estrellas masivas deben formar agujeros negros cuando mueren. ¿Se sienta a continuación con los astrónomos y planea una búsqueda de los mismos? ¡Sí, por supuesto! Si usted es Zel'dovich, entonces tiene poca simpatía por la obsesión de Wheeler acerca del punto final de la implosión estelar.[3] El punto final estará oculto por el horizonte del agujero; será invisible. Por el contrario, el propio horizonte y la influencia del agujero en su vecindad podrían perfectamente ser observables; usted sólo necesita ser suficientemente hábil para imaginar cómo. Comprender la parte observable del Universo es su obsesión, si usted es Zel'dovich; ¿cómo podría resistir el reto de buscar agujeros negros?

¿Dónde comenzaría su búsqueda? Evidentemente, usted empezaría en nuestra propia Vía Láctea: nuestro agregado en forma de disco de 10^{12} estrellas. La otra gran galaxia más próxima a la nuestra, Andrómeda, está a 2 millones de años-luz de distancia, una distancia 20 veces mayor que el tamaño de la Vía Láctea; véase la figura 8.1. Por ello, cualquier estrella o nube de gas u otro objeto en Andrómeda parecerá 20 veces más pequeño y 400 veces más tenue que uno similar en la Vía Láctea. Por lo tanto, si los agujeros negros son difíciles de detectar en la Vía Láctea, serán 400 veces más difíciles de detectar en Andrómeda; y aún enormemente más difíciles en las 1.000 millones o más de galaxias situadas más allá de Andrómeda.

Si es tan importante buscar cerca, entonces ¿por qué no buscar en nuestro propio Sistema Solar, el reino que se extiende desde el Sol hasta el planeta Plutón? ¿Podría haber aquí un agujero negro, entre los planetas, que no se notara debido a su oscuridad? No, evidentemente no. La atracción gravitatoria de un agujero semejante sería mayor que la del Sol; descompondría totalmente las órbitas de los planetas; no se ve tal descomposición. El agujero más próximo, por consiguiente, debe estar mucho más allá de la órbita de Plutón.

¿Cuánto más allá de Plutón? Usted puede hacer una estimación aproximada. Si los agujeros negros se forman por la muerte de estrellas masivas, entonces no es probable que el agujero más cercano esté mucho más cerca que la estrella masiva más cercana, Sirio, a 8 años-luz de la Tierra; y casi con seguridad no estará más próximo que la más cercana de todas las estrellas (aparte del Sol), Alpha Centauri, a 4 años-luz de distancia.

¿Cómo podría un astrónomo detectar un agujero negro a una distancia tan grande? ¿Podría simplemente observar el cielo en busca de un objeto oscuro en movimiento que tapa la luz de las estrellas que hay tras él? No. Con su cir-

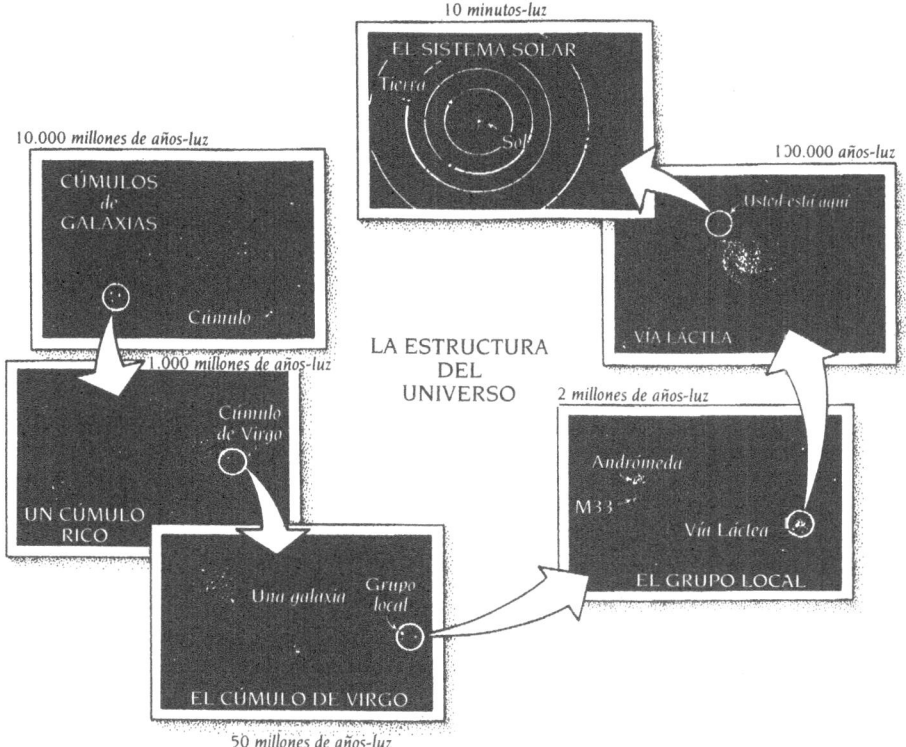

8.1.   Un esbozo de la estructura de nuestro Universo.

cunferencia de aproximadamente 50 kilómetros y su distancia de al menos 4 años-luz, el disco oscuro del agujero subtendería un ángulo no mayor que 10^{-7} segundos de arco. Esto equivale aproximadamente al espesor de un cabello humano visto desde la distancia de la Luna, y es 10 millones de veces menor que la resolución de los mejores telescopios del mundo. El objeto oscuro en movimiento sería invisiblemente minúsculo.

Si no es posible ver el disco oscuro del agujero cuando el agujero pasa frente a una estrella, ¿podría verse la gravedad del agujero actuando como una lente de aumento de la luz de la estrella (figura 8.2)? ¿Podría la estrella verse oscura al principio, luego brillar mientras el agujero pasa entre la Tierra y la estrella, y luego oscurecerse de nuevo cuando el agujero sigue moviéndose? No, este método de búsqueda también fracasará. La razón del fracaso es distinta dependiendo de si la estrella y el agujero están orbitando uno en torno al otro y, en consecuencia, están suficientemente próximos, o si están separados por una distancia interestelar típica. Si están suficientemente próximos, entonces el agujero minúsculo será como una lupa colocada en un alfeizar del piso ochenta y nueve del Empire State Building y vista luego desde varios kilómetros de dis-

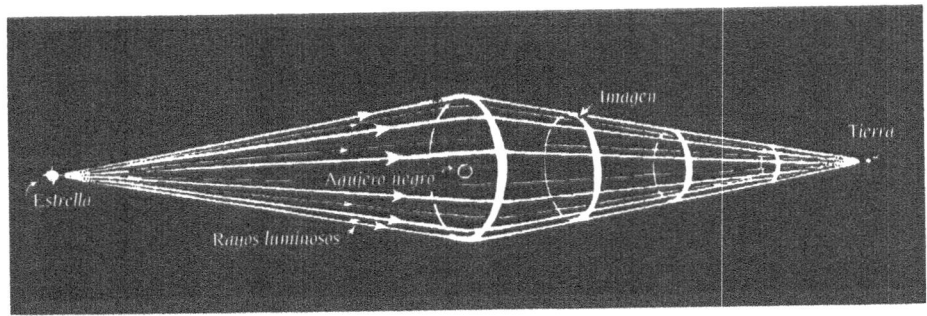

8.2. La gravedad de un agujero negro actuaría como una lente para cambiar el tamaño y la forma aparente de una estrella vista desde la Tierra. En esta figura el agujero
está exactamente en la línea entre la estrella y la Tierra, de modo que los rayos luminosos procedentes de la estrella pueden llegar a la Tierra igualmente bien yendo por la
parte superior del agujero, o por la parte inferior, o rodeándolo por delante, o rodeándolo por detrás. Todos los rayos luminosos que alcanzan la Tierra se alejan de la estrella
en un cono divergente; cuando pasan junto al agujero son desviados hacia la Tierra;
entonces llegan a la Tierra en un cono convergente. La imagen resultante de la estrella
en el cielo de la Tierra es un anillo delgado. Este anillo tiene un área superficial mucho
mayor, y por lo tanto un brillo total mucho mayor, del que tendría la imagen de la estrella si el agujero negro estuviera ausente. El anillo es demasiado pequeño para ser resuelto mediante un telescopio, pero el brillo total de la estrella puede incrementarse en un
factor de 10 o 100 o más.

tancia. Por supuesto, la pequeña lupa no tiene poder para aumentar la apariencia del edificio, y análogamente el agujero no tiene efecto en la apariencia
de la estrella.

Sin embargo, si la estrella y el agujero están muy apartados, como en la
figura 8.2, la intensidad de la focalización puede ser grande, un incremento de
10 o 100 veces en el brillo estelar. Pero las distancias interestelares son tan grandes que la necesaria línea de visión Tierra-agujero-estrella sería un suceso extraordinariamente raro, tan raro que sería vano buscar uno. Además, incluso
si se observase tal efecto de lente, los rayos de luz que se dirigen desde la estrella a la Tierra pasarían a tan gran distancia del agujero (figura 8.2) que habría
lugar para que una estrella entera se sitúe en la posición del agujero y actúe
como la lente. Un astrónomo de la Tierra no podría entonces saber si la lente
era un agujero negro o simplemente una estrella ordinaria aunque oscura.

Zel'dovich debió seguir una cadena de razonamientos muy similar a ésta
cuando buscó un método para observar agujeros negros. Su cadena le llevó finalmente a un método que ofrecía alguna esperanza (figura 8.3): supongamos
que un agujero negro y una estrella están en órbita uno en torno al otro (forman un *sistema binario*). Cuando los astrónomos dirijan sus telescopios a este
sistema binario, sólo verán luz procedente de la estrella; el agujero será invisible. Sin embargo, la luz de la estrella mostrará evidencia de la presencia del
agujero: cada vez que la estrella describa una órbita en torno al agujero, viaja-

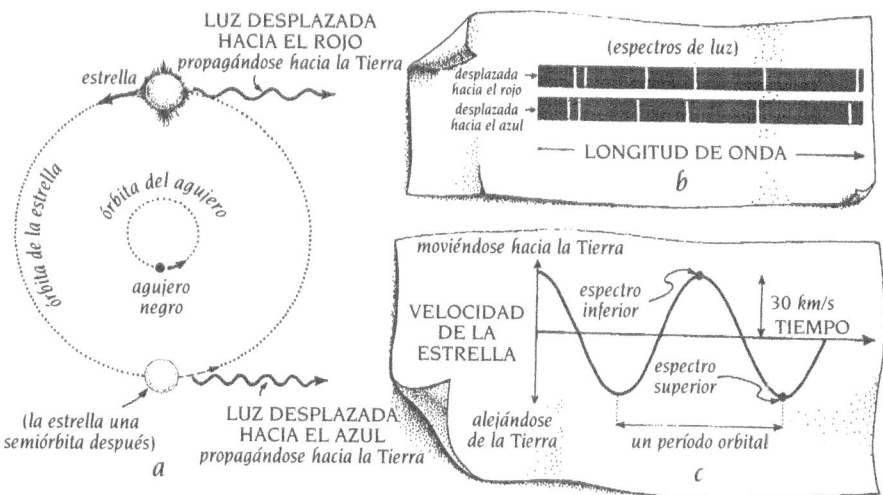

8.3. Método propuesto por Zel'dovich para la búsqueda de un agujero negro. *a*) El agujero y una estrella están en órbita uno alrededor de otro. Si el agujero es más pesado que la estrella, entonces su órbita es más pequeña que la de la estrella como se muestra (es decir, el agujero se mueve sólo un poco mientras que la estrella se mueve mucho). Si el agujero fuese más ligero que la estrella, entonces su órbita sería la mayor de los dos (es decir, la estrella se movería sólo un poco mientras el agujero se mueve mucho). Cuando la estrella se está alejando de la Tierra, como se muestra, su luz se desplaza hacia el rojo (hacia una longitud de onda mayor). *b*) La luz, al entrar en un telescopio en la Tierra, es enviada a un espectrógrafo para formar un espectro. Aquí se muestran dos espectros, el superior registrado cuando la estrella se está alejando de la Tierra, y el inferior tomado una semiórbita después cuando la estrella se está acercando a la Tierra. Las longitudes de onda de las líneas agudas en un espectro están desplazadas con respecto a las mismas líneas del otro espectro. *c*) Midiendo una secuencia de espectros semejantes, los astrónomos pueden determinar cómo varía la velocidad de la estrella hacia la Tierra y alejándose de la Tierra con el tiempo y, a partir de esta velocidad cambiante, pueden determinar la masa del objeto alrededor del cual orbita la estrella. Si la masa es mayor que aproximadamente 2 soles y no se ve luz procedente del objeto, entonces el objeto podría ser un agujero negro.

rá primero hacia la Tierra y luego se alejará de ella. Cuando esté viajando hacia nosotros, el efecto Doppler desplazará la luz de la estrella hacia el azul, y cuando se esté alejando, hacia el rojo. Los astrónomos pueden medir tales desplazamientos con gran precisión, ya que la luz de la estrella, cuando se examina mediante un espectrógrafo (un tipo sofisticado de prisma), muestra líneas espectrales agudas, y un ligero cambio en la longitud de onda (color) de tales líneas se manifiesta claramente. A partir de una medida del desplazamiento de la longitud de onda, los astrónomos pueden inferir la velocidad de la estrella hacia o alejándose de la Tierra, y registrando el desplazamiento a medida que pasa el tiempo pueden inferir cómo cambia la velocidad de la estrella con el tiempo. La magnitud de dichos cambios podría estar típicamente entre 10 y 100 kilómetros por segundo, y la precisión de las medidas es típicamente de 0,1 kilómetros por segundo.

¿Qué se aprende de una medida de tan alta precisión de la velocidad de la estrella? Se aprende algo sobre la masa del agujero: cuanto más masivo es el agujero, más fuerte es su atracción gravitatoria sobre la estrella y, por consiguiente, más fuertes deben ser las fuerzas centrífugas con las que la estrella se resiste a ser atraída hacia el agujero. Para adquirir fuerzas centrífugas intensas, la estrella debe moverse rápidamente en su órbita. De este modo, grandes velocidades orbitales van a la par con grandes masas del agujero negro.

Para buscar un agujero negro los astrónomos deberían buscar entonces una estrella cuyo espectro muestre un desplazamiento periódico revelador del rojo al azul, luego del azul al rojo, luego del rojo al azul... Semejante desplazamiento es una señal inequívoca de que la estrella tiene un compañero. Los astrónomos deberían medir el espectro de la estrella para inferir la velocidad de la estrella en torno a su compañero, y a partir de dicha velocidad deberían inferir la masa del compañero. Si el compañero es muy masivo y no se ve ninguna luz procedente de él, entonces el compañero podría ser muy bien un agujero negro. Esta era la propuesta de Zel'dovich.

Aunque este método era muy superior a cualquier método anterior, estaba de todas maneras lleno de dificultades, de las cuales discutiré sólo dos: en primer lugar, no resulta nada sencillo calcular la masa del compañero oscuro. La velocidad medida de la estrella no sólo depende de la masa del compañero, sino también de la masa de la propia estrella, y de la inclinación del plano orbital del sistema binario con respecto a nuestra visual. Aunque la masa de la estrella y la inclinación pueden ser inferidas a partir de cuidadosas observaciones, no es posible hacerlo con facilidad o con gran precisión. Como resultado, se pueden cometer grandes errores (digamos, en un factor de 2 o 3) en la estimación de la masa del compañero oscuro. En segundo lugar, los agujeros negros no son el único tipo de compañeros oscuros que puede tener una estrella. Por ejemplo, una estrella de neutrones compañera también sería oscura. Para estar seguros de que el compañero no es una estrella de neutrones, hay que tener la casi certeza de que es mucho más pesado que el valor máximo permitido para una estrella de neutrones, alrededor de 2 masas solares. Dos estrellas de neutrones en una órbita fuertemente ligada también podrían ser oscuras y pesarían tanto como 4 soles. La compañera oscura podría ser un sistema semejante; o podría ser dos enanas blancas frías en una órbita muy ligada con una masa total tan grande como 3 soles. Y existen otros tipos de estrellas que, aunque no completamente oscuras, pueden ser bastante masivas y anormalmente oscuras. Hay que examinar con mucho cuidado el espectro medido para estar seguros de que no existen indicios de minúsculas cantidades de luz que vengan de estrellas semejantes.

Los astrónomos habían trabajado duro durante las décadas precedentes para observar y catalogar sistemas de estrellas binarias, de modo que Zel'dovich no necesitaba llevar a cabo su búsqueda directamente en el cielo; podía buscar en su lugar en los catálogos de los astrónomos. Sin embargo, no tuvo ni el tiempo ni la paciencia de repasar por sí mismo los catálogos, ni tenía la experiencia necesaria para evitar todas las trampas. Por consiguiente, como era su costumbre en tales situaciones, reclutó a la fuerza el tiempo y las capacidades de otro: en este caso, Oktay Guseinov, un estudiante licenciado en astronomía que ya sabía mucho sobre estrellas binarias. Juntos, Guseinov y Zel'dovich encontraron cinco prometedores candidatos a agujero negro entre los muchos centenares de sistemas binarios bien documentados en los catálogos.[4]

Durante los años siguientes, los astrónomos prestaron poca atención a estos cinco candidatos a agujero negro. Yo estaba bastante molesto con la falta de interés de los astrónomos, así que en 1968 recluté a Virginia Trimble, una astrónoma del Caltech, para que me ayudara a revisar y extender la lista de Zel'dovich-Guseinov. Trimble, a pesar de que había obtenido su doctorado en física sólo unos meses antes, ya había adquirido un conocimiento formidable del saber astronómico. Conocía todas las trampas que podríamos encontrar —las descritas antes y muchas más— y podía calibrarlas de forma precisa. Buscando nosotros mismos a través de los catálogos, y recogiendo todos los datos publicados que pudimos encontrar sobre las binarias más prometedoras, concluimos con una nueva lista de ocho candidatos a agujeros negros.[5] Por desgracia, en los ocho casos Trimble pudo idear una explicación semirrazonable de por qué el compañero era tan oscuro sin necesidad de apelar a agujeros negros. Hoy día, un cuarto de siglo más tarde, ninguno de nuestros candidatos ha sobrevivido. Parece ahora probable que ninguno de ellos es realmente un agujero negro.

Zel'dovich sabía, cuando lo concibió, que su método de investigación de estrellas binarias era un juego de azar que en modo alguno aseguraba el éxito. Afortunadamente, su inspiración desatada sobre cómo buscar agujeros negros produjo una segunda idea, una idea concebida simultánea e independientemente, en 1964, por Edwin Salpeter, un astrofísico en la Universidad de Cornell en Ithaca, Nueva York.[6]

Supongamos que un agujero negro se está moviendo a través de una nube de gas; o, de forma equivalente, visto desde el agujero una nube de gas se cruza con él (figura 8.4). Entonces las corrientes de gas, aceleradas hasta aproximadamente la velocidad de la luz por la gravedad del agujero, rodearán al agujero por lados opuestos y colisionarán violentamente en su parte trasera. La colisión de corrientes, en forma de un *frente de choque* (un gran y repentino aumento en la densidad), transformará la enorme energía del gas que cae en calor, haciendo que radie fuertemente. Entonces, en efecto, el agujero negro actuará como una máquina para convertir parte de la masa del gas en caída en calor y luego en radiación. Esta «máquina» podría tener una gran eficiencia, dedujeron Zel'dovich y Salpeter, una eficiencia mucho mayor, por ejemplo, que la combustión del combustible nuclear.

Zel'dovich y su equipo meditaron sobre esta idea durante dos años, considerándola desde todas las perspectivas posibles, buscando maneras de hacerla más prometedora. Sin embargo, sólo fue una de las docenas de ideas sobre agu-

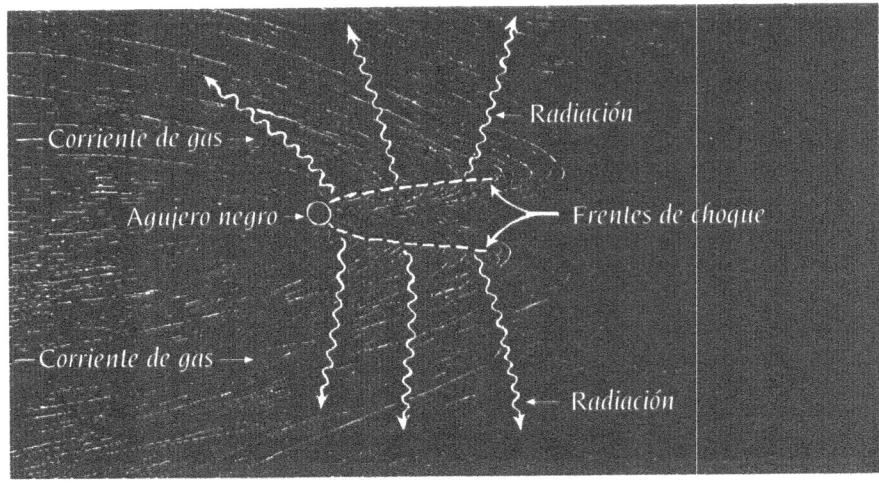

8.4. La propuesta de Salpeter-Zel'dovich para la detección de un agujero negro.

jeros negros, estrellas de neutrones, supernovas y el origen del Universo que ellos estaban siguiendo, y le dedicaron poca atención. Más adelante, un día de 1966, durante una intensa discusión, Zel'dovich y Novikov se dieron cuenta juntos de que podían combinar la idea de la estrella binaria con la idea del gas en caída[7] (figura 8.5).

Fuertes vientos de gas (principalmente hidrógeno y helio) soplan desde las superficies de algunas estrellas. (El Sol emite un viento semejante, aunque débil.) Supongamos que un agujero negro y una estrella desde la que sopla viento están en órbita uno en torno a la otra. El agujero capturará parte del gas del viento, lo calentará en un frente de choque y lo obligará a radiar. En una pizarra de un metro cuadrado en el apartamento de Zel'dovich en Moscú, él y Novikov estimaron la temperatura del gas en el frente de choque: varios millones de grados.

Un gas a tal temperatura no emite mucha luz. En su lugar emite rayos X. De este modo, advirtieron Zel'dovich y Novikov, entre los agujeros negros que orbiten en torno a compañeros estelares, unos pocos (aunque no la mayoría) podrían resplandecer brillantemente con rayos X.

Así pues, para buscar agujeros negros se podría utilizar una combinación de telescopios ópticos y telescopios de rayos X. Los candidatos a agujero negro serían sistemas binarios en los que un objeto es una estrella ópticamente brillante pero oscura respecto a los rayos X, y el otro es un objeto ópticamente oscuro pero con brillantes rayos X (el agujero negro). Puesto que una estrella de neutrones también podría capturar gas de un compañero, calentarlo en frentes de choque y producir rayos X, el cálculo del peso del objeto ópticamente oscuro pero brillante en rayos X sería crucial. Habría que estar seguro de que es más pesado que 2 soles y, por consiguiente, no es una estrella de neutrones.

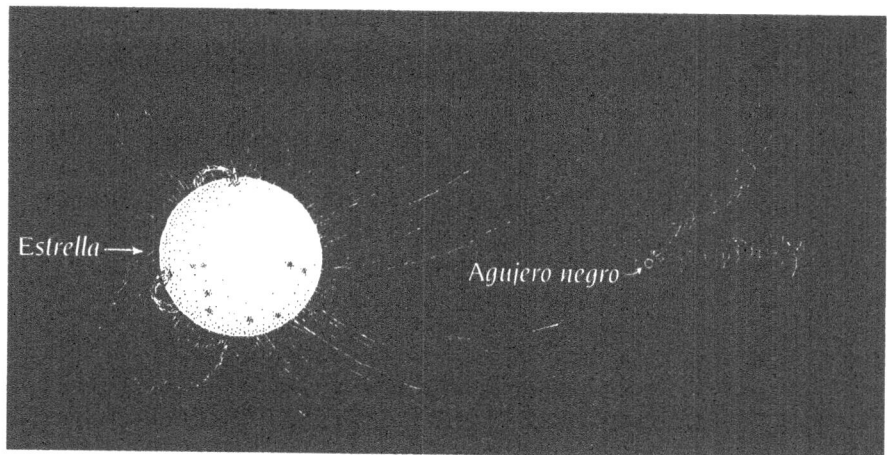

8.5. La propuesta de Zel'dovich-Novikov para la búsqueda de un agujero negro. Un viento, que sopla desde la superficie de una estrella compañera, es capturado por la gravedad del agujero. Las corrientes de gas del viento rodean al agujero en sentidos opuestos y colisionan en un agudo frente de choque, donde son calentadas hasta temperaturas de millones de grados y emiten rayos X. Los telescopios ópticos deberían ver que la estrella está orbitando alrededor de un compañero oscuro pesado; los telescopios de rayos X deberían ver rayos X procedentes del compañero.

Sólo había un problema con esta estrategía de búsqueda. En 1966, los telescopios de rayos X eran extremadamente primitivos.

La búsqueda

El problema con los rayos X, si usted es un astrónomo, es que no pueden traspasar la atmósfera de la Tierra. (Si usted es un ser humano, esto es una ventaja ya que los rayos X provocan cáncer y mutaciones.)

Afortunadamente, físicos experimentales muy ingeniosos, dirigidos por Herbert Friedman del U.S. Naval Research Laboratory (NRL), habían estado trabajando desde los años cuarenta para establecer la infraestructura terrestre de la astronomía de rayos X con base espacial. Poco después de la segunda guerra mundial, Friedman y sus colegas habían comenzado a lanzar instrumentos para estudiar el Sol en los cohetes V-2 capturados a los alemanes. Friedman ha descrito su primer vuelo, el 28 de junio de 1946, que transportó en el morro del cohete un espectrógrafo para estudiar la radiación solar en el ultravioleta lejano. (Los rayos del ultravioleta lejano, al igual que los rayos X, no pueden traspasar la atmósfera de la Tierra.) Después de sobrevolar la atmósfera durante un breve tiempo y recoger datos, «el cohete regresó a la Tierra, morro abajo, en un vuelo aerodinámico y se enterró en un enorme cráter de aproximadamente

25 metros de diámetro y 10 metros de profundidad. Tras varias semanas de excavación sólo se recuperó un pequeño montón de restos inidentificables; era como si el cohete se hubiera vaporizado en el impacto».[8]

Partiendo de este comienzo poco prometedor, la inventiva, persistencia y trabajo duro de Friedman y otros llevó paso a paso a la astronomía ultravioleta y de rayos X a su desarrollo final. En 1949 Friedman y sus colegas estaban lanzando contadores Geiger en cohetes V-2 para estudiar los rayos X del Sol. A finales de los años cincuenta, lanzando ahora sus contadores en cohetes Aerobee de fabricación norteamericana, Friedman y sus colegas estaban estudiando no sólo la radiación ultravioleta del Sol sino también la procedente de las estrellas. Sin embargo, los rayos X eran otra cuestión. Cada segundo el Sol vertía 1 millón de rayos X por cada centímetro cuadrado de su contador Geiger, de modo que detectar el Sol con rayos X era relativamente fácil. Sin embargo, estimaciones teóricas sugerían que las estrellas más brillantes en rayos X serían 1.000 millones de veces más tenues que el Sol. Detectar una estrella tan tenue requeriría un detector de rayos X diez millones de veces más sensible que los que Friedman estaba lanzando en 1958. Tal mejora constituía un fuerte requisito, pero no era imposible.

En 1962, los detectores habían sido mejorados en un factor de 10.000. Cuando sólo faltaba por mejorar en otro factor de mil, otros grupos de investigación, impresionados por el progreso de Friedman, estaban empezando a competir con él. Uno de estos, un equipo dirigido por Riccardo Giacconi, se convertiría en un formidable competidor.

De un modo atípico, Zel'dovich pudo haber compartido la responsabilidad por el éxito de Giacconi. En 1961, la Unión Soviética abolió inesperadamente una moratoria mutua soviético/norteamericana de tres años sobre el control de armas nucleares, y ensayó la bomba más potente que haya sido jamás explosionada por los seres humanos, una bomba diseñada por los equipos de Zel'dovich y Sajarov en la Instalación (capítulo 6). Presos del pánico, los norteamericanos prepararon sus propios ensayos nucleares. Éstas serían las primeras pruebas norteamericanas en la era de las naves espaciales en órbita en torno a la Tierra. Por primera vez sería posible medir, desde el espacio, los rayos X, rayos gamma y partículas de alta energía que emergen de las explosiones nucleares. Tales medidas serían cruciales para controlar las futuras pruebas nucleares soviéticas. Sin embargo, hacer tales medidas en las inminentes series de pruebas norteamericanas requeriría un programa intensivo. La tarea de organizar y dirigir este programa recayó en Giacconi, un físico experimental de veintiocho años de edad del American Science and Engineering (una compañía privada de Cambridge, Massachusetts), que recientemente había comenzado a diseñar y lanzar detectores de rayos X como el de Friedman. Las Fuerzas Aéreas norteamericanas dieron a Giacconi todo el dinero que necesitaba, pero poco tiempo. En menos de un año, él aumentó su equipo de astronomía de rayos X compuesto por seis personas en setenta nuevos miembros, diseñó, construyó y verificó una variedad de instrumentos para controlar el estallido de las armas y los lanzó con un 95 por 100 de éxitos en veinticuatro cohetes y seis satélites. Esta experiencia

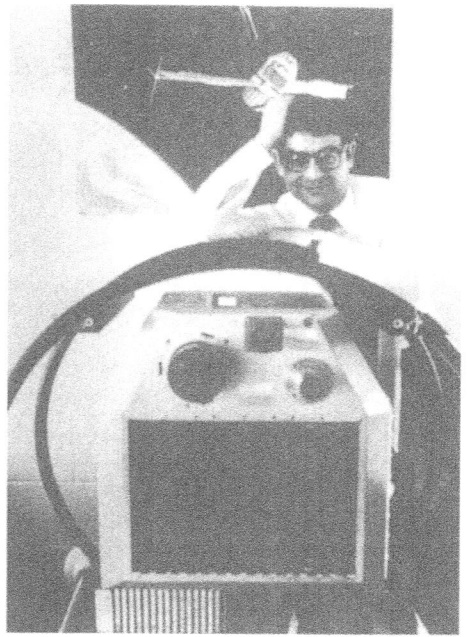

Izquierda: Herbert Friedman, con la carga de un cohete Aerobee, en 1968. (Cortesía del U.S. Naval Research Laboratory.) *Derecha*: Riccardo Giacconi con el detector de rayos X Uhuru, *c*. 1970. (Cortesía de R. Giacconi.)

convirtió a los miembros del núcleo central de su grupo en un equipo leal, dedicado y muy capacitado, idóneo para batir a todos los competidores en la creación de la astronomía de rayos X.

El equipo de Giacconi dio su primer paso astronómico serio con una búsqueda de rayos X procedentes de la Luna, utilizando un detector estructurado tomando como modelo al de Friedman y, como el de Friedman, a bordo de un cohete Aerobee. Su cohete, lanzado desde White Sands, Nuevo México, un minuto antes de la medianoche del 18 de junio de 1962, ascendió rápidamente a una altura de 230 kilómetros y luego cayó a la Tierra. Durante 350 segundos estuvo a una altura suficiente por encima de la atmósfera de la Tierra para detectar los rayos X de la Luna. Los datos, medidos de vuelta al suelo, eran enigmáticos; los rayos X eran mucho más intensos de lo esperado. Cuando se examinaron con más detalle, los datos resultaron aún más sorprendentes. Parecía que los rayos X no estaban llegando de la Luna, sino de la constelación Escorpion (figura 8.6b). Durante dos meses, Giacconi y los miembros de su equipo (Herbert Gursky, Frank Paolini y Bruno Rossi) buscaron errores en sus datos y sus aparatos. Al ver que no podían encontrar ninguno, anunciaron su descubrimiento: la primera estrella de rayos X detectada, *5.000 veces más brillante de lo que los astrofísicos teóricos habían predicho*.[9] Diez meses después, el

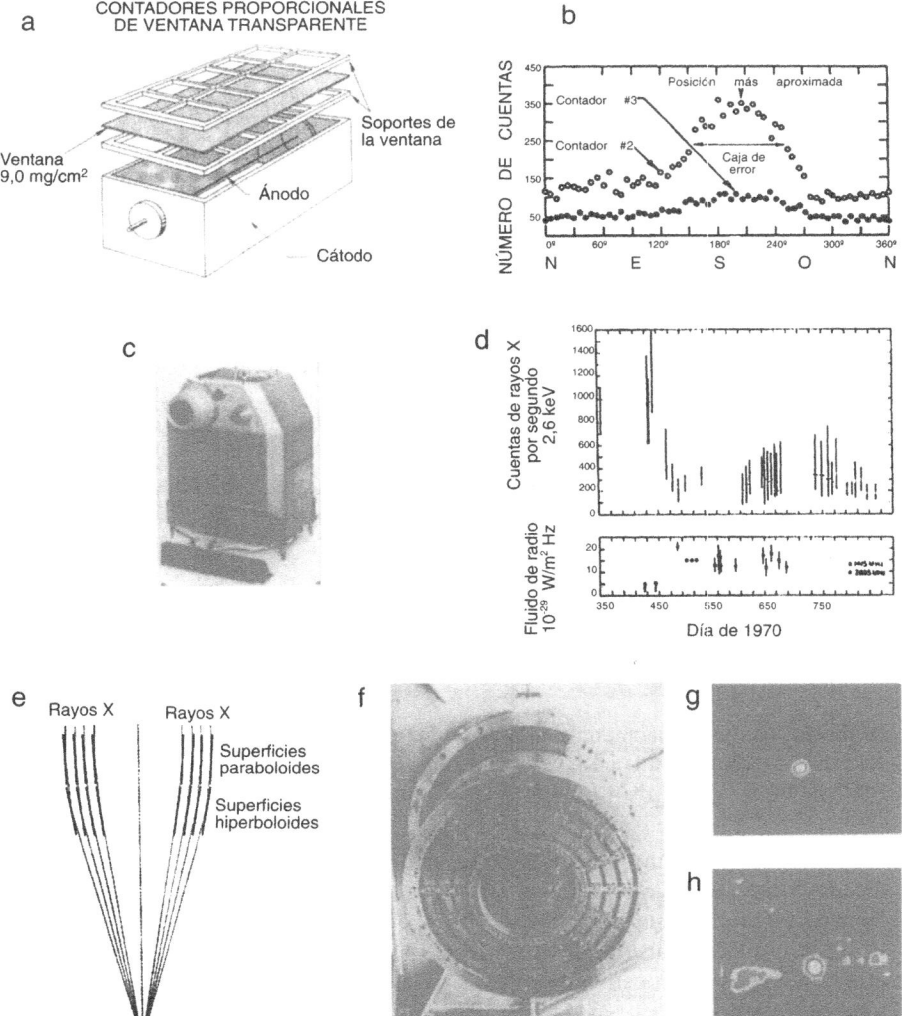

a CONTADORES PROPORCIONALES DE VENTANA TRANSPARENTE

Ventana 9,0 mg/cm²

Soportes de la ventana

Ánodo

Cátodo

b

8.6. La mejora de la tecnología y el rendimiento de las herramientas de astronomía de rayos X, 1962-1978. *a*) Dibujo esquemático del contador Geiger utilizado por el equipo de Giacconi en su descubrimiento de 1962 de la primera estrella de rayos X. *b*) Los datos del contador Geiger, que muestran que la estrella no está en la posición de la Luna; nótese la muy pobre resolución angular (gran caja de error), 90 grados. *c*) El detector de rayos X Uhuru en 1970: un contador Geiger ampliamente mejorado está situado dentro de la caja, y delante del contador se ven rejas de celosía que impiden que el contador detecte rayos X a menos que lleguen casi perpendiculares a la ventana del contador. *d*) Medidas de Uhuru de los rayos X procedentes del candidato a agujero negro Cygnus X-1. *e*) Diagrama esquemático y *f*) fotografía de los espejos que concentran los rayos X en el telescopio de rayos X Einstein de 1978. *g, h*) Fotografías realizadas por el telescopio Einstein de dos candidatos a agujero negro, Cygnus X-1 y SS-433. (Dibujos y fotografías por cortesía de R. Giacconi.)

equipo de Friedman confirmó el descubrimiento y se bautizó a la estrella con el nombre de Sco X-1 (*1* por «la más brillante», *X* por «fuente de rayos X», *Sco* por «en la constelación Escorpión»).

¿En qué se habían equivocado los teóricos? ¿Cómo habían subestimado en un factor de 5.000 las intensidades de los rayos X cósmicos? Habían supuesto, erróneamente, que el cielo de rayos X estaría dominado por objetos ya conocidos en el cielo óptico —objetos como la Luna, los planetas y las estrellas ordinarias que son pobres emisores de rayos X. Sin embargo, Sco X-1 y otras estrellas de rayos X que pronto serían descubiertas eran un tipo de objeto que nadie había visto antes. Eran estrellas de neutrones y agujeros negros, capturando gas de estrellas normales compañeras y calentándolo a altas temperaturas de la forma que pronto iba a ser propuesta por Zel'dovich y Novikov (figura 8.5, *supra*). Deducir que esta era en realidad la naturaleza de las estrellas de rayos X observadas requeriría, no obstante, otra década de duro trabajo mano a mano de experimentadores como Friedman y Giacconi y teóricos como Zel'dovich y Novikov.

El detector de Giacconi de 1962 era extremadamente simple (figura 8.6a): una cámara electrificada de gas, con una ventana delgada en su cara superior. Cuando un rayo X entraba en la cámara a través de la ventana, expulsaba a los electrones de algunos átomos del gas; y estos electrones eran atraídos por un campo eléctrico hacia un cable metálico, donde creaban una corriente eléctrica que anunciaba la llegada del rayo X. (Tales cámaras se denominan a veces *contadores Geiger* y a veces *contadores proporcionales*.) El cohete que transportaba la cámara giraba a dos revoluciones por segundo y su morro oscilaba lentamente y pasaba de apuntar hacia arriba a apuntar hacia abajo. Estos movimientos hacían que la ventana de la cámara barriese una amplia porción del cielo, apuntando primero en una dirección y luego en otra. Cuando apuntaba hacia la constelación Escorpión, la cámara registraba muchas cuentas de rayos X. Cuando apuntaba a otra parte, registraba pocas cuentas. Sin embargo, puesto que los rayos X podían entrar en la cámara desde una gran variedad de direcciones, la estimación de la localización de Sco X-1 en el cielo era bastante incierta. Sólo podía proporcionar una localización aproximada, y una *caja de error* de 90 grados de anchura que indicaba hasta qué punto podía ser errónea la estimación (véase la figura 8.6b).

Para descubrir que Sco X-1 y otras estrellas de rayos X que pronto se encontrarían eran de hecho estrellas de neutrones y agujeros negros en sistemas binarios se requerirían cajas de error (incertidumbres en la posición en el cielo) de un tamaño de unos pocos minutos de arco o más pequeñas. Esto era un fuerte requisito: suponía una mejora de 1.000 veces en la precisión angular.

La mejora necesaria, y mucho más, llegó gradualmente en los siguientes dieciséis años, con varios equipos (el de Friedman, el de Giacconi y otros) compitiendo en cada etapa del camino. Una sucesión de vuelos de cohetes lanzados por un equipo tras otro con detectores continuamente mejorados fue seguida, en diciembre de 1970, por el lanzamiento de *Uhuru*, el primer satélite de rayos X (figura 8.6c). Construido por el equipo de Giacconi, Uhuru contenía una cámara de recuento de rayos X llena de gas cien veces mayor que la que se había lanzado en el cohete de 1962. Delante de la ventana de la cámara había tablillas, a modo de celosía, para impedir que la cámara viera rayos X procedentes de cualquier dirección que no estuviera a pocos grados de la perpendicular (figura 8.6d). Uhuru, que descubrió y catalogó 339 estrellas de rayos X, fue seguido de varios otros satélites de rayos X similares, aunque con objetivos concretos, construidos por científicos norteamericanos, británicos y holandeses. Más adelante, en 1978, el equipo de Giacconi lanzó un gran sucesor de Uhuru: *Einstein*, el primer auténtico *telescopio* de rayos X del mundo. Debido a que los rayos X atraviesan cualquier objeto sobre el que incidan perpendicularmente, incluso un espejo, el telescopio Einstein utilizaba un conjunto de espejos anidados a lo largo de los cuales se deslizaban los rayos X, como un tobogán deslizante en una pendiente helada (figuras 8.6e,f). Estos espejos focalizaban los rayos X para formar imágenes del cielo de rayos X de un tamaño de 1 segundo de arco, imágenes tan precisas como las construidas por los mejores telescopios ópticos del mundo (figuras 8.6g,h).

En sólo dieciseis años, desde el cohete de Giacconi al telescopio Einstein (1962 a 1978), se había conseguido mejorar en un factor 300.000 la precisión angular, y en este proceso nuestra comprensión del Universo había sufrido una revolución: los rayos X habían revelado estrellas de neutrones, candidatos a agujeros negros, gas caliente difuso que baña las galaxias cuando éstas se encuentran en cúmulos enormes, gas caliente en los residuos de supernovas y en las coronas (atmósferas externas) de algunos tipos de estrellas, y partículas con energías ultraaltas en los núcleos de galaxias y cuásares.

De los varios candidatos a agujeros negros descubiertos por los detectores y telescopios de rayos X, Cygnus X-1 (Cyg X-1 en abreviatura) era uno de los más creíbles. En 1974, poco después de que se convirtiera en un buen candidato, Stephen Hawking y yo hicimos una apuesta; él apostaba que no era un agujero negro, yo que sí lo era.

Carolee Winstein, con quien me casé diez años despúes de que hubiéramos hecho la apuesta, estaba enfadada por lo que nos habíamos jugado (una suscripción a la revista *Penthouse* para mí si yo ganaba; la revista *Private Eye* para Stephen si ganaba él). También lo estaban mis hermanas y mi madre. Pero no tenían que preocuparse realmente de que yo ganara la suscripción a *Penthouse* (o así lo creía yo en los años ochenta); nuestra información sobre la naturaleza de Cyg X-1 estaba mejorando sólo muy lentamente. Hacia 1990, en mi opinión, sólo tendríamos un 95 por 100 de seguridad de que fuera un agujero negro, no la seguridad suficiente para que Stephen lo aceptase. Evidentemente Stephen interpretaba las pruebas de distinta forma. Finalmente, una noche de junio de 1990, mientras yo estaba en Moscú llevando a cabo una investigación con colegas soviéticos, Stephen y un séquito de familiares, enfermeras y amigos, irrumpió en mi despacho en el Caltech, encontró la apuesta enmarcada y escribió en ella una nota de concesión validada por la huella del pulgar de Stephen.

Whereas Stephen Hawking
has such a large investment in
General Relativity and Black
Holes and desires an insurance
policy, and whereas Kip Thorne likes
to live dangerously without an
insurance policy,
Therefore be it resolved that
Stephen Hawking bets 1 year's
subscription to "Penthouse" as against
Kip Thorne's wager of a 4-year
Subscription to "Private Eye", that
Cygnus X 1 does not contain a
black hole of mass above the
Chandrasekhar limit.

Kip S. Thorne

Witnessed this tenth
day of December 1974

Derecha: la apuesta entre Stephen Hawking y yo respecto a si Cygnus X-1 es un agujero negro. *Izquierda*: Hawking dando una lección en la Universidad del Sur de California en junio de 1990, sólo dos horas antes de irrumpir en mi despacho y firmar nuestra apuesta. (Foto de Hawking cortesía de Irene Fertik, Universidad del Sur de California.)*

La prueba de que Cyg X-1 contiene un agujero negro es precisamente del tipo que previeron Zel'dovich y Novikov cuando propusieron el método de búsqueda: Cyg X-1 es un sistema binario constituido por una estrella, brillante ópticamente y oscura en rayos X, que orbita alrededor de un compañero brillante en rayos X y ópticamente oscuro; y el compañero ha sido pesado para estar seguros de que es demasiado masivo para ser una estrella de neutrones y, por consiguiente, es probablemente un agujero negro.

La prueba de que esta es la naturaleza de Cyg X-1 no se desarrolló de forma fácil. Necesitó un esfuerzo cooperativo y a gran escala en todo el mundo, llevado a cabo en los años sesenta y setenta por cientos de físicos experimentales, astrofísicos teóricos y astrónomos observacionales.

Los físicos experimentales fueron personas como Herbert Friedman, Stuart

* La carta dice: «Considerando que Stephen Hawking ha invertido mucho en relatividad general y agujeros negros y desea una póliza de seguros, y considerando que Kip Thorne ama vivir peligrosamente sin una póliza de seguros. / Por consiguiente se decide que Stephen Hawking apuesta una subscripción de 1 año a *Penthouse* contra la apuesta de Kip Thorne de una subscripción de 4 años a *Private Eye*, a que Cygnus X-1 no contiene un agujero negro de masa superior al límite de Chandrasekhar». (*N. del t.*)

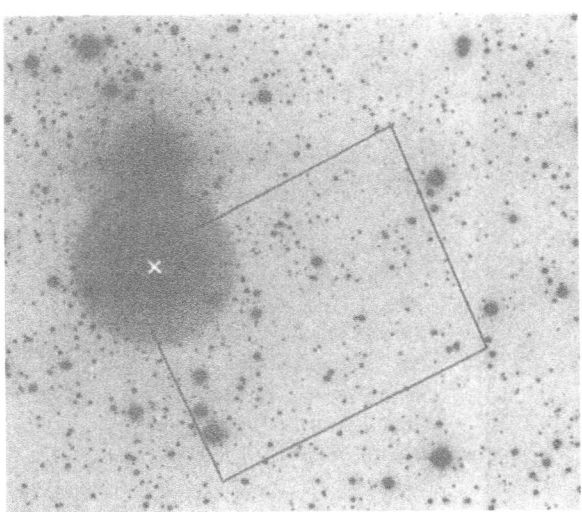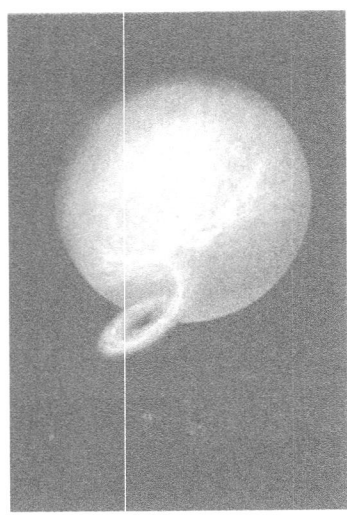

8.7.   *Izquierda*: un negativo de una fotografía tomada con el telescopio óptico de 5 metros del Monte Palomar por Jerome Kristian en 1971. El rectángulo negro señala la caja de error en la que los datos de Uhuru de 1971 dicen que está situado Cygnus X-1. La x blanca marca la situación de un destello de radio, medido por radiotelescopios, que coincidía con un cambio repentino en los rayos X procedentes de Cyg X-1. La x coincide con la estrella óptica HDE 226868, y esto la identifica como un compañero binario de Cyg X-1. En 1978 el telescopio Einstein de rayos X confirmó esta identificación; véase la figura 8.6g. (Foto cortesía del doctor Jerome Kristian, Carnegie Observatories). *Derecha*: Concepción artística de Cyg X-1 y HDE 226868, basada en los datos ópticos y de rayos X. (Dibujo de Victor J. Kelley, cortesía de National Geographic Society.)

Bowyer, Edward Byram y Talbot Chubb, que descubrieron Cyg X-1 en el vuelo de un cohete en 1964; Harvey Tananbaum, Edwin Kellog, Herbert Gursky, Stephen Murray, Ethan Schrier y Riccardo Giacconi, que utilizaron el Uhuru en 1971 para obtener una caja de error de un tamaño de 2 minutos de arco para la posición de Cyg X-1 (figura 8.7); y muchos otros que descubrieron y estudiaron violentas y caóticas fluctuaciones de los rayos X y sus energías; fluctuaciones que son las que cabría esperar de un gas caliente y turbulento en torno a un agujero negro.

Los astrónomos observacionales que contribuyeron al esfuerzo global fueron personas como Robert Hjellming, Cam Wade, Luc Braes y George Miley, quienes descubrieron en 1971 un destello de ondas de radio en la caja de error de Cyg X-1 en el Uhuru coincidente con un enorme cambio medido por el Uhuru en los rayos X de Cyg X-1, y con esto afinaron la posición de Cyg X-1 hasta una precisión de 1 segundo de arco (figuras 8.6d y 8.7); Louise Webster, Paul Murdin y Charles Bolton, quienes descubrieron con telescopios ópticos que una estrella óptica, HDE 226868, en la posición del destello de radio está orbitando alrededor de un compañero masivo ópticamente oscuro pero brillante en rayos X (Cyg X-1); y cien o más astrónomos ópticos diferentes que hicieron medidas laboriosas de HDE 226868 y otras estrellas en su vecindad, medidas cruciales para evitar graves trampas al estimar la masa de Cyg X-1.

Los astrofísicos teóricos que contribuyeron al esfuerzo incluían a personas como Zel'dovich y Novikov, quienes propusieron el método de búsqueda; Bohdan Paczyński, Yoram Avni y John Bahcall, quienes desarrollaron métodos complejos pero fiables para superar las dificultades en la estimación de la masa; Geoffrey Burbidge y Kevin Prendergast, quienes se dieron cuenta de que el gas caliente emisor de rayos X debería formar un disco alrededor del agujero; y Nikolai Shakura, Rashid Sunyaev, James Pringle, Martin Rees, Jerry Ostriker y muchos otros que desarrollaron modelos teóricos detallados del gas emisor de rayos X y su disco, por comparación con las observaciones con rayos X.

En 1974 este esfuerzo masivo había conducido, con una seguridad de aproximadamente un 80 por 100, a la imagen de Cyg X-1 y su estrella compañera HDE 226868 que se muestra en un esbozo artístico en la mitad derecha de la figura 8.7. Era precisamente el tipo de imagen que Zel'dovich y Novikov habían previsto, pero con un detalle mucho mayor. El agujero negro en el centro de Cyg X-1 tiene una masa decididamente mayor que 3 soles, probablemente mayor que 7 soles, y muy probablemente alrededor de 16 veces mayor; pero su compañera HDE 226868, brillante ópticamente y oscura en rayos X, tiene una masa probablemente mayor que 20 soles y muy probablemente de alrededor de 33, y un radio aproximadamente 20 veces mayor que el del Sol; la distancia desde la superficie de la estrella al agujero es de alrededor de 20 radios solares (14 millones de kilómetros); y el sistema binario está a aproximadamente 6.000 años-luz de la Tierra. Cyg X-1 es el segundo objeto más brillante en el cielo de rayos X; HDE 226868, aunque muy brillante en comparación con la mayoría de las estrellas vistas en un gran telescopio, es en cualquier caso demasiado tenue para poderla ver a simple vista.

En las aproximadamente dos décadas transcurridas desde 1974, nuestra seguridad en esta imagen de Cyg X-1 se ha incrementado desde aproximadamente el 80 por 100 hasta, digamos, el 95 por 100. (Estas son mis estimaciones personales.) Nuestra seguridad no es de un 100 por 100 porque, a pesar de enormes esfuerzos, no se ha encontrado todavía ninguna señal identificadora inequívoca de un agujero negro en Cyg X-1. No hay ningún indicio, en los rayos X o en la luz normal, que grite a los astrónomos diciendo inequívocamente: «¡Vengo de un agujero negro!». Es aún posible imaginar otras explicaciones que no se basen en un agujero negro para cada una de las observaciones, aunque estas explicaciones resultan tan retorcidas que pocos astrónomos las toman en serio.

Por el contrario, algunas estrellas de neutrones, llamadas púlsares, producen un grito inequívoco que dice: «¡Soy una estrella de neutrones!»: sus rayos X, o en algunos casos ondas de radio, llegan en pulsos cortos con una separación muy precisa. La separación es tan precisa, en algunos casos, como el tic tac de nuestros mejores relojes atómicos. Estos pulsos *sólo* pueden ser explicados como debidos a haces de radiación que salen de la superficie de una estrella de neutrones y barren la Tierra cuando la estrella gira, de forma parecida a una luz de baliza rotatoria en un campo de aterrizaje o a un faro. ¿Por qué es esta la única explicación posible? Tales intervalos de tiempo exactos pueden deberse sólo a la rotación de un objeto masivo con mucha inercia y, por consiguiente, mucha resistencia a fuerzas aleatorias que harían que los intervalos fueran aleatorios; de todos los objetos masivos que pueden concebir las mentes de los astrofísicos, sólo las estrellas de neutrones y los agujeros negros pueden girar a las velocidades enormes (cientos de revoluciones por segundo) de algunos púlsares; y sólo las estrellas de neutrones, y no los agujeros negros, pueden producir haces rotatorios, ya que los agujeros negros no pueden tener «pelo». (Cualquier fuente de tales haces, ligada al horizonte del agujero, sería un ejemplo del tipo de «pelo» que no puede colgar de un agujero negro.)*

Una señal inequívoca de agujero negro, análoga a los latidos de un púlsar, ha sido buscada en Cyg X-1 por los astrónomos durante veinte años: en vano. Un ejemplo de señal identificadora semejante (sugerido en 1972 por Rashid Sunyaev, un miembro del equipo de Zel'dovich)[10] consiste en pulsos de radiación de tipo púlsar producidos por un haz oscilante que se origina en una masa coherente de gas orbitando en torno al agujero. Si la masa de gas estuviera próxima al agujero y se mantuviese concentrada durante muchas órbitas hasta que finalmente empezase a sumergirse en el horizonte, entonces los detalles de la variación gradual del intervalo entre sus pulsos podría proporcionar una señal clara e inequívoca de «Yo soy un agujero negro». Por desgracia nunca se ha visto una señal semejante. Parece haber varias razones: 1) el gas caliente emisor de rayos X se mueve en torno al agujero en forma tan turbulenta y caótica que las masas coherentes sólo pueden mantenerse concentradas durante una o unas pocas órbitas, no muchas. 2) Si unas pocas masas se las arreglan para mantenerse concentradas durante largo tiempo y producir una señal de agujero negro, los rayos X turbulentos del resto del gas turbulento enterrarán evidentemente su señal. 3) Si Cyg X-1 es en realidad un agujero negro, entonces las simulaciones matemáticas muestran que la mayoría de los rayos X deberían salir de una región muy alejada de su horizonte: de circunferencias de aproximadamente 10 veces la crítica o más, donde existe un volumen mucho mayor desde el que podrían ser emitidos los rayos X que desde la proximidad del horizonte. A distancias tan grandes del agujero, las predicciones gravitatorias de la relatividad general y de la teoría de la gravedad de Newton son aproximadamente las mismas, de modo que si hubiera pulsos procedentes de masas en órbita, no llevarían una señal de agujero negro muy concluyente.

Por razones similares a estas, los astrónomos *nunca* podían encontrar ningún tipo de señal concluyente de agujero negro en ninguna onda electromagnética producida en la vecindad de un agujero negro. Afortunadamente, existen

---

* Capítulo 7. El pelo de campo eléctrico de un agujero negro cargado está desigualmente distribuido alrededor del eje de giro del agujero, y por ello no puede producir un haz concentrado.

excelentes perspectivas para un tipo de señal de agujero negro completamente diferente: una señal que es transportada por la radiación gravitatoria. A esto volveremos en el capítulo 10.

* * *

La edad de oro de la investigación teórica en agujeros negros (capítulo 7) coincidió con la búsqueda observacional de agujeros negros y el descubrimiento de Cyg X-1 y el descifrado de su naturaleza. Por lo tanto, hubiera sido de esperar que los jóvenes que dominaron la edad de oro (Penrose, Hawking, Novikov, Carter, Israel, Price, Teukolsky, Press y otros) jugaran papeles clave en la búsqueda de los agujeros negros. No fue así, excepto en el caso de Novikov. Las habilidades y conocimientos que habían desarrollado estos jóvenes, y los notables descubrimientos que estaban haciendo sobre la rotación, la pulsación y la calvicie de los agujeros negros, fueron irrelevantes para la búsqueda y el descifrado de Cyg X-1. Podría haber sido diferente si Cyg X-1 hubiera tenido una señal inequívoca de agujero negro. Pero no tenía ninguna.

Estos jóvenes, y otros físicos teóricos como ellos, son llamados a veces *relativistas* porque pasan mucho tiempo trabajando con las leyes de la relatividad general. Los teóricos que *sí* contribuyeron a la búsqueda (Zel'dovich, Paczyński, Sunyaev, Rees y otros) pertenecían a una casta muy diferente llamados *astrofísicos*. Para la búsqueda, estos astrofísicos sólo necesitaban dominar una mínima cantidad de relatividad general, sólo la suficiente para tener la seguridad de que el espacio-tiempo curvo era completamente irrelevante, y que sería suficiente una descripción newtoniana de la gravedad para modelar un objeto como Cyg X-1. Sin embargo, necesitaban enormes cantidades de *otros* conocimientos, conocimientos que son parte del equipo de herramientas estándar de un astrofísico. Necesitaban un dominio del vasto saber astronómico sobre sistemas de estrellas binarias, sobre las estructuras, evoluciones y espectros de las estrellas compañeras de los candidatos a agujeros negros, y sobre el enrojecimiento de la luz estelar debido al polvo interestelar, una herramienta clave para determinar la distancia a Cyg X-1. También necesitaban ser expertos en cuestiones tales como el flujo de gas caliente, las ondas de choque formadas cuando las corrientes de gas caliente colisionan, la turbulencia en el gas, las fuerzas de fricción en el gas provocadas por la turbulencia y por los campos magnéticos caóticos, las rupturas violentas y reempalmes de líneas de campo magnético, la formación de rayos X en el gas caliente, la propagación de rayos X a través del gas y mucho, mucho más. Pocas personas podrían ser maestros en todo esto y, simultáneamente, ser maestros en las intrincadas matemáticas del espacio-tiempo curvo. Las limitaciones humanas obligaron a un desdoblamiento en la comunidad de investigadores. O bien usted se especializaba en la física teórica de los agujeros negros, deduciendo a partir de la relatividad general las propiedades que los agujeros negros deberían tener, o se especializaba en la astrofísica de sistemas binarios y gas caliente cayendo en agujeros negros y la radiación producida por el gas. Usted sería o bien un *relativista* o bien un *astrofísico*.

Algunos de nosotros tratamos de ser ambas cosas, con sólo un éxito modesto. Zel'dovich, el astrofísico consumado, tenía ocasionalmente nuevas ideas sobre los fundamentos de los agujeros negros. Yo, como un relativista algo dotado, traté de construir modelos basados en la relatividad general para el gas que fluye cerca de un agujero negro en Cyg X-1. Pero Zel'dovich no entendía profundamente la relatividad, y yo no comprendía muy bien el saber astronómico. La barrera que había que atravesar era enorme. De todos los investigadores que conocí en la edad de oro, sólo Novikov y Chandrasekhar tenían un pie firmemente plantado en la astrofísica y el otro en la relatividad.

Los *físicos experimentales* como Giacconi, que diseñaron y lanzaron los detectores y satélites de rayos X, se enfrentaban a una barrera similar. Pero existía una diferencia. Los relativistas no eran necesarios en la búsqueda de agujeros negros, mientras que los físicos experimentales eran esenciales. Los astrónomos observacionales y los astrofísicos, con su dominio de las herramientas para comprender los sistemas binarios, el flujo de gas y la propagación de rayos X, no podían hacer nada hasta que los físicos experimentales les dieran datos detallados de los rayos X. A menudo los físicos experimentales trataban de descifrar lo que sus propios datos decían sobre el flujo de gas y el posible agujero negro que lo producía, antes de ceder los datos a los astrónomos y astrofísicos, pero sólo con un éxito modesto. Los astrónomos y los astrofísicos se lo agradecían muy gentilmente, tomaban los datos y luego los interpretaban con sus propios procedimientos más sofisticados y fiables.

Esta dependencia de los astrónomos y los astrofísicos respecto de los físicos experimentales es sólo una de las muchas interdependencias que fueron cruciales para el éxito en la búsqueda de agujeros negros. De hecho, el éxito fue producto de los esfuerzos conjuntos y mutuamente interdependientes de seis comunidades diferentes de personas. Cada comunidad jugó un papel esencial. Los *relativistas* dedujeron, utilizando las leyes de la relatividad general, que los agujeros negros deben existir. Los *astrofísicos* propusieron el método de búsqueda y proporcionaron una guía crucial en varias etapas a lo largo del camino. Los *astrónomos observacionales* identificaron HDE 226868, la compañera de Cyg X-1; utilizaron el desplazamiento periódico de las líneas espectrales procedentes de ella para pesar Cyg X-1; e hicieron otras muchas observaciones detalladas para confirmar la estimación de su peso. Los *físicos experimentales* crearon los instrumentos y las técnicas que hicieron posible la búsqueda de estrellas de rayos X, y llevaron a cabo la búsqueda que identificó a Cyg X-1. Los *ingenieros y administradores* de la NASA crearon los cohetes y las naves espaciales que pusieron los detectores de rayos X en órbita en torno a la Tierra. Y, de no menos importancia, los *contribuyentes norteamericanos* proporcionaron los fondos, varios centenares de millones de dólares, para los cohetes, naves espaciales, detectores de rayos X y telescopios de rayos X, y para los salarios de los ingenieros, administradores y científicos que trabajaron con ellos.

Gracias a este notable equipo de trabajo, ahora en los años noventa tenemos una seguridad de casi el 100 por 100 de que los agujeros negros no sólo existen en Cyg X-1, sino que también existen en otros sistemas binarios de nuestra galaxia.

9

Serendipiedad*

donde los astrónomos se ven obligados a concluir,
sin ninguna predicción anterior,
que agujeros negros un millón de veces
más pesados que el Sol
habitan (probablemente) en los centros de las galaxias[1]

Radiogalaxias

Si en 1962 (cuando los físicos teóricos estaban empezando a aceptar el concepto de agujero negro), alguien hubiera afirmado que el Universo contiene agujeros negros gigantes, millones o miles de millones de veces más pesados que el Sol, los astrónomos habrían sonreído. Sin embargo, los astrónomos habían estado observando sin saberlo tales agujeros gigantes desde 1939, utilizando ondas de radio. O así lo sospechamos hoy con fuertes razones.

Las ondas de radio están en el extremo opuesto a los rayos X. Los rayos X son ondas electromagnéticas con longitudes de onda extremadamente cortas, típicamente unas 10.000 veces *más cortas* que la longitud de onda de la luz (figura P.2, en la p. 21). Las ondas de radio son también ondas electromagnéticas, pero tienen longitudes de onda largas, típicamente de unos pocos metros entre cresta y cresta de onda, esto es, un millón de veces *más largas* que la longitud de onda de la luz. Los rayos X y las ondas de radio son también opuestos en términos de dualidad onda/partícula (recuadro 4.1), esto es, la propensión de las ondas electromagnéticas a comportarse a veces como ondas y a veces como partículas (un fotón). Los rayos X se comportan típicamente como partículas (fotones) de alta energía y, por consiguiente, son más fácilmente detectados con contadores Geiger en los que los fotones de rayos X golpean a los átomos expulsando sus electrones (capítulo 8). Las ondas de radio casi siempre se comportan como ondas de fuerza eléctrica y magnética, y por consiguiente

---

* Como ya viene siendo práctica normal en castellano, utilizamos el término «serendipiedad» como traducción del término inglés *serendipity* (también traducido por «serendipidez»). Este término tiene su origen en la narración *Los tres príncipes de Serendip*, de Horacio Walpole, y se refiere a la circunstancia de descubrir algo sin que haya un propósito deliberado. (*N. del t.*)

son más fácilmente detectadas con antenas metálicas o con cables en los que la fuerza eléctrica oscilante de las ondas impulsa a los electrones arriba y abajo, creando de este modo señales oscilantes en un receptor de radio unido a la antena.

Las radioondas cósmicas (ondas de radio procedentes del exterior de la Tierra) fueron descubiertas de forma serendipítica en 1932 por Karl Jansky,[2] un ingeniero de radio en los Bell Telephone Laboratories en Holmdel, Nueva Jersey. Recién salido de la universidad, a Jansky se le había asignado la tarea de identificar el ruido que interfería las llamadas telefónicas a Europa. En aquellos días, las llamadas telefónicas cruzaban el Atlántico por transmisión de radio, de modo que Jansky construyó una antena de radio especial, constituida por una larga serie de tubos metálicos, para buscar fuentes de radio parásitas (figura 9.1a). Pronto descubrió que la mayoría de los ruidos proceden de los truenos de las tormentas, pero cuando las tormentas habían desaparecido quedaba un débil pitido parásito. En 1935, Jansky había identificado la fuente del pitido; procedía, en su mayor parte, de las regiones centrales de nuestra Vía Láctea. Cuando las regiones centrales estaban en la parte superior del cielo, el pitido era fuerte; cuando se hundían por debajo del horizonte, el pitido se debilitaba aunque no desaparecía por completo.

Este era un descubrimiento sorprendente. Cualquiera que hubiera pensado alguna vez sobre las radioondas cósmicas habría esperado que el Sol fuese la fuente más brillante de radioondas en el cielo, del mismo modo que es la fuente más brillante de luz. Después de todo, el Sol está 1.000 millones (10^9) de veces más próximo a nosotros que la mayoría de las demás estrellas de la Vía Láctea, de modo que sus radioondas deberían ser aproximadamente $10^9 \times 10^9 = 10^{18}$ veces más brillantes que las procedentes de otras estrellas. Puesto que sólo hay 10^{12} estrellas en nuestra galaxia, el Sol debería ser más brillante que todas las demás estrellas juntas en un factor de aproximadamente $10^{18}/10^{12} = 10^6$ (un millón). ¿En qué podía fallar este argumento? ¿Cómo era posible que las radioondas procedentes de las lejanas regiones centrales de la Vía Láctea fueran mucho más brillantes que las procedentes del cercano Sol?

Por sorprendente que pueda ser este misterio, aún es más sorprendente, visto en retrospectiva, que los astrónomos apenas prestaran atención al mismo. De hecho, a pesar de la extensa publicidad de la Bell Telephone Company, parece que sólo dos astrónomos se tomaron algún interés por el descubrimiento de Jansky. Fue condenado casi al olvido por el mismo conservadurismo astronómico al que tuvo que hacer frente Chandrasekhar cuando afirmó que ninguna enana blanca puede ser más pesada que 1,4 soles (capítulo 4).

Las dos excepciones a esta falta general de interés fueron un estudiante licenciado, Jesse Greenstein, y un profesor, Fred Whipple, en el departamento de astronomía de la Universidad de Harvard. Greenstein y Whipple, sopesando el descubrimiento de Jansky, demostraron que si fueran correctas las ideas entonces vigentes sobre la forma en que las radioondas cósmicas podían ser generadas, entonces era *imposible* que nuestra Vía Láctea produjera radioondas tan fuertes como las que estaba viendo Jansky.[3] A pesar de esta aparente imposibilidad, Greenstein y Whipple creyeron en las observaciones de Jansky; estaban seguros de que el problema estaba en la teoría astrofísica, y no en Jansky. Pero al no tener ninguna idea de dónde podía fallar la teoría, y puesto que, como Greenstein recuerda, «Nunca encontré a nadie más [en los años treinta] que tuviera algún interés en el tema, ni un solo astrónomo»,[4] ellos dirigieron su atención a otros temas.

En 1935 (aproximadamente en la época en que Zwicky estaba inventando el concepto de una estrella de neutrones; capítulo 5), Jansky había aprendido sobre el pitido galáctico todo lo que su primitiva antena le permitiría descubrir. En un intento de aprender más propuso a los Bell Telephone Laboratories la construcción del primer genuino radiotelescopio del mundo: un enorme plato cóncavo de metal, de 30 metros de diámetro, que reflejaría las ondas de radio incidentes hacia una antena de radio y un receptor, de una forma muy parecida a como un telescopio óptico reflector refleja la luz desde su espejo al ocular o a una placa fotográfica. La burocracia de los Bell rechazó la propuesta; no producía ningún beneficio. Jansky, como buen empleado, lo aceptó. Abandonó su estudio del cielo y, con la sombra de la segunda guerra mundial acercándose, dirigió sus esfuerzos hacia las comunicaciones mediante radioondas de longitudes de onda más cortas.

Tan poco interesados estuvieron los científicos profesionales en el descubrimiento de Jansky que la única persona que llegó a construir un radiotelescopio durante la siguiente década fue Grote Reber, un soltero excéntrico y radioaficionado de Wheaton, Illinois, con el indicativo W9GFZ.[5] Habiendo leído sobre el pitido de radio de Jansky en la revista *Popular Astronomy*, se propuso estudiar sus detalles. Reber tenía una formación científica muy pobre, pero eso no era importante. Lo que importaba era su buena preparación en ingeniería y su fuerte vena práctica. Utilizando un enorme ingenio y sus propios modestos ahorros, diseñó y construyó con sus propias manos, en el patio trasero de la casa de su madre, el primer radiotelescopio del mundo, un plato de 9 metros de diámetro (figura 9.1c); y con él, hizo mapas de radio del cielo (figura 9.1d). En sus mapas se puede ver claramente no sólo la región central de nuestra Vía Láctea, sino también otras dos fuentes de radio, posteriormente llamadas Cyg A y Cas A, *A* por las «fuentes de radio más brillantes», *Cyg* y *Cas* por «en las constelaciones Cygnus (Cisne) y Casiopea». Cuatro décadas de trabajo detectivesco demostrarían finalmente que Cyg A y muchas otras fuentes de radio descubiertas en los años siguientes están alimentadas, con gran probabilidad, por agujeros negros gigantes.

La historia de este trabajo detectivesco será el hilo conductor de este capítulo. He decidido dedicar un capítulo entero a esta historia por varias razones:

En primer lugar, esta historia ilustra una forma de descubrimiento astronómico completamente diferente de la ilustrada en el capítulo 8. En el capítulo 8, Zel'dovich y Novikov proponían un método concreto para buscar agujeros negros; los físicos experimentales, astrónomos y astrofísicos mejoraron dicho método; y dio resultado. En este capítulo, los agujeros negros gigantes ya estaban siendo observados por Reber en 1939, mucho antes de que cualquiera pensara siquiera en buscarlos, pero se necesitaron cuarenta años para que la evidencia observacional acumulada obligara a los astrónomos a concluir que lo que estaban viendo eran agujeros negros.

En segundo lugar, el capítulo 8 ilustra los poderes de astrofísicos y relativistas; este capítulo muestra sus limitaciones. Los tipos de agujeros negros descubiertos en el capítulo 8 se habían predicho un cuarto de siglo antes de que nadie fuese siquiera a buscarlos. Eran los agujeros de Oppenheimer-Snyder: unas pocas veces más pesados que el Sol y creados por la implosión de estrellas pesadas. Por el contrario, los agujeros negros gigantes de este capítulo jamás fueron predichos por ningún teórico. Son miles o millones de veces más pesados que cualquier estrella que un astrónomo haya visto nunca en el cielo, de modo que no hay posibilidad de que sean creados por la implosión de tales estrellas. Cualquier teórico que predijera estos agujeros gigantes habría empañado su reputación científica. El descubrimiento de estos agujeros fue un caso de serendipiedad en su forma más pura.

En tercer lugar, la historia del descubrimiento en este capítulo ilustrará, aún más claramente que la del capítulo 8, las complejas interacciones e interdependencias de cuatro comunidades de científicos: relativistas, astrofísicos, astrónomos y físicos experimentales.

En cuarto lugar, se verá al final de este capítulo que la rotación y la energía rotacional de los agujeros negros gigantes juegan papeles capitales en la explicación de las radioondas observadas. Por el contrario, la rotación de un agujero no tenía importancia para las propiedades observadas de los agujeros de tamaño modesto del capítulo 8.

En 1940, habiendo hecho sus primeras exploraciones de radio del cielo, Reber redactó una minuciosa descripción técnica de su telescopio, sus medidas y su mapa, y la envió a Subrahmanyan Chandrasekhar, que entonces era el editor del *Astrophysical Journal* en el Observatorio Yerkes de la Universidad de Chicago, a orillas del lago Geneva en Wisconsin. Chandrasekhar hizo circular el curioso manuscrito de Reber entre los astrónomos de Yerkes. Intrigados por el manuscrito y escépticos sobre este aficionado completamente desconocido, varios de los astrónomos se dirigieron a Wheaton, Illinois, para ver su instrumento. Volvieron impresionados. Chandrasekhar aprobó la publicación del artículo.[6]

9.1. *a*) Karl Jansky y la antena con la que descubrió, en 1932, las radioondas cósmicas de nuestra galaxia. (Foto de Bell Telephone Laboratories, cortesía de AIP Emilio Segrè Visual Archives.) *b*) Grote Reber, *c*. 1940. *c*) El primer radiotelescopio del mundo, construido por Reber en el patio trasero de la casa de su madre en Wheaton, Illinois. (*Idem.*) *d*) Un mapa de radioondas procedentes del cielo construido por Reber con su radiotelescopio del patio trasero. [Adaptado de Reber (1944).]

a

b

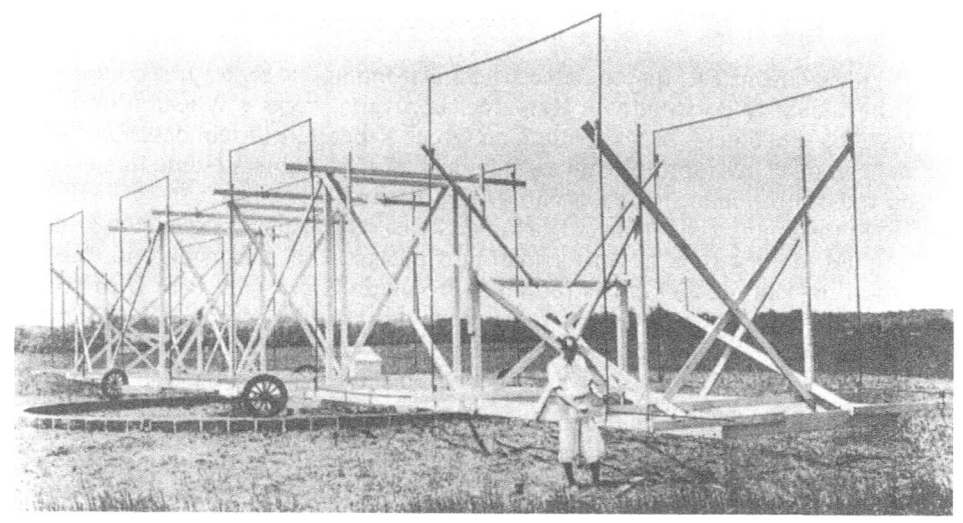

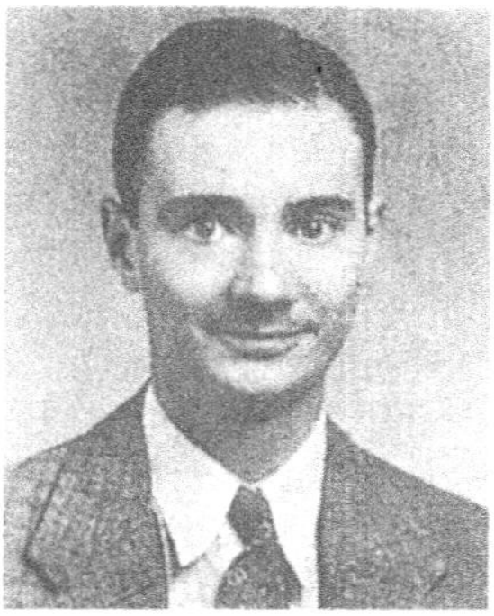

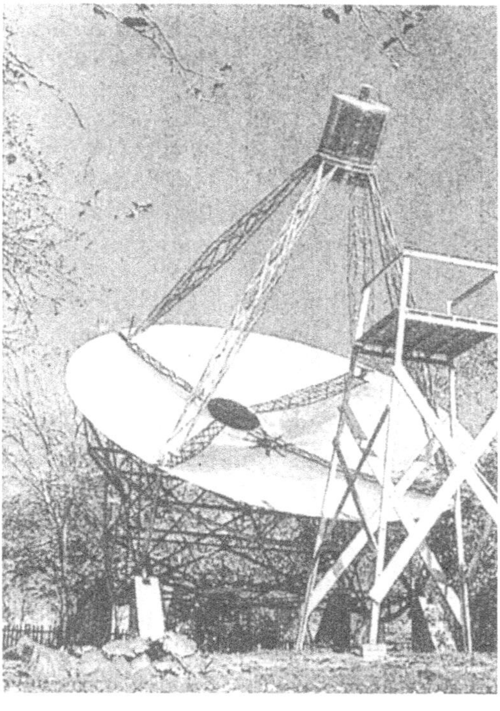

c

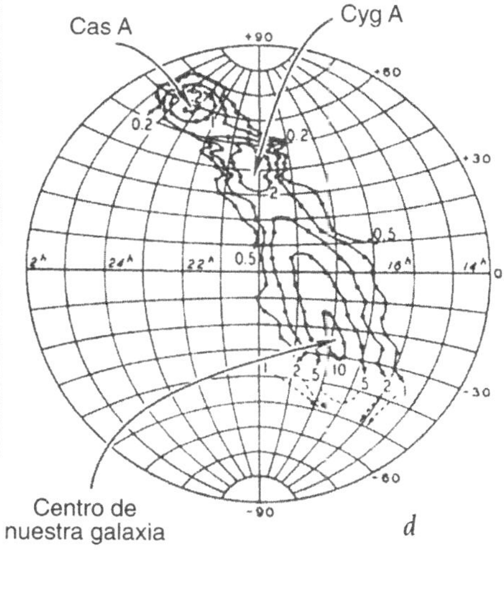
Cas A
Cyg A
+90
+60
+30
0
-30
-60
-90
0.2
0.2
1
2
0.5
0.5
2ʰ
24ʰ
22ʰ
18ʰ
14ʰ
1
2
5
10
5
2
1
Centro de
nuestra galaxia

d

Jesse Greenstein, que se había hecho astrónomo en Yerkes tras completar sus estudios de doctorado en Harvard, viajó varias veces a Wheaton durante los años siguientes y se hizo íntimo amigo de Reber. Greenstein describe a Reber como «el inventor norteamericano ideal. Si él no hubiera estado interesado en radioastronomía, habría hecho una fortuna».[7]

Entusiasmado con la investigación de Reber, Greenstein trató, algunos años después, de llevarle a la Universidad de Chicago. «La universidad no quería gastar un céntimo en radioastronomía», recuerda Greenstein. Pero Otto Struve, el director del Observatorio Yerkes de la universidad, accedió a solicitar de Washington una plaza de investigador que proporcionase el dinero para pagar a Reber y apoyar su investigación. Reber, no obstante, «era un tipo independiente», dice Greenstein.[8] Se negó a explicar en detalle a los burócratas cómo se iba a gastar el dinero para los nuevos telescopios. El trato fracasó.

Mientras tanto, la segunda guerra mundial había terminado y los científicos que habían hecho algún trabajo técnico en proyectos de guerra estaban buscando nuevos retos. Entre ellos estaban los físicos experimentales que habían desarrollado el rádar para detectar los aviones enemigos durante la guerra. Puesto que el rádar no es otra cosa que ondas de radio que son enviadas desde un transmisor similar a un radiotelescopio, rebotan en un avión y vuelven al transmisor, estos físicos experimentales tenían la preparación ideal para dar vida al nuevo campo de la radioastronomía, y algunos de ellos estaban dispuestos a hacerlo; los desafíos técnicos eran grandes y las ganancias intelectuales prometedoras. De los muchos que lo intentaron, tres equipos llegaron rápidamente a dominar el campo: el equipo de Bernard Lovell en Jodrell Bank/Universidad de Manchester en Inglaterra; el de Martin Ryle en la Universidad de Cambridge en Inglaterra; y un equipo reunido por J. L. Pawsey y John Bolton en Australia. En Norteamérica hubo poco esfuerzo que reseñar; Grote Reber continuó su investigación en radioastronomía virtualmente solo.

Los astrónomos ópticos (astrónomos que estudian el cielo con luz,* el único tipo de astrónomos que existía en aquellos días) prestaban poca atención a la actividad febril de los físicos experimentales. Permanecerían desinteresados hasta que los radiotelescopios pudieran medir la posición de una fuente en el cielo con precisión suficiente para determinar qué objeto emisor de luz era responsable de las radioondas. Esto requeriría una resolución 100 veces mejor que la lograda por Reber, es decir, multiplicar por 100 la precisión con la que se medían las posiciones, tamaños y formas de las fuentes de radio.

Semejante mejora era un serio requisito. Un telescopio óptico, o incluso un ojo a simple vista, puede lograr una alta resolución con facilidad porque las ondas con las que trabaja (luz) tienen longitudes de onda muy cortas, menores que 10^{-6} metros. Por el contrario, el oído humano no puede distinguir con mucha precisión la dirección de la que procede un sonido porque las ondas sonoras tienen largas longitudes de onda, aproximadamente de 1 metro. Análoga-

---

* Por *luz* entiendo siempre en este libro el tipo de ondas electromagnéticas que puede ver el ojo humano; es decir, radiación óptica.

mente, las radioondas, con sus longitudes de onda de un metro de tamaño, dan una pobre resolución, a menos que uno utilice un telescopio muchísimo mayor que un metro. El telescopio de Reber tenía un tamaño modesto; de ahí su modesta resolución. Para conseguir una resolución 100 veces mejor se requeriría un telescopio 100 veces mayor, de un tamaño aproximado de un kilómetro, y/o el uso de ondas de radio de longitud de onda más corta, por ejemplo, de algunos centímetros en lugar de un metro.

Los físicos experimentales lograron realmente esta mejora de un factor 100 en 1949, y no por la fuerza bruta, sino con habilidad. La clave de su habilidad puede entenderse mediante una analogía con algo muy simple y familiar. (Esto es sólo una analogía; de hecho es un poco tramposa, pero da una impresión general de la idea subyacente.) Los seres humanos podemos apreciar la tridimensionalidad del mundo que nos rodea utilizando sólo dos ojos, no más. El ojo izquierdo ve un poco del lado izquierdo de un objeto, y el ojo derecho ve un poco del lado derecho. Si inclinamos nuestras cabezas podemos ver con un ojo un poco de la parte superior del objeto y, con el otro, un poco de la parte inferior; y si alejásemos nuestros ojos (como efectivamente se hace con el par de cámaras que ruedan las películas en tres dimensiones con una tridimensionalidad exagerada), veríamos el objeto con más profundidad. Sin embargo, nuestra visión tridimensional no mejoraría de forma importante por el hecho de tener un número enorme de ojos cubriendo toda la parte frontal de nuestras caras. Veríamos las cosas mucho más brillantes con todos estos ojos extra (tendríamos una *sensibilidad* mayor), pero sólo tendríamos una modesta ganancia en *resolución* tridimensional.

Ahora bien, un enorme radiotelescopio de 1 kilómetro (mitad izquierda de la figura 9.2) sería algo parecido a nuestra cara cubierta de ojos. El telescopio consistiría en un «cuenco» de 1 kilómetro cubierto con metal que refleja y concentra las radioondas en una antena y un receptor de radio. Eliminar el metal de todos los lugares excepto de unos pocos puntos dispersos sobre el cuenco sería como eliminar la mayoría de estos ojos extra de nuestra cara y mantener sólo algunos. En ambos casos hay una modesta pérdida de resolución, pero una gran pérdida de sensibilidad. Lo que deseaban los físicos experimentales era una mejora de la resolución (querían descubrir de dónde procedían las radioondas y cuáles eran las fuentes de radio), y no tanto una mejora de la sensibilidad (no una capacidad para ver más fuentes de radio más tenues; al menos, no por ahora). Por consiguiente, les bastaba con un cuenco moteado, no un cuenco completamente cubierto.

Una forma práctica de obtener semejante cuenco moteado consistía en construir una red de pequeños radiotelescopios conectados por cables a una estación radiorreceptora central (mitad derecha de la figura 9.2). Cada pequeño telescopio era como un punto de metal en el gran cuenco, los cables que llevaban cada señal de radio de cada pequeño telescopio eran como los haces de radio reflejados en los puntos del gran cuenco, y la estación receptora central que combina las señales de los cables era como la gran antena y receptor del cuenco que combina los rayos que proceden de los puntos del cuenco. Semejantes re-

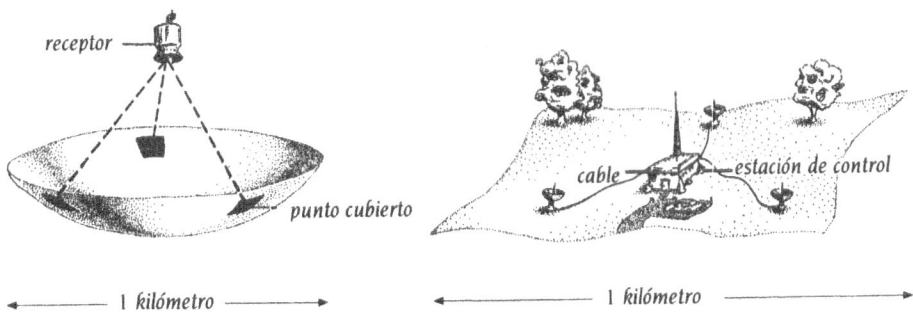

9.2. El principio de un radiointerferómetro. *Izquierda*: para conseguir una buena resolución angular, habría que disponer de un telescopio enorme, digamos de 1 kilómetro. Sin embargo, sería suficiente con que sólo unos pocos puntos (cuadros negros) en el cuenco del reflector de radioondas estén realmente cubiertos con metal y reflejen. *Derecha*: no es necesario que las radioondas reflejadas en dichos puntos sean concentradas en una antena y un receptor de radio en el centro del enorme cuenco. Más bien, cada punto puede concentrar sus ondas en su propia antena y receptor, y las señales de radio resultantes pueden entonces ser transmitidas por cable desde todos los receptores a una estación receptora central, donde son combinadas de la misma forma que lo habrían sido en el receptor del telescopio gigante. El resultado es una red de pequeños radiotelescopios con señales de salida unidas y combinadas, un radiointerferómetro.

des de pequeños telescopios, las piezas centrales de los esfuerzos de los físicos experimentales, se denominaron *radiointerferómetros*, porque el principio que había detrás de su actuación era la *interferometría*: haciendo «interferir» entre sí las señales de salida de los pequeños telescopios, de una forma que veremos en el recuadro 10.3, la estación receptora central construye un mapa de radio o imagen del cielo.

Durante finales de los años cuarenta, los años cincuenta y parte de los sesenta, los tres equipos de físicos experimentales (Jodrell Bank, Cambridge y Australia) compitieron por construir radiointerferómetros cada vez mayores y más sofisticados, con resoluciones cada vez mejores. El primer hito crucial, la mejora en un factor 100 necesaria para empezar a despertar el interés entre los astrónomos ópticos, llegó en 1949, cuando John Bolton, Gordon Stanley y Bruce Slee del equipo australiano obtuvieron *cajas de error* de un tamaño de 10 minutos de arco para las posiciones de cierto número de fuentes de radio; es decir, cuando identificaron regiones celestes de un tamaño de 10 minutos de arco en las que debían estar las fuentes de radio.[9] (Diez minutos de arco es un tercio del diámetro del Sol visto desde la Tierra, y por lo tanto es una resolución mucho más pobre que la que puede conseguir el ojo humano con la luz, pero es una resolución notablemente buena cuando se trabaja con ondas de radio.) Cuando se exploraron las cajas de error con telescopios ópticos, algunas, incluyendo Cyg A, no mostraron ningún brillo especial; serían necesarias resoluciones mucho más precisas para revelar cuáles de entre la plétora de objetos ópticamente tenues en estas cajas de error pudieran ser las verdaderas fuentes de las ondas de radio. Sin embargo, en tres de las cajas de error había un objeto óptico con un brillo inusual: un resto de una antigua supernova, y dos galaxias lejanas.

Por difícil que pudiera haber sido para los astrofísicos el explicar las radioondas que Jansky había descubierto emanando de nuestra propia galaxia, era aún más difícil comprender cómo las galaxias distantes podían emitir señales de radio tan intensas. Que algunas de las fuentes de radio más brillantes en el cielo pudieran ser objetos tan extremadamente lejanos era demasiado difícil de creer (aunque finalmente resultaría ser cierto). Por lo tanto, parecía una buena apuesta (pero aquellos que hicieran la apuesta perderían) que cada señal de radio de las cajas de error procedía no de la galaxia distante, sino más bien de una de entre la plétora de estrellas ópticamente oscuras aunque cercanas contenidas en la caja de error. Sólo resoluciones mejores podrían darnos la certeza. Los físicos experimentales siguieron adelante, y unos pocos astrónomos ópticos empezaron a observarlos con cierta atención, ligeramente interesados.

En el verano de 1951, el equipo de Ryle en Cambridge había conseguido una mejora adicional con una resolución 10 veces mayor, y Graham Smith, un estudiante de doctorado de Ryle, la utilizó para obtener una caja de error de 1 minuto de arco para Cyg A, una caja suficientemente pequeña para que pudiera contener sólo un centenar aproximadamente de objetos ópticos (objetos visibles con luz). Smith envió por correo aéreo sus mejores estimaciones de la posición y su caja de error al famoso astrónomo óptico Walter Baade en el Carnegie Institute en Pasadena. (Baade fue el hombre que diecisiete años antes, junto con Zwicky, había identificado las supernovas y había propuesto que estaban alimentadas por estrellas de neutrones; capítulo 5.) El Carnegie Institute poseía un telescopio óptico de 2,5 metros en el Monte Wilson, hasta fechas recientes el mayor del mundo; el Caltech, al otro extremo de Pasadena, acababa de terminar la construcción del telescopio de 5 metros del Monte Palomar; y los astrónomos del Carnegie y del Caltech compartían sus telescopios. En su próxima sesión de observación programada en el telescopio de 5 metros del Monte Palomar (figura 9.3a), Baade fotografió la caja de error en el cielo donde Smith decía que estaba Cyg A. (Esta mancha en el cielo, como la mayoría de las manchas, nunca antes había sido examinada con un gran telescopio óptico.) Cuando Baade reveló la fotografía apenas pudo creer lo que veían sus ojos. Allí, en la caja de error, había un objeto diferente de cualquier otro visto antes. Parecían ser dos galaxias colisionando (centro de la figura 9.3d).[10] (Hoy día sabemos, gracias a las observaciones con telescopios infrarrojos en los años ochenta, que la colisión de galaxias era una ilusión óptica. Cyg A es en realidad una sola galaxia con una banda de polvo que pasa por delante de ella. El polvo absorbe luz de tal modo que hace que la simple galaxia tenga la apariencia de dos galaxias en colisión.) El sistema total, galaxia central más fuente de radio, sería denominado posteriormente una *radiogalaxia*.

Los astrónomos estuvieron convencidos durante dos años de que las radioondas eran producidas por una colisión galáctica. Luego, en 1953, llegó otra sorpresa. R. C. Jennison y M. K. Das Gupta del equipo de Lovell en Jodrell Bank estudiaron Cyg A utilizando un nuevo interferómetro consistente en dos telescopios, uno fijo en tierra y el otro moviéndose por el campo en un camión para poder cubrir, uno tras otro, un número de «puntos» en el «cuenco» de un imaginario telescopio de 4 kilómetros de lado (véase la mitad izquierda de la figura 9.2). Con este nuevo interferómetro (figuras 9.3b, c), descubrieron que las radioondas Cyg A no procedían de las «galaxias en colisión», sino más bien de dos gigantescas regiones espaciales, aproximadamente rectangulares, de un tamaño de alrededor de 200.000 años-luz y separadas por otros 200.000 años-luz, situadas en lados opuestos de las «galaxias en colisión».[11] Estas regiones radioemisoras, o *lóbulos*, como se las llamó, se muestran como rectángulos en la figura 9.3d, junto con la fotografía óptica de Baade de las «galaxias en colisión». También se muestra en la figura un mapa más detallado de la radioemisión de los lóbulos, construido dieciséis años después utilizando interferómetros más sofisticados; en este mapa se muestran curvas de nivel finas que indican el brillo de la radioemisión de la misma forma que las curvas de nivel de un mapa indican la altura del terreno. Estas curvas de nivel confirman la conclusión de 1953 de que las radioondas proceden de lóbulos gigantescos de gas en cada lado de las «galaxias en colisión». La forma en que los dos enormes lóbulos pueden estar alimentados por un solo agujero negro gigantesco constituirá un punto principal más adelante en este capítulo.

Estos descubrimientos eran suficientemente llamativos para generar a la postre un fuerte interés entre los astrónomos ópticos. Jesse Greenstein ya no era el único que prestaba seria atención.

Para el propio Greenstein, estos descubrimientos fueron la gota que colmaba el vaso. Habiendo interrumpido el trabajo en radio tras la guerra, los norte-

---

9.3. El descubrimiento de que Cyg A es una *radiogalaxia* lejana: *a*) el telescopio óptico de 5 metros utilizado en 1951 por Baade para descubrir que Cyg A está relacionado con lo que parecía ser dos galaxias en colisión. (Cortesía de Palomar Observatory/California Institute of Technology.) *b*) El radiointerferómetro de Jodrell Bank utilizado en 1953 por Jennison y Das Gupta para mostrar que las radioondas proceden de dos lóbulos gigantes fuera de las galaxias en colisión. Las dos antenas del interferómetro (cada una de ellas una disposición de alambres metálicos en una estructura de madera) se muestran aquí juntas. En las medidas, una fue colocada en un camión y transportada por el campo, mientras la otra quedaba fija en el suelo. (Cortesía de Nuffield Radio Astronomy Laboratories, University of Manchester.) *c*) Jennison y Das Gupta, examinando los datos de radio en la habitación de control de su interferómetro. (*Idem.*) *d*) Los dos lóbulos gigantes de radioemisión (rectángulos) tal como se revelaron en las medidas de 1953, mostrados junto a la fotografía óptica de Baade de las «galaxias en colisión». También se muestra en (*d*) un mapa de contornos de alta resolución de la radioemisión de los lóbulos (contornos continuos finos), obtenido en 1969 por el grupo de Ryle en Cambridge. [Adaptado de Mitton y Ryle (1969), Baade y Minkowski (1954), Jennison y Das Gupta (1953).]

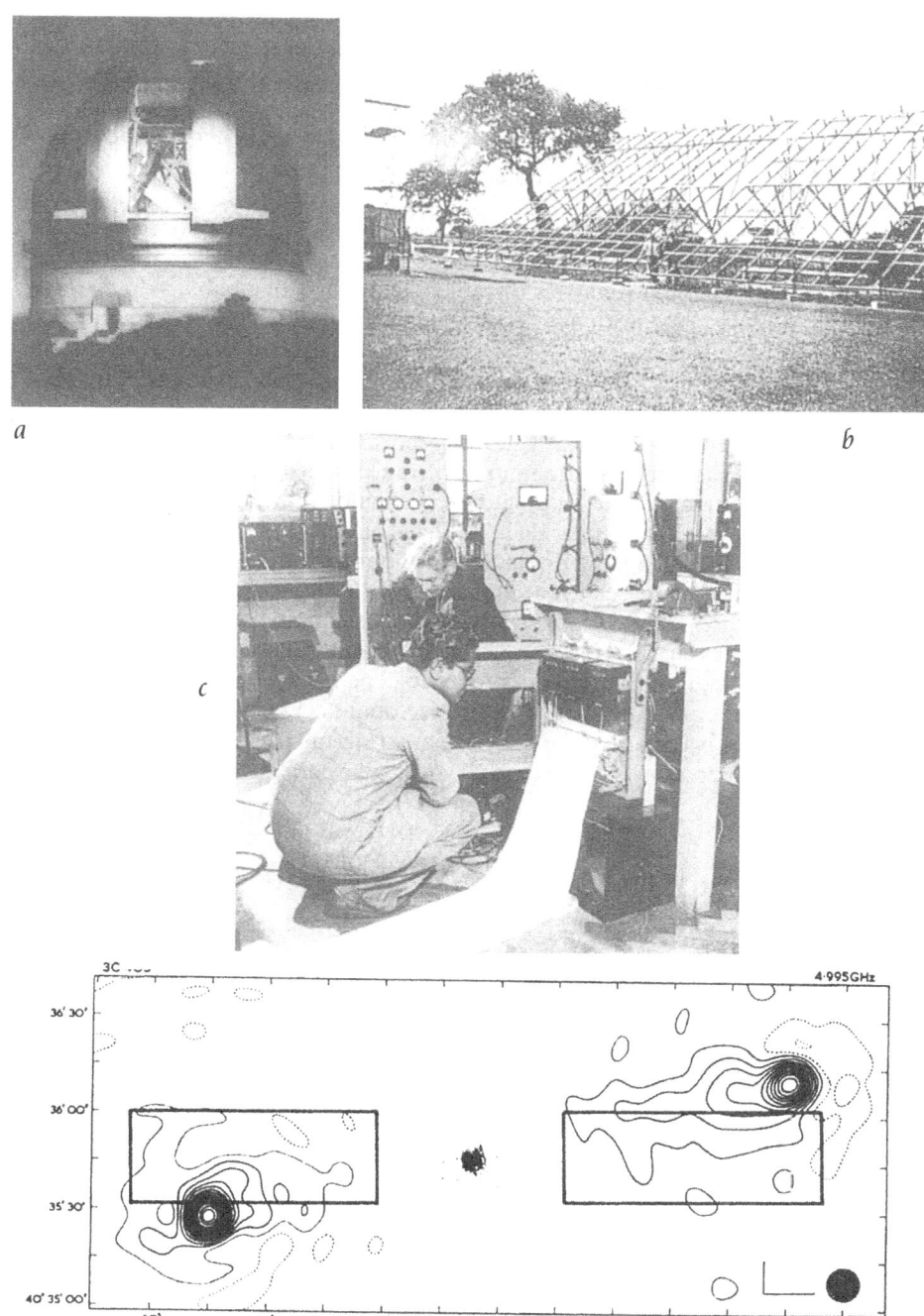

a

b

c

d

americanos eran ahora meros espectadores en la más grande revolución que iba a sacudir la astronomía desde que Galileo inventara el telescopio óptico. Las recompensas de la revolución se estaban obteniendo en Gran Bretaña y en Australia, y no en Norteamérica.

Greenstein era ahora profesor en el Caltech, donde había llegado procedente de Yerkes para desarrollar un programa de astronomía en torno al nuevo telescopio óptico de 5 metros, de modo que, naturalmente, se dirigió ahora a Lee DuBridge, presidente del Caltech, y le urgió a que el Caltech construyera un radiointerferómetro para ser utilizado mano a mano con el telescopio de 5 metros en la exploración de galaxias distantes. DuBridge, que había sido director del programa de rádar norteamericano durante la guerra, tenía simpatías por la idea pero se mostraba cauto. Para poner a DuBridge en acción, Greenstein organizó una conferencia internacional sobre el futuro de la astronomía en Washington, D.C., el 5 y 6 de enero de 1954.[12]

En Washington, después de que los representantes de los grandes radioobservatorios británico y australiano hubieran descrito sus notables descubrimientos, Greenstein planteó su pregunta: ¿deben continuar siendo los Estados Unidos un desierto en el campo de la radioastronomía? La respuesta era obvia.

Con fuerte apoyo de la National Science Foundation, los físicos, ingenieros y astrónomos norteamericanos se embarcaron en un programa intensivo para construir un Observatorio Nacional de Radio Astronomía en Greenbank, Virginia Occidental; y DuBridge aprobó la propuesta de Greenstein para que se construyera un radiointerferómetro moderno dependiente del Caltech en Owens Valley, California, al sureste del Parque Nacional de Yosemite. Puesto que nadie en el Caltech tenía experiencia en construir un instrumento semejante, Greenstein se hizo con John Bolton de Australia para encabezar el proyecto.

Cuásares

A finales de los años cincuenta, los norteamericanos ya eran competitivos. Los radiotelescopios de Greenbank estaban entrando en funcionamiento, y en el Caltech, Tom Mathews, Per Eugen Maltby y Alan Moffett en el nuevo radiointerferómetro de Owens Valley estaban trabajando mano a mano con Baade, Greenstein y otros en el telescopio óptico de 5 metros de Monte Palomar para descubrir y estudiar un gran número de radiogalaxias.

En 1960 este esfuerzo produjo otra sorpresa: Tom Mathews en el Caltech supo por Henry Palmer que, según las medidas de Jodrell Bank, una fuente de radio llamada 3C48 (la fuente número 48 en la tercera versión de un catálogo establecido por el grupo de Ryle en Cambridge) era extremadamente pequeña, de un diámetro no mayor de 1 segundo de arco (1/10.000 del tamaño angular del Sol). Una fuente tan minúscula sería algo completamente nuevo. Sin embargo, Palmer y sus colegas del Jodrell Bank no podían proporcionar una caja de error estrecha para la localización de la fuente. Mathews, en un trabajo exquisitamente bello con el nuevo radiointerferómetro del Caltech, obtuvo una caja de error de un tamaño de sólo 5 segundos de arco, y se la dio a Alan Sandage, un astrónomo óptico en el Carnegie Institute en Pasadena. Durante su siguiente serie de observaciones en el telescopio óptico de 5 metros, Sandage tomó una fotografía centrada en la caja de error de Mathews y encontró, para su gran sorpresa, no una galaxia, sino un simple punto luminoso azul; parecía una estrella. «La noche siguiente tomé un espectro y fue el espectro más extraño que yo hubiera visto», recuerda Sandage. Las longitudes de onda de las líneas espectrales no tenían ningún parecido con las de estrellas o las de cualquier gas caliente obtenido en la Tierra; eran diferentes de cualquier cosa que los astrónomos o los físicos hubieran encontrado antes. Sandage no podía entender nada de este misterioso objeto.

Durante los dos años siguientes se descubrieron de la misma manera una media docena de objetos similares, tan enigmáticos como 3C48. Todos los astrónomos ópticos del Caltech y del Carnegie comenzaron a fotografiarlos, tomar espectros y tratar de entender su naturaleza. La respuesta debería haber sido obvia, pero no lo era. Un bloqueo mental imperaba. Estos objetos extraños eran tan parecidos a estrellas que los astrónomos siguieron tratando de interpretarlos como un tipo de estrella en nuestra propia galaxia que nunca antes había sido vista, pero las interpretaciones eran horriblemente retorcidas y difíciles de creer.

El bloqueo mental fue roto por Maarten Schmidt,[13] un astrónomo holandés de treinta y dos años que recientemente se había incorporado a la facultad del Caltech. Durante meses había tratado de comprender un espectro que había tomado de 3C273, uno de los objetos extraños. El 5 de febrero de 1963, cuando estaba sentado en su despacho del Caltech examinando cuidadosamente el espectro para incluirlo en un artículo que estaba escribiendo, le vino súbitamente la respuesta. Las cuatro líneas más brillantes del espectro eran las cuatro «líneas de Balmer» estándar producidas por el hidrógeno gaseoso, las más famosas de todas las líneas espectrales, las primeras líneas que los estudiantes de física en la universidad encuentran en sus cursos de mecánica cuántica. Sin embargo, estas cuatro líneas no tenían sus longitudes de onda normales. Cada una de ellas estaba desplazada hacia el rojo en un 16 por 100. 3C273 debía ser un objeto que contiene una gran cantidad de hidrógeno gaseoso y se aleja de la Tierra a un 16 por 100 de la velocidad de la luz, enormemente más rápida que cualquier estrella que un astrónomo hubiera visto nunca.

Schmidt corrió al vestíbulo, alcanzó a Greenstein y le describió con excitación su descubrimiento. Greenstein giró, se volvió a su despacho, sacó su espectro de 3C48 y lo observó fijamente durante cierto tiempo. Las líneas de Balmer no estaban presentes con ningún desplazamiento hacia el rojo; pero frente a él estaban las líneas emitidas por el magnesio, oxígeno y neón, y tenían un desplazamiento hacia el rojo de un 37 por 100. 3C48 era, al menos en parte, una masa enorme de gas que contiene magnesio, oxígeno y neón, y se aleja de la Tierra a un 37 por 100 de la velocidad de la luz.[14]

¿Qué estaba produciendo estas grandes velocidades? Si, como cualquiera hubiera pensado, estos objetos extraños (que posteriormente serían llamados

Izquierda: Jesse L. Greenstein con un grabado del telescopio óptico de 5 metros de Monte Palomar, *c.* 1955. *Derecha*: Maarten Schmidt, con un instrumento para medir los espectros hechos por el telescopio de 5 metros, *c.* 1963. (Cortesía de los Archivos del California Institute of Technology.)

cuásares) eran algún tipo de estrella en nuestra Vía Láctea, entonces deben haber sido expulsados de algún lugar, quizá del núcleo central de la Vía Láctea, con enorme fuerza. Esto resultaba demasiado difícil de creer, y un examen detenido del espectro de los cuásares lo hacía extremadamente poco probable. La única alternativa razonable, argumentaron (correctamente) Greenstein y Schmidt, era que estos cuásares estén muy lejanos en nuestro Universo, y se alejen de la Tierra a gran velocidad como resultado de la expansión del Universo.

Recordemos que la expansión del Universo es similar a la expansión de la superficie de un globo que se está hinchando. Si cierto número de hormigas están en la superficie del globo, cada hormiga verá que todas las demás se alejan de ella como resultado de la expansión del globo. Cuanto más lejos esté otra hormiga, más rápidamente la verá moverse la primera hormiga. Análogamente, cuanto más lejano esté un objeto de la Tierra, más rápidamente lo veremos moverse desde la Tierra como resultado de la expansión del Universo. En otras palabras, la velocidad del objeto es proporcional a su distancia. Por lo tanto, a partir de las velocidades de 3C273 y 3C48, Schmidt y Greenstein pudieron inferir sus distancias: 2.000 millones de años-luz y 4.500 millones de años-luz, respectivamente.

Estas distancias eran enormes, prácticamente las mayores distancias jamás registradas. Esto significaba que, para que 3C273 y 3C48 fueran tan brillantes como aparecían en el telescopio de 5 metros, tenían que radiar enormes cantidades de energía, con una potencia 100 veces mayor que las galaxias más luminosas jamás vistas.

De hecho, 3C273 era tan brillante que, junto con otros muchos objetos próximos a él en el cielo, había sido fotografiado más de 2.000 veces desde 1895 utilizando telescopios de tamaño modesto. Al oír del descubrimiento de Schmidt, Harlan Smith de la Universidad de Texas realizó un examen detenido de la colección de fotografías, archivada fundamentalmente en Harvard, y descubrió que el brillo de 3C273 había estado fluctuando durante los últimos setenta años. Su emisión de luz había cambiado sustancialmente en periodos tan cortos como un mes.[15] Esto significa que una gran porción de la luz procedente de 3C273 debe proceder de una región más pequeña que la distancia que la luz recorre en un mes, es decir, más pequeña que 1 «mes-luz». (Si la región fuera mayor, entonces no habría modo de que ninguna interacción que viaje, por supuesto, a una velocidad menor o igual que la de la luz, pudiera hacer que todo el gas emitido aumentase su brillo o se atenuase simultáneamente dentro de un margen de un mes.)

Las implicaciones eran extraordinariamente difíciles de creer. Este extraño cuásar, este 3C273, estaba brillando con un brillo 100 veces mayor que las galaxias más brillantes del Universo; pero mientras que las galaxias producen su luz en regiones de un tamaño de 100.000 años-luz, 3C273 produce su luz en una región al menos un millón de veces más pequeña en diámetro y 10^{18} veces más pequeña en volumen: sólo un mes-luz o menos. La luz debe proceder de un objeto gaseoso masivo y compacto que está calentado por una máquina enormemente poderosa. La máquina resultaría ser finalmente, con alta pero no total seguridad, un agujero negro gigante, aunque no se tendrían pruebas convincentes de esto hasta quince años después.

Si explicar las radioondas de Jansky procedentes de nuestra propia Vía Láctea era difícil, y explicar las radioondas de las distantes radiogalaxias era aún más difícil, entonces la explicación de las radioondas procedentes de estos cuásares superdistantes tendría que ser superdifícil.

La dificultad resultó residir en un bloqueo mental extremo. Jesse Greenstein, Fred Whipple y todos los demás astrónomos de los años treinta y cuarenta habían supuesto que las radioondas cósmicas, al igual que la luz de las estrellas, son emitidas por la agitación de átomos, moléculas y electrones inducida por el calor. Los astrónomos de los años treinta y cuarenta no podían imaginar ninguna otra forma de que la naturaleza creara las radioondas observadas, incluso si sus cálculos demostraban inequívocamente que esta vía no podía funcionar.

Otra vía, no obstante, había sido conocida por los físicos desde comienzos del siglo xx: cuando un electrón que viaja a alta velocidad encuentra un campo magnético, la fuerza magnética del campo desvía el movimiento del electrón haciéndole describir una trayectoria helicoidal. El electrón es obligado a moverse en una hélice en torno a las líneas de campo magnético (figura 9.4), y

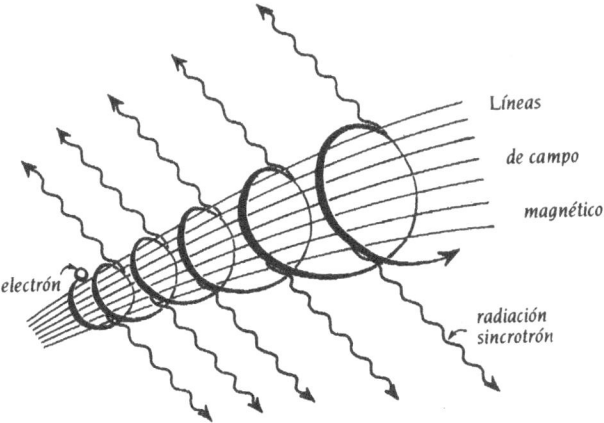

9.4. Las radioondas cósmicas son producidas por electrones con velocidad próxima a la de la luz que se mueven en trayectoria helicoidal en los campos magnéticos. El campo magnético obliga a un electrón a moverse en hélice en lugar de seguir una línea recta, y el movimiento helicoidal del electrón produce las radioondas.

cuando se mueve en esta hélice emite radiación electromagnética. Los físicos de los años cuarenta empezaron a llamarla *radiación sincrotrón*, porque es la que producen los electrones que se mueven en espiral en los aceleradores de partículas llamadas «sincrotrones» que se estaban construyendo entonces. Curiosamente, en los años cuarenta, a pesar del considerable interés de los físicos por la radiación sincrotrón, los astrónomos no le prestaron atención. El bloqueo mental de los astrónomos seguía dominando.

En 1950 Karl Otto Kiepenheuer en Chicago y Vitaly Lazarevich Ginzburg en Moscú (el mismo Ginzburg que había propuesto el combustible LiD para la bomba de hidrógeno soviética, y que había descubierto el primer indicio de que los agujeros negros no tienen pelo)* rompieron el bloqueo mental. Trabajando sobre las ideas seminales de Hans Alfvén y Nicolai Herlofson, Kiepenheuer y Ginzburg propusieron (correctamente) que las radioondas de Jansky de nuestra galaxia consisten en radiación sincrotrón producida por los electrones que se mueven en una trayectoria helicoidal a velocidades próximas a la de la luz en torno a las líneas de campo magnético que llenan el espacio interestelar[16] (figura 9.4).

Algunos años más tarde, cuando se descubrieron los lóbulos gigantes radioemisores en las radiogalaxias, y luego los cuásares, era natural (y correcto)

---

* Véase la figura 7.3. Ginzburg es mejor conocido no por estos descubrimientos, sino por otro más: su desarrollo, con Lev Landau, de la «teoría de Landau-Ginzburg» de la superconductividad (es decir, una explicación de cómo algunos metales, cuando se los enfría a muy bajas temperaturas, pierden toda su resistencia al paso de la electricidad). Ginzburg es uno de los pocos auténticos «físicos del Renacimiento» en todo el mundo, un hombre que ha hecho contribuciones significativas a casi todas las ramas de la física teórica.

concluir que sus radioondas también eran producidas por los electrones moviéndose en una hélice en torno a las líneas de campo magnético. A partir de las leyes físicas que gobiernan este movimiento helicoidal y las propiedades de las radioondas observadas, Geoffrey Burbidge en la Universidad de California en San Diego calculó cuánta energía deben tener el campo magnético de los lóbulos y los electrones a alta velocidad. Su sorprendente respuesta era la siguiente: en los casos más extremos, los lóbulos radioemisores deben tener aproximadamente tanta energía magnética y energía de alta velocidad (*cinética*) como la que se obtendría convirtiendo toda la masa de 10 millones (10^7) de soles en pura energía con una eficiencia de un 100 por 100.[17]

Estos necesarios aportes de energía para los cuásares y radiogalaxias eran tan asombrosos que obligaron a los astrofísicos, en 1963, a examinar todas las fuentes concebibles de energía en búsqueda de una explicación.

La *energía química* (la combustión de la gasolina, petróleo, carbón o dinamita), que es la base de la civilización humana, era claramente insuficiente. La eficiencia química para convertir masa en energía es sólo de 1 parte en 100 millones (1 parte en 10^8). Para activar el gas radioemisor de un cuásar se necesitarían por lo tanto $10^8 \times 10^7 = 10^{15}$ masas solares de combustible químico, 10.000 veces más combustible que el contenido en toda nuestra Vía Láctea. Esto parecía totalmente irrazonable.

La *energía nuclear*, la base de la bomba de hidrógeno y del calor y la luz del Sol, parecía tener sólo un papel marginal como forma de activar un cuásar. La eficiencia del combustible nuclear para la conversión de masa en energía es aproximadamente de un 1 por 100 (1 parte en 10^2), de modo que un cuásar necesitaría $10^2 \times 10^7 = 10^9$ (1.000 millones) masas solares de combustible nuclear para activar sus lóbulos radioemisores. Y estos 1.000 millones de masas solares sólo serían suficientes si el combustible nuclear fuese consumido completamente y la energía resultante fuese convertida completamente en campos magnéticos y energía cinética de electrones a alta velocidad. La combustión completa y la conversión completa en energía parecía altamente improbable. Incluso con máquinas cuidadosamente diseñadas, los seres humanos raramente alcanzan más de algunos tantos por 100 de conversión de la energía del combustible en energía útil, y la naturaleza, sin diseños cuidadosos, muy bien podría hacerlo peor. Por lo tanto, 10.000 millones o 100.000 millones de masas solares de combustible nuclear parecía una cantidad más razonable. Ahora bien, aunque esto es menos que la masa de una galaxia gigante, no está muy por debajo de ella, y no estaba claro cómo la naturaleza podría conseguir la conversión de la energía nuclear del combustible en energía magnética y cinética. Por lo tanto, el combustible nuclear *era* una posibilidad, pero no muy probable.

La *aniquilación de materia con antimateria** podría dar una conversión del 100 por 100 de masa en energía, de modo que 10 millones de masas solares

---

* Para una idea general, véanse «antimateria» en el Glosario, y la primera nota a pie de página de la página 159.

de antimateria aniquilándose con 10 millones de masas solares de materia podrían satisfacer las necesidades de energía de un cuásar. Sin embargo, no hay
evidencia de que la antimateria exista en nuestro Universo, excepto en cantidades minúsculas creadas artificialmente por los seres humanos en los aceleradores de partículas y otras cantidades minúsculas creadas por la naturaleza en
las colisiones entre partículas de materia. Además, incluso si tanta materia y
antimateria se aniquilase en un cuásar, la energía procedente de su aniquilación saldría en forma de rayos gamma de muy alta energía y no como energía
magnética y energía cinética de los electrones. Por lo tanto, la aniquilación ma-
teria/antimateria parecía ser una forma muy insatistactoria de activar un cuásar.

Quedaba otra posibilidad: la *gravedad*. La implosión de una estrella normal para formar una estrella de neutrones o un agujero negro podría concebi-
blemente convertir el 10 por 100 de la masa de la estrella en energía magnética
y energía cinética, aunque la forma precisa no estaba clara. Si pudiera hacerlo
así, entonces las implosiones de $10 \times 10^7 = 10^8$ (100 millones) de estrellas normales podrían proporcionar la energía de un cuásar, como lo haría la implosión de una sola hipotética *estrella supermasiva* 100 millones de veces más pesada que el Sol. [La idea correcta, que el agujero negro gigantesco producido
por la implosión de una estrella supermasiva semejante podría ser la máquina
que activa el cuásar, no se le ocurrió a nadie en 1963. Entonces sólo se tenía
un conocimiento muy pobre de los agujeros negros. Wheeler todavía no había
acuñado el término «agujero negro» (capítulo 6). Salpeter y Zel'dovich todavía
no habían advertido que el gas que cae hacia un agujero negro podría calentar-
se y radiar con gran eficiencia (capítulo 8). Penrose no había descubierto todavía que un agujero negro puede almacenar hasta un 29 por 100 de su masa como
energía rotacional, y liberarla (capítulo 7). La edad de oro de la investigación
en agujeros negros todavía no había comenzado.]

La idea de que la implosión de una estrella para formar un agujero negro
podría activar a los cuásares suponía una separación radical de la tradición.
Esta era la primera vez en la historia que los astrónomos y los astrofísicos habían sentido la necesidad de apelar a efectos de la relatividad general para explicar un objeto que estaba siendo observado. Hasta entonces, los relativistas
habían vivido en un mundo y los astrónomos y los astrofísicos en otro, sin apenas comunicación. Su insularidad estaba a punto de terminar.

Para fomentar el diálogo entre los relativistas y los astrónomos y astrofísicos, y catalizar el progreso en el estudio de los cuásares, se celebró una conferencia con asistencia de trescientos científicos del 16 al 18 de diciembre de 1963,
en Dallas, Texas.[18] En un discurso tras una cena de este Primer Simposium de
Texas sobre Astrofísica Relativista, Thomas Gold, de la Universidad de Cornell, describió la situación con cierta ironía:

> [el misterio de los cuásares] permite sugerir que los relativistas con su trabajo
> sofisticado no son sólo magníficos adornos culturales ¡sino que realmente po-
> drían ser útiles para la ciencia! Todo el mundo está contento: los relativistas que
> se sienten apreciados y expertos en un campo que ellos apenas sabían que existía,

los astrofísicos por haber ampliado su dominio, su imperio, anexionándose otro campo: la relatividad general. Todo esto resulta muy agradable, de modo que esperemos que sea correcto. ¡Qué bochornoso sería que tuviéramos que despedir de nuevo a todos los relativistas!

Las conferencias se sucedieron casi sin interrupción desde las 8,30 de la mañana hasta las 6 de la tarde, con una hora para almorzar, más sesiones desde las 6 p.m. hasta aproximadamente las 2 a.m. para discusiones informales. Deslizada entre las conferencias había una corta presentación de diez minutos a cargo de un joven matemático neozelandés, Roy Kerr, que era desconocido para los demás participantes. Kerr acababa de descubrir su solución a la ecuación de campo de Einstein: la solución que, una década más tarde, resultaría describir todas las propiedades de los agujeros negros en rotación, incluyendo el almacenamiento y liberación de su energía rotacional (capítulos 7 y 11); la solución que, como veremos más adelante, constituiría finalmente la base para explicar la energía de los cuásares. Sin embargo, en 1963 la solución de Kerr les parecía a la mayoría de los científicos una curiosidad matemática; nadie sabía siquiera que describía un agujero negro, aunque Kerr especuló que de alguna forma podría dar ideas sobre la implosión de las estrellas en rotación.

Los astrónomos y los astrofísicos habían llegado a Dallas para discutir sobre los cuásares; no estaban en absoluto interesados en el esotérico tema matemático de Kerr. De modo que, cuando Kerr comenzó a hablar, muchos salieron de la sala de conferencias y acudieron al bar para discutir con los demás sobre sus teorías favoritas de cuásares. Otros, menos corteses, permanecieron sentados en la sala discutiendo entre cuchicheos. Muchos de los demás aprovecharon para echar una siesta en un esfuerzo inútil por recuperar su déficit de sueño debido a las sesiones científicas de madrugada. Sólo un puñado de relativistas escucharon con gran atención.

Esto era más de lo que Achilles Papapetrou, uno de los destacados relativistas mundiales, podía soportar. Cuando Kerr concluyó, Papapetrou pidió la palabra, se puso en pie, y con profundo sentimiento explicó la importancia de la hazaña de Kerr. Él, Papapetrou, había tratado durante treinta años de encontrar una solución semejante de la ecuación de Einstein, y había fracasado, como lo habían hecho muchos otros relativistas. Los astrónomos y los astrofísicos asintieron cortésmente, y luego, cuando el siguiente orador comenzó a hablar sobre una teoría de los cuásares, volvieron a prestar atención y la reunión recuperó de nuevo el ritmo.[19]

Los años sesenta marcaron un punto decisivo en el estudio de las radiofuentes. Anteriormente el estudio estaba dominado completamente por los astrónomos observacionales, es decir, los astrónomos ópticos y los físicos experimentales observadores de ondas de radio, que ahora se estaban integrando en la comunidad astronómica y se llamaban *radioastrónomos*. Los astrofísicos teóricos, por el contrario, habían contribuido poco debido a que las observaciones de radio no eran aún lo bastante detalladas para guiarles mucho en su teorización. Sus únicas contribuciones habían sido el darse cuenta de que las ondas de radio están producidas por electrones que se mueven en hélice a alta velocidad en torno a las líneas de campo magnético en los lóbulos radioemisores gigantes, y su cálculo de cuánta energía magnética y cinética implicaba esto.

En los años sesenta, a medida que las resoluciones de los radiotelescopios continuaban mejorando y las observaciones ópticas empezaban a revelar nuevas características de las fuentes de radio (por ejemplo, los tamaños minúsculos de los núcleos emisores de luz de los cuásares), este cuerpo de información creciente se convirtió en alimento para las mentes de los astrofísicos. A partir de esta rica información, los astrofísicos generaron docenas de modelos detallados para explicar las radiogalaxias y los cuásares, y luego sus modelos fueron descartados uno a uno por los datos observacionales acumulados. ¡Esto, al fin, era la forma en que se supone que trabaja la ciencia!

Un elemento clave de información fue el descubrimiento de los radioastrónomos de que las radiogalaxias emiten radioondas no sólo desde sus lóbulos dobles gigantes, uno a cada lado de la galaxia central, sino también desde el núcleo mismo de la galaxia central. En 1971, esto sugirió a Martin Rees, un reciente estudiante de Dennis Sciama en Cambridge, una idea radicalmente nueva sobre la activación de los lóbulos dobles. Quizá una sola máquina en el núcleo de la galaxia fuese responsable de *todas* las radioondas de la galaxia. Quizá esta máquina estaba activando directamente los electrones radioemisores y los campos magnéticos del núcleo; quizá estaba también llevando energía a los lóbulos gigantes, activando sus electrones y campos, y quizá esta máquina en los núcleos de las radiogalaxias era del mismo tipo (cualquiera que pudiera ser) de la que activaba los cuásares.[20]

Rees supuso inicialmente que los haces que llevan la energía del núcleo a los lóbulos estaban constituidos por ondas electromagnéticas de frecuencia ultrabaja. Sin embargo, los cálculos teóricos dejaron pronto claro que tales haces electromagnéticos no pueden penetrar a través del gas interestelar de la galaxia, por mucho que lo intenten.

Como suele suceder, la idea no del todo correcta de Rees estimuló una idea correcta. Malcolm Longair, Martin Ryle y Peter Scheuer en Cambridge asumieron la idea y la modificaron de una forma simple: mantuvieron los haces de Rees, pero los hicieron de gas caliente magnetizado en lugar de ondas electromagnéticas.[21] Rees coincidió inmediatamente en que este tipo de *chorro de gas* funcionaría, y con su estudiante Roger Blandford calculó las propiedades que deberían tener los chorros de gas.

Algunos años más tarde, esta predicción de que los lóbulos radioemisores están activados por chorros de gas que emergen de una máquina central fue espectacularmente confirmada utilizando nuevos radiointerferómetros gigantes en Gran Bretaña, Holanda y Norteamérica; muy especialmente el norteamericano VLA (*very large array*) en las llanuras de San Agustín en Nuevo México (figura 9.5). Los interferómetros vieron los chorros, y los chorros tenían precisamente las propiedades predichas. Llegaban desde el núcleo de la galaxia a los lóbulos, e incluso podían verse chocando contra el gas de los lóbulos y siendo frenados hasta detenerse.

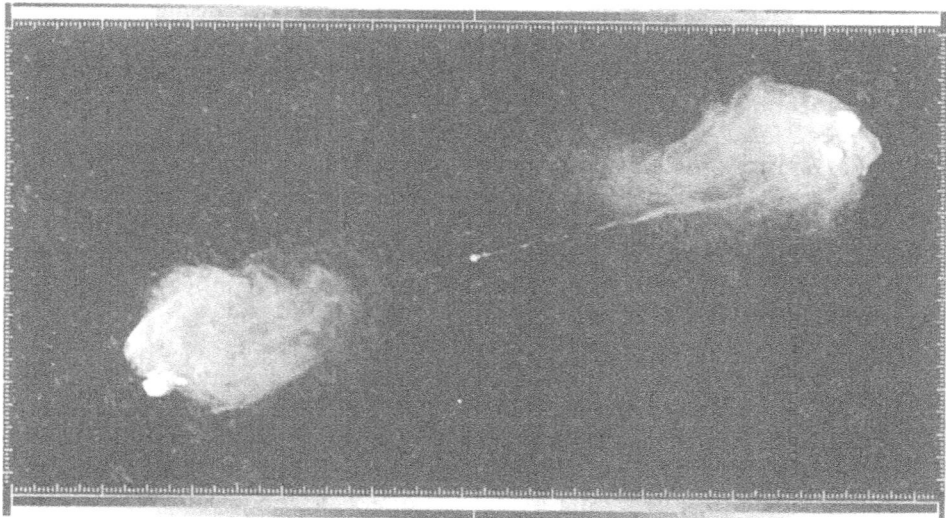

9.5. *Arriba*: el radiointerferómetro VLA en las llanuras de San Agustín en Nuevo México. *Abajo*: una imagen de la radioemisión procedente de la radiogalaxia Cygnus A obtenida con el VLA por R. A. Perley, J. W. Dreyer, y J. J. Cowan. El chorro que alimenta el lóbulo de radio de la parte derecha es bastante claro; el chorro que alimenta el lóbulo izquierdo es mucho más tenue. Nótese la enorme mejora en la resolución de esta imagen de radioondas comparada con el mapa de contornos de Reber de 1944 que no mostraba los lóbulos dobles en absoluto (figura 9.1d), y con el mapa de radio de Jennison y Das Gupta de 1953 que apenas mostraba la existencia de los lóbulos (dos rectángulos en la figura 9.3d), y con el mapa de contornos de Ryle de 1969 (figura 9.3d). (Ambas fotografías son cortesía de NRAO/AUI.)

El VLA utiliza la misma técnica de «puntos en el cuenco» que los radiointerferómetros de los años cuarenta y cincuenta (figura 9.2), pero su cuenco es mucho mayor y utiliza muchos más puntos (muchos más radiotelescopios conectados). Consigue resoluciones tan buenas como 1 segundo de arco, aproximadamente las mismas que los mejores telescopios ópticos del mundo, un logro enorme cuando se piensa en la rudimentariedad de los instrumentos originales de Jansky y Reber cuarenta años antes. Pero las mejoras no se detuvieron ahí. A comienzos de los años ochenta se estaban obteniendo imágenes de los núcleos de las radiogalaxias y los cuásares, con resoluciones 1.000 veces mejores que las de los telescopios ópticos, mediante los *interferómetros de muy larga línea de base* (*very long baseline interferometers* o VLBI) compuestos de radiotelescopios situados en extremos opuestos de un continente o del mundo. (La señal de salida de cada telescopio en un VLBI se registra en una cinta magnética junto con señales de tiempo de un reloj atómico, y luego las cintas de todos los telescopios se introducen en un ordenador donde se hacen «interferir» entre sí para producir las imágenes.)

Estas imágenes de VLBI demostraron, a comienzos de los años ochenta, que los chorros abarcan los pocos años-luz más internos del núcleo de una galaxia o un cuásar: la misma región en la que reside, en el caso de algunos cuásares tales como 3C273, un objeto emisor de luz, brillantemente luminoso, de un tamaño no mayor que un mes-luz. Presumiblemente la máquina central está dentro del objeto emisor de luz, y está activando no sólo a dicho objeto sino también a los chorros que luego alimentan a los radiolóbulos.

Los chorros proporcionaron aún otra clave para la naturaleza de la máquina central. Algunos chorros eran absolutamente rectos sobre distancias de un millón de años-luz o mayores. Si la fuente de semejantes chorros estuviese girando, entonces, como un aspersor rotatorio en una boca de riego, produciría chorros curvados. La rectitud de los chorros observada significaba así que la máquina central había estado lanzando sus chorros en la misma dirección fija durante un tiempo muy largo. ¿Cómo de largo? Puesto que el gas de los chorros no se puede mover más rápidamente que la velocidad de la luz, y puesto que algunos chorros rectos eran mayores que un millón de años-luz, la dirección de lanzamiento debía haber permanecido constante durante más de un millón de años. Para conseguir semejante constancia, la boca de la máquina, que expulsa los chorros, debe estar unida a un objeto perfectamente estacionario, algún tipo de *giróscopo* de gran duración. (Recuérdese que un giróscopo es un objeto rápidamente giratorio que mantiene fija la dirección de su eje de giro durante un tiempo muy largo. Tales giróscopos son componentes clave de los sistemas de navegación inercial para aviones y misiles.)

De las docenas de ideas que se habían propuesto a comienzos de los ochenta para explicar la máquina central, sólo una implicaba un perfecto giróscopo con una vida larga, un tamaño menor que un mes-luz y una capacidad para generar chorros potentes. Esta idea singular era un agujero negro gigante en rotación.

Agujeros negros gigantes

La idea de que agujeros negros gigantes podían activar los cuásares y las radio-galaxias fue concebida por Edwin Salpeter y Yakov Borisovich Zel'dovich[22] en 1964 (el primer año de la edad de oro; véase el capítulo 7). Esta idea era una aplicación obvia del descubrimiento de Salpeter-Zel'dovich de que las corrientes de gas, cayendo hacia un agujero negro, colisionarían y radiarían (véase la figura 8.4).

Una descripción más completa y realista de la caída de corrientes de gas hacia un agujero negro fue imaginada en 1969 por Donald Lynden-Bell,[23] un astrofísico británico en Cambridge. Lynden-Bell argumentó, convincentemente, que tras la colisión de las corrientes de gas, éstas se fundirían, y entonces las fuerzas centrífugas las harían moverse en espiral dando muchas vueltas en torno al agujero antes de caer dentro; y a medida que se movieran en espiral, formarían un objeto en forma de disco, muy parecido a los anillos que rodean al planeta Saturno: un *disco de acreción* lo llamó Lynden-Bell, puesto que el agujero esta «acreciendo» gas. (La mitad derecha de la figura 8.7 muestra una imagen artística de un disco de acreción semejante en torno al agujero de tamaño modesto en Cygnus X-1.) En el disco de acreción, las corrientes de gas adyacentes rozarán entre sí, y la intensa fricción de dicho roce calentará el disco a altas temperaturas.

En los años ochenta, los astrofísicos advirtieron que el objeto emisor de luz brillante en el centro de 3C273, el objeto de un tamaño de 1 mes-luz o menor, era probablemente el disco de acreción calentado por la fricción de Lynden-Bell.

Normalmente pensamos que la fricción es una pobre fuente de calor. ¡Recordemos al infortunado boy scout que trata de encender fuego frotando dos palos! Sin embargo, el boy scout está limitado por su débil potencia muscular, mientras que la fricción del disco de acreción se alimenta de energía gravitatoria. Puesto que la energía gravitatoria es enorme, mucho mayor que la energía nuclear, la fricción puede realizar fácilmente la tarea de calentar el disco y hacer que brille con un brillo 100 veces mayor que las galaxias más luminosas.

¿Cómo puede un agujero negro actuar como un giróscopo? James Bardeen y Jacobus Petterson de la Universidad de Yale comprendieron la respuesta en 1975:[24] si el agujero negro gira rápidamente, entonces se comporta precisamente como un giróscopo. La dirección del eje de giro permanece siempre firmemente fija e inalterada, y el remolino creado por el giro en el espacio próximo al agujero (figura 7.7) permanece siempre firmemente orientado en la misma dirección. Bardeen y Petterson demostraron mediante un cálculo matemático que este remolino en el espacio próximo al agujero debe agarrar la parte interna del disco de acreción y mantenerlo firmemente en el plano ecuatorial del agujero; y debe hacerlo así independientemente de cómo esté orientado el disco lejos del agujero (figura 9.6). A medida que se captura nuevo gas del espacio interestelar en la parte del disco distante del agujero, el gas puede cambiar

Remolino en el espacio

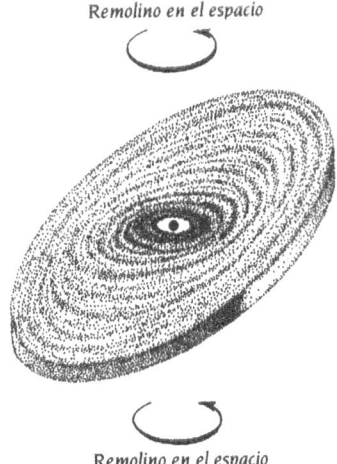

Remolino en el espacio

9.6. La rotación de un agujero negro produce un remolino en el espacio que rodea al agujero, y dicho remolino mantiene la parte interior del disco de acreción en el plano ecuatorial del agujero.

la orientación del disco en dicha región, pero nunca puede cambiar la orientación del disco cerca del agujero. La acción giroscópica del agujero lo impide. Cerca del agujero el disco permanece siempre en el plano ecuatorial del mismo.

Sin la solución de Kerr a la ecuación de campo de Einstein, esta acción giroscópica hubiera sido desconocida y habría sido imposible explicar los cuásares. Con la solución de Kerr a mano, los astrofísicos de mitad de los años setenta estaban llegando a una explicación clara y elegante. Por primera vez, el concepto de un agujero negro como un cuerpo dinámico, más que un simple «agujero en el espacio», estaba jugando un papel central en la explicación de las observaciones de los astrónomos.

¿Qué intensidad tendrá el remolino del espacio cerca del agujero gigante? En otras palabras, ¿cuál es la velocidad de rotación de los agujeros gigantes? James Bardeen dedujo la respuesta: demostró matemáticamente que la acreción de gas por el agujero debería hacer que el agujero girase cada vez más rápido. Cuando el agujero hubiera engullido suficiente gas en espiral para duplicar su masa, el agujero debería estar girando casi a su velocidad máxima posible,[25] la velocidad más allá de la cual las fuerzas centrífugas impiden cualquier aceleración adicional (capítulo 7). De este modo, los agujeros negros gigantes deberían tener típicamente momentos angulares próximos a su valor máximo.

¿Cómo pueden un agujero negro y su disco dar lugar a dos chorros que apuntan en direcciones opuestas? De una forma sorprendentemente fácil, reconocieron Blandford, Rees y Lynden-Bell en la Universidad de Cambridge a mediados de los setenta. Hay cuatro formas posibles de producir chorros; cualquiera de ellas funcionaría.

En primer lugar, advirtieron Blandford y Rees,[26] el disco puede estar rodeado de una nube de gas frío (figura 9.7a). Un viento que sopla de las caras superior e inferior del disco (análogo al viento que sopla desde la superficie del Sol) puede crear una burbuja de gas caliente en el interior de la nube fría. El gas caliente puede entonces perforar orificios en las caras superior e inferior de la nube fría y escaparse por ellos. De la misma forma que la boca de una manguera de jardín colima el agua que sale para formar una corriente fina y rápida, los orificios de la nube fría colimarán el gas caliente que sale para formar chorros delgados. La dirección de los chorros dependerá de la localización de los orificios. Las localizaciones más probables, si la nube fría gira aproximadamente en torno al mismo eje que el agujero negro, están a lo largo del eje común de giro, es decir, perpendiculares al plano de la parte interior del disco de acreción; y los orificios en estas posiciones producirán chorros cuya dirección está anclada a la rotación giroscópica del agujero negro.

En segundo lugar, puesto que el disco está tan caliente, su presión interna es muy alta, y esta presión puede hinchar el disco hasta que se haga muy grueso (figura 9.7b). En este caso, señaló Lynden-Bell,[27] el movimiento orbital del gas del disco producirá fuerzas centrífugas que crearán embudos semejantes a vórtices en las caras superior e inferior del disco. Estos embudos son exactamente análogos a los vórtices que a veces se forman cuando el agua gira en el desagüe de una bañera. El agujero negro corresponde al desagüe, y el gas del disco corresponde al agua. Las caras de los embudos tipo vórtice deberán estar tan calientes, debido a la fricción en el gas, que soplarán un viento fuerte, y los embudos podrán entonces colimar este viento en chorros, razonaba Lynden-Bell. Las direcciones de los chorros serán las mismas que las de los embudos, que a su vez están firmemente anclados al eje de giro giroscópico del agujero.

En tercer lugar, observó Blandford,[28] las líneas de campo magnético ancladas en el disco y sobresaliendo de él estarán obligadas, por el movimiento orbital del disco, a dar vueltas y vueltas (figura 9.7c). Las líneas de campo giratorias adoptarán una forma de hélice que se abre hacia arriba (o que se abre hacia abajo). Las fuerzas eléctricas deberían anclar el gas caliente (plasma) en las líneas de campo giratorias; el plasma puede deslizarse a lo largo de las líneas de campo pero no cruzarlas. Cuando las líneas de campo giren, las fuerzas centrífugas desviarán el plasma hacia afuera a lo largo de las mismas para formar dos chorros magnetizados, uno apuntando hacia afuera y hacia arriba, el otro hacia afuera y hacia abajo. De nuevo las direcciones de los chorros estarán firmemente ancladas al giro del agujero.

El cuarto método de producir chorros es más interesante que los otros y requiere más explicación. En este cuarto método, el agujero es atravesado por las líneas de campo magnético como se muestra en la figura 9.7d. Cuando el agujero gira, arrastra las líneas de campo que le rodean, haciendo que desvíen el plasma hacia arriba y hacia abajo, de una manera muy parecida a la del tercer método, para formar dos chorros. Los chorros apuntan a lo largo del eje de giro del agujero y su dirección está así firmemente anclada a la rotación giroscópica del agujero. Este método fue concebido por Blandford poco después

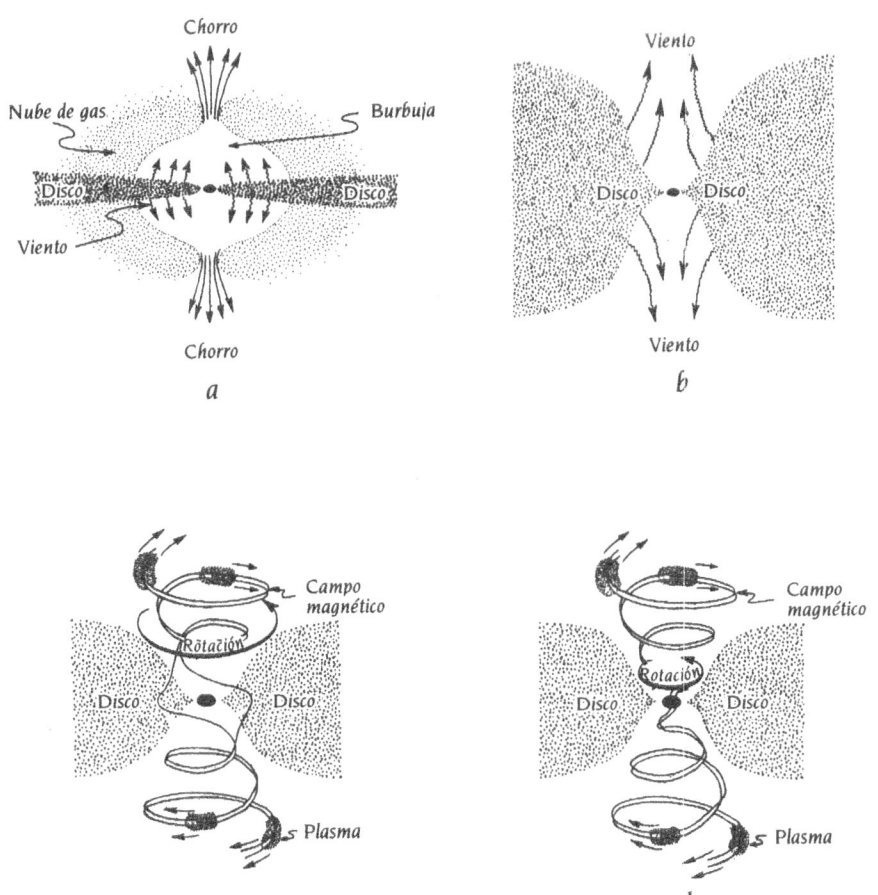

9.7.   Cuatro métodos mediante los que un agujero negro o su disco de acreción pueden dar energía a los chorros gemelos. *a*) Un viento procedente del disco sopla una burbuja en una nube de gas en rotación circundante; el gas caliente de la burbuja hace orificios en la nube a lo largo de su eje de giro; y chorros de gas caliente son expulsados a través de los orificios. *b*) El disco es achatado por la presión de su gran calor interno, y la superficie del disco rotatorio achatado forma dos embudos que coliman el viento del disco en dos chorros. *c*) Las líneas de campo magnético ancladas en el disco son obligadas a girar por la rotación orbital del disco; cuando giran, las líneas de campo desplazan el plasma hacia arriba y hacia abajo, y el plasma, deslizando a lo largo de las líneas de campo, forma dos chorros magnetizados. *d*) Las líneas de campo magnético que atraviesan el agujero negro son obligadas a girar por el remolino del espacio del agujero, y cuando giran, las líneas de campo desplazan el plasma hacia arriba y hacia abajo para formar dos chorros magnetizados.

de que recibiera su doctorado en física en Cambridge, junto con un estudiante graduado de Cambridge, Roman Znajek, y es por ello llamado el *proceso Blandford-Znajek*.[29]

El proceso Blandford-Znajek es especialmente interesante porque la energía que va a los chorros procede de la enorme energía rotacional del agujero. (Esto debería ser obvio porque es la rotación del agujero la que provoca el remolino del espacio, y es el remolino del espacio el que provoca la rotación de las líneas de campo y, a su vez, es la rotación de las líneas de campo la que desvía el plasma hacia afuera.)

¿Cómo es posible, en este proceso Blandford-Znajek, que el horizonte del agujero sea atravesado por líneas de campo magnético? Tales líneas de campo serían una forma de «pelo» que puede convertirse en radiación electromagnética y radiada hacia afuera, y por consiguiente, según el teorema de Price (capítulo 7), *deben* ser radiadas hacia afuera. En realidad, el teorema de Price es correcto sólo si el agujero negro está aislado, lejos de cualquier otro objeto. Pero el agujero que estamos discutiendo no está aislado; está rodeado de un disco de acreción. Si las líneas de campo de la figura 9.7d surgen del agujero, las líneas que salen del hemisferio norte del agujero y las que salen del hemisferio sur se doblarán para empalmarse y ser una continuación una de otra, y la única forma de que estas líneas puedan entonces escapar es abriendo su camino a través del gas caliente del disco de acreción. Pero el gas caliente no permitirá que las líneas de campo lo atraviesen; las confina firmemente en la región del espacio en la cara interna del disco y, puesto que la mayor parte de dicha región está ocupada por el agujero, la mayoría de las líneas de campo confinadas atravesarán el agujero.

¿De dónde proceden estas líneas de campo magnético? Del propio disco. Cualquier gas en el Universo está magnetizado, al menos un poco, y el gas del disco no es una excepción.* Conforme el agujero acrece, poco a poco, gas del disco, el gas lleva con él sus líneas de campo magnético. Cada pequeña cantidad de gas que se aproxima al agujero arrastra sus líneas de campo magnético y, al cruzar el horizonte, deja las líneas de campo detrás, sobresaliendo del horizonte y enroscándose como en la figura 9.7d. Estas líneas de campo enroscadas, firmemente confinadas por el disco circundante, extraerían entonces la energía rotacional del agujero mediante el proceso Blandford-Znajek.

Los cuatro métodos de producir chorros (orificios en una nube de gas, viento de un embudo, líneas de campo arremolinadas ancladas en el disco, y el proceso Blandford-Znajek) actúan probablemente, en grados diversos, en los cuásares, en las radiogalaxias y en los núcleos característicos de algunos otros tipos de galaxias (núcleos que se denominan *núcleos galácticos activos*).

---

* Los campos magnéticos se han ido formando continuamente durante la vida del Universo por los movimientos de gas estelar e interestelar, y una vez generados, los campos magnéticos son extremadamente difíciles de eliminar. Cuando se acumula el gas interestelar en un disco de acreción, lleva consigo su campo magnético.

Si los cuásares y las radiogalaxias están activados por el mismo tipo de máquina de agujero negro,[30] ¿qué hace que parezcan tan diferentes? ¿Por qué la luz de un cuásar aparece como si procediera de un objeto similar a una estrella, intensamente luminoso y de un tamaño de 1 mes-luz o menor, mientras que la luz de una radiogalaxia procede de un agregado de estrellas similar a la Vía Láctea, de un tamaño de 100.000 años-luz?

Parece casi seguro que los cuásares no son muy diferentes de las radiogalaxias; sus máquinas centrales también están rodeadas de una galaxia de estrellas de un tamaño de 100.000 años-luz. Sin embargo, en un cuásar el agujero negro central está alimentado a un ritmo especialmente elevado por el gas en acreción (figura 9.8) y, consiguientemente, el calentamiento friccional del disco es también elevado. Este enorme calentamiento hace que el disco brille tan fuertemente que su brillo óptico es cientos o miles de veces mayor que el de todas las estrellas de la galaxia circundante juntas. Los astrónomos, cegados por el brillo del disco, no pueden ver las estrellas de la galaxia, y por ello el objeto parece «cuasiestelar» (es decir, similar a una estrella; como un minúsculo punto luminoso intenso) en lugar de parecerse a una galaxia.*

La región más interna del disco está tan caliente que emite rayos X; un poco más lejos, el disco está más frío y emite radiación ultravioleta; aún más lejos está más frío todavía y emite radiación óptica (luz); y en su región más externa está incluso más frío y emite radiación infrarroja. La región emisora de luz tiene típicamente un tamaño de aproximadamente un año-luz, aunque en algunos casos, tales como 3C273, puede ser de un mes-luz o más pequeña, y por ello puede variar en brillo durante periodos tan cortos como un mes. Gran parte de la radiación de rayos X y luz ultravioleta emitida desde las regiones más internas golpea y calienta las nubes de gas que están a varios años-luz del disco; son estas nubes calentadas las que emiten las líneas espectrales mediante las cuales se descubrieron por primera vez los cuásares. Un viento magnetizado que sople del disco, en algunos cuásares pero no en todos, será suficientemente fuerte y estará suficientemente bien colimado para producir chorros radioemisores.

En una radiogalaxia, al contrario que en un cuásar, el disco de acreción central es presumiblemente más bien estático. El que sea estático significa una baja fricción en el disco y, por consiguiente, bajo calentamiento y baja luminosidad, de modo que el disco brilla con mucha menos intensidad que el resto de la galaxia. Por ello, los astrónomos ven la galaxia y no el disco con sus telescopios ópticos. Sin embargo, el disco, el agujero giratorio y los campos magnéticos que atraviesan el agujero producen en conjunto chorros intensos, probablemente de la forma de la figura 9.7d (el proceso Blandford-Znajek), y estos chorros son disparados a través de la galaxia hacia el espacio intergaláctico, donde alimentan de energía los enormes lóbulos radioemisores de la galaxia.

Estas explicaciones para los cuásares y las radiogalaxias basadas en agujeros negros son tan satisfactorias que es tentador asegurar que *deben* ser correc-

* La palabra «cuásar» es una abreviatura de «cuasi-estelar».

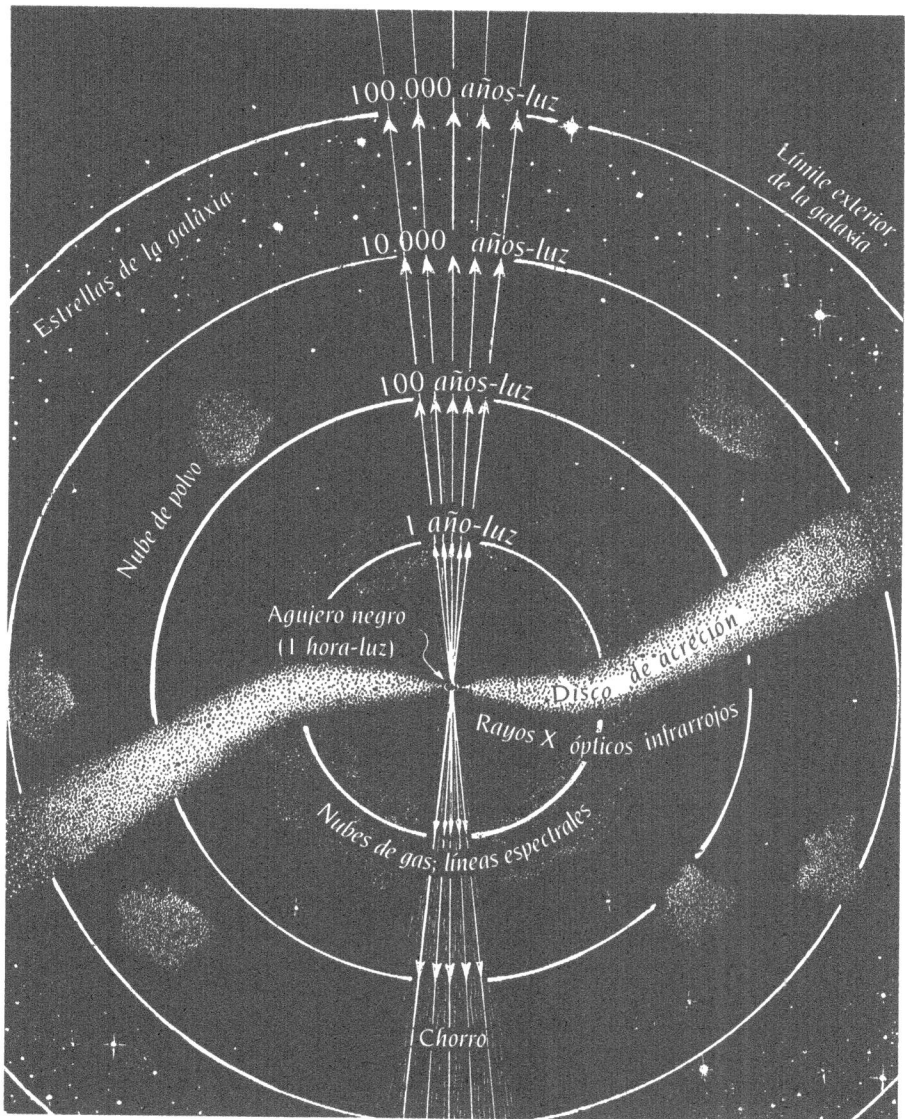

9.8.   Nuestra mejor comprensión actual de las estructuras de los cuásares y radiogalaxias. Este modelo detallado, basado en todos los datos observacionales, ha sido desarrollado por Sterl Phinney del Caltech y otros.

tas, y que los chorros de una galaxia deben ser una señal identificadora unívoca que nos grita: «¡procedo de un agujero negro!». Sin embargo, los astrofísicos son algo cautos. Preferirían algo más riguroso. Es aún posible explicar todas las propiedades observadas de las radiogalaxias y los cuásares utilizando una máquina alternativa no basada en un agujero negro: una estrella supermasiva, magnetizada y rápidamente giratoria con una masa de millones o miles de millones de veces la del Sol; un tipo de estrella que nunca ha sido observada por los astrónomos, pero que la teoría sugiere que podría formarse en los centros de las galaxias. Semejante estrella supermasiva se comportaría de forma muy similar al disco de acreción de un agujero. Al contraerse hasta un tamaño pequeño (aunque un tamaño aún mayor que su circunferencia crítica), podría liberar una enorme cantidad de energía gravitatoria; esta energía, por vía de la fricción, podría calentar la estrella de forma que tuviera un brillo tan intenso como un disco de acreción; y las líneas de campo magnético ancladas en la estrella girarían y lanzarían el plasma en chorros.

Pudiera ser que algunas radiogalaxias o cuásares estén activados por semejantes estrellas supermasivas. Sin embargo, las leyes de la física insisten en que una estrella semejante debería contraerse gradualmente a tamaños cada vez más pequeños, y luego, cuando se acerca a su circunferencia crítica, implosionaría para formar un agujero negro. El tiempo de vida total de la estrella antes de la implosión debería ser mucho menor que la edad del Universo. Esto sugiere que, aunque las radiogalaxias y los cuásares más jóvenes *podrían* estar activados por estrellas supermasivas, los más viejos están activados casi con seguridad por agujeros gigantes —*casi* con seguridad, pero no con seguridad *absoluta*. Estos argumentos no son incontrovertibles.

¿Hasta qué punto son comunes los agujeros negros gigantes? Los datos acumulados gradualmente durante los años ochenta sugieren que tales agujeros habitan no sólo en los núcleos de la mayoría de los cuásares y radiogalaxias, sino también en los núcleos de la mayoría de las galaxias normales (no radiogalaxias) y galaxias grandes tales como la Vía Láctea y Andrómeda, e incluso en los núcleos de algunas pequeñas galaxias tales como la compañera enana de Andrómeda, M32. En las galaxias normales (la Vía Láctea, Andrómeda, M32) el agujero negro no está presumiblemente rodeado por ningún disco de acreción, o solamente lo está por un tenue disco que derrama sólo cantidades modestas de energía.

La evidencia para un agujero semejante en nuestra Vía Láctea (en 1993) es sugestiva, aunque lejos de ser firme.[31] Una pequeña clave de evidencia procede de los movimientos orbitales de nubes de gas próximas al centro de la galaxia. Las observaciones infrarrojas de dichas nubes, realizadas por Charles Townes y sus colegas en la Universidad de California en Berkeley, muestran que están orbitando en torno a un objeto con una masa alrededor de 3 millones de veces mayor que la del Sol, y las observaciones de radio revelan una fuente de radio muy peculiar, aunque no intensa, en la posición del objeto central; una fuente de radio sorprendentemente pequeña, no mayor que nuestro Sistema Solar. Estos son los tipos de observaciones que uno esperaría de un agujero negro estático con una masa de 3 millones de soles y con sólo un tenue disco de acreción; pero también se pueden explicar de otras formas.

La posibilidad de que los agujeros negros gigantes puedan existir y habitar en los centros de las galaxias llegó como una sorpresa tremenda para los astrónomos. Visto en retrospectiva, sin embargo, es fácil comprender cómo se podrían formar tales agujeros en un núcleo galáctico.

En cualquier galaxia, cada vez que dos estrellas se cruzan, sus fuerzas gravitatorias las desvían una en torno a la otra y luego las lanzan en direcciones diferentes de sus caminos originales. (Es el mismo tipo de desviación y lanzamiento que cambia las órbitas de las naves espaciales de la NASA cuando se acercan a planetas como Júpiter.) En la desviación y lanzamiento, una de las estrellas normalmente se dirige hacia adentro, hacia el centro de la galaxia, mientras la otra sale despedida hacia afuera, alejándose del centro. El efecto acumulativo de muchas de estas desviaciones y lanzamientos consiste en dirigir algunas de las estrellas hacia las profundidades del centro de la galaxia. Análogamente, resulta que el efecto acumulativo de la fricción en el gas interestelar de la galaxia consiste en dirigir gran parte del gas hacia el núcleo galáctico.

A medida que se acumula cada vez más gas y estrellas en el núcleo, la gravedad del aglomerado que forman debería hacerse cada vez mas intensa. Finalmente, la gravedad del aglomerado puede hacerse tan intensa que supere su presión interna, y el aglomerado puede implosionar para formar un agujero gigante. Alternativamente, las estrellas masivas en el aglomerado pueden implosionar para formar agujeros pequeños, y estos agujeros pequeños pueden colisionar con los demás y con estrellas y gas para formar agujeros cada vez mayores, hasta que un solo agujero gigante domina el núcleo. Estimaciones del tiempo necesario para tales implosiones, colisiones y coalescencias hacen plausible (aunque no obligatorio) que la mayoría de las galaxias hayan estado incubando agujeros negros gigantes en sus núcleos desde hace mucho tiempo.

Si las observaciones astronómicas no sugirieran con fuerza que los núcleos de las galaxias están habitados por agujeros negros gigantes, es probable que los astrofísicos no los hubieran predicho ni siquiera hoy en los años noventa. Sin embargo, puesto que las observaciones *sí* sugieren agujeros gigantes, los astrofísicos se acomodan fácilmente a la sugerencia. Esto es indicativo de nuestra pobre comprensión de lo que realmente sucede en los núcleos de las galaxias.

¿Qué futuro nos espera? ¿Tenemos que preocuparnos de que el agujero gigante de nuestra Vía Láctea pueda engullir a la Tierra? Es fácil hacer algunos números. El agujero central de nuestra galaxia (si realmente existe) tiene una masa de alrededor de 3 millones de veces la masa del Sol, y por lo tanto tiene una circunferencia de alrededor de 50 millones de kilómetros, o 200 segundos-luz, aproximadamente una décima parte de la circunferencia de la órbita de la Tierra en torno al Sol. Esto es algo minúsculo comparado con el tamaño de la propia galaxia. Nuestra Tierra, junto con el Sol, está orbitando en torno al centro de la galaxia en una órbita con una circunferencia de 200.000 años-luz, alrededor de 30.000 millones de veces mayor que la circunferencia del agujero. Si el agujero llegara a engullir finalmente la mayor parte de la masa de la galaxia, su circunferencia se expandiría sólo en aproximadamente 1 año-luz, todavía 200.000 veces más pequeño que la circunferencia de nuestra órbita.

Por supuesto, en los aproximadamente 10^{18} años (100 millones de veces la edad actual del Universo) que serían necesarios para que nuestro agujero central se tragase una gran fracción de la masa de nuestra galaxia, la órbita de la Tierra y el Sol habría cambiado de forma substancial. No es posible predecir los detalles de dichos cambios, puesto que no concocemos suficientemente bien las posiciones y movimientos de todas las demás estrellas que pueden encontrar el Sol y la Tierra durante 10^{18} años. Por lo tanto, no podemos predecir si la Tierra y el Sol se desviarán finalmente hacia el interior del agujero central de la galaxia o si serán expulsados de la galaxia. Sin embargo, podemos estar seguros de que, si la Tierra fuese finalmente engullida, su muerte está a aproximadamente 10^{18} años en el futuro, tan lejana que muchas otras catástrofes acabarán probablemente con la Tierra y la humanidad mucho antes.

Ondulaciones de curvatura

*donde las ondas gravitatorias transportan a la Tierra
sinfonías codificadas de agujeros negros en colisión,
y los físicos idean instrumentos
para registrar las ondas
y descifrar sus sinfonías*[1]

Sinfonías

E n el corazón de una galaxia lejana, a 1.000 millones de años-luz de la Tierra y hace 1.000 millones de años, se acumuló un denso aglomerado de gas y cientos de millones de estrellas. El aglomerado se contrajo gradualmente, a medida que algunas estrellas escapaban y los 100 millones de estrellas restantes se hundían más hacia el centro. Al cabo de 100 millones de años, el aglomerado se había contraído hasta un tamaño de varios años-luz, y pequeñas estrellas empezaron, ocasionalmente, a chocar y fusionarse, formando estrellas mayores. Las estrellas mayores consumieron su combustible y luego implosionaron para formar agujeros negros; y, en ocasiones, cuando dos de estos agujeros pasaban uno cerca de otro, quedaron ligados formando pares en los que cada agujero giraba en órbita alrededor del otro.

La figura 10.1 muestra un diagrama de inserción para un *agujero negro binario* semejante. Cada agujero crea un pozo profundo (intensa curvatura espacio-temporal) en la superficie insertada y, a medida que los agujeros giran uno en torno al otro, los pozos en órbita producen ondulaciones de curvatura que se propagan hacia afuera a la velocidad de la luz. Los ondulaciones forman una espiral en el tejido del espacio-tiempo en torno al sistema binario, muy semejante a la estructura en espiral del agua que procede de un aspersor de césped que gira rápidamente. De la misma forma que cada gota de agua sale del aspersor prácticamente en dirección radial, también cada trozo de curvatura sale prácticamente en dirección radial; y de la misma forma que las gotas que salen forman en conjunto una corriente de agua en espiral, así también los fragmentos de curvatura forman en conjunto crestas y valles en espiral en el tejido del espacio-tiempo.

Puesto que la curvatura espacio-temporal es lo mismo que la gravedad, es-

10.1. Un diagrama de inserción que representa la curvatura del espacio en el «plano» orbital de un sistema binario constituido por dos agujeros negros. En el centro hay dos pozos que representan la fuerte curvatura espacio-temporal alrededor de los dos agujeros. Estos pozos son los mismos que encontramos en los diagramas de inserción de agujeros negros anteriores, por ejemplo, en la figura 7.6. Mientras los agujeros orbitan uno en torno al otro, crean ondulaciones de curvatura que se propagan hacia afuera llamadas *ondas gravitatorias*. (Cortesía de LIGO Project, California Institute of Technology.)

tas ondulaciones de curvatura son realmente ondas de gravedad, u *ondas gravitatorias*. La teoría de la relatividad general de Einstein predice, de forma inequívoca, que tales ondas gravitatorias deben producirse siempre que dos agujeros negros orbiten uno en torno al otro; y también siempre que dos estrellas orbiten una en torno a la otra.

Cuando parten hacia el espacio exterior, las ondas gravitatorias producen una reacción sobre los agujeros de la misma forma que una bala hace retroceder al fusil que la dispara. El retroceso producido por las ondas aproxima más los agujeros y les hace moverse a velocidades mayores; es decir, hace que se muevan en una espiral que se cierra lentamente y se vayan acercando. Al cerrarse la espiral se libera poco a poco energía gravitatoria, una mitad de la cual va a las ondas y la otra mitad va a incrementar las velocidades orbitales de los agujeros.

El movimiento en espiral de los agujeros es lento al principio; luego, a medida que los agujeros se acercan, se mueven con más velocidad, radian sus ondulaciones de curvatura con más intensidad, y pierden energía y se cierran en espiral con más rapidez (figura 10.2a,b). Finalmente, cuando cada agujero se está moviendo a una velocidad próxima a la de la luz, sus horizontes se tocan

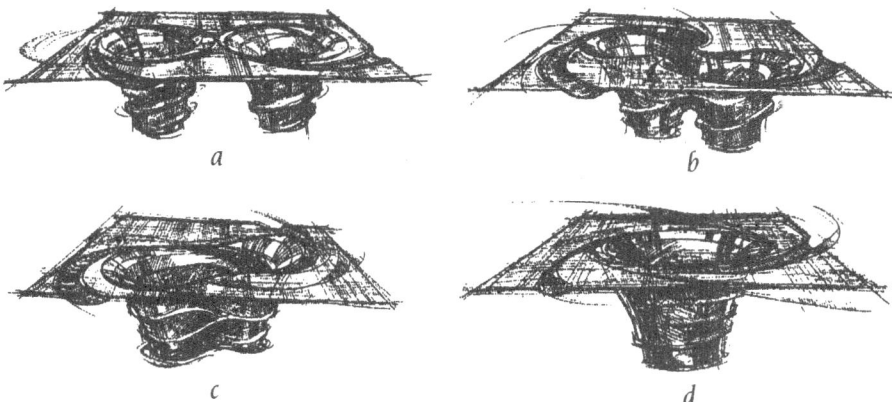

a   *b*

c   *d*

10.2. Diagramas de inserción que representan la curvatura del espacio en torno a un sistema binario constituido por dos agujeros negros. Los diagramas han sido retocados por el artista para dar una sensación de movimiento. Cada uno de los diagramas sucesivos corresponde a un instante posterior de tiempo, cuando los dos agujeros se mueven en espiral convergente uno en torno al otro. En los diagramas *a* y *b*, los horizontes de los agujeros son los círculos en el fondo de los pozos. Los horizontes se funden precisamente antes del diagrama *c*, para formar un solo horizonte en forma de pesas de gimnasia. Las pesas en rotación emiten ondas gravitatorias, que se llevan su deformación, dejando detrás un agujero negro de Kerr liso y en rotación en el diagrama *d*. (Cortesía de LIGO Project, California Institute of Technology.)

y se fusionan. Donde una vez hubo dos agujeros, ahora sólo hay uno: un agujero que gira rápidamente y tiene forma de pesa de gimnasia (figura 10.2c). Conforme gira el horizonte, su forma de pesa radia ondulaciones de curvatura y estas ondulaciones hacen retroceder poco a poco al agujero, reduciendo gradualmente las protuberancias de la pesa hasta que desaparecen (figura 10.2d). El horizonte del agujero giratorio queda perfectamente liso y con su sección ecuatorial circular, con la forma descrita precisamente por la solución de Kerr a la ecuación de campo de Einstein (capítulo 7).

Examinando el agujero negro liso final, no hay ningún modo de descubrir su historia pasada. No es posible distinguir si fue creado por la coalescencia de dos agujeros más pequeños, o por la implosión directa de una estrella constituida por materia, o por la implosión directa de una estrella constituida por antimateria. El agujero negro no tiene «pelo» a partir del cual se pueda descifrar su historia (capítulo 7).

Sin embargo, la historia no se ha perdido por completo: ha quedado un registro codificado en las ondulaciones de la curvatura espacio-temporal que emitieron los agujeros coalescentes. Dichas ondulaciones de curvatura son muy parecidas a las ondas sonoras de una sinfonía. De la misma forma que la sinfonía está codificada en las modulaciones de las ondas sonoras (mayor amplitud aquí, menor allí; vibraciones de mayor frecuencia aquí, menores allí), también la historia de la coalescencia está codificada en modulaciones de las ondulaciones de curvatura. Y de la misma forma que las ondas sonoras llevan su sinfonía codificada desde la orquesta que la produce a la audiencia, también las ondulaciones de curvatura llevan su historia codificada desde los agujeros fusionados al Universo distante.

Las ondulaciones de curvatura viajan hacia afuera por el tejido del espacio-tiempo a través del aglomerado de estrellas y gas del que nacieron los agujeros. El aglomerado no absorbe las ondulaciones ni las distorsiona en absoluto; la historia codificada de las ondulaciones permanece perfectamente invariable. Las ondulaciones se propagan hacia afuera, atraviesan la galaxia madre del aglomerado y el espacio intergaláctico, atraviesan el cúmulo de galaxias del que forma parte la galaxia madre, luego siguen atravesando un cúmulo de galaxias tras otro hasta llegar a nuestro propio cúmulo, dentro del cual está nuestra Vía Láctea con nuestro Sistema Solar, atraviesan la Tierra, y continúan hacia otras galaxias distantes.

Si nosotros los seres humanos fuéramos suficientemente hábiles, deberíamos ser capaces de registrar las ondulaciones de curvatura espacio-temporal cuando pasan. Nuestros ordenadores podrían traducirlas de ondulaciones de curvatura a ondulaciones de sonido, y entonces oiríamos la sinfonía de los agujeros: una sinfonía que sube de tono y de intensidad poco a poco a medida que los agujeros se acercan, luego oscila de una forma incontrolada cuando se funden en un sólo agujero deformado, y más tarde se desvanece lentamente con un tono constante a medida que las protuberancias del agujero se contraen poco a poco y desaparecen.

Si somos capaces de descifrarla, la sinfonía de las ondulaciones contendrá una gran riqueza de información:

1. La sinfonía contendrá una señal identificadora que dice: «procedo de un par de agujeros negros que se están acercando en espiral y fusionando». Este sería el tipo de señal absolutamente inequívoca de un agujero negro que los astrónomos han estado buscando en vano hasta ahora utilizando luz y rayos X (capítulo 8) y radioondas (capítulo 9). Debido a que la luz, los rayos X y las radioondas se producen muy lejos del horizonte de un agujero, y debido a que son emitidos por un tipo de material (electrones calientes a alta velocidad) que es completamente diferente del material del que está hecho el agujero (pura curvatura espacio-temporal), y debido también a que pueden quedar fuertemente distorsionados al propagarse a través de la materia interpuesta, pueden traernos poca información sobre el agujero, y ninguna señal definitiva. Las ondulaciones de curvatura (ondas gravitatorias), por el contrario, se producen muy cerca de los horizontes de los agujeros coalescentes, están hechas del mismo material (una deformación del tejido del espacio-tiempo) que los agujeros, no quedan distorsionadas en absoluto al propagarse a través de la materia interpuesta; y, como consecuencia, pueden traernos información detallada sobre los agujeros y una señal inequívoca de agujero negro.

2. La sinfonía de las ondulaciones puede decirnos exactamente la masa de cada uno de los agujeros, la rapidez con la que giran, la forma de su órbita (¿circular? ¿oblonga?), en qué parte del cielo se encuentran los agujeros, y a qué distancia están de la Tierra.

3. La sinfonía contendrá un mapa parcial de la curvatura espacio-temporal de los agujeros negros en espiral. Por primera vez seremos capaces de verificar definitivamente las predicciones de la relatividad general respecto a los agujeros negros: ¿coincide el mapa de la sinfonía con la solución de Kerr de la ecuación de campo de Einstein (capítulo 7)? ¿Muestra el mapa el remolino del espacio cerca del agujero giratorio como exige la solución de Kerr? ¿Coincide la magnitud del remolino con la solución de Kerr? ¿Coincide la variación del remolino cuando uno se aproxima al horizonte con la solución de Kerr?

4. La sinfonía describirá la coalescencia de los horizontes de los dos agujeros y las vibraciones incontroladas de los agujeros recién fusionados, fusión y vibraciones de las que, hoy día, sólo tenemos una vaga idea. Las comprendemos sólo de una forma vaga porque están gobernadas por una característica de las leyes de la relatividad general de Einstein de la que sólo tenemos una pobre comprensión: la *no linealidad* de las leyes (recuadro 10.1). Por «no linealidad» se entiende la tendencia de la curvatura fuerte a producir por sí misma más curvatura, que a su vez produce aún más curvatura, de forma muy similar al crecimiento de una avalancha, donde un hilo de nieve deslizante atrae más nieve al flujo que, a su vez, atrapa más nieve hasta que toda una ladera de nieve está en movimiento. Comprendemos esta no linealidad en un agujero negro estático; allí es la reponsable de mantener unido el agujero; es el «pegamento» del agujero. Pero no comprendemos qué hace la no linealidad, cómo se comporta o cuáles son sus efectos cuando la intensa curvatura es violentamente dinámica. La coalescencia y vibración de dos agujeros es un «laboratorio» prometedor en el que buscar semejante comprensión. La comprensión puede venir de una cooperación mano a mano entre los físicos experimentales que registran las ondulaciones sinfónicas de agujeros coalescentes en el Universo lejano y los físicos teóricos que simulan la coalescencia en superordenadores.

Alcanzar esta comprensión requerirá registrar las ondulaciones sinfónicas de la curvatura de los agujeros. ¿Cómo pueden registrarse? La clave está en la naturaleza física de la curvatura: la curvatura espacio-temporal es lo mismo que la gravedad de marea. La curvatura espacio-temporal producida por la Luna provoca las mareas en los océanos de la Tierra (figura 10.3a) y, análogamente, las ondulaciones de curvatura espacio-temporal en una onda gravitatoria provocarán mareas oceánicas (figura 10.3b).

Sin embargo, la relatividad general insiste en que las mareas oceánicas provocadas por la Luna y las provocadas por una onda gravitatoria difieren en tres aspectos fundamentales. La primera diferencia es la propagación. Las fuerzas

RECUADRO 10.1

La no linealidad y sus consecuencias

Una magnitud se denomina *lineal* si su tamaño total es la suma de sus partes; de otro modo es *no lineal*.

Mis ingresos familiares son lineales: son la suma del salario de mi mujer y mi propio salario. La cantidad de dinero que tengo en mi fondo de jubilación es no lineal: no es la suma de todas las contribuciones que he invertido en el pasado; más bien, es bastante mayor que dicha suma, puesto que cada contribución comenzó a dar intereses cuando fue invertida, y cada cantidad de interés genera a su vez nuevos intereses por sí misma.

El volumen de agua que fluye a una alcantarilla es lineal: es la suma de las contribuciones de todas las casas que desembocan en la alcantarilla. El volumen de nieve que fluye en una avalancha es no lineal: una minúscula vibración de nieve puede desencadenar que toda una ladera de nieve empiece a deslizarse.

Los fenómenos lineales son simples, fáciles de analizar, fáciles de predecir. Los fenómenos no lineales son complejos y difíciles de predecir. Los fenómenos lineales exhiben sólo unos pocos tipos de comportamiento; son fáciles de clasificar. Los fenómenos no lineales exhiben una gran riqueza, una riqueza que los científicos e ingenieros sólo han apreciado en años recientes, a medida que han empezado a enfrentarse a un tipo de comportamiento no lineal denominado *caos*. (Para una bella introducción al concepto de caos, véase Gleick, 1987.)

Cuando la curvatura del espacio-tiempo es débil (como en el Sistema Solar), es muy aproximadamente lineal; por ejemplo, las mareas en los océanos de la Tierra son la suma de las mareas producidas por la curvatura espacio-temporal de la Luna (gravedad de marea) y las mareas producidas por el Sol. Por el contrario, cuando la curvatura espacio-temporal es fuerte (como en el big bang o cerca de un agujero negro), las leyes de la gravedad de la relatividad general de Einstein predicen que la curvatura debería ser extremadamente no lineal: uno de los fenómenos con más no linealidad del Universo. Sin embargo, en la medida en que todavía no poseemos casi datos experimentales u observacionales para mostrarnos los efectos de la no linealidad gravitatoria, y en la medida en que no somos capaces de resolver la ecuación de Einstein, nuestras soluciones sólo nos han mostrado la no linealidad en situaciones simples, por ejemplo, en torno a un agujero negro estacionario en rotación.

Un agujero negro estacionario debe su existencia a la no linealidad gravitatoria; sin la no linealidad gravitatoria el agujero no podría mantenerse a sí mismo, de la misma forma que, sin no linealidades gaseosas, la gran mancha roja del planeta Júpiter no podría mantenerse unida. Cuando la estrella en implosión que crea un agujero negro desaparece a través del horizonte del agujero, la estrella pierde su capacidad para influir de cualquier modo al agujero; y lo que es más importante, la gravedad de la estrella ya no puede mantener unido al agujero. El agujero continúa entonces existiendo únicamente debido a la no linealidad gravitatoria: la curvatura espacio-temporal del agujero continuamente se regenera a sí misma de forma no lineal, sin la ayuda de la estrella; y la curvatura autogenerada actúa como un «pegamento» no lineal para unirlo.

El agujero negro estacionario despierta nuestros deseos de saber más. ¿Qué otros fenómenos puede producir la no linealidad gravitatoria? Algunas respuestas pueden venir del registro y descifrado de las ondulaciones de la curvatura espacio-temporal producida por agujeros negros coalescentes. Allí podríamos ver comportamientos caóticos extraños que nunca hemos previsto.

---

de marea de una onda gravitatoria (ondulaciones de curvatura) son análogas a las ondas de luz o las radioondas: viajan desde su fuente a la Tierra a la velocidad de la luz, oscilando a medida que viajan. Las fuerzas de marea de la Luna, por el contrario, son parecidas al campo eléctrico de un cuerpo cargado. De la misma forma que el campo eléctrico está firmemente unido al cuerpo cargado y éste lo lleva siempre con él, sobresaliendo del mismo como las espinas de un erizo, también las fuerzas de marea están firmemente unidas a la Luna y la Luna las lleva con ella, sobresaliendo de una forma que nunca cambia, siempre lista para atrapar y comprimir y estirar cualquier cosa que esté en la vecindad de la Luna. El que las fuerzas de marea de la Luna compriman y estiren los océanos de la Tierra de una forma que parece cambiar cada pocas horas se debe simplemente a que la Tierra gira dentro de ellas. Si la Tierra no girara, la compresión y el estiramiento serían constantes e invariables.

La segunda diferencia es la dirección de las mareas (figuras 10.3a,b): la Luna produce fuerzas de marea en todas las direcciones espaciales. Estira los océanos en la dirección *longitudinal* (tanto hacia la Luna como en dirección opuesta a la misma), y comprime los océanos en direcciones *transversales* (perpendiculares a la dirección de la Luna). Por el contrario, una onda gravitatoria no produce ninguna fuerza de marea en la dirección longitudinal (a lo largo de la dirección de propagación de la onda). Sin embargo, en el plano transversal la onda estira los océanos en una dirección (la dirección arriba-abajo en la figura 10.3b) y los comprime a lo largo de la otra dirección (dirección atrás-adelante en la figura 10.3b). Este proceso de estiramiento y compresión es oscilatorio. Cuando pasa una cresta de la onda, el estiramiento es en dirección arriba-abajo y la compresión es en dirección adelante-atrás; cuando pasa un valle de la onda se produce una inversión hacia una compresión arriba-abajo y un estiramiento adelante-atrás; cuando llega la próxima cresta, se produce de nuevo una inversión hacia un estiramiento arriba-abajo y una compresión adelante-atrás.

La tercera diferencia entre las mareas de la Luna y las de una onda gravitatoria es su tamaño. La Luna produce mareas de aproximadamente 1 metro de tamaño, de modo que la diferencia entre la marea alta y la marea baja es de unos 2 metros. Por el contrario, las ondas gravitatorias de agujeros negros coalescentes producirían mareas en los océanos de la Tierra no mayores que

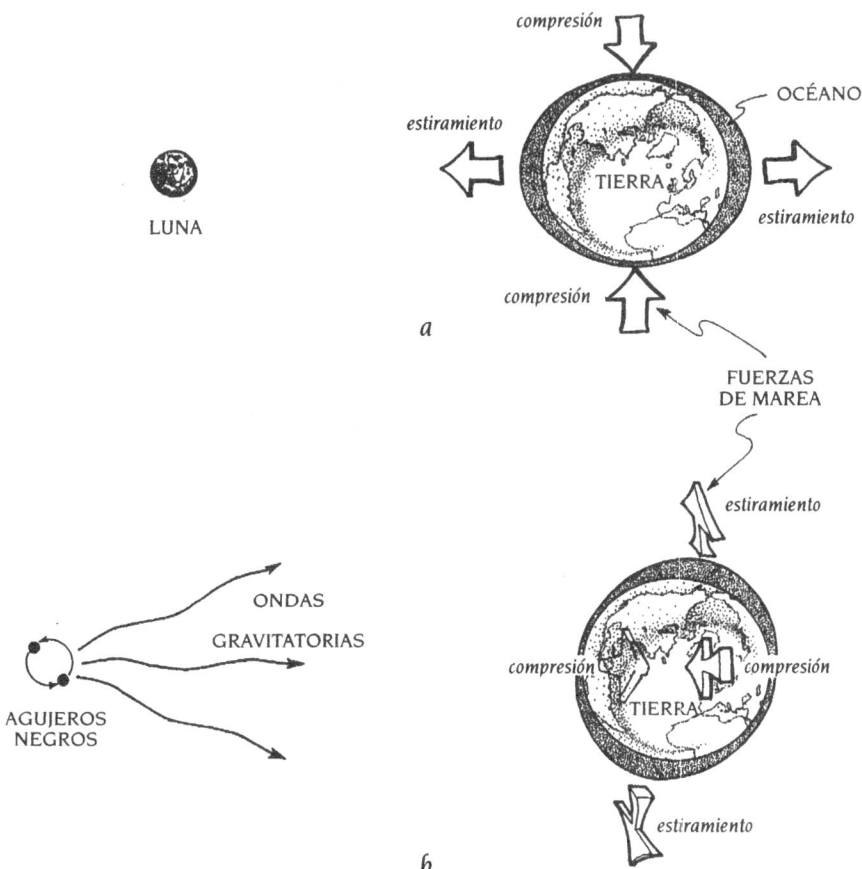

10.3.   Las fuerzas de marea producidas por la Luna y por una onda gravitatoria. *a*)
Las fuerzas de marea de la Luna estiran y comprimen los océanos de la Tierra; el estiramiento es longitudinal, la compresión es transversal. *b*) Las fuerzas de marea de una
onda gravitatoria estiran y comprimen los océanos de la Tierra; las fuerzas son enteramente transversales, con un estiramiento a lo largo de una dirección transversal y una
compresión a lo largo de la otra.

aproximadamente 10^{-14} metros, que es 10^{-21} veces el tamaño de la Tierra (y
1/10.000 del tamaño de un solo átomo, y exactamente 10 veces mayor que el
núcleo de un átomo). Puesto que las fuerzas de marea son proporcionales
al tamaño del objeto sobre el que actúan (capítulo 2), las ondas producirán
en *cualquier* objeto una distorsión de marea de aproximadamente 10^{-21} de su
tamaño. En este sentido, 10^{-21} es la *intensidad de las ondas* cuando llegan a
la Tierra.

   ¿Por qué son tan débiles las ondas? Porque los agujeros coalescentes están
muy distantes. La intensidad de una onda gravitatoria, como la intensidad de

una onda luminosa, decrece inversamente con la distancia viajada. Cuando las ondas están aún cerca de los agujeros, su intensidad es aproximadamente 1; es decir, comprimen y estiran un objeto en una cantidad aproximadamente igual al tamaño del objeto; los seres humanos morirían con un estiramiento y una compresión tan fuertes. Sin embargo, cuando las ondas han alcanzado la Tierra, su intensidad se ha reducido a aproximadamente (1/30 de la circunferencia del agujero) / (la distancia que las ondas han viajado).* Para agujeros con una masa aproximada de 10 veces la masa solar y que están a 1.000 millones de años-luz, esta intensidad de la onda es $(1/30) \times$ (180 kilómetros de circunferencia del horizonte)/(1.000 millones de años-luz de distancia a la Tierra) $\simeq 10^{-21}$. Por consiguiente, las ondas distorsionan los océanos de la Tierra en $10^{-21} \times$ (10^7 metros de tamaño de la Tierra) = 10^{-14} metros, o 10 veces el diámetro de un núcleo atómico.

Es completamente imposible tratar de medir una marea tan minúscula en un océano turbulento de la Tierra. Hay esperanzas, sin embargo, en la posibilidad de medir las fuerzas de marea de una onda gravitatoria en un instrumento de laboratorio cuidadosamente diseñado: un *detector de ondas gravitatorias*.

Barras

Joseph Weber fue la primera persona con intuición suficiente para darse cuenta de que *no* es completamente descabellado tratar de detectar ondas gravitatorias. Graduado en la Academia Naval de los Estados Unidos en 1940 con un título en ingeniería, Weber sirvió en la segunda guerra mundial en el portaaviones *Lexington*, hasta que fue hundido en la batalla del mar de Coral, y luego se convirtió en oficial al mando del *Cazasubmarinos n.º 690*; y condujo al brigadier general Theodore Roosevelt, Jr., y a 1.900 rangers a la playa en la invasión de Italia en 1943. Tras la guerra fue nombrado jefe de la sección de contramedidas electrónicas en la Oficina Naval de la Armada de los Estados Unidos. Su reputación por su dominio de la tecnología de radio y del rádar era tan grande que en 1948 se le ofreció y aceptó el puesto de catedrático de ingeniería eléctrica en la Universidad de Maryland, profesor titular a la edad de veintinueve años, y sin más educación universitaria que un grado de licenciado.

Mientras enseñaba ingeniería eléctrica en Maryland, Weber se preparó para un cambio en su carrera: trabajó y completó una tesis doctoral en física en la Universidad Católica, en parte bajo la misma persona que había sido el director de tesis de John Wheeler, Karl Herzfeld. De Herzfeld, Weber aprendió suficiente sobre la física de átomos, moléculas y radiación para idear, en 1951, una versión del proceso físico mediante el que funciona un láser, pero no tenía los recursos para probar su idea experimentalmente. Mientras Weber estaba publi-

---

* El factor 1/30 procede de cálculos detallados con la ecuación de campo de Einstein. Incluye un factor $1/(2\pi)$, que es aproximadamente 1/6, para convertir la circunferencia del agujero en un radio, y un factor adicional 1/5 que surge de detalles de la ecuación de campo de Einstein.

cando su idea,[2] otros dos grupos de investigación, uno en la Universidad de Columbia dirigido por Charles Townes y el otro en Moscú dirigido por Nikolai Gennadievich Basov y Aleksandr Michailovich Prokharov, inventaron independientemente versiones alternativas del proceso, y luego llegaron a construir láseres operativos.* Aunque el artículo de Weber había sido la primera publicación sobre el proceso, apenas recibió ningún crédito; el Premio Nobel y las patentes fueron a los científicos de Columbia y Moscú. Desilusionado, pero manteniendo estrecha amistad con Townes y Basov, Weber buscó una nueva dirección de investigación.

Como parte de su búsqueda, Weber pasó un año en el grupo de John Wheeler, se hizo un experto en relatividad general e hizo investigación teórica con Wheeler sobre las predicciones de la relatividad general acerca de las propiedades de las ondas gravitatorias. En 1957 ya había encontrado su nueva dirección. Se embarcaría en el primer proyecto mundial para construir aparatos para detectar y registrar ondas gravitatorias.

Durante finales de 1957, todo el año 1958 y comienzos de 1959, Weber se esforzó en idear cualquier esquema concebible para detectar ondas gravitatorias. Esto era un ejercicio de papel, lápiz y potencia mental, no un trabajo experimental. Llenó cuatro cuadernos de 300 páginas con ideas, posibles diseños de detectores y cálculos del rendimiento esperado de cada diseño. Desechó una idea tras otra por no ser prometedoras. Un diseño tras otro fracasaba a la hora de proporcionar gran sensibilidad. Pero algunos se mostraron prometedores; y de ellos, Weber escogió finalmente una barra cilíndrica de aluminio de alrededor de 2 metros de longitud, medio metro de diámetro y una tonelada de peso, orientada de costado respecto a las ondas incidentes[3] (figura 10.4, *infra*).

Conforme la fuerza de marea de las ondas oscila, debería comprimir primero, luego estirar, luego comprimir de nuevo los extremos de una barra semejante. La barra tiene un modo natural de vibración que puede responder en resonancia a esta fuerza de marea oscilatoria, un modo en el que sus extremos vibran hacia adentro y hacia afuera con respecto a su centro. Este modo natural, como la vibración de una campana o de un diapasón o de una copa de vino, tiene una frecuencia bien definida. De la misma forma que una campana o un diapasón o una copa de vino pueden hacerse vibrar por simpatía por ondas sonoras que coinciden con su frecuencia natural, también la barra puede hacerse vibrar por simpatía por las fuerzas de marea oscilantes que coinciden con su frecuencia natural. Así pues, para utilizar una barra semejante como detector de ondas gravitatorias habría que ajustar su tamaño de modo que su frecuencia natural coincida con la de las ondas gravitatorias incidentes.

¿Cuál será esa frecuencia? En 1959, cuando Weber se embarcó en este proyecto, pocas personas creían en los agujeros negros (capítulo 6), y los que creían en ellos sabían muy poco de sus propiedades. Nadie imaginaba entonces que

---

* Realmente sus láseres producían microondas (radioondas de corta longitud de onda) en lugar de luz, y por ello se denominaban *máseres* en lugar de «láseres». Los láseres «reales», los del tipo que produce luz, no se construyeron con éxito hasta varios años más tarde.

los agujeros podían chocar y fusionarse y expulsar ondulaciones de curvatura espacio-temporal con historias codificadas de sus colisiones. Ni nadie podía ofrecer mucha ayuda útil acerca de otras fuentes de ondas gravitatorias.

Así que Weber se embarcó en su proyecto prácticamente a ciegas. Su única guía era un argumento elemental (pero correcto) según el cual las ondas gravitatorias tendrían probablemente frecuencias por debajo de unos 10.000 hercios (10.000 ciclos por segundo), siendo esta la frecuencia orbital de un objeto que se mueve a la velocidad de la luz (la más rápida posible) en torno a la estrella más compacta que se pueda concebir: una con un tamaño próximo a la circunferencia crítica.[4] Así pues, Weber diseñó los mejores detectores que pudo haciendo que sus frecuencias resonantes estuviesen en cualquier intervalo por debajo de los 10.000 hercios, y confió en que el Universo proporcionaría ondas a las frecuencias elegidas. Tuvo suerte. Las frecuencias resonantes de sus barras eran de unos 1.000 hercios (1.000 ciclos de oscilación por segundo), y resulta que algunas de las ondas de los agujeros negros coalescentes deberían oscilar precisamente a tales frecuencias, como lo deberían hacer algunas de las ondas procedentes de explosiones de supernovas y de pares de estrellas de neutrones coalescentes.

El aspecto más desafiante del proyecto de Weber consistía en inventar un *sensor* para registrar las vibraciones de sus barras. Él esperaba que las vibraciones inducidas por las ondas serían minúsculas: menores que el diámetro del núcleo de un átomo [aunque él no sabía, en los años sesenta, hasta qué punto minúsculas: exactamente $10^{-21} \times$ (2 metros de longitud de sus barras) $\simeq 10^{-21}$ metros o una millonésima del diámetro del núcleo atómico, según las estimaciones más recientes]. Para la mayoría de los físicos de finales de los años cincuenta y los sesenta, incluso una décima parte del diámetro de un núcleo atómico parecía casi imposible de medir. No se lo parecía para Weber. Inventó un sensor que estaba a la altura de la tarea.

El sensor de Weber se basaba en el *efecto piezoeléctrico*, por el que cierto tipo de materiales (algunos cristales y cerámicas), cuando se comprimen ligeramente, desarrollan voltajes eléctricos entre los dos extremos. A Weber le hubiera gustado construir su barra de un material semejante, pero estos materiales eran demasiado caros, de modo que, a falta de ellos, hizo la segunda cosa mejor que encontró: construyó su barra de aluminio, y luego adhirió cristales piezoeléctricos alrededor de la parte central de la barra (figura 10.4). Cuando la barra vibraba, su superficie comprimía y estiraba los cristales, cada cristal desarrollaba un voltaje oscilante, y Weber empalmó los cristales uno tras otro en un circuito eléctrico de modo que sus minúsculos voltajes oscilantes se sumaran para dar un voltaje suficientemente elevado para que se pudiera detectar electrónicamente, incluso cuando las vibraciones de la barra eran de sólo una décima parte del diámetro del núcleo de un átomo.

A comienzos de los sesenta, Weber era una figura solitaria, el único físico experimental en el mundo que buscaba ondas gravitatorias. Con el regusto amargo que le había dejado la competencia del láser, disfrutaba de la soledad. Sin embargo, a comienzos de los años setenta, las impresionantes sensibilidades al-

10.4.   Joseph Weber, mostrando los cristales piezoeléctricos adheridos alrededor de la
parte central de su barra de aluminio, *c.* 1973. Las ondas gravitatorias deberían producir vibraciones de extremo a extremo de la barra, y dichas vibraciones comprimirían
y distenderían los cristales, lo que produciría voltajes oscilantes que son detectados electrónicamente. (Foto de James P. Blair, cortesía de National Geographic Society.)

canzadas y la evidencia de que podría realmente estar detectando ondas (cosa
que, visto en retrospectiva, estoy convencido de que no era así) atrajo a docenas de otros experimentadores, y para los años ochenta más de un centenar
de capacitados experimentadores estaban comprometidos en una competición
con él para hacer de la astronomía de ondas gravitatorias una realidad.[5]

Me encontré con Weber por primera vez en una ladera frente al Mont Blanc
en los Alpes franceses, en el verano de 1963, cuatro años después de que se

hubiera embarcado en su proyecto para detectar ondas gravitatorias. Yo era un estudiante graduado que empezaba a investigar en relatividad, y junto con otros treinta y cinco estudiantes de todo el mundo había llegado a los Alpes para una escuela de verano intensiva de dos meses de duración centrada únicamente en las leyes de la gravedad de la relatividad general de Einstein.[6] Nuestros profesores eran los mayores expertos en relatividad en el mundo —John Wheeler, Roger Penrose, Charles Misner, Bryce DeWitt, Joseph Weber y otros— y aprendimos de ellos en conferencias y conversaciones privadas, con las relucientes nieves del Agui de Midi y el Mont Blanc elevándose hacia el cielo sobre nosotros, con vacas con cencerro paciendo en los brillantes pastos verdes a nuestro alrededor y el pueblo pintoresco de Les Houches a varios cientos de metros bajo nosotros, al pie de la ladera de nuestra escuela.

En este marco extraordinario, Weber impartió clases sobre ondas gravitatorias y su proyecto para detectarlas, y yo escuché, fascinado. Entre clase y clase Weber y yo conversábamos sobre la física, la vida y la escalada, y llegué a considerarle como un alma gemela. Ambos éramos solitarios; ninguno de nosotros amaba la competición intensa o el enérgico toma y daca intelectual. Ambos preferíamos luchar con un problema por nuestra cuenta, buscando ocasionalmente consejos e ideas de los amigos, pero sin ser zarandeados por otros que estuvieran tratando de ganarnos en una nueva idea o descubrimiento.

Durante la siguiente década, a medida que la investigación en agujeros negros se convertía en un tema candente y entraba en su edad de oro (capítulo 7), empecé a encontrarme a disgusto en la investigación sobre agujeros negros: demasiada intensidad, demasiada competencia, demasiada agitación. De modo que busqué otra área de investigación, una con más libertad de movimientos, en la que pudiera poner la mayor parte de mi esfuerzo mientras seguía trabajando en agujeros negros y en otras cosas durante parte del tiempo. Inspirado por Weber, escogí las ondas gravitatorias.

Como Weber, yo veía las ondas gravitatorias como un campo de investigación naciente con un brillante futuro. Al entrar en el campo en su infancia, podría disfrutar ayudando a moldearlo, podría establecer las bases sobre las que otros construirían después, y podría hacerlo sin tener el aliento de otros en mi nuca, puesto que la mayoría de los demás teóricos de la relatividad estaban entonces concentrándose en los agujeros negros.

Para Weber, las bases que había que establecer eran experimentales: la invención, construcción y mejora continua de detectores. Para mí, las bases eran teóricas: tratar de comprender lo que tienen que decir las leyes gravitatorias de Einstein sobre la forma en que se producen las ondas gravitatorias, cómo reaccionan sobre sus fuentes cuando salen, y cómo se propagan; tratar de descubrir qué tipos de objetos astronómicos producirán las ondas más intensas en el Universo, qué intensidad tendrán sus ondas y con qué frecuencias oscilarán; idear herramientas matemáticas para calcular los detalles de las sinfonías codificadas producidas por dichos objetos para que, cuando Weber y otros detectasen finalmente las ondas, pudiesen compararse teoría y experimento.

Izquierda: Joseph Weber, Kip Thorne y Tony Tyson en una conferencia sobre radiación gravitatoria en Varsovia, septiembre de 1973. (Foto de Marek Holzman, cortesía de Andrzej Trautman.) *Derecha*: Vladimir Braginsky y Kip Thorne, en Pasadena, California, octubre de 1984. (Cortesía de Valentin N. Rudenko.)

En 1969, pasé seis semanas en Moscú por invitación de Zel'dovich. Un día Zel'dovich aprovechó un descanso para bombardearme a mí y a otros con nuevas ideas (capítulos 7 y 12), y me llevó a la Universidad de Moscú para presentarme a un joven físico experimental, Vladimir Braginsky. Braginsky, estimulado por Weber, había estado trabajando durante varios años en el desarrollo de técnicas para la detección de ondas gravitatorias; era el primer físico experimental tras Weber en entrar en este campo. También estaba metido en otros experimentos fascinantes: una búsqueda de *quarks* (los ladrillos fundamentales de los protones y los neutrones), y un experimento para verificar la afirmación de Einstein de que todos los objetos, cualquiera que sea su composición, caen con la misma aceleración en un campo gravitatorio (una afirmación que subyace a la descripción de Einstein de la gravedad como curvatura espacio-temporal).

Yo estaba impresionado. Braginsky era inteligente, profundo y tenía una visión excelente en física; y era cordial y franco, alguien con quien se podía hablar tan fácilmente de política como de ciencia. Rápidamente llegamos a ser íntimos amigos y aprendimos a respetar las opiniones del otro. Para mí, un demócrata liberal en el espectro norteamericano, la libertad del individuo dominaba sobre cualquier otra consideración. Ningún gobierno debería tener derecho a dictar cómo vive uno su vida. Para Braginsky, un comunista no dogmático, la responsabilidad del individuo hacia la sociedad era lo que prevalecía. Nosotros somos los guardianes de nuestros hermanos, y bien deberíamos serlo en un mundo donde personas malvadas como José Stalin pueden ganar el control si no permanecemos vigilantes.

Braginsky había previsto lo que nadie más había hecho. Durante nuestro encuentro de 1969, y luego otra vez en 1971 y 1972, me advirtió de que las barras que se estaban utilizando para buscar ondas gravitatorias tienen una limitación última y fundamental.[7] Dicha limitación, me dijo, proviene de las leyes de la mecánica cuántica. Aunque normalmente pensamos en la mecánica cuántica como algo que gobierna los objetos minúsculos tales como electrones, átomos y moléculas, si hiciéramos medidas suficientemente precisas de las vibraciones de una barra de una tonelada veríamos que dichas vibraciones también se comportan mecanocuánticamente, y su comportamiento mecanocuántico causará a la postre problemas para la detección de las ondas gravitatorias. Braginsky se había convencido de esto calculando el rendimiento final de los cristales piezoeléctricos de Weber y de otros varios tipos de sensores que podrían utilizarse para medir las vibraciones de una barra.

Yo no comprendía de qué estaba hablando Braginsky; no entendía su razonamiento, no entendía su conclusión, no entendía su importancia y no prestaba mucha atención. Me parecían mucho más importantes otras cosas que él me estaba enseñando: de él aprendí cómo pensar acerca de los experimentos, cómo diseñar aparatos experimentales, cómo predecir el ruido que contamina el aparato y cómo suprimirlo para que el aparato tenga éxito en su tarea; y de mí, Braginsky estaba aprendiendo cómo pensar sobre las leyes de la gravedad de Einstein, cómo identificar sus predicciones. Rápidamente nos estábamos convirtiendo en un equipo, cada uno aportando a nuestra empresa conjunta su propia experiencia individual; y, durante las dos décadas siguientes, íbamos a disfrutar mucho juntos y a hacer algunos descubrimientos.

Cada año a comienzos y mitad de los años setenta, cuando nos encontrábamos en Moscú o Pasadena, Copenhague o Roma o en cualquier otra parte, Braginsky repetía su advertencia sobre los problemas que se derivaban de la mecánica cuántica para los detectores de ondas gravitatorias, y cada año yo seguía sin comprenderle. Su advertencia era algo confusa porque él mismo no entendía completamente lo que estaba pasando. Sin embargo, en 1976, después de que Braginsky, e independientemente Robin Giffard en la Universidad de Stanford, pudiesen hacer la advertencia más clara, lo entendí súbitamente. La advertencia era seria, comprendí finalmente; la sensibilidad final de un detector de barra está seriamente limitada por el *principio de incertidumbre*.[8]

El principio de incertidumbre es una característica fundamental de las leyes de la mecánica cuántica. Dice que si hacemos una medida altamente precisa de la posición de un objeto, entonces en el proceso de medida necesariamente golpearemos el objeto, y de este modo perturbaremos su velocidad de una forma aleatoria e impredecible. Cuanto más precisa sea la medida de la posición, más fuerte e impredeciblemente perturbamos la velocidad del objeto. Por muy hábiles que seamos al diseñar nuestra medida, no podemos evitar esta incertidumbre esencial. (Véase el recuadro 10.2.)

El principio de incertidumbre gobierna no sólo las medidas de los objetos microscópicos tales como electrones, átomos y moléculas; también gobierna las medidas de objetos grandes. Sin embargo, debido a que un objeto grande tiene una gran inercia, el golpe de una medida sólo perturbará ligeramente su velocidad. (La perturbación de la velocidad será inversamente proporcional a la masa del objeto.)

El principio de incertidumbre, cuando se aplica a un detector de ondas gravitatorias, dice que cuanto más precisa sea la medida que hace un sensor de la posición del extremo o del costado de una barra vibrante, más fuerte y aleatoriamente debe golpear la medida a la barra.

En el caso de un sensor poco preciso, el golpe puede ser minúsculo y sin importancia, pero, precisamente porque el sensor era impreciso, no conocemos muy bien la amplitud de las vibraciones de la barra y, por consiguiente, no podemos registrar las ondas gravitatorias débiles.

En el caso de un sensor extremadamente preciso, el golpe es tan enorme que cambia fuertemente las vibraciones de la barra. Estos cambios grandes y desconocidos enmascararan así los efectos de cualquier onda gravitatoria que tratemos de detectar.

En algún punto entre estos dos extremos existe una precisión óptima para el sensor: una precisión que no es ni tan pobre que nos aporte poco conocimiento ni tan grande que el impredecible golpe sea fuerte. En esa precisión óptima, que ahora se denomina *límite cuántico estándar de Braginsky*, el efecto del golpe es apenas tan débil como los errores introducidos por el sensor. Ningún sensor puede registrar las vibraciones de la barra con una precisión mayor que este límite cuántico estándar. ¿Qué valor tiene este límite? Para una barra de 2 metros y 1 tonelada, es alrededor de 100.000 veces más pequeño que el núcleo de un átomo.

En los años sesenta nadie consideró seriamente la necesidad de medidas tan precisas porque nadie entendía muy claramente hasta qué punto serían débiles las ondas gravitatorias procedentes de agujeros negros y otros cuerpos astronómicos. Pero a mediados de los setenta, espoleados por el proyecto experimental de Weber, yo y otros teóricos habíamos empezado a estimar qué intensidad probable tendrían las ondas más fuertes. La respuesta era de 10^{-21}, aproximadamente,[9] y esto significaba que las ondas harían que una barra de 2 metros vibrase con una amplitud de sólo $10^{-21} \times (2$ metros$)$, o alrededor de una millonésima parte del diámetro del núcleo de un átomo. Si estas estimaciones fueran correctas (y sabíamos que eran altamente imprecisas), entonces la señal de la onda gravitatoria sería *diez veces menor que el límite cuántico estándar de Braginsky*, y por lo tanto no había posibilidad de detectarlas utilizando una barra y cualquier tipo conocido de sensor.

Aunque esto era extremadamente preocupante, no todo estaba perdido. La profunda intuición de Braginsky le decía que, si los experimentadores fueran

RECUADRO 10.2

El principio de incertidumbre y la dualidad onda/partícula

El principio de incertidumbre está íntimamente relacionado con la dualidad onda/partícula (recuadro 4.1), es decir, con la propensión de las partículas a actuar a veces como ondas y a veces como partículas.

Si se mide la posición de una partícula (o de cualquier otro objeto, por ejemplo, el extremo de una barra) y se sabe que está dentro de cierta caja de error, entonces, independientemente de cuál pudiera haber sido el aspecto de la onda de la partícula antes de la medida, durante la medida el aparato de medida habrá «golpeado» a la onda y, en consecuencia, la habrá confinado dentro de la caja de error. La onda, por consiguiente, adquirirá una forma confinada parecida de algún modo a la siguiente:

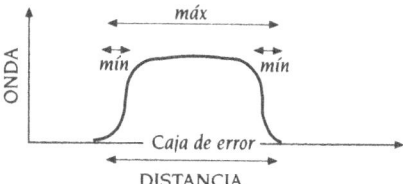

Semejante onda confinada contiene muchas longitudes de onda diferentes, que abarcan desde el tamaño de la propia caja (señalado *máx* arriba) hasta el minúsculo tamaño de los bordes en los que la onda empieza y termina (señalado *mín*). Más concretamente, la onda confinada puede ser construida sumando, es decir, superponiendo las siguientes ondas oscilatorias, que tienen longitudes de onda que abarcan desde *máx* hasta *mín*:

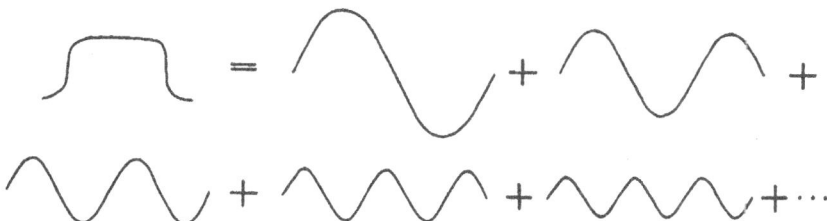

Ahora bien, recordemos que cuanto más corta es la longitud de onda de las oscilaciones de la onda, mayor es la energía de la partícula, y por lo tanto también es mayor la velocidad de la partícula. Puesto que la medida ha dado a la onda un intervalo de longitudes de onda, la energía y la velocidad de la partícula podrían ahora estar en cualquier parte dentro de sus correspondientes intervalos; en otras palabras, su energía y su velocidad son inciertas.

Para recapitular, la medida confinó a la onda de la partícula en la caja de error (primer diagrama superior); esto hizo que la onda constase de un intervalo de longitudes de onda (segundo diagrama); dicho rango de longitudes de onda corresponde a un intervalo de energía y velocidad; y la velocidad es por lo tanto incierta. Por mucho que se intente, no es posible evitar el producir esta incertidumbre en la velocidad cuando se mide la posición de la partícula. Además, cuando se examina esta cadena de razonamientos con más profundidad, predice que cuanto más aproximada es su medida, es decir, cuanto más pequeña es su caja de error, mayores son los intervalos de longitudes de onda y velocidad, y por lo tanto mayor es la incertidumbre en la velocidad de la partícula.

especialmente ingeniosos, deberían ser capaces de superar este límite cuántico estándar. Debería haber una nueva forma de diseñar un sensor, razonaba, de modo que su golpe imprevisible e inevitable *no* ocultara la influencia de las ondas gravitatorias en la barra. Braginsky dio a tal sensor el nombre de *no demoledor cuántico*;* «cuántico» porque el golpe del sensor viene exigido por las leyes de la mecánica cuántica, «no demoledor» porque el sensor debería estar configurado de forma que el golpe no demoliese lo que se estaba tratando de medir, la influencia de las ondas en la barra. Braginsky no tenía un diseño operativo para un sensor no demoledor cuántico, pero su intuición le decía que un sensor semejante debería ser posible.

Esta vez escuché atentamente; y durante los dos años siguientes yo y mi grupo en el Caltech y Braginsky y su grupo en Moscú luchamos ambos, de forma intermitente, para diseñar un sensor no demoledor cuántico.

Ambos encontramos la respuesta simultáneamente en el otoño de 1977, aunque por caminos muy diferentes.[10] Recuerdo vivamente mi excitación cuando se nos ocurrió la idea a Carlton Caves y a mí** durante una intensa discusión de sobremesa tras el almuerzo en el Greasy (la cafetería de estudiantes del Caltech). Y recuerdo el sabor agridulce al enterarme de que Braginsky, Yuri Vorontsov y Farhid Khalili habían tenido una parte significativa de la misma idea en Moscú prácticamente al mismo tiempo: amargo porque había sentido una gran satisfacción al ser el primero en descubrir algo nuevo; dulce porque sentía tanto afecto por Braginsky que me agradó compartir el descubrimiento con él.

Nuestra idea de un perfecto no demoledor cuántico es bastante abstracta y permite una amplia variedad de diseños de sensores para superar el límite cuántico estándar de Braginsky. La abstracción de la idea, no obstante, hace

---

* Braginsky tiene un notable dominio de los matices de la lengua inglesa; puede construir una expresión en inglés para describir una idea nueva con mucha mayor facilidad que la mayoría de los norteamericanos o británicos.

** Un fundamento clave para nuestra idea procedía de un colega, William Unruh, de la Universidad de British Columbia. El desarrollo de la idea y sus consecuencias lo llevamos a cabo conjuntamente Caves, yo y otros que estaban reunidos con nosotros alrededor de la mesa del comedor cuando se nos ocurrió: Ronald Drever, Vernon Sandberg y Mark Zimmermann.

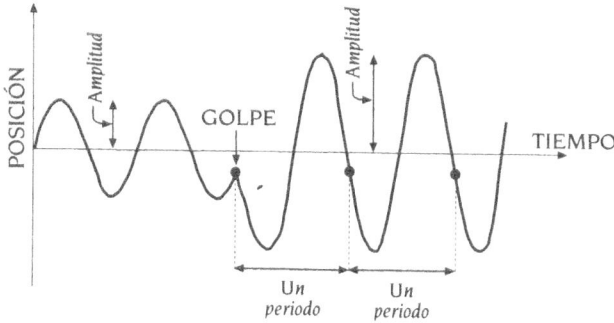

10.5. El principio subyacente a una medida estroboscópica sin demolición cuántica. En vertical se representa la posición del extremo de una barra vibrante; en horizontal se representa el tiempo. Si se realiza una medida rápida y muy exacta de la posición en el instante señalado GOLPE, el sensor que hace la medida dará a la barra un golpe repentino y desconocido, cambiando de este modo la amplitud de vibración de la barra de una forma desconocida. Sin embargo, no habrá cambio de la posición del extremo de la barra exactamente un periodo después del golpe, o dos periodos, o tres periodos. Dichas posiciones serán las mismas que en el instante del golpe y serán completamente independientes del golpe.

difícil su explicación, de modo que describiré aquí sólo un ejemplo (no muy práctico) de un sensor no demoledor cuántico.* Este ejemplo ha sido denominado, por Braginsky, un *sensor estroboscópico.*

Un sensor estroboscópico se basa en una propiedad especial de las vibraciones de una barra: si a la barra se le da un golpe desconocido y muy seco, su amplitud de vibración cambiará, pero, por muy grande que sea el cambio de amplitud, al cabo de exactamente un periodo de oscilación después del golpe el extremo vibrante de la barra volverá a la misma posición que tenía en el momento del golpe (puntos negros en la figura 10.5). Esto es cierto al menos si una onda gravitatoria (o alguna otra fuerza) no ha comprimido o estirado la barra en el intervalo. Si una onda (u otra fuerza) *ha* comprimido *de hecho* la barra en el intervalo, entonces la posición de la barra al cabo de un periodo habrá cambiado.

Por lo tanto, para detectar la onda deberíamos construir un sensor que haga medidas estroboscópicas de los extremos vibrantes de la barra, un sensor que mida rápidamente la posición de los extremos de la barra cada periodo de vibración. Un sensor semejante golpeará la barra en cada medida, pero los golpes no cambiarán la posición de los extremos de la barra en los instantes de medida subsiguientes. Si se encuentra que la posición ha cambiado, entonces una onda gravitatoria (o alguna otra fuerza) debe haber comprimido la barra.

---

* La idea completa está descrita por Caves *et al.* (1980) y por Braginsky, Vorontsov y Thorne (1980).

Aunque los sensores no demoledores cuánticos resolvían el problema del límite cuántico estándar de Braginsky, hacia mediados de los años ochenta yo me había vuelto bastante pesimista sobre las perspectivas de los detectores de barras para desarrollar la astronomía de ondas gravitatorias. Mi pesimismo tenía dos causas.

En primer lugar, aunque las barras construidas por Weber, por Braginsky y por otros habían logrado sensibilidades mucho mejores que las que cualquiera hubiera soñado en los años cincuenta, sólo eran aún capaces de detectar con fiabilidad ondas de una intensidad de 10^{-17} o mayor. Esto era 10.000 veces menos de lo necesario para alcanzar el éxito, si yo y otros habíamos estimado correctamente las intensidades de las ondas al llegar a la Tierra. Esto por sí mismo no era grave, puesto que el progreso de la tecnología ha producido a menudo mejoras de un factor de 10.000 en los instrumentos durante periodos de veinte años o menos. [Un ejemplo fue la resolución angular de los mejores radiotelescopios, que mejoraron desde decenas de grados a mediados de los cuarenta hasta unos pocos segundos de arco a mediados de los sesenta (capítulo 9). Otro ejemplo lo fue la sensibilidad de los detectores de rayos X astronómicos, que mejoraron en un factor de 10^{10} entre 1958 y 1978, es decir, un ritmo promedio de 10.000 cada ocho años (capítulo 8).] Sin embargo, el ritmo de mejora de las barras era tan lento, y las perspectivas de las técnicas y la tecnología futura eran tan modestas, que no parecía haber una forma razonable de que se produjese una mejora en un factor de 10.000 en un futuro previsible. Por ello, el éxito dependería probablemente de que las ondas fueran más intensas que la estimación de 10^{-21}, una posibilidad real, aunque nadie se sintiese a gusto con ella.

En segundo lugar, incluso si las barras tuviesen éxito en la detección de ondas gravitatorias, habría enormes dificultades para descifrar las señales sinfónicas de las ondas, y de hecho fracasarían probablemente. La razón era simple: de la misma forma que un diapasón o una copa de vino responde por simpatía sólo al sonido cuya frecuencia esté próxima a su frecuencia natural, así también una barra responderá sólo a ondas gravitatorias cuya frecuencia esté próxima a la frecuencia natural de la barra; en lenguaje técnico, el detector de barra tiene una *anchura de banda estrecha* (siendo la anchura de banda el intervalo de frecuencias a las que responde). Pero la información sinfónica de las ondas debería estar típicamente codificada en una banda de frecuencias muy ancha. Por lo tanto, para extraer la información de las ondas se requeriría un «xilófono» de muchas barras, cada una de ellas cubriendo una porción minúscula diferente de las frecuencias de la señal. ¿Cuántas barras en el xilófono? Para los tipos de barras que entonces se planeaban y construían, varios miles: demasiadas para ser prácticas. En principio sería posible ampliar las anchuras de banda de las barras,[11] y de este modo arreglárselas con, digamos, una docena de barras, pero hacerlo requeriría avances técnicos importantes más allá de los necesarios para alcanzar una sensibilidad de 10^{-21}.

Aunque en los años ochenta yo no manifestaba en público mi visión pesimista, en privado la consideraba una tragedia debido al gran esfuerzo que Weber, Braginsky y mis otros amigos y colegas habían hecho trabajando en las barras, y también porque me había convencido de que la radiación gravitatoria tiene potencial para producir una revolución en nuestro conocimiento del Universo.

LIGO

Para comprender la revolución que la detección y el descifrado de las ondas gravitatorias puede provocar, recordemos los detalles de una revolución anterior: la producida por el desarrollo de los radiotelescopios y los telescopios de rayos X (capítulos 8 y 9).

En los años treinta, antes del advenimiento de la radioastronomía y la astronomía de rayos X, nuestro conocimiento del Universo procedía casi por completo de la luz. La luz mostraba que se trataba de un Universo sereno y estático, un Universo dominado por estrellas y planetas que giran suavemente en sus órbitas, brillando constantemente y requiriendo millones o miles de millones de años para cambiar de forma apreciable.

Esta visión tranquila del Universo fue hecha añicos, en los años cincuenta, sesenta y setenta, cuando las observaciones de radioondas y rayos X nos mostraron la parte violenta de nuestro Universo: chorros expulsados de los núcleos galácticos, cuásares con luminosidades fluctuantes mucho más brillantes que nuestra galaxia, púlsares con haces intensos que surgen de sus superficies y giran a altas velocidades. Los objetos más brillantes vistos con telescopios ópticos eran el Sol, los planetas y algunas estrellas cercanas y estáticas. Los objetos más brillantes vistos con radiotelescopios eran explosiones violentas en los centros de galaxias lejanas, alimentadas (presumiblemente) por agujeros negros gigantes. Los objetos más brillantes vistos con telescopios de rayos X eran agujeros negros pequeños y estrellas de neutrones que acrecían gas caliente de sus compañeras binarias.

¿Qué había en las radioondas y en los rayos X que les capacitase para provocar una revolución tan espectacular? La clave estaba en el hecho de que nos traían tipos de información muy diferentes del que nos trae la luz: la luz, con su longitud de onda de media micra, es emitida principalmente por átomos calientes que residen en las atmósferas de las estrellas y los planetas, y por lo tanto nos informa sobre dichas atmósferas. Las radioondas, con sus longitudes de onda 10 millones de veces mayores, eran emitidas principalmente por electrones con velocidad próxima a la de la luz que se mueven en trayectorias helicoidales en los campos magnéticos, y por lo tanto nos enseñan algo sobre los chorros magnetizados que salen de los núcleos galácticos, sobre los lóbulos intergalácticos magnetizados y gigantescos que alimentan los chorros, y sobre los haces magnetizados de los púlsares. Los rayos X, con sus longitudes de onda mil veces más cortas que la de la luz, eran producidos principalmente por los electrones a alta velocidad en el gas ultracaliente que acrecen los agujeros negros y las estrellas de neutrones, y por lo tanto nos hablan directamente sobre el gas en acreción e indirectamente sobre los agujeros y las estrellas de neutrones.

Las diferencias entre luz, por un lado, y las radioondas y los rayos X, por el otro, son pálidas comparadas con las diferencias entre las ondas electromagnéticas (luz, radio, infrarrojas, ultravioletas, rayos X y rayos gamma) de la moderna astronomía y las ondas gravitatorias. En consecuencia, las ondas gravitatorias podrían revolucionar nuestra comprensión del Universo aún más de lo que lo hicieron las radioondas y los rayos X. Entre las diferencias entre ondas electromagnéticas y ondas gravitatorias, y sus consecuencias, están las siguientes:*

- Las ondas gravitatorias deberían ser emitidas más intensamente por vibraciones coherentes a gran escala de la curvatura espacio-temporal (por ejemplo, la colisión y coalescencia de dos agujeros negros) y por movimientos coherentes a gran escala de enormes cantidades de materia (por ejemplo, la implosión del núcleo de una estrella que desencadena una supernova, o el movimiento en espiral convergente y la coalescencia de dos estrellas de neutrones que están orbitando una en torno a la otra). Por lo tanto, las ondas gravitatorias deberían mostrarnos los movimientos de curvaturas enormes y masas enormes. Por el contrario, las ondas electromagnéticas cósmicas se emiten normalmente de forma individual e independiente por grandes números de átomos o electrones individuales e independientes; y estas ondas electromagnéticas individuales, oscilando cada una de ellas de una forma ligeramente diferente, se superponen así para producir la onda total que mide un astrónomo. Como resultado, a partir de las ondas electromagnéticas aprendemos principalmente cosas acerca de la temperatura, la densidad y los campos magnéticos que experimentan los átomos y electrones emisores.
- Las ondas gravitatorias son emitidas más intensamente en regiones del espacio donde la gravedad es tan intensa que la descripción de Newton falla y debe ser reemplazada por la de Einstein, y donde enormes cantidades de materia o curvatura espacio-temporal se desplazan o vibran o giran a una velocidad próxima a la de la luz. Ejemplos son el big bang origen del Universo, las colisiones de agujeros negros y las pulsaciones de estrellas de neutrones recién nacidas en los centros de explosiones de supernova. Puesto que estas regiones de fuerte gravedad están rodeadas característicamente por espesas capas de materia que absorben las ondas electromagnéticas (pero no absorben las ondas gravitatorias), las regiones con gravedad fuerte no pueden enviarnos ondas electromagnéticas. Las ondas electromagnéticas que ven los astrónomos proceden, por el contrario, casi por completo de regiones de gravedad débil y baja velocidad; por ejemplo, las superficies de estrellas y supernovas.

---

* Estas diferencias, sus consecuencias y los detalles de las ondas que pueden esperarse de varias fuentes astronómicas han sido discutidos por diversos teóricos incluyendo, entre otros, a Thibault Damour en París, Leonid Grishchuk en Moscú, Takashi Nakamura en Kyoto, Bernard Schutz en Gales, Stuart Shapiro en Ithaca, Nueva York, Clifford Will en Saint Louis, y yo.

Estas diferencias sugieren que los objetos cuyas sinfonías podríamos estudiar mediante detectores de ondas gravitatorias serían generalmente invisibles con luz, radioondas y rayos X; y los objetos que los astrónomos estudian ahora con luz, radioondas y rayos X serán generalmente invisibles con ondas gravitatorias. El Universo gravitatorio debería entonces tener un aspecto extraordinariamente diferente del Universo electromagnético; a partir de las ondas gravitatorias aprenderemos cosas que nunca aprenderíamos electromagnéticamente. Esta es la razón de que las ondas gravitatorias vayan probablemente a revolucionar nuestra comprensión del Universo.

Podría argumentarse que nuestra comprensión actual del Universo basada en las ondas electromagnéticas es tan completa, comparada con la comprensión de los años treinta basada en la luz ópticamente visible, que una revolución a partir de las ondas gravitatorias será mucho menos espectacular de lo que lo fue la revolución de las radioondas/rayos X. Esto me parece poco probable. Compruebo con tristeza nuestra falta de comprensión cuando contemplo el preocupante estado de las estimaciones actuales de las ondas gravitatorias que bañan la Tierra. Por cada tipo de fuente de ondas gravitatorias que se ha imaginado, con la excepción de estrellas binarias y sus coalescencias, resulta que o bien la intensidad de las ondas de la fuente a una distancia dada de la Tierra es imprecisa en varios factores de 10, o bien el ritmo de ocurrencia de dicho tipo de fuente (y, por consiguiente, también la distancia a la más próxima) es impreciso en varios factores de 10, o bien la propia existencia de la fuente es incierta.

Estas incertidumbres causan gran frustración al planificar y diseñar los detectores de ondas gravitatorias. Este es el lado negativo. El lado positivo es el hecho de que, cuando las ondas gravitatorias sean finalmente detectadas (si lo son) y estudiadas, quizá seamos recompensados con sorpresas mayores.

En 1976 todavía no me había vuelto tan pesimista respecto a los detectores de barra. Por el contrario, era muy optimista. Recientemente se había completado la primera generación de detectores de barra y había operado con una sensibilidad que era muy notable comparada con la que pudiera haberse esperado; Braginsky y otros habían concebido algunas ideas inteligentes y prometedoras para enormes mejoras futuras; y yo y otros estábamos empezando a advertir que las ondas gravitatorias podrían revolucionar nuestra comprensión del Universo.

Mi entusiasmo y optimismo me impulsaron, un día de noviembre de 1976, a pasear por las calles de Pasadena hasta últimas horas de la noche, luchando conmigo mismo sobre la posibilidad de proponer al Caltech la puesta en marcha de un proyecto para detectar ondas gravitatorias. Los argumentos a favor eran obvios: para la ciencia en general, la enorme ganancia intelectual si el proyecto tenía éxito; para el Caltech, la oportunidad de situarse en la primera línea de un nuevo campo excitante; para mí, la posibilidad de tener un equipo de experimentadores con los que colaborar en mi institución, en lugar de tener que confiar principalmente en Braginsky y su equipo al otro lado del mundo, y la posibilidad de desempeñar un papel más importante y viajar a Moscú (lo que sería más divertido). Los argumentos en contra también eran obvios: el proyecto sería arriesgado; para tener éxito requeriría grandes recursos del Caltech y de la National Science Foundation de los Estados Unidos y un enorme tiempo y energía por mi parte y la de muchos otros; y después de toda esta inversión, podía fracasar. Era mucho más arriesgado que la entrada del Caltech en la radioastronomía veintitrés años antes (capítulo 9).

Tras muchas horas de introspección, mi balanza se inclinó hacia los provechos. Y después de varios meses de estudio de los riesgos y provechos, la facultad de física y astronomía y la administración del Caltech aprobaron unánimemente mi propuesta, sujeta a dos condiciones: tendríamos que encontrar un físico experimental sobresaliente para dirigir el proyecto, y el proyecto tendría que ser lo bastante grande y lo bastante intenso para tener una buena probabilidad de éxito. Esto quería decir, creíamos nosotros, un esfuerzo mucho mayor y mucho más intenso que el de Weber en la Universidad de Maryland o el de Braginsky en Moscú o cualquiera de los otros proyectos sobre ondas gravitatorias que entonces estaban en curso.

El primer paso era encontrar un líder. Volé a Moscú para pedir consejo a Braginsky y sondearle sobre la posibilidad de aceptar el puesto. Mi sondeo le dividía en todos los sentidos. Estaba dividido entre la tecnología mucho mejor que tendría en Norteamérica y la mayor habilidad manual de los técnicos en Moscú (por ejemplo, el complicado soplado del vidrio era un arte casi perdido en Norteamérica, pero no en Moscú). Estaba dividido entre la necesidad de iniciar un proyecto partiendo de cero en Norteamérica y los locos impedimentos que el ineficiente y burocratizado sistema soviético continuaba poniendo en el camino de su proyecto en Moscú. Estaba dividido entre la lealtad a su patria y el disgusto con su patria, y entre los sentimientos de que la vida en Norteamérica es bárbara por el modo en que tratamos a nuestros pobres y nuestra falta de cuidados médicos para todos y sus sentimientos de que la vida en Moscú es miserable debido al poder de los funcionarios incompetentes. Estaba dividido entre la libertad y riqueza de Norteamérica y el miedo a las represalias del KGB contra su familia y amigos, y quizá incluso él mismo, si «desertaba». Finalmente dijo no, y recomendó en su lugar a Ronald Drever de la Universidad de Glasgow.

Otras personas a las que consulté también se mostraron entusiastas hacia Drever. Como Braginsky, era muy creativo, inventivo y tenaz, rasgos que serían esenciales para el éxito del proyecto. La facultad y la administración del Caltech reunieron toda la información que pudieron sobre Drever y otros posibles líderes, seleccionaron a Drever y le invitaron a unirse a la facultad del Caltech e iniciar el proyecto. Drever, como Braginsky, estaba dividido, pero finalmente dijo que sí. Estábamos en marcha.

Al proponer el proyecto, yo había supuesto que, al igual que Weber y Braginsky, el Caltech se centraría en la construcción de detectores de barra. Afortunadamente (visto en retrospectiva) Drever insistió en una dirección radicalmente diferente. Había trabajado en Glasgow con detectores de barra durante

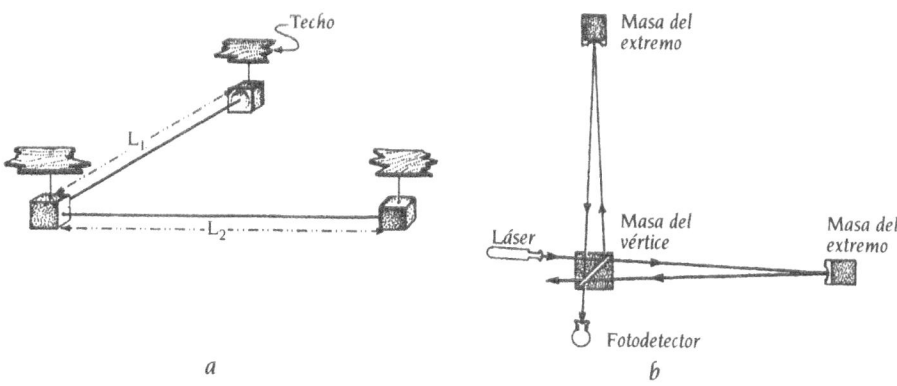

10.6. Un detector de ondas gravitatorias mediante interferometría láser. Este instrumento es muy similar al utilizado por Michelson y Morley en 1887 para investigar el movimiento de la Tierra a través del éter (capítulo 1). Véase el texto para una explicación detallada.

cinco años y podía ver sus limitaciones. Pensaba que eran mucho más prometedores los detectores *interferométricos* de ondas gravitatorias (*interferómetros* para abreviar, aunque son radicalmente diferentes de los radiointerferómetros del capítulo 9).

Los interferómetros para la detección de ondas gravitatorias habían sido concebidos por primera vez, en una forma primitiva, en 1962 por dos rusos amigos de Braginsky, Mikhail Gertsenshtein y V. I. Pustovoit, e independientemente en 1964 por Joseph Weber. Desconocedor de estas ideas anteriores, Rainer Weiss diseñó una variante más madura de un detector interferométrico en 1969, y luego él y su grupo del MIT continuaron el diseño y construcción de uno de ellos en los primeros años setenta, como lo hicieron Robert Forward y sus colegas[12] en los Hugues Research Laboratories en Malibú, California. El detector de Forward fue el primero en operar con éxito. A finales de los años setenta, estos detectores interferométricos se habían convertido en una seria alternativa a las barras, y Drever había añadido sus propias aportaciones ingeniosas a su diseño.[13]

La figura 10.6 muestra la idea básica que hay detrás de un detector interferométrico de ondas gravitatorias. Tres masas están supendidas mediante cables de soportes superiores en el vértice y los extremos de una «L» (figura 10.6a). Cuando la primera cresta de una onda gravitatoria entre en el laboratorio desde arriba o desde abajo, sus fuerzas de marea separarán las masas a lo largo de un brazo de la «L» mientras que las acercarán a lo largo del otro brazo. El resultado será un incremento en la longitud L_1 del primer brazo (es decir, en la distancia entre las dos masa del brazo) y una disminución en la longitud L_2 del segundo brazo. Cuando la primera cresta de la onda haya pasado y llegue su primer valle, las direcciones de separación y acercamiento cambiarán: L_1 disminuirá y L_2 aumentará. Registrando la diferencia entre las longitudes de los brazos, $L_1 - L_2$, podemos buscar las ondas gravitatorias.

La diferencia $L_1 — L_2$ se controla utilizando *interferometría* (figura 10.6b y recuadro 10.3). Un rayo láser se dirige a un *divisor de haz* colocado en la masa del vértice. El divisor de haz refleja la mitad del haz y transmite la otra mitad, y de esta forma divide el haz en dos. Los dos haces siguen los dos brazos del interferómetro y rebotan en espejos colocados en las masas situadas en los extremos de los brazos, y luego vuelven hacia el divisor de haz. El divisor semitransmite y semirrefleja cada uno de los haces, de modo que parte de la luz de un haz se combina con parte de la luz del otro y vuelve hacia el láser, y las otras partes de los dos haces se combinan y siguen hacia el fotodetector. Cuando no hay ninguna onda gravitatoria presente, las contribuciones de los dos brazos interfieren de tal forma (recuadro 10.3) que toda la luz vuelve hacia el láser y ninguna va hacia el fotodetector. Si una onda gravitatoria cambia ligeramente $L_1 — L_2$, entonces los dos haces recorrerán distancias ligeramente diferentes en sus dos brazos e interferirán de forma ligeramente diferente: una pequeñísima cantidad de su luz combinada irá ahora al fotodetector. Registrando la cantidad de luz que llega al fotodetector, se puede registrar la diferencia $L_1 — L_2$ entre las longitudes de los brazos y, consiguientemente, registrar las ondas gravitatorias.

Es interesante comparar un detector de barra con un interferómetro. El detector de barra utiliza las vibraciones de un único cilindro sólido para registrar las fuerzas de marea de una onda gravitatoria. El detector interferométrico utiliza los movimientos relativos de las masas suspendidas de los cables para registrar las fuerzas de marea.

El detector de barra utiliza un sensor eléctrico (por ejemplo cristales piezoeléctricos comprimidos por la barra) para registrar las vibraciones de la barra inducidas por la onda. El detector interferométrico utiliza haces de luz que interfieren para registrar los movimientos de las masas inducidos por la onda.

La barra responde por simpatía sólo a ondas gravitatorias en una estrecha banda de frecuencias; por consiguiente, para descifrar la sinfonía de las ondas se requerirá un xilófono de muchas barras. Las masas de los interferómetros oscilan en respuesta a ondas de *todas* las frecuencias mayores que aproximadamente un ciclo por segundo,* y por consiguiente el interferómetro tiene una anchura de banda amplia; tres o cuatro interferómetros son suficientes para descifrar completamente la sinfonía.

Haciendo los brazos del interferómetro mil veces mas largos que la barra (unos pocos kilómetros en lugar de unos pocos metros) se pueden hacer las fuerzas de marea de las ondas mil veces mayores y mejorar así mil veces la sensibilidad del instrumento.** La barra, por el contrario, no puede hacerse mu-

---

* Por debajo de aproximadamente un ciclo por segundo, los cables de los que cuelgan las masas les impiden vibrar en respuesta a las ondas.

** En realidad, los detalles de la mejora son mucho más complicados que esto, y el aumento resultante de la sensibilidad es mucho más difícil de conseguir que lo que sugieren estas palabras; sin embargo, esta descripción es correcta en líneas generales.

RECUADRO 10.3

Interferencia e interferometría

Siempre que dos o más ondas se propagan por la misma región de espacio, ellas se superponen «linealmente» (recuadro 10.1); es decir, se suman. Por ejemplo, la onda de puntos y la onda de trazos siguientes se superponen para dar lugar a la onda de línea continua:

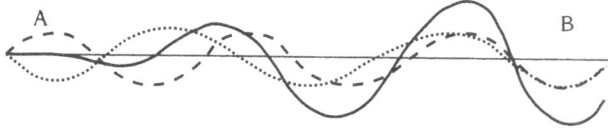

Nótese que en posiciones tales como *A,* donde un vientre de una onda (la de puntos) se superpone a una cresta de la otra (la de trazos), las ondas se cancelan, al menos en parte, para dar lugar a una onda total débil o que se anula (línea continua); y en las posiciones tales como *B,* donde dos vientres se superponen o dos crestas se superponen, las ondas se refuerzan mutuamente. Se dice que las ondas están *interfiriendo* entre sí, destructivamente en el primer caso y constructivamente en el segundo. Tal superposición e interferencia ocurre en todo tipo de ondas —ondas del océano, ondas de radio, ondas de luz, ondas gravitatorias— y tal interferencia es fundamental para la actuación de los radiointerferómetros (capítulo 9) y los detectores interferométricos para ondas gravitatorias.

En el detector interferométrico de la figura 10.6b, el divisor del haz superpone una mitad de la onda luminosa de un brazo sobre una mitad de la onda del otro y las envía hacia el láser, y superpone las otras mitades y las envía al fotodetector. Cuando ninguna onda gravitatoria ni ninguna otra fuerza ha movido las masas y sus espejos, las ondas de luz superpuestas tienen las siguientes formas, donde la curva de trazos muestra la onda del brazo 1, la curva de puntos la onda del brazo 2, y la curva continua la onda total superpuesta:

Hacia el fotodetector   *Hacia el láser*

Las ondas que van hacia el fotodetector interfieren de forma completamente destructiva, de modo que la onda total superpuesta desaparece, lo que significa que el fotodetector no ve absolutamente nada de luz. Cuando una onda gravitatoria u otra fuerza ha alargado ligeramente un brazo y acortado el otro, entonces el haz de un brazo llega al divisor de haz con un ligero retraso con respecto al otro, y por consiguiente las ondas superpuestas tienen un aspecto como este:

Hacia el fotodetector   Hacia el láser

La interferencia destructiva en la dirección del fotodetector ya no es perfecta: el fotodetector recibe algo de luz. La cantidad de luz que recibe es proporcional a la diferencia de longitud de los brazos, $L_1 - L_2$, que a su vez es proporcional a la señal de la onda gravitatoria.

cho más larga. Una barra de un kilómetro de longitud tendría una frecuencia natural menor que un ciclo por segundo y por ello no sería operativa a las frecuencias a las que pensamos que están las fuentes más interesantes. Además, a una frecuencia tan baja, habría que llevar la barra al espacio para aislarla de las vibraciones del suelo y de la gravedad fluctuante de la atmósfera de la Tierra. Colocar una barra semejante en el espacio sería ridículamente costoso.

Puesto que es mil veces más largo que la barra, el interferómetro es mil veces más inmune al «golpe» producido por el proceso de medida. Esta inmunidad significa que el interferómetro *no* necesita evitar el golpe con la ayuda de un sensor no-demoledor cuántico (difícil de construir). La barra, por el contrario, puede detectar las ondas esperadas sólo si utiliza un no-demoledor cuántico.

Si el interferómetro tiene ventajas tan grandes sobre la barra (anchura de banda mucho mayor y sensibilidad potencial mucho mayor), entonces ¿por qué Braginsky, Weber y otros no construyeron interferómetros en lugar de barras? Cuando se lo pregunté a Braginsky a mediados de los años setenta, contestó que los detectores de barras son sencillos, mientras que los interferómetros son tremendamente complejos. Un equipo pequeño como el suyo en Moscú tenía una probabilidad razonable de hacer que los detectores de barra funcionasen suficientemente bien para descubrir ondas gravitatorias. Sin embargo, contruir, poner en marcha y operar con detectores interferométricos con éxito requeriría un equipo enorme y grandes cantidades de dinero, y Braginsky dudaba de si, incluso con un equipo semejante y con tanto dinero, podría tener éxito un detector tan complejo.

Diez años más tarde, a medida que se acumulaba la triste evidencia de que las barras tendrían grandes dificultades en alcanzar una sensibilidad de 10^{-21}, Braginsky visitó el Caltech y quedó impresionado con los notables progresos que el equipo de Drever había conseguido con interferómetros. Los interferómetros, concluyó, tendrán probablemente éxito después de todo. Pero el enorme equipo y la gran cantidad de dinero requerido para el éxito no era de su agrado; así que al volver a Moscú, reorientó la mayor parte de los esfuerzos de su propio equipo en direcciones muy alejadas de la detección de ondas gravitatorias. (En todas partes se han continuado estudiando las barras, lo que me parece muy acertado; resultan baratas comparadas con los interferómetros, por ahora son más sensibles y a la larga pueden desempeñar un papel importante en las frecuencias de ondas gravitatorias muy altas.)[14]

¿En dónde reside la complejidad de los detectores interferométricos? Después de todo, la idea básica, descrita en la figura 10.6, parece razonablemente sencilla.

De hecho, la figura 10.6 es una gran simplificación debido a que ignora un enorme número de trampas. Los trucos que se necesitan para evitar estas trampas convierten un interferómetro en un instrumento muy complicado. Por ejemplo, el haz láser debe apuntar exactamente en la dirección correcta y tener exactamente la forma y la longitud de onda correcta para encajar perfectamente en el interferómetro; y su longitud de onda y su intensidad no deben fluctuar. Una vez que el haz se ha dividido en dos mitades, los dos haces deben rebotar en los dos brazos no sólo una vez como en la figura 10.6, sino muchas veces, para incrementar su sensibilidad a los movimientos de las masas, y después de estos muchos rebotes deben ir perfectamente de regreso al divisor de haz. Cada masa debe estar controlada continuamente de modo que sus espejos apunten exactamente en las direcciones correctas y no giren como resultado de las vibraciones del suelo, y esto debe hacerse sin enmascarar los movimientos de las masas inducidos por la onda gravitatoria. Para conseguir la perfección en todos estos aspectos, y en otros muchos, es necesario controlar continuamente muchas piezas diferentes del interferómetro y sus haces de luz, y aplicar continuamente fuerzas realimentadoras para mantenerlos perfectamente en orden.

Se puede tener alguna idea de estas complicaciones a partir de una fotografía (figura 10.7) de un *prototipo* de detector interferométrico de 40 metros de longitud que el equipo de Drever ha construido en el Caltech —un prototipo que, como tal, es mucho más sencillo que el interferómetro a escala global de varios kilómetros de longitud que se necesita para tener éxito.

Durante los primeros años ochenta, cuatro equipos de físicos experimentales compitieron para desarrollar instrumentos y técnicas para los detectores interferométricos: el equipo de Drever en el Caltech, el equipo que él había fundado en Glasgow (ahora dirigido por James Hough), el equipo de Rainer Weiss en el MIT, y un equipo fundado por Hans Billing en el Instituto Max Planck en Munich. Los equipos eran pequeños y concentrados, y trabajaban más o menos de forma independiente,* siguiendo sus propios enfoques en el diseño de detectores interferométricos. Dentro de cada equipo los científicos individuales tenían libertad para inventar nuevas ideas y seguirlas hasta donde quisiesen y tanto tiempo como quisiesen; la coordinación era muy difusa. Este es precisamente el tipo de ambiente en el que disfrutan los científicos, el ambiente que Braginsky ansiaba, un ambiente en el que los solitarios como yo se encuen-

---

* Aunque había una estrecha relación, a través de Drever, entre los equipos de Glasgow y el Caltech.

10.7. El prototipo de detector interferométrico de ondas gravitatorias de 40 metros del Caltech, *c.* 1989. La mesa delantera y la cámara de vacío delantera contienen los láseres y los dispositivos para preparar la luz láser que entra en el interferómetro. La masa central está en la segunda cámara de vacío, la cámara sobre la que se puede ver una cuerda. Las masas de los extremos están a 40 metros de distancia, al fondo de dos pasillos. Los dos haces láser de los brazos recorren el mayor de los dos tubos de vacío que se extienden por los pasillos. (Cortesía de LIGO Project, California Institute of Technology.)

tran más a gusto. Pero este no es un caldo de cultivo capaz de diseñar, construir, iniciar y poner en marcha grandes instrumentos científicos complejos como los interferómetros de varios kilómetros de longitud necesarios para el éxito.

Diseñar en detalle las muchas piezas complejas de un interferómetro semejante, hacerlas ajustar y funcionar juntas adecuadamente, y mantener los costes controlados y llegar a la consecución de los interferómetros en un tiempo razonable requiere un ambiente diferente: un ambiente de estrecha coordinación, con subgrupos de cada equipo centrados en tareas bien definidas y un único director que tome decisiones sobre qué tareas deben llevarse a cabo, cuándo y por quién.

El camino desde la libre independencia a la coordinación estrecha es un camino doloroso. La comunidad biológica mundial está haciendo ese camino con gritos angustiosos mientras avanza hacia el establecimiento de la secuencia del genoma humano. Y nosotros, los físicos de ondas gravitatorias, hemos estado haciendo este camino desde 1984, con penas y angustias no menores. Sin embargo, tengo confianza en que la excitación, placer y provecho científico de la detección de las ondas y el descifrado de sus sinfonías harán que un día el dolor y la angustia se borren de nuestra memoria.

El primer recodo de nuestro penoso camino fue un matrimonio a la fuerza en 1984 entre los equipos del Caltech y del MIT, cada uno de los cuales contaba entonces con unos ocho miembros. Richard Isaacson de la National Science Foundation (NSF) de los Estados Unidos nos colocó entre la espada y la pared y exigió, como precio para el soporte financiero de los contribuyentes, un estrecho matrimonio en el que los científicos del Caltech y del MIT desarrollasen conjuntamente los interferómetros. Drever (resistiéndose como un loco) y Weiss (aceptando voluntariamente lo inevitable) pronunciaron sus síes y yo me convertí en el consejero matrimonial, el hombre con la tarea de procurar el consenso cuando Drever se encaminaba en una dirección y Weiss en otra. Fue un matrimonio duro, emocionalmente agotador para todos; pero poco a poco empezamos a trabajar juntos.

El segundo recodo llegó en noviembre de 1986. Un comité de físicos eminentes —expertos en todas las tecnologías que necesitábamos y expertos en la organización y gestión de grandes proyectos científicos— pasaron toda una semana con nosotros, examinando nuestros progresos y nuestros planes e informando luego a la NSF. Nuestros progresos obtuvieron altas calificaciones, nuestros planes obtuvieron altas calificaciones, y nuestras perspectivas de éxito —para detectar ondas y descifrar sus sinfonías— fueron estimadas como altas. Pero nuestro ambiente de trabajo fue calificado como horrible; estábamos aún inmersos en el caldo de cultivo tenuemente ligado y de independencia de nuestro nacimiento, y nunca tendríamos éxito de esta forma, se le dijo a la NSF. El comité insistió en reemplazar a la troika Drever-Weiss-Thorne por un director único, un director que pudiera moldear los individuos capacitados en un equipo estrechamente unido y efectivo, y que pudiera organizar el proyecto y tomar decisiones firmes y prudentes en cada disyuntiva importante.

De nuevo entre la espada y la pared. Si ustedes quieren que su proyecto continúe, nos dijo Isaacson de la NSF, deben encontrar ese director y aprender a trabajar con él como un equipo de fútbol trabaja con un gran entrenador, o una orquesta con un gran director.

Estábamos de suerte. En medio de nuestra búsqueda Robbie Vogt fue despedido.

Vogt, un brillante físico experimental de fuerte carácter, había dirigido proyectos para construir y poner en funcionamiento instrumentos científicos en naves espaciales, había dirigido la construcción de un enorme interferómetro astronómico para longitudes de onda milimétricas, y había reorganizado el ambiente de investigación científica del Jet Propulsion Laboratory de la NASA (que lleva a cabo la mayor parte del programa norteamericano de exploración planetaria)... y luego había sido nombrado director del Caltech. Como director, aunque notablemente eficiente, Vogt tuvo fuertes discusiones con el presidente, Marvin Goldberger, sobre la forma de dirigir el Caltech; y tras varios años de batalla, Goldberger le despidió. Vogt no tenía un temperamento apropiado para trabajar *a las órdenes* de otros cuando estaba en profundo desacuerdo con sus opiniones; pero cuando estaba arriba era soberbio. Era precisamente el director, el entrenador que necesitábamos. Si alguien podía moldearnos para hacer un equipo estrechamente unido, ése era él.

Una parte del equipo de científicos del proyecto LIGO de Caltech/MIT a finales de 1991. *Izquierda*: algunos miembros del equipo del Caltech, en el sentido contrario a las agujas del reloj y empezando por la parte superior izquierda: Aaron Gillespie, Fred Raab, Maggie Taylor, Seiji Kawamura, Robbie Vogt, Ronald Drever, Lisa Sievers, Alex Abramovici, Bob Spero, Mike Zucker. (Cortesía de Ken Rogers/Black Star.) *Derecha*: algunos miembros del equipo del MIT, en dirección contraria a las agujas del reloj empezando por la parte superior izquierda: Joe Kovalik, Yaron Hefetz, Nergis Mavalvala, Rainer Weiss, David Schumaker, Joe Giaime. (Cortesía de Erik L. Simmons.]

«Será duro trabajar con Robbie —nos dijo un antiguo miembro de su equipo de trabajo sobre longitudes de onda milimétricas—. Saldréis magullados y con cicatrices, pero valdrá la pena. Vuestro proyecto tendrá éxito.»

Durante varios meses, Drever, Weiss, yo y otros negociamos con Vogt para que asumiese la dirección. Finalmente aceptó; y, como se nos había prometido, seis años más tarde nuestro equipo Caltech/MIT está magullado y con cicatrices, pero es un equipo eficaz, potente, estrechamente unido, y que crece rápidamente hacia el tamaño crítico (unos cincuenta científicos e ingenieros) necesario para el éxito. Sin embargo, el éxito no depende sólo de nosotros. Bajo el plan de Vogt importantes contribuciones para nuestro proyecto central vinieron de otros científicos,* quienes, al estar sólo débilmente asociados con noso-

* Estos, a la altura de mediados de 1993, incluyen al grupo de investigación de Braginsky en Moscú, un grupo dirigido por Bob Byers en la Universidad de Stanford, un grupo dirigido por Jim Faller en la Universidad de Colorado, un grupo dirigido por Peter Saulson en la Universidad de Syracuse y un grupo dirigido por Sam Finn en la Northwestern University.

10.8. Concepción artística del sistema de vacío en forma de L de LIGO y las instalaciones experimentales en la esquina de la L, cerca de Hanford, Washington. (Cortesía
de LIGO Project, California Institute of Technology.)

tros, pueden mantener el estilo individualista y libre que nosotros hemos dejado atrás.

Una clave para el éxito en nuestro empeño estará en la construcción y puesta en funcionamiento de una instalación científica nacional denominada *Observatorio de Ondas Gravitatorias mediante Interferometría Laser* (Laser Interferometer Gravitational-Wave Observatory), o *LIGO*.[15] El LIGO consistirá
en dos sistemas de vacío en forma de L, uno cerca de Hanford, Washington,
y el otro cerca de Livingston, Louisiana, en los que los físicos desarrollarán
y pondrán en marcha muchas generaciones sucesivas de interferómetros en mejora constante (véase la figura 10.8.)

¿Por qué dos instalaciones en lugar de una? Porque los detectores de ondas
gravitatorias ligados a la Tierra siempre tienen un ruido mal comprendido que
simula ráfagas de ondas gravitatorias; por ejemplo, el cable del que está suspendida una masa puede temblar ligeramente sin razón aparente, agitando de
este modo la masa y simulando la fuerza de marea de una onda. Sin embargo,
un ruido semejante casi nunca sucede simultáneamente en dos detectores independientes muy alejados. Por ello, para estar seguros de que una señal aparente se debe a ondas gravitatorias y no a ruido, debe verificarse qué ocurre en
dos detectores semejantes. Con un solo detector, las ondas gravitatorias no pueden ser detectadas y registradas.

Aunque dos instalaciones son suficientes para detectar una onda gravitatoria, se necesitan al menos tres, y preferiblemente cuatro, en lugares muy separados, para descifrar completamente la sinfonía de la onda, es decir, extraer toda la información que lleva la onda. Un equipo conjunto francoitaliano construirá la tercera instalación, llamada VIRGO,* cerca de Pisa. VIRGO y LIGO juntas formarán una red internacional para extraer la información completa. Equipos en Gran Bretaña, Alemania, Japón y Australia están buscando fondos para construir instalaciones adicionales para la red.

Podría parecer audaz el construir una red tan ambiciosa para un tipo de onda que nadie ha visto nunca. En realidad, no es audaz en absoluto. Ya se ha probado que las ondas gravitatorias existen a partir de las observaciones astronómicas por las que Joseph Taylor y Russell Hulse de la Universidad de Princeton ganaron el Premio Nobel de 1993. Utilizando un radiotelescopio, Taylor y Hulse encontraron dos estrellas de neutrones, una de ellas un púlsar, que orbitan una alrededor de la otra cada 8 horas; y mediante medidas de radio de exquisita precisión verificaron que las estrellas están orbitando en espiral y su periodo varía precisamente al ritmo (2,7 partes por mil millones cada año) que las leyes de Einstein predicen que lo haría, debido a que están sufriendo la reacción continua de las ondas gravitatorias que emiten hacia el Universo. Ninguna otra cosa, salvo las minúsculas reacciones de ondas gravitatorias, puede explicar la espiral convergente de las estrellas.

* * *

¿Cómo será la astronomía de ondas gravitatorias a comienzos del siglo XXI? El siguiente escenario es plausible.

Hacia el 2007, ocho interferómetros, cada uno de ellos de varios kilómetros de longitud, están en funcionamiento a tiempo completo, explorando los cielos en busca de ráfagas incidentes de ondas gravitatorias. Dos están funcionando en la instalación de vacío de Pisa, dos en Livingston, Louisiana, al sureste de los Estados Unidos, dos en Hanford, Washington, al noroeste de los Estados Unidos y dos en Japón. De los dos interferómetros en cada lugar, uno es un instrumento «todo terreno» que registra las oscilaciones de una onda entre unos 10 ciclos por segundo y 1.000; el otro, sólo recientemente desarrollado e instalado, es un interferómetro avanzado «especializado» que se concentra en las oscilaciones comprendidas entre 1.000 y 3.000 ciclos por segundo.

Un tren de ondas gravitatorias entra en el Sistema Solar procedente de una fuente cósmica distante. Cada cresta de onda golpea primero los detectores japoneses, luego atraviesa la Tierra hasta llegar a los detectores de Washington, luego a Louisiana y finalmente a Italia. Durante un minuto aproximadamente, una cresta viene seguida por un valle que es seguido por una cresta. Las masas de cada detector oscilan siempre de forma muy ligera, perturbando los haces

---

* Toma su nombre del cúmulo de galaxias Virgo, del que podrían detectarse ondas.

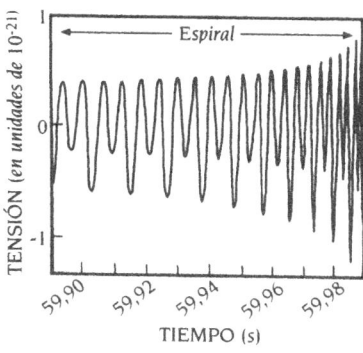

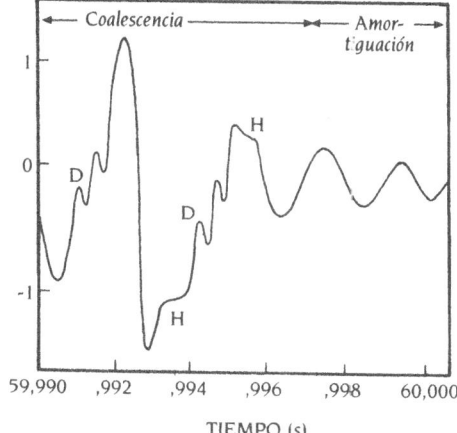

10.9. Una de las dos formas de onda producidas por la coalescencia de dos agujeros negros. La onda se representa en vertical en unidades de 10^{-21}; el tiempo se representa en horizontal en unidades de segundos. La primera gráfica muestra sólo la última décima de segundo de la forma de onda emitida durante la trayectoria espiral; el minuto precedente de la forma de onda es similar, con un incremento gradual de la amplitud y la frecuencia. La segunda gráfica muestra la última centésima de segundo, en una escala ampliada. Los segmentos *Espiral* y *Amortiguación* de la forma de onda se entienden bien, en 1993, a partir de las soluciones de la ecuación de campo de Einstein. El segmento de coalescencia no se entiende en absoluto (la curva mostrada es mi propia suposición); las futuras simulaciones en superordenador intentarán calcularla. En el texto se supone que estas simulaciones han tenido éxito a comienzos del siglo XXI.

de láser y perturbando en consecuencia la luz que entra en el fotodiodo del detector. Las señales de los ocho fotodiodos se transmiten por comunicaciones vía satélite a un ordenador central, que alerta a un equipo de científicos de que otra ráfaga de ondas gravitatorias de un minuto de duración ha llegado a la Tierra, la tercera esta semana. El ordenador combina las señales de los ocho detectores para dar cuatro cosas: una mejor estimación para la localización celeste de la fuente de la ráfaga; una caja de error para esa mejor estimación de la localización; y dos *formas de onda*: dos curvas oscilantes, análogas a la curva oscilante que se obtiene cuando se examinan los sonidos de una sinfonía en un osciloscopio. La historia de la fuente está codificada en estas formas de onda (figura 10.9).

Hay dos formas de onda porque una onda gravitatoria tiene dos *polarizaciones*. Si la onda viaja verticalmente a través de un interferómetro, una polarización describe fuerzas de marea que oscilan a lo largo de las direcciones esteoeste y norte-sur; la otra describe fuerzas de marea que oscilan a lo largo de las direcciones noreste-suroeste y noroeste-sureste. Cada detector, con su propia orientación, es sensible a cierta combinación de estas dos polarizaciones; y a partir de las señales de los ocho detectores, el ordenador reconstruye las dos formas de onda.

Luego el ordenador compara las formas de onda con las que existen en un gran catálogo, de forma muy parecida a como un observador de pájaros identifica un pájaro comparándolo con los grabados de un libro. El catálogo ha sido obtenido mediante simulaciones de fuentes en ordenadores, y con cinco años de experiencia previa registrando las ondas gravitatorias de agujeros negros que colisionan y se fusionan, estrellas de neutrones que colisionan y se fusionan, estrellas de neutrones en rotación (púlsares), y explosiones de supernovas. La identificación de la ráfaga es fácil (algunas otras, por ejemplo, las procedentes de supernovas, son mucho más difíciles). Las formas de onda muestran el sello inequívoco y singular de la coalescencia de dos agujeros negros.

Las formas de onda tienen tres segmentos:

- El primer segmento, de un minuto de duración (del que sólo el último 0,1 segundo se muestra en la figura 10.9), presenta tensiones oscilantes que crecen poco a poco en amplitud y frecuencia; estas son precisamente las formas de onda esperadas del movimiento en *espiral en contracción* de dos objetos de una órbita binaria. El hecho de que se alternen ondas más pequeñas y ondas más grandes indica que la órbita es algo elíptica más que circular.

- El segmento medio, de 0,01 segundos de longitud, se ajusta casi perfectamente con las formas de onda predichas por recientes (principios del siglo XXI) simulaciones en superordenador de la *coalescencia* de dos agujeros negros para formar uno; según las simulaciones, las gibas marcadas «H» son señal del contacto y fusión de los horizontes de los agujeros. Las dobles oscilaciones marcadas «D» son, sin embargo, un nuevo descubrimiento, el primero hecho por los nuevos interferómetros especializados. Los más viejos interferómetros «todo terreno» nunca habían sido capaces de detectar estas oscilaciones debido a su alta frecuencia, y tampoco habían sido vistas nunca en ninguna simulación mediante superordenador. Su explicación constituye un nuevo reto para los teóricos. Podrían ser los primeros indicios de alguna peculiaridad previamente insospechada de las vibraciones no lineales de la curvatura espaciotemporal de los agujeros que colisionan. Los teóricos, intrigados por esta perspectiva, repasarán sus simulaciones y buscarán señales de tales oscilaciones dobles.

- El tercer segmento, de 0,03 segundos de longitud (del que sólo se muestra el comienzo en la figura 10.9), consiste en oscilaciones con frecuencia fija y amplitud que decrece poco a poco. Esta es precisamente la forma de onda esperada cuando un agujero negro deformado late para deshacerse de sus deformaciones, es decir, cuando *se amortigua* como la vibración de una campana tañida. Las pulsaciones consisten en dos protuberancias en forma de pesa que circulan dando vueltas al ecuador del agujero y poco a poco desaparecen a medida que las oscilaciones de curvatura se llevan su energía (figura 10.2, *supra*).

A partir de los detalles de las formas de onda, el ordenador extrae no sólo la historia del movimiento en espiral, la coalescencia y la vibración; también extrae las masas y las velocidades de rotación de los agujeros iniciales y del agujero final. Cada uno de los agujeros iniciales tenía una masa 25 veces mayor que la masa del Sol, y estaban girando lentamente. El agujero final tiene una masa 46 veces mayor que la del Sol y está girando a un 97 por 100 de la velocidad máxima permitida. Una energía equivalente a 4 masas solares (2 × 25 — 46 = 4) se ha convertido en ondulaciones de curvatura y es transportada por las ondas. El área total de la superficie de los agujeros iniciales era de 136.000 kilómetros cuadrados. El área total de la superficie del agujero final es mayor, como exige la segunda ley de la mecánica del agujero negro (capítulo 12): 144.000 kilómetros cuadrados. Las formas de onda también revelan la distancia del agujero a la Tierra: 1.000 millones de años-luz, un resultado con una precisión de un 20 por 100. Las formas de onda nos dicen que desde la Tierra estamos mirando casi perpendicularmente al plano de la órbita, y estamos ahora viendo el polo norte del agujero en rotación; y muestran que la órbita de los agujeros tenía una excentricidad (elongación) de un 30 por 100.

El ordenador determina la posición de los agujeros en el cielo a partir de los tiempos de llegada de las crestas de la onda en Japón, Washington, Louisiana e Italia. Puesto que Japón fue golpeado primero, los agujeros están más o menos sobre el cielo de Japón y bajo los pies de América y Europa. Un análisis detallado de los tiempos de llegada da una mejor estimación de la posición de la fuente, y una caja de error en torno a dicha posición de un tamaño de 1 grado. Si los agujeros hubieran sido más pequeños, sus formas de onda habrían oscilado más rápidamente y las cajas de error habrían sido menores, pero para los agujeros grandes 1 grado es lo máximo que puede conseguir la red. En diez años más, el tamaño de cada lado de la caja de error se reducirá en un factor 100.

Puesto que la órbita de los agujeros era alargada, el ordenador concluye que los dos agujeros quedaron capturados en órbita mutua sólo pocas horas antes de que se fusionaran y emitieran la ráfaga. (Si hubieran estado orbitando uno en torno al otro durante un tiempo mucho mayor que algunas horas, el retroceso de las ondas gravitatorias que salen del sistema binario habría hecho su órbita circular.) Una captura reciente significa que los agujeros probablemente estaban en un cúmulo denso de agujeros negros y estrellas masivas en el centro de alguna galaxia.

El ordenador examina a continuación los catálogos de galaxias ópticas, radiogalaxias y galaxias de rayos X, buscando cualquiera de ellas que resida en la caja de error de 1 grado, que estén a una distancia de la Tierra de entre 0,8 y 1,2 miles de millones de años-luz y tengan núcleos peculiares. Se encuentran cuarenta candidatos que son entregados a los astrónomos. Durante los años siguientes, estos cuarenta candidatos serán estudiados en detalle, con radiotelescopios, telescopios de ondas milimétricas, infrarrojas, ópticas, ultravioletas, rayos X y rayos gamma. Poco a poco se hará claro que una de las galaxias candidatas tiene un núcleo en el que estaba iniciándose una aglomeración masiva de gas y estrellas cuando la luz que ahora vemos dejó la galaxia, una fase de evolución violenta de un millón de años de duración —una evolución que iba a desencadenar el nacimiento de un agujero negro gigante, y luego un cuásar. Gracias a la ráfaga de ondas gravitatorias que identificó esta galaxia específica como algo interesante, los astrónomos pueden ahora empezar a desvelar los detalles de cómo han nacido los agujeros negros gigantes.

11

¿Qué es la realidad?

*donde el espacio-tiempo se considera
curvo los domingos y plano los lunes,
y los horizontes están hechos de
vacío los domingos y de carga los lunes,
pero los experimentos de los domingos
y los experimentos de los lunes
coinciden en todos los detalles*[1]

¿Está *realmente* curvado el espacio-tiempo? ¿No es concebible que el espacio-tiempo sea realmente plano, pero que los relojes y las reglas con los que lo medimos y que consideramos *perfectos* en el sentido del recuadro 11.1 son, en realidad, elásticos? ¿No podrían incluso los relojes más perfectos atrasarse o adelantarse, y las reglas más perfectas contraerse o dilatarse, cuando las llevamos de un punto a otro o cambiamos sus orientaciones? ¿No harían tales distorsiones de nuestros relojes y reglas que un espacio-tiempo realmente plano pareciese estar curvado?

Sí.

La figura 11.1 muestra un ejemplo concreto: la medida de circunferencias y radios en torno a un agujero negro sin rotación. A la izquierda se muestra un diagrama de inserción para el espacio curvado del agujero. El espacio está curvado en este diagrama porque hemos acordado definir las distancias como si nuestras reglas *no* fueran elásticas, como si siempre mantuvieran sus longitudes constantes independientemente de dónde las coloquemos y de cómo las orientemos. Las reglas muestran que el horizonte del agujero tiene una circunferencia de 100 kilómetros. Alrededor del agujero se ha dibujado un círculo de dos veces esta circunferencia, es decir, 200 kilómetros, y la distancia radial desde el horizonte a dicho círculo se ha medido con una regla perfecta; el resultado es 37 kilómetros. Si el espacio fuera plano, la distancia radial debería ser el radio del círculo exterior, $200/2\pi$ kilómetros, menos el radio del horizonte, $100/2\pi$ kilómetros; es decir, tendría que ser de $200/2\pi - 100/2\pi = 16$ kilómetros (aproximadamente). Para acomodar la distancia radial mucho mayor, de un tamaño de 37 kilómetros, la superficie debe tener la forma curvada de tipo pabellón de trompeta mostrada en el diagrama.

RECUADRO 11.1

La perfección de las reglas y los relojes

Por «relojes perfectos» y «reglas perfectas» entenderé, en este libro, relojes y reglas que son perfectos en el sentido en que lo pueden entender los mejores constructores de relojes y de reglas del mundo: la perfección debe juzgarse por comparación con los comportamientos de átomos y moléculas.

Más concretamente, los relojes perfectos deben andar a un ritmo uniforme cuando se los compara con las oscilaciones de átomos y moléculas. Los mejores relojes atómicos del mundo se diseñan para que funcionen precisamente así. Puesto que las oscilaciones de átomos y moléculas están controladas por lo que en capítulos anteriores llamé el «ritmo de flujo del tiempo», esto significa que los relojes perfectos miden la parte «tiempo» del espacio-tiempo curvo de Einstein.

Las marcas en las reglas perfectas deben tener espaciados uniformes y estándar cuando se las compara con las longitudes de onda de la luz emitida por átomos y moléculas: por ejemplo, espaciados uniformes con respecto a la luz de «longitud de onda de 21 centímetros» emitida por las moléculas de hidrógeno. Esto equivale a exigir que cuando uno mantiene una regla a una temperatura estándar fija (digamos, cero grados Celsius), siempre contiene el mismo número fijo de átomos a lo largo de su longitud entre las marcas; y esto, a su vez, garantiza que las reglas perfectas miden las longitudes espaciales del espacio-tiempo curvo de Einstien.

El cuerpo de este capítulo introduce los conceptos de tiempos «verdaderos» y longitudes «verdaderas». Estos no son necesariamente los tiempos y longitudes medidos por relojes perfectos y reglas perfectas, es decir, no son necesariamente los tiempos y longitudes basados en patrones atómicos y moleculares o, también, no son necesariamente los tiempos y longitudes incorporados en el espacio-tiempo curvo de Einstein.

Si el espacio es realmente plano en torno al agujero negro pero nuestras reglas perfectas son elásticas y, por ello, nos confunden al hacernos creer que el espacio está curvado, entonces la geometría real del espacio debe ser como la que se muestra a la derecha de la figura 11.1, y la verdadera distancia entre el horizonte y el círculo debe ser 16 kilómetros, como exigen las leyes de Euclides de la geometría plana. Sin embargo, la relatividad general insiste en que nuestras reglas perfectas no miden esta verdadera distancia. Tómese una regla y extiéndase a lo largo de una circunferencia en torno al agujero justo fuera del horizonte (trazo negro grueso curvado con marcas de regla en la parte derecha de la figura 11.1). Cuando la regla se orienta de este modo a lo largo de

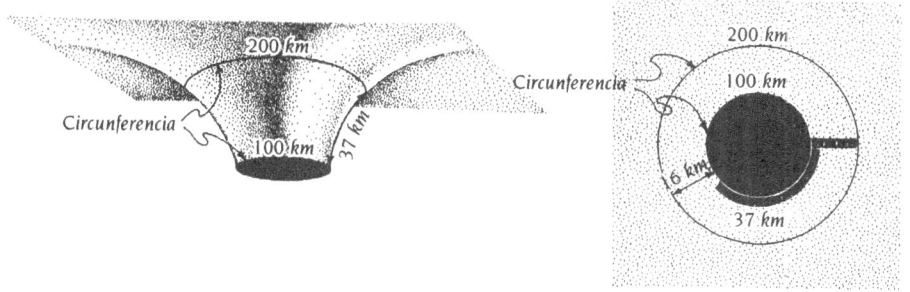

ESPACIO–TIEMPO CURVO   ESPACIO–TIEMPO PLANO

11.1. Medidas de longitud en la vecindad de un agujero negro desde dos puntos de vista diferentes. *Izquierda*: el espacio-tiempo se considera verdaderamente curvo, y las reglas perfectas miden exactamente las longitudes del espacio-tiempo verdadero. *Derecha*: el espacio-tiempo se considera verdaderamente plano y las reglas perfectas son elásticas. Una regla perfecta de 37 km de longitud, cuando está orientada a lo largo de la dirección de la circunferencia, mide exactamente las longitudes del espacio-tiempo plano verdadero. Sin embargo, cuando se orienta radialmente se contrae en una cantidad que es mayor cuanto más próxima esté al agujero, y por lo tanto indica longitudes radiales que son mayores que las verdaderas (indica 37 km en lugar de los auténticos 16 km en el ejemplo que presentamos).

la circunferencia, mide correctamente la distancia verdadera. Córtese la regla a 37 kilómetros de longitud, como se muestra. Ahora abarca el 37 por 100 de la longitud en torno al agujero. A continuación gírese la regla de modo que quede orientada radialmente (trazo negro recto grueso con marcas de regla en la figura 11.1). A medida que la regla gira, la relatividad general requiere que se contraiga. Cuando apunta en dirección radial, su longitud verdadera debe haberse contraído hasta 16 kilómetros, de modo que llegará exactamente desde el horizonte hasta el círculo externo. Sin embargo, la escala que figura en su superficie contraída debe afirmar que su longitud es aún de 37 kilómetros y, por lo tanto, que la distancia entre el horizonte y el círculo es de 37 kilómetros. Las personas como Einstein que no son conscientes de la naturaleza elástica de la regla, y por ello confían en su medida imprecisa, concluyen que el espacio está curvado. Sin embargo, las personas como usted y como yo, conscientes de su elasticidad, sabemos que la regla se ha contraído y que el espacio es realmente plano.

¿Qué podría hacer que la regla se contraiga cuando cambia su orientación? La gravedad, por supuesto. En el espacio plano de la mitad derecha de la figura 11.1 existe un campo gravitatorio que controla los tamaños de las partículas elementales, los núcleos atómicos, átomos, moléculas, cualquier cosa, y las obliga a todas a contraerse cuando se extienden en dirección radial. La magnitud de la contracción es grande cerca de un agujero negro, y más pequeña lejos de él, debido a que el campo gravitatorio que controla la contracción está generado por el agujero, y su influencia disminuye con la distancia.

El campo gravitatorio que controla la contracción tiene otros efectos. En el momento en que un fotón o cualquier otra partícula pasa junto al agujero, este campo lo atrae y desvía su trayectoria. La trayectoria se curva alrededor del agujero; está curvada, tal como se mide en la auténtica geometría espacio-temporal plana del agujero. Sin embargo, las personas como Einstein, que se toman en serio las medidas de sus relojes y de sus reglas elásticas, consideran que el fotón se mueve a lo largo de una línea recta a través del espacio-tiempo curvo.

¿Cuál es la verdad real y auténtica? ¿Es el espacio-tiempo realmente plano, como sugieren los párrafos anteriores, o está realmente curvado? Para un físico como yo ésta es una pregunta sin interés porque no tiene consecuencias físicas. Ambos puntos de vista, espacio-tiempo curvo y espacio-tiempo plano, dan exactamente las mismas predicciones para cualquier medida realizada con reglas y relojes perfectos, y también (como es el caso) las mismas predicciones para cualquier medida realizada con cualquier tipo de aparato físico. Por ejemplo, ambos puntos de vista coinciden en que la distancia radial entre el horizonte y el círculo en la figura 11.1, *medida por una regla perfecta,* es de 37 kilómetros. Discrepan respecto a si dicha distancia medida es la distancia «real», pero tal discrepancia es una cuestión de filosofía, no de física. Puesto que los dos puntos de vista coinciden en los resultados de todos los experimentos, ambos son físicamente equivalentes. Qué punto de vista nos dice la «verdad real» es irrelevante para los experimentos; es una cuestión a debatir por los filósofos, no por los físicos. Además, los físicos pueden, y así *lo hacen,* utilizar los dos puntos de vista de forma intercambiable cuando tratan de deducir las predicciones de la relatividad general.

Los procesos mentales con los que trabaja un físico teórico están bellamente descritos por el concepto de *paradigma* de Thomas Kuhn. Kuhn, que recibió su título de doctor en física por Harvard en 1949 y luego se convirtió en un eminente historiador y filósofo de la ciencia, introdujo el concepto de paradigma en su libro de 1962 *La estructura de las revoluciones científicas,*[2] uno de los libros más inspirados que he leído.

Un paradigma es un conjunto completo de herramientas que utiliza una comunidad de científicos en su investigación sobre un tema, así como para comunicar los resultados de su investigación a los demás. El punto de vista del espacio-tiempo curvo de la relatividad general es un paradigma; el punto de vista del espacio-tiempo plano es otro. Cada uno de estos paradigmas incluye tres elementos básicos: un conjunto de *leyes* de la física formuladas matemáticamente; un conjunto de *imágenes* (imágenes mentales, imágenes verbales, dibujos sobre un papel) que nos dan ideas sobre las leyes y nos ayudan a comunicarnos con los demás; y un conjunto de *ejemplos,* esto es, cálculos anteriores y problemas resueltos, bien en los libros de texto o en los artículos científicos publicados, que la comunidad de expertos en relatividad coincide en que están hechos correctamente y son interesantes, y que utilizamos como patrones para nuestros cálculos futuros.

El *paradigma del espacio-tiempo curvo* se basa en tres conjuntos de leyes formuladas matemáticamente: la ecuación de campo de Einstein, que describe cómo la materia genera la curvatura del espacio-tiempo; las leyes que nos dicen que las reglas perfectas y los relojes perfectos miden las longitudes y los tiempos del espacio-tiempo curvo de Einstein; y las leyes que nos dicen cómo se mueven la materia y los campos a través del espacio-tiempo curvo, por ejemplo, que los cuerpos que se mueven libremente viajan en líneas rectas (geodésicas). El *paradigma del espacio-tiempo plano* también se basa en tres conjuntos de leyes: una ley que describe cómo la materia, en el espacio-tiempo plano, genera el campo gravitatorio; leyes que describen cómo dicho campo controla la contracción de reglas perfectas y la dilatación de las marchas de relojes perfectos; y leyes que describen cómo el campo gravitatorio controla también los movimientos de partículas y campos a través del espacio-tiempo plano.

Las imágenes en el paradigma del espacio-tiempo curvo incluyen los diagramas de inserción dibujados en este libro (por ejemplo, la mitad izquierda de la figura 11.1) y las descripciones verbales de la curvatura del espacio-tiempo alrededor de los agujeros negros (por ejemplo, el «remolino en forma de tornado en el espacio que rodea a un agujero negro giratorio»). Las imágenes en el paradigma del espacio-tiempo plano incluyen la mitad derecha de la figura 11.1, con la regla que se contrae cuando se gira desde una orientación tangente a la circunferencia hasta una orientación radial, y la descripción verbal de «un campo gravitatorio que controla la contracción de las reglas».

Los ejemplos del paradigma del espacio-tiempo curvo incluyen el cálculo, que se encuentra en la mayoría de los libros de texto de relatividad, mediante el cual se deriva la solución de Schwarzschild a la ecuación de campo de Einstein, y los cálculos mediantes los cuales Israel, Carter, Hawking y otros dedujeron que un agujero negro no tiene «pelo». Los ejemplos del espacio-tiempo plano incluyen los cálculos de los libros de texto acerca de cómo cambia la masa de un agujero negro u otro cuerpo cuando captura ondas gravitatorias, y los cálculos de Clifford Will, Thibault Damour y otros acerca de cómo generan ondas gravitatorias (ondas de campo productor de contracción) las estrellas de neutrones que orbitan una en torno a otra.

Cada elemento de un paradigma —sus leyes, sus imágenes y sus ejemplos— es crucial para mis propios procesos mentales cuando estoy haciendo investigación. Las imágenes (mentales y verbales tanto como las dibujadas sobre el papel) actúan como una brújula. Me hacen intuir cómo se comporta probablemente el Universo; yo las manipulo, junto con garabatos matemáticos, en búsqueda de nuevas intuiciones interesantes. Si encuentro, a partir de las imágenes y los garabatos, una idea digna de seguirse (por ejemplo, la conjetura del aro en el capítulo 7), trato entonces de verificarla o refutarla mediante cuidadosos cálculos matemáticos basados en las leyes de la física matemáticamente formuladas del paradigma. Yo estructuro mis cálculos detallados de acuerdo con los ejemplos del paradigma. Ellos me dicen qué nivel de precisión de cálculo es probablemente necesario para tener resultados fiables. (Si la precisión es demasiado pobre, los resultados pueden ser falsos; si la precisión es demasiado alta, los cálculos pueden consumir innecesariamente un tiempo valioso.) Los ejemplos me dicen también qué tipo de manipulaciones matemáticas es probable que me lleven a mi objetivo a través del amasijo de símbolos matemáticos. Las imágenes guían también los cálculos; me ayudan a encontrar atajos y evitar los callejones sin salida. Si los cálculos verifican o al menos hacen plausible mi nueva idea, entonces comunico la idea a los expertos en relatividad mediante una mezcla de imágenes y cálculos, y la comunico a las demás personas, tales como los lectores de este libro, solamente con imágenes: imágenes verbales y dibujos.

Las leyes de la física del paradigma del espacio-tiempo plano pueden derivarse, matemáticamente, a partir de las leyes del paradigma del espacio-tiempo curvo, y recíprocamente. Esto significa que los dos conjuntos de leyes son diferentes *representaciones matemáticas* de los mismos fenómenos físicos, en el mismo sentido, en cierto modo, en que 0,001 y 1/1.000 son diferentes representaciones matemáticas del mismo número. Sin embargo, las fórmulas matemáticas para las leyes tienen un aspecto muy diferente en las dos representaciones, y las imágenes y ejemplos que acompañan los dos conjunto de leyes tienen un aspecto muy diferente.

A modo de ejemplo, en el paradigma del espacio-tiempo curvo la imagen verbal de la ecuación de campo de Einstein es el enunciado de que «la masa genera la curvatura del espacio-tiempo». Cuando se traduce al lenguaje del paradigma del espacio-tiempo plano, esta ecuación de campo se describe mediante la imagen verbal «la masa genera el campo gravitatorio que gobierna la contracción de las reglas y la dilatación de la marcha de los relojes». Aunque las dos versiones de la ecuación de campo de Einstein son matemáticamente equivalentes, sus imágenes verbales difieren profundamente.

En la investigación en relatividad resulta extraordinariamente útil conocer al dedillo ambos paradigmas. Algunos problemas se resuelven más fácil y rápidamente utilizando el paradigma del espacio-tiempo curvo; otros, utilizando el espacio-tiempo plano. Los problemas de agujeros negros (por ejemplo, el descubrimiento de que un agujero negro no tiene pelo) son más tratables mediante técnicas del espacio-tiempo curvo; los problemas de ondas gravitatorias (por ejemplo, el cálculo de las ondas producidas cuando dos estrellas de neutrones orbitan una en torno a la otra) son más tratables mediante las técnicas del espacio-tiempo plano. A medida que maduran, los físicos teóricos van ganando poco a poco en intuición acerca de qué paradigma será mejor para cada situación, y aprenden a conmutar sus mentes de un paradigma a otro cuando es necesario. Pueden considerar el espacio-tiempo curvado el domingo, cuando piensan sobre agujeros negros, y plano el lunes, cuando piensan sobre ondas gravitatorias. Este salto mental es similar al que uno experimenta cuando mira un grabado de M. C. Escher, por ejemplo, la figura 11.2.

Puesto que las leyes que subyacen a los dos paradigmas son matemáticamente equivalentes, podemos estar seguros de que, cuando se analiza la misma situación física utilizando ambos paradigmas, las predicciones para los resultados de los experimentos serán idénticamente iguales. Por ello somos libres para utilizar el paradigma que mejor nos convenga en cada situación dada.

11.2. Un grabado de M. C. Escher. Uno puede experimentar un *salto mental* mirando este grabado, primero desde un punto de vista (por ejemplo, siguiendo la corriente que fluye a la misma altura que la parte superior de la cascada) y luego desde otro (con la corriente a la altura inferior de la cascada). Este salto mental es algo parecido al que experimenta un físico teórico cuando pasa del paradigma del espacio-tiempo curvo al paradigma del espacio-tiempo plano. (© 1961 M. C. Escher Foundation-Baarn-Holland. Todos los derechos reservados.)

Esta libertad implica poder.[3] Por esto es por lo que los físicos no estaban contentos con el paradigma del espacio-tiempo curvo de Einstein, y han desarrollado el paradigma del espacio-tiempo plano como un suplemento al mismo.[4]

La descripción de la gravedad de Newton es también otro paradigma. Considera el espacio y el tiempo como absolutos, y la gravedad como una fuerza que actúa instantáneamente entre dos cuerpos («acción a distancia», capítulos 1 y 2).

El paradigma newtoniano de la gravedad *no* es, por supuesto, equivalente al paradigma del espacio-tiempo curvo de Einstein; los dos dan predicciones diferentes para los resultados de experimentos. Thomas Kuhn utiliza la expresión *revolución científica* para describir la lucha intelectual mediante la cual Einstein inventó su paradigma y convenció a sus colegas de que daba una descripción más aproximadamente correcta de la gravedad que el paradigma newtoniano (capítulo 2). La invención de los físicos del paradigma del espacio-tiempo plano *no* fue una revolución científica en este sentido kuhniano, porque el paradigma del espacio-tiempo plano y el paradigma del espacio-tiempo curvo dan exactamente las mismas predicciones.

Cuando la gravedad es débil, las predicciones del paradigma newtoniano y del paradigma del espacio-tiempo curvo de Einstein son casi idénticas, y en consecuencia los dos paradigmas son muy aproximadamente equivalentes matemáticamente. Por esto es por lo que, al estudiar la gravedad en el Sistema Solar, los físicos a menudo van y vienen con impunidad entre el paradigma newtoniano, el paradigma del espacio-tiempo curvo, y también el paradigma del espacio-tiempo plano, utilizando en cualquier instante cualquiera de ellos que venga a su imaginación o parezca más intuitivo.*

A veces, las personas recién llegadas a un campo de investigación tienen menos prejuicios que los veteranos. Esto fue lo que sucedió en los años setenta, cuando nuevas personas tuvieron ideas que llevaron a un nuevo paradigma para los agujeros negros, el *paradigma de la membrana*.

En 1971 Richard Hanni, un estudiante de licenciatura en la Universidad de Princeton, junto con Remo Ruffini, un postdoc, repararon en que el horizonte de un agujero negro puede comportarse de una forma en cierto modo similar a una esfera eléctricamente conductora. Para entender este comportamiento peculiar, recordemos que una pequeña bola de metal cargada positivamente transporta un campo eléctrico que repele a los protones y atrae a los electrones. El campo eléctrico de la bola puede describirse mediante líneas de campo, análogas a las de un campo magnético. Las líneas de campo eléctrico apuntan en la dirección de la fuerza que ejerce el campo sobre un protón (y en dirección opuesta a la fuerza que ejerce sobre un electrón), y la densidad de líneas de campo es proporcional a la intensidad de la fuerza. Si la bola está sola en el

---

* Compárese con la última sección del capítulo 1, «La naturaleza de la ley física».

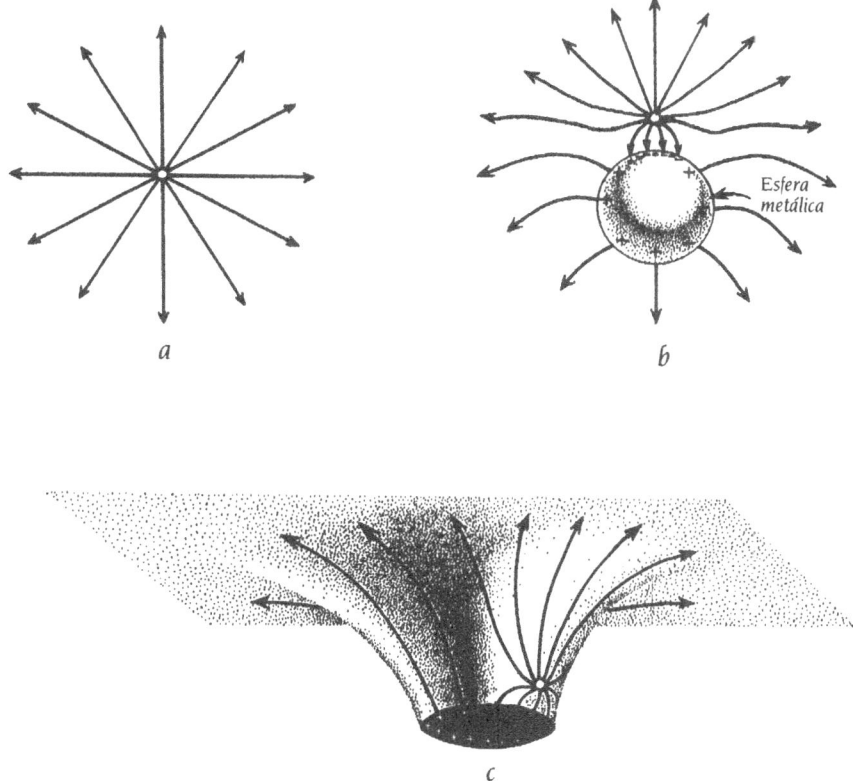

11.3.   *a*) Las líneas de campo eléctrico producidas por una bola de metal positivamente cargada en reposo, aislada, en el espacio-tiempo plano. *b*) Las líneas de campo eléctrico cuando la bola está en reposo exactamente sobre una esfera metálica eléctricamente conductora en el espacio-tiempo plano. El campo eléctrico de la bola polariza la esfera. *c*) Las líneas de campo eléctrico cuando la bola está en reposo exactamente sobre el horizonte de un agujero negro. El campo eléctrico de la bola parece polarizar el horizonte.

espacio-tiempo plano, sus líneas de campo eléctrico apuntan hacia afuera en dirección radial (véase la figura 11.3a). Correspondientemente, la fuerza eléctrica sobre un protón apunta radialmente hacia afuera de la bola y, puesto que la densidad de líneas de campo decrece de forma inversamente proporcional al cuadrado de la distancia a la bola, la fuerza eléctrica sobre un protón también decrece de forma inversamente proporcional al cuadrado de la distancia.

Acerquemos ahora la bola a una esfera metálica (figura 11.3b). La superficie metálica de la esfera está constituida por electrones que pueden moverse libremente sobre la esfera, y de iones positivamente cargados que no pueden hacerlo. El campo eléctrico de la bola atrae a cierto número de electrones de la esfera hacia la vecindad de la bola, dejando un exceso de iones en cualquier otra región de la esfera; en otras palabras, *polariza** la esfera.

En 1971 Hanni y Ruffini, e independientemente Robert Wald de la Universidad de Princeton y Jeff Cohen[5] del Institute for Advanced Study de Princeton, calcularon las formas de las líneas de campo eléctrico producidas por una bola cargada cerca del horizonte de un agujero negro sin rotación. Sus cálculos, basados en el paradigma estándar del espacio-tiempo curvo, revelaron que la curvatura del espacio-tiempo distorsiona las líneas de campo del modo mostrado en la figura 11.3c. Hanni y Ruffini, notando la similaridad con las líneas de campo de la figura 11.3b [véase el diagrama (*c*) visto desde abajo, y será casi el mismo que el diagrama (*b*)], sugirieron que podemos considerar el horizonte de un agujero negro de la misma forma que consideramos una esfera metálica; es decir, podemos considerar el horizonte como si fuera una fina membrana compuesta de partículas cargadas positiva y negativamente, una membrana similar a la superficie metálica de la esfera. Normalmente hay el mismo número de partículas positivas y negativas en cualquier parte de la membrana, es decir, no hay carga neta en ninguna región de la membrana. Sin embargo, cuando la bola se acerca al horizonte, un exceso de partículas negativas se mueve hacia la región situada debajo de la bola, dejando un exceso de partículas positivas en las otras partes de la membrana; de este modo, la membrana del horizonte queda polarizada; y el conjunto total de líneas de campo producido por las cargas de la bola y las cargas del horizonte toma la forma del diagrama (*c*).

Cuando yo, como un veterano en teoría de la relatividad, oí esta historia la consideré ridícula. La relatividad general insiste en que, si uno cae en un agujero negro, no encontrará nada en el horizonte excepto curvatura espacio-temporal. Uno no verá membrana ni partículas cargadas. Por ello, la descripción de Hanni-Ruffini de por qué las líneas de campo eléctrico de la bola están curvadas no podía tener ninguna base en la realidad. Era pura ficción. Yo estaba seguro de que la causa de la curvatura de las líneas de campo era la curvatura espacio-temporal y nada más: las líneas de campo se curvan hacia el horizonte en el diagrama (*c*) solamente debido a que la gravedad de marea las atrae, y no porque estén siendo atraídas hacia alguna carga de polarización en el horizonte. El horizonte no puede tener ninguna carga de polarización semejante; yo estaba seguro de ello. Pero me equivocaba.

Cinco años después Roger Blandford y un estudiante licenciado, Roman Znajek, en la Universidad de Cambridge descubrieron que los campos magnéticos pueden extraer la energía de rotación de un agujero negro y utilizarla para suministrar potencia a los chorros[6] (el *proceso Blandford-Znajek*, capítulo 9 y figura 11.4a). Blandford y Znajek encontraron también, mediante cálculos en el espacio-tiempo curvo, que, a medida que se extrae la energía, fluyen corrientes eléctricas hacia el horizonte cerca de los polos del agujero (en forma de partículas cargadas positivamente que caen hacia adentro), y salen corrientes del

---

* Aquí la palabra «polarizar» tiene un sentido diferente del que tiene en «onda gravitatoria polarizada» y «luz polarizada» (capítulo 10).

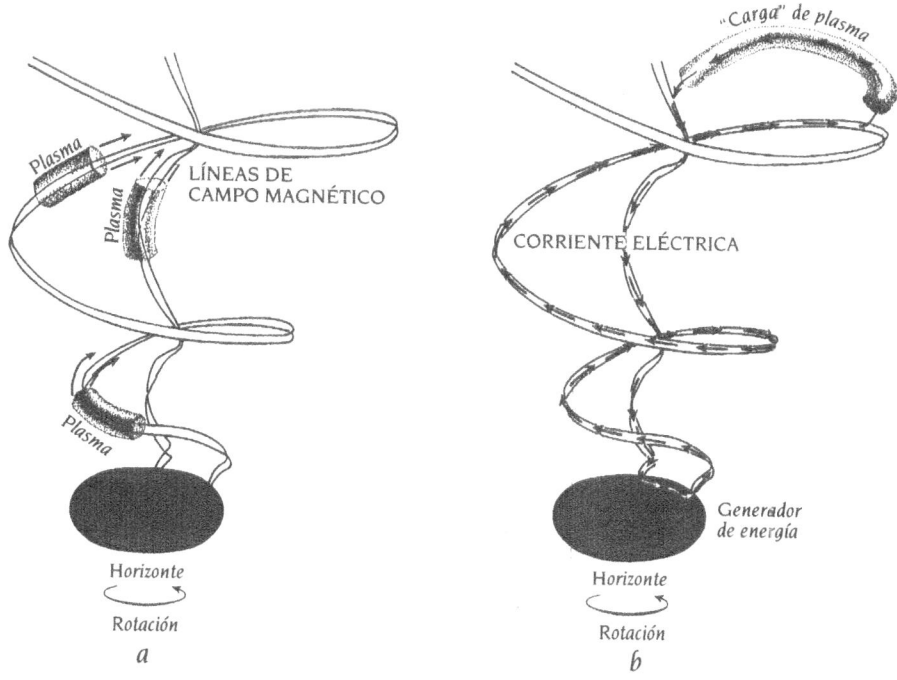

11.4. Los dos puntos de vista en el *proceso Blandford-Znajek* mediante el que un agujero negro en rotación y magnetizado puede producir chorros. *a*) La rotación del agujero crea un remolino en el espacio que obliga a los campos magnéticos que atraviesan el agujero a girar. Las fuerzas centrífugas de los campos giratorios aceleran entonces el plasma a altas velocidades (compárese con la figura 9.7b). *b*) Los campos magnéticos y el remolino del espacio generan juntos una gran diferencia de potencial entre los polos del agujero y el ecuador; el agujero se convierte, en efecto, en un generador de voltaje y de energía. Este voltaje hace que las corrientes fluyan en un circuito. El circuito transporta energía eléctrica desde el agujero negro al plasma, y dicha energía acelera el plasma a altas velocidades.

horizonte cerca del ecuador (en forma de partículas cargadas negativamente que caen hacia adentro). Era como si el agujero negro formara parte de un circuito eléctrico.

Los cálculos mostraban, además, que el agujero se comportaba como si hubiera un generador de voltaje en el circuito (figura 11.4b). Este generador de voltaje del agujero negro impulsaba la corriente hacia fuera desde el ecuador del horizonte, luego ésta subía por las líneas de campo magnético a una gran distancia del agujero, continuaba a través del *plasma* (gas eléctricamente conductor caliente) hasta otras líneas de campo próximas al eje de giro del agujero, y luego descendía por dichas líneas de campo y entraba en el horizonte. Las líneas de campo magnético eran los cables de un circuito eléctrico, el plasma era la carga que extrae energía del circuito, y el agujero giratorio era la fuente de energía.

Desde este punto de vista (figura 11.4b), es la energía transportada por el circuito la que acelera el plasma para formar chorros. Desde el punto de vista del capítulo 9 (figura 11.4a), son las líneas de campo magnético en rotación, dando vueltas una y otra vez, las que aceleran el plasma. Los dos puntos de vista son simplemente formas diferentes de mirar la misma cosa. En ambos casos, la energía procede en última instancia de la rotación del agujero. El que uno considere que la energía es transportada por el circuito o que es transportada por las líneas de campo giratorias es una cuestión de gusto.

La descripción de circuito eléctrico, aunque se basa en las leyes de la física del espacio-tiempo curvado estándar, era totalmente inesperada, y el flujo de corriente a través del agujero negro —hacia adentro cerca de los polos y hacia afuera cerca del ecuador— parecía muy peculiar. Durante 1977 y 1978, Znajek e, independientemente, Thibault Damour (también un estudiante licenciado, aunque en París y no en Cambridge) se interrogaron sobre esta peculiaridad. Mientras trataban de entenderla, tradujeron independientemente las ecuaciones del espacio-tiempo curvo, que describen el agujero giratorio y su plasma y campo magnético, a una forma poco familiar con una interpretación gráfica intrigante:[7] cuando llega al horizonte, la corriente no entra en el agujero. En lugar de ello, se fija al horizonte, donde es conducida por el tipo de cargas del horizonte imaginadas anteriormente por Hanni y Ruffini. Esta corriente de horizonte fluye desde el polo al ecuador, desde donde sale hacia las líneas de campo magnético. Además, Znajek y Damour descubrieron que las leyes que gobiernan la carga y corriente del horizonte son versiones elegantes de las leyes de la electricidad y el magnetismo en el espacio-tiempo plano: son la ley de Gauss, la ley de Ampère, la ley de Ohm y la ley de la conservación de la carga (figura 11.5).

Znajek y Damour no afirmaban que un ser que cayese en el agujero negro encontraría un horizonte tipo membrana con cargas y corrientes eléctricas. Lo que afirmaban, más bien, era que si uno desea imaginar cómo se comportan la electricidad, el magnetismo y los plasmas fuera de un agujero negro, es útil considerar el horizonte como una membrana con cargas y corrientes.

Cuando leí los artículos técnicos de Znajek y Damour, repentinamente comprendí: ellos, y Hanni y Ruffini antes que ellos, habían descubierto las bases de un nuevo paradigma para los agujeros negros. El paradigma era fascinante. Me cautivó. Incapaz de resistir su atractivo, pasé gran parte de los años ochenta, junto con Richard Price, Douglas Macdonald, Ian Redmount, Wai-Mo Suen, Ronald Crowley y otros, dándole una forma pulida y escribiendo un libro sobre ello: *Black Holes: The Membrane Paradigm*.[8]

Las leyes de la física de los agujeros negros, escritas en este paradigma de la membrana, son completamente equivalentes a las leyes correspondientes del paradigma del espacio-tiempo curvo, siempre y cuando uno restrinja su atención al exterior del agujero. En consecuencia, los dos paradigmas dan exactamente las mismas predicciones para los resultados de todos los experimentos

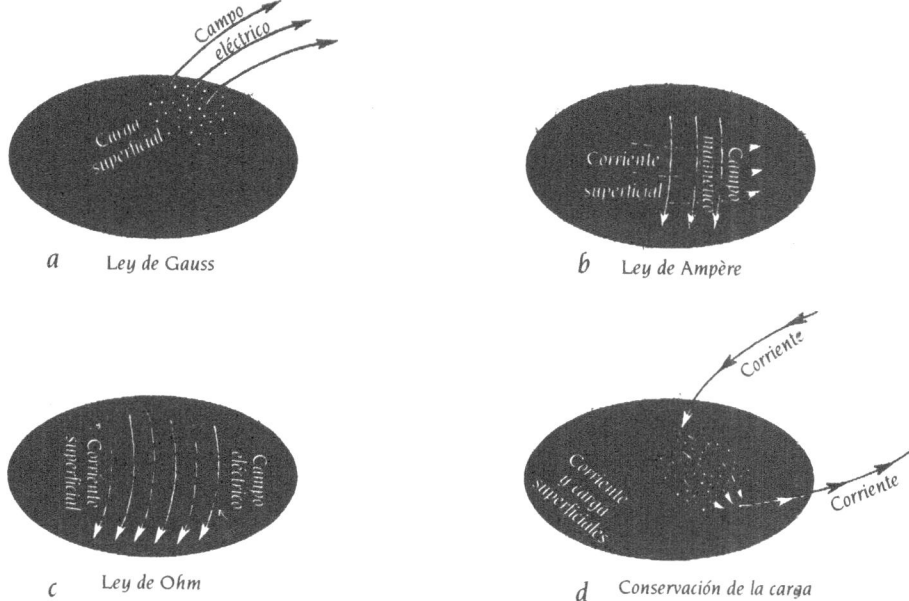

a   Ley de Gauss

b   Ley de Ampère

c   Ley de Ohm

d   Conservación de la carga

11.5.   Las leyes que gobiernan la carga y la corriente eléctrica en el horizonte de tipo membrana en un agujero negro: *a*) Ley de Gauss: el horizonte tiene exactamente la cantidad precisa de carga superficial para poner fin a todas las líneas de campo eléctrico que intersectan el horizonte, de modo que dichas líneas no se extienden al interior del agujero; compárese con la figura 11.3. *b*) Ley de Ampère: el horizonte tiene exactamente la cantidad precisa de corriente superficial para anular la componente del campo magnético paralela al horizonte, de modo que no hay campo paralelo por debajo del horizonte. *c*) Ley de Ohm: la corriente superficial es proporcional a la componente del campo eléctrico tangente a la superficie; la constante de proporcionalidad es una resistividad de 377 ohmios. *d*) Conservación de la carga: ninguna carga se pierde o se crea; toda la carga positiva que entra en el horizonte desde el Universo exterior se queda ligada al horizonte, y se mueve sobre él, hasta que sale al Universo externo (en forma de carga negativa que cae hacia adentro para neutralizar la carga positiva).

u observaciones que cualquiera pudiera hacer fuera de un agujero negro, incluyendo todas las observaciones astronómicas hechas desde la Tierra. Cuando pienso sobre astronomía y astrofísica, yo encuentro útil tener a mano ambos paradigmas, el de la membrana y el del espacio-tiempo curvo, y hacer saltos mentales tipo Escher entre uno y otro. El paradigma del espacio-tiempo curvo, con sus horizontes hechos de espacio-tiempo vacío curvo, puede ser útil el domingo, cuando me estoy interrogando sobre las pulsaciones de los agujeros negros. El paradigma de la membrana, con horizontes hechos de membranas eléctricamente cargadas, puede ser útil el lunes, cuando me estoy interrogando sobre la producción de chorros de un agujero negro. Y puesto que está garantizado que las predicciones de los dos paradigmas son las mismas, puedo utilizar según el día aquella que más convenga a mis necesidades.

No sucede así en el interior de un agujero negro. Cualquier ser que caiga en un agujero descubrirá que el horizonte *no* es una membrana dotada de carga, y que en el interior del agujero el paradigma de la membrana pierde completamente su poder. Sin embargo, los seres en caída pagan un precio por descubrir esto: no pueden publicar su descubrimiento en las revistas científicas del Universo exterior.

12

Los agujeros negros se evaporan

*donde el horizonte de un agujero negro
está revestido de una atmósfera
de radiación y partículas calientes
que se evaporan lentamente,
y el agujero se contrae
y luego explota*[1]

Los agujeros negros crecen

La idea le vino a Stephen Hawking una noche de noviembre de 1970, mientras se preparaba para acostarse. Le golpeó con tal fuerza que le dejó casi sin aliento. Nunca antes o después le ha llegado una idea tan repentinamente.[2]

Prepararse para ir a la cama no era fácil. El cuerpo de Hawking está afectado por una esclerosis lateral amiotrófica (ALS), una enfermedad que destruye lentamente los nervios que controlan los músculos del cuerpo y dejan que éstos se consuman uno tras otro hasta quedar paralizados. Se movía lentamente, con piernas vacilantes y siempre agarrando con una mano al menos un pomo o un barrote de la cama, mientras cepillaba sus dientes, se desnudaba, luchaba por meterse en su pijama, y subía a la cama. Esa noche se movía aún más lentamente que de costumbre porque su cerebro estaba preocupado con la Idea. La Idea le excitaba. Estaba extasiado, pero no se lo contó a su mujer, Jane; no quería molestarla más puesto que se suponía que se estaba concentrando para ir a la cama.

Esa noche permaneció muchas horas en vela. No podía dormir. Su cerebro seguía rumiando las ramificaciones de la Idea, sus relaciones con otras cosas.

La Idea había sido desencadenada por una simple pregunta. ¿Cuánta radiación gravitatoria (ondulaciones de curvatura espacio-temporal) pueden producir dos agujeros negros cuando colisionan y se funden para formar un solo agujero? Hawking había sido vagamente consciente durante algún tiempo de que el agujero final único tendría que ser mayor, en cierto sentido, que la «suma» de los dos agujeros originales, pero ¿en qué sentido?, ¿y qué podría decirle eso sobre la cantidad de radiación gravitatoria producida?

Luego, cuando se preparaba para acostarse, le golpeó de nuevo. Repentinamente, una serie de imágenes mentales y diagramas se había agrupado en su mente para producir la Idea: era el área del horizonte del agujero lo que debería ser mayor. Estaba seguro de ello; las imágenes y diagramas se habían fundido en una prueba matemática inequívoca. Cualesquiera que pudieran ser las masas de los dos agujeros originales (iguales o muy diferentes), y cualesquiera que pudieran ser sus rotaciones (en la misma dirección o en direcciones opuestas o si no hubiera ninguna rotación en absoluto), y como quiera que pudieran colisionar los agujeros (frontalmente o con ángulo rasante), *el área del horizonte del agujero final debe ser siempre mayor que la suma de las áreas de los horizontes de los agujeros originales.* ¿Y entonces qué? Entonces muchas cosas, advirtió Hawking en su cerebro rumiando las ramificaciones de este *teorema del incremento del área*.

Ante todo, para que el horizonte del agujero negro final tenga una gran área, el agujero final debe tener una gran masa (o equivalentemente una gran energía), lo que significa que no puede haber sido expulsada demasiada energía en forma de radiación gravitatoria. Pero «no demasiada» era aún bastante. Combinando su nuevo teorema del incremento del área con una ecuación que describe la masa de un agujero negro en términos de su área superficial y su momento angular, Hawking dedujo que hasta un 50 por 100 para la masa de los dos agujeros originales podría convertirse en energía de ondas gravitatorias, dejando tras de sí sólo un 50 por 100 para la masa del agujero negro final.*

En los meses que siguieron a su noche de insommio en noviembre, Hawking advirtió que había otras ramificaciones. La más importante, quizá, era una nueva respuesta a la cuestión de cómo *definir* el concepto de horizonte de un agujero cuando el agujero es «dinámico», es decir, cuando esté vibrando violentamente (como debe hacerlo durante las colisiones), o cuando está creciendo rápidamente (como lo hará cuando esté siendo creado por primera vez por una estrella en implosión).

Las definiciones precisas y fructíferas son esenciales para la investigación en física. Sólo después de que Hermann Minkowski hubo *definido* el intervalo absoluto entre dos sucesos (recuadro 2.1) pudo deducir que, aunque el espacio y el tiempo son «relativos», están unificados en un espacio-tiempo «absoluto». Sólo después de que Einstein hubo *definido* las trayectorias de partículas en caída libre como líneas rectas (figura 2.2) pudo deducir que el espacio-tiempo es curvo (figura 2.5), y a partir de ello desarrollar sus leyes de la relatividad

---

* Podría parecer contraintuitivo que el teorema del incremento del área de Hawking permita que alguna masa sea emitida como ondas gravitatorias. Los lectores que se sientan cómodos con el álgebra pueden encontrar satisfacción en el ejemplo de dos agujeros negros sin rotación que se funden para dar un agujero mayor sin rotación. El área de la superficie de un agujero sin rotación es proporcional al cuadrado de la circunferencia del horizonte, que a su vez es proporcional al cuadrado de la masa del agujero. Así pues, el teorema de Hawking insiste en que la suma de los cuadrados de las masas de los agujeros iniciales debe superar al cuadrado de la masa del agujero final. Un poco de álgebra muestra que esta ligadura sobre las masas permite que la masa del agujero final sea menor que la suma de las masas de los agujeros iniciales, y por ello permite que una parte de las masas iniciales sea emitida como ondas gravitatorias.

general. Y sólo después de que Hawking hubo *definido* el concepto de horizonte de un agujero dinámico pudieron él y otros examinar en detalle cómo cambian los agujeros negros cuando son zarandeados por las colisiones o por restos que caen dentro.

Antes de noviembre de 1970, la mayoría de los físicos, siguiendo a Roger Penrose,[3] habían considerado el horizonte de un agujero como «el lugar más externo donde los fotones que tratan de escapar del agujero son atraídos hacia adentro por la gravedad». Esta vieja definición del horizonte era un callejón sin salida intelectual, advirtió Hawking en los meses siguientes, y para tildarlo de tal le dio un nuevo nombre ligeramente despectivo, un nombre que calaría. Lo llamó el *horizonte aparente*.*

El desprecio de Hawking tenía varias raíces. En primer lugar, el horizonte aparente es un concepto relativo, no absoluto. Su localización depende del sistema de referencia de cada observador; observadores que caen dentro del agujero podrían verlo en posiciones diferentes que los observadores en reposo fuera del agujero. En segundo lugar, cuando la materia cae en el agujero, el horizonte aparente puede saltar súbitamente, sin previo aviso, de una posición a otra, un comportamiento bastante extraño, que no es propicio para facilitar las ideas. Tercero y más importante, el horizonte aparente no tiene ninguna relación en absoluto con el destello de imágenes y diagramas mentales congelados que había producido la Nueva Idea de Hawking.

Por el contrario, la nueva definición del horizonte de Hawking era absoluta (es el mismo en todos los sistemas de referencia), no relativa, de modo que le llamó *horizonte absoluto*. Este horizonte absoluto es bello, pensó Hawking. Tiene una bella definición: es «la frontera en el espacio-tiempo entre sucesos (fuera del horizonte) que pueden enviar señales al Universo distante y aquellos (dentro del horizonte) que no pueden hacerlo». Y tiene una bella evolución: cuando un agujero traga materia o colisiona con otro agujero o hace cualquier cosa, su horizonte absoluto cambia de forma y tamaño de una manera suave y continua, en lugar de hacerlo súbitamente y a saltos (recuadro 12.1). Lo más importante, el horizonte absoluto encajaba perfectamente con la Nueva Idea de Hawking.

Hawking pudo ver, en sus imágenes y diagramas mentales congelados, que las áreas de los horizontes absolutos (pero no necesariamente de los horizontes aparentes) aumentarían no sólo cuando los agujeros negros colisionan y se fusionan, sino también cuando están naciendo, cuando materia u ondas gravitatorias caen en ellos, cuando la gravedad de otros objetos en el Universo provoca mareas en ellos, y cuando se está extrayendo energía rotacional del remolino del espacio fuera de sus horizontes. En realidad, las áreas de los horizontes absolutos casi *siempre* aumentarán, y nunca pueden decrecer. La razón física es simple: cualquier cosa que tropieza con un agujero emite energía hacia el interior a través de su horizonte absoluto, y no hay manera de que ninguna energía pueda regresar. Puesto que todas las formas de energía producen gravedad, esto

---

* Una definición más precisa de horizonte aparente se da en el recuadro 12.1.

Los horizontes aparente y absoluto para un agujero negro recién nacido[4]

Los diagramas espacio-temporales mostrados más abajo describen la implosión de una estrella esférica para formar un agujero negro esférico; compárese con la figura 6.7. Las curvas de puntos son *rayos de luz salientes*; en otras palabras, son las líneas de universo (trayectorias en el espacio-tiempo) de fotones: las señales más rápidas que pueden ser enviadas radialmente hacia afuera, hacia el Universo distante. Para que el escape sea óptimo, los fotones se idealizan de modo que no son absorbidos ni dispersados en absoluto por la materia de la estrella.

El *horizonte aparente* (diagrama izquierdo) es la posición más externa donde los rayos de luz salientes, que tratan de escapar del agujero, son atraídos hacia la singularidad interior (por ejemplo, los rayos salientes QQ' y RR'). El horizonte aparente se crea repentinamente, y completo, en E, donde la superficie de la estrella se contrae por debajo de la circunferencia crítica. El *horizonte absoluto* (diagrama derecho) es la frontera entre los sucesos que *pueden* enviar señales al Universo distante (por ejemplo, los sucesos P y S que envían señales a lo largo de los rayos de luz PP' y SS') y los sucesos que *no pueden* enviar señales al Universo distante (por ejemplo, Q y R). El horizonte absoluto se crea en el centro de la estrella, en el suceso etiquetado C, mucho antes de que la superficie de la estrella se contraiga por debajo de la circunferencia crítica. El horizonte absoluto es exactamente un punto cuando es creado, pero luego se expande continuamente, como un globo al ser hinchado, y emerge a través de la superficie de la estrella precisamente cuando la superficie se contrae por debajo de la circunferencia crítica (círculo etiquetado E). Entonces deja de expandirse, y en adelante coincide con el horizonte aparente súbitamente creado.

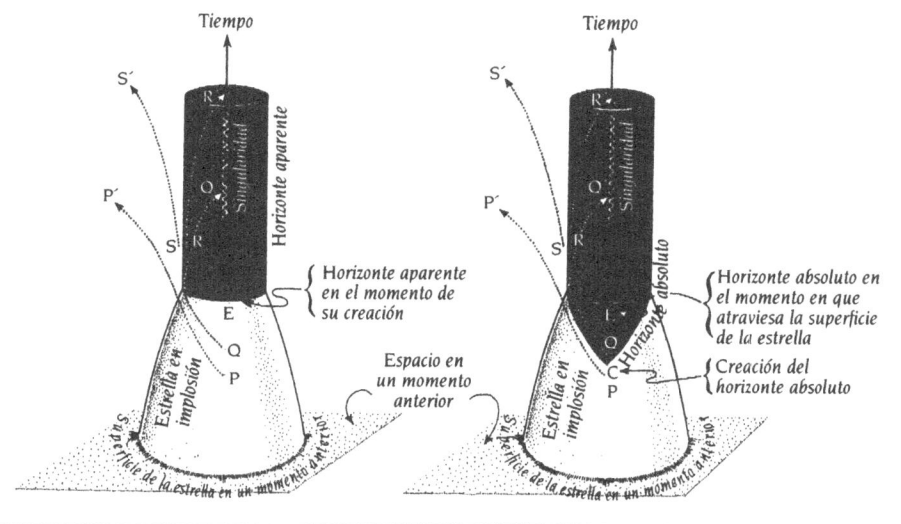

significa que la gravedad del agujero se está reforzando continuamente y, en consecuencia, el área de su superficie está creciendo continuamente.

La conclusión de Hawking, establecida de forma más precisa, era ésta: *en cualquier región del espacio, y en cualquier instante de tiempo (medido en cualquier sistema de referencia), mídanse las áreas de todos los horizontes absolutos de todos los agujeros negros y súmense las áreas para obtener un área total. Espérese a continuación todo el tiempo que se desee, mídanse de nuevo las áreas de todos los horizontes absolutos y súmense. Si ningún agujero negro ha salido a través de las «paredes» de su región espacial entre ambas medidas, entonces el área total del horizonte no puede haber decrecido, y casi siempre habrá aumentado, al menos un poco.*

Hawking era perfectamente consciente de que la elección de definición de horizonte, absoluto o aparente, no influiría en modo alguno en las predicciones de los resultados de experimentos que los seres humanos u otros seres puedan realizar; por ejemplo, no influiría en las predicciones de las formas de onda de la radiación gravitatoria producida en colisiones de agujeros negros (capítulo 10), ni influiría en las predicciones del número de rayos X emitidos por un gas caliente que cae a través del horizonte de un agujero negro (capítulo 8). Sin embargo, la eleccción de definición podría influir fuertemente en la *facilidad* con la que los físicos teóricos deducen, a partir de las ecuaciones de la relatividad general de Einstein, las propiedades y comportamientos de los agujeros negros. La definición escogida se convertiría en una herramienta capital en el paradigma del que se sirven los teóricos para guiar su investigación; influiría en sus imágenes mentales, sus diagramas, las palabras que usan cuando se comunican entre sí, y sus saltos de una intuición a otra. Y para este fin, creía Hawking, el nuevo horizonte absoluto, con su área en suave aumento, sería superior al viejo horizonte aparente, con sus saltos discontinuos en tamaño.

Stephen Hawking no fue el primer físico en pensar sobre los horizontes absolutos y descubrir su aumento de área. Roger Penrose en la Universidad de Oxford, y Werner Israel[5] en la Universidad de Alberta, Canadá, ya lo habían hecho antes de la noche insomne de noviembre de Hawking. De hecho, las ideas de Hawking descansaban fundamentalmente en bases establecidas por Penrose (capítulo 13). Sin embargo, ni Penrose ni Israel habían reconocido la importancia o la potencia del teorema del incremento del área, así que ninguno de ellos la había publicado. ¿Por qué? Porque estaban mentalmente bloqueados al considerar el horizonte aparente como la superficie del agujero y el horizonte absoluto como simplemente un concepto auxiliar no muy importante, y por ello pensaron que el incremento del área del horizonte absoluto no era muy interesante. A medida que avance este capítulo quedará claro hasta qué punto estaban terriblemente equivocados.

¿Por qué estaban Penrose e Israel tan aferrados al horizonte aparente? Porque éste ya había jugado un papel central en un descubrimiento sorprendente: el descubrimiento de Penrose en 1964 de que las leyes de la relatividad general obligan a todo agujero negro a tener una singularidad en su centro.[6] Descri-

RECUADRO 12.2

Evolución de los horizontes aparente y absoluto de un agujero en acreción[7]

El diagrama espacio-temporal inferior ilustra la agitada evolución del horizonte aparente y la evolución teleológica del horizonte absoluto. En algún instante de tiempo inicial (en una sección horizontal cerca del fondo del diagrama), un agujero negro viejo y sin rotación es rodeado por una delgada cáscara esférica de materia. La cáscara es como la goma de un globo, y el agujero es como un pozo en el centro del globo. La gravedad del agujero atrae a la cáscara (la goma del globo), obligándola a contraerse y finalmente a ser engullida por el agujero (el pozo). El *horizonte aparente* (la posición más externa en la que los rayos de luz salientes —mostrados con puntos— están siendo atraídos hacia adentro) salta hacia afuera repentina y discontinuamente en el instante en que la cáscara en contracción alcanza la posición de la circunferencia crítica del agujero final. El *horizonte absoluto* (la frontera entre sucesos que pueden y no pueden enviar rayos de luz salientes al Universo distante) empieza a expandirse *antes* de que el agujero se trague la cáscara. Se expande *con antelación* a que la cáscara sea engullida, y luego, precisamente cuando el agujero engulle, llega al reposo en la misma posición que el horizonte aparente que surgió de golpe.

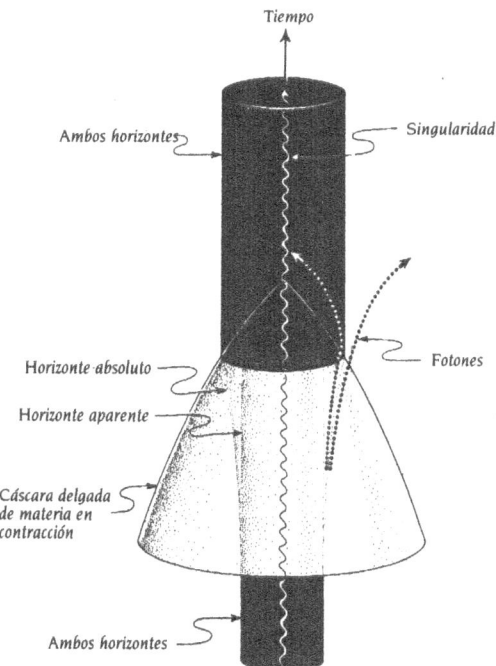

biré el descubrimiento de Penrose y la naturaleza de las singularidades en el próximo capítulo. Por ahora, el punto principal es que el horizonte aparente había probado su poder, y Penrose e Israel, cegados por dicho poder, no podían pensar en tirar por la borda el horizonte aparente como definición de la superficie de un agujero negro.

En particular no podían concebir el tirarlo por la borda en favor del horizonte absoluto. ¿Por qué? Porque el horizonte absoluto —por paradójico que pudiera parecer— viola nuestra querida noción de que un efecto no debería preceder a su causa. Cuando la materia cae en un agujero negro, el horizonte absoluto empieza a crecer («efecto») antes de que la materia lo alcance («causa»). El horizonte crece anticipándose al hecho de que la materia va a ser pronto engullida e incrementará la atracción gravitatoria del agujero (recuadro 12.2).

Penrose e Israel sabían el origen de esta aparente paradoja. La propia definición del horizonte absoluto depende de lo que suceda en el futuro: de que haya o no señales que finalmente escapen al Universo distante. En la terminología de los filósofos es una definición *teleológica* (una definición que descansa en «causas finales»), y obliga a la evolución del horizonte a ser teleológica. Puesto que los puntos de vista teleológicos apenas han sido útiles, si es que lo han sido, en la física moderna, Penrose e Israel dudaban de los méritos del horizonte absoluto.

Hawking es un pensador arriesgado. Está mucho más dispuesto que la mayoría de los físicos a tomar vuelo en direcciones radicalmente nuevas, si dichas direcciones «huelen» bien. El horizonte absoluto olía bien para él, así que lo aceptó a pesar de su naturaleza radical, y su aceptación tuvo recompensa. En pocos meses, Hawking y James Hartle fueron capaces de derivar, a partir de las leyes de la relatividad general de Einstein, un conjunto de ecuaciones elegantes que describen cómo el horizonte absoluto se expande y cambia su forma de manera continua y suave, anticipándose a los residuos o a las ondas gravitatorias que éste engulle o anticipándose a ser atraído por la gravedad de otros cuerpos.[8]

En noviembre de 1970, Stephen Hawking estaba empezando a dar grandes pasos como físico. Ya había hecho varios descubrimientos importantes, pero todavía no era una figura destacada. A medida que avancemos en este capítulo, observaremos cómo fue su progresión.

· ¿Cómo, con esta grave incapacidad, ha sido capaz Hawking de superar en pensamiento e intuición a sus destacados colegas competidores, personas como Roger Penrose, Werner Israel y (como veremos) Yakov Borisovich Zel'dovich? Ellos hacían uso de sus manos, podían hacer dibujos y realizar cálculos de muchas páginas de longitud sobre el papel —cálculos en cuyo desarrollo uno registra muchos resultados complejos intermedios, y luego vuelve atrás, los toma uno a uno y los combina para obtener un resultado final; cálculos que yo no puedo concebir que nadie pueda hacer en su cabeza. Para comienzos de los años setenta, las manos de Hawking estaban básicamente paralizadas; no podía hacer dibujos ni escribir ecuaciones. Su investigación tenía que realizarse enteramente en su cabeza.

Stephen Hawking con su mujer Jane y su hijo Timothy en Cambridge, Inglaterra, en 1980. (Foto de Kip Thorne.)

Puesto que la pérdida de control sobre sus manos fue tan lenta, Hawking ha tenido mucho tiempo para adaptarse. Ha entrenado su mente poco a poco para pensar de una forma diferente de como lo hacen las mentes de los otros físicos: piensa con nuevos tipos de imágenes intuitivas y ecuaciones mentales que, para él, han reemplazado a los dibujos y ecuaciones escritas con papel y lápiz. Las imágenes y las ecuaciones mentales de Hawking han resultado ser más potentes que las viejas imágenes en papel y lápiz para ciertos tipos de problemas, y menos potentes para otros, y él ha aprendido poco a poco a concentrarse en problemas para los que sus nuevos métodos dan una potencia mayor, una potencia que nadie más puede empezar a igualar.

La discapacidad de Hawking le ha ayudado de otras maneras. Como él mismo ha comentado a menudo, le ha liberado de la responsabilidad de dar clases a los estudiantes universitarios, y por ello ha tenido mucho más tiempo libre para investigar que sus colegas más sanos. Más importante, quizá, es que su enfermedad ha mejorado en algunas formas su actitud hacia la vida.

Hawking contrajo el ALS en 1963, poco después de que empezase los estudios de postgrado en la Universidad de Cambridge. El ALS es un nombre global para una variedad de enfermedades neuronales motoras, la mayoría de las cuales llevan rápidamente a la muerte. Creyendo que sólo le quedaban unos años de vida, Hawking perdió inicialmente su entusiasmo por la vida y la física. Sin embargo, para el invierno de 1964-1965 se hizo evidente que la suya era una variante extraña de ALS, una variante que mina el control del sistema nervioso central sobre los músculos a lo largo de muchos años de tiempo, y no sólo en unos pocos. Repentinamente la vida parecía maravillosa. Volvió a la física con mayor vigor y entusiasmo que cuando era un estudiante de licenciatura sano y despreocupado; y con su renovado plazo de vida, se casó con Jane Wilde, a quien había conocido poco después de contraer el ALS y de quien se había enamorado durante las primeras fases de su enfermedad.

El matrimonio de Stephen con Jane fue esencial para su éxito y felicidad en los años sesenta y setenta y entrados los ochenta. Ella formó para ambos un hogar normal y una vida normal en medio de la adversidad física.

La sonrisa más feliz que yo haya visto en mi vida fue la de Stephen una tarde de agosto de 1972 en los Alpes franceses cuando Jane, yo y los dos hijos mayores de los Hawkings, Robert y Lucy, volvíamos de una excursión de un día por las montañas. Entre tonterías habíamos perdido el último telesquí de descenso, y nos habíamos visto obligados a bajar unos mil metros a pie. Stephen, que estaba preocupado por nuestra tardanza, rompió en una enorme sonrisa y sus ojos se llenaron de lágrimas cuando vio a Jane, Robert y Lucy entrar en el comedor donde estaba urgando en su cena, incapaz de comer.

Hawking perdió el uso de sus miembros y más tarde, muy lentamente, el de su voz. En junio de 1965, cuando nos conocimos, él andaba con un bastón y su voz era ligeramente temblorosa. En 1970 necesitaba un andador de cuatro patas. En 1972 estaba confinado en una silla de ruedas motorizada y había perdido básicamente la capacidad de escribir, pero aún podía alimentarse por sí mismo con cierta facilidad y la mayoría de los hablantes que tenían el inglés como lengua materna todavía podían entender su habla, aunque con dificultad. En 1975 ya no podía alimentarse por sí mismo, y sólo las personas acostumbradas a su habla podían entenderlo. En 1981, incluso yo empezaba a tener graves dificultades para entenderle a menos que estuviésemos en una habitación absolutamente silenciosa; sólo las personas que estaban mucho con él podían entenderle con facilidad. En 1985 sus pulmones ya no podían drenar su fluido, y tuvo que someterse a una traqueostomía para que pudiesen ser limpiados regularmente mediante succión. El precio fue alto: perdió completamente su voz. Para compensarlo, adquirió un sintetizador de voz controlado por ordenador con un acento norteamericano por el que él se disculpaba tímidamente. Controla el ordenador mediante un simple mando manejado con una mano, mando que él presiona mientras una lista de palabras desfila por la pantalla del ordenador. Seleccionando con su mando una palabra del menú tras otra, construye sus frases. Es penosamente lento, pero efectivo; no puede producir más que una frase corta por minuto, pero sus frases son enunciadas claramente por el sintetizador, y con frecuencia son perlas.

Conforme su habla se deterioraba, Hawking aprendió a hacer que cada frase contase. Encontró formas de expresar sus ideas que eran más claras y más concisas que las formas que había utilizado en los primeros años de su enfermedad. Con la claridad y concisión de expresión llegó la claridad mejorada de pensamiento, y un mayor impacto en sus colegas; pero también una tendencia a parecer oracular: a veces, cuando emite una frase sobre alguna cuestión profunda, nosotros, sus colegas, no podemos estar seguros, hasta después de mucha reflexión y cálculo por nuestra parte, si está simplemente especulando o posee una base sólida. A veces no nos lo dice, y en ocasiones nos preguntamos si él, con su intuición absolutamente única, está jugando con nosotros. Después de todo, todavía retiene la punta de picardía que le hizo popular en sus días de estudiante en Oxford, y un sentido del humor que raramente le abandona, incluso en tiempos de adversidad. (Antes de su traqueostomía, cuando empecé a tener problemas para comprender su habla, a veces me encontraba diciendo una y otra vez, hasta diez veces: «Stephen, aún no lo entiendo; dilo otra vez por favor». Mostrando algo de frustración, él seguía repitiéndolo hasta que yo lo entendía de repente: me estaba contando un chiste breve y extraordinariamente divertido. Cuando finalmente lo captaba, él sonreía con gusto.)

Entropía

Habiendo ensalzado la capacidad de Hawking para superar en pensamiento e intuición a todos sus colegas-competidores, debo confesar ahora que no ha podido hacerlo así *todas* las veces, solamente la mayoría de ellas. Entre sus derrotas, quizá la más espectacular tuvo lugar a manos de uno de los estudiantes licenciados de John Wheeler, Jacob Bekenstein. Pero en medio de esa derrota, como veremos, Hawking obtuvo un triunfo mucho mayor: su descubrimiento de que los agujeros negros pueden evaporarse. La tortuosa ruta hacia dicho descubrimiento ocupará la mayor parte del resto de este capítulo.

El campo de juego en el que Hawking fue derrotado era el de la *termodinámica de agujeros negros*. La termodinámica es el conjunto de leyes físicas que gobiernan el comportamiento estadístico y aleatorio de un gran número de átomos, por ejemplo, los átomos que constituyen el aire de una habitación o los que constituyen el Sol entero. El comportamiento estadístico de los átomos incluye, entre otras cosas, su agitación aleatoria debida al calor; y en consecuencia, las leyes de la termodinámica incluyen, entre otras cosas, las leyes que gobiernan el calor. De ahí el nombre de *termo*dinámica.

Un año antes de que Hawking descubriera su teorema del área, Demetrios Christodoulou, un estudiante licenciado de diecinueve años en el grupo de Wheeler en Princeton, notó que las ecuaciones que describen cambios lentos en las propiedades de los agujeros negros (por ejemplo, cuando acrecen gas lentamente) se parecen a algunas de las ecuaciones de la termodinámica.[9] La semejanza era notable, pero no había ninguna razón para pensar que fuese algo más que una coincidencia.

Esta semejanza quedó reforzada por el teorema del área de Hawking: el teorema del área se asemeja estrechamente a la *segunda ley de la termodinámica*. De hecho, el teorema del área, tal como se expresó antes en este capítulo, se convierte en la segunda ley de la termodinámica simplemente reemplazando la frase «área del horizonte» por la palabra «entropía»: *en cualquier región del espacio, y en cualquier instante de tiempo (medido en cualquier sistema de re-*

ferencia), mídase la entropía total de todo lo que haya allí. Espérese a continuación el tiempo que se desee, y mídase otra vez la entropía total. Si nada ha salido a través de las «paredes» de su región espacial entre ambas medidas, entonces la entropía total no puede haber disminuido, y casi siempre habrá aumentado, al menos un poco.

¿Qué es esta cosa llamada «entropía» que aumenta? Es la cantidad de «aleatoriedad» en la región elegida de espacio, y el aumento de entropía significa que continuamente las cosas se están haciendo cada vez más aleatorias.

Dicho en forma más precisa (véase el recuadro 12.3), *la entropía es el logaritmo del número de modos en que todos los átomos y moléculas en nuestra región elegida pueden distribuirse sin cambiar la apariencia macroscópica de dicha región.** Cuando hay muchas formas posibles de que se distribuyan los átomos y moléculas, hay una enorme cantidad de aleatoriedad microscópica y la entropía es enorme.

La ley del incremento de la entropía (la segunda ley de la termodinámica) tiene un gran poder. A modo de ejemplo, supongamos que tenemos una habitación que contiene aire y unos pocos periódicos amontonados. El aire y el papel juntos contienen menos entropía que la que tendrían si el papel fuese quemado en el aire para formar dióxido de carbono, vapor de agua y un poco de cenizas. En otras palabras, cuando la habitación contiene el aire y el papel original, existen menos formas en que sus moléculas puedan estar aleatoriamente distribuidas que cuando contiene el aire, dióxido de carbono, vapor de agua y cenizas finales. Esta es la razón por la que el papel arde de forma natural y fácil si una chispa lo prende, y de que la combustión no pueda ser invertida de forma natural y fácil para crear papel a partir del dióxido de carbono, agua, ceniza y aire. La entropía aumenta durante la combustión; la entropía disminuiría durante la descombustión; por ello, la combustión ocurre y la descombustión no.

Stephen Hawking reparó inmediatamente, en noviembre de 1970, en la notable similaridad entre la segunda ley de la termodinámica y su ley del aumento del área, pero para él resultaba obvio que la semejanza era una mera coincidencia. Habría que estar loco, o al menos un poco chalado, para afirmar que el área del horizonte de un agujero *es* en cierto sentido la entropía del agujero, pensaba Hawking. Después de todo, no hay nada aleatorio en un agujero negro. Un agujero negro es precisamente lo opuesto de la aleatoriedad: es la simplicidad encarnada. Una vez que un agujero negro se ha establecido en un estado estacionario (emitiendo ondas gravitatorias; véase la figura 7.4), queda totalmente «calvo»: *todas* sus propiedades están determinadas de forma preci-

---

* Las leyes de la mecánica cuántica garantizan que el número de modos de distribuir los átomos y las moléculas es siempre finito, y nunca infinito. Al definir la entropía, los físicos suelen multiplicar el logaritmo de este número de modos por una constante que será irrelevante para nosotros, $\log_e 10 \times k$, donde $\log_e 10$ es el «logaritmo natural» de 10, es decir, 2,30258..., y k es la «constante de Boltzmann», $1,38062 \times 10^{-16}$ ergios por grado Celsius. A lo largo de este libro ignoraré esta constante.

RECUADRO 12.3

La entropía en la habitación de juegos de un niño

Imaginemos una habitación de juegos cuadrada que contiene 20 juguetes. El suelo de la habitación está constituido por 100 grandes baldosas (10 filas de 10 baldosas cada una), y un padre ha limpiado la habitación, lanzando todos los juguetes a la fila de baldosas situada más al norte. El padre no se preocupó de qué juguetes aterrizaban en cada baldosa, de modo que están revueltos aleatoriamente. Una medida de su aleatoriedad es el número de modos en que podrían haber aterrizado (cada uno de los cuales es considerado igualmente satisfactorio por el padre), es decir, el número de modos en el que los 20 juguetes pueden ser distribuidos sobre las 10 baldosas de la fila más al norte. Este número resulta ser $10 \times 10 \times 10 \times ... \times 10$, con un factor 10 por cada juguete; es decir, 10^{20}.

Este número, 10^{20}, es una descripción de la cantidad de aleatoriedad en los juguetes. Sin embargo, es una descripción bastante difícil de manejar, puesto que 10^{20} es un número muy grande. Más fácil de manipular es el *logaritmo* de 10^{20}, es decir, el número de factores 10 que deben multiplicarse para obtener 10^{20}. El logaritmo es 20; y *este logaritmo del número de modos en que los juguetes pueden ser dispersados sobre las baldosas es la entropía de los juguetes.*

Supongamos ahora que un niño entra en la habitación y juega con los juguetes; y luego abandona la habitación dejándolos tirados. El padre vuelve y ve un revoltijo. Los juguetes están ahora mucho más aleatoriamente distribuidos que antes. Su entropía ha aumentado. El padre no se preocupa de dónde está cada juguete; todo lo que le preocupa es que han sido dispersados aleatoriamente por toda la habitación. ¿De cuántas formas diferentes podrían haber sido dispersados? ¿De cuántas formas podrían estar distribuidos los 20 juguetes sobre las 100 baldosas? $100 \times 100 \times 100 \times ... \times 100$, con un factor 100 por cada juguete; es decir, $100^{20} = 10^{40}$ modos. El logaritmo de este número es 40, así que el niño ha aumentado la entropía de los juguetes de 20 a 40.

«Ahá, pero entonces el padre pone orden en la habitación y de este modo reduce la entropía de los juguetes de nuevo a 20 —podría decir usted—. ¿No viola esto la segunda ley de la termodinámica?» No, en absoluto. La entropía de los juguetes puede ser reducida por el arreglo del padre, pero la entropía en el cuerpo del padre y en el aire de la habitación ha aumentado: se necesita mucha energía para lanzar de nuevo los juguetes a las baldosas del norte, energía que el padre obtiene «quemando» parte de la grasa de su cuerpo. La combustión convierte las moléculas de grasa perfectamente organizadas en productos residuales desorganizados, por ejemplo, el dióxido de carbono que exhala aleatoriamente en la habitación; y el incremento resultante de la entropía del padre y de la habitación (el incremento en el número de modos en que sus átomos y moléculas pueden estar distribuidos) es mucho más que suficiente para compensar la disminución de la entropía de los juguetes.

sa por sólo tres números, su masa, su momento angular y su carga eléctrica. El agujero no tiene ninguna aleatoriedad.

Jacob Bekenstein no estaba convencido.[10] Le parecía probable que el área de un agujero negro *es*, en algún sentido profundo, su entropía; o, más exactamente, su entropía multiplicada por cierta constante. Si no lo fuera, razonaba Bekenstein, si los agujeros negros tuviesen una entropía nula (ninguna aleatoriedad en absoluto) como afirmaba Hawking, entonces podrían ser utilizados para disminuir la entropía del Universo y violar así la segunda ley de la termodinámica. Todo lo que se necesitaba era recoger todas las moléculas de aire de alguna habitación en un pequeño paquete y arrojarlas dentro de un agujero negro. Las moléculas de aire y toda la entropía que llevan desaparecerían de nuestro Universo cuando el paquete entrase en el agujero y, si la entropía del agujero no aumentara para compensar esta pérdida, entonces la entropía total del Universo se habría reducido. Esta violación de la segunda ley de la termodinámica sería altamente insatisfactoria, argumentaba Bekenstein. Para preservar la segunda ley, un agujero negro *debe* poseer una entropía que aumente cuando el paquete cae a través de su horizonte, y el candidato más prometedor para esta entropía, creía Bekenstein, era el área de la superficie del agujero negro.

En absoluto, respondió Hawking. Es posible perder las moléculas de aire arrojándolas en un agujero negro, y también es posible perder entropía. Esa es precisamente la naturaleza de los agujeros negros. Simplemente tendremos que aceptar esta violación de la segunda ley de la termodinámica, argumentaba Hawking; las propiedades de los agujeros negros lo exigen, y, además, no tiene ninguna consecuencia grave. Por ejemplo, aunque en circunstancias ordinarias una violación de la segunda ley de la termodinámica nos permitiría hacer una máquina de movimiento perpetuo, cuando es un agujero negro el que causa la violación no es posible ninguna máquina de movimiento perpetuo. La violación es solamente una peculiaridad minúscula en las leyes de la física, una que presumiblemente soportan las leyes con gusto.

Bekenstein no estaba convencido.

Todos los expertos en agujeros negros del mundo se alinearon del lado de Hawking; mejor dicho, todos excepto el mentor de Bekenstein, John Wheeler. «Tu idea es precisamente lo bastante loca para que pueda ser correcta», le dijo Wheeler a Bekenstein. Con este apoyo, Bekenstein siguió adelante y precisó su conjetura. Estimó exactamente cuánto tendría que crecer la entropía de un agujero, cuando se arroja en él un paquete de aire, para preservar la segunda ley de la termodinámica, y estimó en cuánto incrementaría el área del horizonte el paquete arrojado en él; y a partir de estas groseras estimaciones, dedujo una relación entre entropía y área que, pensaba él, *podría* preservar siempre la segunda ley de la termodinámica: concluyó que la entropía es aproximadamente el área del horizonte dividida por una famosa área asociada con las (entonces todavía mal comprendidas) leyes de la gravedad cuántica, el *área de Planck-Wheeler*, $2,61 \times 10^{-66}$ centímetros cuadrados.* (Aprenderemos el significado

---

* Esta área de Planck-Wheeler viene dada por la fórmula $G\hbar/c^3$, donde $G = 6,670 \times 10^{-8}$ dinas-centímetro^2/gramo^2 es la constante gravitatoria de Newton, $\hbar = 1,055 \times 10$-27 ergios-

del área de Planck-Wheeler en los dos capítulos siguientes.) Para un agujero de 10 masas solares, esta entropía sería el área del agujero, 11.000 kilómetros cuadrados, dividida por el área de Planck-Wheeler, $2,61 \times 10^{-66}$ centímetros cuadrados, que es aproximadamente 10^{79}.

Esta es una enorme cantidad de entropía. Representa una enorme cantidad de aleatoriedad. ¿Dónde reside esta aleatoriedad? En el interior del agujero, conjeturó Bekenstein. El interior del agujero debe contener un enorme número de átomos o moléculas o alguna otra cosa, todo ello aleatoriamente distribuido, y el número total de modos en que podrían distribuirse debe ser $10^{10^{79}}$.*

Absurdo, respondieron la mayoría de los físicos especialistas en la investigación en agujeros negros, incluyéndonos Hawking y yo. El interior del agujero contiene una singularidad, no átomos o moléculas.

De todas formas, la semejanza entre las leyes de la termodinámica y las propiedades de los agujeros negros era impresionante.

En agosto de 1972, con la edad de oro de la investigación en agujeros negros en pleno desarrollo, los expertos mundiales en agujeros negros y alrededor de cincuenta estudiantes se congregaron en los Alpes franceses para un intenso mes de lecciones e investigación conjunta. El lugar era la misma escuela de verano de Les Houches,[11] en la misma ladera verde frente al Mont Blanc, donde nueve años antes (1963) me habían enseñado las dificultades de la relatividad general (capítulo 10). En 1963 había asistido como estudiante. Ahora, en 1972, se suponía que era un experto. Por las mañanas nosotros los «expertos» impartíamos lecciones a los demás expertos y a los estudiantes sobre los descubrimientos que habíamos hecho durante los cinco últimos años y sobre nuestros esfuerzos actuales en busca de nuevas ideas. Durante la mayor parte de las tardes continuábamos nuestros trabajos en curso: Igor Novikov y yo nos encerrábamos en una pequeña cabaña de troncos y luchábamos para descubrir las leyes que gobiernan el gas que los agujeros negros acrecen y que emite rayos X (capítulo 8), mientras que en los sofás del salón de la escuela mis estudiantes Bill Press y Saul Teukolsky buscaban la forma de descubrir si un agujero negro en rotación es estable frente a pequeñas perturbaciones (capítulo 7), y cincuenta metros por encima de mí en la ladera, James Bardeen, Brandon Carter y Stephen Hawking unían fuerzas para tratar de deducir, a partir de las ecuaciones de la relatividad general de Einstein, el conjunto completo de leyes que gobiernan la evolución de los agujeros negros. El emplazamiento era idílico, la física deliciosa.

Para final de mes, Bardeen, Carter y Hawking habían consolidado sus ideas

---

segundo es la constante mecanocuántica de Planck, y $c = 2,998 \times 10^{10}$ centímetros/segundo es la velocidad de la luz. Para cuestiones relacionadas, véanse las notas al pie de las páginas 440 y 456 y las discusiones asociadas en el texto de los capítulos 13 y 14.

* El logaritmo de $10^{10^{79}}$ es 10^{79} (la entropía conjeturada por Bekenstein). Nótese que $10^{10^{79}}$ es un 1 seguido de 10^{79} ceros, es decir, con casi tantos ceros como átomos hay en el Universo.

en un conjunto de *leyes de la mecánica de los agujeros negros*[12] que mantenía un sorprendente parecido con las leyes de la termodinámica. De hecho, cada ley de agujeros negros resultaba ser idéntica a una ley termodinámica, sólo con que uno reemplazara la expresión «área del horizonte» por «entropía», y la expresión «gravedad en la superficie del horizonte» por «temperatura». (La gravedad de la superficie es, hablando sin mucha precisión, la intensidad de la atracción gravitatoria que sentiría alguien en reposo justo por encima del horizonte.)

Cuando Bekenstein (que era uno de los cincuenta estudiantes en la escuela) vio este perfecto ajuste entre los dos conjuntos de leyes, quedó más convencido que nunca de que el área del horizonte es la entropía del agujero. Por el contrario, Bardeen, Carter, Hawking, yo y los demás expertos veíamos en este ajuste una prueba firme de que el área del horizonte *no puede* ser la entropía del agujero camuflada. Si lo fuera, entonces la gravedad de la superficie tendría que ser por analogía la temperatura del agujero camuflada, y dicha temperatura no sería cero. Sin embargo, las leyes de la termodinámica insisten en que todos y cada uno de los objetos con una temperatura distinta de cero deben emitir radiación, al menos un poco (así es como funcionan los radiadores que calientan algunas casas), y todo el mundo sabía que los agujeros negros no pueden emitir nada. La radiación puede caer dentro de un agujero negro, pero nada puede salir nunca.

Si Bekenstein hubiera seguido su intuición hasta su conclusión lógica, habría afirmado que de algún modo un agujero negro *debe* tener una temperatura finita y *debe* emitir radiación, y hoy le recordaríamos como un profeta sorprendente. Pero Bekenstein divagaba. Aceptó que era obvio que un agujero negro no puede radiar, pero se aferró tenazmente a su fe en la entropía del agujero negro.

Los agujeros negros radian

La primera sugerencia que los agujeros negros *pueden* radiar procedió de Yakov Borisovich Zel'dovich, en junio de 1971, catorce meses antes de la escuela de verano de Les Houches. Sin embargo, nadie estaba prestando atención, y yo cargué con el grueso de la vergüenza a este respecto puesto que fui el confidente y *sparring* de Zel'dovich mientras él estaba andando a tientas hacia una nueva idea radical.

Zel'dovich me había llevado a Moscú para mi segunda estancia de trabajo de varias semanas como miembro de su grupo de investigación.[13] Para mi primera estancia de trabajo, dos años antes, él me había buscado, en medio de la escasez de alojamiento de Moscú, un espacioso apartamento privado en la calle Shabolovka, cerca de la Plaza de Octubre. Mientras algunos de mis amigos compartían un apartamento de una habitación con sus mujeres, hijos, y una serie de parientes —una *habitación*, no un dormitorio— yo había dispuesto de un apartamento con dormitorio, sala de estar, cocina, televisión y porcelana elegante para mí solo. En esta segunda estancia de trabajo viví más modestamente, en una habitación individual en un hotel propiedad de la Academia Soviética de Ciencias, al otro extremo de la calle de mi antiguo apartamento.

Una mañana a las 6,30 me sacó de mi sueño una llamada telefónica de Zel'dovich. «¡Ven a mi apartamento, Kip! ¡Tengo una nueva idea sobre los agujeros negros en rotación!» Sabiendo que me estaban esperando café, té y *pirozhki* (pastas que contienen carne picada de vaca, pescado, col, jamón o huevos) me eché agua fría sobre la cara, cogí mis ropas, agarré mi portafolios, bajé cinco tramos de escaleras hasta la calle, tomé un tranvía abarrotado, cambié luego a un trolebús y me apeé en el número 2B de Vorobyevskoye Shosse en las Colinas de Lenin, a 10 kilómetros al sur del Kremlin. El siguiente portal, el número 4, era la residencia de Alexei Kosygin, el primer ministro de la URSS.*

Atravesé una puerta abierta en la verja de hierro de tres metros de altura y entré en un patio arbolado de cuatro acres que rodea la gran casa de apartamentos número 2B y su gemela número 2A, con su pintura amarilla desconchada. Como recompensa por sus contribuciones a la potencia nuclear soviética (capítulo 6), a Zel'dovich se le había concedido uno de los ocho apartamentos del edificio 2B: la esquina suroeste del segundo piso. El apartamento, de 150 metros cuadrados, era enorme para los niveles de Moscú; lo compartía con su mujer, Varvara Pavlova, una hija y su yerno.

Zel'dovich me recibió en la puerta del apartamento, con una cálida sonrisa en su rostro y los ruidos de su bulliciosa familia que salían de las habitaciones traseras. Me quité los zapatos, cogí unas zapatillas del montón que había junto a la puerta y le seguí a la sala-comedor destartalada pero confortable, con su sofá y sus sillones mullidos. En una pared había un mapa del mundo, con alfileres de colores que identificaban todos los lugares a los que Zel'dovich había sido invitado (Londres, Princeton, Pekín, Bombay, Tokio y muchos más) y que el Estado soviético, en su miedo paranoide de perder secretos nucleares, le había prohibido visitar.

Zel'dovich, con sus ojos bailando,[14] me hizo sentar en la larga mesa que dominaba el centro de la habitación y anunció: «Un agujero negro en rotación debe radiar. La radiación que sale ejercerá una reacción sobre el agujero y poco a poco frenará su rotación hasta que la detendrá. Cuando la rotación haya desaparecido, la radiación se detendrá y a partir de entonces el agujero vivirá para siempre en un estado sin rotación perfectamente esférico».

«Esa es una de las cosas más locas que he oído jamás», aseguré. (La confrontación abierta no es mi estilo, pero Zel'dovich se crecía en ella. La buscaba, la esperaba, y en parte me había llevado a Moscú para servirle como *sparring*, un oponente frente a quien probar sus ideas.) «¿Cómo se puede hacer una afirmación tan loca? —pregunté—. Todo el mundo sabe que la radiación puede fluir hacia un agujero, pero nada, ni siquiera la radiación, puede salir.»

Zel'dovich explicó su razonamiento: «Una esfera metálica en rotación emite

* Vorobyevskoye Shosse cambió luego su nombre por el de calle Kosygin, y sus edificios han sido renumerados. A finales de los años ochenta Mijail Gorbachov tenía una vivienda en el número 10, varios portales al oeste del de Zel'dovich.

radiación electromagnética y, análogamente, un agujero negro en rotación emitirá ondas gravitatorias».

Una prueba típica de Zel'dovich, pensé para mí mismo. Pura intuición física, basada únicamente en una analogía. Zel'dovich no tenía un conocimiento suficiente de la relatividad general para calcular lo que haría un agujero negro, de modo que en su lugar calculaba el comportamiento de una esfera metálica en rotación y luego afirmaba que un agujero negro se comportaría de forma análoga, y me despertaba a las 6,30 de la mañana para poner a prueba su afirmación.

Sin embargo, yo ya había visto a Zel'dovich hacer descubrimientos con una base poco mayor que ésta; por ejemplo, su afirmación de 1965 de que cuando una estrella montañosa implosiona, produce un agujero negro perfectamente esférico (capítulo 7), una afirmación que resultó ser cierta y que anticipó la calvicie de los agujeros. Por ello seguí con precaución. «Yo no tenía idea de que una esfera metálica en rotación emitiera radiación electromagnética. ¿Cómo lo hace?»

«La radiación es tan débil —explicó Zel'dovich— que nadie la ha observado nunca, ni la ha predicho antes. Sin embargo, debe ocurrir. La esfera de metal radiará cuando las *fluctuaciones electromagnéticas del vacío* le hagan cosquillas. Análogamente, un agujero negro radiará cuando las fluctuaciones gravitatorias del vacío rocen su horizonte.»

Fui demasiado estúpido en 1971 para darme cuenta del profundo significado de este comentario, pero varios años más tarde se hizo claro. *Todos* los estudios teóricos previos sobre los agujeros negros se habían basado en las leyes de la relatividad general de Einstein, y dichos estudios eran inequívocos: un agujero negro no puede radiar. Sin embargo, nosotros los teóricos sabíamos que la relatividad general sólo es una aproximación a las verdaderas leyes de la gravitación, una aproximación que pensábamos que debería ser excelente cuando se trata con agujeros negros, pero una aproximación en cualquier caso.* Las leyes verdaderas, estábamos seguros, deben ser mecanocuánticas, de modo que las denominamos leyes de la *gravedad cuántica*. Aunque dichas leyes de la gravedad cuántica sólo eran en el mejor de los casos vagamente comprendidas, John Wheeler había deducido en los años cincuenta que deben implicar *fluctuaciones gravitatorias del vacío*, minúsculas e impredecibles fluctuaciones en la curvatura del espacio-tiempo, fluctuaciones que continúan incluso cuando el espacio-tiempo está completamente vacío de cualquier materia y uno trata de eliminar de él todas las ondas gravitatorias, es decir, cuando es un vacío perfecto (recuadro 12.4). Zel'dovich estaba pretendiendo prever, a partir de su analogía electromagnética, que estas fluctuaciones gravitatorias del vacío harían que los agujeros negros radiasen. «¿Pero cómo?», pregunté intrigado.

Zel'dovich se puso en pie, se dirigió hacia una pizarra de un metro cuadrado situada en la pared opuesta a su mapa, y empezó a dibujar un esquema y a hablar al mismo tiempo. Su esquema (figura 12.1) mostraba una onda que

---

* Véase la sección final del capítulo 1, «La naturaleza de la ley física».

RECUADRO 12.4

Fluctuaciones del vacío

Las fluctuaciones del vacío son, para las ondas electromagnéticas y gravitatorias, lo que «los movimientos de degeneración claustrofóbicos» son para los electrones.

Recordemos (capítulo 4) que si uno confina un electrón a una pequeña región del espacio, entonces, por mucho que uno trate de frenarlo y detenerlo, el electrón está obligado por las leyes de la mecánica cuántica a continuar moviéndose aleatoriamente, de forma impredecible. Este es el movimiento de degeneración claustrofóbico que produce la presión mediante la que una estrella enana blanca se mantiene contra su propia compresión gravitatoria.

Análogamente, si uno trata de eliminar todas las oscilaciones electromagnéticas o gravitatorias de alguna región del espacio, nunca tendrá éxito. Las leyes de la mecánica cuántica insisten en que siempre quedarán algunas oscilaciones aleatorias impredecibles, es decir, algunas ondas electromagnéticas y gravitatorias aleatorias e impredecibles. Estas son las fluctuaciones del vacío que (según Zel'dovich) «harían cosquillas» a una esfera de metal o un agujero negro en rotación y les harían radiar.

Estas fluctuaciones del vacío no pueden ser frenadas eliminando su energía porque, en promedio, no contienen energía en absoluto. En algunas posiciones y en algunos instantes de tiempo tienen energía positiva que ha sido «tomada en préstamo» de otras posiciones, y aquellas otras posiciones, como resultado, tienen energía negativa. De la misma forma que los bancos no permiten a sus clientes mantener saldos negativos durante mucho tiempo, también las leyes de la física obligan a las regiones de energía negativa a absorber rápidamente energía de sus regiones vecinas de energía positiva, recuperándose de este modo hasta tener un balance nulo o positivo. Este préstamo y devolución continuo y aleatorio de energía es lo que produce las fluctuaciones del vacío.

De la misma forma que los movimientos de degeneración del electrón se hacen más intensos cuando se confina el electrón en una región cada vez más pequeña (capítulo 4), también las fluctuaciones del vacío de las ondas electromagnéticas y gravitatorias son más intensas en las regiones pequeñas que en las grandes, es decir, más intensas para longitudes de onda pequeñas que para longitudes de onda grandes. Esto, como veremos en el capítulo 13, tiene profundas consecuencias para la naturaleza de las singularidades en los centros de los agujeros negros.

Las fluctuaciones electromagnéticas del vacío son bien comprendidas y son una característica común de la física cotidiana. Por ejemplo, juegan un papel clave en el funcionamiento de un tubo fluorescente. Una descarga eléctrica excita los átomos del vapor de mercurio dentro del tubo, y entonces las fluctuaciones electromagnéticas aleatorias del vacío cosquillean a cada átomo excitado haciendo que en algún instante aleatorio emitan parte de su energía de excitación como una onda electromagnética (un fotón).* Esta emisión se denomina *espontánea* porque, cuando fue identificada por primera vez como un efecto físico, los físicos no se dieron cuenta de que estaba siendo desencadenada por las fluctuaciones del vacío. Como otro ejemplo, en el interior de un láser las fluctuaciones electromagnéticas aleatorias del vacío interfieren con la luz láser coherente (interferencia en el sentido del recuadro 10.3), y modulan así la luz láser de formas impredecibles. Esto provoca que los fotones emergentes del láser salgan en instantes aleatorios e impredecibles, en lugar de salir uniformemente uno detrás de otro, un fenómeno llamado *ruido de disparo de los fotones*.

Las fluctuaciones gravitatorias del vacío, al contrario que las electromagnéticas, todavía no han sido detectadas experimentalmente. La tecnología de los noventa, con gran esfuerzo, debería ser capaz de detectar ondas gravitatorias de alta energía procedentes de colisiones de agujeros negros (capítulo 10), pero no las fluctuaciones del vacío mucho más débiles de las ondas.

---

* Este fotón «primario» es absorbido por una capa de fósforo en las paredes del tubo, que a su vez emite fotones «secundarios» que nosotros vemos como luz.

---

fluye hacia un objeto rotatorio, pasa rozando su superficie durante un tiempo, y luego escapa. La onda podía ser electromagnética y el cuerpo en rotación una esfera metálica, explicó Zel'dovich, o bien la onda podía ser gravitatoria, y el cuerpo, un agujero negro.

La onda incidente no es una onda «real», explicaba Zel'dovich, sino más bien una fluctuación del vacío. A medida que esta onda fluctuacional barre el cuerpo en rotación, se comporta como una fila de patinadores sobre hielo que hace un giro: los patinadores de la parte exterior deben girar a gran velocidad mientras que los de la parte interior se mueven mucho más lentamente; análogamente, las partes externas de la onda se mueven a velocidad muy alta, la velocidad de la luz, mientras sus partes internas se mueven mucho más lentamente que la luz y, de hecho, más lentamente que el movimiento giratorio de la superficie del cuerpo.* En tal situación, afirmaba Zel'dovich, el cuerpo que está girando rápidamente agarrará la onda fluctuacional y la acelerará, de forma muy parecida a como un muchacho acelera una honda cuando la hace girar cada vez con más rapidez. La aceleración comunica parte de la energía de rotación del cuerpo a la onda, amplificándola. La nueva porción amplificada de la onda es una «onda real» con energía total positiva, mientras que la porción no amplificada de la onda original sigue siendo una fluctuación de vacío con energía total nula (recuadro 12.4). El cuerpo rotatorio ha utilizado así las

---

* En lenguaje técnico, las partes externas están en la «zona de radiación», mientras que las partes internas están en la «zona próxima».

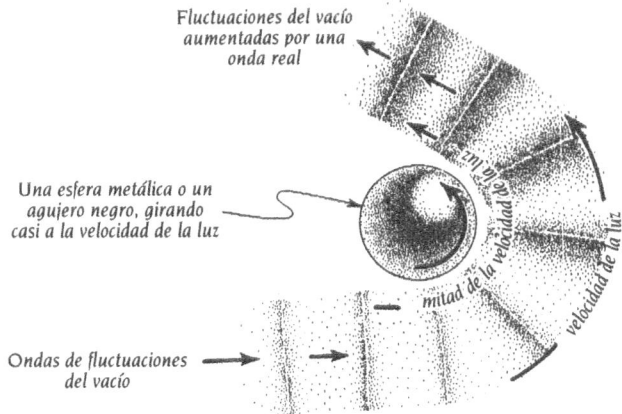

Fluctuaciones del vacío
aumentadas por una
onda real

Una esfera metálica o un
agujero negro, girando
casi a la velocidad de la luz

mitad de la velocidad de la luz

velocidad de la luz

Ondas de fluctuaciones
del vacío

12.1. Mecanismo de Zel'dovich mediante el que las fluctuaciones del vacío hacen radiar a un agujero en rotación.

fluctuaciones del vacío como una especie de catalizador para crear un onda real, y como una plantilla para la forma de la onda real. Esto es análogo, apuntaba Zel'dovich, a la forma en que las fluctuaciones del vacío dan lugar a que una molécula vibrante emita luz «espontáneamente» (recuadro 12.4).

Zel'dovich me dijo que él había demostrado que una esfera metálica rotatoria radia de esta forma; su demostración se basaba en las leyes de la *electrodinámica cuántica*, es decir, las leyes bien conocidas que surgen del matrimonio de la mecánica cuántica con las leyes del electromagnetismo de Maxwell. Aunque no tenía una demostración similar de que un agujero negro en rotación radiará, estaba completamente seguro, por analogía, de que debía hacerlo. De hecho, afirmaba, un agujero en rotación no sólo radiará ondas gravitatorias, sino también ondas electromagnéticas (fotones),* neutrinos, y cualquier otra forma de radiación que pueda existir en la naturaleza.

Yo estaba completamente seguro de que Zel'dovich estaba equivocado. Varias horas más tarde, sin acuerdo a la vista, Zel'dovich me hizo una apuesta. En las novelas de Ernest Hemingway, Zel'dovich había leído sobre el White Horse escocés, una elegante y selecta marca de whisky. Si los cálculos detallados con las leyes de la física demostraban que un agujero negro en rotación radia, entonces yo tendría que traer a Zel'dovich de Norteamérica una botella de White Horse. Si los cálculos demostraban que no existe tal radiación, Zel'dovich me daría una botella de buen coñac georgiano.

Acepté la apuesta, pero sabía que no se resolvería rápidamente. Para resolverla sería necesario comprender el matrimonio de la relatividad general y la mecánica cuántica con mucha más profundidad que cualquiera podía hacerlo en 1971.

---

* Recuérdese que los fotones y las ondas electromagnéticas son aspectos diferentes de la misma cosa; véase el análisis de la dualidad onda/partícula en el recuadro 4.1.

Después de hacer la apuesta, pronto la olvidé. Tengo una flaca memoria y mi propia investigación se había concentrado en otro lugar. Sin embargo, Zel'dovich no lo olvidó. Varias semanas después de discutir conmigo, redactó su argumento y lo presentó para su publicación. Probablemente quien juzgó su manuscrito lo habría rechazado si hubiese sido de otro; su argumento era demasiado heurístico para ser aceptado. Pero la reputación de Zel'dovich se impuso; su artículo fue publicado...[15] y nadie apenas le prestó atención. La radiación de un agujero negro sencillamente parecía horriblemente implausible.

Un año después, en la escuela de verano de Les Houches, nosotros los «expertos» aún seguíamos ignorando la idea de Zel'dovich. No recuerdo que nadie la mencionase siquiera una vez.*

En septiembre de 1973 yo estaba en Moscú una vez más, esta vez acompañando a Stephen Hawking y su esposa Jane. Era el primer viaje de Stephen a Moscú desde sus días de estudiante. Él, Jane y Zel'dovich (nuestro anfitrión soviético), preocupados sobre la forma de solventar en Moscú las necesidades especiales de Stephen, pensaron que era mejor que yo, estando familiarizado con Moscú y siendo íntimo amigo de Stephen y de Jane, actuara como compañero suyo, traductor en discusiones sobre física y guía.

Nos hospedamos en el Hotel Rossiya, al lado de la Plaza Roja cerca del Kremlin. Aunque nos aventurábamos casi todos los días a dar conferencias en un instituto u otro, o a visitar un museo o la ópera o el ballet, nuestros encuentros con los físicos soviéticos tenían lugar principalmente en la suite de dos habitaciones de Hawking, con vistas a la Catedral de San Basilio. Uno tras otro, los físicos teóricos destacados de la Unión Soviética venían al hotel a prestar homenaje a Hawking y conversar.

Entre los físicos que hacían repetidos viajes a la habitación del hotel de Hawking estaban Zel'dovich y su estudiante licenciado Alexi Starobinsky. Hawking encontró a Zel'dovich y a Starobinsky tan fascinantes como ellos le encontraron a él. Durante una visita, Starobinsky describió la conjetura de Zel'dovich de que un agujero negro en rotación debería radiar, describió un matrimonio parcial de la mecánica cuántica con la relatividad general que él y Zel'dovich habían desarrollado (basado en un trabajo pionero anterior por parte de Bryce DeWitt, Leonard Parker y otros), y luego describió una demostración, utilizando este matrimonio parcial, de que un agujero negro en rotación realmente radia.[16] Zel'dovich estaba bien colocado para ganar su apuesta conmigo.

De todas las cosas que Hawking aprendió en sus conversaciones en Moscú, ésta fue la que más le intrigó. Sin embargo, era escéptico sobre la forma en que Zel'dovich y Starobinsky habían combinado las leyes de la relatividad ge-

---

* Esta falta de interés era mucho más notable porque, mientras tanto, Charles Misner en Norteamérica había demostrado que las ondas reales (por oposición a las fluctuaciones del vacío de Zel'dovich) pueden ser amplificadas por un agujero en rotación de una manera similar a la de la figura 12.2, y esta amplificación —a la que Misner dio el nombre de «superradiancia»— estaba generando un gran interés.

Izquierda: Stephen Hawking escuchando un seminario en la escuela de verano de Les Houches en el verano de 1972. *Derecha*: Yakov Borisovich Zel'dovich junto a la pizarra de su apartamento de Moscú en el verano de 1971. (Fotos de Kip Thorne.)

neral con las leyes de la mecánica cuántica, de modo que, a su vuelta a Cambridge, empezó a elaborar su propio matrimonio parcial de la mecánica cuántica y la relatividad general y a utilizarlo para verificar la afirmación de Zel'dovich de que los agujeros en rotación deberían radiar.

Mientras tanto, otros varios físicos en Norteamérica estaban haciendo lo mismo, entre ellos William Unruh (un estudiante nuevo de Wheeler) y Don Page (un estudiante mío). Para comienzos de 1974 Unruh y Page, cada uno a su propio modo, habían confirmado provisionalmente la predicción de Zel'dovich: un agujero en rotación debería emitir radiación hasta que toda su energía de rotación se hubiese consumido y su emisión se detuviese. Yo tendría que pagar mi apuesta.

Los agujeros negros se contraen y explotan

Luego llegó una bomba.[17] Stephen Hawking, primero en una conferencia en Inglaterra y a continuación en un breve artículo técnico en la revista *Nature*, anunció una predicción escandalosa, una predicción que entraba en conflicto con Zel'dovich, Starobinsky, Page y Unruh. Los cálculos de Hawking confirmaban que un agujero negro en rotación debe radiar y frenar su giro. Sin embargo, también predecían que, cuando el agujero deja de girar, su radiación *no* se detiene. Cuando no queda rotación, y no queda energía de rotación, el agujero sigue emitiendo radiación de todo tipo (gravitatoria, electromagnética, neutrinos) y, conforme la emite, sigue perdiendo energía. Mientras que la energía de rotación estaba almacenada en el remolino del espacio fuera del horizonte, ahora la energía que se está perdiendo proviene sólo de un lugar: ¡del interior del agujero!

De modo igualmente sorprendente, los cálculos de Hawking predecían que el espectro de la radiación (es decir, la cantidad de energía radiada en cada longitud de onda) es exactamente igual al espectro de la radiación térmica de un cuerpo caliente. En otras palabras, un agujero negro se comporta exactamente como si su horizonte tuviera una temperatura finita, y esa temperatura, concluía Hawking, es proporcional a la gravedad en la superficie del agujero. Esto constituía (si Hawking tenía razón) una prueba irrefutable de que las leyes de la mecánica del agujero negro de Bardeen-Carter-Hawking *son* las leyes de la termodinámica camufladas, y que, como Bekenstein había afirmado dos años antes, un agujero negro tiene una entropía proporcional al área de su superficie.

Los cálculos de Hawking decían más. Una vez que la rotación del agujero se ha frenado, su entropía y el área de su horizonte son proporcionales al cuadrado de su masa, mientras que su temperatura y la gravedad de su superficie son proporcionales a su masa dividida por su área, lo que significa inversamente proporcionales a su masa. En consecuencia, a medida que el agujero continúa emitiendo radiación, convirtiendo masa en energía saliente, su masa disminuye, su entropía y área disminuyen, y su temperatura y gravedad en la superficie aumentan. El agujero se contrae y se hace más caliente. De hecho, el agujero se está evaporando.

Un agujero que se ha formado recientemente por una implosión estelar (y que, por lo tanto, tiene una masa mayor que aproximadamente 2 soles) tiene una temperatura muy baja: menos de 3×10^{-8} grados por encima del cero absoluto (0,03 microkelvin). Por lo tanto, la evaporación es muy lenta al principio; tan lenta que el agujero necesitará más de 10^{67} años (10^{57} veces la edad actual del Universo) para contraerse de forma apreciable. Sin embargo, a medida que el agujero se contrae y se calienta, radiará más intensamente y su evaporación se hará más rápida. Finalmente, cuando la masa del agujero se haya reducido a un valor comprendido entre 1.000 toneladas y 100 millones de toneladas (no estamos seguros del valor exacto), y su horizonte se haya contraído hasta hacerse una fracción del tamaño de un núcleo atómico, el agujero será tan extraordinariamente caliente (entre un billón y 100.000 billones de grados) que explotará violentamente, en una fracción de segundo.

La docena de expertos mundiales en el matrimonio parcial de la relatividad general con la teoría cuántica estaban completamente seguros de que Hawking había cometido un error. Su conclusión violaba todo lo que entonces se sabía sobre agujeros negros. Quizá su matrimonio parcial, que difería del de otras personas, estaba equivocado; o quizá él tenía el matrimonio correcto, pero había cometido un error en sus cálculos.

Durante los años siguientes los expertos examinaron minuciosamente la versión de Hawking del matrimonio parcial y sus propias versiones, los cálculos de Hawking de las ondas procedentes de agujeros negros y sus propios cálculos. Poco a poco, un experto tras otro llegaron a coincidir con Hawking, y en el proceso reafirmaron el matrimonio parcial, produciendo un nuevo conjunto de leyes físicas. Las nuevas leyes se denominan *leyes de campos cuánticos en el espacio-tiempo curvo* porque proceden de un matrimonio parcial en el que el agujero negro se considera como un objeto espacio-temporal curvado, no mecanocuántico y que obedece a la relatividad general, mientras que las ondas gravitatorias, las ondas electromagnéticas y otros tipos de radiación se consideran como *campos cuánticos*; o, en otras palabras, como ondas que están sujetas a las leyes de la mecánica cuántica y que por ello se comportan a veces como ondas y a veces como partículas (véase el recuadro 4.1). [Un matrimonio total de la relatividad general y la teoría cuántica, es decir, las leyes completamente correctas de la gravedad cuántica, tratarían cualquier cosa, incluyendo el espacio-tiempo curvo del agujero, como mecanocuántica, es decir, como sujeta al principio de incertidumbre (recuadro 10.2), a la dualidad onda/partícula (recuadro 4.1), y a las fluctuaciones del vacío (recuadro 12.4). Encontraremos este matrimonio total y algunas de sus implicaciones en el próximo capítulo.]

¿Cómo era posible alcanzar un acuerdo en las leyes fundamentales de los campos cuánticos en el espacio-tiempo curvo sin ningún experimento que guiase la elección de las leyes? ¿Cómo podían afirmar los expertos casi con certeza que Hawking tenía razón sin que hubiera experimentos para verificar sus afirmaciones? Su casi certeza procedía del requisito de que las leyes de los campos cuánticos y las leyes del espacio-tiempo curvo encajasen de un modo completamente consistente. (Si el encaje no fuese totalmente consistente, entonces las leyes de la física, cuando se las manipulase de una cierta manera, podrían hacer una predicción, por ejemplo, que los agujeros negros nunca radian, y cuando se las manipulase de otra manera podrían hacer una predicción diferente, por ejemplo, que los agujeros negros deben radiar siempre. Los pobres físicos, sin saber qué creer, podrían verse expulsados del negocio.)

Las nuevas leyes así encajadas tenían que ser consistentes con las leyes del espacio-tiempo curvo de la relatividad general en ausencia de campos cuánticos y con las leyes de los campos cuánticos en ausencia de curvatura espacio-temporal. Esto y la exigencia de un encaje perfecto, análoga a la exigencia de que las filas y columnas de un crucigrama encajen perfectamente, resultaba determinar la forma de las nuevas leyes casi* por completo.[19] Si las leyes podían ser encajadas de forma absolutamente consistente (y deben serlo, si la aproximación de los físicos a la comprensión del Universo tiene sentido), entonces podrían ser ajustadas sólo de la forma descrita por las nuevas y consensuadas leyes de los campos cuánticos en el espacio-tiempo curvo.

---

* El «casi» tiene en cuenta ciertas ambigüedades en lo que se denomina «renormalización». Tales ambigüedades, que fueron identificadas y codificadas por Robert Wald (un antiguo estudiante de Wheeler), no afectan a la evaporación de un agujero negro, y probablemente no se resolverán hasta que no dispongamos de una completa teoría cuántica de la gravitación. Nos encontraremos con la renormalización y con estas ambigüedades en el capítulo 14, al discutir los agujeros de gusano.[18]

El requisito de que las leyes de la física encajen consistentemente se utiliza a menudo como una herramienta en la búsqueda de nuevas leyes. Sin embargo, este requisito de consistencia raramente ha mostrado un poder tan grande como aquí, en el ámbito de los campos cuánticos en el espacio-tiempo curvo. Por ejemplo, cuando Einstein estaba desarrollando sus leyes de la relatividad general (capítulo 2), las consideraciones de consistencia no podían darle y no le dieron su premisa de partida, el hecho de que la gravedad se debe a la curvatura del espacio-tiempo; esta premisa de partida procedía fundamentalmente de la intuición de Einstein. Sin embargo, una vez sentada esta premisa, el requisito de que las nuevas leyes de la relatividad general encajen consistentemente con las leyes de la gravedad de Newton cuando la gravedad es débil, y con las leyes de la relatividad especial cuando no hay gravedad en absoluto, determinaban casi unívocamente la forma de las nuevas leyes; por ejemplo, fue la clave para el descubrimiento de Einstein de su ecuación de campo.

En septiembre de 1975 volví a Moscú para mi quinta visita, llevando una botella de White Horse para Zel'dovich. Para mi sorpresa descubrí que, aunque para entonces todos los expertos occidentales habían coincidido en que Hawking tenía razón y los agujeros negros se pueden evaporar, nadie en Moscú creía los cálculos o conclusiones de Hawking. Aunque durante 1974 y 1975 se habían publicado varias confirmaciones de las afirmaciones de Hawking, derivadas mediante métodos nuevos y completamente diferentes, dichas confirmaciones habían tenido poco impacto en la URSS ¿Por qué? Porque Zel'dovich y Starobinsky, los más grandes expertos soviéticos, no creían en ellas: seguían manteniendo que, una vez que un agujero negro radiante ha perdido todo su momento angular, debe dejar de radiar, y por lo tanto no puede evaporarse completamente. Discutí con Zel'dovich y Starobinsky, sin ningún resultado; su conocimiento sobre los campos cuánticos en un espacio-tiempo curvo superaba tanto al mío que, aunque (como de costumbre) yo estaba completamente seguro de que la verdad estaba de mi lado, no podía contradecir sus argumentos.

Mi vuelo de regreso a Norteamérica estaba programado para el martes 23 de septiembre. La noche del lunes, cuando estaba haciendo mis maletas en mi minúscula habitación en el Hotel de la Universidad, sonó el teléfono. Era Zel'dovich: «¡Ven a mi apartamento, Kip! ¡Quiero hablar sobre la evaporación de los agujeros negros!». Con el tiempo justo, busqué un taxi en frente del hotel. No había ninguno a la vista, así que, al modo moscovita estándar, hice señas a un conductor que pasaba y le ofrecí cinco rublos para que me llevase al número 2B de Vorobyevskoye Shosse. Movió la cabeza afirmativamente y partimos a través de calles por las que yo nunca había pasado. Mi temor a estar perdido se disipó cuando acabamos en Vorobyevskoye Shosse. Con un «¡Spasibo!» de agradecimiento me apeé frente al 2B, atravesé la puerta y el terreno arbolado, entré en el edificio y subí las escaleras hasta el segundo piso, esquina suroeste.

Zel'dovich y Starobinsky me recibieron en la puerta, con la sonrisa en su rostro y las manos sobre las cabezas. «¡Nos rendimos; Hawking tiene razón; estábamos equivocados!» Durante la hora siguiente me describieron cómo su versión de las leyes de los campos cuánticos en el espacio-tiempo curvo de un agujero negro, aunque aparentemente diferentes de las de Hawking, eran en realidad completamente equivalentes. Habían concluido que los agujeros negros no pueden evaporarse debido a un error en sus cálculos, no debido a leyes falsas. Una vez corregido el error, ahora estaban de acuerdo. No había escapatoria. Las leyes exigen que los agujeros negros se evaporen.

Existen varias formas diferentes de representar la evaporación de un agujero negro, correspondientes a las varias formas diferentes de formular las leyes de los campos cuánticos en el espacio-tiempo curvo de un agujero negro. Sin embargo, todas las formas reconocen las fluctuaciones del vacío como la fuente última de la radiación saliente. Quizá la más simple descripción gráfica es una basada en partículas más que en ondas.[20]

Las fluctuaciones del vacío, al igual que las ondas «reales» de energía positiva, están sujetas a las leyes de la dualidad onda/partícula (recuadro 4.1); es decir, tienen tanto aspectos de onda como aspectos de partícula. Ya hemos encontrado los aspectos de onda (recuadro 12.4): las ondas fluctúan de forma aleatoria e impredecible, con energía positiva momentáneamente aquí, energía negativa momentáneamente allí, y energía cero en promedio. El aspecto de partícula está incorporado en el concepto de *partículas virtuales*, es decir, partículas que pueden nacer en pares (dos partículas a un tiempo), viviendo momentáneamente de la energía fluctuacional tomada en préstamo de regiones vecinas del espacio, y que luego se aniquilan y desaparecen, devolviendo su energía a las regiones vecinas. En el caso de las fluctuaciones electromagnéticas del vacío las partículas virtuales son *fotones virtuales*; en el caso de las fluctuaciones gravitatorias del vacío, son *gravitones virtuales.**

La forma en que las fluctuaciones del vacío hacen que un agujero negro se evapore se presenta en la figura 12.2. A la izquierda se muestra un par de fotones virtuales cerca del horizonte de un agujero negro, vistos en el sistema de referencia de alguien que está cayendo al agujero. Los fotones virtuales pueden separarse fácilmente uno de otro mientras ambos permanecen en una región donde el campo electromagnético ha adquirido momentáneamente energía positiva. Dicha región puede tener cualquier tamaño, desde un tamaño minúsculo a uno enorme, puesto que las fluctuaciones del vacío ocurren en todas las escalas de longitud; sin embargo, el tamaño de las regiones será siempre aproximadamente el mismo que la longitud de onda de su onda electromagné-

* Algunos lectores pueden ya estar familiarizados con estas ideas en el contexto de materia y antimateria, por ejemplo, un electrón (que es una partícula de materia) y un positrón (su antipartícula). De la misma forma que el campo electromagnético es el aspecto de campo de un fotón, también existe un campo electrónico que es el aspecto de campo del electrón y el positrón. En los lugares donde las fluctuaciones del vacío del campo electrónico son momentáneamente grandes, es probable que un electrón virtual y un positrón virtual surjan brevemente, como un par; cuando las fluctuaciones decrecen, es probable que el electrón y el positrón se aniquilen mutuamente y desaparezcan. El fotón es su propia antipartícula, de modo que los fotones virtuales aparecen y desaparecen instantáneamente en pares, y lo mismo sucede con los gravitones.

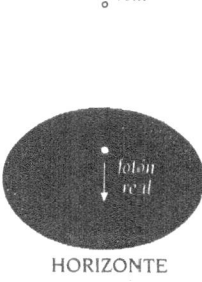

12.2.   El mecanismo de la evaporación de agujeros negros, visto por algu:en que está cayendo dentro del agujero. *Izquierda*: la gravedad de marea de un agujero negro atrae a un par de fotones virtuales, dándoles energía. *Derecha*: los fotones virtuales han adquirido energía suficiente de la gravedad de marea para materializarse, permanentemente, en fotones reales, uno de los cuales escapa del agujero mientras el otro cae hacia el centro del agujero.

tica fluctuante, de modo que los fotones virtuales pueden alejarse sólo alrededor de una longitud de onda. Si resulta que la longitud de onda es aproximadamente la misma que la circunferencia del agujero, entonces los fotones virtuales pueden separarse fácilmente unos de otros a una distancia de un cuarto de circunferencia, como se muestra en la figura.

La gravedad de marea cerca del horizonte es muy intensa; atrae a los fotones virtuales con una enorme fuerza, inyectando de esta forma gran energía en ellos, vistos por el observador en caída que está a mitad de camino entre ambos fotones. El incremento en la energía de los fotones es suficiente, en el instante en que los fotones están separados por un cuarto de una circunferencia de horizonte, para convertirlos en fotones reales de larga duración (mitad derecha de la figura 12.2), y les deja energía suficiente para devolverla a las regiones vecinas del espacio con energía negativa. Los fotones, ahora reales, se liberan uno del otro. Uno está en el interior del horizonte y perdido para siempre respecto al Universo externo. El otro escapa del agujero, llevando la energía (es decir, la masa)* que le cedió la gravedad de marea del agujero. El agujero, con su masa reducida, se contrae un poco.

Este mecanismo de emisión de partículas no depende en absoluto del hecho de que las partículas sean fotones y sus ondas asociadas sean electromagnéticas. El mecanismo funcionará igualmente bien para cualquier otra forma de partícula/onda (es decir, para cualquier otro tipo de radiación: gravitatoria, neutrinos, y así sucesivamente), y por lo tanto un agujero negro radia *todo* tipo de radiación.

---

* Recuérdese que, puesto que masa y energía se pueden transformar totalmente una en otra, son realmente sólo nombres distintos para el mismo concepto.

Antes de que las partículas virtuales se hayan materializado en partículas reales, la distancia entre ellas debe ser menor que aproximadamente la longitud de onda de sus ondas. Sin embargo, para adquirir de la gravedad de marea del agujero la energía suficiente para materializarse deben separarse aproximadamente una cuarta parte de la circunferencia del agujero. Esto significa que las longitudes de onda de las partículas/ondas que emite el agujero serán aproximadamente del tamaño de una cuarta parte de la circunferencia del agujero, y mayores.

Un agujero negro con una masa doble que la del Sol tiene una circunferencia de alrededor de 35 kilómetros, y por ello las partículas/ondas que emite tienen longitudes de onda de aproximadamente 9 kilómetros y mayores. Estas son longitudes de onda enormes comparadas con la luz o las ondas de radio ordinarias, pero no muy diferentes de las longitudes de las ondas gravitatorias que el agujero emitiría si colisionara con otro agujero.

Durante los primeros años de su carrera, Hawking trataba de ser muy cuidadoso y riguroso en su investigación. Nunca afirmaba que las cosas fuesen ciertas hasta que había obtenido una demostración casi irrefutable de ellas. Sin embargo, para 1974 había cambiado su actitud: «Prefiero tener razón que ser riguroso», me dijo firmemente. Alcanzar un gran rigor requiere mucho tiempo. En 1974 Hawking se había fijado los objetivos de comprender el matrimonio total de la relatividad general con la mecánica cuántica, y comprender el origen del Universo, objetivos cuyo logro requeriría enormes cantidades de tiempo y de concentración. Quizá al sentirse más vulnerable que otras personas, debido a la enfermedad que acortaba su vida, Hawking sintió que no podía permitirse el lujo de entretenerse buscando un gran rigor en sus descubrimientos, ni podía permitirse el lujo de explorar todas las características importantes de sus descubrimientos. Debía avanzar a gran velocidad.

A ello se debe que Hawking, en 1974, habiendo demostrado firmemente que un agujero negro radia como si tuviera una temperatura proporcional a la gravedad de su superficie, continuó afirmando, sin demostración real, que *todas* las otras analogías entre las leyes de la mecánica de los agujeros negros y las leyes de la termodinámica eran más que una coincidencia: las leyes de los agujeros negros *son lo mismo que* las leyes termodinámicas, aunque camufladas. A partir de esta afirmación y su relación firmemente probada entre temperatura y gravedad de superficie, Hawking infirió una relación precisa entre la entropía del agujero y el área de su superficie: la entropía es 0,10857...* multiplicado por el área de la superficie y dividido por el área de Planck-Wheeler. En otras palabras, un agujero sin rotación de 10 masas solares tiene una entropía de $4,6 \times 10^{78}$, que coincide aproximadamente con la conjetura de Bekenstein.

Bekenstein, por supuesto, estaba seguro de que Hawking tenía razón, y re-

* El peculiar factor 0,10857... es en realidad $1/(4\log_e 10)$, donde $\log_e 10 = 2,30258...$ resulta de mi elección de «normalización» de la entropía; véase la nota al pie de la página 391.

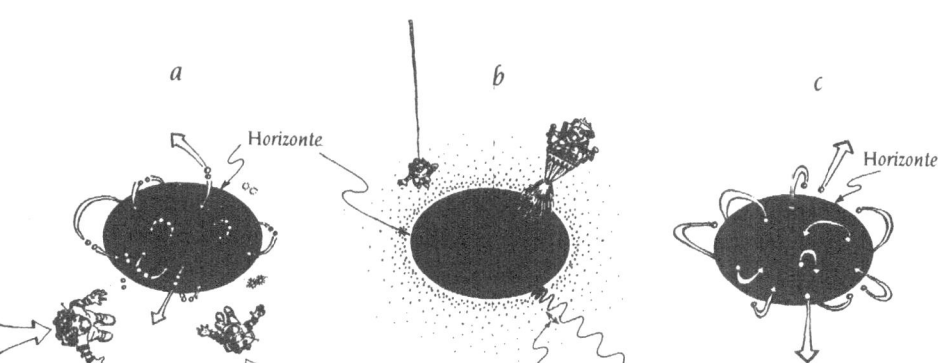

12.3. *a*) Los observadores que caen en un agujero negro (los dos hombrecillos en traje espacial) ven que las fluctuaciones del vacío cerca del horizonte del agujero consisten en pares de partículas virtuales. *b*) Vistas por observadores exactamente encima del horizonte y en reposo con respecto al horizonte (el hombrecillo que cuelga de una cuerda y el hombrecillo que dispara el motor de su cohete), las fluctuaciones del vacío consisten en una atmósfera caliente de partículas reales; este es el «punto de vista acelerado». *c*) Las partículas de la atmósfera, en el punto de vista acelerado, parecen ser emitidas por un horizonte caliente de tipo membrana. Vuelan cortas distancias hacia arriba, y la mayoría de ellas son luego atraídas de nuevo hacia el horizonte. Sin embargo, algunas de estas partículas consiguen escapar del poder del agujero y se evaporan en el espacio exterior.

bosaba de placer. Para finales de 1975, Zel'dovich, Starobinsky, yo y otros colegas de Hawking también estábamos prácticamente convencidos. Sin embargo, no nos sentimos completamente satisfechos hasta que comprendimos la naturaleza exacta de la enorme aleatoriedad de un agujero negro. Debe haber $10^{4,6 \times 10^{78}}$ formas de distribuir *algo* en el interior del agujero negro sin cambiar su apariencia externa (su masa, su momento angular y su carga), pero ¿qué era ese algo? ¿Y cómo, en términos físicos sencillos, podía uno entender el comportamiento térmico de un agujero negro, es decir, el hecho de que el agujero se comporte exactamente igual que un cuerpo ordinario con temperatura? Conforme Hawking avanzaba en la investigacción en gravitación cuántica y el origen del Universo, Paul Davies, Bill Unruh, Robert Wald, James York, yo y muchos otros de sus colegas nos volvimos hacia estas cuestiones. Poco a poco, durante los siguientes diez años llegamos a la nueva comprensión, de la que se da cuenta en la figura 12.3.[21]

La figura 12.3a muestra las fluctuaciones del vacío de un agujero negro, vistas por observadores que caen a través del horizonte. Las fluctuaciones del vacío consisten en pares de partículas virtuales. Ocasionalmente la gravedad de marea se las arregla para dar a uno de entre la plétora de pares energía suficiente para que sus dos partículas virtuales se hagan reales y una de ellas escape del agujero. Este era el punto de vista sobre las fluctuaciones del vacío y la evaporación del agujero negro reseñadas en la figura 12.2.

La figura 12.3b muestra un punto de vista diferente sobre las fluctuaciones del vacío del agujero, el punto de vista de los observadores que están exactamente sobre el horizonte del agujero y están para siempre en reposo respecto al horizonte. Para impedir que ellos mismos sean engullidos por el agujero, tales observadores deben acelerar con fuerza, con respecto a los observadores en caída, utilizando algún motor a propulsión o siendo tirados por una cuerda. Por esta razón, el punto de vista de estos observadores se denomina «punto de vista acelerado». Es también el punto de vista del «paradigma de la membrana» (capítulo 11).

Sorprendentemente, desde el punto de vista acelerado, las fluctuaciones del vacío no consisten en partículas virtuales que aparecen y desaparecen de la existencia, sino más bien en partículas reales con energías positivas y tiempos de vida largos; véase el recuadro 12.5. Las partículas reales forman una atmósfera caliente alrededor del agujero, muy similar a la atmósfera del Sol. Asociadas con estas partículas reales hay ondas reales. A medida que una partícula asciende en la atmósfera, la gravedad tira de ella, reduciendo su energía de movimiento; en consecuencia, a medida que una onda se mueve hacia arriba, sufre un desplazamiento gravitatorio hacia el rojo hacia longitudes de onda cada vez mayores (figura 12.3b).

La figura 12.3c muestra el movimiento de algunas de las partículas en la atmósfera de un agujero negro, desde el punto de vista acelerado. Las partículas parecen ser emitidas por el horizonte; la mayoría vuelan hacia arriba una corta distancia y luego son atraídas hacia abajo, hacia el horizonte, por la intensa gravedad del agujero, pero algunas consiguen escapar del poder del agujero. Las partículas que escapan son las mismas que los observadores en caída ven materializarse a partir de los pares virtuales (figura 12.3a). Son las partículas de la evaporación de Hawking.

Desde el punto de vista acelerado, el horizonte se comporta como una superficie tipo membrana a alta temperatura; es la membrana del «paradigma de la membrana» descrito en el capítulo 11. De la misma forma que la superficie caliente del Sol emite partículas (por ejemplo, los fotones que constituyen la luz diurna en la Tierra), también la membrana caliente del horizonte emite partículas: las partículas que forman la atmósfera del agujero y las pocas que se evaporan. El desplazamiento gravitatorio hacia el rojo reduce la energía de las partículas a medida que ascienden desde la membrana, así que, aunque la propia membrana es extremadamente caliente, la radiación de evaporación es mucho más fría.

El punto de vista acelerado no sólo explica en qué sentido un agujero negro está caliente, sino que también da cuenta de la enorme aleatoriedad del agujero. El siguiente experimento mental (inventado por mí y mi postdoc Wojciech Zurek) explica cómo lo hace.

Arrójese en la atmósfera de un agujero negro una pequeña cantidad de material conteniendo alguna pequeña cantidad de energía (o, de forma equivalen-

RECUADRO 12.5

Radiación de aceleración[22]

En 1975, un estudiante nuevo de Wheeler, William Unruh, e independientemente Paul Davies en el Kings College de Londres, descubrieron (utilizando las leyes de los campos cuánticos en el espacio-tiempo curvo) que los observadores acelerados situados exactamente sobre el horizonte de un agujero negro deben ver allí las fluctuaciones del vacío no como pares virtuales de partículas sino más bien como una atmósfera de partículas reales, una atmósfera que Unruh llamó «radiación de aceleración».

Este sorprendente descubrimiento reveló que *el concepto de partícula real es relativo*, y no absoluto; es decir, depende del sistema de referencia utilizado. Los observadores en el sistema de referencia en caída libre que se sumergen a través del horizonte del agujero no ven partículas reales fuera del horizonte, sólo partículas virtuales. Los observadores en los sistemas acelerados que, por su aceleración, permanecen siempre por encima del horizonte ven una plétora de partículas reales.

¿Cómo es esto posible? ¿Cómo puede decir un observador que el horizonte está rodeado de una atmósfera de partículas reales y el otro observador que no es así? La respuesta reside en el hecho de que las ondas fluctuacionales del vacío de las partículas virtuales no están confinadas únicamente a la región por encima del horizonte; parte de cada onda fluctuacional está dentro del horizonte y parte está fuera.

- Los observadores en caída libre, que se sumergen a través del horizonte, pueden ver ambas partes de la onda fluctuacional del vacío, la parte que hay dentro del horizonte y la parte que hay fuera; de este modo, tales observadores son perfectamente conscientes (por sus medidas) de que la onda es una simple fluctuación del vacío y que, en consecuencia, sus partículas son virtuales, no reales.
- Los observadores acelerados, que permanecen siempre fuera del horizonte, sólo pueden ver la parte exterior de la onda fluctuacional del vacío, no la parte interior; y en consecuencia, mediante sus medidas son incapaces de discernir que la onda es una simple fluctuación del vacío acompañada de partículas virtuales. Al ver sólo una parte de la onda fluctuacional, la confunden con «la cosa real»: una onda real acompañada por partículas reales, y por consiguiente sus medidas muestran una atmósfera de partículas reales alrededor del horizonte.

El que las partículas reales de dicha atmósfera pueden evaporarse gradualmente y salir al Universo externo (figura 12.3c) es una indicación de que el punto de vista de los observadores acelerados es tan correcto, es decir, tan válido, como el de los observadores en caída libre: lo que los observadores en caída libre ven como pares virtuales convertidos en partículas reales por la gravedad de marea, seguido de la evaporación de una de las partículas reales, es visto por los observadores acelerados simplemente como la evaporación de una de las partículas que siempre fue real y siempre pobló la atmósfera del agujero negro. Ambos puntos de vista son correctos; es la misma situación física vista desde dos sistemas de referencia diferentes.

te, masa), momento angular (rotación) y carga eléctrica. Desde la atmósfera, este material continuará hacia abajo a través del horizonte y en el interior del agujero. Una vez que el material ha entrado en el agujero es imposible, examinando el agujero desde fuera, conocer la naturaleza del material inyectado (si consistía de materia o antimateria, de fotones y átomos pesados, o de electrones y positrones), y es imposible saber exactamente dónde fue inyectado el material. Puesto que un agujero negro no tiene «pelo», todo lo que uno puede descubrir, examinando el agujero desde fuera, son las cantidades totales de masa, momento angular y carga que entraron en la atmósfera.

Preguntémonos de cuántas formas *podrían* haber sido inyectadas estas cantidades de masa, momento angular y carga en la atmósfera caliente del agujero. Esta cuestión es análoga a preguntar de cuántas formas los juguetes del niño *podrían* haber sido distribuidos sobre las baldosas de la habitación de juegos del recuadro 12.3, y en consecuencia, el logaritmo del número de formas de inyectar debe ser el incremento en la entropía de la atmósfera, tal como se describe mediante las leyes estándar de la termodinámica. Mediante un cálculo bastante simple, Zurek y yo pudimos demostrar que este incremento en la entropía termodinámica es precisamente igual a 1/4 del incremento del área del horizonte dividido por el área de Planck-Wheeler; es decir, es exactamente el incremento del área del horizonte camuflado, el mismo camuflaje que Hawking infirió, en 1974, a partir de la semejanza matemática de las leyes de la mecánica de los agujeros negros y las leyes de la termodinámica.

El resultado de este experimento mental puede expresarse sucintamente de la siguiente forma: *la entropía de un agujero negro es el logaritmo del número de formas en que podría haberse hecho el agujero*. Esto significa que existen $10^{4,6 \times 10^{78}}$ formas diferentes de hacer un agujero negro de 10 masas solares cuya entropía es $4,6 \times 10^{78}$. Esta explicación de la entropía fue conjeturada originalmente por Bekenstein en 1972, y una demostración muy abstracta fue dada por Hawking y su antiguo estudiante, Gary Gibbons, en 1977.[23]

El experimento mental también muestra la segunda ley de la termodinámica en acción. La energía, momento angular y carga que uno arroja en la atmósfera del agujero puede tener cualquier forma; por ejemplo, podría ser todo el aire de una habitación recogido en una bolsa, como encontramos antes en este capítulo mientras nos interrogábamos sobre la segunda ley. Cuando la bolsa se arroja en la atmósfera del agujero, la entropía del Universo externo se reduce en la cantidad de entropía (aleatoriedad) que hay dentro de la bolsa.

Sin embargo, la entropía de la atmósfera del agujero, y por lo tanto del agujero, aumenta más que la entropía de la bolsa, de modo que la entropía total del agujero más el Universo externo aumenta. La segunda ley de la termodinámica es obedecida.

Análogamente resulta que cuando del agujero negro se evaporan algunas partículas, sus propias área de la superficie y entropía disminuyen; pero las partículas se distribuyen al azar por el Universo externo, incrementando la entropía de éste en una cantidad mayor que la pérdida de entropía del agujero. De nuevo la segunda ley es obedecida.

¿Cuánto tiempo se necesita para que un agujero negro se evapore y desaparezca? La respuesta depende de la masa del agujero. Cuanto mayor es el agujero, menor es su temperatura, y por ello emite partículas más débilmente y se evapora más lentamente. La vida media total, tal como la calculó Don Page[24] en 1975 cuando era al mismo tiempo estudiante mío y de Hawking, es de $1,2 \times 10^{67}$ años si la masa del agujero es doble de la del Sol. La vida media es proporcional al cubo de la masa del agujero, de modo que un agujero de 20 masas solares tiene una vida de $1,2 \times 10^{70}$ años. Estas vidas medias son tan enormes comparadas con la edad actual del Universo, alrededor de 1×10^{10} años, que la evaporación es completamente irrelevante para la astrofísica. De todas formas, la evaporación ha sido muy importante para nuestra comprensión del matrimonio entre la relatividad general y la mecánica cuántica; la lucha para comprender la evaporación nos enseñó las leyes de los campos cuánticos en el espacio-tiempo curvo.

Los agujeros mucho menos masivos que 2 soles, si existieran, se evaporarían en un tiempo mucho menor que estos 10^{67} años. Tales agujeros pequeños no pueden formarse hoy en el Universo debido a que la presión de degeneración y la presión nuclear impiden la implosión de masas pequeñas, incluso si se las comprime con toda la fuerza que puede proporcionar el Universo actual (capítulos 4 y 5). Sin embargo, semejantes agujeros podrían haberse formado en el big bang, donde la materia estuvo sometida a densidades y presiones y compresiones gravitatorias que eran enormemente mayores que en cualquier estrella actual.

Cálculos detallados de Hawking, Zel'dovich, Novikov y otros han mostrado que pequeños trozos de la materia emergente del big bang pudieron haber producido minúsculos agujeros negros, siempre que la materia de los trozos tuviese una ecuación de estado más bien blanda (es decir, tuviese sólo pequeños incrementos de presión cuando se la comprime). La compresión poderosa que ejerce otra materia adyacente en el Universo muy temprano, como la compresión del carbón en las tenazas de una poderosa prensa para formar diamante, podría haber hecho que los trozos minúsculos implosionaran para producir agujeros minúsculos.[25]

Una forma prometedora de búsqueda de tales *agujeros negros primordiales* minúsculos consiste en buscar las partículas que producen cuando se evaporan. Los agujeros negros con una masa menor que aproximadamente 500.000

millones de kilogramos (5×10^{14} gramos, el peso de una montaña modesta) deberían haberse evaporado completamente en nuestra época, y los agujeros negros algunas veces más pesados que éstos deberían estar aún evaporándose intensamente. Tales agujeros negros tienen horizontes del tamaño aproximado de un núcleo atómico.

Una gran parte de la energía emitida en la evaporación de tales agujeros debería estar ahora en forma de rayos gamma (fotones de alta energía) viajando al azar por el Universo. Semejantes rayos gamma existen, pero en cantidades y con propiedades que se pueden explicar perfectamente por otros medios. La ausencia de un exceso de rayos gamma nos dice (según los cálculos de Hawking y Page) que ahora no hay más que alrededor de 300 minúsculos agujeros negros en intensa evaporación por cada año-luz cúbico de espacio; y esto, a su vez, nos dice que la materia en el big bang no puede haber tenido una ecuación de estado extraordinariamente blanda.[26]

Los escépticos argumentarán que la ausencia de un exceso de rayos gamma podría tener otra interpretación: quizá se formaron muchos agujeros pequeños en el big bang, pero nosotros los físicos entendemos los campos cuánticos en el espacio-tiempo curvo mucho peor de lo que pensamos, y por lo tanto nos estamos equivocando al creer que los agujeros negros se evaporan. Yo y mis colegas nos resistimos a tal escepticismo debido a la aparente perfección con la que las leyes estándar del espacio-tiempo curvo y las leyes estándar de los campos cuánticos encajan para darnos un conjunto casi *único* de leyes para los campos cuánticos en el espacio-tiempo curvo. De todas formas, nos sentiríamos bastante más cómodos si los astrónomos encontrasen datos observacionales de la evaporación de los agujeros negros.

13

Dentro de los agujeros negros

donde los físicos, bregando con la ecuación de Einstein,
buscan el secreto de lo que hay dentro de un agujero negro:
¿un camino hacia otro Universo?
¿una singularidad con gravedad de marea infinita?
¿el fin del espacio y el tiempo,
y el nacimiento de la espuma cuántica?[1]

Singularidades y otros universos

¿Qué hay dentro de un agujero negro?

¿Cómo podemos saberlo, y por qué nos debería preocupar? Ninguna señal puede salir nunca del agujero para darnos la respuesta. Ningún intrépido explorador que pudiera entrar en el agujero para descubrirlo puede regresar y decírnoslo, ni siquiera transmitirnos la respuesta. Sea lo que sea lo que pueda haber en el corazón del agujero nunca puede salir e influir en nuestro Universo en modo alguno.

La curiosidad humana apenas queda satisfecha con estos argumentos. Especialmente cuando disponemos de las herramientas que pueden darnos la respuesta: las leyes de la física.

John Archibald Wheeler nos enseñó la importancia de la búsqueda para comprender el corazón de un agujero negro. En los años cincuenta planteaba «la cuestión del estado final» de la implosión gravitatoria como un Santo Grial para la física teórica, uno que podría enseñarnos detalles del «apasionado matrimonio» de la relatividad general con la mecánica cuántica. Cuando J. Robert Oppenheimer insistió en que el estado final queda oculto a la vista por un horizonte, Wheeler se resistió (capítulo 6), y sospecho que una razón importante de esa resistencia era su angustia por perder la posibilidad de ver en acción este matrimonio apasionado desde el exterior del horizonte.[2]

Aun después de aceptar el horizonte, Wheeler mantuvo su convicción de que la comprensión del corazón del agujero era un Santo Grial digno de ser buscado.[3] Del mismo modo que la lucha para comprender la evaporación de los agujeros negros nos ha ayudado a descubrir un matrimonio parcial de la mecánica cuántica con la relatividad general (capítulo 12), la lucha por comprender el corazón de un agujero negro podría ayudarnos a descubrir el matrimonio completo; podría llevarnos a las leyes completas de la gravedad cuántica. Y quizá la naturaleza del corazón guardará las claves para otros misterios del Universo: existe una semejanza entre la implosión del «big crunch», en el que, dentro de varios eones, nuestro Universo podría morir, y la implosión de la estrella que crea el corazón de un agujero negro. Enfrentándonos a una podríamos aprender acerca de la otra.

Durante treinta y cinco años los físicos han perseguido el Santo Grial de Wheeler, pero sólo con éxito modesto. Aún no sabemos con certeza qué hay en el corazón de un agujero, y la lucha por comprenderlo aún no nos ha enseñado con claridad las leyes de la gravedad cuántica. Pero hemos aprendido mucho; y no es lo menos importante la consideración de que, haya lo que haya en el interior de un agujero negro, ello *está de hecho* íntimamente ligado con las leyes de la gravedad cuántica.

Este capítulo describe algunos de los giros y recovecos más interesantes en la búsqueda del Santo Grial de Wheeler, y dónde nos ha llevado dicha búsqueda.

La primera respuesta provisional a la pregunta «¿Qué hay dentro de un agujero negro?» vino de J. Robert Oppenheimer y Hartland Snyder,[4] en su cálculo clásico de 1939 sobre la implosión de una estrella esférica (capítulo 6). Aunque la respuesta estaba contenida en las ecuaciones que publicaron, Oppenheimer y Snyder prefirieron no discutirla. Quizá temían que sólo añadiera leña a la controversia sobre su predicción de que la estrella en implosión «se aísla del resto del Universo» (es decir, forma un agujero negro). Quizá el conservadurismo científico innato de Oppenheimer, su poca disposición a especular,[5] les contuvo. Cualquiera que fuera la razón, no dijeron nada. Pero sus ecuaciones hablaban.

Después de crear un horizonte de agujero negro a su alrededor, decían sus ecuaciones, la estrella esférica continúa implosionando, inexorablemente, hasta alcanzar densidad infinita y volumen cero, después de lo cual crea y se funde en una *singularidad espacio-temporal*.

Una singularidad es una región donde —según las leyes de la relatividad general— la curvatura del espacio-tiempo se hace infinitamente grande, y el espacio-tiempo deja de existir. Puesto que la gravedad de marea es una manifestación de la curvatura espacio-temporal (capítulo 2), una singularidad es también una región de gravedad de marea infinita, es decir, una región en donde la gravedad ejerce un tirón infinito sobre todos los objetos a lo largo de algunas direcciones y una compresión infinita a lo largo de otras.

Uno puede imaginar una variedad de tipos diferentes de singularidades espacio-temporales, cada una de ellas con su forma peculiar de estiramiento y compresión de marea, y encontraremos varios tipos diferentes en este capítulo.

La singularidad predicha por los cálculos de Oppenheimer-Snyder[6] es muy sencilla. Su gravedad de marea tiene esencialmente la misma forma que la de la Tierra o la de la Luna o la del Sol; es decir, la misma forma que la gravedad de marea que da lugar a las mareas en los océanos de la Tierra (recuadro 2.5):

la singularidad estira todos los objetos radialmente (tanto en dirección hacia el objeto como en dirección opuesta), y comprime todos los objetos transversalmente.

Imaginemos un astronauta que cae inicialmente de pie hacia el tipo de agujero negro descrito por las ecuaciones de Oppenheimer y Snyder. Cuanto mayor es el agujero, más tiempo puede sobrevivir el astronauta, así que para que éste tenga una longevidad máxima dejemos que el agujero sea de los más grandes que residen en los núcleos de los cuásares (capítulo 9): 10.000 millones de masas solares. Entonces el astronauta en caída cruza el horizonte y entra en el agujero alrededor de 20 horas antes de su muerte final, pero cuando entra aún está demasiado lejos de la singularidad para sentir su gravedad de marea. A medida que continúa cayendo cada vez con más velocidad, y se acerca cada vez más a la singularidad, la gravedad de marea se hace cada vez mayor hasta que, exactamente 1 segundo antes de llegar a la singularidad, el astronauta empieza a sentir que la gravedad le estira de pies a cabeza y le comprime lateralmente (imagen inferior en la figura 13.1). Al principio, el estiramiento y la compresión son soportables, pero continúan creciendo hasta que, unas centésimas de segundo antes de la singularidad (imagen intermedia), se hacen tan fuertes que su carne y sus huesos ya no pueden resistir por más tiempo. Su cuerpo se rompe y él muere. En la última centésima de segundo, el estiramiento y la compresión continúan aumentando y, cuando el astronauta llega a la singularidad, se hacen infinitamente fuertes, primero en sus pies, luego en su tronco y luego en su cabeza; su cuerpo se distiende infinitamente, y luego, según la relatividad general, se funde con la singularidad y se hace parte de ella.

Es completamente imposible para el astronauta atravesar la singularidad y salir por el otro lado porque, según la relatividad general, no hay «otro lado». El espacio, el tiempo y el espacio-tiempo dejan de existir en la singularidad. La singularidad es un límite abrupto, muy parecido al borde de una hoja de papel. No hay papel más allá de su borde; no hay espacio-tiempo más allá de la singularidad. Pero aquí termina la analogía. Una hormiga puede caminar sobre el papel directamente hasta llegar al borde y luego regresar, pero nada puede regresar de la singularidad; los astronautas, las partículas, las ondas, todas las cosas que llegan ahí son instantáneamente destruidas según las leyes de la relatividad general de Einstein.

El mecanismo de destrucción no queda completamente claro en la figura 13.1 debido a que en la figura se ignora la curvatura del espacio. De hecho, cuando el cuerpo del astronauta llega a la singularidad es estirado hasta una longitud verdaderamente infinita y aplastado transversalmente hasta un tamaño verdaderamente nulo. La extrema curvatura del espacio cerca de la singularidad le permite hacerse infinitamente largo sin que su cabeza sobresalga del horizonte del agujero. Tanto su cabeza como sus pies son atraídos hacia la singularidad, pero son atraídos manteniendo una distancia infinita entre aquélla y éstos.

No es sólo el astronauta lo que es estirado y comprimido infinitamente en la singularidad, de acuerdo con las ecuaciones de Oppenheimer-Snyder; todas

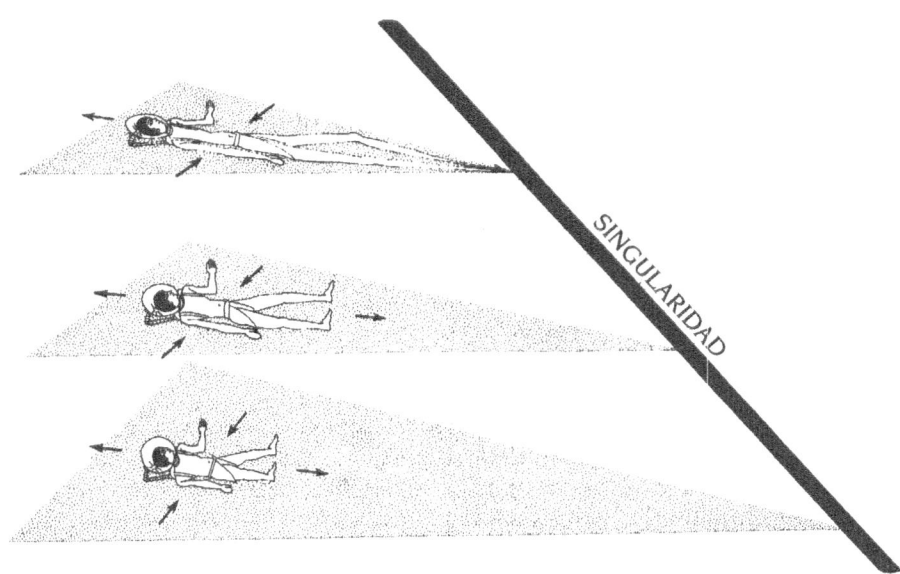

13.1. Diagrama espacio-temporal que muestra a un astronauta que cae de pie en la singularidad del centro de un agujero negro, según los cálculos de Oppenheimer-Snyder. Como en todos los diagramas espacio-temporales anteriores (por ejemplo, figura 6.7), falta una dimensión espacial; esta es la razón de que el astronauta parezca bidimensional en lugar de tridimensional. La singularidad está inclinada en este diagrama, en contraste con su posición vertical en la figura 6.7 y el recuadro 12.1, porque el tiempo representado hacia arriba y el espacio representado en horizontal son aquí diferentes de allí. Aquí son el tiempo y el espacio del propio astronauta; allí eran los de Finkelstein.[7]

las formas de materia son estiradas y comprimidas infinitamente, incluso un átomo individual; incluso los electrones, protones y neutrones que forman los átomos; incluso los quarks que forman los protones y los neutrones.

¿Existe alguna forma de que el astronauta escape a este estiramiento y compresión infinitos? No; no después de que haya cruzado el horizonte. En cualquier lugar dentro del horizonte, según las ecuaciones de Oppenheimer-Snyder, la gravedad es tan fuerte (el espacio-tiempo está tan fuertemente distorsionado) que el propio tiempo (el tiempo de cualquiera) fluye hacia la singularidad.* Puesto que el astronauta, como cualquier otro, debe moverse inexorablemente hacia adelante en el tiempo, él es llevado con el flujo del tiempo hacia la singularidad. No importa lo que haga, no importa cómo accione sus motores a reacción, el astronauta no puede evitar el estiramiento y compresión infinitos de la singularidad.

---

* En la jerga técnica decimos que la singularidad es de «tipo-espacio».

Cada vez que los físicos vemos que nuestras ecuaciones predicen algo infinito sospechamos de las ecuaciones. Casi nada en el Universo real puede llegar a hacerse realmente infinito (pensamos nosotros). Por lo tanto, un infinito es casi siempre señal de que hay un error.

El estiramiento y la compresión infinitos de la singularidad no eran una excepción. Los pocos físicos que estudiaron la publicación de Oppenheimer y Snyder durante los años cincuenta y principios de los sesenta coincidieron unánimemente en que algo estaba mal. Pero ahí terminaba la unanimidad.

Un grupo, dirigido enérgicamente por John Wheeler, identificó el estiramiento y la compresión infinitos como un mensaje inequívoco de que la relatividad general falla dentro de un agujero negro, en el punto final de la implosión estelar.[8] La mecánica cuántica debería impedir que la gravedad de marea se haga realmente infinita ahí, afirmaba Wheeler; ¿pero cómo? Saber la respuesta, argumentaba Wheeler, requeriría casar las leyes de la mecánica cuántica con las leyes de la gravedad de marea, es decir, con las leyes del espaciotiempo curvo de la relatividad general de Einstein. La progenie de dicho matrimonio, las leyes de la gravedad cuántica, deben gobernar la singularidad, afirmaba Wheeler, y estas nuevas leyes podrían dar lugar a nuevos fenómenos físicos dentro del agujero negro, fenómenos diferentes de cualquiera que hayamos encontrado nunca.

Un segundo grupo, conducido por Isaac Markovich Khalatnikov y Evgeny Michailovich Lifshitz (miembros del grupo de investigación de Lev Landau en Moscú), vieron el estiramiento y la compresión infinitos como una advertencia de que el modelo idealizado de Oppenheimer y Snyder de una estrella en implosión no era digno de crédito.[9] Recordemos que Oppenheimer y Snyder exigían, como base para sus cálculos, que la estrella fuera exactamente esférica y sin rotación y que tuviera densidad uniforme, presión nula, no hubiera ondas de choque, no hubiera materia expulsada y no hubiera radiación derramada (figura 13.2). Estas idealizaciones extremas eran responsables de la singularidad, argumentaban Khalatnikov y Lifshitz. Cualquier estrella real tiene deformaciones aleatorias y minúsculas (minúsculas inhomogeneidades aleatorias en su forma, velocidad, densidad y presión), y a medida que la estrella implosiona, afirmaban ellos, *estas deformaciones se harán mayores y detendrán la implosión antes de que pueda formarse una singularidad*. Análogamente, aseguraban Khalatnikov y Lifshitz, las deformaciones aleatorias detendrán la implosión del big crunch (el «gran crujido») de nuestro Universo entero en unos eones y de este modo salvarán al Universo de su destrucción en una singularidad.

Khalatnikov y Lifshitz llegaron a estos puntos de vista en 1961 preguntándose si, según las leyes de la relatividad general de Einstein, las singularidades son *estables frente a pequeñas perturbaciones*.[10] En otras palabras, plantearon la misma cuestión acerca de las singularidades que la que encontramos en el capítulo 7 acerca de los agujeros negros: si al resolver la ecuación de campo de Einstein introducimos alguna pequeña pero aleatoria alteración en la forma de la estrella o el Universo en implosión y en la velocidad, densidad y presión de su material, y si insertamos en el marterial minúsculas pero aleato-

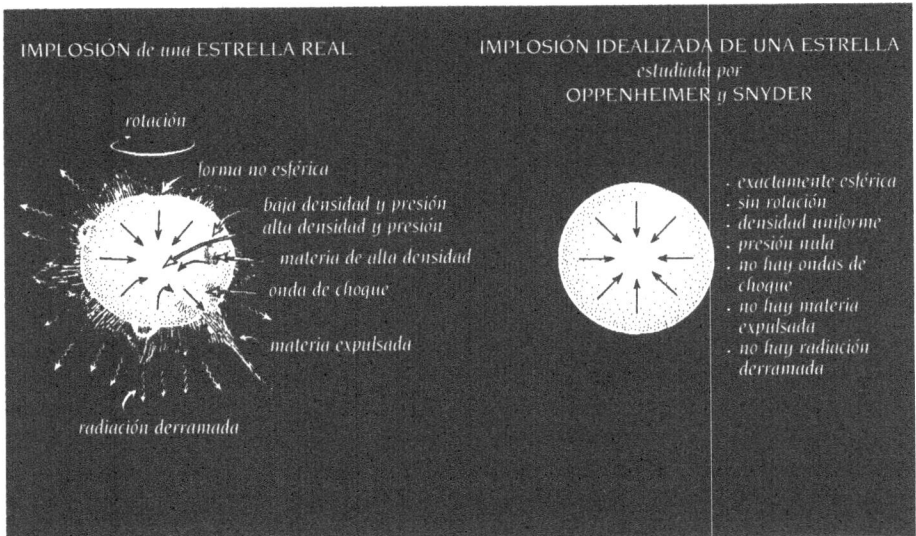

13.2. (*Igual que la figura 6.3.*) *Izquierda*: fenómenos físicos en una estrella realista en implosión. *Derecha*: las simplificaciones que hicieron Oppenheimer y Snyder para calcular la implosión estelar. Para una discusión detallada, véase el capítulo 6.

rias cantidades de radiación gravitatoria, ¿cómo afectarán estos cambios (estas *perturbaciones*) al punto final predicho de la implosión?

Para el horizonte del agujero negro, como vimos en el capítulo 7, las perturbaciones no suponen ninguna diferencia. La estrella en implosión perturbada sigue formando un horizonte y, aunque el horizonte esté deformado al principio, todas sus deformaciones serán radiadas hacia el exterior rápidamente, dejando detrás un agujero negro completamente «calvo». En otras palabras, el horizonte es *estable* frente a pequeñas perturbaciones.

No sucede lo mismo para la singularidad en el centro del agujero o en el crujido final del Universo, concluían Khalatnikov y Lifshitz. Sus cálculos parecían mostrar que minúsculas perturbaciones aleatorias empezarán a crecer cuando la materia en implosión intente crear una singularidad; crecerán tanto, de hecho, que impedirán que se forme la singularidad. Presumiblemente (aunque los cálculos no podían decirlo con seguridad), las perturbaciones detendrán la implosión y la transformarán en una explosión.

¿Cómo es posible que las perturbaciones inviertan la implosión? El mecanismo físico no estaba claro en absoluto en los cálculos de Khalatnikov-Lifshitz. Sin embargo, otros cálculos utilizando las leyes de la gravedad de Newton, que son más fáciles que los cálculos utilizando las leyes de Einstein, proporcionaban sugerencias. Por ejemplo (véase la figura 13.3), si la gravedad fuera suficientemente débil dentro de una estrella en implosión para que las leyes de Newton sean exactas, y si la presión de la estrella fuera demasiado pequeña para

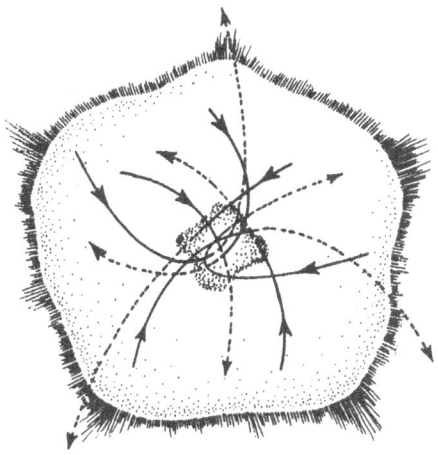

13.3. Un mecanismo para convertir la implosión de una estrella en una explosión, cuando la gravedad es suficientemente débil para que las leyes de Newton sean aproximadas, y cuando la presión interna es suficientemente débil para que no sea importante. Si la estrella en implosión es ligeramente deformada («perturbada»), sus átomos implosionan hacia puntos ligeramente diferentes, desviándose en torno a los demás, y escapando luego.

tener importancia, entonces las pequeñas perturbaciones darían lugar a que los diferentes átomos implosionasen hacia puntos ligeramente diferentes próximos al centro de la estrella. La mayoría de los átomos en implosión no se dirigirían exactamente hacia el centro sino que lo rodearían y saldrían hacia afuera, convirtiendo de este modo la implosión en una explosión. Parecía concebible que, incluso si las leyes de la gravedad de Newton fallan dentro de un agujero negro, algún mecanismo análogo a éste podría convertir la implosión en una explosión.

Me uní al grupo de investigación de John Wheeler como estudiante licenciado en 1962, poco después de que Khalatnikov y Lifshitz hubieran publicado su cálculo, y poco después de que Lifshitz junto con Landau hubiese consagrado el cálculo y su conclusión de «no singularidad» en un famoso libro de texto, *La teoría clásica de los campos.*[11] Recuerdo vivamente a Wheeler animando a su grupo de investigación a estudiar el cálculo. Si es correcto, sus consecuencias son profundas, nos dijo. Por desgracia, el cálculo era extremadamente largo y complicado, y los detalles publicados eran demasiado esquemáticos para permitirnos verificarlos (y Khalatnikov y Lifshitz estaban confinados dentro del telón de acero de la Unión Soviética, así que no podíamos sentarnos con ellos y discutir los detalles).

De todas formas, empezamos a contemplar la posibilidad de que el Universo en implosión, al alcanzar algún tamaño muy pequeño, *pudiera* «rebotar»

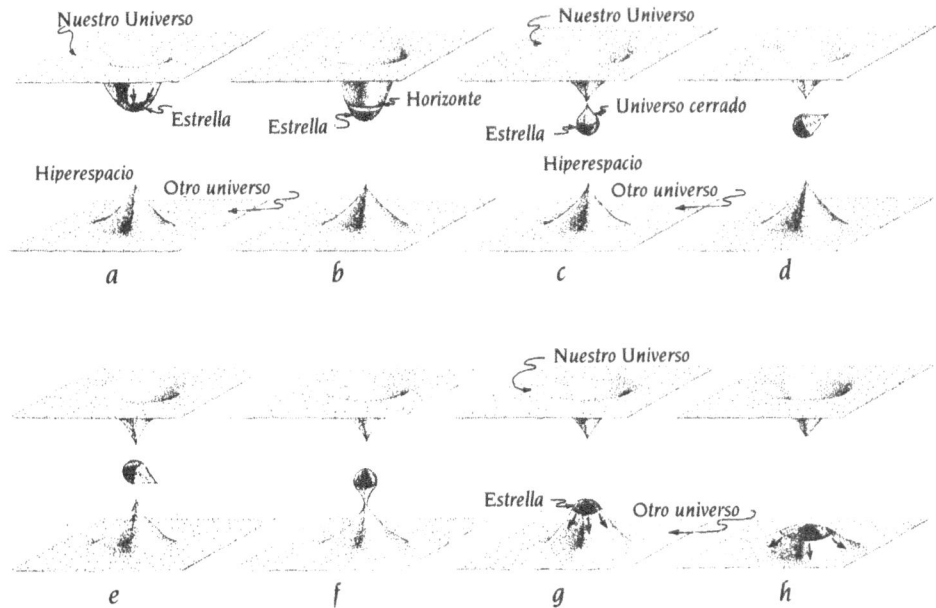

13.4.   Diagramas de inserción mostrando un destino imaginable (aunque, como se verá más adelante en este capítulo, muy *poco probable*) de la estrella que implosiona para formar un agujero negro. Los ocho diagramas, de *a* a *h*, son una secuencia de instantáneas que muestra la evolución de la estrella y la geometría del espacio. La estrella implosiona en nuestro Universo (*a*), y forma un horizonte de agujero negro a su alrededor (*b*). Entonces en el interior profundo del agujero la región del espacio que contiene a la estrella se desgaja de nuestro Universo y forma un pequeño universo cerrado sin conexión con ninguna otra cosa (*c*). Luego dicho universo cerrado se mueve a través del hiperespacio (*d*, *e*) y se une a otro gran universo (*f*); y la estrella explosiona entonces hacia afuera en el otro universo (*g*, *h*).[12]

y reexplotar en un nuevo «big bang» y, análogamente, que una estrella en implosión, después de hundirse dentro de su horizonte, *pudiera* rebotar y reexplotar.

Pero ¿dónde podría ir la estrella si reexplotase? Ciertamente no podría explotar hacia atrás a través del horizonte del agujero. Las leyes de la gravedad de Einstein prohíben que cualquier cosa (excepto las partículas virtuales) salga del horizonte. Sin embargo, había otra posibilidad: *la estrella podría arreglárselas para explosionar en alguna otra región de nuestro Universo o incluso en otro universo.*

La figura 13.4 muestra una tal implosión y reexplosión utilizando una secuencia de diagramas de inserción. (Los diagramas de inserción, que son completamente diferentes de los diagramas espacio-temporales, fueron introducidos en las figuras 3.2 y 3.3.)

Cada diagrama en la figura 13.4 muestra el espacio curvo de nuestro Universo, y el espacio curvo de otro universo, como dos superficies bidimensionales insertadas en un *hiperespacio* de más dimensiones. [Recordemos que el hiperespacio es un producto de la imaginación de los físicos: nosotros, como seres humanos, estamos siempre confinados a vivir en el espacio de nuestro propio Universo (o, si pudiéramos estar allí, en el espacio del otro universo); nunca podemos salir de dichos espacios hacia el hiperespacio de más dimensiones que les rodea; ni siquiera podemos recibir nunca señales o información del hiperespacio. El hiperespacio sirve sólo como ayuda para visualizar la curvatura del espacio alrededor de la estrella en implosión y de su agujero negro, y para visualizar la forma en que la estrella puede implosionar en nuestro Universo y luego reexplosionar en otro universo.]

En la figura 13.4, los dos subuniversos son como islas separadas en un oceano y el hiperespacio es como el agua del oceano. De la misma forma que no hay ninguna conexión terrestre entre las islas, tampoco hay conexión espacial entre los universos.

La secuencia de diagramas en la figura 13.4 muestra la evolución de la estrella. La estrella, en nuestro Universo, está empezando a implosionar en el diagrama (*a*). En (*b*) la estrella ha formado un horizonte de agujero negro en torno a sí y sigue implosionando. En (*c*) y (*d*) la materia fuertemente comprimida de la estrella curva el espacio estrechamente alrededor de la estrella, formando un pequeño universo cerrado que se parece a la superficie de un globo, y este nuevo pequeño universo se desgaja de nuestro Universo y se mueve, aislado, en el hiperespacio. (Esto es análogo de alguna forma a los nativos de una de las islas que construyen un pequeño barco y emprenden viaje a través del océano.) En (*d*) y (*e*) el pequeño universo, con la estrella en su interior, se mueve a través del hiperespacio desde nuestro gran Universo al otro gran universo (como el barco que navega de una isla a otra). En (*f*) el pequeño universo se une al otro gran universo (como el barco arriba a la otra isla) y se expande, vomitando la estrella. En (*g*) y (*h*) la estrella explosiona en el otro universo.

Me siento incómodo al reconocer que este escenario suena a pura ciencia-ficción. Sin embargo, de la misma forma que los agujeros negros eran un resultado natural de la solución de Schwarzschild a la ecuación de campo de Einstein (capítulo 3), también este escenario es un resultado natural de otra solución a la ecuación de Einstein, una solución encontrada en 1916-1918 por Hans Reissner y Gunnar Nordström aunque éstos no la entendieran completamente. En 1960 dos de los estudiantes de Wheeler, Dieter Brill y John Graves,[13] descifraron el significado físico de la solución de Reissner-Nordström, y pronto quedó claro que, con cambios menores, la solución de Reissner-Nordström describiría la estrella en implosión/explosión de la figura 13.4. Esta estrella sólo diferiría de la de Oppenheimer y Snyder en un aspecto fundamental: contendría dentro de sí suficiente carga eléctrica para producir un campo eléctrico intenso al hacerse altamente compacta, y dicho campo eléctrico parecería ser responsable de alguna forma de la reexplosión de la estrella en otro universo.

Recapitulemos dónde estaban las cosas en 1964 en la búsqueda del Santo Grial de Wheeler, la búsqueda para comprender el destino final de una estrella que implosiona para formar un agujero negro:

1. Conocíamos una solución de la ecuación de Einstein (la solución de Oppenheimer-Snyder) que predice que, si la estrella es de un tipo altamente idealizado, incluyendo una forma perfectamente esférica, entonces creará una singularidad con gravedad de marea infinita en el centro del agujero, una singularidad que captura, destruye y engulle todo lo que cae en el agujero.

2. Conocíamos otra solución de la ecuación de Einstein (una extensión de la solución de Reissner-Nordström) que predice que, si la estrella es de un tipo altamente idealizado pero con ligeras diferencias, incluyendo una forma esférica y carga eléctrica, entonces en el interior profundo del agujero negro la estrella se desgajará de nuestro Universo, se unirá a otro universo (o a una región distante de nuestro propio Universo), y reexplosionará allí.

3. No estaba ni mucho menos claro cuál, si es que había alguna, de estas soluciones era «estable frente a pequeñas perturbaciones aleatorias» y, por lo tanto, era un candidato a darse en el Universo real.

4. Khalatnikov y Lifshitz pretendían haber probado, sin embargo, que las singularidades son *siempre* inestables frente a pequeñas perturbaciones y, por lo tanto, no ocurren nunca, por lo que la singularidad de Oppenheimer-Snyder nunca podría ocurrir en nuestro Universo real.

5. En Princeton, al menos, había cierto escepticismo sobre la pretensión de Khalatnikov-Lifshitz. Este escepticismo pudo ser impulsado en parte por el deseo de Wheeler hacia las singularidades, pues serían un lugar de «casamiento» para la relatividad general y la mecánica cuántica.

Mil novecientos sesenta y cuatro fue un año decisivo. Fue el año en que Roger Penrose revolucionó las herramientas matemáticas que utilizamos para analizar las propiedades del espacio-tiempo. Su revolución fue tan importante, y tuvo un impacto tan grande en la búsqueda del Santo Grial de Wheeler, que haré una digresión de algunas páginas para describir su revolución y describir al propio Penrose.

La revolución de Penrose

Roger Penrose creció en una familia británica de médicos.[14] Su madre practicaba la medicina clínica, su padre era un eminente profesor de genética humana en el University College de Londres, y ambos querían que al menos uno de sus cuatro hijos siguiese sus pasos con una carrera en medicina. El hermano mayor de Roger, Oliver, era un caso perdido; desde una temprana edad tuvo intención de hacer una carrera en física (y de hecho llegaría a ser uno de los principales investigadores del mundo en física estadística, el estudio de los comportamientos de un número enorme de átomos interactuantes). El hermano menor de Roger, Jonathon, era también un caso perdido; todo lo que quería hacer era jugar al ajedrez (y de hecho llegaría a ser el campeón de ajedrez británico durante siete años consecutivos). La hermana pequeña de Roger, Shirley, era demasiado joven, cuando Roger estaba eligiendo carrera, para mostrar inclinaciones en cualquier dirección (aunque finalmente complacería a sus padres haciéndose médica). Eso dejó a Roger como la gran esperanza de sus padres.

A la edad de dieciséis años Roger, como todos los demás de su clase, fue entrevistado por el director del instituto. Era el momento de decidir las materias para sus dos últimos años de estudio antes de entrar en la universidad. «Me gustaría estudiar matemáticas, química y biología», dijo al director. «No. Imposible. No puedes compaginar la biología con las matemáticas. Debe ser una o la otra», dijo el director. Las matemáticas resultaban más preciosas para Roger que la biología. «Muy bien. Estudiaré matemáticas, química y física», dijo. Cuando Roger volvió a casa esa tarde sus padres estaban furiosos. Acusaron a Roger de tener malas compañías. La biología era esencial para una carrera médica; ¿cómo podía abandonarla?

Dos años después llegó la decisión sobre qué estudiar en la universidad. «Propuse ir al University College de Londres y estudiar una licenciatura en matemáticas —recuerda Roger—. Mi padre no lo aprobaba en absoluto. Las matemáticas podrían estar muy bien para gente que no podía hacer otra cosa, pero no eran algo adecuado para hacer una carrera de ellas.» Roger insistía, de modo que su padre dispuso que uno de los matemáticos del College le hiciese un examen especial. El matemático invitó a Roger a tomarse todo el día para hacer el examen, y le advirtió que probablemente sólo sería capaz de resolver uno o dos de los problemas. Cuando Roger resolvió los doce problemas correctamente en unas horas, su padre capituló. Roger podría estudiar matemáticas.

Roger no tenía intención inicialmente de aplicar sus matemáticas a la física. Lo que le interesaba era la matemática pura. Pero quedó seducido.

La seducción comenzó en 1952,[15] cuando Roger, siendo un estudiante universitario de cuarto año en Londres escuchó una serie de charlas radiofónicas sobre cosmología a cargo de Fred Hoyle. Las charlas eran fascinantes, estimulantes... y un poco confusas. Algunas de las cosas que Hoyle decía no tenían sentido. Un día Roger tomó el tren a Cambridge para visitar a su hermano Oliver, que estaba estudiando física allí. Al final del día, durante la cena en el restaurante Kingswood, Roger descubrió que Dennis Sciama, el compañero de despacho de Oliver, estaba estudiando la teoría del Universo en estado estacionario de Bondi-Gold-Hoyle. ¡Qué maravilla! Quizá Sciama podría resolver la confusión de Roger. «Hoyle dice que, según la teoría del estado estacionario, la expansión del Universo arrastraría a una galaxia distante hasta llevarla fuera de la vista; la galaxia saldría de la parte observable de nuestro Universo. Pero yo no veo cómo puede ser esto.» Roger sacó una pluma y empezó a dibujar un diagrama espacio-temporal en una servilleta. «Este diagrama me hace pensar

Roger Penrose, *c*. 1964. (Foto de Godfrey Argent para el National Portrait Gallery of Britain y la Royal Society of London; cortesía de Godfrey Argent.)

que la galaxia se hará cada vez más tenue, cada vez más roja, pero nunca desaparecerá por completo. ¿En qué estoy equivocado?»

Sciama quedó desconcertado. Nunca había visto semejante poder en un diagrama espacio-temporal. Penrose tenía razón; Hoyle tenía que estar equivocado. Y lo que es más importante, el hermano pequeño de Oliver era un fenómeno.

A partir de entonces Dennis Sciama empezó con Roger Penrose la pauta que seguiría con sus propios estudiantes en los años sesenta (Stephen Hawking, George Ellis, Brandon Carter, Martin Rees y otros; véase el capítulo 7). Mantuvo largas discusiones con Penrose, en sesiones de muchas horas de duración, sobre las cosas excitantes que suceden en física. Sciama sabía todo lo que estaba pasando; infundió su entusiasmo a Penrose, con la excitación por todo aquello. Penrose quedó pronto enganchado. Terminaría su tesis doctoral en matemáticas, pero la búsqueda por comprender el Universo le impulsaría desde entonces a seguir adelante. Pasaría las siguientes décadas con un pie firmemente plantado en la matemática y el otro en la física.

A menudo las nuevas ideas llegan en los momentos más singulares, en los momentos en los que menos se esperan. Supongo que esto se debe a que proceden de la mente subconsciente, y el subconsciente trabaja más eficazmente cuando la parte consciente de la mente no está en gran actividad. Un buen ejemplo fue el descubrimiento de Stephen Hawking en 1970, cuando se estaba preparando para ir a la cama, de que las áreas de los horizontes de los agujeros negros siempre deben aumentar (capítulo 12). Otro ejemplo es un descubrimiento de Roger Penrose que cambió nuestra comprensión de lo que hay dentro de un agujero negro.

Un día a finales de otoño de 1964, Penrose, por entonces catedrático en el Birkbeck College en Londres, estaba caminando hacia su despacho junto con un amigo, Ivor Robinson.[16] Durante el último año, desde que los cuásares fueron descubiertos y los astrónomos empezaron a especular acerca de si estaban alimentados por la implosión estelar (capítulo 9), Penrose había estado tratando de comprender si las implosiones de estrellas realistas con deformaciones aleatorias crean singularidades. Conforme caminaba y hablaba con Robinson, su subconsciente estaba rumiando las piezas de este rompecabezas, piezas con las que su mente consciente había luchado durante muchísimas horas.

Como recuerda Penrose,

> mi conversación con Robinson se interrumpió momentáneamente al cruzar una calle secundaria y se reanudó al otro lado. ¡Por lo visto, durante esos breves instantes se me ocurrió una idea, pero luego la reanudación de la conversación la borró de mi mente! Ese mismo día, después de que Robinson hubiera partido, volví a mi despacho. Recuerdo que tenía una extraña sensación de júbilo que no podía explicar. Empecé a repasar en mi mente todas las cosas que me habían sucedido durante el día, intentando encontrar qué era lo que había causado este júbilo. Después de eliminar muchas posibilidades inadecuadas me vino finalmente a la mente la idea que había tenido al cruzar la calle.[17]

La idea era bella, diferente de cualquier cosa vista antes en física relativista. Durante las siguientes semanas Penrose la trabajó cuidadosamente, considerándola desde todos los puntos de vista posibles, calculando los detalles, haciéndola tan concreta y matemáticamente precisa como pudo. Con todos los detalles a mano, escribió un corto artículo, para ser publicado en la revista *Physical Review Letters*,[18] que describía la cuestión de las singularidades en la implosión estelar, y probaba a continuación un teorema matemático.

El teorema de Penrose decía *aproximadamente* esto: supongamos que una estrella —cualquier tipo de estrella— implosiona hasta el punto en que su gravedad se hace suficientemente fuerte para formar un *horizonte aparente*, es decir, suficientemente fuerte para atraer hacia adentro los rayos de luz salientes (recuadro 12.1). Después de que esto suceda, nada puede evitar que la gravedad siga haciéndose tan intensa que cree una singularidad. En consecuencia (puesto que los agujeros negros siempre tienen horizontes aparentes), *todo agujero negro debe tener una singularidad dentro de sí.*

Los más sorprendente de este *teorema de la singularidad* era su generalidad. No sólo trataba con estrellas en implosión idealizadas que tienen propiedades especiales idealizadas (tal como la de ser exactamente esférica o no tener presión), y no sólo trataba con estrellas cuyas deformaciones iniciales aleatorias son minúsculas. De hecho, trataba con cualquier estrella en implosión imaginable y, por consiguiente, trataba indudablemente con las estrellas en implosión reales que habitan en nuestro Universo real.

Lo que daba su sorprendente poder al teorema de la singularidad de Penrose era una nueva herramienta matemática que utilizó en su demostración, una herramienta que ningún físico había utilizado antes en cálculos sobre el espacio-tiempo curvo, es decir, en cálculos de relatividad general: la *topología*.

La topología es una rama de las matemáticas que trata de los modos cualitativos de conexión de unas cosas con otras o con ellas mismas. Por ejemplo, una taza de café y una rosquilla «tienen la misma topología» porque (si ambas están hechas de masilla) podemos deformarlas suave y continuamente para convertir una en otra sin desgarrarlas, es decir, sin cambiar ninguna de sus conexiones (figura 13.5a). Por el contrario, una esfera tiene una topología distinta de una rosquilla; para deformar una esfera y transformarla en una rosquilla debemos abrir un agujero en ella, cambiando así sus conexiones internas (figura 13.5b).

La topología se ocupa *sólo* de las conexiones, y *no* de las formas o tamaños o curvaturas. Por ejemplo, la rosquilla y la taza de café tienen formas y curvaturas muy diferentes, pero tienen la misma topología.

Nosotros los físicos, antes del teorema de la singularidad de Penrose, ignorábamos la topología porque nos habíamos centrado en el hecho de que la *curvatura* espacio-temporal es el concepto capital de la relatividad general, y la topología no puede decirnos nada sobre la curvatura. (En realidad, puesto que el teorema de Penrose descansaba tan fuertemente en la topología, no nos decía nada sobre la curvatura de la singularidad, es decir, nada sobre los detalles de su gravedad de marea. El teorema nos decía simplemente que en alguna parte en el interior de un agujero negro, el espacio-tiempo termina y cualquier cosa que alcance ese término quedará destruida. El *cómo* es destruida era el dominio de la curvatura; el *que* sea destruida, es decir, el que exista un fin del espacio-tiempo, era el dominio de la topología.)

Sólo con que nosotros los físicos, antes de Penrose, hubiésemos mirado más allá de la cuestión de la curvatura, habríamos advertido que la relatividad *sí* trata cuestiones de topología, cuestiones tales como «¿Termina el espacio-tiempo (existe un límite más allá del cual el espacio-tiempo deja de existir)?» (figura 13.5c) y «¿Qué regiones del espacio-tiempo pueden enviarse señales entre sí, y cuáles no pueden?» (figura 13.5d). La primera de estas preguntas topológicas es capital para las singularidades; la segunda es capital para la formación y existencia de agujeros negros y también para la *cosmología* (para la estructura y evolución del Universo a gran escala).

Estas cuestiones topológicas son tan importantes, y las herramientas matemáticas de la topología son tan poderosas, que al introducirnos en la topología Penrose desencadenó una revolución en nuestra investigación.

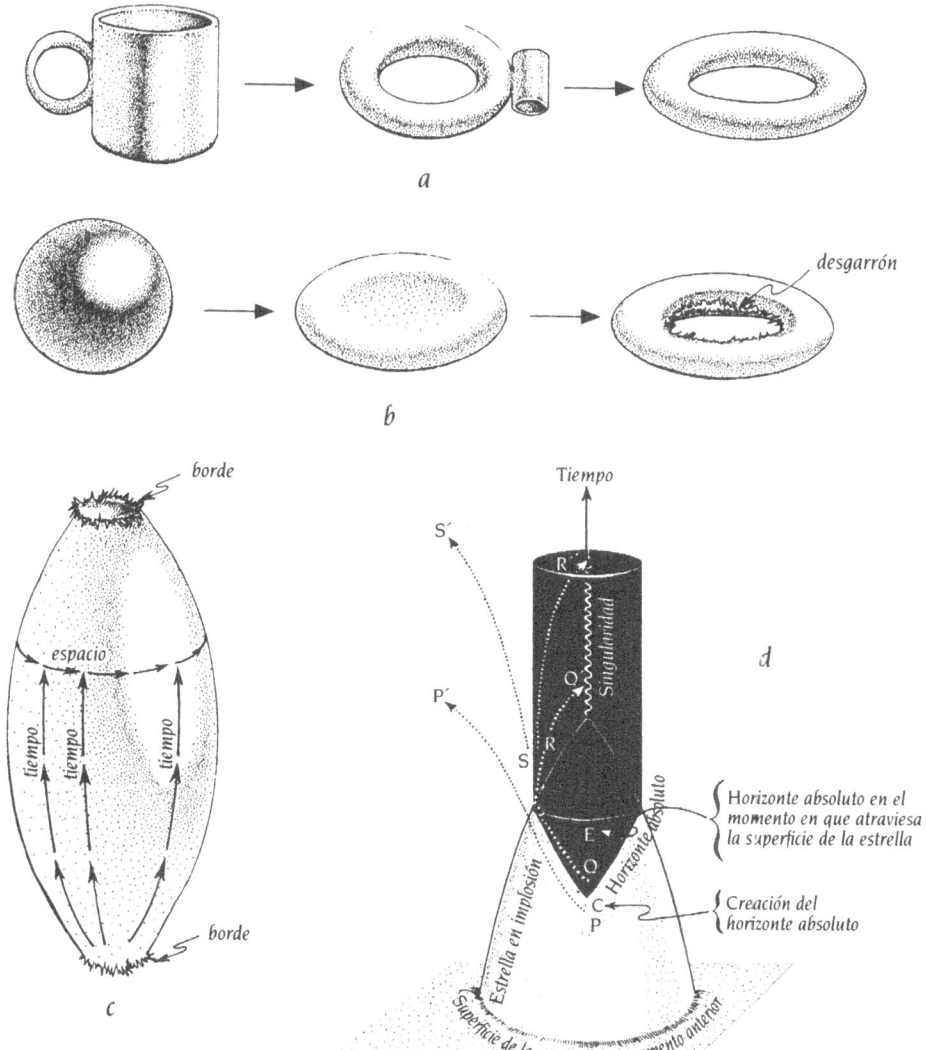

13.5.   Todas las cuestiones siguientes tratan de la naturaleza de las conexiones entre puntos; es decir, son cuestiones topológicas. *a*) Una taza de café (*izquierda*) y una rosquilla (*derecha*) pueden deformarse hasta convertirse una en otra de forma suave y continua sin desgarrarse, en otras palabras, sin cambiar la naturaleza cualitativa de cualquiera de las conexiones entre los puntos. Por lo tanto tienen la misma topología. *b*) Para deformar una esfera (*izquierda*) hasta convertirla en una rosquilla (*derecha*), debemos rasgar un agujero en ella. *c*) El espacio-tiempo mostrado aquí tiene dos bordes abruptos [análogos a los desgarrones en *b*]: un borde en el que comienza el tiempo (análogo al big bang comienzo de nuestro Universo), y uno en el que termina el tiempo (análogo al big crunch). Se puede también imaginar un universo que haya existido durante todo el tiempo y continúe existiendo para siempre; el espacio-tiempo de un universo semejante no tendría bordes. *d*) La región negra del espacio-tiempo es el interior de un agujero negro; la región blanca es el exterior (véase el recuadro 12.1). Los puntos del interior no pueden enviar ninguna señal a los puntos del exterior.

Partiendo de las ideas seminales de Penrose, durante mediados y finales de los años sesenta Penrose, Hawking, Robert Geroch, George Ellis y otros físicos crearon un poderoso conjunto de herramientas combinadas de topología y geometría para los cálculos en relatividad general, herramientas que ahora se denominan *métodos globales*.[19] Utilizando estos métodos, Hawking y Penrose demostraron en 1970 —sin hipótesis idealizadoras— que nuestro Universo debe haber tenido una singularidad espacio-temporal en el comienzo de su expansión a partir del big bang y, si un día vuelve a colapsar, debe producir una singularidad en su big crunch.[20] Y utilizando estos métodos globales, Hawking ideó en 1970 el concepto de horizonte absoluto de un agujero negro y demostró que las áreas de la superficies de los horizontes absolutos siempre aumentan (capítulo 12).

Volvamos ahora a 1965. El escenario estaba dispuesto para una confrontación trascendental. Isaac Khalatnikov y Evgeny Lifshitz en Moscú habían demostrado (o así lo pensaban) que cuando una estrella real, con deformaciones internas aleatorias, implosiona para formar un agujero negro *no puede* crear una singularidad en el centro del agujero, mientras Roger Penrose en Inglaterra había demostrado que todo agujero negro *debe* tener una singularidad en su centro.

La sala de conferencias tenía 250 asientos y estaba abarrotada cuando Isaac Khalatnikov se levantó para hablar. Era un día cálido de verano en 1965, y destacados investigadores en relatividad de todo el mundo se habían reunido en Londres para la Tercera Conferencia Internacional sobre Relatividad General y Gravitación. Esta era la primera oportunidad, en una reunión de tan amplia audiencia, para que Isaac Khalatnikov y Evgeny Lifshitz presentasen los detalles de su demostración de que los agujeros negros no contienen singularidades.

Los permisos para viajar más allá del telón de acero se concedían y se retiraban con relativa arbitrariedad en la Unión Soviética durante las décadas comprendidas entre la muerte de Stalin y la era Gorvachov. Lifshitz, aunque judío, había viajado con cierta libertad a finales de los años cincuenta, pero ahora estaba en una lista negra para viajar y permanecería así hasta 1976.[21] Khalatnikov tenía dos cosas en contra; era judío y nunca había viajado al extranjero. (Los permisos para el primer viaje eran extraordinariamente difíciles de conseguir.) Sin embargo, después de un combate encarnizado que incluyó una llamada telefónica en su nombre por parte del vicepresidente de la Academia de Ciencias, Nikolai Nikolaievich Semenov, al Comité Central del Partido Comunista, Khalatnikov consiguió finalmente el permiso para viajar a Londres.[22]

Mientras hablaba en la abarrotada sala de conferencias de Londres, provisto de un micrófono portatil, Khalatnikov escribió ecuaciones que llenaban toda la pizarra que se extendía a lo largo de los más de 15 metros de anchura de la habitación. Sus métodos no eran topológicos; eran los métodos estándar llenos de ecuaciones que los físicos habían utilizado durante décadas al analizar la curvatura espacio-temporal. Khalatnikov demostró matemáticamente que las perturbaciones aleatorias deben crecer cuando la estrella implosiona. Esto sig-

Una cena en el apartamento de Isaac Khalatnikov en Moscú, en junio de 1971. En el sentido de las agujas del reloj empezando por la izquierda: Kip Thorne, John Wheeler, Isaac Khalatnikov, Evgeny Lifshitz, Valentina Nikolaievna, esposa de Khalatnikov, Vladimir Belinsky, y Eleanora, la hija de Khalatnikov. (Cortesía de Charles W. Misner.)

nificaba, afirmó, que si la implosión va a formar una singularidad, debe ser una con deformaciones completamente aleatorias en su curvatura espaciotemporal. A continuación describió cómo Lifshitz y él habían buscado, entre todos los tipos de singularidades permitidas por las leyes de la relatividad general, una con deformaciones de curvatura completamente aleatorias. Mostró, matemáticamente, un tipo de singularidad tras otra; catalogó los tipos de singularidades casi *ad nauseum*. Ninguna de ellas tenía deformaciones completamente aleatorias. Por lo tanto, concluyó —poniendo fin a su charla de cuarenta minutos— que una estrella en implosión con perturbaciones aleatorias no puede producir una singularidad. Las perturbaciones deben salvar a la estrella de la destrucción.

Cuando terminaron los aplausos, Charles Misner, uno de los más brillantes estudiantes antiguos de Wheeler, se puso en pie y planteó fuertes objeciones. Excitada y vigorosamente, y hablando en inglés a gran velocidad, Misner describió el teorema que Penrose había demostrado algunos meses antes. Si el teorema de Penrose era correcto, entonces Khalatnikov y Lifshitz debían estar equivocados.

La delegación soviética estaba confundida e irritada. El inglés de Misner era demasiado rápido de seguir, y puesto que el teorema de Penrose descansaba en argumentos topológicos que eran ajenos a los expertos en relatividad, los soviéticos lo consideraban sospechoso. Por el contrario, el análisis de Kha-latnikov-Lifshitz estaba basado en métodos de prueba y verificación. Penrose, afirmaban, estaba probablemente equivocado.[23]

Durante los años siguientes, los expertos en relatividad en el Este y el Oeste sondearon las profundidades del análisis de Penrose tanto como del análisis de Khalatnikov-Lifshitz. Al principio ambos análisis parecían sospechosos; ambos tenían peligrosas fallas potenciales. Poco a poco, sin embargo, a medida que los expertos empezaron a dominar y extender las técnicas topológicas de Penrose, llegaron a convencerse de que Penrose tenía razón.

En septiembre de 1969, mientras yo estaba como miembro visitante del equipo de investigación de Zel'dovich en Moscú, Evgeny Lifshitz me trajo un manuscrito que él y Khalatnikov acababan de escribir. «Por favor, Kip, llévate este manuscrito a Norteamérica y envíalo en mi nombre al *Physical Review Letters*», me pidió.[24] Me explicó que cualquier manuscrito escrito en la URSS, independientemente de su contenido, era automáticamente clasificado como secreto hasta que fuera desclasificado, y la desclasificación tardaría tres meses. El ridículo sistema soviético me permitía a mí o a cualquier otro visitante extranjero leer el manuscrito mientras estaba en Moscú, pero el manuscrito no debería dejar el país hasta que pasase por los censores. Este manuscrito era demasiado precioso, demasiado urgente para una demora tan ridícula. Contenía, me explicó Lifshitz, su capitulación, su confesión del error: Penrose tenía razón; ellos estaban equivocados. En 1961 habían sido incapaces de encontrar, entre las soluciones a la ecuación de campo de Einstein, una singularidad con deformaciones completamente aleatorias; pero ahora, espoleados por el teorema de Penrose, ellos y un estudiante licenciado, Vladimir Belinsky, habían conseguido encontrar una. Esta nueva singularidad, pensaban, debe ser la que pone fin a la implosión de estrellas aleatoriamente deformadas y la que podría algún día destruir nuestro Universo al final del big crunch. [Y, en realidad, en 1993 yo pienso que probablemente tenían razón. A este punto de vista de 1993, y la naturaleza de su nueva singularidad *BKL* («Belinsky-Khalatnikov-Lifshitz»), volveré cerca del final de este capítulo.]

Para un físico teórico es más que embarazoso admitir un error importante en un resultado publicado. Destroza el ego. Yo debería saberlo. En 1966 calculé erróneamente las pulsaciones de estrellas enanas blancas, y dos años después mis cálculos falsos confundieron durante un breve tiempo a los astrónomos haciéndoles creer que los púlsares recientemente descubiertos podrían ser estrellas enanas blancas pulsantes. Mi error, cuando se descubrió, fue lo bastante significativo como para figurar en un editorial de la revista británica *Nature*. Fue una píldora amarga de tragar.

Aunque errores como este pueden ser fatales para un físico norteamericano o europeo, en la Unión Soviética eran mucho peores. La posición en el orden jerárquico de los científicos era especialmente importante en la Unión Soviética; determinaba cosas tales como las posibilidades de viajar al extranjero y la elección para la Academia de Ciencias, que a su vez incorporaba privilegios tales como el de casi duplicar el salario y disponer de una limusina con chófer. Esta era la razón de que la tentación de tratar de ocultar o minusvalorar los errores, cuando se cometen, fuera mayor para los científicos soviéticos que para los occidentales. Y esta era también la razón por la que la petición de ayuda de Lifshitz resultaba impresionante. No quería ninguna demora en difundir la verdad, y este manuscrito era urgente: confesaba el error y anunciaba que las futuras ediciones de *La teoría clásica de los campos* (el libro de texto de Landau-Lifshitz sobre la relatividad general) serían modificadas para eliminar la afirmación de que la implosión no produce singularidades.*

Llevé el manuscrito a Norteamérica oculto entre mis papeles personales, y fue publicado.[25] Las autoridades soviéticas nunca lo notaron.

¿Por qué fue un físico británico (Penrose) y no un físico norteamericano o francés o soviético quien introdujo los métodos topológicos en la investigación en relatividad? ¿Y cuál fue la razón de que durante los años sesenta los métodos topológicos fueran continuados con vigor y éxito por otros físicos británicos en relatividad, pero se adoptaran mucho más lentamente en Norteamérica, Francia, la URSS y otros lugares?

La razón, sospecho, era la formación de los estudiantes de licenciatura en física teórica en Gran Bretaña. Normalmente, éstos estudian básicamente matemáticas en la licenciatura, y luego hacen investigación de doctorado en departamentos de matemática aplicada o en departamentos de matemática aplicada y física teórica. En Norteamérica, por el contrario, lo normal es que los aspirantes a físicos teóricos estudien básicamente física durante la licenciatura, y luego hagan investigación de doctorado en departamentos de física. Por ello, los físicos teóricos británicos jóvenes están bien preparados en ramas esotéricas de las matemáticas que aún no han visto mucha aplicación física, pero pueden tener una débil formación general en temas sobre las «tripas» de la física y sobre tópicos tales como el comportamiento de las moléculas, los átomos y los núcleos atómicos. Por el contrario, los físicos teóricos norteamericamos jóvenes saben pocas matemáticas más allá de las que les han enseñado sus profesores de física, pero están profundamente instruidos en el reino de las moléculas, los átomos y los núcleos.

Nosotros los norteamericanos hemos dominado en gran medida la física teórica desde la segunda guerra mundial, y hemos contagiado a la comunidad física mundial nuestros niveles matemáticos escandalosamente bajos. La mayoría de nosotros utilizamos las matemáticas de hace cincuenta años y somos incapaces de comunicarnos con los matemáticos modernos. Con nuestra pobre formación matemática, era difícil para nosotros los norteamericamos absorber y utilizar los métodos topológicos cuando los introdujo Penrose.

Los físicos teóricos franceses están bien preparados en matemáticas, mejor

---

* La segunda edición castellana del libro contiene dichas modificaciones que fueron enviadas directamente por Lifshitz al traductor de la obra, el doctor Ortiz Fornaguera, con fecha 13 de abril de 1970. (*N. del t.*)

incluso que los británicos. Sin embargo, durante los años sesenta y setenta los teóricos franceses en relatividad estaban tan enfrascados en el rigor matemático (es decir, la perfección), y hacían tan poco énfasis en la intuición física, que contribuyeron poco a nuestra comprensión de las estrellas en implosión y los agujeros negros. Su búsqueda de rigor les frenó hasta el punto que, aunque conocían bien las matemáticas de la topología, no pudieron competir con los británicos. Ni siquiera lo intentaron; su atención estaba fija en otra parte.

Lev Davidovich Landau, que fue el principal responsable de la fuerza de la física teórica soviética entre los años treinta y sesenta, fue también una fuente de la resistencia soviética hacia la topología: Landau había trasvasado la física teórica de la Europa Occidental a la URSS en los años treinta (capítulo 5). Como una herramienta para dicho trasvase, había creado un conjunto de exámenes en física teórica, denominado el «Mínimum Teórico», que exigía superar a quien entrase en su propio grupo de investigación. Cualquier persona, independientemente de su bagaje educativo, podía cruzar la calle y hacer estos exámenes, pero pocos los superarían. En los veintinueve años del Mínimum Teórico (1933-1962) sólo cuarenta y tres los superaron, pero una notable porción de estos cuarenta y tres llegaron a hacer grandes descubrimientos en física.[26]

El Mínimum Teórico de Landau había incluido problemas de todas las ramas de la matemática que Landau consideraba importantes para la física teórica. La topología no estaba entre ellas. El cálculo, la teoría de variable compleja, la teoría cualitativa de ecuaciones diferenciales, la teoría de grupos y la geometría diferencial estaban cubiertas; todas ellas serían necesarias para la carrera de un físico. Pero la topología no sería necesaria. Landau no tenía nada contra la topología; simplemente la ignoraba; era irrelevante, y su opinión sobre su irrelevancia se convirtió casi en un evangelio entre la mayoría de los físicos teóricos soviéticos entre los años cuarenta y sesenta.

Esta opinión fue transmitida a los físicos teóricos de todo el mundo por el conjunto de libros de texto, denominado *Curso de física teórica*, que escribieron Landau y Lifshitz. Éstos llegaron a ser, en todo el mundo, el conjunto más influyente de textos de física del siglo xx y, como los exámenes del Mínimum Teórico de Landau, ignoraban la topología.

Curiosamente, las técnicas topológicas fueron introducidas en la investigación en relatividad de una forma infructuosa, mucho antes del teorema de Penrose, por dos matemáticos soviéticos de Leningrado: Aleksander Danilovich Aleksandrov y Revol't Ivanovich Pimenov.[27] En 1950-1959, Aleksandrov utilizó la topología para demostrar la «estructura causal» del espacio-tiempo, es decir, estudiar la relación entre las regiones del espacio-tiempo que pueden comunicarse entre sí y las que no pueden hacerlo.[28] Este era precisamente el tipo de análisis topológico que finalmente daría ricos dividendos en la teoría de los agujeros negros. Aleksandrov construyó un formalismo topológico bastante potente y bello, y a mediados de los años cincuenta ese formalismo fue adoptado y desarrollado por Pimenov,[29] un joven colega de Aleksandrov.

Pero, a la postre, su investigación no llevó a ninguna parte. Aleksandrov y Pimenov tenían poco contacto con los físicos que se especializaban en gravi-

Evgeny Michailovich Lifshitz (*izquierda*) y Lev Davidovich Landau (*derecha*) en el sofá de la habitación de Landau en su piso en el Instituto de Problemas Físicos, n.º 2 Vorobyevskoye Shosse, Moscú, en 1954. (Cortesía de la esposa de Lifshitz, Zinaida Ivanovna Lifshitz.)

tación. Estos físicos hubieran sabido qué tipos de cálculos eran útiles y cuáles no lo eran. Podrían haber dicho a Aleksandrov y Pimenov que la singularidad del big bang o la implosión gravitatoria de estrellas merecían ser examinadas con su formalismo. Pero este consejo no se podía recibir en Leningrado; los físicos clave trabajaban a 600 kilómetros al sureste de Leningrado, en Moscú, e ignoraban la topología y los topólogos. El formalismo de Aleksandrov-Pimenov floreció, y luego quedó inactivo.

Su latencia fue obligada por los destinos de Aleksandrov y Pimenov: Aleksandrov llegó a ser rector de la Universidad de Leningrado, y no dispuso de tiempo para más investigación. Pimenov fue arrestado en 1957 por fundar «un grupo antisoviético», fue encarcelado durante seis años y más tarde, tras siete años de libertad, fue arrestado de nuevo y enviado a un exilio de cinco años en la República de Komi, 1.200 kilómetros al este de Leningrado.

Yo no llegué a conocer a Aleksandrov o Pimenov, pero las historias de Pimenov aún circulaban entre la comunidad de científicos de Leningrado cuando estuve allí de visita en 1971, un año después de su segundo arresto. Había circulado el rumor de que Pimenov consideraba que el gobierno soviético era moralmente corrupto y, como muchos jóvenes en Norteamérica durante la guerra del Vietnam, sintió que si cooperaba con él, la corrupción del gobierno le arrastraría. La única forma de sentirse moralmente limpio era practicar la desobediencia civil. En Norteamérica, la desobediencia civil significaba el negarse a registrarse para el servicio militar. Para Pimenov, la desobediencia civil significaba *samizdat*. Samizdat era la «autopublicación» de manuscritos prohibidos. Pimenov, se rumoreaba, recibiría de amigos un manuscrito cuya publicación había sido prohibida en la Unión Soviética, mecanografiaría media docena de copias utilizando papel carbón, y luego pasaría estas copias a otros amigos, quienes repetirían el proceso. Pimenov fue detenido, juzgado y sentenciado a un exilio de cinco años en la República de Komi, donde trabajó como talador de árboles y electricista en un aserradero hasta que la Academia de Ciencias de Komi sacó partido de su exilio y le ofreció la cátedra de su departamento de matemáticas.

Finalmente en disposición de dedicarse a las matemáticas otra vez, Pimenov continuó sus estudios topológicos del espacio-tiempo. Para entonces la topología había arraigado firmemente como una herramienta clave para la investigación en gravitación por parte de los físicos, pero Pimenov permanecía aislado de los físicos punteros de su país. Nunca tuvo el impacto que, en otras circunstancias, hubiera podido tener.

Roger Penrose, al contrario que Aleksandrov y Pimenov, vive con un pie firmemente plantado en la comunidad matemática y el otro firmemente plantado en la física, y esto ha sido una fuente importante de su éxito.

Mejores conjeturas

Uno podría haber pensado que el teorema de la singularidad de Penrose dejaría sentada de una vez por todas la cuestión de qué hay dentro de un agujero negro. No es así. En lugar de ello, abrió un nuevo conjunto de preguntas —preguntas con las que los físicos han luchado, con éxito sólo modesto, desde mediados de los sesenta. Dichas preguntas y nuestras mejores respuestas en 1993 (nuestras «mejores conjeturas» es una forma mejor de decirlo), son:

1. ¿Será cualquier cosa que entra en el agujero necesariamente engullida por la singularidad? Así lo creemos, pero no estamos seguros.
2. ¿Hay algún camino desde el interior del agujero a otro universo, o a otra parte de nuestro propio Universo? Muy probablemente no lo hay, pero no estamos absolutamente seguros.
3. ¿Cuál es el destino de las cosas que caen en la singularidad? Pensamos que las cosas que caen cuando el agujero es bastante joven son destroza-

das por la gravedad de marea de una forma violenta y caótica, antes de que la gravedad cuántica se haga importante. Sin embargo, las cosas que caen en un agujero viejo podrían sobrevivir sin ser destruidas hasta que lleguen a enfrentarse con las leyes de la gravedad cuántica.

En el resto de este capítulo explicaré estas respuestas con más detalle.

Recordemos que Oppenheimer y Snyder nos dieron una respuesta clara e inequívoca a nuestras tres preguntas. Cuando el agujero negro es creado por una estrella en implosión, esférica y altamente idealizada, entonces 1) cualquier cosa que entra en el agujero es engullida por la singularidad; 2) nada viaja a otro universo o a otra parte de nuestro Universo; 3) cualquier cosa que se acerca a la singularidad experimenta una tensión radial y una compresión transversal que se hacen infinitas (figura 13.1, *supra*), y de este modo queda destrozada.

Esta respuesta era pedagógicamente útil; sirvió de motivación para los cálculos que trajeron una comprensión más profunda. Sin embargo, la comprensión más profunda (debida a Khalatnikov y Lifshitz) demostró que la respuesta de Oppenheimer-Snyder es irrelevante para el Universo real en el que vivimos, debido a que las deformaciones aleatorias que ocurren en todas las estrellas reales cambiarán completamente el interior del agujero. El interior de Oppenheimer-Snyder es «inestable frente a pequeñas perturbaciones».[30]

La solución de tipo Reissner-Nordström a la ecuación de campo de Einstein también da una respuesta clara e inequívoca: cuando el agujero negro es creado por una estrella eléctricamente cargada, esférica y altamente idealizada, entonces la estrella en implosión y otras cosas que caen en el agujero pueden viajar, vía un «pequeño universo cerrado», desde el interior del agujero a otro gran universo[31] (figura 13.4).

Esta respuesta era también pedagógicamente útil (y ha llevado agua a los molinos de muchos escritores de ciencia ficción). Sin embargo, al igual que la predicción de Oppenheimer-Snyder, no tiene nada que ver con el Universo real en el que vivimos porque es inestable frente a pequeñas perturbaciones. Más concretamente, en nuestro Universo real el agujero negro está siendo bombardeado continuamente por minúsculas fluctuaciones electromagnéticas del vacío y por minúsculas cantidades de radiación. Conforme estas fluctuaciones y radiación caen en el agujero, la gravedad del agujero las acelera hasta una enorme energía, y entonces golpean y destruyen de forma explosiva el pequeño universo cerrado, justo antes de que este pequeño universo comience su viaje. Esto fue conjeturado por Penrose en 1968, y desde entonces ha sido verificado en muchos cálculos diferentes realizados por muchos físicos diferentes.[32]

Belinsky, Khalatnikov y Lifshitz nos han dado aún otra respuesta a nuestras preguntas, y ésta, siendo totalmente estable frente a pequeñas perturbaciones, es probablemente la respuesta «correcta», la respuesta que se aplica a los agujeros negros reales que pueblan nuestro Universo: *la estrella que forma el agujero y todo lo que cae en el agujero cuando el agujero es joven es destrozado por la gravedad de marea de una singularidad BKL.* (Este es el tipo de singularidad que descubrieron Belinsky, Khalatnikov y Lifshitz, como solución a la ecuación de Einstein, después de que Penrose les convenciese de que en los agujeros negros debe haber singularidades.)[33]

La gravedad de marea de una singularidad BKL es radicalmente diferente de la de una singularidad de Oppenheimer-Snyder. La singularidad de Oppenheimer-Snyder estira y comprime a un astronauta (o cualquier otra cosa) que cae de una forma continua pero creciente; el estiramiento es siempre radial, la compresión es siempre trasversal, y las intensidades del estiramiento y la compresión crecen monótona y suavemente (figura 13.1). La singularidad BKL, por el contrario, es algo parecido a la máquina de estirar la pasta de caramelo que a veces se ve en las tiendas de caramelos o en las ferias. Estira y comprime primero en una dirección, luego en otra, luego en otra, luego en otra y en otra más. El estiramiento y la compresión oscilan con el tiempo de una forma aleatoria y caótica (medida por el astronauta en caída), pero en promedio se hacen cada vez más fuertes, y sus oscilaciones cada vez más rápidas, a medida que el astronauta se acerca cada vez más a la singularidad. Charles Misner (que descubrió este tipo de singularidad caóticamente oscilante independientemente de Belinsky, Khalatnikov y Lifshitz) ha denominado a esto una *oscilación mezcladora*[34] porque uno puede imaginar que mezcla las partes del cuerpo del astronauta de la forma que un mezclador o batidor de huevos mezcla la yema y la clara de un huevo. La figura 13.6 muestra un ejemplo concreto de cómo podrían oscilar las fuerzas de marea, pero la secuencia exacta de oscilaciones es caóticamente impredecible.

En la versión de Misner de la singularidad mezcladora, las oscilaciones eran las mismas en cualquier parte del espacio para un instante dado en el tiempo (medido, digamos, por el astronauta). No sucede así en la singularidad BKL. Sus oscilaciones son caóticas tanto espacial como temporalmente, igual que los movimientos turbulentos de la espuma en una ola rompiente del océano son caóticos en el espacio tanto como en el tiempo. Por ejemplo, mientras la cabeza del astronauta está siendo estirada y comprimida («zarandeada») alternativamente a lo largo de la dirección norte/sur, su pie derecho podría ser zarandeado a lo largo de la dirección noreste/suroeste, y su pie izquierdo a lo largo de la sur-sureste/norte-noroeste; y las frecuencias de oscilación de los zarandeos podrían ser muy diferentes en su cabeza, su pie izquierdo y su pie derecho.

La ecuación de Einstein predice que, a medida que el astronauta alcanza la singularidad, las fuerzas de marea se hacen infinitamente intensas, y sus oscilaciones caóticas se hacen infinitamente rápidas. El astronauta muere y los átomos de los que está hecho su cuerpo devienen infinita y caóticamente distorsionados y mezclados; y entonces, en el momento en que todo se hace infinito (las intensidades de marea, las frecuencias de oscilación, las distorsiones y el mezclado), el espacio-tiempo deja de existir.

Las leyes de la mecánica cuántica presentan objeciones. Prohíben los infinitos. Muy cerca de la singularidad, hasta donde comprendemos en 1993, las leyes de la mecánica cuántica se fusionan con las leyes de la relatividad general

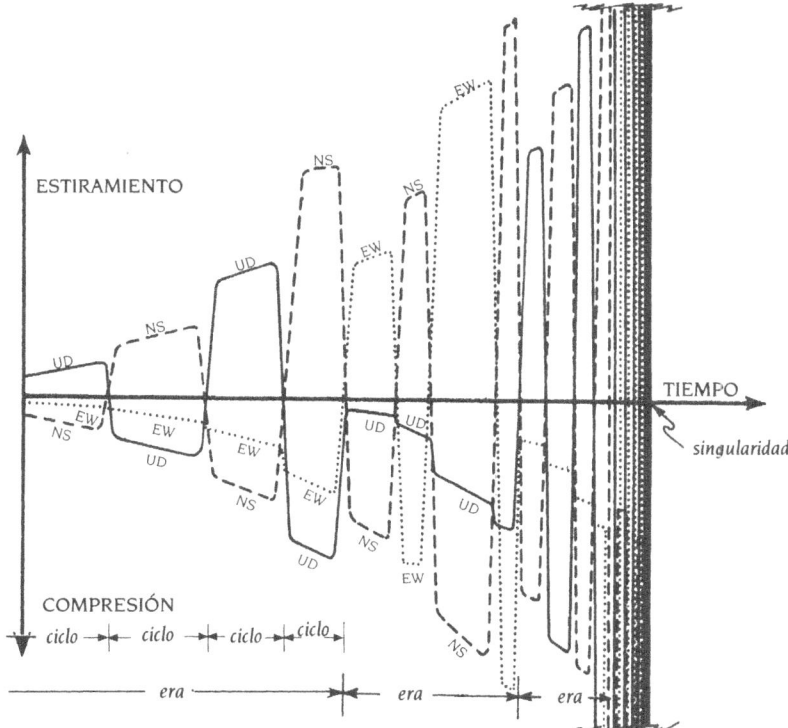

13.6. Un ejemplo de la forma en que deberían oscilar con el tiempo las fuerzas de marea en una singularidad BKL. Las fuerzas de marea actúan de diferentes formas a lo largo de tres direcciones perpendiculares. Estas direcciones, por precisión, se denominan aquí UD (por «arriba/abajo» [*up/down*]), NS (por «norte/sur»), y EW (por «este/oeste»), y cada una de las tres curvas describe el comportamiento de la fuerza de marea a lo largo de estas direcciones. El tiempo se representa en horizontal. En cualquier instante en el que la curva UD está por encima del eje de tiempo horizontal, la fuerza de marea esta estirando a lo largo de la dirección UD, mientras que en un instante en que la curva UD está por debajo del eje, la fuerza de marea UD está comprimiendo. Cuanto más alta está la curva por encima del eje, más fuerte es el estiramiento; cuanto más baja está la curva por debajo del eje, más fuerte es la compresión. Nótese lo siguiente: I) En cualquier instante de tiempo hay una compresión a lo largo de dos direcciones y un estiramiento a lo largo de otra. II) Las fuerzas de marea oscilan entre el estiramiento y la compresión; cada oscilación se denomina un «ciclo». III) Los ciclos se agrupan en «eras». Durante cada era, una de las tres direcciones está sometida a una compresión aproximadamente estacionaria, mientras que las otras dos oscilan entre estiramiento y compresión. IV) Cuando cambia la era, hay un cambio de la dirección estacionaria. V) A medida que se aproxima a la singularidad, las oscilaciones se hacen infinitamente rápidas y las fuerzas de marea se hacen infinitamente intensas. Los detalles de la división de ciclos en eras y el cambio de las pautas de oscilación al comienzo de cada era están gobernados por lo que a veces se denomina un «mapa caótico».

de Einstein y cambian completamente las «reglas del juego». Las nuevas reglas se denominan *gravedad cuántica*.

El astronauta ya está muerto, las partes de su cuerpo están ya completamente mezcladas y los átomos de los que estaba hecho están ya distorsionados y totalmente irreconocibles cuando la gravedad cuántica entra en juego. Pero nada es infinito. El «juego» continúa.

¿Cuándo entra en juego exactamente la gravedad cuántica, y qué es lo que hace? Hasta donde sabemos en 1993 (y nuestra comprensión es más bien pobre), la gravedad cuántica entra en juego cuando la gravedad de marea oscilante (curvatura espacio-temporal) se hace tan grande que deforma completamente todos los objetos en aproximadamente 10^{-43} segundos o menos.[35]* En este momento la gravitación cuántica cambia radicalmente el carácter del espacio-tiempo: rompe la unificación del espacio y el tiempo en el espacio-tiempo. Despega el espacio del tiempo, y luego destruye el tiempo como concepto y destruye el carácter definido del espacio. El tiempo deja de existir; ya no podemos decir que «esto sucede antes que esto otro», porque, sin tiempo, no existe el concepto de «antes» o «después». El espacio, el único residuo remanente de lo que una vez fue un espacio-tiempo unificado, se convierte en una espuma aleatoria y probabilística,[37] como pompas de jabón.

Antes de su ruptura (es decir, fuera de la singularidad), el espacio-tiempo es como un trozo de madera empapado en agua. En esta analogía, la madera representa el espacio, el agua representa el tiempo, y ambos (madera y agua; espacio y tiempo) están estrechamente entretejidos, unificados. La singularidad y las leyes de la gravedad cuántica que la gobiernan son como un fuego al que se arroja la madera impregnada en agua. El fuego hace hervir el agua de la madera, dejando la madera sola y vulnerable; en la singularidad, las leyes de la gravedad cuántica destruyen el tiempo, dejando al espacio solo y vulnerable. El fuego convierte entonces la madera en una espuma de copos y cenizas; las leyes de la gravedad cuántica convierten entonces al espacio en una espuma aleatoria y probabilística.

Esta espuma aleatoria y probabilística es aquello de lo que está hecha la singularidad, y la espuma está gobernada por las leyes de la gravedad cuántica. En la espuma, el espacio no tiene ninguna forma definida (es decir, ninguna curvatura definida, y ni siquiera ninguna topología definida). En lugar de ello, el espacio tiene diferentes probabilidades para ésta, ésa u otra curvatura y topología. Por ejemplo, dentro de la singularidad podría haber un 0,1 por 100 de probabilidad de que la curvatura y topología del espacio tengan la forma mostrada en la figura 13.7a, y un 0,4 por 100 de probabilidad para la forma de la figura 13.7b, y un 0,02 por 100 de probabilidad para la forma de la figu-

---

* 10^{-43} segundos es el *tiempo de Planck-Wheeler.* Está dado (aproximadamente) por la fórmula $\sqrt{G\hbar/c^3}$, donde $G = 6,670 \times 10^{-8}$ dinas-centímetro²/gramo² es la constante gravitatoria de Newton, $\hbar = 1,055 \times 10^{-27}$ ergios-segundo es la constante mecanocuántica de Planck, y $c = 2,998 \times 10^{10}$ centímetros/segundo es la velocidad de la luz. Nótese que el tiempo de Planck-Wheeler es igual a la raíz cuadrada del área de Planck-Wheeler (p. 393) dividida por la velocidad de la luz.[36]

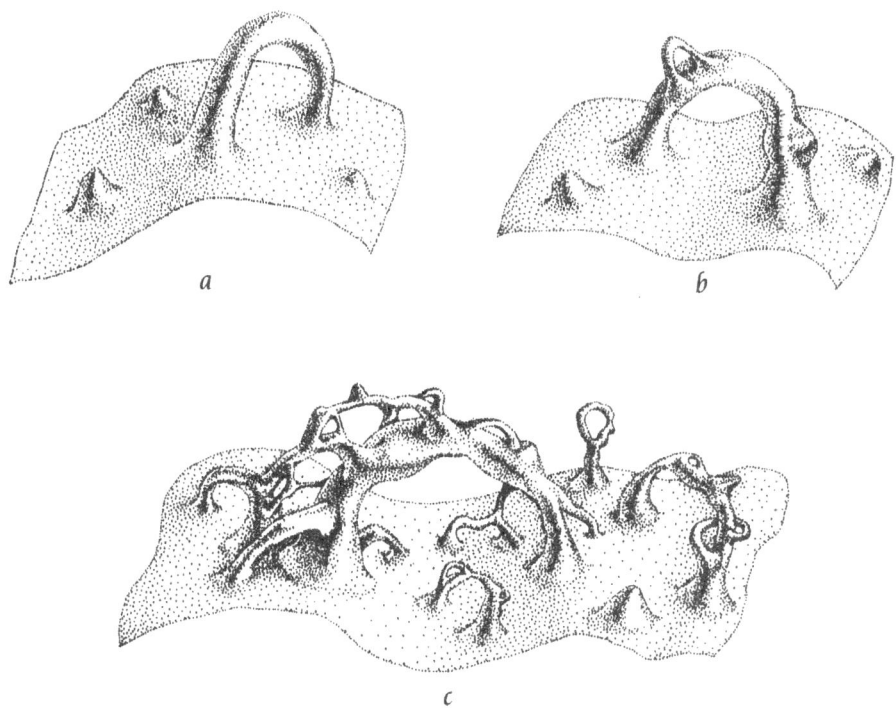

13.7. Diagramas de inserción que ilustran la espuma cuántica que se piensa reside en la singularidad en el interior de un agujero negro. La geometría y la topología del espacio no están definidas; en lugar de ello, son probabilísticas. Podría haber, por ejemplo, una probabilidad del 0,1 por 100 para la forma mostrada en *a*), una probabilidad del 0,4 por 100 para *b*), una probabilidad del 0,02 por 100 para *c*), y así sucesivamente.

ra 13.7c, y así sucesivamente. Esto *no* significa que el espacio pase el 0,1 por 100 de su *tiempo* en la forma (*a*), el 0,4 por 100 del *tiempo* en la forma (*b*), y el 0,02 por 100 del *tiempo* en la forma (*c*), porque *no existe tal cosa como el tiempo dentro de la singularidad*. Y análogamente, puesto que no hay tiempo, es totalmente absurdo preguntar si el espacio toma la forma (*b*) «antes» o «después» de que tome la forma (*c*). La única pregunta con significado que uno puede plantear acerca de la singularidad es: «¿Cuáles son las probabilidades de que el espacio del que están hechos tenga las formas (*a*), (*b*), y (*c*)?». Y las respuestas serán simplemente 0,1, 0,4 y 0,02 por 100.

Puesto que todas las curvaturas y topologías concebibles están permitidas dentro de la singularidad, por muy violentas que sean, se dice que la singularidad está hecha de espuma probabilística. John Wheeler, que fue el primero en argumentar que esta debe ser la naturaleza del espacio cuando las leyes de la gravedad cuántica imperan, la ha denominado *espuma cuántica*.[33]

Para recapitular, en el centro de un agujero negro, en la región espacio-temporal donde las fuerzas de marea BKL oscilantes alcanzan su máximo, reside una singularidad: una región en la que el tiempo ya no existe, y el espacio se ha convertido en espuma cuántica.

Una tarea de las leyes de la gravedad cuántica es la de gobernar las probabilidades para las varias curvaturas y topologías dentro de la singularidad de un agujero negro. Otra tarea, presumiblemente, es la de determinar las probabilidades de que la singularidad dé nacimiento a «nuevos universos», es decir, dé nacimiento a nuevas regiones clásicas (no cuánticas) de espacio-tiempo, en el mismo sentido en el que la singularidad del big bang dio nacimiento a nuestro Universo hace unos 15.000 millones de años.

¿Hasta qué punto es probable que la singularidad de un agujero negro dé nacimiento a «nuevos universos»? No lo sabemos. Muy bien podría no suceder nunca, o podría ser bastante común, o podríamos encontrarnos en una vía completamente equivocada al creer que las singularidades están hechas de espuma cuántica.

Las respuestas claras podrían llegar en la próxima o las dos próximas décadas a partir de la investigación que ahora están llevando a cabo Stephen Hawking, James Hartle y otros, partiendo de las bases establecidas por John Wheeler y Bryce DeWitt.*[39]

Casi todo en el Universo cambia con la edad: las estrellas consumen su combustible y mueren; la Tierra pierde poco a poco su atmósfera por evaporación en el espacio y finalmente se convertirá en un planeta muerto y sin aire; y nosotros los seres humanos nos hacemos más arrugados y prudentes.

Las fuerzas de marea en el interior profundo de un agujero negro cerca de su singularidad no son una excepción. También ellas pueden cambiar con la edad, según los cálculos efectuados en 1991 por Werner Israel y Eric Poisson de la Universidad de Alberta, y Amos Ori, un postdoc en mi grupo del Caltech (basándose en un trabajo previo de Andrei Doroshkevich e Igor Novikov). Cuando el agujero acaba de nacer, sus fuerzas de marea interiores muestran oscilaciones tipo BKL caóticas y violentas (figura 13.6, *supra*). Sin embargo, a medida que el agujero envejece, las oscilaciones caóticas se hacen más dóciles y suaves, y poco a poco desaparecen.[40]

Por ejemplo, un astronauta que cae en un agujero de 10.000 millones de masas solares situado en el corazón de un cuásar unas pocas horas después de que el agujero haya nacido será destrozado por las fuerzas de marea BKL violentamente oscilantes. Sin embargo, un segundo astronauta, que espera un día o dos después de que el agujero haya nacido antes de sumergirse en su interior, encontrará fuerzas de marea que oscilan de forma mucho más suave. El estiramiento y compresión de marea son aún suficientemente grandes para matar al segundo astronauta pero, al ser más suaves que el día anterior, el estiramiento y compresión oscilantes permitirán que el segundo astronauta sobreviva más tiempo y se aproxime más a la singularidad antes de morir de lo que lo hizo el primer astronauta. Un tercer astronauta, que espere hasta que el agujero tenga muchos años antes de sumergirse, se enfrentará a un destino aún más suave. Las fuerzas de marea que rodean la singularidad se han hecho ahora tan domesticadas y dóciles, según los cálculos de Israel, Poisson y Ori, que el astronauta apenas las sentirá. Sobrevivirá, casi sin daños, hasta el borde de la singularidad de la gravedad cuántica probabilística. Sólo en el borde de la singularidad, exactamente cuando se enfrente a las leyes de la gravedad cuántica, morirá el astronauta, y no podemos siquiera estar absolutamente seguros de que muera entonces, puesto que no entendemos realmente bien las leyes de la gravedad cuántica y sus consecuencias.

Este envejecimiento de las fuerzas de marea internas de un agujero negro no es inexorable. Cada vez que materia y radiación (o astronautas) caigan en el agujero, alimentarán y darán energía a las fuerzas de marea, de forma muy parecida a como un trozo de carne arrojado a un león le da energía. Al ser alimentados, el estiramiento y compresión oscilatorios cerca de la singularidad se harán más fuertes durante un corto intervalo, y luego desaparecerán y quedarán estacionarios una vez más.

A finales de los años cincuenta y principios de los sesenta John Wheeler tuvo un sueño, una esperanza de que los seres humanos podríamos un día ser capaces de explorar una singularidad y ver allí la gravedad cuántica en acción; que podríamos explorarla no sólo con las matemáticas y simulaciones por ordenador, sino también con observaciones y experimentos físicos reales. Oppenheimer y Snyder acabaron con esa esperanza (capítulo 6). El horizonte que descubrieron que se formaba alrededor de una estrella en implosión oculta la singularidad de la vista externa. Si permanecemos para siempre fuera del horizonte, no hay forma de que podamos explorar la singularidad. Y si nos sumergimos a través del horizonte de un enorme agujero viejo, y sobrevivimos para encontrarnos frente a frente con la singularidad de la gravedad cuántica, no hay forma de que podamos transmitir una descripción de nuestro encuentro a la Tierra. Nuestra transmisión no puede escapar del agujero; el horizonte la oculta.

Aunque Wheeler ha renunciado hace tiempo a su sueño y ahora defiende vigorosamente la idea de que es imposible explorar las singularidades, no está claro en absoluto que tenga razón. Es concebible que algunas implosiones estelares extremadamente no esféricas produzcan *singularidades desnudas,* es decir, singularidades que no estén rodeadas de horizontes y que, por lo tanto, puedan ser observadas y exploradas desde el Universo externo, incluso desde la Tierra.

A finales de los años sesenta, Roger Penrose buscó matemáticamente y con mucho esfuerzo un ejemplo de una implosión que creara una singularidad desnuda. Su búsqueda resultó inútil. Cada vez que, en sus ecuaciones, una implosión creaba una singularidad, también creaba un horizonte alrededor de la singularidad. Penrose no se sorprendió. Después de todo, si fuera a formarse una singularidad desnuda, entonces parece razonable esperar que, justo antes de que la singularidad se forme, la luz pueda escapar de su vecindad; y si la luz puede escapar, entonces (parecería que) también puede hacerlo el material que está implosionando para crear la singularidad; y si el material que implosiona puede escapar, entonces presumiblemente la enorme presión interna del material le hará escapar, invirtiendo de este modo la implosión e impidiendo que la singularidad se forme en primer lugar. Así parecía ser. Sin embargo, ni las manipulaciones matemáticas de Penrose ni las de ninguna otra persona eran suficientemente poderosas para decirlo con seguridad.

En 1969 Penrose, fuertemente convencido de que las singularidades desnudas no pueden formarse, pero incapaz de demostrarlo, propuso una conjetura, la *conjetura de censura cósmica*: *ningún objeto en implosión puede formar nunca una singularidad desnuda; si se forma una singularidad, debe estar revestida de un horizonte de modo que nosotros en el Universo externo no podemos verla.*

Los físicos del «sistema» —físicos como John Wheeler, cuyos puntos de vista son los más influyentes— han aceptado la censura cósmica y la defienden como casi seguramente correcta. De todas formas, alrededor de un cuarto de siglo después de que Penrose la propusiera, la censura cósmica permanece indemostrada; y recientes simulaciones por ordenador de la implosión de estrellas altamente no esféricas sugieren que incluso *podría* ser falsa. Algunas implosiones, de acuerdo con las simulaciones de Stuart Shapiro y Saul Teukolsky, de la Universidad de Cornell, podrían realmente crear singularidades desnudas. Podrían.[41] No es que lo hagan; simplemente podrían.

Stephen Hawking es la personificación del sistema en nuestros días, y John Preskill (un colega mío en el Caltech) y yo disfrutamos dando algunos pellizcos al sistema. Así, en 1991 Preskill y yo hicimos una apuesta con Hawking (figura 13.8). Apostamos que la censura cósmica es falsa; las singularidades desnudas *pueden* formarse en nuestro Universo. Hawking apostó que la censura cósmica es correcta; las singularidades desnudas nunca pueden formarse.

Precisamente cuatro meses después de acordar la apuesta, el propio Hawking descubrió evidencia matemática (aunque *no una prueba firme*) de que, cuando un agujero negro completa su evaporación (capítulo 12), podría no desaparecer por completo como él había esperado anteriormente, sino que podría dejar tras de sí una minúscula singularidad desnuda.[42] Hawking nos anunció este resultado a Preskill y a mí en privado, pocos días después de que lo descubriera, en una cena en casa de Preskill. Sin embargo, cuando Preskill y yo le urgimos a que nos pagara la apuesta se opuso sobre la base de un tecnicismo. El enunciado de nuestra apuesta era muy claro, insistió él: la apuesta se limitaba a singularidades desnudas cuya formación estaba gobernada por las leyes de la física clásica (es decir, no cuántica), incluyendo las leyes de la relatividad general. Sin embargo, la evaporación de los agujeros negros es un fenómeno mecanocuántico y no está gobernado por las leyes de la relatividad general clásica, sino más bien por las leyes de los campos cuánticos en el espacio-tiempo curvo, de modo que cualquier singularidad desnuda que pudiera resul-

Whereas Stephen W. Hawking firmly believes that naked singularities are an anathema and should be prohibited by the laws of classical physics,

And whereas John Preskill and Kip Thorne regard naked singularities as quantum gravitational objects that might exist unclothed by horizons, for all the Universe to see,

Therefore Hawking offers, and Preskill/Thorne accept, a wager with odds of 100 pounds stirling to 50 pounds stirling, that when any form of classical matter or field that is incapable of becoming singular in flat spacetime is coupled to general relativity via the classical Einstein equations, the result can never be a naked singularity.

The loser will reward the winner with clothing to cover the winner's nakedness. The clothing is to be embroidered with a suitable concessionary message.

**Stephen W. Hawking   John P. Preskill & Kip S. Thorne
Pasadena, California, 24 September 1991**

13.8.   Apuesta entre Stephen Hawking, John Preskill y yo sobre la corrección de la conjetura de censura cósmica de Penrose.*

tar de la evaporación de un agujero negro estaba fuera del dominio de nuestra apuesta, insistió Hawking (correctamente). De todas formas, una singularidad desnuda, como quiera que se forme, ¡es ciertamente una bofetada para el sistema!

Aunque disfrutamos con nuestras apuestas, las cuestiones sobre las que discutimos son profundamente serias. Si pueden existir singularidades desnudas, entonces sólo las mal comprendidas leyes de la gravedad cuántica pueden decirnos cómo se comportan, cómo podrían afectar al espacio-tiempo en sus proximidades, y si sus acciones pueden tener un gran efecto en el Universo en que vivimos o sólo un efecto pequeño. Puesto que las singularidades desnudas, si pueden existir, podrían influir fuertemente en nuestro Universo, deseamos comprender si la censura cósmica es correcta, y qué predicen las leyes de la gravedad cuántica acerca de los comportamientos de las singularidades. La lucha por descubrirlo no será rápida ni fácil.

---

* El texto dice: «Considerando que Stephen W. Hawking cree firmemente que las singularidades desnudas son un anatema y deberían estar prohibidas por las leyes de la física clásica, / Y considerando que John Preskill y Kip Thorne piensan en las singularidades desnudas como objetos de gravedad cuántica que deberían existir sin estar revestidos de horizontes, a la vista de todo el Universo, / Por lo tanto Hawking ofrece, y Preskill/Thorne aceptan, una apuesta de 100 libras esterlinas contra 50 libras esterlinas, a que cuando cualquier forma de materia o campo clásico que es incapaz de hacerse singular en el espacio-tiempo plano se acopla a la relatividad general vía las ecuaciones clásicas de Einstein, el resultado no puede ser nunca una singularidad desnuda. / El perdedor recompensará al ganador con vestimentas para cubrir la desnudez del ganador. La vestimenta debe ser bordada con un mensaje apropiado de concesión. // Stephen W. Hawking   John P. Preskill y Kip S. Thorne/Pasadena, California, 24 de septiembre de 1991». (*N. del t.*)

14

Agujeros de gusano y máquinas del tiempo*

*donde el autor busca intuiciones
sobre las leyes físicas preguntándose:
¿pueden las civilizaciones altamente avanzadas
construir agujeros de gusano a través del hiperespacio
para rápidos viajes interestelares
y máquinas para viajar hacia atrás en el tiempo?*[1]

Agujeros de gusano y material exótico

Acababa de dar mi última clase del año académico 1984-1985 y me estaba hundiendo en el sillón de mi despacho para dejar reposar la adrenalina cuando sonó el teléfono. Era Carl Sagan, un astrofísico de la Universidad de Cornell y amigo personal de tiempo atrás. «Siento molestarte, Kip —dijo—. Pero estoy a punto de acabar una novela sobre el primer contacto de la raza humana con una civilización extraterrestre, y estoy preocupado. Quiero que la parte científica sea lo más exacta posible, y temo que haya podido cometer algún error en la física de la gravedad. ¿Querrías echarle un vistazo y aconsejarme?» Por supuesto que lo haría. Sería interesante porque Carl es un tipo inteligente. Incluso podría ser divertido. Además, ¿cómo podría negarle una petición así a un amigo?

La novela llegó dos semanas más tarde, un taco de diez centímetros de grueso de folios escritos a doble espacio.

Metí el taco de folios en una bolsa de viaje y arrojé la bolsa en el asiento trasero del Bronco de Linda cuando me recogió para el largo viaje de Pasadena a Santa Cruz. Linda es mi ex mujer; ella, yo y nuestro hijo Bret estábamos en camino para asistir a la graduación de nuestra hija Kares en el instituto.

Mientras Linda y Bret se turnaban para conducir, yo leía y pensaba. (Linda y Bret estaban acostumbrados a esta introversión; habían vivido conmigo durante muchos años.) La novela era divertida, pero Carl estaba realmente en apu-

---

* He decidido escribir este capítulo solamente desde mi propio punto de vista. Por ello es mucho menos objetivo que el resto del libro, y presenta la investigación de otras personas de una forma mucho menos adecuada y completa que la mía propia.

ros. Tenía a su heroína, Eleanor Arroway, sumergida en un agujero negro cerca de la Tierra, viajando a través del hiperespacio a la manera de la figura 13.4 para salir una hora después cerca de la estrella Vega, a 26 años-luz de distancia. Al no ser un experto en relatividad, Carl no estaba familiarizado con el mensaje de los cálculos perturbativos:* *es imposible viajar a través del hiperespacio desde el corazón de un agujero negro a otra parte de nuestro Universo.* Cualquier agujero negro está siendo bombardeado continuamente por minúsculas fluctuaciones electromagnéticas del vacío y por minúsculas cantidades de radiación. A medida que estas fluctuaciones y radiación caen en el agujero, son aceleradas por la gravedad del agujero hasta alcanzar una enorme energía, y luego son descargadas de forma explosiva en cualquier «pequeño universo cerrado» o «túnel» o cualquier otro vehículo mediante el cual uno pudiera tratar de emprender el viaje a través del hiperespacio. Los cálculos eran inequívocos; cualquier vehículo para un viaje en el hiperespacio quedaría destruido por la «lluvia» explosiva antes de que el viaje pudiera iniciarse. La novela de Carl tenía que ser modificada.

Durante el viaje de regreso de Santa Cruz, en algún lugar al oeste de Fresno en la carretera Interestatal 5, me vino la chispa de una idea. Quizá Carl podría reemplazar su agujero negro por un *agujero de gusano* a través del hiperespacio.

Un agujero de gusano es un hipotético atajo para viajar entre puntos distantes en el Universo. El agujero de gusano tiene dos entradas llamadas «bocas», una (por ejemplo) cerca de la Tierra, y la otra (por ejemplo) en órbita en torno a Vega, a 26 años-luz de distancia. Las bocas están conectadas entre sí por un túnel (el agujero de gusano) a través del hiperespacio que podría tener sólo un kilómetro de longitud. Si entramos en la boca próxima a la Tierra nos encontraremos en el túnel. Viajando tan sólo un kilómetro por el túnel alcanzaremos la otra boca y saldremos cerca de Vega, a 26 años-luz de distancia medidos en el Universo externo.

La figura 14.1 muestra un agujero de gusano semejante en un diagrama de inserción. Este diagrama, como es normal en los diagramas de inserción, idealiza nuestro Universo como si sólo tuviera dos dimensiones espaciales en lugar de tres (véanse las figuras 3.2 y 3.3). En el diagrama, el espacio de nuestro Universo se representa como una hoja bidimensional. De la misma forma que una hormiga que se arrastra sobre una hoja de papel no es consciente de si el papel es plano o está suavemente doblado, tampoco nosotros en nuestro Universo somos conscientes de si éste está plano en el hiperespacio o está suavemente doblado, como en el diagrama. Sin embargo, el suave doblez es importante; permite que la Tierra y Vega se aproximen en el hiperespacio de modo que puedan estar conectadas por el agujero de gusano. Con el agujero de gusano en su lugar, nosotros, como una hormiga o un gusano que se arrastra por la superficie del diagrama de inserción, tenemos dos caminos posibles entre la Tierra y Vega: el camino largo de 26 años-luz a través del Universo externo, y el camino corto de 1 kilómetro a través del agujero de gusano.

---

* Véase la sección «Mejores conjeturas» del capítulo 13.

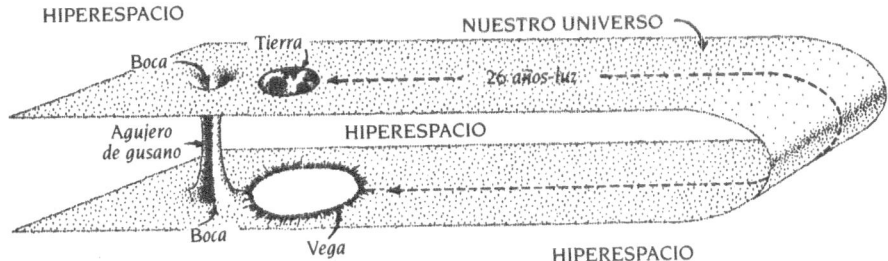

14.1. Un agujero de gusano de 1 kilómetro de longitud a través del hiperespacio que une la Tierra con la vecindad de Vega, a 26 años-luz de distancia. (El dibujo no está a escala.)

¿Qué aspecto tendría la boca del agujero de gusano si estuviera en la Tierra, frente a nosotros? En el universo bidimensional del diagrama la boca del agujero de gusano está dibujada como un círculo; por lo tanto, en nuestro Universo tridimensional sería el correspondiente tridimensional a un círculo; es decir, sería una esfera. De hecho, la boca se parecería algo al horizonte esférico de un agujero negro sin rotación, salvo una excepción clave: el horizonte es una superficie de «dirección única»; todo puede ir, pero nada puede volver. Por el contrario, la boca del agujero de gusano es una superficie de «doble dirección»; podemos cruzarla en ambas direcciones, hacia el interior del agujero de gusano, y de vuelta atrás hacia el Universo externo. Si miramos dentro de la boca esférica podemos ver luz procedente de Vega; la luz ha entrado por la otra boca próxima a Vega y ha viajado a través del agujero de gusano, como si el agujero de gusano fuera un largo tubo o una fibra óptica, hasta la boca próxima a la Tierra, de donde ahora emerge y llega a nuestros ojos.

Los agujeros de gusano no son meros productos de la imaginación de un escritor de ciencia ficción. Fueron descubiertos matemáticamente, como una solución a la ecuación de campo de Einstein, en 1916,[2] exactamente unos pocos meses después de que Einstein formulara su ecuación de campo; y John Wheeler y su grupo de investigación los estudiaron extensamente, con una variedad de cálculos matemáticos, en los años cincuenta. Sin embargo, ninguno de los agujeros de gusano que se habían encontrado como soluciones a la ecuación de Einstein, antes de mi viaje por la carretera Interestatal 5 en 1985, eran adecuados para la novela de Carl Sagan, porque ninguno de ellos podía ser atravesado sin riesgo. Se había predicho que todos y cada uno de ellos evolucionaban con el tiempo de una forma característica: el agujero de gusano se crea en algún instante de tiempo, se abre brevemente y luego se estrangula y desaparece; y su periodo de vida total, desde la creación hasta la desaparición, es tan corto que nada (ni personas, ni radiación, ni señales de ningún tipo) puede viajar, a través de él, desde una boca a la otra. Cualquier cosa que lo intente quedará atrapada y destruida en el estrangulamiento. La figura 14.2 muestra un ejemplo sencillo.

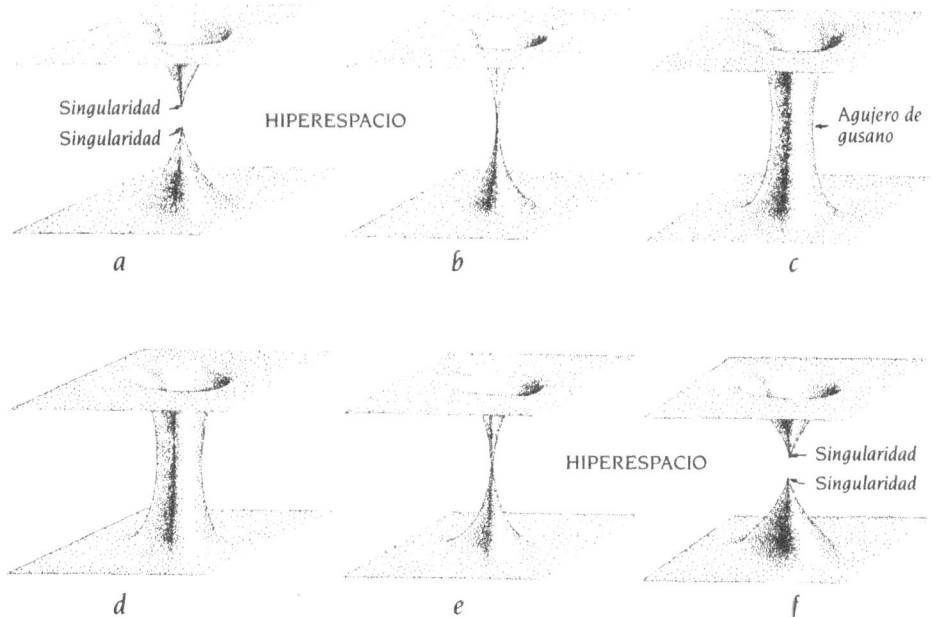

14.2. Evolución de un agujero de gusano exactamente esférico que no tiene material en su interior. (Esta evolución fue descubierta como una solución de la ecuación de campo de Einstein a mediados de los años cincuenta por Martin Kruskal, un joven asociado de Wheeler en la Universidad de Princeton.) Inicialmente (*a*) no hay agujero de gusano; en su lugar hay una singularidad cercana a la Tierra y otra cercana a Vega. Luego, en cierto instante de tiempo (*b*), las dos singularidades se mueven a través del hiperespacio, se encuentran y se aniquilan mutuamente, y en la aniquilación crean el agujero de gusano. El agujero de gusano crece en circunferencia (*c*), luego empieza a recontraerse (*d*), y se aísla (*e*), creando dos singularidades (*f*) similares a aquellas en las que nació, pero con una salvedad crucial: cada singularidad inicial (*a*) es similar a la del big bang; el tiempo fluye a partir de ella, de modo que puede dar nacimiento a algo: el Universo en el caso del big bang, y el agujero de gusano en este caso. Cada singularidad final (*f*), por el contrario, es similar a la del big crunch (capítulo 13); el tiempo fluye hacia ella, de modo que las cosas se destruyen en ella: el Universo en el caso del big crunch, y el agujero de gusano en este caso. Cualquier cosa que trata de pasar por el agujero de gusano durante su breve vida será atrapada en el estrangulamiento y, junto con el propio agujero de gusano, será destruida en las singularidades finales (*f*).[3]

Al igual que la mayoría de mis colegas físicos, durante décadas yo había sido escéptico sobre los agujeros de gusano. La ecuación de campo de Einstein no sólo predice que los agujeros de gusano tienen vidas muy cortas si se dejan a su propia evolución; además, sus vidas se hacen aún más cortas por las porciones de radiación que caen aleatoriamente: la radiación (según los cálculos de Doug Eardley e Ian Redmount) se acelera a energías ultraaltas por la gravedad del agujero de gusano y, cuando la radiación activada bombardea la garganta del agujero de gusano, hace que ésta se vuelva a contraer y se estrangule mucho más rápidamente de lo que lo haría de otra forma, tan rápidamente, de hecho, que el agujero de gusano apenas llega a existir.

Existe otra razón para el escepticismo. Mientras los *agujeros negros* son una consecuencia inevitable de la evolución estelar (estrellas masivas que giran lentamente, precisamente del tipo que los astrónomos ven profusamente en nuestra galaxia, implosionarán para formar agujeros negros cuando mueran), no existe ninguna vía natural análoga para que se cree un *agujero de gusano*. De hecho, no hay ninguna razón para pensar que nuestro Universo contenga hoy *cualquier* singularidad del tipo que da nacimiento a los agujeros de gusano (figura 14.2); e, incluso si tal singularidad existiera, es difícil comprender cómo dos de ellas podrían llegar a encontrarse en los vastos dominios del hiperespacio y crear así un agujero de gusano a la manera de la figura 14.2.

Cuando un amigo necesita ayuda, uno está dispuesto a buscarla en cualquier parte. Los agujeros de gusano —a pesar de mi escepticismo sobre ellos— parecían ser la única ayuda a la vista. Quizá, se me ocurrió en la carretera Interestatal 5 en algún lugar al oeste de Fresno, exista alguna forma de que una civilización infinitamente avanzada pudiera mantener abierto un agujero de gusano, es decir, pudiera impedir que se estrangule y permitir así que Eleanor Arroway pudiera viajar a través de él desde la Tierra a Vega y regresar. Saqué papel y lapiz y empecé a calcular. (Afortunadamente, la Interestatal 5 es muy recta; podría calcular sin marearme.)

Para facilitar los cálculos idealicé el agujero de gusano como si fuera exactamente esférico (al igual que la figura 14.1, en la que se ha suprimido una de las tres dimensiones de nuestro Universo, tiene una sección exactamente circular). Luego, mediante dos páginas de cálculos basados en la ecuación de campo de Einstein, descubrí tres cosas.

En primer lugar, *la única forma de mantener abierto el agujero de gusano es atravesarlo con algún tipo de material que separe, gravitatoriamente, las paredes del agujero de gusano.* Llamaré a un material semejante material *exótico* porque, como veremos, es completamente diferente de cualquier material que un ser humano haya encontrado nunca.

En segundo lugar, descubrí que, de la misma forma que el material exótico requerido debe separar las paredes del agujero de gusano, también, cada vez que un rayo de luz pase a través del material, éste desviará gravitatoriamente hacia afuera los rayos de luz del haz, separándolos. En otras palabras, el material exótico se comportará como una «lente divergente»; hara diverger gravitatoriamente el haz de luz (véase el recuadro 14.1).

En tercer lugar, a partir de la ecuación de campo de Einstein deduje que, para desenfocar gravitatoriamente los haces de luz y separar gravitatoriamente las paredes del agujero de gusano, *el material exótico que atraviesa el agujero de gusano debe tener una densidad de energía promedio negativa, vista por un haz de luz que viaja a través del agujero.* Esto requiere alguna explicación. Recordemos que la gravedad (curvatura espacio-temporal) está producida por

Manteniendo abierto un agujero de gusano: material exótico

Cualquier agujero de gusano esférico a través del que puede viajar un haz de luz desenfocará gravitatoriamente el haz de luz. Para ver que esto es así, imaginemos (como en el dibujo inferior) que el haz se envía a través de una lente convergente antes de que entre en el agujero de gusano, haciendo de esta forma que todos sus rayos converjan radialmente hacia el centro del agujero. Entonces los rayos continuarán siempre viajando radialmente (¿de qué otra forma podrían moverse?), lo que significa que, cuando salgan por la otra boca, estarán divergiendo radialmente hacia afuera, alejándose del centro del agujero de gusano, como se muestra. El haz ha sido desenfocado.

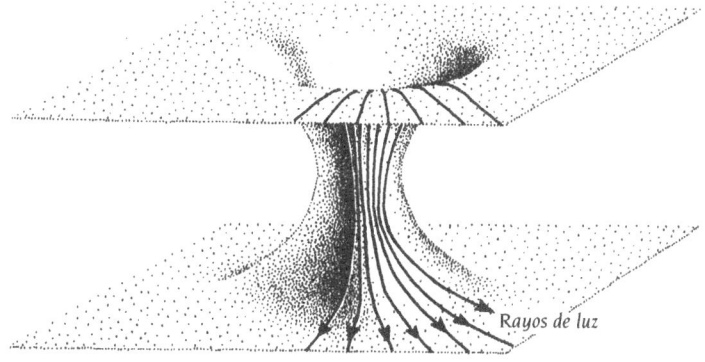

Rayos de luz

La curvatura espacio-temporal del agujero de gusano, que causa el desenfoque, está producida por el material «exótico» que atraviesa el agujero de gusano y lo mantiene abierto. Puesto que la curvatura espacio-temporal es equivalente a la gravedad, es de hecho la gravedad del material exótico la que desenfoca el haz de luz. En otras palabras, el material exótico repele gravitatoriamente los rayos de luz del haz, haciendo que se alejen unos de otros, y los desenfoca de esta forma.

Esto es precisamente lo contrario de lo que sucede en una lente gravitatoria (figura 8.2). Allí la luz de una estrella distante es enfocada por la atracción gravitatoria de una estrella o galaxia o agujero negro intermedio; aquí la luz es desenfocada.

la masa (recuadro 2.6), y que masa y energía son equivalentes (recuadro 5.2, donde la equivalencia está incorporada en la famosa ecuación de Einstein $E = Mc^2$). Esto significa que se puede considerar que la gravedad está producida por la energía. Ahora, tomemos la densidad de energía del material en el interior del agujero de gusano (su energía por centímetro cúbico), medida por un haz de luz —es decir, medida por alguien que viaja a través del agujero de gusano a (aproximadamente) la velocidad de la luz— y promediemos la densidad de energía a lo largo de la trayectoria del haz de luz. La densidad de energía promediada resultante debe ser negativa para que el material sea capaz de desenfocar el haz de luz y de mantener abierto el agujero de gusano, es decir, para que el material del agujero de gusano sea «exótico».*

Esto no significa necesariamente que el material exótico tenga una energía negativa medida por alguien en reposo dentro del agujero de gusano. La densidad de energía es un concepto relativo, no absoluto; en un sistema de referencia puede ser negativa, en otro positiva. El material exótico puede tener una densidad de energía negativa medida en el sistema de referencia de un haz de luz que viaja a través de él, pero una densidad de energía positiva medida en el sistema de referencia del agujero de gusano. De todos modos, puesto que casi todas las formas de materia que los seres humanos hemos encontrado tienen una densidad de energía promedio positiva en el sistema de referencia de *cualquiera*, los físicos han sospechado desde hace tiempo que el material exótico no puede existir. Los físicos hemos conjeturado que, presumiblemente, las leyes de la física prohíben el material exótico, pero no está claro en absoluto *de qué forma* exactamente podrían hacerlo.

Quizá nuestro prejuicio contra la existencia de material exótico sea equivocado, pensé para mí cuando viajaba por la Interestatal 5. Quizá el material exótico *puede* existir. Esta era la única forma posible de ayudar a Carl. Así que al llegar a Pasadena escribí una larga carta a Carl explicando por qué su heroína no podía utilizar agujeros negros para un viaje interestelar rápido y sugiriendo que utilizara en su lugar agujeros de gusano, y que alguien en la novela descubriera que el material exótico puede existir realmente y puede ser utilizado para mantener abiertos los agujeros de gusano. Carl aceptó mi sugerencia con gusto y la incorporó a la versión final de su novela, *Contacto*.**

Después de ofrecer mis comentarios a Carl Sagan, se me ocurrió que su novela podría servir como una herramienta pedagógica para los estudiantes de relatividad general. A modo de ayuda para tales estudiantes, durante el otoño de 1985 Mike Morris (uno de mis propios estudiantes) y yo empezamos a escri-

---

* En lenguaje técnico decimos que el material exótico «viola la condición de energía débil promediada».

** Véanse especialmente las páginas 347, 348 y 406 de *Contact* de Carl Sagan. Allí la condición exótica (densidad de energía promedio negativa vista por haces de luz que viajan a través del agujero de gusano) se expresa de una forma diferente aunque equivalente: visto por alguien en reposo en el interior del agujero de gusano, el material debe tener una gran tensión a lo largo de la dirección radial, una tensión que es mayor que la densidad de energía del material.

bir un artículo sobre las ecuaciones de la relatividad general para agujeros de gusano mantenidos por material exótico, y la relación de dichas ecuaciones con la novela de Sagan.

Escribimos lentamente. Otros proyectos eran más urgentes y tenían una mayor prioridad. Para el invierno de 1987-1988, habíamos presentado nuestro artículo al *American Journal of Physics*,[4] pero todavía no se había publicado; y Morris, próximo a finalizar sus estudios de doctorado, estaba solicitando puestos postdoctorales. Junto con sus solicitudes, Morris adjuntó el manuscrito de nuestro artículo. Don Page (catedrático en la Universidad Estatal de Pennsylvania y antiguo estudiante mío y de Hawking) recibió la solicitud, leyó nuestro manuscrito y escribió una carta a Morris.

«Querido Mike, ... se sigue inmediatamente de la Proposición 9.2.8 del libro de Hawking y Ellis, más las ecuaciones de campo de Einstein, que *cualquier* agujero de gusano [requiere material exótico para mantenerlo abierto] ... Cordialmente, Don N. Page.»

Qué estúpido me sentí. Nunca había estudiado métodos globales (capítulo 13; el tema del libro de Hawing y Ellis)[5] en profundidad, y ahora estaba pagando el precio. Había deducido en la Interestatal 5, sin demasiado esfuerzo, que para mantener abierto un agujero de gusano exactamente esférico uno debe atravesarlo con material exótico. Sin embargo, ahora, utilizando métodos globales y con menos trabajo todavía, Page había deducido que para mantener abierto *cualquier* agujero de gusano (un agujero de gusano esférico, un agujero de gusano cúbico, un agujero de gusano oblongo, un agujero de gusano con deformaciones aleatorias), uno debe atravesarlo con material exótico. Más tarde supe que Dennis Gannon y C. W. Lee llegaron casi a la misma conclusión en 1975.

Este descubrimiento, el de que todos los agujeros de gusano requieren material exótico para mantenerlos abiertos, desencadenó mucha investigación teórica durante 1988-1992. «¿Permiten las leyes de la física que exista material exótico y, si es así, en qué circunstancias?» Esta era la pregunta crucial.

Una clave para la respuesta ya la había proporcionado en los años setenta Stephen Hawking. En 1970, al demostrar que las áreas de la superficie de los agujeros negros siempre aumentan (capítulo 12), Hawking tuvo que suponer que *no* existe material exótico cerca del horizonte de ningún agujero negro. Si se diese el caso de que el material exótico pueda llegar a la vecindad del horizonte, entonces la demostración de Hawking no sería válida, su teorema no sería válido y el área de la superficie del horizonte podría contraerse. No obstante, Hawking no se preocupó mucho por esta posibilidad; en 1970 parecía bastante seguro apostar que el material exótico no puede existir.

Más tarde, en 1974, llegó una gran sorpresa: Hawking dedujo como un corolario de su descubrimiento de la evaporación de agujeros negros (capítulo 12) que *las fluctuaciones del vacío cerca del horizonte de un agujero son exóticas*:[6] tienen densidad de energía promedio negativa vista por haces de luz salientes cerca del horizonte del agujero. De hecho, es esta propiedad exótica de las fluctuaciones del vacío la que permite que el horizonte del agujero se contraiga mientras el agujero se evapora, en violación del teorema del incremento del área de Hawking. Puesto que el material exótico es tan importante para la física, explicaré esto con más detalle.

Recordemos el origen y naturaleza de las fluctuaciones del vacío tal como se discutieron en el recuadro 12.4: cuando uno trata de eliminar todos los campos eléctricos y magnéticos de cierta región del espacio, es decir, cuando uno trata de crear un vacío perfecto, siempre queda una plétora de oscilaciones electromagnéticas aleatorias e impredecibles, oscilaciones causadas por un tira y afloja entre los campos en regiones adyacentes del espacio. Los campos «aquí» toman prestada energía de los campos «allí», dejando a los campos allí con un déficit de energía, es decir, dejándolos momentáneamente con energía negativa. A continuación, los campos allí recuperan rápidamente la energía con algún exceso, haciendo su energía momentáneamente positiva, y así continúa, una y otra vez.

En las circunstancias normales de la Tierra, la energía promedio de estas fluctuaciones del vacío es nula. Pasan intervalos iguales de tiempo con déficits de energía que con excesos de energía, y el promedio del déficit y el exceso se anulan. No sucede así cerca del horizonte de un agujero negro en evaporación, sugerían los cálculos de Hawking en 1974. Cerca de un horizonte la energía promedio debe ser negativa, al menos la medida por haces de luz, lo que significa que las fluctuaciones del vacío son exóticas.

La forma en que esto sucede no fue deducida en detalle hasta comienzos de los años ochenta, cuando Don Page en la Universidad Estatal de Pennsylvania, Philip Candelas en Oxford, y muchos otros físicos utilizaron las leyes de los campos cuánticos en el espacio-tiempo curvo para examinar con gran detalle la influencia del horizonte de un agujero en las fluctuaciones del vacío. Encontraron que la influencia del horizonte es clave. El horizonte altera las fluctuaciones del vacío respecto a las formas que tendrían en la Tierra, y mediante esta distorsión hace que su densidad de energía promedio sea negativa, es decir, hace que las fluctuaciones sean exóticas.

¿En qué otras circunstancias serán exóticas las fluctuaciones del vacío? ¿Pueden ser siempre exóticas en el interior de un agujero de gusano y, en consecuencia, mantener abierto el agujero de gusano? Este fue el impulso central para el esfuerzo investigador desencadenado por la advertencia de Page de que la única forma de mantener abierto *cualquier* agujero de gusano es mediante material exótico.

La respuesta no ha llegado fácilmente, y no la conocemos por completo. Gunnar Klinkhammer (uno de mis estudiantes) ha demostrado que en el espacio-tiempo plano, es decir, lejos de cualquier objeto gravitante, las fluctuaciones del vacío *nunca* pueden ser exóticas, nunca pueden tener una densidad de energía promedio negativa medida por haces de luz. Por otra parte, Robert Wald (un antiguo estudiante de Wheeler) y Ulvi Yurtsever (un antiguo estudiante mío) han demostrado que en el espacio-tiempo curvo, en una gran variedad de circunstancias, la curvatura distorsiona las fluctuaciones del vacío y, de este modo, las hace exóticas.[7]

¿Es una de estas circunstancias un agujero de gusano que está tratando de estrangularse? ¿Puede la curvatura del agujero de gusano, al distorsionar las fluctuaciones del vacío, hacerlas exóticas y capacitarlas para mantener abierto el agujero de gusano? En el momento en que este libro va a la imprenta todavía no lo sabemos.

A comienzos de 1988, conforme progresaban los estudios teóricos sobre el material exótico, empecé a darme cuenta de la potencia del tipo de investigación que la llamada telefónica de Carl Sagan había desencadenado. De la misma forma que entre todos los experimentos físicos *reales* que un *experimentador* podría hacer, los que con mayor probabilidad darán lugar a nuevas ideas profundas sobre las leyes de la física son aquellos que llevan las leyes a su límite, también análogamente, entre todos los experimentos *mentales* que un *teórico* podría estudiar cuando pone a prueba leyes que están más allá del alcance de la tecnología moderna, aquellos que con más probabilidad dan lugar a nuevas ideas profundas son los que los llevan al límite. Y ningún tipo de experimento mental lleva las leyes de la física más al límite que el tipo desencadenado por la llamada telefónica que me hizo Carl Sagan, experimentos mentales que preguntan: «*¿qué cosas permiten hacer las leyes de la física a una civilización infinitamente avanzada, y qué cosas les prohíben las leyes?*». (Por una «civilización infinitamente avanzada» quiero decir una cuyas actividades sólo están limitadas por las leyes de la física, y no por incapacidad, falta de saber hacer o cualquier otra cosa.)

Creo que los físicos hemos tendido a evitar tales cuestiones porque están muy próximas a la ciencia ficción. Aunque muchos de nosotros podemos disfrutar leyendo ciencia ficción, o incluso podemos escribirla, tenemos miedo de hacer el ridículo frente a nuestros colegas trabajando en investigación rayana en la ciencia ficción. Por ello hemos tendido a centrarnos en otros dos tipos de cuestiones menos radicales: «¿qué tipo de cosas *suceden de forma natural* en el Universo?» (por ejemplo: ¿se dan los agujeros negros de forma natural? y ¿se dan los agujeros de gusano de forma natural?); y: «¿Qué tipo de cosas podemos hacer nosotros como seres humanos, con nuestra tecnología actual o la de un futuro próximo?» (por ejemplo: ¿podemos producir elementos nuevos, tales como el plutonio, y utilizarlos para hacer bombas atómicas? y ¿podemos producir superconductores a alta temperatura y utilizarlos para disminuir los altos costes de los trenes levitantes y las bobinas magnéticas del Supercolisionador Superconductor?).

Para 1988 yo tenía claro que los físicos habíamos sido demasiado conservadores en nuestras preguntas. Una *pregunta tipo Sagan* (como las llamaré) ya estaba empezando a dar resultados. Al preguntar: «¿Puede una civilización infinitamente avanzada mantener agujeros de gusano para viajes interestelares rápidos?», Morris y yo habíamos identificado el material exótico como la clave para el mantenimiento de un agujero de gusano, y habíamos desencadenado un esfuerzo fructífero para comprender las circunstancias en las que las leyes de la física permiten o no permiten que exista el material exótico.

Supongamos que nuestro Universo se creó (en el big bang) sin ningún agujero de gusano. Entonces eones más tarde, cuando la vida inteligente ha evolucionado y ha producido una (hipotética) civilización infinitamente avanzada, *¿puede dicha civilización infinitamente avanzada construir agujeros de gusano para viajes interestelares rápidos?* ¿Permiten las leyes de la física que se puedan construir agujeros de gusano donde previamente no había ninguno? ¿Permiten las leyes este tipo de cambio en la topología del espacio de nuestro Universo?

Estas preguntas constituyen la *segunda mitad* del problema del transporte interestelar de Carl Sagan. La *primera mitad*, el mantener un agujero de gusano una vez que ha sido construido, la resolvió Sagan con la ayuda de la materia exótica. La segunda mitad la amañó. En su novela se dice que el agujero de gusano a través del que viaja Eleanor Arroway se mantiene ahora mediante materia exótica, pero fue creado en el pasado distante por alguna civilización infinitamente avanzada de la que se ha perdido cualquier huella.

Nosotros los físicos, por supuesto, no nos sentimos satisfechos relegando la creación del agujero de gusano a la prehistoria. Queremos saber si y cómo puede cambiarse *ahora* la topología del Universo dentro de los marcos de la ley física.

Podemos imaginar dos estrategias para construir un agujero de gusano donde antes no había ninguno: una *estrategia cuántica* y una *estrategia clásica*.

La estrategia cuántica descansa en las *fluctuaciones gravitatorias del vacío* (recuadro 12.4), es decir, el análogo gravitatorio a las fluctuaciones electromagnéticas del vacío discutidas anteriormente: fluctuaciones aleatorias probabilísticas en la curvatura del espacio debidas a un tira y afloja en el que regiones adyacentes del espacio están continuamente tomando energía de las demás y devolviéndola a continuación. Se piensa que las fluctuaciones gravitatorias del vacío ocurren en cualquier lugar, pero en circunstancias ordinarias son tan minúsculas que ningún experimentador las ha detectado nunca.

De la misma forma que los movimientos degenerados aleatorios de un electrón se hacen más vigorosos cuando uno confina el electrón a una región cada vez más pequeña (capítulo 4), también las fluctuaciones gravitatorias del vacío son más vigorosas en regiones pequeñas que en regiones grandes, es decir, para longitudes de onda pequeñas antes que para longitudes de onda grandes. En 1955, John Wheeler, combinando las leyes de la mecánica cuántica y las leyes de la relatividad general en una forma provisional y rudimentaria, dedujo que en una región del tamaño de la *longitud de Planck-Wheeler,** $1,62 \times 10^{-33}$ centímetros o menor, las fluctuaciones del vacío son tan enormes que el espacio tal como lo conocemos «hierve» y se convierte en borbotones de espuma cuántica,[8] el mismo tipo de espuma cuántica que constituye el corazón de una singularidad espacio-temporal (capítulo 13; figura 14.3).

---

* La longitud de Planck-Wheeler es la raíz cuadrada del área de Planck-Wheeler (que intervenía en la fórmula de la entropía de un agujero negro, capítulo 12, p. 393); está dada por la fórmula $\sqrt{G\hbar/c^3}$, donde $G = 6,670 \times 10^{-8}$ dinas-centímetro^2/gramo^2 es la constante gravitatoria de Newton, $\hbar = 01,055 \times 10^{-27}$ ergios-segundo es la constante mecanocuántica de Planck, y $c = 2,998 \times 10^{10}$ centímetros /segundo es la velocidad de la luz.

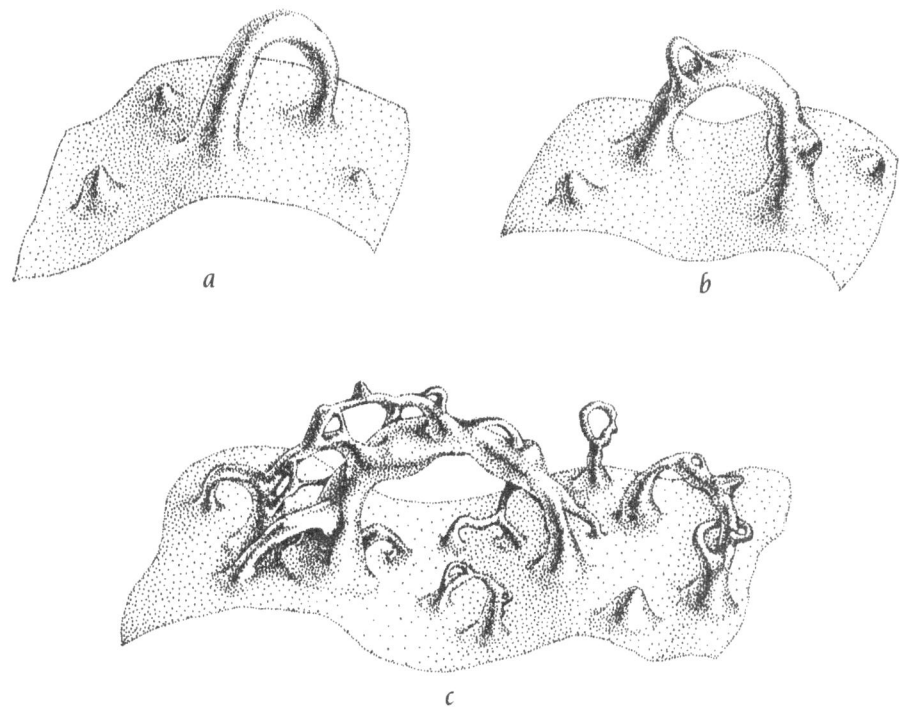

14.3. (*Igual que la figura 13.7*). Diagramas de inserción ilustrando la espuma cuántica. La geometría y la topología del espacio no están definidas; en lugar de ello, son probabilísticas. Podría haber, por ejemplo, una probabilidad del 0,1 por 100 para la forma mostrada en *a*), una probabilidad del 0,4 por 100 para *b*), una probabilidad del 0,02 por 100 para *c*), y así sucesivamente.

Por lo tanto, la espuma cuántica está en todas partes: dentro de los agujeros negros, en el espacio interestelar, en la habitación donde usted está sentado, en su cerebro. Pero para ver la espuma cuántica, uno tendría que amplificarla con un (hipotético) supermicroscopio, mirando el espacio y lo que contiene a escalas cada vez más pequeñas. Uno tendría que pasar desde la escala de usted y yo (cientos de centímetros) a la escala de un átomo (10^{-8} centímetros), a la escala de un núcleo atómico (10^{-13} centímetros), y seguir luego bajando por otros *veinte* factores de 10, hasta 10^{-33} centímetros. En las primeras escalas «grandes», el espacio parecería completamente liso, con una cantidad de curvatura muy definida (aunque minúscula). Sin embargo, a medida que la amplificación microscópica se aproximase, y luego llegase, a la escala de 10^{-32} centímetros, uno vería que el espacio comienza a retorcerse, ligeramente al principio, y luego cada vez más fuertemente hasta que, cuando una región de un tamaño de 10^{-33} centímetros ocupa por completo el ocular del supermicroscopio, el espacio se habría convertido en espuma cuántica probabilística.

Puesto que la espuma cuántica está en todas partes, resulta tentador imaginar una civilización infinitamente avanzada que desciende hasta la espuma cuántica, descubre en ella un agujero de gusano (por ejemplo, el agujero «grande» de la figura 14.3b con su 0,4 por 100 de probabilidad) y trata de atrapar dicho agujero y amplificarlo hasta un tamaño clásico. Si la civilización estuviera en verdad infinitamente avanzada, podría tener éxito en un 0,4 por 100 de tales intentos. ¿Lo tendría?

Aún no comprendemos las leyes de la gravedad cuántica lo bastante bien para saberlo. Una razón para nuestra ignorancia es que no comprendemos muy bien la propia espuma cuántica. No estamos seguros al 100 por 100 de que exista. Sin embargo, el reto de este experimento mental tipo Sagan —una civilización avanzada que extrae agujeros negros de la espuma cuántica— podría ser de cierta ayuda conceptual en los próximos años en los esfuerzos por reafirmar nuestra comprensión de la espuma cuántica y la gravedad cuántica.

Esto es todo en cuanto a la *estrategia cuántica* de creación de agujeros de gusano. ¿Cuál es la *estrategia clásica*?

En la estrategia clásica, nuestra civilización infinitamente avanzada trataría de deformar y retorcer el espacio a escalas macroscópicas (escalas humanas normales) para hacer un agujero de gusano donde previamente no existía ninguno. Parece bastante obvio que, para que tal estrategia tenga éxito, *habría que desgarrar dos agujeros en el espacio y unirlos*. La figura 14.4 muestra un ejemplo.

Ahora bien, cualquier desgarrón semejante del espacio produce, momentáneamente, en el punto del desgarrón una singularidad del espacio-tiempo, es decir, un borde abrupto en el que termina el espacio-tiempo; y puesto que las singularidades están gobernadas por las leyes de la gravedad cuántica, semejante estrategia para hacer agujeros de gusano es en realidad mecanocuántica, no clásica. No sabremos si está permitida hasta que comprendamos las leyes de la gravedad cuántica.

¿No hay salida? ¿No hay forma de hacer un agujero de gusano sin meternos en líos con las mal comprendidas leyes de la gravedad cuántica, no hay ninguna manera *perfectamente clásica*?

De modo algo sorprendente, *sí* la hay... pero sólo si uno paga un alto precio. En 1966, Robert Geroch (un estudiante de Wheeler en Princeton) utilizó métodos globales para demostrar que es *posible* construir un agujero de gusano mediante una deformación y retorcimiento del espacio-tiempo suave y libre de singularidades, pero sólo puede hacerse si, durante la construcción, el tiempo también se retuerce visto en todos los sistemas de referencia.* Más concretamente, mientras se procede a la construcción debe ser posible viajar hacia atrás en el tiempo[9] tanto como hacia adelante; la «maquinaria» que hace la construcción, cualquiera que pueda ser, debe funcionar brevemente como una máquina del tiempo que lleva las cosas de regreso desde los momentos finales de la construcción hacia los momentos iniciales (pero no a los momentos anteriores al comienzo de la construcción).

---

* Me gustaría poder dibujar una sencilla y clara figura para mostrar cómo se consigue esta creación suave de un agujero de gusano; por desgracia, no puedo hacerlo.

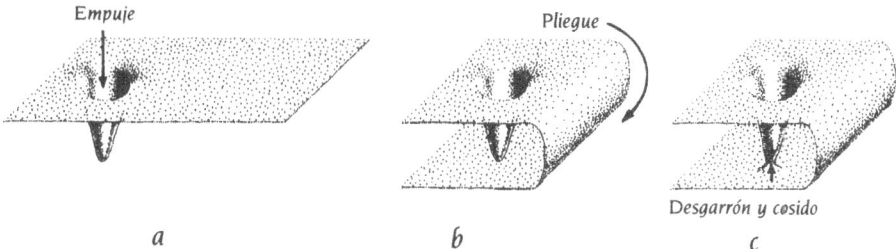

Empuje

Pliegue

Desgarrón y cosido

a　　　　　　　　*b*　　　　　　　　*c*

14.4.　Una estrategia para hacer un agujero de gusano. *a*) Se crea un «calcetín» en la curvatura del espacio. *b*) El espacio fuera del calcetín se dobla suavemente en el hiperespacio. *c*) Se rasga un pequeño agujero en el fondo del calcetín, se rasga un agujero en el espacio justo debajo del agujero, y se «cosen» los bordes de los agujeros. Esta estrategia parece clásica (macroscópica) a primera vista. Sin embargo, el rasgado produce, al menos momentáneamente, una singularidad espacio-temporal que está gobernada por las leyes de la gravedad cuántica, de modo que esta estrategia es realmente cuántica.

La reacción general al teorema de Geroch, en 1967, fue: «*Seguramente* las leyes de la física prohíben las máquinas del tiempo, y así impedirán que un agujero de gusano se pueda construir clásicamente, es decir, sin desgarrar agujeros en el espacio».

En las décadas transcurridas desde 1967, algunas cosas que se creían *seguras* se han demostrado falsas. (Por ejemplo, nunca habríamos creído en 1967 que un agujero negro pudiera evaporarse.) Esto nos ha enseñado a ser cautos. Como parte de nuestra cautela, y desencadenada por cuestiones tipo Sagan, empezamos a preguntarnos a finales de los años ochenta: «¿*Realmente* prohíben las leyes de la física las máquinas del tiempo y, si lo hacen, *cómo*? ¿Cómo podrían las leyes imponer tal prohibición?». Volveré más adelante a esta cuestión.

Detengámonos ahora y recapitulemos. En 1993 nuestra mejor comprensión de los agujeros de gusano es la siguiente: si no se hubieran formado agujeros de gusano en el big bang, entonces una civilización infinitamente avanzada podría tratar de construir uno mediante dos métodos, el cuántico (extrayéndolo de la espuma cuántica) o el clásico (retorciendo el espacio-tiempo sin desgarrarlo). *No* entendemos suficientemente bien las leyes de la gravedad cuántica para deducir, en 1993, si es posible la construcción cuántica de agujeros de gusano. *Sí* comprendemos bastante bien las leyes de la gravedad clásica (relatividad general) para saber que la construcción clásica de agujeros de gusano está permitida sólo si la maquinaria de construcción, cualquiera que pueda ser, retuerce el tiempo tan violentamente, visto en cualquier sistema de referencia, que produce, al menos brevemente, una máquina del tiempo.

Sabemos también que si una civilización infinitamente avanzada consigue de alguna manera un agujero de gusano, entonces la única forma de mantener abierto el agujero (de modo que pueda utilizarse para un viaje interestelar) es atravesándolo con material exótico. Sabemos que las fluctuaciones del vacío del campo electromagnético son una forma prometedora de material exótico: pueden ser exóticas (tener una densidad de energía promedio negativa medida por un haz de luz) en el espacio-tiempo curvo en una amplia variedad de circunstancias. Sin embargo, *no* sabemos aún si pueden ser exóticas dentro de un agujero de gusano y mantener de este modo abierto el agujero.

En las próximas páginas supondré que una civilización infinitamente avanzada ha conseguido de alguna manera un agujero de gusano y lo está manteniendo abierto por medio de algún tipo de material exótico; y plantearé qué otros usos, además del viaje interestelar, podría encontrar la civilización para su agujero de gusano.

Máquinas del tiempo

En diciembre de 1986 tuvo lugar en Chicago, Illinois, el decimocuarto Symposium Texas bienal sobre Astrofísica Relativista. Estos symposia «Texas», estructurados siguiendo el que tuvo lugar en Dallas, Texas, en 1963, donde se discutió por primera vez el misterio de los cuásares (capítulos 7 y 9), se habían convertido ahora en una institución firmemente establecida. Fui al symposium y di charlas sobre los sueños y planes para LIGO (capítulo 10). Mike Morris (mi estudiante de los «agujeros de gusano») también asistió, para hacer su primera auténtica exposición ante la comunidad internacional de astrofísicos y físicos relativistas.

En los pasillos entre conferencia y conferencia, Morris conoció a Tom Roman, un joven profesor ayudante de la Central Connecticut State University que, varios años antes, había proporcionado profundas ideas sobre la materia exótica. Su conversación derivó rápidamente hacia los agujeros de gusano. «Si realmente pudiera mantenerse abierto un agujero de gusano, entonces permitiría viajar a distancias interestelares a mayor velocidad que la luz —notó Roman—. «¿Significa esto que uno puede utilizar también un agujero de gusano para viajar hacia atrás en el tiempo?»

¡Qué estúpidos nos sentimos Mike y yo! Por supuesto; Roman tenía razón. Nosotros, de hecho, habíamos oído hablar sobre tales viajes en el tiempo en un famoso poema jocoso de nuestra infancia:

> Había una vez una señora llamada Brillo
> que viajaba mucho más rápido que la luz.
> Un día partió de una manera relativa
> y volvió a casa la noche anterior.*

Con el comentario de Roman y el famoso poema aguijoneándonos, fácilmente imaginamos cómo construir una máquina del tiempo utilizando dos agujeros

---

* [There once was a lady named Bright / who traveled much faster than light. / She departed one day in a relative way / and came home the previous night.]

de gusano que se mueven a gran velocidad uno respecto al otro.* (No describiré aquí esta máquina del tiempo porque es algo complicada y existe una máquina del tiempo más sencilla y más fácil de describir a la que llegaré pronto.)

Yo soy un solitario; me gusta retirarme a las montañas o a un lugar aislado en la costa, o incluso simplemente a un ático, y pensar. Las ideas nuevas llegan lentamente y su gestación requiere mucho tiempo de tranquilidad y sin molestias; y los cálculos que más merecen la pena requieren días o semanas de concentración intensa y constante. Una llamada telefónica en el mal momento puede romper el equilibrio de mi concentración y hacerme perder horas. Así que me oculto del mundo.

Pero ocultarse durante mucho tiempo es peligroso. De vez en cuando necesito el estímulo punzante de conversaciones con personas cuyos puntos de vista y experiencias sean diferentes de los míos.

En este capítulo he descrito hasta el momento tres ejemplos de ello. Sin la llamada telefónica de Carl Sagan, y el reto de hacer su novela científicamente correcta, nunca me habría aventurado en la investigación sobre agujeros de gusano y máquinas del tiempo. Sin la carta de Don Page, Mike Morris y yo nunca habríamos sabido que todos los agujeros de gusano, independientemente de su forma, necesitan material exótico para mantenerlos abiertos. Y sin el comentario de Tom Roman, Morris y yo podríamos haber seguido alegremente inconscientes de que una civilización avanzada puede hacer fácilmente una máquina del tiempo a partir de agujeros de gusano.

En las páginas que siguen describiré otros ejemplos del papel crucial de los contactos punzantes. Sin embargo, no *todas* las ideas aparecen de esta forma. Algunas surgen de la introspección. Junio de 1987 fue un caso típico.

A comienzos de junio de 1987, al concluir varios meses de enseñanza frenética en las aulas y discusiones con mi grupo de investigación y el equipo de LIGO, me retiré, exhausto, en aislamiento.

Algo me había estado royendo durante toda la primavera, y yo había estado

---

* Esta máquina del tiempo y otras descritas más adelante en este capítulo no son ni mucho menos las primeras soluciones tipo máquina-del-tiempo a la ecuación de campo de Einstein que se hayan encontrado. En 1937, W. J. van Stockum en Edimburgo descubrió una solución en la que un cilindro infinitamente largo y en rotación rápida funciona como una máquina del tiempo. Los físicos han objetado durante mucho tiempo que nada en el Universo puede ser infinitamente largo, y han sospechado (pero nadie ha demostrado) que, si la longitud del cilindro se hiciese finita, dejaría de ser una máquina del tiempo. En 1949, Kurt Gödel, en el Institute for Advanced Study de Princeton, Nueva Jersey, encontró una solución a la ecuación de Einstein que describe un universo entero que gira pero no se expande ni contrae, y en el que se puede viajar hacia atrás en el tiempo simplemente yendo a una gran distancia de la Tierra y volviendo a continuación. Los físicos objetan, por supuesto, que nuestro Universo real no se parece en absoluto a la solución de Gödel: *no* está girando, al menos no mucho, y se está expandiendo. En 1976 Frank Tipler utilizó la ecuación de campo de Einstein para demostrar que, para crear una máquina del tiempo en una región espacial de tamaño finito, uno debe utilizar material exótico como parte de la máquina. (Puesto que cualquier agujero de gusano practicable debe estar atravesado por material exótico, la máquina del tiempo basada en un agujero de gusano descrito en este capítulo satisface el requisito de Tipler.)[10]

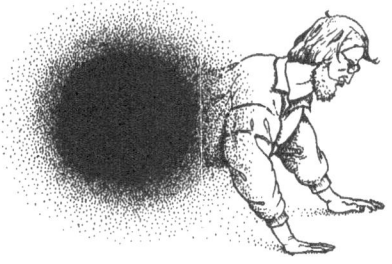

14.5. Una imagen que me muestra arrastrándome a través de un agujero de gusano hipotético muy corto.

tratando de ignorarlo en espera de algunos días de tranquilidad para sopesarlo. Finalmente, esos días habían llegado. En aislamiento, dejé que lo que me roía saliese de mi subconsciente y empecé a examinarlo: «*¿cómo decide el tiempo el modo de conectarse consigo mismo a través de un agujero de gusano?*». Este era el *quid* de la cuestión.

Para hacer más concreta esta pregunta, pensé en un ejemplo: supongamos que yo tengo un agujero de gusano muy corto, uno cuyo túnel a través del hiperespacio es de sólo 30 centímetros de longitud, y supongamos que las dos bocas del agujero de gusano —dos esferas, de 2 metros de diámetro cada una de ellas— están situadas en la sala de estar de mi casa en Pasadena. Y supongamos que entro en el agujero de gusano, introduciendo primero la cabeza. Desde mi punto de vista, debo salir por la segunda boca inmediatamente después de entrar por la primera, sin ninguna demora; de hecho, mi cabeza está saliendo de la segunda boca mientras mis pies todavía están entrando en la primera. ¿Significa esto que mi mujer, Carolee, situada en el sofá de la sala de estar, también verá que mi cabeza sale de la segunda boca mientras mis pies aún se están introduciendo en la primera, como en la figura 14.5? Si es así, entonces el tiempo «se conecta consigo mismo *a través* del agujero de gusano» de la misma forma que se conecta *por fuera* del agujero de gusano.

Por otra parte, me pregunté, ¿no es posible que, aunque el viaje a través del agujero de gusano casi no necesita tiempo visto por mí, Carolee deba esperar una hora antes de que me vea emerger por la segunda boca; y no es también posible que ella me vea emerger una hora antes de que yo entre? Si es así, entonces el tiempo se conectaría *a través* del agujero de gusano de una forma diferente de la que se conecta *por fuera* del agujero de gusano.

¿Qué haría posible que el tiempo se comportase de una forma tan extraña?, me pregunté. Por otra parte, ¿por qué no debería comportarse de esta forma? Sólo las leyes de la física saben la respuesta, razoné. De algún modo yo debería ser capaz de deducir a partir de las leyes de la física cómo se comporta exactamente el tiempo.

Como ayuda para comprender cómo las leyes de la física controlan la conexión del tiempo, pensé en una situación más complicada. Supongamos que una

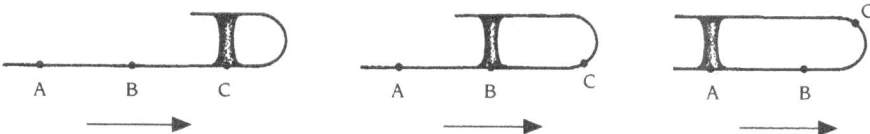

14.6.   Explicación de cómo puede moverse una boca de un agujero de gusano con respecto a la otra vistas en el Universo exterior, mientras la longitud del agujero de gusano permanece constante. Uno de los diagramas es un diagrama de inserción como los de la figura 14.1, visto de perfil. Los diagramas constituyen una secuencia de instantáneas que muestran el movimiento del Universo y el agujero de gusano *con respecto al hiperespacio*. (Recuérdese, sin embargo, que el hiperespacio es solamente una ficción útil de nuestra imaginación; no hay modo de que nosotros como seres humanos podamos verlo o experimentarlo alguna vez en la realidad; véanse las figuras 3.2 y 3.3.) Con respecto al hiperespacio, la parte inferior de nuestro Universo se está deslizando hacia la derecha en los diagramas, mientras el agujero de gusano y la parte superior de nuestro Universo permanecen en reposo. En consecuencia, tal como se ve en nuestro Universo, las bocas del agujero de gusano se están moviendo una respecto a la otra (se están alejando), pero tal como se ve a través del agujero de gusano están en reposo mutuo; la longitud del agujero de gusano no cambia.

boca del agujero de gusano está en reposo en mi sala de estar y la otra está en el espacio interestelar, alejándose de la Tierra a una velocidad próxima a la de la luz. Y supongamos que, a pesar de este movimiento relativo de sus dos bocas, la longitud del agujero de gusano (la longitud de su túnel a través del hiperespacio) permanece siempre fija en 30 centímetros. (La figura 14.6 explica cómo es posible que la longitud del agujero de gusano permanezca constante mientras sus bocas, vistas en el Universo externo, se mueven una con respecto a la otra.) Entonces, vistas en el Universo externo las dos bocas están en diferentes sistemas de referencia, sistemas que se mueven a gran velocidad uno con respecto al otro; y por ello *las bocas deben experimentar diferentes flujos de tiempo.* Por otra parte, vistas a través del interior del agujero de gusano las bocas están en reposo una con respecto a la otra, de modo que comparten un sistema de referencia común, lo que significa que *las bocas deben experimentar el mismo flujo de tiempo.* Desde el punto de vista externo experimentan flujos de tiempo diferentes, y desde el punto de vista interno experimentan el mismo flujo de tiempo; ¡qué confuso!

Poco a poco, en mi tranquilo aislamiento, la confusión cedió y todo se hizo claro. Las leyes de la relatividad general predicen inequívocamente el flujo de tiempo en las dos bocas, y predicen inequívocamente que los dos flujos de tiempo serán *los mismos* cuando se comparen a través del agujero de gusano, pero serán *diferentes* cuando se comparen fuera del agujero de gusano. En este sentido, cuando las dos bocas se están moviendo una con respecto a la otra el tiempo se conecta consigo mismo de forma diferente a través del agujero de gusano que a través del Universo externo.

Entonces me di cuenta que esta diferencia de conexión implica que *una civilización infinitamente avanzada puede hacer una máquina del tiempo a par-*

tir de un solo agujero de gusano. No se necesitan dos agujeros de gusano. ¿Cómo? Fácilmente, si ustedes son infinitamente avanzados.

Para explicar cómo es esto posible, decribiré un experimento mental en el que nosotros los seres humanos somos seres infinitamente avanzados. Carolee y yo encontramos un agujero de gusano muy corto, y colocamos una de sus bocas en la sala de estar de nuestra casa y la otra en nuestra nave espacial familiar, que está fuera en el jardín delante de nuestra casa.

Ahora bien, como demostrará este experimento mental, la forma en que el tiempo se conecta a través de cualquier agujero de gusano depende de la historia pasada del agujero de gusano. Por simplicidad, supondré que cuando Carolee y yo adquirimos por primera vez el agujero de gusano, éste tiene la conexión de tiempo más simple: la misma conexión a través del interior del agujero de gusano que a través del Universo exterior. En otras palabras, si yo me introduzco en el agujero de gusano, Carolee, yo y cualquier otra persona en la Tierra estará de acuerdo en que yo emerjo de la boca situada en la nave espacial en el mismo instante esencialmente en que yo entré en la boca de la sala de estar.

Habiendo comprobado que el tiempo está realmente conectado de esta forma a través del agujero de gusano, Carolee y yo hacemos un plan: yo permaneceré en casa en nuestra sala de estar con una boca, mientras Carolee se llevará de viaje la otra boca en nuestra nave espacial a muy alta velocidad por el Universo y luego regresará. Durante todo el viaje mantendremos unidas nuestras manos a través del agujero de gusano (véase la figura 14.7).

Carolee sale a las 9:00 a.m. del 1 de enero del año 2000, según el tiempo medido por ella misma, por mí y por cualquier otra persona en la Tierra. Carolee se aleja de la Tierra a una velocidad próxima a la de la luz durante 6 horas medidas en su propio tiempo; luego invierte su curso y regresa, llegando al jardín delantero 12 horas después de su salida, medidas en su propio tiempo.* Mantengo unidas mis manos con las suyas y la observo a través del agujero de gusano durante todo el viaje, de modo que obviamente coincidiré, *mientras miro a través del agujero de gusano*, en que ella ha regresado después de exactamente 12 horas, a las 9:00 p.m. del 1 de enero del 2000. Mirando a través del agujero de gusano a las 9:00 p.m., puedo ver no sólo a Carolee; también puedo ver, detrás de ella, nuestro jardín delantero y nuestra casa.

Luego, a las 9:01 p.m., vuelvo la cabeza y miro a la ventana... y allí veo un jardín delantero vacío. La nave espacial no está allí; Carolee y la otra boca del agujero de gusano no están allí. En lugar de ello, si yo tuviera un telescopio suficientemente bueno apuntando a través de la ventana, vería a la nave espacial de Carolee alejarse de la Tierra en su viaje de ida, un viaje que, medido en la Tierra, *mirando a través del Universo externo*, requerirá 10 años. [Esta es la «paradoja de los gemelos» estándar; el «gemelo» que va y vuelve a gran

---

* En realidad, si Carolee llegase a acelerar hasta alcanzar la velocidad de la luz y luego frenase rápidamente, la aceleración sería tan grande que la mataría y mutilaría su cuerpo. Sin embargo, en el espíritu del experimento mental de un físico, supondré que su cuerpo está hecho de algo tan resistente que puede sobrevivir sin problemas a la aceleración.

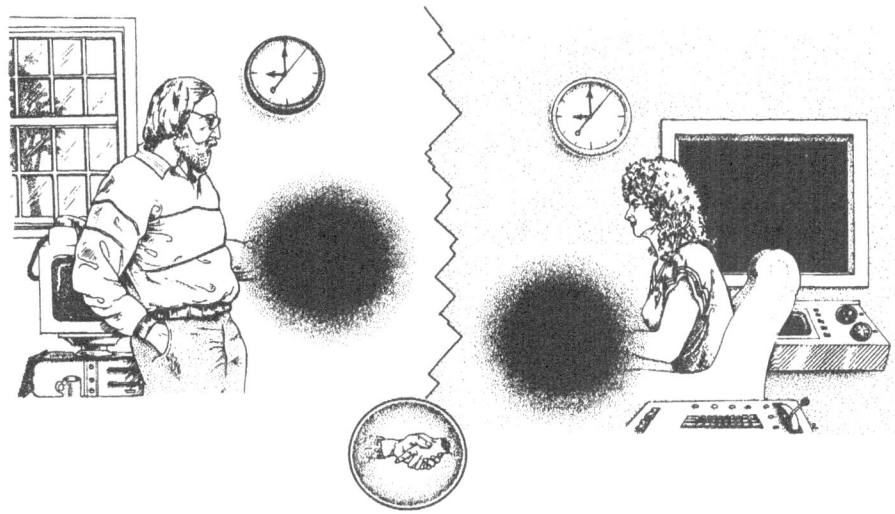

14.7.   Carolee y yo construimos una máquina del tiempo a partir de un agujero de gusano. *Izquierda*: yo permanezco en casa en Pasadena con una boca del agujero de gusano y uno mis manos a las de Carolee a través del agujero de gusano. *Derecha*: Carolee se lleva la otra boca en un viaje a alta velocidad a través del Universo. *Centro*: nuestras manos dentro del agujero de gusano.

velocidad (Carolee) mide un intervalo de tiempo de sólo 12 horas, mientras que el «gemelo» que permanece en la Tierra (yo) debe esperar 10 años hasta que se complete el viaje.]

Yo sigo entonces mi rutina de vida cotidiana. Día tras día, mes tras mes, año tras año, sigo mi vida, esperando; hasta que finalmente, el 1 de enero del 2010, Carolee regresa de su viaje y aterriza en el jardín delantero. Salgo a su encuentro y descubro, como esperaba, que ella sólo ha envejecido 12 horas, no 10 años. Ella está sentada allí, en la nave espacial, con su mano introducida en la boca del agujero de gusano, estrechando las manos a alguien. Permanezco detrás de ella, miro dentro de la boca, y veo que la persona cuya mano estrecha ella soy yo mismo, 10 años más joven, sentado en nuestra sala de estar el 1 de enero del 2000. El agujero de gusano se ha convertido en una máquina del tiempo. Si yo penetro ahora (el 1 de enero del 2010) en la boca del agujero de gusano situada en la nave espacial, saldré por la otra boca en nuestra sala de estar el 1 de enero del 2000, y allí me encontraré con mi yo más joven. Análogamente, si mi yo más joven entra en la boca de la sala de estar el 1 de enero del 2000, saldrá por la boca de la nave espacial el 1 de enero del 2010. El viaje a través del agujero de gusano en una dirección me lleva 10 años hacia atrás en el tiempo; el viaje en la otra dirección me lleva 10 años hacia adelante.

Ni yo ni cualquier otro, sin embargo, podemos utilizar el agujero de gusano para viajar hacia atrás en el tiempo hasta antes de las 9:00 p.m. del 1 de enero del 2000. Es imposible viajar a un tiempo anterior a cuando el agujero de gusa-no se convirtió inicialmente en una máquina del tiempo.

Las leyes de la relatividad general son inequívocas. Si se pueden mantener abiertos los agujeros de gusano mediante material exótico, entonces éstas son las predicciones de la relatividad general.

En el verano de 1987, aproximadamente un mes después de que llegara a estas predicciones, Richard Price telefoneó a Carolee. Richard —un íntimo amigo mío y el hombre que dieciséis años antes había demostrado que un agujero ne-gro radia todo su «pelo» (capítulo 7)— estaba preocupado por mí. Había oído que yo estaba trabajando sobre la teoría de las máquinas del tiempo y temía que me hubiese vuelto un poco loco o senil o... Carolee trató de tranquilizarle.

La llamada de Richard me chocó un poco. No porque yo dudase de mi pro-pia salud; tenía pocas dudas. Sin embargo, si incluso mis amigos íntimos esta-ban preocupados, entonces (al menos como protección para Mike Morris y mis otros estudiantes, si no para mí mismo) tendría que tener mucho cuidado en la forma de presentar nuestra investigación a la comunidad de los físicos y al público en general.

Como parte de mi cautela, durante el invierno de 1987-1988 decidí proceder lentamente antes de publicar cualquier cosa sobre máquinas del tiempo. Junto con dos estudiantes, Mike Morris y Ulvi Yurtsever, me concentré en tratar de comprender todo lo que pudiera sobre agujeros de gusano y sobre el tiempo. Sólo publicaría algo cuando todos los puntos fueran cristalinos.

Morris, Yurtsever y yo trabajamos juntos comunicados por ordenador y por teléfono, puesto que yo estaba oculto en aislamiento. Carolee había aceptado un puesto postdoctoral de dos años en Madison, Wisconsin, y yo la había acom-pañado como «amo de casa» durante los primeros siete meses (enero-julio de 1988). Había instalado mi ordenador y mis mesas de trabajo en el ático de la casa que alquilamos en Madison; y pasaba la mayor parte de mis horas de espera allí en el ático, pensando, calculando y escribiendo, fundamentalmente sobre otros proyectos, pero parcialmente sobre los agujeros de gusano y el tiempo.

Para estimular y poner a prueba mis ideas frente a «oponentes» capacita-dos, cada pocas semanas me dirigía a Milwaukee a hablar con un excelente grupo de investigadores en relatividad dirigido por John Friedman y Leonard Parker, y en ocasiones me dirigía a Chicago a hablar con otro excelente grupo dirigido por Subrahmanyan Chadrasekhar, Robert Geroch y Robert Wald.

En una visita a Chicago en marzo, tuve un sobresalto. Di un seminario des-cribiendo todo lo que comprendía sobre agujeros de gusano y máquinas del tiempo; y después del seminario, Geroch y Wald me preguntaron: «*¿No queda-ría un agujero de gusano automáticamente destruido en el momento en que una civilización avanzada tratese de convertirlo en una máquina del tiempo?*».

¿Por qué? ¿Cómo? Quise saber. Ellos se explicaron. Traducido en el len-guaje de la historia de Carolee y yo, su explicación era la siguiente: imaginemos que Carolee está regresando a la Tierra con una boca de agujero de gusano en su nave espacial y yo estoy sentado en casa en la Tierra con la otra. Cuando la nave espacial está a menos de 10 años-luz de la Tierra, repentinamente se hace posible que la radiación (ondas electromagnéticas) utilice el agujero de gusano para viajar en el tiempo: cualquier pequeña cantidad aleatoria de radiación que deje nuestra casa en Pasadena viajando a la velocidad de la luz hacia la nave espacial puede llegar a la nave en un tiempo de 10 años (visto desde la Tierra), entrar allí en la boca del agujero negro, viajar hacia atrás en el tiempo durante 10 años (visto desde la Tierra), y salir por la boca de la Tierra exactamente en el mismo instante en que empezó su viaje. La radiación se acumula sobre sí misma, no sólo en el espacio sino en el espacio-tiempo, duplicando su intensidad. Y lo que es más, durante el viaje cada quantum de radiación (cada fotón) verá incrementada su energía debido al movimiento relativo de las bocas del agujero de gusano (un incremento por «desplazamiento Doppler»).

Después del próximo viaje de ida y vuelta de la radiación a la nave espacial a través del agujero de gusano, aquélla regresa otra vez en el mismo instante en que partió y otra vez se acumula sobre sí misma, de nuevo con un incremento Doppler de energía. Esto sucede una y otra vez, haciendo infinitamente intenso el haz de radiación (figura 14.8a).

De este modo, empezando con una cantidad de radiación arbitrariamente minúscula, se crea un haz de energía infinita que atraviesa el espacio entre las dos bocas del agujero de gusano. Al pasar el haz a través del agujero de gusano, argumentaban Geroch y Wald, producirá una curvatura infinita del espacio-tiempo y probablemente destruirá el agujero de gusano, impidiendo así que el agujero de gusano se convierta en una máquina del tiempo.

Dejé Chicago y conduje aturdido por la Interestatal 90 hacia Madison. Mi mente estaba llena de imágenes geométricas de haces de radiación yendo de una boca del agujero de gusano a la otra, mientras las bocas se acercaban. Estaba tratando de calcular, gráficamente, qué *sucedería* exactamente. Estaba tratando de comprender si Geroch y Wald tenían razón o se equivocaban.

Poco a poco, conforme me acercaba a la frontera de Wisconsin, las imágenes se hicieron claras en mi cabeza. El agujero de gusano *no* sería destruido. Geroch y Wald habían pasado por alto un hecho crucial: cada vez que el haz de radiación pasa a través del agujero de gusano, el agujero de gusano lo *desenfoca* a la manera del recuadro 14.1 *supra*. Después de la desfocalización, el haz sale de la boca en la Tierra y se dispersa sobre una amplia zona del espacio, de modo que sólo una minúscula fracción de la radiación puede quedar atrapada por la boca de la nave espacial y ser transportada de vuelta a la Tierra a través del agujero de gusano para «acumularse» sobre sí misma (figura 14.8b).

Pude hacer visualmente la suma en mi cabeza mientras conducía. Sumando toda la radiación de todos los viajes a través del agujero de gusano (una cantidad cada vez más minúscula tras cada viaje desfocalizador), calculé que el haz final sería débil; demasiado débil para destruir el agujero de gusano.

Mi cálculo resultó ser correcto; pero, como explicaré más adelante, debería haber sido más cauto. Esta escaramuza con la destrucción del agujero de gusano

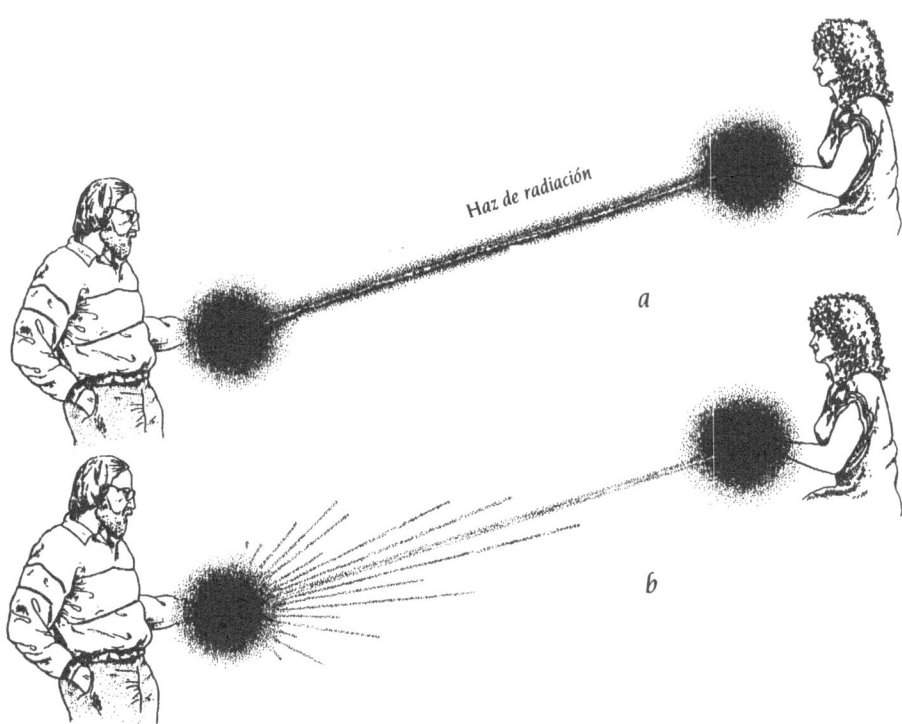

14.8.   *a*) La sugerencia de Geroch-Wald sobre cómo podría quedar destruido un agujero de gusano cuando uno trata de convertirlo en una máquina del tiempo. Un intenso haz de radiación viaja entre las dos bocas y a través del agujero de gusano, sumándose consigo mismo y reforzándose. El haz se hace de energía infinita y destruye al agujero de gusano. *b*) Lo que ocurre realmente. El agujero de gusano abre el haz, reduciendo la cantidad de acumulación. El haz se mantiene débil; el agujero de gusano no se destruye.

debería haberme advertido de los peligros inesperados que aguardan a cualquier constructor de máquinas del tiempo.

Cuando los estudiantes licenciados llegan a su último año de investigación me proporcionan con frecuencia gran alegría. Proponen ideas capitales de su propia cosecha; discuten conmigo y ganan; me enseñan cosas inesperadas. Eso fue lo que sucedió con Morris y Yurtsever cuando avanzábamos poco a poco hacia el final de nuestro manuscrito para el *Physical Review Letters*. Gran parte de los detalles y las ideas técnicas del manuscrito eran suyas.

Conforme nuestro trabajo se acercaba hacia su final, yo oscilaba entre la preocupación por poner en peligro las reputaciones científicas en ciernes de Morris y Yurtsever con una etiqueta de «físicos chiflados de ciencia ficción» y el entusiasmo por las cosas que habíamos aprendido y por haber reparado en que las preguntas tipo Sagan pueden ser poderosas en la investigación física. En el último minuto, cuando terminábamos el artículo, desterré mi cautela (que

Morris y Yurtsever no parecían compartir) y acordé con ellos dar a nuestro artículo el título de «Agujeros de gusano, máquinas del tiempo y la condición de energía débil» (siendo «condición de energía débil» el término técnico asociado con «materia exótica»).

A pesar de las «máquinas del tiempo» que aparecían en el título, nuestro artículo fue aceptado sin reparos para su publicación. Los evaluadores anónimos parecían ser favorables; di un suspiro de alivio.

Cuando se aproximaba la fecha de publicación volví a ser presa de la preocupación; pedí al equipo de la Oficina de Relaciones Públicas del Caltech que evitara y, en realidad, intentara suprimir *cualquier* publicidad sobre nuestra investigación en máquinas del tiempo. Un golpe sensacional en la prensa podría etiquetar de chiflada nuestra investigación a los ojos de muchos físicos, y yo quería que nuestro artículo fuese estudiado seriamente por la comunidad física. El equipo de relaciones públicas estuvo de acuerdo.

Nuestro artículo se publicó[11] y todo fue bien. Tal como yo había esperado, la prensa lo ignoró, pero generó interés y controversia entre los físicos. Las cartas se sucedieron, planteando preguntas y desafiando nuestras afirmaciones; pero habíamos hecho nuestro trabajo. Teníamos respuestas.

Las reacciones de mis amigos fueron diversas. Richard Price continuó preocupándose; había decidido que yo no estaba loco o senil, pero temía que empañase mi reputación. Por el contrario, mi amigo ruso Igor Novikov estaba entusiasmado. Telefoneándome desde Santa Cruz, California, donde estaba de visita, Novikov dijo: «¡Me siento tan feliz, Kip! Habéis roto la barrera. ¡Si *vosotros* podéis publicar investigación sobre las máquinas del tiempo, entonces también puedo hacerlo *yo*!». Y así lo hizo, sin dilación.

La paradoja del matricida

Entre las controversias levantadas por nuestro artículo, la más encendida era la concerniente a lo que me gusta llamar la *paradoja del matricida*:* si tengo una máquina del tiempo (basada en un agujero de gusano o en cualquier otra cosa), podría utilizarla para retroceder en el tiempo y matar a mi madre antes de que yo fuera concebido, impidiéndome así a mí mismo el haber nacido y poder matar a mi madre.**

Para la paradoja del matricida resulta capital la cuestion del *libre albedrío*. ¿Tengo o no tengo, como ser humano, el poder de determinar mi propio destino? ¿Puedo *realmente* matar a mi madre, después de retroceder en el tiempo,

---

* En la mayor parte de la literatura de ciencia ficción se utiliza el término «paradoja del abuelo» más que el de «paradoja del matricida». Presumiblemente los hombres caballerosos que dominan la profesión de escribir ciencia ficción se sienten más cómodos remontando el asesinato a una generación más atrás y cometiéndolo sobre un varón.

** Mis cuatro hermanos y yo respetamos y obedecemos a nuestra madre; véase, por ejemplo, la nota al pie de la página 247. Por consiguiente, he pedido y recibido permiso de mi madre para utilizar este ejemplo.

o (como en tantas historias de ciencia ficción) algo detendrá mi mano inevitablemente cuando trate de apuñalarla mientras duerme?

Ahora bien, incluso en un universo sin máquinas del tiempo, el libre albedrío es algo terriblemente difícil de tratar por los físicos. Normalmente tratamos de evitarlo. Sólo confunde cuestiones que de otra forma estarían claras. Con las máquinas del tiempo, mucho más. En consecuencia, antes de publicar nuestro artículo (pero después de largas discusiones con nuestros colegas de Milwaukee), Morris, Yurtsever y yo decidimos evitar por completo la cuestión del libre albedrío. Insistimos en no hacer ninguna mención en prensa sobre la cuestión de los seres humanos que viajan en una máquina del tiempo basada en un agujero de gusano. En su lugar, tratamos *sólo* con cosas sencillas e inanimadas que viajan en el tiempo, tales como las ondas electromagnéticas.

Antes de la publicación pensamos mucho sobre ondas que viajan hacia atrás en el tiempo a través de un agujero de gusano; investigamos arduamente las paradojas irresolubles sobre la evolución de las ondas. Finalmente (y con aguijoneos decisivos por parte de John Friedman), nos convencimos de que probablemente no habría *ninguna paradoja irresoluble*, y así lo conjeturamos en nuestro artículo.[12]* Incluso ampliamos nuestras conjeturas para sugerir que nunca habría paradojas irresolubles para *cualquier* objeto inanimado que atravesara el agujero de gusano. Fue esta conjetura la que creó más controversia.

De las cartas que recibimos, la más interesante procedía de Joe Polchinski, un profesor de física en la Universidad de Texas en Austin. Polchinski escribió: «Querido Kip, ... Si lo he entendido correctamente, estáis conjeturando que en vuestra [máquina del tiempo basada en un agujero de gusano no habrá paradojas irresolubles]. Me parece que ... no es así». Luego planteaba una variante elegante y sencilla de la paradoja del matricida, una variante en la que *no* está implicado el libre albedrío y que por ello nos sentíamos competentes para analizar.

Tomemos un agujero de gusano del que se ha hecho una máquina del tiempo y coloquemos sus dos bocas en reposo, una cerca de la otra, en el espacio interplanetario (figura 14.9). Entonces, si se lanza una bola de billar hacia la boca derecha desde una posición inicial apropiada y con una velocidad inicial apropiada, la bola entrará por la boca derecha, viajará hacia atrás en el tiempo y saldrá por la boca izquierda antes de haber entrado en la derecha (visto por usted y yo fuera del agujero de gusano), y entonces golpeará a su yo más joven, impidiéndose a sí misma el haber entrado en la boca derecha y golpearse a sí misma.

Esta situación, como la paradoja del matricida, implica la vuelta atrás en el tiempo y el cambio de la historia. En la paradoja del matricida, yo vuelvo atrás en el tiempo y, al matar a mi madre, me impido a mí mismo el haber naci-

---

* Tres años más tarde, John Friedman y Mike Morris[13] consiguieron conjuntamente demostrar rigurosamente que, cuando las ondas viajan hacia atrás en el tiempo a través de un agujero de gusano, no hay realmente implicada ninguna paradoja irresoluble, con tal de que las ondas se superpongan linealmente a la manera del recuadro 10.3.

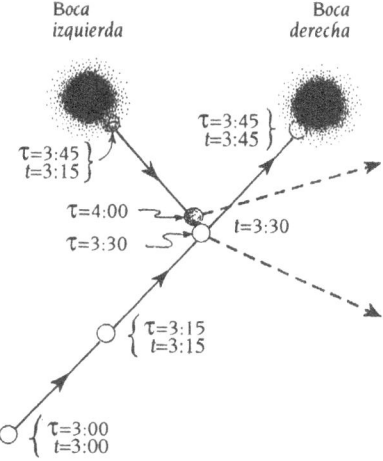

14.9.   Versión de la bola de billar de Polchinski de la paradoja del matricida. El agujero de gusano es muy corto y ha sido convertido en una máquina del tiempo, de modo que cualquier cosa que entra por la boca derecha emerge, medida desde el exterior, 30 minutos antes de que entrase. El flujo de tiempo fuera de la boca se denota mediante el símbolo *t*; el flujo de tiempo experimentado por la propia bola de billar se denota por τ. La bola de billar es lanzada en *t* = 3:00 p.m. desde la posición indicada y con la velocidad precisa para entrar en la boca derecha en *t* = 3:45. La bola emerge de la boca izquierda 30 minutos antes, en *t* = 3:15, y luego golpea a su yo más joven en *t* = 3:30 p.m., apartándose a sí misma de la trayectoria de modo que no puede entrar en la boca derecha y golpearse a sí misma.

do. En la paradoja de Polchinski, la bola de billar vuelve atrás en el tiempo y, al golpearse a sí misma, se impide el haber ido hacia atrás en el tiempo.

Ambas situaciones son absurdas. De la misma forma que las leyes de la física deben ser lógicamente consistentes entre sí, también la evolución del Universo, gobernada por las leyes de la física, debe ser completamente consistente consigo misma, o al menos debe serlo cuando el Universo se está comportando clásicamente (no mecanocuánticamente); el reino de lo mecanocuántico es un poco más sutil. Puesto que los dos, yo y la bola de billar, somos objetos altamente clásicos (es decir, sólo podemos mostrar comportamiento mecanocuántico cuando alguien hace medidas extremadamente precisas sobre nosotros; véase el capítulo 10), no hay forma de que o yo o la bola de billar podamos retroceder en el tiempo y cambiar nuestras propias historias.

De modo que ¿qué le sucede a la bola de billar? Para descubrirlo, Morris, Yurtsever y yo centramos nuestra atención en las *condiciones iniciales* de la bola, es decir, su posición y velocidad iniciales. Nos preguntamos: «Para las mismas condiciones iniciales que conducen a la paradoja de Polchinski, ¿existe alguna *otra* trayectoria de la bola de billar que, a diferencia de la de la figura 14.9, sea una solución *lógicamente autoconsistente* de las leyes físicas que gobiernan las bolas de billar clásicas?». Tras muchas discusiones, coincidimos en que la respuesta era probablemente «sí», pero no estábamos absolutamente seguros, y no había tiempo para que lo averiguáramos. Morris y Yurtsever habían terminado sus doctorados e iban a dejar el Caltech para ocupar puestos postdoctorales en Milwaukee y Trieste.

Afortunadamente, el Caltech atrae continuamente a grandes estudiantes. Había dos nuevos estudiantes esperando entre bastidores: Fernando Echeverría y Gunnar Klinkhammer. Echeverría y Klinkhammer asumieron la paradoja de Polchinski y la trataron: después de algunos meses de lucha matemática intermitente, probaron que en realidad *sí* existe una trayectoria de la bola de billar completamente autoconsistente que comienza con los datos iniciales de Polchinski y satisface todas las leyes de la física que gobiernan las bolas de billar clásicas. De hecho, existen *dos* trayectorias de este tipo.[14] Se muestran en la figura 14.10. Describiré una por una estas trayectorias, desde el punto de vista de la propia bola.

En la trayectoria (*a*) (mitad izquierda de la figura 14.10), la bola, joven, limpia y prístina, parte en el instante t = 3:00 p.m., moviéndose exactamente a lo largo del mismo camino que en la paradoja de Polchinski (figura 14.9), un camino que le lleva hacia la boca derecha del agujero de gusano. Media hora más tarde, en t = 3:30, la bola prístina y joven es golpeada en su *parte trasera izquierda* por una bola agrietada de aspecto más viejo (que resultará ser su yo más viejo). La colisión es suficientemente suave para desviar la bola joven sólo ligeramente de su curso original, pero suficientemente fuerte para agrietarla. La bola joven, ahora agrietada, continúa hacia adelante a lo largo de su trayectoria ligeramente alterada y entra en la boca del agujero de gusano en t = 3:45, viaja hacia atrás en el tiempo durante 30 minutos y sale por la otra boca en t = 3:15. Puesto que su trayectoria ha sido ligeramente alterada respecto a la trayectoria paradójica de Polchinski (figura 14.9), la bola, ahora vieja y agrietada, golpea a su yo más joven con un impacto suave en la parte trasera izquierda en t = 3:30, en lugar del impacto enérgico y con gran desviación de la figura 14.9. De este modo, la evolución se hace completamente autoconsistente.

La trayectoria (*b*), mitad derecha de la figura 14.10, es la misma que la (*a*), salvo que la geometría de la colisión es ligeramente diferente y, en consecuencia, la trayectoria entre colisiones es ligeramente diferente. En particular, la bola vieja y agrietada sale de la boca izquierda en una trayectoria diferente a la de (*a*), una trayectoria que la lleva frente a la bola joven y prístina (en lugar de llevarla tras ella), y produce un impacto rasante sobre la *parte frontal derecha* de la bola joven (en lugar de la parte trasera izquierda).

Echeverría y Klinkhammer demostraron que ambas trayectorias, (*a*) y (*b*), satisfacen todas las leyes físicas que gobiernan las bolas de billar clásicas, de modo que ambas son posibles candidatas a darse en el Universo real (*si es que* el Universo real puede tener máquinas del tiempo basadas en agujeros de gusano).

Esto resulta muy intraquilizador. Una situación semejante nunca puede ocu-

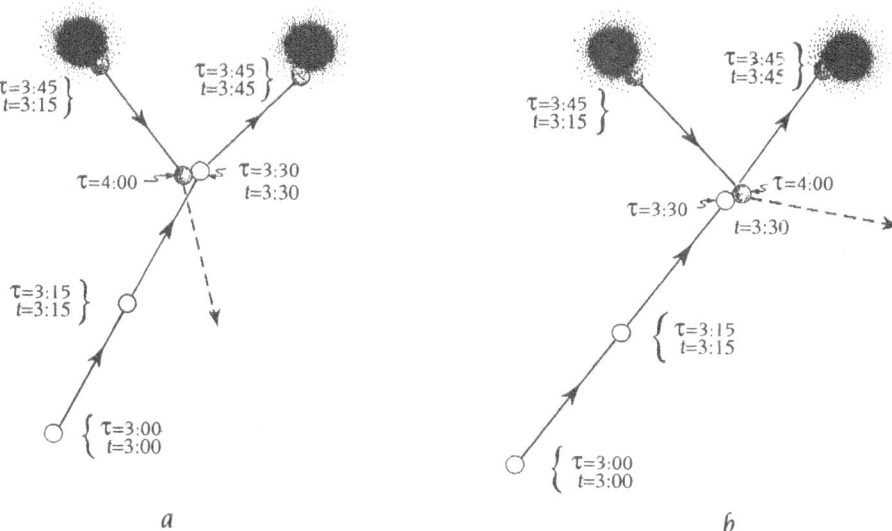

14.10. La solución de la versión de Polchinski de la paradoja del matricida (figura 14.9): una bola de billar, que parte a las 3:00 p.m. con las mismas condiciones iniciales (misma posición y velocidad) que en la paradoja de Polchinski, puede moverse a lo largo de cualquiera de las dos trayectorias mostradas aquí. Cada una de estas trayectorias es completamente autoconsistente y satisface las leyes clásicas de la física en cualquier parte de la trayectoria.

rrir en un universo sin máquinas del tiempo. Sin máquinas del tiempo, cada conjunto de condiciones iniciales para una bola de billar da lugar a una y sólo una trayectoria que satisface todas las leyes clásicas de la física. Hay una única predicción para el movimiento de la bola. La máquina del tiempo ha acabado con esto. Ahora hay dos predicciones igualmente buenas para el movimiento de la bola.

En realidad, la situación es incluso peor de lo que parece a primera vista: la máquina del tiempo hace posible un *número infinito* de predicciones igualmente buenas para el movimiento de la bola, no sólo dos. El recuadro 14.2 muestra un ejemplo sencillo.

¿Hacen las máquinas del tiempo que la física enloquezca? ¿Hacen imposible predecir cómo evolucionan las cosas? Si no es así, entonces ¿cómo eligen las leyes de la física qué trayectoria seguirá una bola de billar de entre el conjunto infinito de trayectorias permitidas?

En busca de una respuesta, en 1989 Gunnar Klinkhammer y yo pasamos de las leyes *clásicas* de la física a las leyes *cuánticas*. ¿Por qué las leyes cuánticas? Porque son los Regidores Últimos de nuestro Universo.

Por ejemplo, las leyes de la gravedad cuántica tienen el control final sobre la gravedad y la estructura del espacio y el tiempo. Las leyes de la gravedad

RECUADRO 14.2

La crisis de la bola de billar: una infinidad de trayectorias[15]

Un día, mientras estaba en el aeropuerto de San Francisco esperando un avión, se me ocurrió que si una bola de billar se lanza entre las dos bocas de una máquina del tiempo basada en un agujero de gusano, podría seguir dos trayectorias. En una (*a*), pasa entre las dos bocas sin ser afectada. En la otra (*b*), cuando está pasando entre las dos bocas es golpeada y empujada hacia la derecha, hacia la boca derecha; entonces entra en el agujero de gusano, sale por la boca izquierda antes de que entrase, se golpea a sí misma, y sigue hacia afuera.

a   *b*

Algunos meses más tarde, Robert Forward [uno de los pioneros de los detectores de ondas gravitatorias mediante interferometría láser (capítulo 10) y también escritor de ciencia ficción] descubrió una tercera trayectoria[16] que satisface todas las leyes de la física, la trayectoria (*c*) inferior: la colisión, en lugar de ocurrir entre las dos bocas, ocurre antes de que la bola llegue a la vecindad de las bocas. Entonces me di cuenta de que la colisión podría hacerse ocurrir cada vez con más antelación, como en (*d*) y (*e*), si la bola viaja a través del agujero de gusano varias veces entre sus dos visitas al suceso de la colisión. Por ejemplo, en (*e*), la bola sigue la ruta α, es golpeada por su yo más viejo y desviada a lo largo de β y entra en la boca derecha; entonces viaja a través del agujero de gusano (y hacia atrás en el tiempo), saliendo por la boca izquierda en γ, lo que le lleva de nuevo a través del agujero de gusano (y aún mucho más atrás en el tiempo), saliendo a lo largo de δ, que le lleva de nuevo a través del agujero de gusano (e incluso más atrás en el tiempo), saliendo a lo largo de ε, que le lleva al suceso de la colisión, en el cual es desviada en dirección ζ.

Evidentemente, existe un infinito número de trayectorias (cada una de ellas con un diferente número de viajes por el agujero de gusano) tales que todas ellas satisfacen las leyes clásicas (no cuánticas) de la física, y todas empiezan con exactamente las mismas condiciones iniciales (las mismas posición y velocidad iniciales de la bola de billar). Uno queda preguntándose si la física se ha vuelto loca, o si, en lugar de eso, las leyes de la física pueden decirnos de algún modo qué trayectoria debe seguir la bola.

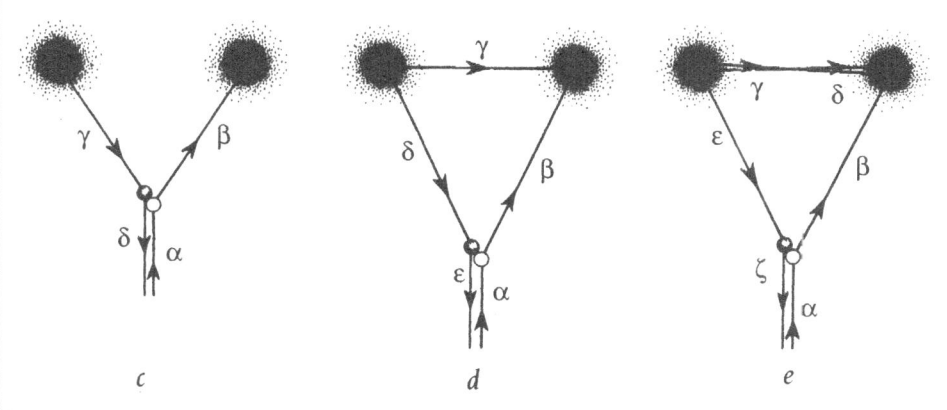

de la relatividad general clásica de Einstein son meras aproximaciones a las leyes de la gravedad cuántica —aproximaciones de una excelente exactitud cuando uno está lejos de cualquier singularidad y mira el espacio-tiempo a escalas mucho mayores que 10^{-33} centímetros, pero aproximaciones en cualquier caso (capítulo 13).

Análogamente, las leyes clásicas de la física de las bolas de billar, que mis estudiantes y yo habíamos utilizado al estudiar la paradoja de Polchinski, son meras aproximaciones a las leyes de la mecánica cuántica. Puesto que las leyes clásicas parecen predecir «absurdos» (una infinidad de posibles trayectorias de bolas de billar), Klinkhammer y yo nos volvimos a las leyes mecanocuánticas en busca de una comprensión más profunda.

Las «reglas del juego» son muy diferentes en física cuántica que en física clásica. Cuando uno proporciona condiciones iniciales a las leyes clásicas, éstas predicen lo que sucederá a partir de entonces (por ejemplo, qué trayectoria seguirá una bola); y, si no hay máquinas del tiempo, sus predicciones son únicas. Las leyes cuánticas, por el contrario, predicen sólo *probabilidades* de lo que va a suceder (por ejemplo, la probabilidad de que una bola viaje a través de ésta, aquélla u otra región del espacio), pero no certezas.

A la luz de estas reglas del juego mecanocuántico, la respuesta que obtuvimos Klinkhammer y yo de las leyes mecanocuánticas no es sorprendente. Aprendimos que, si la bola empieza a moverse a lo largo de la trayectoria paradójica de Polchinski (figuras 14.9 y 14.10 en el instante t = 3:00 p.m.), entonces habrá una cierta probabilidad mecanocuántica —digamos, el 48 por 100— de que siga a continuación la trayectoria (*a*) en la figura 14.10, y una cierta probabilidad —digamos, también un 48 por 100— de que siga la trayectoria (*b*), y una cierta probabilidad (mucho más pequeña) para cada una de la infinidad de otras trayectorias clásicas permitidas. En cada «experimento» la bola sólo seguirá una de las trayectorias que permiten las leyes clásicas; pero si realizamos un número enorme de experimentos idénticos con bolas de billar, en un 48 por 100 de ellos la bola seguirá la trayectoria (*a*), en un 48 por 100 la trayectoria (*b*), y así sucesivamente.

La conclusión es algo satisfactoria. Sugiere que las leyes de la física podrían adaptarse muy bien a máquinas del tiempo. Existen sorpresas, pero no parece existir ninguna predicción escandalosa ni hay indicios de ninguna paradoja irresoluble.[17] En realidad, el *National Enquirer*, al oír esto, pudo desplegar fácilmente un título de portada que decía: LOS FÍSICOS PRUEBAN QUE LAS MÁQUINAS DEL TIEMPO EXISTEN. (Este tipo de distorsión escandalosa, por supuesto, ha constituido mi temor recurrente.)

En el otoño de 1988, tres meses después de la publicación de nuestro artículo «Agujeros de gusano, máquinas del tiempo y la condición de energía débil», Keay Davidson, un periodista del *San Francisco Examiner* lo descubrió en *Physical Review Letters* y levantó la historia.

Podía haber sido peor. Al menos la comunidad física había tenido tres meses de tranquilidad durante los que absorber nuestras ideas sin el aldabonazo de titulares sensacionalistas.

Pero el estruendo era imparable. LOS FÍSICOS INVENTAN MÁQUINAS DEL TIEMPO, se leía en un titular típico. La revista *California*, en un artículo sobre «El hombre que inventó el viaje en el tiempo», incluso llegó a publicar una fotografía mía haciendo física desnudo en el Monte Palomar.[18] Quedé mortificado; no por la foto, sino por las afirmaciones totalmente escandalosas de que yo había inventado máquinas del tiempo y viajes en el tiempo. *Si las máquinas del tiempo están permitidas por las leyes de la física (y, como se hará claro al final del capítulo, yo dudo que lo estén), entonces están probablemente mucho más allá de las capacidades tecnológicas actuales de la raza humana que lo que el viaje en el espacio estaba de las capacidades de los hombres de las cavernas.*

Después de hablar con dos periodistas abandoné todos los esfuerzos para detener la marea y contar la historia adecuadamente, y decidí ocultarme. Mi asediada secretaria administrativa, Pat Lyon, tuvo que mantener a raya a la prensa con un firme «el profesor Thorne cree que es demasido pronto en este trabajo de investigación para comunicar resultados al público general. Cuando él estime que tiene una mejor comprensión de si las máquinas del tiempo están o no prohibidas por las leyes de la física, escribirá un artículo para el público explicándolo».

Con este capítulo del libro que tiene en las manos, estoy cumpliendo aquella promesa.

¿Protección cronológica?

En febrero de 1989, cuando la marejada en la prensa comenzaba a amainar, y mientras Echeverría, Klinkhammer y yo estábamos luchando con la paradoja de Polchinski, volé a Bozeman, Montana, para dar una charla. Allí me topé con Bill Hiscock, un antiguo estudiante de Charles Misner. Como hago con tantos colegas, sonsaqué a Hiscock sus opiniones sobre los agujeros de gusano y las máquinas del tiempo. Estaba buscando críticas convincentes, ideas nuevas, nuevos puntos de vista.

«Quizá deberías estudiar las fluctuaciones electromagnéticas del vacío —me dijo Hiscock—. Quizá estas fluctuaciones destruirían el agujero de gusano cuando los seres infinitamente avanzados tratasen de convertirlo en una máquina del tiempo.» Hiscock tenía en mente el experimento mental en el que mi mujer Carolee (supuesta infinitamente avanzada) está volando de vuelta a la Tierra en la nave espacial familiar con una boca de agujero de gusano, mientras yo estoy sentado en la Tierra con la otra boca, y el agujero de gusano está a punto de convertirse en una máquina del tiempo (figuras 14.7 y 14.8 *supra*). Hiscock estaba especulando sobre el hecho de que las fluctuaciones electromagnéticas del vacío podrían circular a través del agujero de gusano de la misma forma que lo hacían pequeñas cantidades de radiación en la figura 14.8; y, al acumularse sobre sí mismas, las fluctuaciones podrían hacerse infinitamente violentas y destruir el agujero de gusano.

Yo era escéptico. Un año antes, en mi viaje a casa desde Chicago, me había convencido de que pequeñas cantidades de radiación, circulando a través del agujero de gusano, *no* se acumularían sobre sí mismas creando un haz infinitamente energético y destruyendo el agujero de gusano. Al desenfocar la radiación, el agujero de gusano se salvaba a sí mismo. Seguramente, pensaba yo, el agujero de gusano también desenfocará un haz circulante de fluctuaciones electromagnéticas del vacío y de esta forma se salvará a sí mismo.

Por otra parte, pensé para mí, las máquinas del tiempo son un concepto tan radical en física que debemos investigar cualquier cosa que tenga la más mínima oportunidad de destruirlas. Por ello, a pesar de mi escepticismo, empecé con un postdoc de mi grupo, Sung-Won Kim, a calcular el comportamiento de las fluctuaciones del vacío circulantes.

Aunque nos servimos en gran medida de las herramientas e ideas matemáticas que Hiscock y Deborah Konkowski[19] habían desarrollado algunos años antes, Kim y yo nos veíamos frenados por nuestra ineptitud. Ninguno de los dos era experto en las leyes que gobiernan las fluctuaciones del vacío circulantes: las leyes de los campos cuánticos en el espacio-tiempo curvo (capítulo 13). Finalmente, sin embargo, en febrero de 1990, después de todo un año de salidas falsas y errores, nuestros cálculos convergieron y dieron una respuesta.

Quedé sorprendido y admirado. A pesar del intento del agujero de gusano por desenfocarlas, las fluctuaciones del vacío tendían a reenfocarse de mutuo acuerdo (figura 14.11). Desenfocadas por el agujero de gusano, se esparcían a partir de la boca situada en la Tierra como si fueran a errar el blanco de la

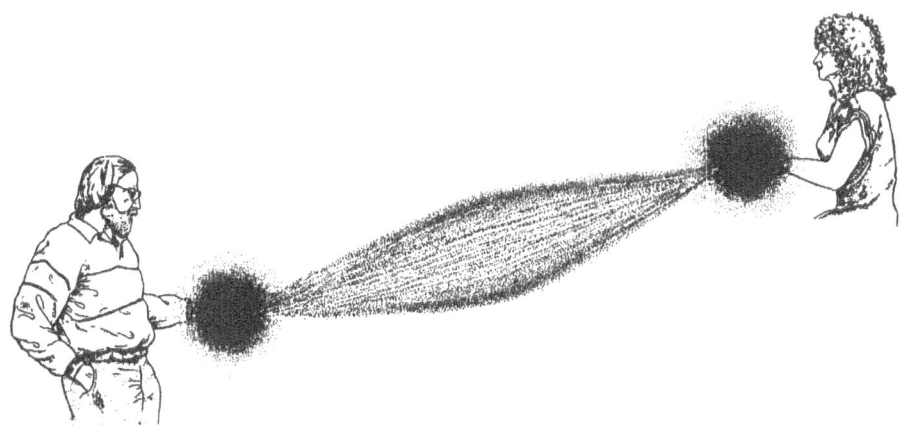

14.11.   Cuando Carolee y yo tratamos de convertir un agujero de gusano en una máquina del tiempo por el método de la figura 14.7, fluctuaciones del vacío electromagnético van y vienen entre las dos bocas y a través del agujero, acumulándose sobre sí mismas y creando un haz de enorme energía fluctuacional.

nave espacial; a continuación y de mutuo acuerdo, como si fuesen atraídas por alguna fuerza misteriosa, apuntaban hacia la boca del agujero de gusano en la nave espacial de Carolee. De regreso a la Tierra, a través del agujero de gusano, se esparcían de nuevo a partir de la boca en la Tierra, y de nuevo volvían a apuntar hacia la boca situada en la nave espacial. Una y otra vez repetían este movimiento, formando un haz intenso de energía fluctuante.

¿Sería este haz de fluctuaciones electromagnéticas del vacío lo suficientemente intenso para destruir el agujero de gusano?, nos preguntamos Kim y yo. Durante ocho meses, de febrero a septiembre de 1990, luchamos con esta pregunta. Finalmente, después de varios intentos, concluimos (incorrectamente) que «probablemente no». Nuestro razonamiento nos parecía obligado a nosotros y a varios colegas a quienes nos dirigimos, así que lo plasmamos en un manuscrito y lo presentamos a la *Physical Review*.

Nuestro razonamiento era el siguiente: nuestros cálculos habían demostrado que las fluctuaciones electromagnéticas del vacío circulantes son *infinitamente intensas sólo durante un corto periodo de tiempo que tiende a desaparecer*. Alcanzan su máximo precisamente en el instante en que se hace posible por primera vez utilizar el agujero de gusano para viajar hacia atrás en el tiempo (es decir, en el instante en que el agujero de gusano se convierte por primera vez en una máquina del tiempo), e inmediatamente después empiezan a desvanecerse (véase la figura 14.12).

Ahora bien, las (mal comprendidas) leyes de la gravedad cuántica parecen insistir en que no hay tal cosa como un «corto periodo de tiempo que tiende a desaparecer». Más bien, de la misma forma que las fluctuaciones de la curvatura espacio-temporal hacen absurdo el concepto de longitud a escalas menores que la longitud de Planck-Wheeler, 10^{-33} centímetros (figura 14.3 y discu-

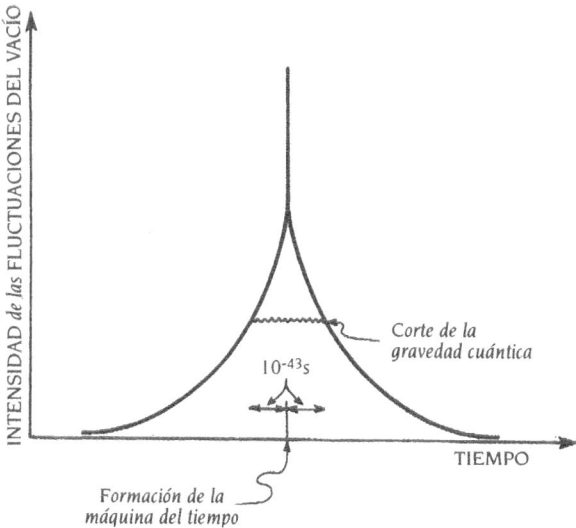

14.12.   Evolución de la intensidad de las fluctuaciones electromagnéticas del vacío que circulan a través de un agujero de gusano inmediatamente antes e inmediatamente después de que el agujero de gusano se convierta en una máquina del tiempo.

sión asociada), también las fluctuaciones de la curvatura harían absurdo el concepto de tiempo a escalas menores que 10^{-43} segundos (el «tiempo de Planck-Wheeler», que es igual a la longitud de Planck-Wheeler dividida por la velocidad de la luz). No pueden existir intervalos de tiempo más cortos que éste, parecen insistir las leyes de la gravedad cuántica. Los conceptos de *antes* y *después* y de *evolución en el tiempo* no tienen sentido durante intervalos tan pequeños.

Por lo tanto, razonamos Kim y yo, las fluctuaciones electromagnéticas del vacío circulantes deben dejar de evolucionar con el tiempo, es decir, deben dejar de crecer 10^{-43} segundos antes de que el agujero de gusano se convierta en una máquina del tiempo; las leyes de la gravedad cuántica deben cortar el crecimiento de las fluctuaciones. Y las leyes de la gravedad cuántica dejarán que las fluctuaciones continúen de nuevo su evolución sólo 10^{-43} segundos después de que haya nacido la máquina del tiempo, lo que quiere decir después de que hayan comenzado a desvanecerse. Entre estos instantes, no hay *tiempo* y no hay evolución (figura 14.12). El punto crucial era entonces: *¿qué intensidad ha alcanzado el haz de fluctuaciones circulantes cuando la gravedad cuántica corta su crecimiento?* Nuestros cálculos eran claros e inequívocos: el haz, cuando deja de crecer, es demasiado débil para dañar al agujero de gusano, y por ello, en los términos de nuestro manuscrito, parecía probable que «las fluctuaciones del vacío no pueden impedir la formación o la existencia de curvas cerradas de tipo tiempo». (Como mencioné antes, *curvas cerradas de tipo-tiempo* es una jerga de los físicos para las «máquinas del tiempo»; habiendo quedado quemadas en la prensa, yo había dejado de utilizar la expresión «máquinas del tiempo» en mis artículos; y la prensa, poco familiarizada con la jerga de los físicos, no era ahora consciente de los nuevos resultados sobre máquinas del tiempo que yo estaba publicando.)

En septiembre de 1990, cuando presentamos nuestro manuscrito a la *Physical Review*, Kim y yo enviamos copias a cierto número de colegas, incluyendo a Stephen Hawking. Hawking leyó nuestro manuscrito con interés... y discrepó. Hawking no discutía nuestros cálculos sobre el haz de fluctuaciones del vacío circulantes (y, de hecho, para entonces un cálculo similar de Valery Frolov en Moscú había verificado nuestros resultados).[20] La discusión de Hawking se refería a nuestro análisis de los efectos de la gravedad cuántica.

Hawking estaba de acuerdo en que era probable que la gravedad cuántica cortase el crecimiento de las fluctuaciones del vacío 10^{-43} segundos antes de que se creara la máquina del tiempo, es decir, 10^{-43} segundos antes de que dichas fluctuaciones se hiciesen infinitamente intensas. «¿Pero 10^{-43} segundos medidos por quién? ¿En el sistema de referencia de quién?», preguntaba. El tiempo es «relativo», no absoluto, nos recordaba Hawking; depende del sistema de referencia de cada cual. Kim y yo habíamos supuesto que el sistema de referencia adecuado era el de alguien en reposo en la garganta del agujero de gusano. Hawking argumentaba, en su lugar, a favor de una elección diferente del sistema de referencia: el de las propias fluctuaciones; o, dicho de forma más precisa, el sistema de referencia de un observador que circula, junto con las fluctuaciones, entre la Tierra y la nave espacial a través del agujero y tan rápidamente que ve que la distancia Tierra-nave espacial se contrae desde 10 años-luz (10^{19} centímetros) hasta la longitud de Planck-Wheeler (10^{-33} centímetros). Las leyes de la gravedad cuántica pueden dominar y detener el crecimiento del haz sólo 10^{-43} segundos antes de que el agujero de gusano se convierta en una máquina del tiempo, *vistas por semejante observador circulante*, conjeturaba Hawking.

Traducido al punto de vista de un observador en reposo en el agujero de gusano (el observador en el que nos basábamos Kim y yo), la conjetura de Hawking significaba que el corte de la gravedad cuántica ocurre 10^{-95} segundos antes de que el agujero de gusano se convierta en una máquina del tiempo, no 10^{-43} segundos; y para entonces, según nuestros cálculos, el haz de fluctuaciones del vacío es suficientemente fuerte, aunque apenas lo justo, para *poder en realidad destruir el agujero de gusano*.

La conjetura de Hawking sobre la localización del corte de la gravedad cuántica era lógica. Muy bien podría ser correcta, concluimos Kim y yo después de mucho análisis; y pudimos cambiar nuestro artículo para decirlo así antes de que fuese publicado.[21]

La conclusión final, sin embargo, era equívoca. Incluso si Hawking tenía razón, no estaba claro ni mucho menos si el haz de fluctuaciones del vacío destruiría o no el agujero de gusano, y descubrirlo con seguridad requeriría una comprensión de lo que hace la gravedad cuántica, cuando domina en el intervalo de 10^{-95} segundos en torno al momento de la formación de la máquina del tiempo.

Para ponerlo de forma concisa, *las leyes de la gravedad cuántica nos están ocultando la respuesta a si los agujeros de gusano pueden convertirse con éxito en máquinas del tiempo.* Para saber la respuesta, los seres humanos debemos hacernos primero expertos en las leyes de la gravedad cuántica.

Hawking tiene una opinión firme sobre las máquinas del tiempo. Piensa que la naturaleza las aborrece, y él ha incorporado ese horror en una conjetura, la conjetura de *protección cronológica,*[22] que dice que *las leyes de la física no permiten las máquinas del tiempo.* (Hawking, en su característico humor irónico, describe esto como una conjetura que «mantendría el mundo a salvo de los historiadores».)

Hawking sospecha que el haz creciente de fluctuaciones del vacío es la forma natural de obligar a la protección cronológica: *cada vez que uno trata de hacer una máquina del tiempo, e independientemente del tipo de dispositivo que uno utilice en su intento (un agujero de gusano, un cilindro rotatorio,* una «cuerda cósmica»,** o cualquier otro), inmediatamente antes de que el dispositivo se convierta en una máquina del tiempo un haz de fluctuaciones del vacío circulará a través del dispositivo y lo destruirá.* Hawking parece dispuesto a hacer una apuesta fuerte sobre este resultado.

Yo *no* estoy dispuesto a asumir la otra parte de la apuesta. Disfruto, *sí,* haciendo apuestas con Hawking, pero sólo apuestas que tenga una posibilidad razonable de ganar. Tengo una fuerte sensación visceral de que esta vez perdería. Mis propios cálculos con Kim, y cálculos no publicados que Eanna Flanagan (una estudiante mía) ha hecho más recientemente, me sugieren que probablemente Hawking esté en lo cierto. Sin embargo, no lo podremos saber con certeza hasta que los físicos hayan sondeado en profundidad las leyes de la gravedad cuántica.[24]

---

* Véase la nota al pie de la página 461.

** Recientemente, Richard Gott, de la Universidad de Princeton, ha descubierto que se puede hacer una máquina del tiempo tomando dos cuerdas cósmicas (objetos hipotéticos que podrían o no existir en el Universo real) infinitamente largas y haciendo que se crucen a muy alta velocidad.[23]

Epílogo

una revisión del legado de Einstein,
pasado y futuro,
y una puesta al día de varios personajes centrales

Ha pasado casi un siglo desde que Einstein destruyera los conceptos newtonianos de espacio y tiempo como algo absoluto, y empezase a sentar las bases de su propio legado. Durante los cien años transcurridos, el legado de Einstein ha crecido para incluir, entre otras muchas cosas, una distorsión del espacio-tiempo y un conjunto de objetos exóticos constituidos única y exclusivamente por dicha distorsión: agujeros negros, ondas gravitatorias, singularidades (vestidas y desnudas), agujeros de gusano y máquinas del tiempo.

En una u otra época de la historia, los físicos han considerado cada uno de estos objetos como escandalosos.

- Hemos encontrado a lo largo de este libro el vigoroso escepticismo de Eddington, Wheeler e incluso Einstein respecto de los *agujeros negros*; Eddington y Einstein murieron antes de que se demostrase firmemente que estaban equivocados, pero Wheeler llegó a ser un converso y defensor de los agujeros negros.
- Durante los años cuarenta y cincuenta, algunos físicos, basándose en interpretaciones erróneas de las matemáticas de la relatividad general que estaban estudiando, fueron muy escépticos respecto de las *ondas gravitatorias* (ondulaciones de curvatura), pero esta es una historia para otro libro, y el escepticismo desapareció hace tiempo.
- Para la mayoría de los físicos constituyó una tremenda conmoción, y aún lo constituye para muchos, descubrir que las singularidades son una consecuencia inevitable de las leyes de la relatividad general de Einstein. Algunos físicos se sintieron tranquilos confiando en la conjetura de censura cósmica de Penrose (todas las singularidades están revestidas; las singularidades desnudas están prohibidas). Pero, sea o no correcta la censura cósmica, la mayoría de los físicos se han adaptado a las singularidades y, como Wheeler, esperan que las mal comprendidas leyes de la gravedad cuántica las domeñen, gobernándolas y controlándolas exactamente de

la misma forma que las leyes de la gravedad de Newton y Einstein gobiernan los planetas y controlan sus órbitas alrededor del Sol.

- Los agujeros de gusano y las máquinas del tiempo son considerados hoy escandalosos por la mayoría de los físicos, incluso aunque las leyes de la relatividad general de Einstein permiten su existencia. Los físicos escépticos, sin embargo, pueden tranquilizarse con nuestro conocimiento recién fundado de que la existencia de agujeros de gusano y máquinas del tiempo está controlada no por las bastante permisivas leyes de Einstein, sino más bien por las leyes más restrictivas de los campos cuánticos en el espacio-tiempo curvo, y por la gravedad cuántica. Cuando comprendamos mejor dichas leyes, *tal vez* nos enseñen inequívocamente que las leyes físicas protegen siempre al Universo frente a agujeros de gusano y máquinas del tiempo —o al menos frente a máquinas del tiempo. Tal vez.

¿Qué podemos esperar en el siglo venidero, el segundo siglo del legado de Einstein?

Parece probable que la revolución en nuestra comprensión del espacio, el tiempo y los objetos constituidos por distorsiones del espacio-tiempo no será menor que la del primer siglo. Las semillas para la revolución han sido sembradas:

- Los detectores de ondas gravitatorias nos proporcionarán pronto mapas observacionales de agujeros negros y sonidos sinfónicos de agujeros negros en colisión, sinfonías llenas de nueva y rica información sobre cómo se comporta el espacio-tiempo distorsionado cuando vibra violentamente. Las simulaciones mediante superordenadores intentarán reproducir las sinfonías y nos dirán lo que significan, y los agujeros negros se convertirán así en objetos de examen experimental detallado. ¿Qué nos enseñará este examen? Habrá sorpresas.

- Finalmente, en el siglo venidero, probablemente más pronto antes que más tarde, algunos físicos intuitivos descubrirán y desvelarán las leyes de la gravedad cuántica y todos sus íntimos detalles.

- Con estas leyes de la gravedad cuántica a mano, podremos concebir exactamente cómo nació el espacio-tiempo de nuestro Universo, cómo surgió de la espuma cuántica de la singularidad del big bang. Podremos conocer con seguridad si tiene significado o es absurda la tan planteada pregunta: «¿Qué había antes del big bang?». Podremos conocer con seguridad si la espuma cuántica produce múltiples universos con facilidad, y los detalles completos de cómo se destruye el espacio-tiempo en la singularidad del corazón de un agujero negro o del big crunch, y cómo y si y dónde el espacio es creado de nuevo. Y podremos conocer si las leyes de la gravedad cuántica permiten o prohíben las máquinas del tiempo. ¿Deben autodestruirse siempre las máquinas del tiempo en el momento en que empiezan a funcionar?

- Las leyes de la gravedad cuántica no son el conjunto final de leyes físicas en el camino que ha llevado desde Newton a la relatividad especial y la teoría cuántica, y luego a la gravedad cuántica. Las leyes de la gravedad cuántica aún tendrán que casarse (unificarse) con las leyes que gobiernan las otras fuerzas fundamentales de la naturaleza: la fuerza electromagnética, la fuerza débil y la fuerza fuerte. Probablemente conoceremos los detalles de dicha unificación en el siglo venidero, y una vez más probablemente más pronto que más tarde; y dicha unificación puede alterar radicalmente nuestra idea del Universo. ¿Y luego qué? Creo que ningún ser humano puede prever hoy más allá de ese punto, aunque ese punto puede llegar perfectamente durante mi propia vida, y durante la de ustedes.

Al cierre, noviembre de 1993

Albert Einstein pasó la mayor parte de sus últimos veinticinco años en una búsqueda infructuosa para unificar sus leyes de la relatividad general con las leyes del electromagnetismo de Maxwell; no sabía que la unificación más importante es con la mecánica cuántica. Murió en Princeton, Nueva Jersey, en 1955 a los setenta y seis años de edad.

Subrahmanyan Chandrasekhar, ahora con ochenta y tres años, continúa explorando los secretos de la ecuación de campo de Einstein, a menudo en colaboración con colegas mucho más jóvenes. En años recientes nos ha enseñado mucho sobre las pulsaciones de estrellas y las colisiones de ondas gravitatorias.

Fritz Zwicky se hizo menos teórico y más astrónomo observacional a medida que se hacía mayor; y continuó generando ideas controvertidas y clarividentes, aunque no sobre los temas tratados en este libro. Se retiró de su cátedra en el Caltech en 1968 y se trasladó a Suiza, donde pasó sus años finales promocionando su propia vía interna hacia el conocimiento: el «método morfológico». Murió en 1974.

Lev Davidovich Landau se recuperó intelectualmente, aunque no emocionalmente, de su año en prisión (1938-1939) y luego siguió siendo la figura dominante y el maestro más reverenciado entre los físicos teóricos soviéticos. En 1962 sufrió graves heridas en un accidente de automóvil, que le dejaron lesiones cerebrales que cambiaron su personalidad y destruyeron su capacidad para hacer física. Murió en 1968, aunque sus más íntimos amigos dijeron de él después: «Para mí, 'Dau murió en 1962».

Yakov Borisovich Zel'dovich siguió siendo el más influyente astrofísico del mundo durante los años setenta y comienzos de los ochenta. Sin embargo, en 1978, en una trágica explosión interpersonal, se separó del grueso de su grupo de investigación (el más potente equipo de astrofísica teórica que haya visto el mundo). Trató de reconstruirlo con un nuevo conjunto de jóvenes colegas, pero sólo tuvo éxito en parte, y luego en los años ochenta se convirtió en un gurú para astrofísicos y cosmólogos en todo el mundo. Murió de un ataque al corazón en Moscú, en 1987, poco después de que los cambios políticos de Gorbachov hicieran posible que viajase a Norteamérica por primera vez.

Igor Dmitrievich Novikov se convirtió en el líder del grupo de investigación de Zel'dovich/Novikov después de la separación de Zel'dovich. A lo largo de los años ochenta mantuvo el grupo unido con el mismo tipo de fuego y estímulo que Zel'dovich había alimentado en los viejos tiempos. Sin embargo, sin Zel'dovich su grupo estaba simplemente entre los mejores del mundo, y no muy por delante de cualquier otro como sucedía antes. Con el colapso de la Unión Soviética en 1991, y después de una operación de corazón que le hizo sentir su finitud, Novikov se trasladó a la Universidad de Copenhague, en Dinamarca, donde ahora está creando un nuevo Centro de Astrofísica Teórica.

Vitaly Lazarevich Ginzburg, a la edad de setenta y siete años, continúa haciendo investigación de vanguardia en varias ramas diferentes de la física y la astrofísica. Durante el exilio de **Andrei Sajarov** en Gorky en 1980-1986, Ginzburg, como «jefe» oficial de Sajarov en el Instituto Lebedev en Moscú, se negó a despedirlo y actuó como una especie de protector. Bajo la *perestroika* de Gorbachov, Ginzburg y Sajarov fueron ambos elegidos miembros de la Cámara de Diputados del Pueblo de la URSS, desde donde impulsaron la reforma. Sajarov murió de un ataque al corazón en 1989.

J. Robert Oppenheimer, aunque repudiado por el Gobierno de los Estados Unidos en las audiencias de 1954 sobre su credencial de seguridad, se convirtió en un héroe para la mayoría de la comunidad de físicos. Nunca regresó a la investigación, pero permaneció en estrecho contacto con casi todas las ramas de la física y sirvió como un poderoso punto de referencia en el que los jóvenes físicos podían contrastar sus ideas, hasta su muerte a causa de un cáncer en 1967.

John Wheeler, a la edad de ochenta y dos años, continúa su búsqueda para comprender el matrimonio de la mecánica cuántica y la relatividad general; y sigue inspirando a las jóvenes generaciones con sus lecciones y escritos, muy en especial su reciente libro *Un viaje por la gravedad y el espacio-tiempo* (Wheeler, 1990).

Roger Penrose, como Wheeler y muchos otros, está obsesionado con el matrimonio de la relatividad general y la mecánica cuántica, y con las mal comprendidas leyes de la gravedad cuántica que deberían surgir de este matrimonio. Ha escrito sobre sus ideas no convencionales en un libro para los legos en física (*La nueva mente del emperador*, 1989). Muchos físicos son escépticos respecto de sus ideas, pero Penrose ha tenido razón tantas veces antes...

Stephen Hawking también continúa obsesionado con las leyes de la gravedad cuántica, y muy especialmente con la cuestión de lo que esas leyes predicen sobre el origen del Universo. Como Penrose, ha escrito un libro para legos en física, describiendo sus ideas (*Historia del tiempo*, 1988). Su salud se mantiene a pesar de su ALS.

Agradecimientos

mis deudas de gratitud
para con amigos y colegas
que han influido en este libro

E laine Hawkes Watson, con su ilimitada curiosidad por el Universo, me inspiró al embarcarme en este libro. Durante mis quince años de escritura intermitente, he recibido ánimos y apoyo inestimables de varios amigos íntimos y familiares: Linda Thorne, Kares Thorne, Bret Thorne, Alison Thorne, Estelle Gregory, Bonnie Schumaker, y muy especialmente mi mujer, Carolee Winstein.

Estoy en deuda con algunos de mis colegas físicos, astrofísicos y astrónomos que aceptaron que les entrevistase y grabase sus recuerdos de los acontecimientos históricos y los trabajos de investigación descritos en este libro. Sus nombres aparecen en la lista de entrevistas grabadas al comienzo de la bibliografía.

Cuatro de mis colegas, Vladimir Braginsky, Stephen Hawking, Werner Israel y Carl Sagan, tuvieron la amabilidad de leer el manuscrito entero y hacer críticas detalladas. Muchos otros leyeron capítulos aislados o varios capítulos y me corrigieron importantes detalles históricos y científicos: Vladimir Belinsky, Roger Blandford, Carlton Caves, S. Chandrasekhar, Ronald Drever, Vitaly Ginzburg, Jesse Greenstein, Isaac Khalatnikov, Igor Novikov, Roger Penrose, Dennis Sciama, Robert Serber, Robert Spero, Alexi Starobinsky, Rochus Vogt, Robert Wald, John Wheeler y Yakov Borisovich Zel'dovich. Sin sus consejos, el libro sería mucho menos exacto de lo que es. Sin embargo, sería erróneo suponer que mis colegas coinciden conmigo o aprueban todas mis interpretaciones de nuestra historia conjunta. Inevitablemente han existido algunos desacuerdos sobre puntos de vista. En el texto, por razones pedagógicas, me atengo a mi propio punto de vista (a menudo, pero no siempre, significativamente influido por las críticas de mis colegas). En las notas, por razones de exactitud histórica, expongo algunos de los desacuerdos.

Linda Obst hizo trizas buena parte de la primera versión del libro. Se lo agradezco. K. C. Cole hizo trizas la segunda versión y luego, pacientemente, me dio consejos importantes, borrador tras borrador, hasta que la presentación quedó depurada. Estoy en deuda especial con K. C. También agradezco a Debra Makay su meticulosa revisión del manuscrito final; ella es aún más perfeccionista que yo.

El libro mejoró significativamente gracias a las críticas de varios lectores que no son físicos: Ludmila (Lily) Birladeanu, Doris Drücker, Linda Feferman, Rebecca Lewthwaite, Peter Lyman, Deanna Metzger, Phil Richman, Barrie Thorne, Alison Thorne y Carolee Winstein. Se lo agradezco, y agradezco a Helen Knudsen la localización de varias referencias y hechos, algunos increíblemente oscuros.

Tuve la suerte de tropezar con los deliciosos dibujos de Matthew Zimet en el libro *The Cosmic Code*, de Heinz Pagels, y convencerle de que ilustrase también mi libro. Sus ilustraciones constituyen una importante aportación.

Finalmente, deseo agradecer al Programa de Libros de la Commonwealth Fund y especialmente a Alexander G. Bearn y Antonina W. Bouis —y también a Ed Barber de la W. W. Norton and Company— su apoyo, su paciencia y su confianza en mí como escritor durante los años que fueron necesarios para llevar a término este libro.

---◦---

Personajes

*una lista de personajes
que aparecen de forma significativa
en diferentes lugares en este libro*

N ota: las descripciones que siguen pretenden servir únicamente como recordatorios y referencias cruzadas de las diversas apariciones de cada persona en este libro. *No* pretenden ser apuntes biográficos. (La mayoría de estas personas ha hecho contribuciones importantes a la ciencia que no son relevantes para este libro y, por lo tanto, no se citan aquí.) El criterio principal para la inclusión en esta sección *no* es la importancia de las contribuciones, sino más bien las múltiples apariciones de la persona en varios lugares diferentes de este libro.

Baade, Walter (1893-1960).   Astrónomo óptico norteamericano de origen alemán; con Zwicky, desarrolló el concepto de supernova y su conexión con las estrellas de neutrones (capítulo 5); identificó las galaxias con fuentes de radio cósmicas (capítulo 9).

Bardeen, James Maxwell (n. 1939).   Físico teórico norteamericano; demostró que muchos o la mayoría de los agujeros negros en nuestro Universo deberían girar rápidamente y, con Petterson, predijo la influencia de la rotación de los agujeros sobre los discos de acreción que los rodean (capítulo 9); con Carter y Hawking, descubrió las cuatro leyes de la mecánica de los agujeros negros (las leyes de evolución de los agujeros negros) (capítulo 12).

Bekenstein, Jacob (n. 1947).   Físico teórico israelí; estudiante de Wheeler; con Hartle, demostró que no es posible discernir, mediante un estudio externo de un agujero negro, qué tipo de partículas había en el material que lo formó (capítulo 7); propuso que el área de la superficie de un agujero negro es su entropía enmascarada, y libró una batalla con Hawking sobre esta idea, que finalmente ganó (capítulo 12).

Bohr, Niels Hendrik David (1885-1962).   Físico teórico danés; galardonado con el Premio Nobel; uno de los fundadores de la mecánica cuántica; mentor de muchos de los físicos más notables de mediados del siglo xx, incluyendo a Lev Landau y John Wheeler; aconsejó a Chandrasekhar en su enfrentamiento con Eddington (capítulo 4); trató de librar a Landau de la prisión (capítulo 5); con Wheeler, elaboró la teoría de la fisión nuclear (capítulo 6).

Braginsky, Vladimir Borisovich (n. 1931).   Físico experimental ruso; descubrió los límites mecanocuánticos para la precisión de las medidas físicas, incluyendo los de los detectores de ondas gravitatorias (capítulo 10); inventor del concepto de dispositivos «no demoledores cuánticos», que sortean estos límites cuánticos (capítulo 10).

Carter, Brandon (n. 1942). Físico teórico australiano; estudiante de Dennis Sciama en Cambridge, Inglaterra; luego se trasladó a Francia; discutió las propiedades de los agujeros negros en rotación (capítulo 7); con otros, demostró que un agujero negro no tiene pelo (capítulo 7); con Bardeen y Hawking, descubrió las cuatro leyes de la mecánica de los agujeros negros (las leyes de evolución de los agujeros negros) (capítulo 12).

Chandrasekhar, Subrahmanyan (n. 1910). Astrofísico norteamericano de origen indio; galardonado con el Premio Nobel; demostró que existe una masa máxima para las estrellas enanas blancas y libró una batalla con Eddington sobre la validez de su predicción (capítulo 4); elaboró gran parte de la teoría de la respuesta de los agujeros negros a pequeñas perturbaciones (capítulo 7).

Eddington, Arthur Stanley (1882-1944). Astrofísico británico; uno de los primeros defensores destacados de las leyes de la relatividad general de Einstein (capítulo 3); opositor vigoroso al concepto de agujero negro y a la conclusión de Chandrasekhar de que las enanas blancas tienen una masa máxima (capítulos 3 y 4).

Einstein, Albert (1879-1955). Físico teórico suizo-norteamericano de origen alemán; galardonado con el Premio Nobel; formuló las leyes de la relatividad especial (capítulo 1) y la relatividad general (capítulo 2); demostró que la luz es simultáneamente una partícula y una onda (capítulo 4); se opuso al concepto de agujero negro (capítulo 3).

Geroch, Robert (n. 1942). Físico teórico norteamericano; estudiante de Wheeler; con otros, desarrolló métodos globales para el análisis de los agujeros negros (capítulo 13); demostró que la topología del espacio puede cambiar (por ejemplo, cuando se forma un agujero de gusano) sólo si una máquina del tiempo se produce en el proceso (capítulo 14); con Wald, dio el primer argumento sugiriendo que las máquinas del tiempo podrían destruirse cada vez que trataran de formarse (capítulo 14).

Giacconi, Riccardo (n. 1931). Físico y astrofísico experimental norteamericano de origen italiano; dirigió el equipo que descubrió la primera estrella emisora de rayos X, en 1962, utilizando un detector a bordo de un cohete (capítulo 4); dirigió el equipo que diseñó y construyó el satélite Uhuru de rayos X, que proporcionó la primera evidencia fuerte basada en rayos X de que Cygnus X-1 es un agujero negro (capítulo 8).

Ginzburg, Vitaly Lazarevich (n. 1916). Físico teórico soviético; inventó el combustible LiD para la bomba de hidrógeno soviética y luego fue apartado del proyecto de la bomba (capítulo 6); con Landau, elaboró una explicación del origen de la superconductividad (capítulos 6 y 9); descubrió la primera evidencia de que un agujero negro no tiene pelo (capítulo 7); elaboró la explicación de la radiación sincrotrón para el origen de las radioondas cósmicas (capítulo 9).

Greenstein, Jesse L. (n. 1909). Astrónomo óptico norteamericano; colega de Zwicky (capítulo 5); con Fred Whipple encontró imposible explicar las radioondas cósmicas (capítulo 9); desencadenó el comienzo del proyecto de investigación norteamericano en radioastronomía (capítulo 9); con Maarten Schmidt, descubrió los cuásares (capítulo 9).

Hartle, James B. (n. 1939). Estudiante de Wheeler; con Bekenstein, demostró que no es posible discernir, mediante ningún estudio externo de un agujero negro, qué tipo de partículas había en el material que lo formó (capítulo 7); con Hawking, descubrió las leyes que gobiernan la evolución del horizonte de un agujero negro (capítulo 12); también con Hawking, está desarrollando ideas sobre las leyes de la gravedad cuántica (capítulo 13).

Hawking, Stephen W. (n. 1942). Físico teórico británico; estudiante de Sciama; elaboró partes clave de la demostración de que un agujero negro no tiene pelo (capítulo 7); con Bardeen y Carter, descubrió las cuatro leyes de la mecánica de los agujeros negros (las leyes de evolución de los agujeros negros) (capítulo 12); descubrió que, si se ignoran las leyes de la mecánica cuántica, las áreas de las superficies de los agujeros negros sólo pueden aumentar, pero la mecánica cuántica hace que los agujeros se evaporen y contraigan (capítulo 12); demostró que durante el big bang pudieron crearse agujeros negros minúsculos y, con Page, estableció límites observacionales para tales agujeros primordiales basados en la ausencia de observación, por parte de los astrónomos, de rayos gamma procedentes de su evaporación (capítulo 12); desarrolló métodos (topológicos) globales para el análisis de los agujeros negros (capítulo 13); con Penrose, demostró que el big bang contenía una singularidad (capítulo 13); formuló la conjetura de protección cronológica y argumentó que está obligada por las fluctuaciones del vacío que destruyen cualquier máquina del tiempo en el momento en que se crea (capítulo 14); hizo apuestas con Kip Thorne sobre si Cygnus X-1 es un agujero negro (capítulo 8) y sobre si se pueden formar singularidades desnudas en nuestro Universo (capítulo 13).

Israel, Werner (n. 1931).   Físico teórico canadiense de origen surafricano; demostró que todo agujero negro que no está en rotación debe ser esférico, y proporcionó evidencia de que un agujero negro pierde su «pelo» radiándolo hacia fuera (capítulo 7); descubrió que las áreas de las superficies de los agujeros negros sólo pueden aumentar, pero no se dio cuenta del significado de esta conclusión (capítulo 12); con Poisson y Ori, demostró que las fuerzas de marea que rodean a la singularidad de un agujero negro se hacen más débiles cuando el agujero envejece (capítulo 13); expuso algunas ideas sobre la temprana historia de la investigación sobre agujeros negros (capítulo 3).

Kerr, Roy P. (n. 1934).   Matemático neozelandés; encontró la solución a la ecuación de campo de Einstein que describe un agujero negro en rotación: la «solución de Kerr» (capítulo 7).

Landau, Lev Davidovich (1908-1968).   Físico teórico soviético; galardonado con el Premio Nobel; trasvasó la física teórica desde Europa Occidental a la Unión Soviética en los años treinta (capítulos 5 y 13); trató de explicar el calor estelar como debido al material estelar que era capturado en un núcleo de neutrones en el centro de la estrella, y con esto desencadenó la investigación de Oppenheimer sobre estrellas de neutrones y agujeros negros (capítulo 5); fue encarcelado durante el Gran Terror en la época de Stalin y liberado a continuación para que pudiera desarrollar la teoría de la superfluidez (capítulo 5); contribuyó a la investigación sobre armas nucleares soviéticas (capítulo 6).

Laplace, Pierre Simon (1749-1827).   Filósofo natural francés; elaboró y popularizó el concepto de estrella oscura (agujero negro) gobernada por las leyes de la física de Newton (capítulos 3 y 6).

Lorentz, Hendrik Antoon (1853-1928).   Físico teórico holandés; galardonado con el Premio Nobel; elaboró las bases clave para las leyes de la relatividad especial, siendo las más importantes la contracción de Lorentz-Fitzgerald y la dilatación del tiempo (capítulo 1); amigo y asociado de Einstein cuando éste estaba desarrollando sus leyes de la física de la relatividad general (capítulo 2).

Maxwell, James Clerk (1831-1879).   Físico teórico británico; desarrolló las leyes de la electricidad y el magnetismo (capítulo 1).

Michell, John (1724-1793).   Filósofo natural británico; elaboró y popularizó el concepto de estrella oscura (agujero negro) gobernada por las leyes de la física de Newton (capítulos 3 y 6).

Michelson, Albert Abraham (1852-1931). Físico experimental norteamericano de origen alemán; galardonado con el Premio Nobel; inventó las técnicas de interferometría (capítulo 1); utilizó dichas técnicas para descubrir que la velocidad de la luz es independiente de la velocidad de uno a través del Universo (capítulo 1).

Minkowski, Hermann (1864-1909). Físico teórico alemán; profesor de Einstein (capítulo 1); descubrió que el espacio y el tiempo están unificados en el espacio-tiempo (capítulo 2).

Misner, Charles W. (n. 1932). Físico teórico norteamericano; estudiante de Wheeler; elaboró una descripción intuitiva mediante diagramas de inserción de cómo una estrella en implosión produce un agujero negro (capítulo 6); creó un grupo de investigación que contribuyó de forma significativa a la «edad de oro» de la investigación en agujeros negros (capítulo 7); demostró que las ondas electromagnéticas y otras ondas que se propagan cerca de un agujero negro en rotación pueden extraer energía rotacional del agujero y utilizarla para amplificarse (capítulo 12); descubrió las oscilaciones «mezcladoras» de la gravedad de marea cerca de las singularidades (capítulo 13).

Newton, Isaac (1642-1727). Filósofo natural británico; elaboró las bases de las leyes de la física newtoniana y de los conceptos de espacio y tiempo absolutos (capítulo 1); elaboró las leyes newtonianas de la gravedad (capítulo 2).

Novikov, Igor Dmitrievich (n. 1935). Astrofísico y físico teórico soviético; estudiante de Zel'dovich; con Doroshkevich y Zel'dovich, elaboró algunas de las primeras evidencias clave de que un agujero negro no tiene pelo (capítulo 7); con Zel'dovich, propuso el método de búsquedas astronómicas de agujeros negros en nuestra galaxia que finalmente parece haber tenido éxito (capítulo 8); con Thorne, elaboró la teoría de las estructuras de los discos de acreción en torno a los agujeros negros (capítulo 12); con Doroshkevich, predijo que las fuerzas de marea en el interior de un agujero negro deben cambiar cuando el agujero envejece (capítulo 13); llevó a cabo investigaciones sobre si las leyes de la física permiten máquinas del tiempo (capítulo 14).

Oppenheimer, J. Robert (1904-1967). Físico teórico norteamericano; trasvasó la física teórica desde Europa Occidental a los Estados Unidos en los años treinta (capítulo 5); con Serber, refutó la afirmación de Landau de que las estrellas podían mantenerse calientes gracias a los núcleos de neutrones, y con Volkoff, demostró que existe una masa máxima posible para las estrellas de neutrones (capítulo 5); con Snyder, demostró, en un modelo muy idealizado, que cuando mueren las estrellas masivas deben implosionar para formar agujeros negros, y discutió las características clave de la implosión (capítulo 6); dirigió el proyecto de la bomba atómica norteamericana, se opuso inicialmente al proyecto de la bomba de hidrógeno y más tarde lo apoyó y perdió su credencial de seguridad (capítulo 6); se enfrentó con Wheeler a propósito de si la implosión produce agujeros negros (capítulo 6).

Penrose, Roger (n. 1931). Matemático y físico teórico británico; protegido de Sciama; especuló que los agujeros negros pierden su pelo radiándolo hacia afuera (capítulo 7); descubrió que los agujeros negros en rotación almacenan cantidades de energía en los remolinos del espacio fuera de sus horizontes, y que esta energía puede ser extraída (capítulo 7); elaboró el concepto de horizonte aparente de un agujero negro (capítulos 12 y 13); descubrió que las áreas de las superficies de los agujeros negros deben aumentar, pero no se dio cuenta del significado de esta conclusión (capítulo 12); ideó y desarrolló métodos (topológicos) globales para el análisis de agujeros negros (capítulo 13); demostró que los agujeros negros deben tener singularidades en sus núcleos y, con Hawking, demostró que el big bang contenía una singularidad (capítulo 13); propuso la conjetura de la censura cósmica, que afirma que las leyes de la física impiden la formación de singularidades desnudas en nuestro Universo (capítulo 13).

Press, William H. (n. 1948). Astrofísico y físico teórico norteamericano; estudiante de Thorne; con Teukolsky, demostró que los agujeros negros son estables frente a pequeñas perturbaciones (capítulos 7 y 12); descubrió que los agujeros negros pueden latir (capítulo 7); organizó el funeral por la edad de oro de la investigación sobre agujeros negros (capítulo 7).

Price, Richard H. (n. 1943). Astrofísico y físico teórico norteamericano; estudiante de Thorne; dio la demostración definitiva de que un agujero negro pierde su pelo radiándolo hacia afuera y demostró que cualquier cosa que pueda ser radiada será radiada hacia afuera por completo (capítulo 7); vio evidencia de que los agujeros negros laten pero no reconoció su significado (capítulo 7); con otros, elaboró el paradigma de la membrana para los agujeros negros (capítulo 11); se preocupó por la salud mental de Thorne cuando éste inició sus investigaciones sobre máquinas del tiempo (capítulo 14).

Rees, Martin (n. 1942). Astrofísico británico; estudiante de Sciama; elaboró modelos que explican las características observadas de los sistemas binarios en los que un agujero negro acrece el gas de una estrella compacta (capítulo 8); propusó que los lóbulos gigantes de una radiogalaxia son alimentados por haces de energía que viajan desde el núcelo de la galaxia a los lóbulos y, con Blandford, elaboró modelos detallados para los haces (capítulo 9); con Blandford y otros, elaboró modelos que explican cómo un agujero negro supermasivo puede dar energía a las radiogalaxias, cuásares y núcleos galácticos activos (capítulo 9).

Sajarov, Andrei Dmitrievich (1921-1989). Físico teórico soviético; inventó ideas clave que subyacen a la bomba de hidrógeno soviética (capítulo 6); amigo íntimo, asociado y competidor de Zel'dovich (capítulos 6 y 7); más tarde se convirtió en el líder de la disidencia soviética y, tras la *glasnost,* en un santo soviético.

Schwarzschild, Karl (1876-1916). Astrofísico alemán; descubrió la solución de Schwarzschild de la ecuación de campo de Einstein, que describe la geometría espaciotemporal de una estrella sin rotación que está estática o en implosión, y también describe un agujero negro sin rotación (capítulo 3); descubrió la solución de la ecuación de Einstein para el interior de una estrella de densidad constante, una solución que utilizó Einstein para argumentar que los agujeros negros no pueden existir (capítulo 3).

Sciama, Dennis (n. 1926). Astrofísico británico y mentor de los investigadores británicos en agujeros negros (capítulos 7 y 13).

Teukolsky, Saul A. (n. 1947). Físico teórico norteamericano nacido en Suráfrica; estudiante de Thorne, inventó y elaboró el formalismo mediante el que se analizan las perturbaciones de los agujeros negros en rotación y, con Press, utilizó su formalismo para demostrar que los agujeros negros son estables frente a pequeñas perturbaciones (capítulos 7 y 12); con Saphiro, descubrió evidencia de que las leyes de la física pueden permitir la formación de singularidades desnudas en nuestro Universo (capítulo 13).

Thorne, Kip S. (n. 1940). Físico teórico norteamericano; estudiante de Wheeler; propuso la conjetura del aro que describe cuándo se pueden formar los agujeros negros en una estrella en implosión, y elaboró evidencia en su favor (capítulo 7); hizo estimaciones de las ondas gravitatorias de fuentes astrofísicas y contribuyó a las ideas y planes para detectar estas ondas (capítulo 10); con otros, elaboró el paradigma de la membrana para los agujeros negros (capítulo 11); elaboró ideas sobre el origen estadístico de la entropía de un agujero negro (capítulo 12); puso a prueba las leyes de la física mediante experimentos mentales sobre agujeros de gusano y máquinas del tiempo (capítulo 14).

Wald, Robert M. (n. 1947).   Físico teórico norteamericano; estudiante de Wheeler; contribuyó al formalismo de Teukolsky para el análisis de las perturbaciones de los agujeros negros y sus aplicaciones (capítulo 7); con otros, elaboró una explicación de cómo se comportan los campos eléctricos fuera de un agujero negro, explicación que subyace al paradigma de la membrana (capítulo 11); contribuyó a la teoría de la evaporación de los agujeros negros y sus implicaciones para el origen de la entropía de los agujeros negros (capítulo 12); con Geroch, dio el primer argumento sugiriendo que las máquinas del tiempo podrían destruirse cuando tratasen de formarse (capítulo 14).

Weber, Joseph (n. 1919).   Físico experimental norteamericano; inventó los primeros detectores de ondas gravitatorias del mundo («detectores de barras») y co-inventó detectores interferométricos para ondas gravitatorias (capítulo 10); considerado universalmente como el «padre» del campo de la detección de ondas gravitatorias.

Wheeler, John Archibald (n. 1911).   Físico teórico norteamericano; mentor de los investigadores norteamericanos sobre agujeros negros y otros aspectos de la relatividad general (capítulo 7); con Harrison y Wakano, desarrolló la ecuación de estado para la materia fría muerta y un completo catálogo de las estrellas frías muertas, proporcionando con ello evidencia de que las estrellas masivas deben formar agujeros negros cuando mueren (capítulo 5); con Niels Bohr, desarrolló la teoría de la fisión nuclear (capítulo 6); dirigió un equipo que diseñó la primera bomba de hidrógeno norteamericana (capítulo 6); argumentó, en contra de Oppenheimer, que los agujeros negros no pueden formarse, pero luego se retractó y se convirtió en el líder de los defensores de los agujeros negros (capítulo 6); acuñó las expresiones «agujero negro» (capítulo 6) y «un agujero negro no tiene pelo» (capítulo 7); argumentó que la «cuestión del estado final» de estrellas que implosionan gravitatoriamente es una clave para comprender el matrimonio entre la relatividad general y la mecánica cuántica, y en este argumento anticipó el descubrimiento de Hawking de que los agujeros negros pueden evaporarse (capítulos 6 y 13); elaboró bases para las leyes de la gravedad cuántica y, lo más importante, concibió y desarrolló el concepto de espuma cuántica, que ahora sospechamos que es el material del que están hechas las singularidades (capítulo 13); desarrolló los conceptos de longitud y área de Planck-Wheeler (capítulos 12, 13 y 14).

Zel'dovich, Yakov Borisovich (1914-1987).   Astrofísico y físico teórico soviético; mentor de los astrofísicos soviéticos (capítulo 7); elaboró la teoría de las reacciones nucleares en cadena (capítulo 5); inventó ideas clave que subyacen en las bombas atómica y de hidrógeno soviéticas, y dirigió un equipo para el diseño de la bomba (capítulo 6); con Doroshkevich y Novikov, elaboró la primera evidencia de que un agujero negro no tiene pelo (capítulo 7); inventó varios métodos para las búsquedas astronómicas de agujeros negros, uno de los cuales parece haber tenido éxito finalmente (capítulo 8); independientemente de Salpeter, propuso que los agujeros negros supermasivos alimentan de energía a los cuásares y las radiogalaxias (capítulo 9); concibió la idea de que las leyes de la mecánica cuántica podrían hacer que los agujeros negros en rotación radien y de este modo pierdan su rotación y, con Starobinsky, lo demostró, pero luego se resistió a la demostración de Hawking de que incluso los agujeros sin rotación pueden radiar y evaporarse (capítulo 12).

Zwicky, Fritz (1898-1974). Físico teórico, astrofísico y astrónomo óptico norteamericano de origen suizo; con Baade, identificó las supernovas como una clase de objetos astronómicos y propuso que se alimentan con la energía liberada cuando una estrella normal se convierte en una estrella de neutrones (capítulo 5).

Cronología

*una cronología
de sucesos, intuiciones y descubrimientos*

1687   Newton publica sus *Principia*, en donde se formulan sus conceptos de espacio y tiempo absolutos, y sus leyes del movimiento y de la gravedad. [Cap. 1]

1783 y 1795   Michell y Laplace, utilizando las leyes de Newton del movimiento, la gravedad y la luz, formulan el concepto de un agujero negro newtoniano. [Cap. 3]

1864   Maxwell formula sus leyes unificadas del electromagnetismo. [Cap. 1]

1887   Michelson y Morley muestran, experimentalmente, que la velocidad de la luz es independiente de la velocidad de la Tierra a través del espacio absoluto. [Cap. 1]

1905   Einstein demuestra que el espacio y el tiempo son relativos en lugar de absolutos, y formula las leyes de la física de la relatividad especial. [Cap. 1]

Einstein demuestra que las ondas electromagnéticas se comportan en algunas circunstancias como partículas, iniciando de este modo el concepto de dualidad onda/partícula que subyace a la mecánica cuántica. [Cap. 4]

1907   Einstein, dando sus primeros pasos hacia la relatividad general, formula el concepto de un sistema inercial local y el principio de equivalencia, y deduce la dilatación gravitatoria del tiempo. [Cap. 2]

1908   Hermann Minkowski unifica el espacio y el tiempo en un espacio-tiempo absoluto tetradimensional. [Cap. 2]

1912   Einstein se da cuenta de que el espacio-tiempo es curvo, y que la gravedad de marea es una manifestación de dicha curvatura. [Cap. 2]

1915   Einstein y Hilbert formulan independientemente la ecuación de campo de Einstein (que describe cómo la masa curva el espacio-tiempo), completando así las leyes de la relatividad general. [Cap. 2]

1916   Karl Schwarzschild descubre la solución de Schwarzschild a la ecuación de campo de Einstein, que posteriormente resultará describir los agujeros negros sin carga y sin rotación. [Cap. 3]

Flamm descubre que, con una elección apropiada de la topología, la solución de Schwarzschild a la ecuación de Einstein puede describir un agujero de gusano. [Cap. 14]

1916 y 1918   Reissner y Nordström descubren su solución a la ecuación de campo de Einstein, que más tarde describirá agujeros negros cargados y sin rotación. [Cap. 7]

1926   Eddington plantea el misterio de las enanas blancas y ataca la realidad de los agujeros negros. [Cap. 4]

Schrödinger y Heisenberg, construyendo sobre el trabajo de otros, completan la formulación de las leyes mecanocuánticas de la física. [Cap. 4]

Fowler utiliza las leyes de la mecánica cuántica para demostrar cómo la degeneración electrónica resuelve el misterio de las enanas blancas. [Cap. 4]

1930   Chandrasekhar descubre que existe una masa máxima para las enanas blancas. [Cap. 4]

1932   Chadwick descubre el neutrón. [Cap. 5]

Jansky descubre las radioondas cósmicas. [Cap. 9]

1933   Landau crea su grupo de investigación en la URSS, y empieza a trasvasar la física teórica de la Europa Occidental. [Caps. 5 y 13]

Baade y Zwicky identifican las supernovas, proponen el concepto de una estrella de neutrones, y sugieren que las supernovas están alimentadas por la implosión de un núcleo estelar para formar una estrella de neutrones. [Cap. 5]

1935   Chandrasekhar hace más completa su demostración de la masa máxima para las estrellas enanas blancas, y Eddington ataca su trabajo. [Cap. 4]

1935-1939   El Gran Terror en la URSS. [Caps. 5 y 6]

1937   Greenstein y Whipple demuestran que las radioondas cósmicas de Jansky no pueden ser explicadas por los procesos astrofísicos entonces conocidos. [Cap. 9]

Landau, en un intento desesperado por evitar la prisión y la muerte, propone que las estrellas se mantienen calientes por la energía liberada cuando la materia fluye hacia los núcleos de neutrones en sus centros. [Cap. 5]

1938   Landau es encarcelado en Moscú acusado de espiar para Alemania. [Cap. 5]

Oppenheimer y Serber rechazan el método del núcleo de neutrones de Landau para mantener las estrellas calientes; Oppenheimer y Volkoff demuestran que existe una masa máxima para las estrellas de neutrones. [Cap. 5]

Bethe y Critchfield demuestran que el Sol y las demás estrellas se mantienen calientes por la combustión de combustible nuclear. [Cap. 5]

1939   Landau, a punto de morir, es liberado de la prisión. [Cap. 5]

Einstein argumenta que los agujeros negros no pueden existir en el Universo real. [Cap. 4]

Oppenheimer y Snyder, en un cálculo muy idealizado, muestran que una estrella en implosión forma un agujero negro, y (paradójicamente) que la implosión parece congelarse en el horizonte vista desde el exterior pero no vista desde la superficie de la estrella. [Cap. 6]

Reber descubre las radioondas cósmicas procedentes de galaxias distantes, pero no sabe lo que está viendo. [Cap. 9]

Bohr y Wheeler desarrollan la teoría de la fisión nuclear. [Cap. 6]

Khariton y Zel'dovich desarrollan la teoría de una reacción en cadena de fisiones nucleares. [Cap. 6]

El ejército alemán invade Polonia, desencadenando la segunda guerra mundial.

1942   Los Estados Unidos inician un programa intensivo para desarrollar la bomba atómica, dirigido por Oppenheimer. [Cap. 6]

1943   La URSS inicia un programa de bajo nivel para diseñar reactores nucleares y bombas atómicas, con Zel'dovich como director teórico. [Cap. 6]

1945   Los Estados Unidos lanzan bombas atómicas sobre Hiroshima y Nagasaki. La segunda guerra mundial termina. Empieza un programa de bajo nivel en los Estados Unidos para desarrollar la superbomba. [Cap. 6]

La URSS inicia un programa intensivo para desarrollar la bomba atómica, con Zel'dovich como director teórico. [Cap. 6]

1946   Friedman y su equipo lanzan el primer instrumento astronómico por encima de la atmósfera de la Tierra, en un cohete alemán V-2 capturado. [Cap. 8]

Los físicos experimentales en Inglaterra y en Australia empiezan a construir radiotelescopios y radiointerferómetros. [Cap. 9]

1948   Zel'dovich, Sajarov, Ginzburg y otros en la URSS inician el trabajo de diseño de una superbomba (bomba de hidrógeno); Ginzburg idea el combustible LiD, Sajarov el diseño de pastel en capas. [Cap. 6]

1949   La URSS hace explosionar su primera bomba atómica, que desencadena un debate en Estados Unidos sobre la conveniencia de un programa intensivo para desarrollar la superbomba. La URSS continúa directamente con un programa intensivo hacia la superbomba, sin debate. [Cap. 6]

1950   Los Estados Unidos inician un programa intensivo hacia la superbomba. [Cap. 6]

Kiepenheuer y Ginzburg advierten que las radioondas cósmicas son producidas por los rayos cósmicos de electrones moviéndose en trayectoria helicoidal en los campos magnéticos interestelares. [Cap. 9]

Alexandrov y Pimenov inician un intento que terminará en fracaso para introducir herramientas topológicas en los estudios matemáticos del espacio-tiempo curvo. [Cap. 13]

1951   Teller y Ulam en los Estados Unidos inventan la idea para una superbomba «real», una bomba que pueda ser arbitrariamente potente; Wheeler reúne un equipo para diseñar una bomba basada en esta idea y simular su explosión en ordenadores. [Cap. 6]

Graham Smith proporciona a Baade una caja de error de 1 minuto de arco para la fuente de radio cósmica de Cyg A, y Baade descubre con un telescopio óptico que Cyg A es una galaxia lejana: una «radiogalaxia». [Cap. 9]

1952   Los Estados Unidos hacen explosionar su primera superbomba, una bomba demasiado pesada para ser transportada por un avión o cohete, pero que utiliza la idea de Teller-Ulam y está basada en el trabajo de diseño del equipo de Wheeler. [Cap. 6]

1953   Wheeler se lanza a la investigación en relatividad general. [Cap. 6]

Jennison y Das Gupta descubren que las radioondas procedentes de las galaxias están producidas por dos lóbulos gigantes en lados opuestos de la galaxia. [Cap. 9]

Muere Stalin. [Cap. 6]

La URSS hace explosionar su primera bomba de hidrógeno, basada en las ideas de Ginzburg y Sajarov. Los científicos de los Estados Unidos afirman que no es una superbomba «real» puesto que el diseño no permite que la bomba sea arbitrariamente potente. [Cap. 6]

1954   Sajarov y Zel'dovich reinventan la idea de Teller-Ulam para una superbomba «real». [Cap. 6]

Los Estados Unidos hacen explosionar su primera superbomba real, basada en la idea de Teller-Ulam/Sajarov-Zel'dovich. [Cap. 6]

Teller testifica contra Oppenheimer, y la credencial de seguridad de Oppenheimer es revocada. [Cap. 6]

1955   La URSS hace explosionar su primera superbomba real, basada en la idea de Teller-Ulam/Sajarov-Zel'dovich. [Cap. 6]

Wheeler formula el concepto de fluctuaciones gravitatorias del vacío, identifica la longitud de Planck-Wheeler como la escala a la que dichas fluctuaciones se hacen enormes, y sugiere que en esta escala el concepto de espacio-tiempo queda reemplazado por espuma cuántica. [Caps. 12, 13 y 14]

1957   Wheeler, Harrison y Wakano formulan el concepto de materia fría muerta y hacen un catálogo de todas las posibles estrellas frías muertas. Su catálogo reafirma la conclusión de que las estrellas masivas deben implosionar cuando mueren. [Cap. 5]

El grupo de Wheeler estudia los agujeros de gusano; Regge y Wheeler inventan los métodos perturbativos para analizar pequeñas perturbaciones de agujeros de gusano; su formalismo será utilizado más tarde para estudiar las perturbaciones de los agujeros negros. [Caps. 7 y 14]

Wheeler plantea la cuestión del estado final de la implosión estelar como un Santo Grial para la investigación y, en confrontación con Oppenheimer, se opone a la idea de que el estado final estará oculto dentro de un agujero negro. [Caps. 6 y 13]

1958   Finkelstein descubre un nuevo sistema de referencia para la geometría de Schwarzschild, y resuelve la paradoja de Oppenheimer-Snyder de 1939 de por qué una estrella en implosión se congela en la circunferencia crítica vista desde fuera pero implosiona a través de la circunferencia crítica vista desde dentro. [Cap. 6]

1958-1960   Wheeler asume poco a poco el concepto de agujero negro y se convierte en su defensor principal. [Cap. 6]

1959   Wheeler argumenta que las singularidades espacio-temporales formadas en el big crunch o en el interior de un agujero negro están gobernadas por las leyes de la gravedad cuántica, y pueden consistir en espuma cuántica. [Cap. 13]

Burbidge demuestra que los lóbulos gigantes de las radiogalaxias contienen energía magnética y cinética equivalente a la obtenida por una conversión perfecta de 10 millones de soles en pura energía. [Cap. 9]

1960   Weber inicia la construcción de detectores de barra para ondas gravitatorias. [Cap. 10]

Kruskal demuestra que, si no está atravesado por ningún material, un agujero de gusano esférico se estrangulará tan rápidamente que es imposible viajar a través de él. [Cap. 14]

Graves y Brill descubren que la solución de Reissner-Nordström a la ecuación de Einstein describe un agujero negro esférico eléctricamente cargado y también un agujero de gusano. [Cap. 7] Su trabajo sugiere (incorrectamente) que podría ser posible viajar desde el interior de un agujero negro en nuestro Universo a través del hiperespacio y entrar en algún otro universo. [Cap. 13]

1961   Khalatnikov y Lifshitz argumentan (incorrectamente) que la ecuación de campo de Einstein no permite la existencia de singularidades con curvatura aleatoriamente deformada, y por lo tanto las singularidades no pueden formarse dentro de los agujeros negros reales o en el big crunch del Universo. [Cap. 13]

1961-1962 Zel'dovich comienza su investigación en astrofísica y relatividad general, recluta a Novikov y comienza a formar su grupo de investigación. [Cap. 6]

1962 Thorne empieza a investigar bajo la guía de Wheeler e inicia la investigación que conducirá a la conjetura del aro. [Cap. 7]

Giacconi y su equipo descubren los rayos X cósmicos, utilizando un contador Geiger lanzado sobre la atmósfera de la Tierra a bordo de un cohete Aerobee. [Cap. 8]

1963 Kerr descubre su solución a la ecuación de campo de Einstein. [Cap. 7]

Schmidt, Greenstein y Sandage descubren los cuásares. [Cap. 9]

1964 Comienza la edad de oro de la investigación teórica en agujeros negros. [Cap. 7]

Penrose introduce la topología como una herramienta en la investigación sobre relatividad, y la utiliza para demostrar que en el interior de cualquier agujero negro debe residir una singularidad. [Cap. 13]

Ginzburg, y luego Doroshkevich, Novikov y Zel'dovich, descubren la primera evidencia de que un agujero negro no tiene «pelo». [Cap. 7]

Colgate, May y White en los Estados Unidos, y Podurets, Imshennik y Nadezhin en la URSS, adaptan los códigos de ordenador del diseño de bombas para simular implosiones realistas de núcleos estelares; confirman la especulación de Zwicky de 1934 de que implosiones con pequeña masa formarán una estrella de neutrones y desencadenarán una supernova, y confirman la conclusión de Oppenheimer-Snyder en 1939 de que implosiones con masas mayores crearán un agujero negro. [Cap. 6]

Zel'dovich, Guseinov y Salpeter hacen las primeras propuestas sobre cómo buscar agujeros negros en el Universo real. [Cap. 8]

Salpeter y Zel'dovich especulan (correctamente) que agujeros negros supermasivos alimentan los cuásares y las radiogalaxias. [Cap. 9]

Herbert Friedman y su equipo descubren Cygnus X-1, utilizando un contador Geiger a bordo de un cohete. [Cap. 8]

1965 Boyer y Lindquist, Carter y Penrose descubren que la solución de Kerr a la ecuación de campo de Einstein describe un agujero negro en rotación. [Cap. 7]

1966 Zel'dovich y Novikov proponen la búsqueda de agujeros negros en sistemas binarios donde un objeto emite rayos X y el otro emite luz; este método tendrá éxito en los años setenta (probablemente). [Cap. 8]

Geroch demuestra que la topología del espacio puede cambiar (por ejemplo, puede formarse un agujero de gusano) no mecanocuánticamente sólo si una máquina del tiempo se crea en el proceso, al menos momentáneamente. [Cap. 14]

| 1967 | Wheeler acuña el término de *agujero negro*. [Cap. 7] |

Israel demuestra rigurosamente el primer elemento de la conjetura de ausencia de pelo para un agujero negro: un agujero negro sin rotación debe ser exactamente esférico. [Cap. 7]

1968   Penrose argumenta que es imposible viajar desde el interior de un agujero negro en nuestro Universo a través del hiperespacio y entrar en algún otro universo; otros confirmarán en los años setenta que su argumento es correcto. [Cap. 13]

Carter descubre la naturaleza del remolino del espacio en torno de un agujero negro en rotación y su influencia en las partículas que caen en él. [Cap. 7]

Misner, e independientemente Belinsky, Khalatnikov y Lifshitz, descubren la singularidad «mezcladora» oscilatoria como una solución a la ecuación de Einstein. [Cap. 13]

1969   Hawking y Penrose demuestran que nuestro Universo debe haber tenido una singularidad en el comienzo de su expansión a partir del big bang. [Cap. 13]

Belinsky, Khalatnikov y Lifshitz descubren la singularidad BKL oscilatoria como una solución a la ecuación de Einstein; demuestran que tiene deformaciones aleatorias de su curvatura espacio-temporal y argumentan que, por lo tanto, es el tipo de singularidad que se forma dentro de los agujeros negros y en el big crunch. [Cap. 13]

Penrose descubre que un agujero negro en rotación almacena una enorme energía en el movimiento de remolino del espacio en torno a él, y que esta energía rotacional puede ser extraída. [Cap. 7]

Penrose propone su conjetura de censura cósmica, según la cual las leyes de la física impiden la formación de singularidades desnudas. [Cap. 13]

Lynden-Bell propone que en los núcleos de las galaxias residen agujeros negros gigantes que están rodeados por discos de acreción. [Cap. 9]

Christodoulou nota una similaridad entre la evolución de un agujero negro cuando acrece materia lentamente y las leyes de la termodinámica. [Cap. 12]

Weber anuncia evidencia observacional provisional sobre la existencia de ondas gravitatorias, provocando que muchos otros experimentadores empiecen a construir detectores de barra. Para 1975 se hará claro que no estaba viendo ondas. [Cap. 10]

Braginsky descubre evidencia de que habrá un límite cuántico para las sensibilidades de los detectores de ondas gravitatorias. [Cap. 10]

1970   Bardeen demuestra que la acreción de gas hace probable que los agujeros negros típicos de nuestro Universo giren muy rápidamente. [Cap. 9]

Price, basándose en el trabajo de Penrose, Novikov, y Chase, De la Cruz e Israel, demuestra que los agujeros negros pierden su pelo radiándolo al exterior, y prueba que cualquier cosa que puede ser radiada será radiada por completo. [Cap. 7]

Hawking formula el concepto de horizonte absoluto de un agujero negro y prueba que las áreas de la superficie de los horizontes absolutos siempre aumentan. [Cap. 12]

El equipo de Giacconi construye Uhuru, el primer detector de rayos X en un satélite; es puesto en órbita. [Cap. 8]

1971   La combinación de observaciones ópticas, de rayos X y radioondas empieza a aportar fuerte evidencia de que Cygnus X-1 es un agujero negro en órbita en torno a una estrella normal. [Cap. 8]

Weiss en el MIT y Forward en los laboratorios de investigación Hughes son pioneros en los detectores interferométricos para ondas gravitatorias. [Cap. 10]

Rees propone que los lóbulos gigantes de una radiogalaxia están alimentados por chorros disparados desde el corazón de la galaxia. [Cap. 9]

Hanni y Ruffini formulan el concepto de carga superficial en un horizonte, una base del paradigma de la membrana. [Cap. 11]

Press descubre que los agujeros negros pueden latir. [Cap. 7]

Zel'dovich especula que los agujeros negros en rotación radian, y Zel'dovich y Starobinsky utilizan las leyes de los campos cuánticos en el espacio-tiempo curvo para justificar la especulación de Zel'dovich. [Cap. 12]

Hawking apunta que minúsculos agujeros negros «primordiales» podrían haberse creado en el big bang. [Cap. 12]

1972   Carter, basándose en el trabajo de Hawking e Israel, demuestra la conjetura de ausencia de pelo para agujeros negros descargados en rotación (excepto en algunos detalles técnicos completados posteriormente por Robinson). Demuestra que un agujero negro semejante está siempre descrito por la solución de Kerr a la ecuación de Einstein. [Cap. 7]

Thorne propone la conjetura del aro como un criterio para saber cuándo se forman agujeros negros. [Cap. 7]

Bekenstein conjetura que el área de la superficie de un agujero negro es su entropía camuflada, y conjetura que la entropía del agujero es el logaritmo del número de modos de los que se podría haber hecho el agujero. Hawking argumenta enérgicamente en contra de esta conjetura. [Cap. 12]

Bardeen, Carter y Hawking formulan las leyes de evolución de los agujeros negros de una forma que es idéntica a las leyes de la termodinámica, pero mantienen que el área de la superficie del horizonte no puede ser la entropía del agujero camuflada. [Cap. 12]

Teukolsky desarrolla métodos perturbativos para describir las pulsaciones de los agujeros negros en rotación. [Cap. 7]

1973   Press y Teukolsky demuestran que las pulsaciones de un agujero negro en rotación son estables; no crecen alimentándose de la energía rotacional del agujero. [Cap. 7]

1974   Hawking demuestra que *todos* los agujeros negros, giren o no, radian exactamente como si tuvieran una temperatura que es proporcional a la gravedad de su superficie, y de esta forma se evaporan. Entonces se retracta de su afirmación de que las leyes de la mecánica de los agujeros negros no son las leyes de la termodinámica camufladas y se retracta de su crítica a la conjetura de Bekenstein de que el área de la superficie de un agujero es su entropía camuflada. [Cap. 12]

1974-1978   Blandford, Rees y Lynden-Bell identifican varios métodos mediante los que los agujeros negros supermasivos en los núcleos de las galaxias y los cuásares pueden crear chorros. [Cap. 9]

1975   Bardeen y Petterson demuestran que el remolino del espacio en torno a un agujero negro en rotación puede actuar como un giróscopo para mantener la dirección de los chorros. [Cap. 9]

Chandrasekhar se embarca en una búsqueda de cinco años para desarrollar una descripción matemática completa de las perturbaciones de los agujeros negros. [Cap. 7]

Unruh y Davies infieren que, visto por los observadores en aceleración exactamente sobre el horizonte de un agujero negro, el agujero está rodeado de una atmósfera caliente de partículas, cuyo escape gradual explica la evaporación del agujero. [Cap. 12]

Page calcula el espectro de partículas radiadas por agujeros negros. Hawking y Page, a partir de los datos observacionales sobre rayos gamma cósmicos, infieren que no puede haber más de 300 agujeros negros primordiales minúsculos evaporándose en cada año-luz cúbico de espacio. [Cap. 12]

La edad de oro de la investigación teórica en agujeros negros es declarada acabada por los investigadores jóvenes. [Cap. 7]

1977   Gibbons y Hawking verifican la conjetura de Bekenstein de que la entropía de un agujero negro es el logaritmo del número de modos en que podría haber sido formado. [Cap. 12]

Los radioastrónomos utilizan interferómetros para descubrir los chorros que alimentan la energía de la máquina de un agujero negro central de una galaxia en sus lóbulos radioemisores gigantes. [Cap. 9]

Blandford y Znajek demuestran que campos magnéticos, que atraviesan el horizonte de un agujero negro en rotación, pueden extraer la energía de rotación del agujero, y que la energía extraída puede alimentar cuásares y radiogalaxias. [Cap. 9]

Znajek y Damour formulan la descripción de la membrana de un horizonte de agujero negro. [Cap. 11]

Braginsky y sus colegas, y Caves, Thorne y sus colegas, idean los sensores no demoledores cuánticos para superar el límite cuántico en los detectores de barra de ondas gravitatorias. [Cap. 10]

1978   El grupo de Giacconi completa la construcción del primer telescopio de rayos X de alta resolución, llamado «Einstein», y es puesto en órbita. [Cap. 8]

1979   Townes y otros descubren evidencia de un agujero negro de 3 millones de masas solares en el centro de nuestra galaxia. [Cap. 9]

Drever inicia un proyecto de detección de ondas gravitatorias por interferometría en el Caltech. [Cap. 10]

1982   Bunting y Mazur demuestran la conjetura de ausencia de pelo para agujeros negros eléctricamente cargados y en rotación. [Cap. 7]

1983-1988   Phinney y otros desarrollan modelos globales basados en agujeros negros para explicar los detalles completos de los cuásares y las radiogalaxias. [Cap. 9]

1984   La National Science Foundation obliga a un matrimonio forzoso entre los programas de detección de ondas gravitatorias en el Caltech y el MIT, dando lugar al Proyecto LIGO. [Cap. 10]

Redmount (basándose en el trabajo previo de Eardley) demuestra que la radiación que cae en un agujero de gusano esférico vacío se acelera a gran energía y hace que el estrangulamiento del agujero de gusano sea mucho más rápido. [Cap. 14]

1985-1993   Thorne, Morris, Yurtsever, Friedman, Novikov y otros ponen a prueba las leyes de la física preguntando si permiten los agujeros de gusano practicables y las máquinas del tiempo. [Cap. 14]

1987   Vogt se convierte en director del Proyecto LIGO, y éste comienza entonces a avanzar vigorosamente. [Cap. 10]

1990   Kim y Thorne demuestran que, cada vez que uno trate de crear una máquina del tiempo, por un método cualquiera, un haz intenso de fluctuaciones del vacío circulará a través de la máquina en el momento en que es creada por primera vez. [Cap. 14]

1991   Hawking propone la conjetura de protección cronológica (según la cual las leyes de la física prohíben las máquinas del tiempo) y argumenta que será obligada por el haz circulante de fluctuaciones del vacío que destruyen cualquier máquina del tiempo en el momento de su formación. [Cap. 14]

Israel, Poisson y Ori, basándose en el trabajo de Doroshkevich y Novikov, demuestran que la singularidad en el interior de un agujero negro envejece; Ori demuestra que cuando el agujero es viejo y estacionario, los

objetos que caen en él no quedan fuertemente deformados por la gravedad de marea de la singularidad hasta el momento en que inciden en su
núcleo de gravedad cuántica. [Cap. 13]

Shapiro y Teukolsky descubren evidencia, en simulaciones mediante superordenador, de que la conjetura de censura cósmica podría ser falsa:
las singularidades desnudas podrían llegar a formarse cuando implosionan estrellas altamente no esféricas. [Cap. 13]

1993   Hulse y Taylor reciben el Premio Nobel por demostrar, a través de medidas de un púlsar binario, la existencia de ondas gravitatorias. [Cap. 10]

Glosario

definiciones de términos exóticos

absoluto. Independiente del sistema de referencia; igual en todos y cada uno de los sistemas de referencia.

agujero de gusano. Un «asa» en la topología del espacio, que conecta dos lugares muy separados en nuestro Universo.

agujero negro. Un objeto (creado por la implosión de una estrella) en el que las cosas pueden caer, pero del que nada puede nunca escapar.

agujero negro binario. Un sistema binario formado por dos agujeros negros.

agujero negro gigante. Un agujero negro que pesa tanto como un millón de soles o más. Se piensa que tales agujeros residen en los núcleos de las galaxias y cuásares.

agujero negro primordial. Un agujero negro, característicamente mucho menos masivo que el Sol, que fue creado en el big bang.

aislamiento gravitatorio. Expresión de Oppenheimer para la formación de un agujero negro alrededor de una estrella en implosión.

anchura de banda. El intervalo de frecuencias en el que un instrumento puede detectar una onda.

antimateria. Una forma de materia que es «anatema» para la materia ordinaria. A cada tipo de partícula de materia ordinaria (por ejemplo, un electrón, protón o neutrón) le corresponde una antipartícula casi idéntica de antimateria (el positrón, el antiprotón o el antineutrón). Cuando una partícula de materia se encuentra con su correspondiente antipartícula de antimateria, se aniquilan mutuamente.

astrofísica. La rama de la física que trata de los objetos cósmicos y las leyes de la física que los gobiernan.

astrofísico. Un físico (normalmente un físico teórico) que se especializa en utilizar las leyes de la física para tratar de comprender cómo se comportan los objetos cósmicos.

astrónomo. Un científico que se especializa en la observación de objetos cósmicos utilizando telescopios.

astrónomo óptico. Un astrónomo que observa el Universo utilizando luz visible (luz que puede ser vista por el ojo humano).

átomo. El ladrillo básico de la materia. Cada átomo consta de un núcleo con carga eléctrica positiva y una nube de electrones circundante con carga negativa. La nube electrónica está ligada al núcleo por fuerzas eléctricas.

banda. Un intervalo de frecuencias.

big bang. La explosión en la que comenzó el Universo.

big crunch. La fase final del recolapso del Universo (suponiendo que finalmente el Universo recolapse; no sabemos si lo hará o no).

boca. Una entrada de un agujero de gusano. Hay una boca en cada uno de los dos extremos del agujero de gusano.

bomba atómica. Una bomba cuya energía explosiva procede de una reacción en cadena de fisiones de núcleos de uranio-235 o plutonio-239.

bomba atómica amplificada. Una bomba atómica cuya potencia explosiva es incrementada por una o más capas de combustible de fusión.

bomba de hidrógeno. Una bomba cuya energía explosiva procede de la fusión de núcleos de hidrógeno, deuterio y tritio para formar núcleos de helio. Véase también *superbomba.*

caja de error. La región celeste en la que las observaciones sugieren que está localizada una estrella concreta u otro objeto. Se denomina caja de error porque cuanto mayores son las incertidumbres (errores) de las observaciones, mayor será esta región.

campo. Algo que está distribuido continua y suavemente en el espacio. Ejemplos son el campo eléctrico, el campo magnético, la curvatura del espacio-tiempo y una onda gravitatoria.

campo cuántico. Un campo que está gobernado por las leyes de la mecánica cuántica. Todos los campos, cuando se miden con precisión suficiente, resultan ser campos cuánticos; pero cuando se miden con precisión modesta, pueden comportarse clásicamente (es decir, no manifiestan la dualidad onda/partícula o fluctuaciones del vacío).

campo eléctrico. El campo de fuerzas alrededor de una carga eléctrica que atrae o repele a otras cargas eléctricas.

campo magnético. El campo que produce fuerzas magnéticas.

campos cuánticos en el espacio-tiempo curvo, leyes de los. Un matrimonio parcial de la relatividad general (espacio-tiempo curvo) con las leyes de los campos cuánticos, en el que las ondas gravitatorias y los campos no gravitatorios se consideran como mecanocuánticos, mientras que el espacio-tiempo curvo en el que residen se considera clásico.

carga eléctrica. La propiedad de una partícula o de la materia por la que produce y siente fuerzas eléctricas.

chorro. Un haz de gas que lleva energía desde la máquina central de una radiogalaxia o cuásar a un lóbulo radioemisor lejano.

circunferencia crítica. La circunferencia del horizonte de un agujero negro; la circunferencia dentro de la que un objeto debe contraerse para que forme un agujero negro en torno a sí. El valor de la circunferencia crítica es 18,5 kilómetros multiplicado por la masa del agujero u objeto en unidades de masa solar.

clásico. Sujeto a las leyes de la física que gobiernan los objetos macroscópicos; no mecanocuánticos.

coeficiente adiabático. Lo mismo que *resistencia a la compresión.*

combustión nuclear. Reacciones de fusión nuclear que mantienen a las estrellas calientes y alimentan las bombas de hidrógeno.

conjetura de la ausencia de pelo. Conjetura propuesta en los años sesenta y setenta (que se demostró verdadera en los años setenta y ochenta) de que todas las propiedades de un agujero negro están determinadas unívocamente por su masa, carga eléctrica y momento angular.

conjetura de censura cósmica. Conjetura de que las leyes de la física impiden la formación de singularidades desnudas cuando un objeto implosiona.

conjetura de protección cronológica. Conjetura de Hawking de que las leyes de la física no permiten máquinas del tiempo.

conjetura del aro. Conjetura de que un agujero negro se forma si y sólo si un cuerpo se comprime hasta un tamaño tan pequeño que un aro con la circunferencia crítica puede ser colocado alrededor de él y girado en cualquier dirección.

constante de Planck. Una constante fundamental, representada por $\hbar$, que interviene en las leyes de la mecánica cuántica; la razón de la energía de un fotón a su frecuencia angular (es decir, a 2π veces su frecuencia); $1,055 \times 10^{-27}$ ergios-segundo.

contador Geiger. Un instrumento sencillo para detectar rayos X; denominado también «contador proporcional».

contracción de longitud. La contracción de la longitud de un objeto como resultado de su movimiento con respecto a la persona que mide la longitud. La contracción tiene lugar sólo a lo largo de la dirección de movimiento.

corpúsculo. Nombre utilizado para una partícula de luz en los siglos XVII y XVIII.

cristal piezoeléctrico. Un cristal que produce un voltaje cuando es comprimido o estirado.

cuásar. Un objeto compacto altamente luminoso en el Universo distante, que se cree está alimentado por un agujero negro gigante.

cuerda cósmica. Un objeto hipotético tipo cuerda unidimensional que está hecho de una distorsión del espacio. La cuerda no tiene extremos (o bien se cierra sobre sí misma como una goma elástica o se extiende indefinidamente), y su distorsión espacial hace que cualquier círculo que la rodee tenga un valor para el cociente entre la circunferencia y el diámetro ligeramente menor que π.

cuerpo polarizado. Un cuerpo con carga eléctrica negativa concentrada en una región y carga positiva concentrada en otra región.

curvatura del espacio o del espacio-tiempo. La propiedad del espacio o del espacio-tiempo que le hace violar las nociones de la geometría de Euclides o de Minkowski; es decir, la propiedad que hace posible que líneas rectas que son inicialmente paralelas lleguen a cortarse.

curvatura espacio-temporal. La propiedad del espacio-tiempo que hace que las partículas en caída libre que están moviéndose inicialmente a lo largo de líneas de universo paralelas se junten o separen posteriormente. La curvatura espacio-temporal y la *gravedad de marea* son nombres diferentes para la misma cosa.

Cyg A. Cygnus A; una radiogalaxia que tiene el aspecto (pero no lo es) de dos galaxias en colisión. La primera radiogalaxia en ser firmemente identificada.

Cyg X-1. Cygnus X-1; un objeto masivo en nuestra galaxia que probablemente es un agujero negro. El gas caliente que cae hacia el objeto emite rayos X que son observados en la Tierra.

deformación del espacio-tiempo. Véase *curvatura del espacio-tiempo*.

degeneración electrónica. El comportamiento de los electrones a altas densidades, por el que se mueven erráticamente con altas velocidades como resultado de la dualidad onda/partícula mecanocuántica.

desplazamiento del perihelio de Mercurio. El minúsculo fallo de la órbita elíptica de Mercurio para cerrarse sobre sí misma, que da da como resultado un desplazamiento en la posición de su perihelio cada vez que Mercurio pasa por dicho punto.

desplazamiento Doppler. El desplazamiento de una onda hacia una frecuencia más elevada (longitud de onda más corta, energía más alta) cuando su fuente se está moviendo hacia un receptor, y hacia frecuencias más bajas (longitud de onda mayor, energía menor) cuando la fuente se está alejando del receptor.

desplazamiento gravitatorio hacia el rojo de la luz.   El alargamiento de la longitud de onda de la luz (el enrojecimiento de su color) a medida que se propaga hacia arriba en un campo gravitatorio.

desplazamiento hacia el rojo.   Un desplazamiento de las ondas electromagnéticas hacia longitudes de onda mayores, es decir, un «enrojecimiento» de las ondas.

desviación de la luz.   La desviación de la dirección de propagación de la luz y otras ondas electromagnéticas cuando pasan cerca del Sol o de cualquier otro cuerpo gravitante. Esta desviación está producida por la curvatura del espacio-tiempo que rodea al cuerpo.

detector de barra.   Un detector de ondas gravitatorias en el que las ondas comprimen y estiran una gran barra de metal, y un sensor registra las vibraciones de la barra.

detector interferométrico.   Un detector de ondas gravitatorias en el que las fuerzas de marea de las ondas agitan las masas que cuelgan de cables, y hace uso de la interferencia de haces de luz láser para registrar los movimientos de las masas. También denominado *interferómetro*.

deuterones o núcleos de deuterio.   Núcleos atómicos formados por un solo protón y un solo neutrón mantenidos unidos por la fuerza nuclear. También denominado «hidrógeno pesado» porque los átomos de deuterio tienen casi las mismas propiedades químicas que los del hidrógeno.

diagrama de inserción.   Un diagrama en el que se visualiza la curvatura de una superficie bidimensional insertándola en un espacio plano tridimensional.

diagrama espacio-temporal.   Un diagrama con el tiempo representado hacia arriba y el espacio representado en horizontal.

dilatación del tiempo.   Un frenado del flujo del tiempo.

dilatación gravitatoria del tiempo.   El frenado del flujo del tiempo cerca de un cuerpo gravitante.

disco de acreción.   Un disco de gas que rodea a un agujero negro o una estrella de neutrones. La fricción en el disco hace que el gas se mueva en una trayectoria espiral que se cierra poco a poco y *acrece* en el agujero o estrella.

distorsión del espacio-tiempo.   Lo mismo que *curvatura del espacio-tiempo*.

divisor de haz.   Un dispositivo utilizado para dividir un haz luminoso en dos partes que salen en distintas direcciones, y para combinar dos haces luminosos que proceden de distintas direcciones.

dualidad onda/partícula.   El hecho de que todas las ondas se comportan a veces como partículas, y todas las partículas se comportan a veces como ondas.

ecuación de estado.   La forma en la que la presión de la materia (o resistencia a la compresión de la materia) depende de su densidad.

ecuación diferencial.   Una ecuación que combina en una sola fórmula varias funciones y sus ritmos de variación; es decir, las funciones y sus «derivadas». «Resolver una ecuación diferencial» significa «calcular la forma de dichas funciones a partir de la ecuación diferencial».

electrón.   Una partícula fundamental de materia, con carga eléctrica negativa, que puebla las regiones externas de los átomos.

energía rotacional.   La energía asociada con la rotación de un agujero negro, una estrella o algún otro objeto.

entropía.   Una medida de la cantidad de aleatoriedad en grandes conjuntos de átomos, moléculas y otras partículas; es igual al logaritmo del número de modos en que se pueden distribuir las partículas sin cambiar su apariencia macroscópica.

espacio absoluto.   Concepción de Newton según la cual en el espacio tridimensional en el que vivimos existe la noción de reposo absoluto, y las longitudes de los objetos son independientes del movimiento del sistema de referencia en el que se miden.

espacio interestelar.   El espacio entre las estrellas de nuestra Vía Láctea.

espacio intergaláctico.   El espacio entre las galaxias.

espacio-tiempo.   El «tejido» tetradimensional que resulta cuando el espacio y el tiempo se unifican.

espectro.   El intervalo de longitudes de onda o frecuencias sobre el que pueden existir ondas electromagnéticas, que abarca desde las radioondas de frecuencia extremadamente baja hasta los rayos gamma de frecuencia extremadamente alta, pasando por la luz visible de frecuencia intermedia; véase la figura P.2 en el Prólogo. También, una imagen de la distribución de la luz como función de la frecuencia (o longitud de onda) obtenida enviando la luz a través de un prisma.

espectrógrafo.   Una versión sofisticada de un prisma, para separar los diversos colores (longitudes de onda) de la luz y medir así su espectro.

espín.   Rotación. Véase *momento angular*.

espuma cuántica.   Una estructura espacial probabilística, similar a la espuma, que probablemente constituye los núcleos de las singularidades, y que probablemente se da en el espacio ordinario a escalas de la longitud de Planck-Wheeler o menores.

estabilidad.   La cuestión de si un objeto es o no inestable. Véase también *inestable*.

estrella colapsada.   Nombre utilizado para un agujero negro en Occidente en los años sesenta.

estrella congelada.   El nombre utilizado para un agujero negro en la Unión Soviética, durante los años sesenta.

estrella de neutrones.   Una estrella, aproximadamente de la misma masa que el Sol pero de sólo 50 a 1.000 kilómetros de circunferencia, y formada por neutrones estrechamente empaquetados por la fuerza de la gravedad.

estrella enana blanca.   Una estrella de aproximadamente la circunferencia de la Tierra pero con la masa del Sol, que ha agotado todo su combustible nuclear y se está enfriando gradualmente. Se mantiene contra la compresión de su propia gravedad por medio de la presión de degeneración electrónica.

estrella oscura.   Una expresión utilizada a finales del siglo xviii y principios del xix para describir lo que ahora denominamos un agujero negro.

estrella supermasiva.   Una estrella hipotética que pesa tanto o más que 10.000 soles.

estructura de una estrella.   Los detalles de cómo varía la presión, densidad, temperatura y gravedad de una estrella cuando nos movemos desde su superficie hasta su centro.

éter.   El medio hipotético que (según el pensamiento del siglo xix) oscila cuando pasan las ondas electromagnéticas y, mediante sus oscilaciones, hace posibles las ondas. Se creía que el éter estaba en reposo en el espacio absoluto.

filósofo natural.   Una expresión ampliamente utilizada en los siglos xvii, xviii y xix para describir lo que ahora denominamos un científico.

fisión nuclear.   La ruptura de un núcleo atómico grande para formar varios núcleos más pequeños. La fisión de los núcleos de uranio o plutonio es la fuente de energía que impulsa la explosión de una bomba atómica, y la fisión es también la fuente de energía en los reactores nucleares.

fluctuaciones del vacío.   Oscilaciones aleatorias, impredecibles e ineliminables de un campo (por ejemplo, un campo electromagnético o un campo gravitatorio), que son debidas a un tira y afloja en el que pequeñas regiones del espacio toman prestada momentáneamente energía de regiones adyacentes y luego la devuelven. Véase también *partículas virtuales* y *vacío*.

forma de onda.   Una curva que muestra los detalles de las ocilaciones de una onda.

fotón.   Una partícula de luz o de cualquier otro tipo de radiación electromagnética (radio, microondas, infrarroja, ultravioleta, rayos X, rayos gamma); la partícula que, según la dualidad onda/partícula, está asociada a las ondas electromagnéticas.

frecuencia.   El ritmo al que oscila una onda, es decir, su número de ciclos de oscilación por segundo.

frente de choque.   Un lugar, en un gas que fluye, en el que la densidad y la temperatura del gas tienen un cambio brusco, aumentando en una gran cantidad.

fuerza nuclear.   También denominada «interacción fuerte». La fuerza entre protones y protones, protones y neutrones, y neutrones y neutrones, que mantiene unidos los núcleos atómicos. Cuando las partículas están a cierta distancia una de otra, la fuerza nuclear es atractiva; cuando están más próximas se hace repulsiva. La fuerza nuclear es responsable de gran parte de la presión cerca del centro de una estrella de neutrones.

función.   Una expresión matemática que dice cómo depende una cantidad, por ejemplo, la circunferencia del horizonte de un agujero negro, de alguna otra cantidad, por ejemplo, la masa del agujero negro; en este ejemplo, la función es $C = 4\pi GM/c^2$, donde C es la circunferencia, M es la masa, G es la constante gravitatoria de Newton, y c es la velocidad de la luz.

fusión nuclear.   La fusión de dos núcleos atómicos pequeños para formar uno mayor. El Sol se mantiene caliente y las bombas de hidrógeno son impulsadas por la fusión de núcleos de hidrógeno, deuterio y tritio para formar núcleos de helio.

galaxia.   Un conjunto de entre 1.000 millones y 1 billón de estrellas todas ellas orbitando alrededor de un centro común. Las galaxias tienen típicamente un diámetro de aproximadamente 100.000 años-luz.

gas de choque.   Gas que ha sido calentado y comprimido en un frente de choque.

gas ionizado.   Gas en el que una gran fracción de los átomos han perdido sus electrones orbitales.

geodésica.   Una línea recta en un espacio curvo o un espacio-tiempo curvo. En la superficie de la Tierra las geodésicas son los círculos máximos.

geometría de Schwarzschild.   La geometría del espacio-tiempo alrededor y dentro de un agujero esférico sin rotación.

giróscopo.   Un objeto en rotación rápida que mantiene su eje de giro constantemente fijo durante mucho tiempo.

gravedad cuántica.   Las leyes de la física que se obtienen uniendo («casando») la relatividad general con la mecánica cuántica.

gravedad de marea.   Aceleraciones gravitatorias que comprimen los objetos a lo largo de ciertas direcciones y los estiran a lo largo de otras. La gravedad de marea producida por la Luna y el Sol es reponsable de las mareas en los océanos de la Tierra.

gravedad de superficie.   Hablando en términos generales, la intensidad de la atracción gravitatoria que siente un observador en reposo exactamente sobre el horizonte de un agujero negro. (Más exactamente: dicha atracción gravitatoria multiplicada por la cantidad de dilatación gravitatoria del tiempo en la posición del observador.)

gravitón.   La partícula que, según la dualidad onda/partícula, está asociada a las ondas gravitatorias.

hiperespacio.   Un espacio plano ficticio en el que uno imagina que están insertas piezas del espacio curvo de nuestro Universo.

horizonte.   La superficie de un agujero negro; el punto de no retorno, traspasado el cual nada puede salir. Denominado también el *horizonte absoluto* para distinguirlo del *horizonte aparente*.

horizonte absoluto.   La superficie de un agujero negro. Véase *horizonte*.

horizonte aparente.   La posición más externa en torno a un agujero negro, donde los fotones, que tratan de escapar, son atraídos hacia adentro por la gravedad. Esto es lo mismo que el *horizonte* (*absoluto*) sólo cuando el agujero está en un estado estable sin cambios.

implosión.   La rápida contracción de una estrella producida por la atracción de su propia gravedad.

inercia.   La resistencia de un cuerpo a ser acelerado por fuerzas que actúan sobre él.

inestable.   La propiedad de un objeto por la que si es ligeramente perturbado, la perturbación crecerá, cambiando mucho el objeto y quizá incluso destruyéndolo. Denominada también, en terminología más completa, «inestable frente a pequeñas perturbaciones».

interferencia.   La forma en que dos ondas, superpuestas y sumadas linealmente, se refuerzan mutuamente cuando las crestas de una coinciden con crestas de otra y sus valles con valles (interferencia constructiva), y se cancelan mutuamente cuando las crestas de una coinciden con valles de la otra (interferencia destructiva).

interferometría.   El proceso de hacer interferir dos o más ondas entre sí.

interferómetro.   Un dispositivo basado en la interferencia de ondas. Véase *detector interferométrico* y *radiointerferómetro*.

ión.   Un átomo que ha perdido algunos de sus electrones orbitales y, por lo tanto, tiene una carga neta positiva.

lente gravitatoria.   Actuación de un cuerpo gravitante, tal como un agujero negro o una galaxia, que enfoca la luz procedente de una fuente lejana desviando los rayos luminosos; véase *desviación de la luz*.

ley de conservación.   Cualquier ley de la física que afirma que alguna magnitud específica no puede cambiar nunca. Ejemplos son la conservación de la masa y la energía (tomadas juntas como una sola entidad vía la relación $E = Mc^2$ de Einstein), la conservación de la carga eléctrica total, y la conservación del momento angular (cantidad total de rotación).

ley de la gravedad de la inversa del cuadrado.   Ley de la gravedad de Newton, que afirma que entre todo par de objetos en el Universo actúa una fuerza gravitatoria que les hace atraerse mutuamente, y que dicha fuerza es proporcional al producto de las masas de los objetos e inversamente proporcional al cuadrado de la distancia que los separa.

ley de la gravedad de Newton.   Véase *ley de la gravedad de la inversa del cuadrado*.

leyes de la física.   Principios fundamentales a partir de los que se puede deducir, por cálculos lógicos y matemáticos, cómo se comporta nuestro Universo.

leyes del electromagnetismo de Maxwell.   El conjunto de leyes de la física mediante el que James Clerk Maxwell unificó todos los fenómenos electromagnéticos. A partir de dichas leyes se puede predecir, mediante cálculos matemáticos, los comportamientos de la electricidad, el magnetismo y las ondas electromagnéticas.

leyes newtonianas de la física.   Las leyes de la física, basadas en la idea de Newton del espacio y el tiempo absolutos, que fueron la pieza central del pensamiento del siglo xix sobre el Universo.

LIGO.   Laser Interferometer Gravitational-Wave Observatory (Observatorio de Ondas Gravitatorias mediante Interferómetros Láser).

límite cuántico estándar.   Límite, debido al principio de incertidumbre, para la precisión con que pueden medirse ciertas cantidades utilizando métodos estándar. Este límite puede ser superado utilizando los métodos cuánticos no demoledores.

límite de Chandrasekhar. La masa máxima que puede tener una estrella enana blanca.

línea de universo. El camino de un objeto a través del espacio-tiempo o a través de un diagrama espacio-temporal.

lineal. La propiedad de combinación mediante simple adición.

líneas de campo eléctrico. Líneas que apuntan en la dirección de la fuerza que ejerce un campo eléctrico sobre las partículas cargadas. El análogo eléctrico a las líneas de campo magnético.

líneas de campo magnético. Líneas que apuntan a lo largo de la dirección de un campo magnético (es decir, a lo largo de la dirección en que apuntaría una brújula si estuviera colocada en el campo magnético). Estas líneas de campo pueden hacerse manifiestas en torno a una barra magnética colocando una hoja de papel sobre la barra y esparciendo limaduras de hierro en el papel.

líneas espectrales. Características agudas en el espectro de la luz emitida por alguna fuente. Dichas características se deben a la fuerte emisión a longitudes de ondas específicas producida por átomos o moléculas específicos.

lóbulo. Una enorme nube de gas radioemisora en el exterior de una galaxia o un cuásar.

longitud de onda. La distancia entre las crestas de una onda.

luz. El tipo de ondas electromagnéticas que pueden ser vistas por el ojo humano; véase la figura P.2 en la página 21.

luz polarizada; ondas gravitatorias polarizadas. Luz u ondas gravitatorias en las que una de las dos polarizaciones está totalmente ausente (desaparece).

máquina del tiempo. Un dispositivo para viajar hacia atrás en el tiempo. En la jerga de los físicos, una «curva cerrada de tipo tiempo».

masa. Una medida de la cantidad de materia en un objeto. (La inercia del objeto es proporcional a su masa, y Einstein demostró que la masa es realmente una forma muy compacta de energía.) La palabra «masa» se utiliza también en el sentido de «un objeto hecho de masa», en contextos donde la inercia del objeto es importante.

materia fría muerta. Materia fría en la que se han agotado todas las reacciones nucleares, expulsando de la materia toda la energía nuclear que puede ser extraída.

material exótico. Material que tiene una densidad de energía promedio *negativa,* medida por alguien que se mueve a través de él a una velocidad próxima a la de la luz.

mecánica cuántica. Las leyes de la física que gobiernan el reino de lo pequeño (átomos, moléculas, electrones, protones), y que subyacen también al reino de lo grande, pero raramente se muestran allí. Entre los fenómenos que predice la mecánica cuántica están el *principio de incertidumbre,* la *dualidad onda/partícula* y las *fluctuaciones del vacío.*

mecánica cuántica, antigua. La primitiva versión de las leyes de la mecánica cuántica, desarrollada en las dos primeras décadas del siglo xx.

mecánica cuántica, nueva. La versión final de las leyes de la mecánica cuántica, formulada en 1926.

medida estroboscópica. Un tipo concreto de medida no demoledora cuántica en la que se hace una secuencia de medidas muy rápidas de una barra vibrante, a intervalos iguales a un periodo de vibración.

metaprincipio. Un principio que deberían obedecer todas las leyes de la física. El principio de relatividad es un ejemplo de metaprincipio.

métodos globales. Técnicas matemáticas, basadas en una combinación de topología y geometría, para analizar la estructura del espacio-tiempo.

métodos perturbativos. Métodos para analizar, matemáticamente, los comportamientos de pequeñas perturbaciones de un objeto, por ejemplo, un agujero negro.

514 Agujeros negros y tiempo curvo

microondas.   Radiación electromagnética con longitud de onda un poco más corta que las radioondas; véase la figura P.2 en la página 21.

microsegundo.   Una millonésima de segundo.

molécula.   Una entidad constituida por varios átomos que comparten sus nubes electrónicas. El agua es una molécula constituida de esta forma por dos átomos de hidrógeno y uno de oxígeno.

momento angular.   Una medida de la cantidad de rotación que tiene un cuerpo. En este libro se utiliza a menudo la palabra *espín* en lugar de «momento angular».

National Science Foundation (NSF).   El organismo del gobierno de los Estados Unidos encargado de la financiación de la investigación científica básica.

nebulosa.   Una nube de gas con brillo intenso en el espacio interestelar. Antes de los años treinta, las galaxias eran generalmente confundidas con nebulosas.

neutrino.   Una partícula muy ligera que se parece al fotón, excepto que apenas interacciona en absoluto con la materia. Los neutrinos producidos en el centro del Sol, por ejemplo, atraviesan la materia que rodea al Sol sin ser absorbidos o dispersados prácticamente.

neutrón.   Una partícula subatómica. Los neutrones y los protones, mantenidos juntos por la fuerza nuclear, constituyen los núcleos de los átomos.

no demoledor cuántico.   Un método de medida que supera el límite cuántico estándar.

no lineal.   La propiedad de combinación de una manera más complicada que la simple adición.

nova.   Un destello brillante de luz procedente de una estrella vieja, que ahora se sabe está causado por una explosión nuclear en las capas externas de la estrella.

núcleo atómico.   El corazón denso de un átomo. Los núcleos atómicos tienen carga eléctrica positiva, están constituidos de neutrones y protones, y se mantienen unidos por la fuerza nuclear.

núcleo de neutrones.   Nombre que dio Oppenheimer a una estrella de neutrones. También una estrella de neutrones en el centro de una estrella normal.

nucleón.   Neutrón o protón.

objeto en caída libre.   Un objeto sobre el que no actúa ninguna fuerza excepto la gravedad.

observador.   Una persona o ser (normalmente hipotético) que hace una medida.

observador acelerado.   Un observador que no está en caída libre.

onda.   Una oscilación en algún campo (por ejemplo, el campo electromagnético o la curvatura espacio-temporal) que se propaga a través del espacio-tiempo.

onda gravitatoria.   Una ondulación de la curvatura espacio-temporal que viaja con la velocidad de la luz.

ondas electromagnéticas.   Ondas de fuerzas eléctrica y magnética. Incluyen, dependiendo de la longitud de onda, las radioondas, microondas, radiación infrarroja, luz, radiación ultravioleta, rayos X y rayos gamma.

paradigma.   Un conjunto de útiles que utiliza una comunidad de científicos en su investigación sobre un tema dado, y para comunicar los resultados de su investigación a los demás.

partícula.   Un objeto minúsculo; uno de los ladrillos de la materia (tales como el electrón, protón, fotón o gravitón).

partícula elemental.   Una partícula subatómica de materia o antimateria. Entre las partículas elementales se encuentran los electrones, protones, neutrones, positrones, antiprotones y antineutrones.

partícula libre.   Una partícula sobre la que no actúan fuerzas; es decir, una partícula que se mueve únicamente bajo la influencia de su propia inercia. En presencia de gravedad: una partícula sobre la que no actúan fuerzas *excepto* la gravedad.

partículas virtuales. Partículas que son creadas en pares utilizando energía tomada en préstamo de regiones vecinas del espacio. Las leyes de la mecánica cuántica requieren que la energía sea devuelta rápidamente, de modo que las partículas virtuales se aniquilan rápidamente y no pueden ser capturadas. Las partículas virtuales son el aspecto de partícula de las fluctuaciones del vacío, vistas por observadores en caída libre. Los fotones virtuales y los gravitones virtuales son los aspectos de partícula de las fluctuaciones electromagnéticas del vacío y las fluctuaciones gravitatorias del vacío, respectivamente. Véase también *dualidad onda/partícula.*

«pelo». Cualquier propiedad que un agujero negro puede radiar hacia afuera y, por consiguiente, no puede mantener; por ejemplo, un campo magnético o una montaña en su horizonte.

perihelio. La posición, en la órbita de un planeta en torno al Sol, que está más próxima al Sol.

periodo orbital. El tiempo que tarda un objeto, en órbita en torno a otro, en dar una vuelta alrededor de su compañero.

perturbación. Una pequeña distorsión (respecto a su forma normal) de un objeto o de la curvatura espacio-temporal alrededor de un objeto.

Planck-Wheeler, longitud, área y tiempo de. Magnitudes asociadas con las leyes de la gravedad cuántica. La longitud de Planck-Wheeler, $\sqrt{G\hbar/c^3} = 1{,}62 \times 10^{-33}$ centímetros, es la escala de longitud por debajo de la cual el espacio tal como lo conocemos deja de existir y se convierte en espuma cuántica. El tiempo de Planck-Wheeler ($1/c$ veces la longitud de Planck-Wheeler o aproximadamente 10^{-43} segundos), es el intervalo de tiempo más corto que puede existir; si dos sucesos están separados por menos que esto, no se puede decir cuál sucede antes y cuál después. El área de Planck-Wheeler (el cuadrado de la longitud de Planck-Wheeler, es decir, $2{,}61 \times 10^{-66}$ centímetros cuadrados) juega un papel clave en la entropía de un agujero negro. En las fórmulas anteriores, $G = 6{,}670 \times 10^{-8}$ dinas-centímetro^2/gramo^2 es la constante gravitatoria de Newton, $\hbar = 1{,}055 \times 10^{-27}$ ergios-segundo es la constante mecanocuántica de Planck, y $c = 2{,}998 \times 10^{10}$ centímetros/segundo es la velocidad de la luz.

plasma. Gas caliente, ionizado y eléctricamente conductor.

plutonio-239. Un tipo concreto de núcleo atómico de plutonio que contiene 239 protones y neutrones (94 protones y 145 neutrones).

polarización. La propiedad que tienen las ondas electromagnéticas y gravitatorias de estar constituidas por dos componentes, una que oscila en una dirección o conjunto de direcciones, y la otra en una dirección o conjunto de direcciones diferente. Las dos componentes se denominan las dos polarizaciones de la onda.

postdoc. Becario postdoctoral; una persona que ha obtenido recientemente el grado de doctor en física y está continuando su formación sobre el modo de hacer investigación, normalmente bajo la guía de un investigador más experimentado.

presión. La cantidad de fuerza hacia afuera que produce la materia cuando es comprimida.

presión de degeneración. Presión en el interior de la materia a alta densidad, producida por los movimientos erráticos y a alta velocidad de electrones o neutrones inducidos por la dualidad onda/partícula. Este tipo de presión sigue siendo intensa cuando la materia se enfría hasta la temperatura del cero absoluto.

presión térmica. Presión creada por los movimientos aleatorios inducidos por el calor de los átomos, moléculas, electrones y/u otras partículas.

principio de equivalencia. El principio según el cual en un sistema de referencia local en presencia de gravedad, todas las leyes de la física deberían tomar la misma forma que tienen en un sistema de referencia inercial en ausencia de gravedad.

principio de incertidumbre. Una ley mecanocuántica que establece que, si se mide la posición de un objeto o la intensidad de un campo con gran precisión, la medida debe necesariamente perturbar la velocidad del objeto o el ritmo de variación del campo en una cantidad impredecible.

principio de relatividad. Principio de Einstein según el cual las leyes de la física no deberían ser capaces de distinguir un sistema de referencia inercial de otro; es decir, deberían tomar la misma forma en cualquier sistema de referencia inercial. En presencia de la gravedad: este mismo principio, pero con sistemas de referencia inerciales locales jugando el papel de los sistemas de referencia inerciales.

principio del carácter absoluto de la velocidad de la luz. Principio de Einstein según el cual la velocidad de la luz es una constante universal, la misma en todas las direcciones y la misma en cualquier sistema de referencia inercial, independiente del movimiento del sistema.

proceso Blandford-Znajek. La extracción de energía rotacional de un agujero negro en rotación mediante campos magnéticos que atraviesan el agujero.

pulsación. La vibración u oscilación de un objeto, por ejemplo, un agujero negro, una estrella o una campana.

púlsar. Una estrella de neutrones en rotación y magnetizada que emite un haz de radiación (radioondas y a veces también luz y rayos X). Cuando la estrella gira, su haz hace un barrido como el haz de un faro; cada vez que el haz barre la Tierra, los astrónomos reciben un pulso de radiación.

radiación. Cualquier forma de partículas u ondas de alta velocidad.

radiación infrarroja. Ondas electromagnéticas con longitud de onda un poco mayor que la de la luz; véase la figura P.2 en la página 21.

radiación sincrotrón. Ondas electromagnéticas emitidas por electrones a alta velocidad que se están moviendo en trayectoria helicoidal alrededor de líneas de campo magnético.

radiación ultravioleta. Radiación electromagnética con una longitud de onda algo más corta que la de la luz; véase la figura P.2 en la página 21.

radioastrónomo. Un astrónomo que estudia el Universo utilizando radioondas.

radiofuente. Cualquier objeto astronómico que emite radioondas.

radiogalaxia. Una galaxia que emite intensas radioondas.

radiointerferómetro. Un dispositivo compuesto de varios radiotelescopios acoplados, que simulan un único radiotelescopio mucho mayor.

radioondas. Ondas electromagnéticas de frecuencia muy baja, utilizadas por los seres humanos para transmitir señales de radio y utilizadas por los astrónomos para estudiar objetos astronómicos distantes; véase la figura P.2 en la página 21.

radiotelescopio. Un telescopio que observa el Universo utilizando radioondas.

rayo cósmico. Una partícula de materia o antimateria que bombardea la Tierra procedente del espacio exterior. Algunos rayos cósmicos se producen en el Sol, pero la mayoría se crean en regiones distantes de nuestra Vía Láctea, quizá en nubes calientes de gas que son expulsadas al espacio interestelar por las supernovas.

rayos gamma. Ondas electromagnéticas con longitudes de onda extremadamente cortas; véase la figura P.2 en la página 21.

rayos X. Ondas electromagnéticas con longitud de onda comprendida entre la de la radiación ultravioleta y los rayos gamma; véase la figura P.2 en la página 21.

reacción en cadena. Una secuencia de fisiones de núcleos atómicos en la que los neutrones resultantes de una fisión desencadenan fisiones adicionales, y los neutrones resultantes de éstas desencadenan aún más fisiones y así sucesivamente.

reacción nuclear. La combinación de varios núcleos atómicos para formar uno mayor (fusión), o la ruptura de un núcleo grande para formar varios núcleos más pequeños (fisión).

reacciones termonucleares. Reacciones nucleares inducidas por el calor.

reactor nuclear. Un dispositivo en el que se utiliza una reacción en cadena de fisiones nucleares para generar energía, producir plutonio y, en algunos casos, producir electricidad.

relatividad especial. Las leyes de la física de Einstein en ausencia de gravedad.

relatividad general. Leyes de la física de Einstein en las que la gravedad se describe mediante una curvatura del espacio-tiempo.

relativo. Dependiente del sistema de referencia de uno; diferente, medido en un sistema que se mueve de cierta manera a través del Universo, que medido en otro sistema que se mueve de manera distinta.

resistencia a la compresión o simplemente **resistencia.** También denominada *coeficiente adiabático.* El porcentaje en el que incrementa la presión en el interior de la materia cuando se incrementa la densidad en un 1 por 100.

rigor; riguroso. Un alto grado de precisión, exactitud y fiabilidad (un término aplicado a los cálculos y argumentos matemáticos).

ruptura de la simultaneidad. El hecho de que sucesos que son simultáneos medidos en un sistema de referencia no son simultáneos medidos en otro sistema que se mueve con respecto al primero.

Sco X-1. Scorpius X-1, la estrella más brillante en rayos X en el cielo.

segunda ley de la termodinámica. La ley que afirma que la entropía nunca puede decrecer y casi siempre aumenta.

sensibilidad. La señal más débil que puede ser medida por algún aparato. Alternativamente, la capacidad de un aparato para medir señales.

sensor. Un dispositivo para registrar las vibraciones de una barra o los movimientos de una masa.

singularidad. Una región del espacio-tiempo donde la curvatura del espacio-tiempo se hace tan fuerte que las leyes de la relatividad general dejan de ser válidas y son sustituidas por las leyes de la gravedad cuántica. Si uno trata de describir una singularidad utilizando sólo la relatividad general, encuentra (incorrectamente) que la gravedad de marea y la curvatura espacio-temporal son allí infinitamente intensas. La gravedad cuántica reemplaza probablemente estos infinitos por espuma cuántica.

singularidad BKL. Una singularidad cerca de la cual la gravedad de marea oscila caóticamente en el tiempo y en el espacio. Este es el tipo de singularidad que probablemente se forma en los centros de los agujeros negros y en el big crunch de nuestro Universo.

singularidad de Schwarzschild. La expresión utilizada entre 1916 y aproximadamente 1958 para describir lo que ahora llamamos un agujero negro.

singularidad desnuda. Una singularidad que no está dentro de un agujero negro (no está rodeada por un horizonte de agujero negro) y que, por lo tanto, puede ser vista y estudiada por alguien que esté fuera. Véase *conjetura de censura cósmica.*

singularidad mezcladora. Una singularidad cerca de la cual la gravedad de marea oscila caóticamente con el tiempo, pero no varía necesariamente en el espacio. Véase también *singularidad BKL.*

Sirio B. La estrella enana blanca que orbita en torno a la estrella Sirio.

sistema binario. Dos objetos que están en órbita uno en torno al otro; los objetos pueden ser estrellas o agujeros negros o una estrella y un agujero negro.

sistema de referencia. Un laboratorio (que puede ser imaginario) para hacer medidas físicas, que se mueve a través del Universo de alguna forma particular.

sistema de referencia inercial. Un sistema de referencia que no gira y sobre el que no actúan fuerzas externas. El movimiento de un sistema de referencia semejante está gobernado solamente por su propia inercia. Véase también *sistema de referencia inercial local.*

sistema de referencia inercial local. Un sistema de referencia sobre el que no actúan fuerzas salvo la gravedad, que cae libremente en respuesta a la atracción de la gravedad, y que es suficientemente pequeño para que las aceleraciones gravitatorias de marea sean despreciables dentro de él.

suceso. Un punto en el espacio-tiempo; es decir, una posición en el espacio en un instante concreto de tiempo. Alternativamente, algo que sucede en un punto en el espacio-tiempo, por ejemplo, la explosión de un petardo.

superbomba. Una bomba de hidrógeno que utiliza un principio por el que es posible producir una explosión arbitrariamente grande.

superconductor. Un material que conduce perfectamente la electricidad, sin ninguna resistencia.

supernova. Una explosión gigantesca de una estrella que muere. La explosión de las capas externas de la estrella está alimentada por energía que se libera cuando el núcleo interno de la estrella implosiona para formar una estrella de neutrones.

teorema de Price. El teorema que afirma que todas las propiedades de un agujero negro que pueden ser convertidas en radiación serán convertidas en radiación y serán radiadas completamente hacia afuera, dejando así «calvo» al agujero.

teoría cuántica. Lo mismo que *mecánica cuántica.*

termodinámica. El conjunto de leyes físicas que gobierna el comportamiento aleatorio y estadístico de grandes números de átomos y moléculas, incluyendo su calor.

tiempo absoluto. Concepción newtoniana del tiempo como algo universal, con un acuerdo unívoco y universal sobre la noción de simultaneidad de sucesos y un acuerdo unívoco y universal sobre el intervalo temporal entre dos sucesos cualesquiera.

topología. La rama de las matemáticas que trata las formas cualitativas de conexión de los objetos entre sí o consigo mismos. Por ejemplo, la topología distingue una esfera (que no tiene agujeros) de una rosquilla (que tiene uno).

tritio. Núcleo atómico constituido por un protón y dos neutrones ligados por la fuerza nuclear.

universo. Una región del espacio que está desconectada de todas las demás regiones del espacio, de forma muy parecida a como una isla está desconectada de cualquier otra parte de tierra.

Universo. Nuestro universo.

uranio-235. Un tipo específico de núcleo de uranio que contiene 235 protones y neutrones (92 protones y 143 neutrones).

vacío. Una región del espacio-tiempo de la que se han eliminado todas las partículas y campos y energía que es posible eliminar; lo único que queda son las ineliminables fluctuaciones del vacío.

velocidad de escape. La velocidad con la que debe lanzarse un objeto desde la superficie de un cuerpo gravitante para que escape a la atracción gravitatoria del cuerpo.

Vía Láctea. La galaxia en la que vivimos.

Notas

*¿Qué me hace confiar
en lo que digo?*

Fuentes y abreviaturas

L as fuentes citadas en estas notas figuran en la bibliografía.
Las abreviaturas utilizadas en estas notas son:

ECP-1   *The Collected Papers of Albert Einstein*, volumen 1, citado en la bibliografía como ECP-1.
ECP-2   *The Collected Papers of Albert Einstein*, volumen 2, citado en la bibliografía como ECP-2.
INT   Entrevistas realizadas por el autor, cuya lista figura al comienzo de la bibliografía.
MTW   Misner, Thorne y Wheeler (1973).

Prólogo: un viaje por los agujeros (pp. 19-51)

1. Este párrafo está adaptado de Thorne (1974).
2. La fórmula de Newton es $M_h = C_o^3/(2\pi GP_o^2)$, donde M_h es la masa del agujero (o de cualquier otro cuerpo gravitante), C_o y P_o son la circunferencia y el periodo de cualquier órbita circular en torno al agujero, π es 3,14159..., y G es la constante gravitatoria de Newton, $1,327 \times 10^{11}$ kilómetros³ por segundo² por masa solar. Véase la n. 4 del cap. 2, *infra*. Introduciendo en esta fórmula el periodo orbital de la nave espacial P_o = 5 minutos 46 segundos, y su circunferencia orbital $C_o = 10^6$ kilómetros, se obtiene una masa M_h = 10 masa solares. (Una masa solar es $1,989 \times 10^{30}$ kilogramos.)
3. La fórmula para la circunferencia del horizonte es $C_h = 4\pi GM_h/c^2 = 18,5$ kilómetros $\times$ ($M_h/M_\odot$), donde M_h es la masa del agujero, G es la constante gravitatoria de Newton (véase *supra*), $c = 2,998 \times 10^5$ kilómetros por segundo es la velocidad de la luz, y $M_\odot = 1,989 \times 10^{30}$ kilogramos es la masa del Sol. Véanse, por ejemplo, los capítulos 31 y 32 de MTW.
4. La fuerza de marea, expresada como una aceleración relativa entre su cabeza y sus pies (o entre cualesquiera otros dos objetos), es $\Delta a = 16\pi^3 G(M_h/C^3)L$, donde G es la constante gravitatoria de Newton (véase *supra*), M_h es la masa del agujero negro, C es la circunferencia en la que usted está situado y L es la distancia entre su cabeza y sus pies. Nótese que 1 gravedad terrestre es 9,81 metros por segundo². Véase, por ejemplo, la página 29 de MTW.
5. La fórmula superior (de la n. 4) da para la fuerza de marea $\Delta a \propto M_h/C^3$. Cuando la circunferencia está próxima a la del horizonte, $C \propto M_h$ (nota 4), de modo que $\Delta a \propto 1/M_h^2$.
6. El tiempo de la nave espacial T_{nave}, el tiempo de la Tierra T_E, y la distancia D viajada están relacionados por $T_E = (2c/g)\sinh(gT_{nave}/2c)$ y $D = (2c^2/g)[\cosh(gT_{nave}/2c)-1]$, donde g es la aceleración de la nave («una gravedad terrestre», 9,81 metros por segundo²), c es la velocidad de la luz, y cosh y sinh son las funciones coseno hiperbólico y seno hiperbólico. Véase, por ejemplo, el capítulo 6 de MTW. Para viajes que duran mucho más de un año, estas fórmulas se convierten, aproximadamente, en $T_E = D/c$ y $T_{nave} = (2c/g)\ln(gD/c^2)$, donde ln es el logaritmo natural.

7. Para un análisis matemático de las órbitas circulares (y otras) en torno a un agujero negro sin rotación, véase, por ejemplo, el capítulo 25 de MTW, y especialmente el recuadro 25.6.

8. La fuerza de aceleración que usted sentirá, al permanecer en una circunferencia C sobre un agujero negro de masa M_h y circunferencia del horizonte C_h, es $a = 4\pi^2 G(M_h/C^2) \times (1/\sqrt{1-C/C_h})$, donde G es la constante gravitatoria de Newton. Si usted está muy cerca del horizonte, entonces $C \simeq C_h \propto M_h$, lo que implica $a \propto 1/M_h$.

9. Véase la n. 6, *supra*.

10. Cuando uno se mantiene en una circunferencia C ligeramente por encima de un horizonte con circunferencia C_h, uno ve toda la luz procedente del Universo externo concentrada en un disco brillante con un diámetro angular $\alpha \simeq \propto 3\sqrt{1-C_h/C}$ radianes $\simeq 300\sqrt{1-C_h/C}$ grados. Véase, por ejemplo, el recuadro 25.7 de MTW.

11. Cuando uno se mantiene en una circunferencia C ligeramente por encima de un horizonte con circunferencia C_h, uno ve las longitudes de onda λ de toda la luz procedente del Universo externo desplazadas gravitatoriamente hacia el azul (lo contrario del desplazamiento gravitatorio hacia el rojo) en $\lambda_{\text{recibida}}/\lambda_{\text{emitida}} = 1/\sqrt{1-C/C_h}$. Véase, por ejemplo, la página 657 de MTW.

12. Cuando dos agujeros negros, cada uno con masa M_h, orbitan mutuamente con separación D, tienen un periodo orbital $2\pi\sqrt{D^3/2GM_h}$, y el retroceso de su onda gravitatoria les obliga a realizar una espiral convergente y fusionarse después de un tiempo $(5/512) \times (c^5/G^3)(D^4/M_h^3)$. G es la constante gravitatoria de Newton y c es la velocidad de la luz; véase *supra*. Véase, por ejemplo, la Ecuación (36.17b) de MTW.

13. Una persona en la estructura anular a una distancia L de su capa central siente una aceleración $a = (32\pi^3 GM_h/C^3)L$ hacia el plano central, la mitad de ella debida a la fuerza centrífuga del anillo rotatorio y la otra mitad a la fuerza de marea del agujero. G es la constante gravitatoria de Newton, M_h es la masa del agujero, y C es la circunferencia de la capa central del anillo. En comparación, una aceleración de 1 gravedad terrestre es 9,81 metros por segundo². Véase la n. 6 *supra*.

14. 10^{-33} centímetros $= \sqrt{G\hbar/c^3}$ es la «longitud de Planck-Wheeler», donde G es la constante gravitatoria de Newton, c es la velocidad de la luz, y $\hbar$ es la constante de Planck ($1,055 \times 10^{-34}$ kilogramo-metro² por segundo). Véase la página 456 del capítulo 14.

15. Véase, por ejemplo, Will (1986).

1. *La relatividad del espacio y del tiempo* (pp. 52-78)

1. Gran parte del material de este capítulo acerca de la vida de Einstein procede de las biografías estándar: Pais (1982), Hoffman (1972), Clark (1971), Einstein (1949) y Frank (1947). No doy las referencias concretas más abajo a la mayoría de las citas y apuntes históricos de este capítulo, que he recogido de estas biografías estándar. Mucho material histórico nuevo se está haciendo disponible con la publicación gradual de los artículos recopilados de Einstein, ECP-1, ECP-2, y Einstein y Marić (1992). Sí que cito, más abajo, el material de estas fuentes.

2. Documento 99 en ECP-1.

3. Documento 115 de ECP-1, según la traducción en la página XIX de Renn y Schulmann (1992).

4. El siguiente ejemplo ilustra lo que se entiende por «manipulando matemáticamente» las leyes de la física.

A comienzos del siglo XVII, Johannes Kepler dedujo, a partir de las observaciones de Tycho Brahe de los planetas, que el cubo de la circunferencia C de la órbita de un planeta dividido por el cuadrado de su periodo orbital P, es decir, C^3/P^2, era el mismo para todos los planetas conocidos entonces: Mercurio, Venus, la Tierra, Marte, Júpiter, Saturno. Medio siglo más tarde, Isaac Newton explicó el descubrimiento de Kepler mediante una manipulación matemática de las leyes del movimiento y de la gravedad newtonianas (las leyes enunciadas en la página 54 del texto):

1. A partir del siguiente diagrama y un poco de trabajo, uno deduce que, a medida que un planeta gira en torno al Sol, la velocidad del planeta cambia a un ritmo dado por la fórmula siguiente: (ritmo de cambio de la velocidad) $= 2\pi C/P^2$, donde $\pi = 3,14159....$ Este ritmo de cambio de la velocidad se denomina a veces la *aceleración centrífuga* que experimenta el planeta en órbita.

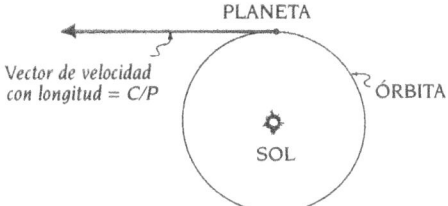

2. La segunda ley de Newton del movimiento nos dice que este ritmo de cambio de la velocidad (aceleración centrífuga) debe ser igual a la fuerza gravitatoria, F_{grav}, ejercida por el Sol sobre el planeta, dividida por la masa del planeta, $M_{planeta}$; en otras palabras, $2\pi C/P^2 = F_{grav}/M_{planeta}$.

3. La ley de la gravitación de Newton nos dice que la fuerza gravitatoria F_{grav} es proporcional a la masa del Sol M_{Sol} multiplicada por la masa del planeta $M_{planeta}$ y dividida por el cuadrado de la circunferencia orbital del planeta. Enunciado como una igualdad en lugar de una proporcionalidad, $F_{grav} = 4\pi^2 GM_{Sol}M_{planeta}/C^2$. Aquí G es la constante de gravitación de Newton, igual a $6{,}670 \times 10^{-20}$ kilómetros^3 por segundo^2 por kilogramo, o lo que es equivalente $1{,}327 \times 10^{11}$ kilómetros^3 por segundo^2 por masa solar.

4. Introduciendo esta expresión para la fuerza gravitatoria F_{grav} en la segunda ley de Newton del movimiento (punto 2 *supra*), obtenemos $2\pi C/P^2 = 4\pi^2 GM_{Sol}/C^2$. Multiplicando entonces ambos miembros de esta ecuación por $C^2/2\pi$, obtenemos $C^3/P^2 = 2\pi GM_{Sol}$.

Así pues, las leyes del movimiento y de la gravedad de Newton explican —de hecho implican— la relación descubierta por Kepler: C^3/P^2 es la misma para todos los planetas; sólo depende de la constante gravitatoria de Newton y la masa del Sol.

A modo de ilustración de la potencia de las leyes de la física, las manipulaciones anteriores no sólo explican el descubrimiento de Kepler, sino que también nos ofrecen un método para pesar el Sol. Dividiendo la ecuación final en el punto 4 por $2\pi G$, obtenemos una ecuación para la masa del Sol, $M_{Sol} = C^3/(2\pi GP^2)$. Introduciendo en esta ecuación la circunferencia C y el periodo P de la órbita de cualquier planeta medida por los astrónomos y el valor de la constante gravitatoria de Newton G medida por los físicos en un laboratorio ligado a la Tierra, inferimos que la masa del Sol es $1{,}989 \times 10^{30}$ kilogramos.

5. Documento 39 de ECP-1; Documento 2 en Einstein y Marić (1992).

6. En este capítulo, ignoro las especulaciones de algunos físicos de finales del siglo XIX de que en la vecindad de la Tierra el éter podría ser arrastrado por el movimiento de la Tierra a través del espacio absoluto. Había de hecho fuerte evidencia experimental contra tal arrastre: si, cerca de la superficie de la Tierra, el éter estaba en reposo con respecto a la Tierra, entonces no habría aberración de la luz de las estrellas; pero la aberración debida al movimiento de la Tierra alrededor del Sol era un hecho bien establecido. Para una breve discusión de la historia de las ideas sobre el éter, véase el capítulo 6 de Pais (1982); para más detalles, véanse las referencias allí citadas.

7. La tecnología de la época de Michelson no era capaz de comparar las velocidades de la luz en viajes *de ida* en varias direcciones con precisión suficiente (1 parte en 10^4) para verificar la predicción newtoniana. Sin embargo, había una predicción análoga de una diferencia en las velocidades de la luz en viajes *de ida y vuelta* (alrededor de 5 partes en 10^9 de diferencia entre un viaje *de ida y vuelta* paralelo al movimiento de la Tierra a través del éter y uno perpendicular). La nueva técnica de Michelson se adaptaba idealmente para medir tales diferencias en viajes de ida y vuelta; eran las que Michelson buscaba y no pudo encontrar.

8. Yo no sé *con seguridad* que Weber confiase en esto, o que él en particular adoptase la actitud de que sería inapropiado mencionar el experimento de Michelson-Morley en sus clases. Este pasaje es una especulación basada en la ausencia de cualquier indicio de que Weber discutiera el experimento, o las cuestiones planteadas por el experimento, en sus clases; véanse los apuntes detallados de sus clases tomados por Einstein (Documento 37 en ECP-1) y la breve descripción (página 62 de ECP-1) del otro único conjunto existente de apuntes de las clases de Weber.

9. Los otros experimentos eran aquellos, tales como medidas de la aberración de la luz de las estrellas, que implicaban que el éter no es arrastrado por la Tierra; véase la n. 6 *supra*.

10. Recuérdese (véase la n. 7, *supra*) que Michelson estaba midiendo realmente velocidades de la luz en viajes de ida y vuelta y buscando variaciones con la dirección de alrededor de cinco partes en mil millones.

11. Esta discusión de la ley de «líneas de campo magnético sin extremos», y la discusión más detallada de la figura 1.1., es mi propia traducción, en lenguaje gráfico moderno, de un aspecto de las ecuaciones de Maxwell con el que lucharon Lorentz, Larmor y Poincaré. Para una discusión más precisa de esta cuestión y su lucha, véanse las pp. 123-130 de Pais (1982).

12. Hacer las leyes bellas no sólo requería la contracción de los objetos en movimiento y la dilatación de su tiempo, sino que también requería suponer que el concepto de simultaneidad es relativo, es decir, que la simultaneidad depende del estado de movimiento de cada uno; y Lorentz, Larmor y Poincaré prestaron considerable atención a esto tanto como a la contracción de longitud y la dilatación del tiempo. Sin embargo, por sencillez pedagógica, ignoro esto en el texto y tomo la cuestión de la simultaneidad algo más adelante en este capítulo.

13. Documento 52 en ECP-1; Documento 8 en Einstein y Marić (1992).

14. Aquí estoy especulando. No se sabe realmente hasta qué punto la mente de Einstein se centró en estas cuestiones durante el periodo 1899-1905. Como Pais (1982, Sección 6b) pone de manifiesto, durante estos seis años Einstein no era consciente de la deducción de Lorentz-Poincaré-Larmor de la contracción de longitud y la dilatación del tiempo a partir de las leyes de Maxwell. Enunciado en forma más técnica, él *era* consciente de la derivación de Lorentz de la transformación de Lorentz hasta primer orden en la velocidad (incluyendo la ruptura de la simultaneidad), pero no a segundo orden donde ocurren la contracción de longitud y la dilatación del tiempo. Por otro lado, presumiblemente conocía la inferencia de Fitzgerald-Lorentz de la contracción de longitud a partir del experimento de Michelson-Morley; y sabemos que en su artículo de 1905 sobre relatividad especial da su propia derivación de la transformación de Lorentz completa, precisa a cualquier orden, y de la contracción de longitud, la dilatación del tiempo y la ruptura de simultaneidad.

15. Para una descripción de la personalidad de Marić basada principalmente en las cartas de amor entre ella y Einstein, véanse Renn y Schulmann (1992); para las cartas de amor, véase ECP-1 o Einstein y Marić (1992).

16. Documento 94 de ECP-1; Documento 95 de Einstein y Marić (1992).

17. Documento 100 de ECP-1.

18. Documento 138 de ECP-1.

19. Documento 125 de ECP-1.

20. Documento 104 de ECP-1.

21. ECP-1; Renn y Schulmann (1992); Einstein y Marić (1992).

22. Estoy haciendo la especulación, basada en diversas biografías de Einstein, de que pasó la mayor parte de sus horas libres de este modo.

23. Seelig (1956), citado por Clark (1971).

24. Pero véase la discusión, en la página xxvi de Renn y Schulmann (1992), de las contribuciones que hizo Besso a la obra de Einstein.

25. Sección 2 del Documento 23 de ECP-2.

26. Véase, por ejemplo, el apéndice en Will (1986).

27. Como Pais (1982, Sección 6b.6) pone de manifiesto, Henri Poincaré formuló una primitiva versión del principio de relatividad un año antes que Einstein, pero no se dio cuenta de su potencial.

28. Documento 23 de ECP-2.

2. *La distorsión del espacio y del tiempo* (pp. 79-110)

1. Gran parte del material de este capítulo acerca de la vida de Einstein procede de las biografías estándar (cf. la n. 1, cap. 1). No doy las referencias concretas de la mayoría de las perspectivas históricas y citas del presente capítulo que he recogido de estas biografías estándar. Mucho material histórico nuevo estará disponible en los próximos años, con la publicación gradual de los artículos recopilados de Einstein: los volúmenes que siguen a los ya publicados ECP-1 y ECP-2.

La ruta intelectual que siguió Einstein para ir de la relatividad especial a la relatividad general fue básicamente la descrita en este capítulo. Sin embargo, he simplificado este camino sustancialmente; y por claridad, lo he descrito en un lenguaje moderno más que en el lenguaje que utilizó Einstein. Para una reconstrucción histórica detallada del camino intelectual de Einstein, véase Pais (1982).

2. El discurso de Hermann Minkowski fue pronunciado en la octogésima Asamblea de Físicos y Científicos Naturales Alemanes, en Colonia, el 21 de septiembre de 1908. Una traducción inglesa ha sido publicada en Lorentz, Einstein, Minkowski y Weyl (1923).

3. La Luna *parecía* estar aumentando su velocidad muy lentamente en su movimiento alrededor de la Tierra, un efecto que la ley gravitatoria de Newton no podía explicar. En 1920 G. I. Taylor y H. Jeffries advirtieron que, de hecho, la Luna *no* estaba aumentando su velocidad. Lo que sucedía más bien era que la rotación de la Tierra se estaba frenando debido a la atracción gravitatoria de la Luna sobre el agua de las mareas altas en los océanos de la Tierra. Comparando el movimiento estacionario de la Luna con el frenado de la rotación de la Tierra, los astrónomos habían inferido incorrectamente una aceleración lunar. Véase Smart (1953).

4. Una traducción inglesa del bello artículo de revisión de Einstein está publicada como el Documento 47 de ECP-2.

5. El argumento de Einstein tal como se presenta en el recuadro 2.4 fue publicado originalmente en Einstein (1911).

6. Documento 47 de ECP-2.

7. Véase Frank (1947), pp. 89-91.

8. Einstein (1915).

9. Hago notar a los lectores que están familiarizados con la formulación matemática de la relatividad general que la descripción de la ecuación de campo de Einstein dada en este recuadro corresponde a la relación matemática $R_{tt} = 4\pi G(T_{tt} + T_{xx} + T_{yy} + T_{zz})$, donde R_{tt} es la componente tiempo-tiempo del tensor de curvatura de Ricci, G es la constante gravitatoria de Newton, T_{tt} es la densidad de masa expresada en unidades de energía (véase el recuadro 5.2), y $T_{xx} + T_{yy} + T_{zz}$ es la suma de las presiones principales a lo largo de tres direcciones ortogonales. Véase p. 406 de MTW. Esta componente «tiempo-tiempo» de la ecuación de campo de Einstein, cuando se impone en todos los sistemas de referencia, garantiza que se satisfacen las otras nueve componentes de la ecuación de campo.

10. Los papeles personales de Einstein y los derechos de algunos de sus artículos publicados fueron objeto de una batalla legal durante varias décadas. La edición rusa de sus obras completas fue producida y publicada en una época en que la Unión Soviética no estaba adherida al Convenio Internacional de Derechos de Reproducción. La edición inglesa, mucho más completa, se está publicando actualmente, muy poco a poco; los primeros dos volúmenes son ECP-1 y ECP-2.

3. *Los agujeros negros, descubiertos y rechazados* (pp. 111-128)

1. Einstein (1939).

2. Michell (1784). Para discusiones de este trabajo, véanse Gibbons (1979), Schaffer (1979), Israel (1987) y Eisenstaedt (1991).

3. Laplace (1796, 1799). Para discusiones acerca de las publicaciones de Laplace sobre estrellas oscuras, véanse Israel (1987) y Eisenstaedt (1991). Eisenstaedt discute los intentos y fracasos para verificar, observacionalmente, la predicción de Michell de que la luz emitida por las estrellas masivas está afectada por su atracción gravitatoria, y la contribución que este fracaso pudiera haber tenido a la supresión que hizo Laplace de las estrellas oscuras a partir de la tercera edición de su libro.

4. Schwarzschild (1916a,b).

5. Brault (1962). Para una discusión detallada de los tests de las leyes gravitatorias de la relatividad general de Einstein, véase Will (1986).

6. Para una discusión detallada de la temprana historia de la reacción de la gente a la geometría de Schwarzschild y a la investigación sobre ella, véase Eisenstaedt (1982). Una historia más general que cubre el periodo de 1916 a 1974 se encuentra en Israel (1987).

7. Einstein (1939).

8. Schwarzschild (1916b).
9. Israel (1990).
10. *Ibidem* (1990).

4. *El misterio de las enanas blancas* (pp. 129-150)

1. Los aspectos históricos de este capítulo están basados fundamentalmente en *a*) conversaciones personales con S. Chandrasekhar durante los últimos veinticinco años, *b*) una entrevista grabada con él (INT-Chandrasekhar), *c*) un libro sobre Eddington escrito por él (Chandrasekhar, 1983*a*), y *d*) una bella biografía suya (Wali, 1991). No cito las fuentes concretas en cada ocasión, excepto en casos especiales. Las publicaciones científicas de Chandrasekhar sobre enanas blancas están recopiladas en Chandrasekhar (1989).

2. Fowler (1926).

3. Eddington (1926).

4. Para una discusión detallada de las dificultades que encontró Adams y los errores que cometió en sus medidas, véase Greenstein, Oke y Shipman (1985). Esta referencia da también información sobre estudios observacionales de Sirio B hasta 1985.

5. Aquí me he tomado licencias literarias en dos modos. En primer lugar, Fowler (1926) ya había calculado la resistencia a la compresión, de modo que Chandrasekhar estaba simplemente comprobando el cálculo de Fowler. En segundo lugar, este no es el camino que siguió Chandrasekhar en su cálculo (INT-Chandrasekhar), aunque es matemáticamente equivalente al camino verdadero. Este camino es el más fácil de explicar para mí; el verdadero camino implicaba el calcular la presión de los electrones como una integral sobre su espacio de momentos.

6. Chandrasekhar (1931).

7. Stoner (1930). Esta contribución de Stoner se menciona brevemente en Chandrasekhar (1931). Para una discusión del trabajo de Stoner y el trabajo relacionado de Wilhelm Anderson, véase Israel (1987).

8. Anderson (1929) y Stoner (1930).

9. Las masas y circunferencias de las enanas blancas como se muestran en esta figura, y los resultados de Chandrasekhar para las estructuras internas de las estrellas enanas blancas, fueron publicados posteriormente en Chandrasekhar (1935).

10. Eddington (1935a). Para detalles adicionales del artificioso argumento de Eddington, véase Eddington (1935b).

11. Wali (1991).

12. *Ibidem*. (1991).

13. Un eminente profesor de astronomía del Caltech me lo contó con conocimiento de causa cuando yo era un estudiante de licenciatura en 1958-1962. Mi impresión personal de esta época es que la mayoría de los astrónomos estaban aceptando esta opinión y lo habían hecho desde comienzos de los años cuarenta, pero no puedo estar seguro.

14. Citado en Wali (1991).

15. Esta interpretación del comportamiento de Eddington me la sugirió Werner Israel, en una crítica de una primitiva versión de este capítulo; creo que se ajusta bien al registro histórico.

5. *La implosión es obligatoria* (pp. 151-193)

1. Los aspectos históricos de este capítulo están basados en gran parte en *a*) mis propias entrevistas con participantes en los sucesos descritos, o con sus amigos y colegas científicos (INT-Baym, INT-Braginsky, INT-Eggen, INT-Fowler, INT-Ginzburg, INT-Greenstein, INT-Harrison, INT-Khalatnikov, INT-Lifshitz, INT-Sandage, INT-Serber, INT-Volkoff, INT-Wheeler), y *b*) mi lectura de los artículos científicos que escribieron los participantes. Para un conocimiento general de la historia de la física en los años veinte y treinta, me he basado en Kevles (1971), y para un conocimiento general de la historia de la física soviética, en Medvedev (1978). Sobre Landau hay información útil y general en Livanova (1980) y Gamow (1970); sobre Oppenheimer, en Rabi *et al.* (1969)

y Smith y Weiner (1980); la información sobre el desarrollo de las ideas de Wheeler procede de sus cuadernos de investigación, Wheeler (1988). En algunos lugares me he basado en otras fuentes citadas *infra*.

2. INT-Fowler.

3. INT-Greenstein y Greenstein (1982).

4. Zwicky (1935).

5. INT-Greenstein.

6. Baade (1952).

7. Estos son los números de Baade y Zwicky, tal como aparecen en el resumen de una conferencia que está reproducida en la figura 5.2 (Baade y Zwicky, 1934a), excepto para los «10.000 y quizá 10 millones» que proceden de su artículo más detallado sobre la cuestión (Baade y Zwicky, 1934b). Su error resultó de suponer que, cuando la supernova es más brillante, la circunferencia de su gas caliente radiante está en el intervalo entre 1 y 100 circunferencias solares. De hecho, la circunferencia es mucho mayor que esto y, cuando uno sigue su argumento, esto da una emisión mucho menor de luz ultravioleta y rayos X.

8. En esta sección y a lo largo del presente capítulo atribuyo a Zwicky el concepto de una estrella de neutrones y sus consecuencias para las supernovas y los rayos cósmicos, aunque la publicación de las ideas era conjunta con Baade. El dar a Zwicky el crédito por las ideas (y a Baade el crédito por la comprensión clave de los datos observacionales) es una especulación bien informada, basada en mis discusiones con sus colegas científicos: INT-Eggen, INT-Fowler, INT-Greenstein e INT-Sandage.

9. Baade y Zwicky (1934a). Para alguna justificación de los números que aparecen en el resumen, véase la presentación más detallada en Baade y Zwicky (1934b).

10. Esta interpretación de la publicación de Landau me la proporcionó su más íntimo amigo de toda la vida, Evgeny Michailovich Lifshitz (INT-Lifshitz).

11. Citado en Livanova (1980).

12. *Ibidem.*

13. Gamow (1970).

14. Las estadísticas sobre encarcelamientos y muertes en tiempos de Stalin son algo imprecisas. Medvedev (1978) da los que son quizá los números más fiables disponibles en los años setenta. Sin embargo, a finales de los años ochenta la *glasnost* hizo posible la difusión pública de información que disparó los números hacia arriba. Los números que cito son una evaluación global hecha por amigos míos rusos que han estudiado la cuestión con alguna profundidad a la luz de las revelaciones de la *glasnost*.

15. Capítulo 11 de Eddington (1926) y referencias allí citadas.

16. Landau (1932).

17. El manuscrito de Landau fue publicado en Landau (1938). Sin que Landau lo supiera, su íntimo amigo George Gamow había publicado ya la misma idea (Gamow, 1937). Gamow había escapado de la URSS, en 1933, poco después de que descendiese el telón de acero de Stalin (véase Gamow, 1970), pero antes de escapar había conocido la idea original pre-neutrón de Landau acerca de mantener una estrella caliente por un núcleo central denso. Después de que fuera descubierto el neutrón, era natural que Gamow y Landau (perdido ahora el contacto mutuo) reinterpretaran independientemente la idea del núcleo de Landau de 1931 como un núcleo de neutrones.

18. El más próximo amigo personal de Landau, Evgeny Michailovich Lifshitz, llamó mi atención sobre esta correspondencia en 1982 (INT-Lifshitz) y me explicó la historia que había tras ella, tal como la cuento aquí. Después de la muerte de Lifshitz, la correspondencia completa —incluyendo la correspondencia entre Kapitsa y Molotov, Kapitsa y Stalin, y Kapitsa y Beria, que finalmente daría lugar a la liberación de Landau— fue publicada en Khalatnikov (1988). Los fragmentos citados aquí son mi propia traducción del ruso.

19. Gorelik (1991).

20. Véase n. 18, *supra.*

21. Citado en Royal (1969).

22. Serber (1969).

23. Se cree que estas estrellas gigantes son creadas en los sistemas de estrellas binarias cuando una estrella implosiona para convertirse en una estrella de neutrones, y luego, mucho más tarde,

se dirige en espiral hacia el núcleo de su estrella compañera y se queda a residir allí. Estos monstruos peculiares han sido denominados «objetos de Thorne-Żytkow» porque Anna Żytkow y yo fuimos los primeros en calcular sus estructuras con detalle. Véase Thorne y Żytkow (1977); también Cannon *et al.* (1992).

24. Oppenheimer y Serber (1938).

25. Shapiro y Teukolsky (1983) y Hartle y Sabbadini (1977).

26. En este recuadro, gran parte de mi descripción de la secuencia de pasos mediante la que se llevó a cabo la investigación es especulación bien informada, basada en una entrevista con Volkoff (INT-Volkoff), los archivos Tolman (Tolman, 1948), y las publicaciones de los participantes (Oppenheimer y Volkoff, 1939; Tolman, 1939).

27. La correspondencia entre Tolman y Oppenheimer se encuentra archivada en Tolman (1948).

28. INT-Volkoff.

29. Esta conclusión fue publicada en Oppenheimer y Volkoff (1939). Los análisis teóricos de Tolman, sobre los que Oppenheimer y Volkoff se basaron para sus estimaciones del efecto de las fuerzas nucleares, fueron publicados en Tolman (1939).

30. Volumen 4, pp. 33-40, de Wheeler (1988).

31. Para detalles de la formación de Wheeler y su trabajo anterior, véanse Wheeler (1979) y Thorne y Zurek (1986).

32. Esta ecuación de estado (fruto del trabajo de Harrison y Wheeler) fue publicada en Harrison, Wakano y Wheeler (1958), y con mayor detalle en Harrison, Thorne, Wakano y Wheeler (1965). La curva sólida más reciente en y por encima de las densidades nucleares (10^{14} gramos por centímetro cúbico) es una aproximación a varias ecuaciones de estado modernas tales como las revisadas por Shapiro y Teukolsky (1983).

33. Figura tomada de Harrison, Wakano y Wheeler (1958) y Harrison, Thorne, Wakano y Wheeler (1965). La curva continua de estrella de neutrones es una aproximación a varios cálculos modernos tal como están revisados por Shapiro y Teukolsky (1983).

34. Oppenheimer y Volkoff (1939).

35. Zwicky (1939).

36. Rabi *et al.* (1969).

6. *¿Implosión hacia qué?* (pp. 194-238)

1. Los aspectos históricos de este capítulo están basados en gran parte en *a)* mis entrevistas con los participantes en los sucesos descritos, o con sus amigos y colegas científicos (INT-Braginsky, INT-Finkelstein, INT-Fowler, INT-Ginzburg, INT-Harrison, INT-Lifshitz, INT-Misner, INT-Serber, INT-Wheeler, INT-Zel'dovich), *b)* mi propia participación en una pequeña parte de la historia, *c)* mi lectura de los artículos científicos que escribieron los participantes, *d)* la descripción de los proyectos de armas nucleares norteamericanos en Bethe (1982), Rhodes (1986), Teller (1955) y York (1976), *e)* las descripciones de los proyectos de armas nucleares soviéticas y otros sucesos en la URSS, en Golovin (1973), Medvedev (1978), Ritus (1990), Romanov (1990) y Sajarov (1990), y *f)* los cuadernos de trabajo de John Wheeler (Wheeler, 1988).

2. Esta cita está parafraseada de Harrison, Wakano y Wheeler (1958), con cambios menores de detalle para ajustarse a la fraseología y convenciones de este libro.

3. Una versión escrita de la conferencia de Wheeler y el intercambio de comentarios entre Wheeler y Oppenheimer están publicados en Solvay (1958).

4. INT-Serber.

5. INT-Fowler.

6. INT-Serber.

7. Aquí estoy especulando; no sé con certeza si él llevó a cabo tal revisión rápida, pero, basado en mi conocimiento de Oppenheimer y los contenidos del artículo que escribió cuando la investigación fue concluida (Oppenheimer y Snyder, 1939), sospecho fuertemente que lo hizo así.

8. Oppenheimer y Snyder publicaron los resultados de su investigación en Oppenheimer y Snyder (1939).

9. INT-Fowler.

10. INT-Lifshitz.
11. Wheeler (1979). Esta referencia es un informe autobiográfico de la investigación de Wheeler en física nuclear.
12. Bohr y Wheeler (1939) y Wheeler (1979). Bohr y Wheeler no llamaron al plutonio-239 por su nombre en el artículo, pero Louis A. Turner infirió directamente de su figura 4 que era un núcleo ideal para sostener reacciones en cadena, y propuso en un famoso memorándum secreto que fuera utilizado como el combustible para la bomba atómica (Wheeler, 1985).
13. INT-Zel'dovich y Zel'dovich y Khariton (1939).
14. Para algunos detalles del papel clave de Wheeler, véanse las pp. 2-5 de Klauder (1972).
15. De una conferencia de Oppenheimer en Los Álamos, Nuevo México, el 16 de octubre de 1945; véase la p. 172 de Goodchild (1980).
16. Página 174 de Goodchild (1980).
17. Wheeler (1979).
18. Estos detalles fueron revelados por Khariton en una conferencia en Moscú, de la que informó el *New York Times* del jueves, 14 de enero de 1993, p. A5.
19. Medvedev (1979).
20. Informe del 30 de octubre de 1949 del Comité Asesor General de la Comisión de Energía Atómica de los Estados Unidos. Reproducido en el apéndice de York (1976).
21. Bethe (1982).
22. INT-Wheeler.
23. *Ibidem.*
24. USAEC (1984), p. 251.
25. INT-Wheeler.
26. Parece haber alguna confusión sobre la fecha en que se inició el trabajo de diseño de la bomba-H soviética. Sajarov (1990) la fecha en la primavera de 1948, pero Ginzburg (1990) la fecha en 1947.
27. La especulación de Sajarov está esbozada en Sajarov (1990). La afirmación de Zel'dovich fue hecha a unos amigos rusos próximos, que me la transmitieron.
28. Esta es la fecha dada por Sajarov (1990); Ginzburg (1990) sitúa la fecha en 1947.
29. Esto me lo contó Vitaly Ginzburg, que estaba presente. Sajarov también estaba presente; en la versión inglesa de sus memorias (Sajarov, 1990), la cita está expresada como «nuestra tarea consiste en besar el culo de Zel'dovich». Para algunas de mis propias opiniones sobre la compleja relación entre Zel'dovich y Sajarov, véase Thorne (1991).
30. Esta cita me la han transmitido independientemente varios físicos teóricos soviéticos.
31. Romanov (1990).
32. Los números que cito sobre la liberación de energía en varias explosiones de bombas están tomados de York (1976).
33. Sajarov (1990).
34. Romanov (1990) y Sajarov (1990). Romanov, en un artículo en honor de Sajarov, atribuye conjuntamente el descubrimiento a Sajarov y Zel'dovich. Sajarov dice que «varios de nosotros en los departamentos teóricos llegamos [a esta idea] casi al mismo tiempo», y luego deja la impresión de que él mismo merece la mayor parte del crédito aunque dice que «Zel'dovich, Yuri Trutnev y otros indudablemente hicieron contribuciones significativas».
35. USAEC (1954).
36. J. A. Wheeler, conversación telefónica con K. S. Thorne, julio de 1991.
37. Sajarov (1990).
38. La motivación para esta investigación, una búsqueda para comprender las supernovas y su papel como fuentes de rayos cósmicos, se describe en Colgate y Johnson (1960). Colgate y White (1963 y 1966) llevaron a cabo las simulaciones de la formación de supernovas de masa pequeña, utilizando la descripción newtoniana de la gravedad en lugar de la de Einstein. May y White (1965 y 1966) hicieron las simulaciones de formación de agujeros negros de masa grande, utilizando la descripción de la gravedad de la relatividad general de Einstein.
39. Imshennik y Nadezhin (1964) y Podurets (1964).
40. INT-Lifshitz.

41. Filkelstein (1958).
42. Véanse, por ejemplo, los comentarios en el recuadro 31.1 y el capítulo 31 de MTW.
43. Para la descripción de Finkelstein de cómo se hizo el descubrimiento, véase Finkelstein (1993).
44. Thorne (1967).
45. Harrison, Thorne, Wakano y Wheeler (1965).
46. Wheeler (1968).

7. *La edad de oro* (pp. 239-276)

1. Los aspectos históricos de este capítulo están basados en *a*) mi propia experiencia personal como participante, *b*) mis entrevistas con otros participantes (INT-Carter, INT-Chandrasekhar, INT-Detweiler, INT-Eardley, INT-Ellis, INT-Geroch, INT-Ginzburg, INT-Hartle, INT-Ipser, INT-Israel, INT-Misner, INT-Novikov, INT-Penrose, INT-Press, INT-Price, INT-Rees, INT-Sciama, INT-Smarr, INT- Teukolsky, INT-Wald, INT-Wheeler, INT-Zel'dovich), y *c*) mi lectura de los artículos científicos que escribieron los participantes.
2. Wheeler (1964b).
3. Publiqué inicialmente el concepto de la conjetura del aro en un volumen *Festschrift* en honor de Wheeler (Thorne, 1972), y en el recuadro 32.3 de MTW.
4. Esta idea fue denominada por Novikov y Zel'dovich el *universo semicerrado*. Finalmente publicaron artículos independientes describiéndolo: Zel'dovich (1962) y Novikov (1963).
5. INT-Novikov.
6. *Ibidem.*
7. Las ideas clave y cálculos iniciales de esta investigación fueron publicados en Ginzburg (1964); detalles matemáticos más completos fueron desarrollados por Ginzburg y un joven colega, Leonid Moiseevich Ozernoy (Ginzburg y Ozernoy, 1964).
8. Publicaron sus análisis y conclusiones en Doroshkevich, Zel'dovich y Novikov (1965). (El orden de los autores es alfabético en la lengua rusa.)
9. Los lectores pueden ver el tono de la conferencia de Novikov en los influyentes artículos de revisión que él y Zel'dovich escribieron poco antes de la conferencia: Zel'dovich y Novikov (1964 y 1965).
10. Doroshkevich, Zel'dovich y Novikov (1965); véase la n. 8 *supra*.
11. El análisis de Israel fue publicado en Israel (1967).
12. Novikov (1969), De la Cruz, Chase e Israel (1970) y Price (1972).
13. De la Cruz, Chase e Israel (1970).
14. Para una discusión más completa y detallada de la interacción de los campos magnéticos con un agujero negro, véanse las figuras 10, 11 y 36 de Thorne, Price y Macdonald (1986).
15. Para una revisión y referencias, véase la Sección 6.7 de Carter (1979); la etapa final subsiguiente fue publicada en Mazur (1982) y Bunting (1983).
16. Graves y Brill (1960) y referencias allí citadas.
17. Kerr (1963).
18. Carter (1966) y Boyer y Lindquist (1967).
19. Carter (1979) y referencias previas allí citadas.
20. Carter (1968).
21. Israel (1986).
22. Penrose (1969).
23. Newman *et al.* (1965).
24. Press (1971).
25. Teukolsky (1972).
26. INT-Teukolsky.
27. Press y Teukolsky (1973).
28. Chandrasekhar (1983b).

8. *La búsqueda* (pp. 277-296)

    1. Los aspectos históricos de este capítulo están basados en *a*) mi propia experiencia personal como participante, *b*) mis entrevistas con otros participantes (INT-Giacconi, INT-Novikov, INT-Rees, INT-Van Allen, INT-Zel'dovich), *c*) mi lectura de los artículos científicos que escribieron los participantes, y *d*) los siguientes informes publicados sobre la historia: Friedman (1972), Giacconi y Gursky (1974), Hirsh (1979) y Uhuru (1981).

    2. Wheeler (1964a).

    3. Veintidós años después, en 1986, Zel'dovich me expresó su pesar por no haber estado más abierto hacia la cuestión de lo que sucede en el interior de los agujeros negros; INT-Zel'dovich.

    4. Zel'dovich y Guseinov (1965).

    5. Trimble y Thorne (1969).

    6. Salpeter (1964) y Zel'dovich (1964).

    7. Novikov y Zel'dovich (1966).

    8. Friedman (1972).

    9. Giacconi, Gursky, Paolini y Rossi (1962).

    10. Sunyaev (1972).

9. *Serendipiedad* (pp. 297-328)

    1. Los aspectos históricos de este capítulo están basados en *a*) mi propia experiencia personal como participante secundario desde 1962 en adelante, *b*) mis entrevistas con varios participantes (INT-Ginzburg, INT-Greenstein, INT-Rees, INT-Zel'dovich), *c*) mi lectura de los artículos científicos que escribieron los participantes, y *d*) los siguientes informes publicados o inéditos de la historia: Hey (1973), Greenstein (1982), Kellermann y Sheets (1983), Struve y Zebergs (1962) y Sullivan (1982 y 1984).

    2. Jansky (1932).

    3. Whipple y Greenstein (1937).

    4. INT-Greenstein.

    5. Para una descripción histórica de Reber sobre su propio trabajo, véase Reber (1958).

    6. Reber (1940).

    7. INT-Greenstein.

    8. *Ibidem.*

    9. Bolton, Stanley y Slee (1949).

    10. Baade y Minkowski (1954).

    11. Jennison y Das Gupta (1953).

    12. Las actas de esta conferencia están publicadas en Washington (1954).

    13. Schmidt (1963).

    14. Greenstein (1963).

    15. Smith (1965).

    16. Alfvén y Herlofson (1950), Kiepenheuer (1950), Ginzburg (1951). Para una discusión de la historia de este trabajo, véase Ginzburg (1984).

    17. Burbidge (1959).

    18. Las actas de esta conferencia están publicadas en Robinson, Schild y Shucking (1965).

    19. Esta descripción procede de mis propios recuerdos de la conferencia.

    20. Rees (1971).

    21. Longair, Ryle y Scheuer (1973).

    22. Salpeter (1964) y Zel'dovich (1964).

    23. Lynden-Bell (1969).

    24. Bardeen y Petterson (1975).

    25. Bardeen (1970).

    26. Blandford y Rees (1974).

    27. Lynden-Bell (1978).

    28. Blandford (1976).

29. Blandford y Znajek (1977).
30. Para discusiones más detalladas del estado actual de nuestro conocimiento acerca de los cuásares, radiogalaxias, chorros y los papeles de los agujeros negros y sus discos de acreción como las máquinas centrales que los alimentan, véanse, por ejemplo, Begelman, Blandford y Rees (1984) y Blandford (1987).
31. Véase, por ejemplo, Phinney (1989).

10. *Ondulaciones de curvatura* (pp. 329-366)

1. Los aspectos históricos de este capítulo están basados en *a*) mi propia experiencia personal como participante, *b*) mis entrevistas con varios participantes (INT-Braginsky, INT-Drever, INT-Forward, INT-Grishchuk, INT-Weber, INT-Weiss), y *c*) mi lectura de los artículos científicos que escribieron los participantes. Para revisiones más técnicas de la radiación gravitatoria y los esfuerzos para detectarla, véanse, por ejemplo, Blair (1991) y Thorne (1987).
2. Weber (1953).
3. Los frutos del trabajo de Weber fueron publicados en Weber (1960 y 1961).
4. Carta de Weber al autor, de fecha 1 de octubre de 1992; Weber no publicó este argumento en su día. El colega de Weber, Freeman Dyson, fue el primero en demostrar que es probable que la naturaleza produzca ráfagas de ondas gravitatorias cerca de las frecuencias que Weber había escogido (Dyson, 1963).
5. El anuncio de Weber de datos observacionales de ondas gravitatorias fue hecho en Weber (1969). La subsiguiente actividad experimental y la controversia sobre si habían sido detectadas o no ondas están documentadas, por ejemplo, en De Sabbata y Weber (1977) y los artículos allí citados. Para un estudio sociológico de la controversia, véase Collins (1975 y 1981).
6. Las lecciones presentadas en la escuela de verano, incluidas las de Weber, se publicaron en DeWitt y DeWitt (1964).
7. La versión inicial de la advertencia de Braginsky fue publicada en Braginsky (1967).
8. Las advertencias clarificadas se publicaron en Braginsky (1977) y Giffard (1976), y el principio de incertidumbre origen del límite fue explicado en Thorne, Drever, Caves, Zimmermann y Sandberg (1978).
9. Véanse, por ejemplo, la cuasi-transcripción de una discusión en una conferencia en 1978 en Epstein y Clark (1979).
10. Braginsky, Vorontsov y Khalili (1978); Thorne, Drever, Caves, Zimmermann y Sandberg (1978).
11. Michelson y Taber (1984).
12. Gertsenshtein y Pustovoit (1962), Weber (1964), Weiss (1972) y Moss, Miller y Forward (1971).
13. Véanse, por ejemplo, Drever (1991) y las referencias allí citadas.
14. Véase Braginsky y Khalili (1992).
15. Para una revisión de los planes de LIGO, véase Abramovici *et al.* (1992).

11. *¿Qué es la realidad* (pp. 367-380)

1. Los (más bien menores) aspectos históricos de este capítulo están basados en *a*) mi propia experiencia personal como participante, *b*) mis entrevistas con otros dos participantes (INT-Damour, INT-Wald), *c*) mi lectura de los artículos científicos que escribieron los participantes, y *d*) mi experirincia como estudiante en un curso sobre paradigmas y revoluciones científicas impartido por Thomas Kuhn en la Universidad de Princeton en 1965.
2. Kuhn (1962).
3. Richard Feynman, uno de los mayores físicos de nuestro siglo, describió bellamente el poder que resulta de tener varios paradigmas diferentes a disposición en su admirable librito *El carácter de la ley física* (Feynman, 1965). Nótese, sin embargo, que él nunca utiliza la palabra «paradigma», y sospecho que nunca leyó los escritos de Thomas Kuhn. Kuhn describía cómo actúa la gente como Feynman; Feynman simplemente actuaba de esa forma.

4. El paradigma del espacio-tiempo plano fue concebido de forma más o menos independiente por varias personas diferentes; se conoce técnicamente como una «teoría de campos en la formulación de la relatividad general con espacio-tiempo plano». Para una revisión de su historia y conceptos, véanse los siguientes pasajes en MTW: Secciones 7.1 y 18.1; recuadros 7.1, 17.2 y 18.1; Ejercicio 7.5. Para una elegante generalización del mismo, que examina su relación con el paradigma del espacio-tiempo curvo, véase Grishchuk, Petrov y Popova (1984).

5. Cohen y Wald (1971) y Hanni y Ruffini (1973).

6. Blandford y Znajek (1977).

7. Znajek (1978) y Damour (1978).

8. Thorne, Price y Macdonald (1986). Véase también Price y Thorne (1988).

12. *Los agujeros negros se evaporan* (pp. 381-414)

1. Los aspectos históricos de este capítulo están basados en *a)* mi propia experiencia personal como participante, *b)* mis entrevistas con otros partipantes (INT-DeWitt, INT-Eardley, INT-Hartle, INT-Hawking, INT-Israel, INT-Penrose, INT-Unruh, INT-Wald, INT-Wheeler, INT-Zel'dovich), *c)* mi lectura de los artículos científicos que escribieron los participantes, y *d)* los siguientes informes publicados de la historia: Bekenstein (1980), Hawking (1988) e Israel (1987).

2. Esta y la descripción siguiente de cómo llegó Hawking a la idea procede de INT-Hawking y Hawking (1988). Hawking publicó los detalles y consecuencias de su idea, tal como se esbozan en la primera sección de este capítulo, «Los agujeros negros crecen», en Hawking (1971b, 1972, 1973).

3. Penrose (1965).

4. Hawking (1972 y 1973).

5. INT-Israel, INT-Penrose e INT-Hawking.

6. Penrose (1965).

7. Hawking (1972 y 1973).

8. Hawking y Hartle (1972).

9. Christodoulou (1970).

10. Bekenstein describe esto y la controversia que siguió con Hawking en Bekenstein (1980). Bekenstein publicó su conjetura de la entropía del agujero negro y sus argumentos a favor de ello en Bekenstein (1972 y 1973).

11. Las actas de la escuela de verano de 1972 fueron publicadas en DeWitt y DeWitt (1973).

12. Bardeen, Carter y Hawking (1973).

13. Charles Misner y John Wheeler me acompañaron en mi visita en junio de 1971 a Moscú, pero no estaban conmigo en el apartamento de Zel'dovich durante la discusión descrita en los siguientes párrafos.

14. He reconstruido de memoria la conversación que sigue, y la he traducido a un lenguaje menos técnico que el que realmente utilizamos.

15. Zel'dovich (1971).

16. Zel'dovich y Starobinsky (1971).

17. Hawking describe, en Hawking (1988), cómo llegó a este descubrimiento «bomba» de que todos los agujeros negros radian. Publicó el descubrimiento y sus implicaciones en Hawking (1974, 1975 y 1976).

18. Wald (1977).

19. Véase, por ejemplo, Wald (1977).

20. Hawking (1988).

21. Capítulo 8 de Thorne, Price y Macdonald (1986), y referencias allí citadas.

22. Davies (1975), Unruh (1976) y Unruh y Wald (1982 y 1984).

23. Gibbons y Hawking (1977).

24. Page (1976).

25. Por ejemplo, Hawking (1971a); Novikov, Polnarev, Starobinsky y Zel'dovich (1979).

26. Page y Hawking (1975); Novikov, Polnarev, Starobinsky y Zel'dovich (1979).

13. *Dentro de los agujeros negros* (pp. 415-445)

1. Los aspectos históricos de este capítulo están basados en *a*) mi propia experiencia personal (aunque como observador más que como participante), *b*) mis entrevistas con los participantes (INT-Belinsky, INT-DeWitt, INT-Geroch, INT-Khalatnikov, INT-Lifshitz, INT-MacCallum, INT-Misner, INT-Penrose, INT-Sciama, INT-Wheeler), y *c*) mi lectura de los artículos científicos que escribieron los participantes.

2. Harrison, Wakano y Wheeler (1958); Wheeler (1960).

3. Wheeler (1964a,b); Harrison, Thorne, Wakano y Wheeler (1965).

4. Oppenheimer y Snyder (1939).

5. Véanse las últimas páginas del capítulo 5.

6. La singularidad tal como se describe aquí es la que existe en el vacío fuera de la estrella en implosión, y puesto que la región vacía está descrita por la solución de Schwarzschild a las ecuaciones de Einstein, esta singularidad es llamada a menudo la *singularidad de la geometría de Schwarzschild*. Es analizada cuantitativamente, por ejemplo, en el capítulo 32 de MTW.

7. *Ibidem*.

8. Wheeler (1960 y 1964a,b); Harrison, Thorne, Wakano y Wheeler (1965).

9. Este punto de vista y los cálculos que llevaron a Khalatnikov y Lifshitz a él fueron publicados en Lifshitz y Khalatnikov (1960 y 1963) y en Landau y Lifshitz (1962).

10. *Ibidem*.

11. Landau y Lifshitz (1962).

12. Era obvio a comienzos de los años sesenta para los estudiantes del grupo de Wheeler, donde se había hecho la investigación de Graves-Brill (1960), que debía existir una solución a las ecuaciones de Einstein del tipo aquí mostrado. Sin embargo, supe por una discusión con Penrose que los investigadores en la mayoría de los demás grupos no fueron conscientes de ello hasta finales de los años sesenta. Era difícil construir soluciones semejantes explícitamente, y nosotros en el grupo de Wheeler no tratamos de hacerlo y no publicamos nada sobre este punto. La primera publicación de la idea y el primer intento de una solución explícita, que yo sepa, fueron los de Novikov (1966).

13. Graves y Brill (1960) y las referencias allí citadas.

14. Esta discusión biográfica de Penrose procede fundamentalmente de INT-Penrose e INT-Sciama.

15. *Ibidem*.

16. INT-Penrose; Penrose (1989).

17. Penrose (1989).

18. Penrose (1965).

19. Los métodos globales fueron codificados en un libro clásico de Hawking y Ellis (1973).

20. Hawking y Penrose (1970).

21. De mis discusiones privadas con Lifshitz en los años setenta.

22. Carta de Khalatnikov al autor, 18 de junio de 1990.

23. De mi propio recuerdo de la reunión y sus secuelas.

24. Khalatnikov y Lifshitz (1970). Véase también Belinsky, Khalatnikov y Lifshitz (1970 y 1982).

25. *Ibidem*.

26. INT-Lifshitz y Livanova (1980).

27. Supe esto por Penrose.

28. Aleksandrov (1955 y 1959).

29. Pimenov (1968).

30. Lifshitz y Khalatnikov (1960 y 1963).

31. Por ejemplo, Novikov (1966).

32. En lenguaje técnico, es el *horizonte interno de Cauchy* de la solución de Reissner-Nordström el que es inestable. La conjetura está en Penrose (1968); las demostraciones están en Chandrasekhar y Hartle (1982) y las referencias anteriores allí citadas.

33. Belinsky, Khalatnikov y Lifshitz (1970 y 1982).

34. Misner (1969).

35. Esto fue deducido en primer lugar por Wheeler (1960), basándose en sus propias ideas anteriores sobre las fluctuaciones del vacío de la geometría del espacio-tiempo (Wheeler, 1955 y 1957).

36. El *tiempo de Planck-Wheeler* fue introducido y su significado físico deducido por Wheeler (1955 y 1957).

37. Esto fue sugerido en primer lugar por Wheeler (1960), y desde entonces se ha hecho más cuantitativo a través de lo que ahora se denomina la «ecuación de Wheeler-DeWitt». Véase, por ejemplo, la discusión en Hawking (1987).

38. Wheeler (1957 y 1960).

39. Véase, por ejemplo, Hawking (1987 y 1988).

40. Doroshkevich y Novikov (1978) demostraron que la singularidad envejece; Poisson e Israel (1990) y Ori (1991) dedujeron los detalles del envejecimiento en modelos idealizados; y Ori (1992) ha demostrado provisionalmente que estos modelos son buenas guías para el comportamiento de las singularidades en agujeros negros reales.

41. Para detalles de dichas simulaciones, véase Shapiro y Teukolsky (1991).

42. La evidencia de Hawking fue publicada en Hawking (1992a).

14. *Agujeros de gusano y máquinas del tiempo* (pp. 446-481)

1. Los aspectos históricos de este capítulo están basados casi enteramente en mis propias experiencias como participante.

2. Ludwig Flamm (1916) descubrió que, con una elección apropiada de topología, la solución de Schwarzschild (1916a) a la ecuación de Einstein describe un agujero de gusano esférico vacío.

3. Kruskal (1960).

4. Morris y Thorne (1988).

5. Hawking y Ellis (1973).

6. Hawking infirió esto sólo de forma muy indirecta y algo provisional a partir de su descubrimiento de la evaporación de agujeros negros. Seis años más tarde Candelas (1980) demostró firmemente que era así.

7. Véanse Wald y Yurtsever (1991) y otras referencias allí citadas.

8. Wheeler (1955, 1957 y 1960).

9. Geroch (1967). Friedman, Papastamatiou, Parker y Zhang (1988) han dado un ejemplo explícito de creación de un agujero de gusano del tipo contemplado en el teorema de Geroch.

10. Van Stockum (1937), Gödel (1949) y Tipler (1976).

11. Morris, Thorne y Yurtsever (1988).

12. *Ibidem.*

13. Friedman y Morris (1991).

14. Echeverría, Klinkhammer y Thorne (1991).

15. *Ibidem.*

16. Forward (1992).

17. Para una cuidadosa y bastante completa discusión técnica de la cuestión de las paradojas cuando uno tiene una máquina del tiempo basada en un agujero de gusano, véase Friedman *et al.* (1990).

18. Hall (1989).

19. Hiscock y Konkowski (1982).

20. Frolov (1991).

21. Kim y Thorne (1991).

22. Hawking (1992b).

23. Gott (1991).

24. Para una descripción algo técnica de mis razones para el escepticismo sobre las máquinas del tiempo en 1993, y una detallada revisión de la investigación en máquinas del tiempo hasta la primavera de 1993, véase Thorne (1993).

Bibliografía

Entrevistas grabadas

Baym, Gordon. 5 de septiembre de 1985, Champaign/Urbana, Illinois.
Belinsky, Vladimir. 27 de marzo de 1986, Moscú.
Braginsky, Vladimir Borisovich. 20 de diciembre de 1982, Moscú; 27 de marzo de 1986, Moscú.
Carter, Brandon. 6 de julio de 1983, Padua.
Chandrasekhar, Subrahmanyan. 3 de abril de 1982, Chicago, Illinois.
Damour, Thibault. 26 de julio de 1986, Cargese, Córcega.
Detweiler, Steven. Diciembre de 1980, Baltimore, Maryland.
DeWitt, Bryce. Diciembre de 1980, Baltimore, Maryland.
Drever, Ronald W. P. 21 de junio de 1982, Les Houches, Francia.
Eardley, Doug M. Diciembre de 1980, Baltimore, Maryland.
Eggen, Olin. 13 de septiembre de 1985, Pasadena, California.
Ellis, George. Diciembre de 1980, Baltimore, Maryland.
Finkelstein, David. 8 de julio de 1983, Padua.
Forward, Robert. 31 de agosto de 1982, Oxnard, California.
Fowler, William A. 6 de agosto de 1985, Pasadena, California.
Geroch, Robert. 2 de abril de 1982, Chicago, Illinois.
Giacconi, Riccardo. 29 de abril de 1983, Greenbelt, Maryland.
Ginzburg, Vitaly Lazarevich. Diciembre de 1982, Moscú; 3 de febrero de 1989, Pasadena, California.
Greenstein, Jesse L. 9 de agosto de 1985, Pasadena, California.
Grishchuk, Leonid P. 26 de marzo de 1986, Moscú.
Harrison, B. Kent. 5 de septiembre de 1985, Provo, Utah.
Hartle, James B. Diciembre de 1980, Baltimore, Maryland; 2 de abril de 1982, Chicago, Illinois.
Hawking, Stephen W. Julio de 1980, Cambridge (no grabada).
Ipser, James R. Diciembre de 1980, Baltimore, Maryland.
Israel, Werner. Junio de 1982, Les Houches, Francia.
Khalatnikov, Isaac Markovich. 27 de marzo de 1986, Moscú.
Lifshitz, Evgeny Michailovich. Diciembre de 1982, Moscú.
MacCallum, Malcolm. 30 de agosto de 1982, Santa Bárbara, California.
Misner, Charles W. 10 de mayo de 1981, Pasadena, California.

Novikov, Igor Dmitrievich. Diciembre de 1982, Moscú; 28 de marzo de 1986, Moscú.
Penrose, Roger. 7 de julio de 1983, Padua.
Press, William H. Diciembre de 1980, Baltimore, Maryland.
Price, Richard. Diciembre de 1980, Baltimore, Maryland.
Rees, Martin. Diciembre de 1980, Baltimore, Maryland.
Sandage, Allan. 13 de septiembre de 1985, Baltimore, Maryland.
Sciama, Dennis. 8 de julio de 1983, Padua.
Serber, Robert. 5 de agosto de 1985, Nueva York (ciudad).
Smarr, Larry. Diciembre de 1980, Baltimore, Maryland.
Teukolsky, Saul A. 27 de enero de 1985, Ithaca, Nueva York.
Unruh, William. Diciembre de 1980, Baltimore, Maryland.
Van Allen, James. 29 de abril de 1973, Greenbelt, Maryland.
Volkoff, George. 11 de septiembre de 1985, Vancouver, Columbia Británica.
Wald, Robert M. Diciembre de 1980, Baltimore, Maryland; 2 de abril de 1982, Chicago, Illinois.
Weber, Joseph. 20 de julio de 1982, College Park, Maryland.
Weiss, Rainer. 7 de julio de 1983, Padua.
Wheeler, John. Diciembre de 1980, Baltimore, Maryland.
Zel'dovich, Yakov Borisovich. 17 de diciembre de 1982, Moscú; 22 y 27 de marzo de 1986, Moscú.

Referencias

Abramovici, A., W. E. Althouse, R. W. P. Drever, Y. Gürsel, S. Kawamura, F. J. Raab, D. Shoemaker, L. Sievers, R. E. Spero, K. S. Thorne, R. E. Vogt, R. Weiss, S. E. Whitcomb y M. E. Zucker (1992), «LIGO: The Laser Interferometer Gravitational-Wave Observatory», *Science*, 256, pp. 325-333.
Aleksandrov, A. D. (1955), «The Space-Time of the Theory of Relativity», *Helvetica Physica Acta, Supplement*, 4, p. 4.
— (1959), «La implicación filosófica y el significado de la teoría de la relatividad» (en ruso), *Voprosy Filosofii*, n.º 1, p. 67.
Alfvén, H., y N. Herlofson (1950), «Cosmic Radiation and Radio Stars», *Physical Review*, 78, p. 738.
Anderson, W. (1929), «Über die Grenzdichte der Materie und der Energie», *Zeitschrift für Physik*, 56, p. 851.
Baade, W. (1952), «Report of the Commission on Extragalactic Nebulae», *Transactions of the International Astronomical Union*, 8, p. 397.
Baade W., y R. Minkowski (1954), «Identification of the Radio Sources in Cassiopeia, Cygnus A, and Puppis», *Astrophysical Journal*, 119, p. 206.
Baade, W., y F. Zwicky (1934a), «Supernovae and Cosmic Rays», *Physical Review*, 45, p. 138.
— y —(1934b), «On Super-Novae», *Proceedings of the National Academy of Sciences*, 20, p. 254.
Bardeen, J. M. (1970), «Kerr Metric Black Holes», *Nature*, 226, p. 64.
Bardeen, J. M., B. Carter y S. W. Hawking (1973), «The Four Laws of Black Hole Mechanics», *Communications in Mathematical Physics*, 31, p. 161.
Bardeen, J. M., y J. A. Petterson (1975), «The Lense—Thirring Effect and Accretion Disks around Kerr Black Holes», *Astrophysical Journal (Letters)*, 195, p. L65.

Begelman, M. C., R. D. Blandford y M. J. Rees (1984), «Theory of Extragalactic Radio Sources», *Reviews of Modern Physics*, 56, p. 255.

Bekenstein, J. D. (1972), «Black Holes and the Second Law», *Lettere al Nuovo Cimento*, 4, p. 737.

— (1973), «Black Holes and Entropy», *Physical Review D*, 7, p. 2.333.

— (1980), «Black Hole Thermodynamics», *Physics Today*, 24 de enero.

Belinsky, V. A., I. M. Khalatnikov y E. M. Lifshitz (1970), «Oscillatory Approach to a Singular Point in the Relativistic Cosmology», *Advances in Physics*, 19, p. 525.

— y —(1982), «Solution of the Einstein Equations with a Time Singularity», *Advances in Physics*, 31, p. 639.

Bethe, H. A. (1982), «Comments on the History of the H-Bomb», *Los Alamos Science*, otoño de 1982, p. 43.

— (1990), «Sakharov's H-Bomb», *Bulletin of the Atomic Scientists*, octubre de 1990. Reimpreso en Drell y Kapitsa (1991), p. 149.

Blair, D., ed. (1991), *The Detection of Gravitational Waves*, Cambridge University Press, Cambridge.

Blandford, R. D. (1976), «Accretion Disc Electrodynamics - A Model for Double Radio Sources», *Monthly Notices of the Royal Astronomical Society*, 176, p. 465.

— (1987), «Astrophysical Black Holes», en S. W. Hawking y W. Israel, eds., *300 Years of Gravitation*, Cambridge University Press, Cambridge, p. 277.

Blandford, R. D., y M. Rees (1974), «A Twin-Exhaust Model for Double Radio Sources», *Monthly Notices of the Royal Astronomical Society*, 169, p. 395.

Blandford, R. D., y R. L. Znajek (1977), «Electromagnetic Extraction of Energy from Kerr Black Holes», *Monthly Notices of the Royal Astronomical Society*, 179, p. 433.

Bohr, N., y J. A. Wheeler (1939), «The Mechanism of Nuclear Fission», *Physical Review*, 56, p. 426.

Bolton, J. G., G. J. Stanley y O. B. Slee (1949), «Positions of Three Discrete Sources of Galactic Radio-Frequency Radiation», *Nature*, 164, p. 101.

Boyer, R. H., y R. W. Lindquist (1967), «Maximal Analytic Extension of the Kerr Metric», *Journal of Mathematical Physics*, 8, p. 265.

Braginsky, V. B. (1967), «Classical and Quantum Restrictions on the Detection of Weak Disturbances of a Macroscopic Oscillator» (en ruso), *Zhurnal Eksperimentalnoi i Teoreticheskoi Fiziki*, 53, p. 1.434. Traducción inglesa en *Soviet Physics-JETP*, 26 (1968), p. 831.

— (1977), «The Detection of Gravitational Waves and Quantum Nondisturbtive Measurements», en V. de Sabbata, y J. Weber, eds., *Topics in Theoretical and Experimental Gravitation Physics*, Plenum, Londres, p. 105.

Braginsky, V. B., y F. Y. Khalili (1992), *Quantum Measurements*, Cambridge University Press, Cambridge.

Braginsky, V. B., Y. I. Vorontsov, y F. Y. Khalili (1978), «Optimal Quantum Measurements in Detectors of Gravitational Radiation» (en ruso), *Pis'ma v Redaktsiyu Zhurnal Eksperimentalnoi i Teoreticheskoi Fiziki*, 27, p. 296. Traducción inglesa en *JETP Letters*, 27 (1978), p. 276.

Braginsky, V. B., Y. I. Vorontsov y K. S. Thorne (1980), «Quantum Nondemolition Measurements», *Science*, 209, p. 547.

Brault, J. W. (1962), «The Gravitational Redshift in the Solar Spectrum», tesis doctoral inédita, Universidad de Princeton; disponible en University Microfilms, Ann Arbor, Michigan.

Brown, A. C., ed. (1978), *DROPSHOT: The American Plan for World War III against Russia in 1957*, Dial Press/James Wade, Nueva York.

Bunting, G. (1983), «Proof of the Uniqueness Conjecture for Black Holes», tesis doctoral inédita, Departamento de Matemáticas, Universidad de Nueva Inglaterra, Armidale, N.S.W. Australia.

Burbidge, G. R. (1959), «The Theoretical Explanation of Radio Emission», en *Paris Symposium on Radio Astronomy*, editado por R. N. Bracewell, Stanford University Press, Stanford, California.

Candelas, P. (1980), «Vacuum Polarization in Schwarzschild Spacetime», *Physical Review D*, 21, p. 2.185.

Cannon, R. C., P. P. Eggleton, A. N. Żytkow y P. Podsiadlowski (1992), «The Structure and Evolution of Thorne-Żytkow Objects», *Astrophysical Journal*, 386, pp. 206-214.

Carter, B. (1966), «Complete Analytic Extension of the Symmetry Axis of Kerr's Solution of Einstein's Equations», *Physical Review*, 141, p. 1.242.

— (1968), «Global Structure of the Kerr Family of Gravitational Fields», *Physical Review*, 174, p. 1.559.

— (1979), «The General Theory of the Mechanical, Electromagnetic and Thermodynamic Properties of Black Holes», en S. W. Hawking y W. Israel, eds., *General Relativity: An Einstein Centenary Survey*, Cambridge University Press, Cambridge, p. 294.

Caves, C. M., K. S. Thorne, R. W. P. Drever, V. D. Sandberg y M. Zimmermann (1980), «On the Measurement of a Weak Classical Force Coupled to a Quantum-Mechanical Oscillator. I. Issues of Principle», *Reviews of Modern Physics*, 52, p. 341.

Chandrasekhar, S. (1931), «The Maximum Mass of Ideal White Dwarfs», *Astrophysical Journal*, 74, p. 81.

— (1935), «The Highly Collapsed Configurations of a Stellar Mass (Second Paper)», *Monthly Notices of the Royal Astronomical Society*, 95, p. 207.

— (1983a). *Eddington: The Most Distinguished Astrophysicist of His Time*, Cambridge University Press, Cambridge.

— (1983b), *The Mathematical Theory of Black Holes*, Oxford University Press, Nueva York.

— (1989), *Selected Papers of S. Chandrasekhar*, vol. I: *Stellar Structure and Stellar Atmospheres*, University of Chicago Press, Chicago.

Chandrasekhar, S., y J. M. Hartle (1982), «On Crossing the Cauchy Horizon of a Reissner-Nordström Black Hole», *Proceedings of the Royal Society of London*, A384, p. 301.

Christodoulou, D. (1970), «Reversible and Irreversible Transformations in Black Hole Physics», *Physical Review Letters*, 25, p. 1.596.

Clark, R. W. (1971), *Einstein: The Life and Times*, World Publishing Co., Nueva York.

Cohen, J. M., y R. M. Wald (1971), «Point Charge in the Vicinity of a Schwarzschild Black Hole», *Journal of Mathematical Physics*, 12, p. 1.845.

Colgate, S. A., y M. H. Johnson (1960), «Hydrodynamic Origin of Cosmic Rays», *Physical Review Letters*, 5, p. 235.

Colgate, S. A., y R. H. White (1963), «Dynamics of a Supernova Explosion», *Bulletin of the American Physical Society*, 8, p. 306.

— y —(1966), «The Hydrodynamic Behavior of Supernova Explosions», *Astrophysical Journal*, 143, p. 626.

Collins, H. M. (1975), «The Seven Sexes: A Study in the Sociology of a Phenomenon, or the Replication of Experiments in Physics», *Sociology*, 9, p. 205.

— (1981), «Son of Seven Sexes: The Social Destruction of a Physical Phenomenon», *Social Studies of Science* (SAGE, Londres y Beverly Hills), 11, p. 33.

Damour, T. (1978), «Black-Hole Eddy Currents», *Physical Review D*, 18, p. 3.598.

Davies, P. C. W. (1975), «Scalar Particle Production in Schwarzschild and Rindler Metrics», *Journal of Physics A*, 8, p. 609.

De la Cruz, V., J. E. Chase y W. Israel (1970), «Gravitational Collapse with Asymmetries», *Physical Review Letters*, 24, p. 423.

De Sabbata, V., y J. Weber, eds. (1977), *Topics in Theoretical and Experimental Gravitation Physics*, Plenum, Nueva York.

DeWitt, C., y B. S. DeWitt, eds. (1964), *Relativity, Groups, and Topology*, Gordon and Breach, Nueva York.

— y —, eds. (1973), *Black Holes*, Gordon and Breach, Nueva York.

Doroshkevich, A. D., e I. D. Novikov (1978), «Space-Time and Physical Fields in Black Holes» (en ruso), *Zhurnal Eksperimentalnoi i Teoreticheskii Fiziki*, 74, p. 3. Traducción inglesa en *Soviet Physics —JETP*, 47 (1978), p. 1.

Doroshkevich, A. D., Y. B. Zel'dovich e I. D. Novikov (1965), «Gravitational Collapse of Nonsymmetric and Rotating Masses» (en ruso), *Zhurnal Eksperimentalnoi i Teoreticheskii Fiziki*, 49, p. 170. Traducción inglesa en *Soviet Physics —JETP*, 22 (1966), p. 122.

Drell, S., y S. Kapitsa, eds. (1991), *Sakharov Remembered: A Tribute by Friends and Colleagues*, American Institute of Physics, Nueva York.

Drever, R. W. P. (1991), «Fabry-Perot Cavity Gravity-Wave Detectors», en D. Blair, ed., *The Detection of Gravitational Waves*, Cambridge University Press, Cambridge, p. 306.

Dyson, F. J. (1963), «Gravitational Machines», en A. G. W. Cameron, ed., *The Search for Extraterrestrial Life*, W. A. Benjamin, Nueva York, p. 115.

Echeverría, F., G. Klinkhammer y K. S. Thorne (1991), «Billiard Balls in Wormhole Spacetimes with Closed Timelike Curves. I. Classical Theory», *Physical Review D*, 44, p. 1.077.

ECP-1: Einstein, A. (1987), *The Collected Papers of Albert Einstein*, vol. 1: *The Early Years, 1879-1902*, editado por John Stachel, Princeton University Press, Princeton, Nueva Jersey. Traducción inglesa de Anna Beck en un volumen adjunto con el mismo título.

ECP-2: Einstein, A. (1989), *The Collected Papers of Albert Einstein*, vol. 2: *The Swiss Years: Writings, 1900-1909*, editado por John Stachel, Princeton University Press, Princeton, Nueva Jersey. Traducción inglesa de Anna Beck en un volumen adjunto con el mismo título.

Eddington, A. S. (1926), *The Internal Constitution of the Stars*, Cambridge University Press, Cambridge.

— (1935a), «Relativistic Degeneracy», *Observatory*, 58, p. 37.

— (1935b), «On Relativistic Degeneracy», *Monthly Notices of the Royal Astronomical Society*, 95, p. 194.

Einstein, A. (1911), «On the Influence of Gravity on the Propagation of Light», *Annalen der Physik*, 35, p. 898.

— (1915), «The Field Equations for Gravitation», *Sitzungsberichte der Deutschen Akademie der Wissenschaften zu Berlin, Klasse fur Mathematik, Physik, und Technik*, 1915, p. 844.

— (1939), «On a Stationary System with Spherical Symmetry Consisting of Many Gravitating Masses», *Annals of Mathematics*, 40, p. 922.

— (1949), «Autobiographical Notes», en Paul A. Schilpp, ed., *Albert Einstein: Philosopher-Scientist*, Library of Living Philosophers, Evanston, Illinois (hay trad. cast.: *Notas autobiográficas*, Alianza Editorial, Madrid, 1979).

Einstein, A., y M. Marić (1992), *Albert Einstein/Mileva Marić: The Love Letters*, editado por Jürgen Renn y Robert Schulman, Princeton University Press, Princeton, Nueva Jersey. (Existe una edición castellana de las cartas traducida directamente de ECP-1: *Cartas a Mileva*, Mondadori, Madrid, 1990).

Eisenstaedt, J. (1982), «Histoire et singularités de la solution de Schwarzschild», *Archive for History of Exact Sciences*, 27, p. 157.

— (1991), «De l'Influence de la gravitation sur la propagation de la lumière en théorie newtonnienne. L'archéologie des trous noirs», *Archive for History of Exact Sciences*, 42, p. 315.

Epstein, R., y J. P. A. Clark (1979), «Discussion Session II: Sources of Gravitational Radiation», en L. Smarr, ed., *Sources of Gravitational Radiation*, Cambridge University Press, Cambridge, pp. 477-497.

Feynman, R. P. (1965), *The Character of Physical Law*, British Broadcasting Corporation, Londres; edición de bolsillo en MIT Press, Cambridge, Mass. (hay trad. cast.: *El carácter de la ley física*, Orbis, Barcelona, 1986).

Finkelstein, D. (1958), «Past-Future Asymmetry of the Gravitational Field of a Point Particle», *Physical Review*, 110, p. 965.

— (1993), «Misner, Kinks, and Black Holes», en *Directions in General Relativity*, vol. 1: *Papers in Honor of Charles Misner*, editado por B. L. Hu, M. P. Ryan Jr. y C. V. Vishveshwara, Cambridge University Press, Cambridge, p. 99.

Flamm, L. (1916), «Beitrage zur Einsteinschen Gravitationstheorie», *Physik Zeitschrift*, 17, p. 448.

Forward, R. L. (1992), *Timemaster*, Tor Books, Nueva York.

Fowler, R. H. (1926), «On Dense Matter», *Monthly Notices of the Royal Astronomical Society*, 87, p. 114.

Frank, P. (1947), *Einstein: His Life and Times,* Alfred A. Knopf, Nueva York (hay trad. cast.: *Einstein*, José Janés, Barcelona, 1949).

Friedman, H. (1972), «Rocket Astronomy», *Annals of the New York Academy of Sciences*, 198, p. 267.

Friedman, J., y M. S. Morris (1991), «The Cauchy Problem for the Scalar Wave Equation Is Well Defined on a Class of Spacetimes with Closed Timelike Curves», *Physical Review Letters*, 66, p. 401.

Friedman, J., M. S. Morris, I. D. Novikov, F. Echeverría, G. Klinkhammer, K. S. Thorne y U. Yurtsever (1990), «Cauchy Problem in Spacetimes with Closed Timelike Curves», *Physical Review D*, 42, p. 1.915.

Friedman, J., N. Papastamatiou, L. Parker y H. Zhang (1988), «Non-orientable Foam and an Effective Planck Mass for Point-like Fermions», *Nuclear Physics*, B309, p. 533; apéndice.

Frolov, V. P. (1991), «Vacuum Polarization in a Locally Static Multiply Connected Spacetime and a Time-Machine Problem», *Physical Review D*, 43, p. 3.878.

Gamow, G. (1937), *Structure of Atomic Nuclei and Nuclear Transformations*, Clarendon Press, Oxford, pp. 234-238.

— (1970), *My World Line*, Viking Press, Nueva York.

Geroch, R. P. (1967), «Topology in General Relativity», *Journal of Mathematical Physics*, 8, p. 782.

Gertsenshtein, M. E., y V. I. Pustovoit (1962), «On the Detection of Low-Frequency Gravitational Waves» (en ruso), *Zhurnal Eksperimentalnoi i Teoreticheskoi Fiziki*, 43, p. 605. Traducción inglesa en *Soviet Physics—JETP*, 16 (1963), p. 433.

Giacconi, R., y H. Gursky, eds. (1974), *X-Ray Astronomy*, Reidel, Dordrecht.

Giacconi, R., H. Gursky, F. R. Paolini y B. B. Rossi (1962), «Evidence for X-Rays from Sources Outside the Solar System», *Physical Review Letters*, 9, p. 439.

Gibbons, G. (1979), «The Man Who Invented Black Holes», *New Scientist*, 28 (29 de junio), p. 1.101.

Gibbons, G. W., y S. W. Hawking (1977), «Action Integrals and Partition Functions in Quantum Gravity», *Physical Review D*, 15, p. 2.752.

Giffard, R. (1976), «Ultimate Sensitivity Limit of a Resonant Gravitational Wave Antenna Using a Linear Motion Detector», *Physical Review D*, 14, p. 2.478.

Ginzburg, V. L. (1951), «Rayos cósmicos como la fuente de radioondas galácticas» (en ruso), *Doklady Akademii Nauk SSSR*, 76, p. 377.

— (1964), «The Magnetic Fields of Collapsing Masses and the Nature of Superstars» (en ruso), *Doklady Akademii Nauk SSSR*, 156, p. 43. Traducción inglesa en *Soviet Physics-Doklady*, 9 (1964), p. 329.

— (1984), «Some Remarks on the History of the Development of Radio Astronomy», en W. J. Sullivan, ed., *The Early Years of Radio Astronomy*, Cambridge University Press, Cambridge.

— (1990), Comunicación privada a K. S. Thorne.

Ginzburg, V. L., y L. M. Ozernoy (1964), «On Gravitational Collapse of Magnetic Stars» (en ruso), *Zhurnal Eksperimentalnoi i Teoreticheskoi Fiziki*, 47, p. 1.030. Traducción inglesa en *Soviet Physics—JETP*, 20 (1965), p. 689.

Gleick, J. (1987), *Chaos: Making a New Science*, Viking/Penguin, Nueva York (hay trad. cast.: *Caos. La creación de una ciencia*, Seix Barral, Barcelona, 1988).

Gödel, K. (1949), «An Example of a New Type of Cosmological Solution of Einstein's Field Equations of Gravitation», *Reviews of Modern Physics*, 21, p. 447.

Golovin, I. N. (1973), *I. V. Kurchatov*, Atomizdat, Moscú, segunda edición. Una traducción inglesa de la anterior primera edición, menos completa, fue publicada como *Academician Igor Kurchatov*, Mir Publishers, Moscú, 1969; también en Selbstverlag Press, Bloomington, Indiana, 1968.

Goodchild, P. (1980), *J Robert Oppenheimer, Shatterer of Worlds*, British Broadcasting Company, Londres (hay trad. cast.: *Oppenheimer*, Salvat, Barcelona, 1985).

Gorelik, G. E. (1991), «"Mis actividades antisoviéticas..." Un año en la vida de L. D. Landau», *Priroda*, número de noviembre, p. 93; en ruso.

Gott, J. R. (1991), «Closed Timelike Curves Produced by Pairs of Moving Cosmic Strings: Exact Solutions», *Physical Review Letters*, 66, p. 1.126.

Graves, J. C., y D. R. Brill (1960), «Oscillitory Character of the Reissner-Nordström Metric for an Ideal Charged Wormhole», *Physical Review*, 120, p. 1.507.

Greenstein, J. L. (1963), «Red-shift of the Unusual Radio Source: 3C48», *Nature*, 197, p. 1.041.

— (1982), Entrevista de historia oral por Rachel Prud'homme, febrero y marzo de 1982, Archives, California Institute of Technology.

Greenstein, J. L., J. B. Oke y H. Shipman (1985), «On the Redshift of Sirius B», *Quarterly Journal of the Royal Astronomical Society*, 26, p. 279.

Grishchuk, L. P., A. N. Petrov y A. D. Popova (1984), «Exact Theory of the Einstein Gravitational Field in an Arbitrary Background Space-Time», *Communications in Mathematical Physics*, 94, p. 379.

Hall, S. S. (1989), «The Man Who Invented Time Travel: The Astounding World of Kip Thorne», *California* (octubre), p. 68.

Hanni, R. S., y R. Ruffini (1973), «Lines of Force of a Point Charge Near a Schwarzschild Black Hole», *Physical Review D*, 8, p. 3.259.

Harrison, B. K., K. S. Thorne, M. Wakano y J. A. Wheeler (1965), *Gravitation Theory and Gravitational Collapse*, University of Chicago Press, Chicago.

Harrison, B. K., M. Wakano, y J. A. Wheeler (1958), «Matter-Energy at High Density: End Point of Thermonuclear Evolution», en *La Structure et l'Evolution de l'Univers*, Onzième Conseil de Physique Solvay, Stoops, Bruselas, p. 124.

Hartle, J. B., y A. G. Sabbadini (1977), «The Equation of State and Bounds on the Mass of Nonrotating Neutron Stars», *Astrophysical Journal*, 213, p. 831.

Hawking, S. W. (1971a), «Gravitationally Collapsed Objects of Very Low Mass», *Monthly Notices of the Royal Astronomical Society*, 152, p. 75.

— (1971b), «Gravitational Radiation from Colliding Black Holes», *Physical Review Letters*, 26, p. 1.344.

— (1972), «Black Holes in General Relativity», *Communications in Mathematical Physics*, 25, p. 152.

— (1973), «The Event Horizon», en C. DeWitt, y B. S. DeWitt, eds., *Black Holes*, Gordon and Breach, Nueva York, p. 1.

— (1974), «Black Hole Explosions?», *Nature*, 248, p. 30.

— (1975), «Particle Creation by Black Holes», *Communications in Mathematical Physics*, 43, p. 199.

— (1976), «Black Holes and Thermodynamics», *Physical Review D*, 13, p. 191.

— (1987), «Quantum Cosmology», en S. W. Hawking y W. Israel, eds., *300 Years of Gravitation*, Cambridge University Press, Cambridge, p. 631.

— (1988), *A Brief History of Time*, Bantam Books, Nueva York (hay trad. cast.: *Historia del tiempo*, Crítica, Barcelona, 1988).

— (1992a), «The Cronology Protection Conjecture», *Physical Review D*, 46, p. 603.

— (1992b), «Evaporation of Two-Dimensional Black Holes», *Physical Review Letters*, 69, p. 406.

Hawking, S. W., y G. F. R. Ellis (1973), *The Large Scale Structure of Space-Time*, Cambridge University Press, Cambridge.

Hawking, S. W., y J. B. Hartle (1972), «Energy and Angular Momentum Flow into a Black Hole», *Communications in Mathematical Physics*, 27, p. 283.

Hawking, S. W., y R. Penrose (1970), «The Singularities of Gravitational Collapse and Cosmology», *Proceedings of the Royal Society of London*, A314, p. 529.

Hey, J. S. (1973), *The Evolution of Radio Astronomy*, Neale Watson Academic Publications, Inc., Nueva York.

Hirsh, R. F. (1979), «Science, Technology, and Public Policy: The Case of X-Ray Astronomy, 1959 to 1972», tesis doctoral inédita, University of Wisconsin-Madison; disponible en University Microfilms, Ann Arbor, Michigan.

Hiscock, W. A., y D. A. Konkowski (1982), «Quantum Vacuum Energy in Taub-NUT (Newman-Unti-Tamburino)-Type Cosmologies», *Physical Review D*, 6, p. 1.225.

Hoffman, B. (1972), en colaboración con H. Dukas, *Albert Einstein: Creator and Rebel*, Viking, Nueva York (hay trad. cast.: *Einstein*, Salvat, Barcelona, 1985).

Imshennik, V. S., y D. K. Nadezhin (1964), «Gas Dynamical Model of a Type II Supernova Outburst» (en ruso), *Astronomicheskii Zhurnal*, 41, p. 829. Traducción inglesa en *Soviet Astronomy—AJ*, 8 (1965), p. 664.

Israel, W. (1967), «Event Horizons in Static Vacuum Spacetimes», *Physical Review*, 164, p. 1.776.

— (1986), «Third Law of Black Hole Dynamics-A Formulation and Proof», *Physical Review Letters*, 57, p. 397.

— (1987), «Dark Stars: The Evolution of an Idea», en S. W. Hawking y W. Israel, eds., *300 Years of Gravitation*, Cambridge University Press, Cambridge, p. 199.

— (1990), Carta a K. S. Thorne, fechada el 28 de mayo de 1990, comentando el penúltimo borrador de este libro.

Jansky, K. (1932), «Directional Studies of Atmospherics at High Frequencies», *Proceedings of the Institute of Radio Engineers*, 20, p. 1.920.

Jennison, R. C., y M. K. Das Gupta (1953), «Fine Structure of the Extra-terrestrial Radio Source Cygnus 1», *Nature*, 172, p. 996.

Kellermann, K., y B. Sheets (1983), *Serendipitous Discoveries in Radio Astronomy*, National Radio Astronomy Observatory, Green Bank, Virginia Occidental.

Kerr, R. P. (1963), «Gravitational Field of a Spinning Mass as an Example of Algebraically Special Metrics», *Physical Review Letters*, 11, p. 237.

Kevles, D. J. (1971), *The Physicists*, Random House, Nueva York.

Khalatnikov, I. M., ed. (1988), *Vospominaniya o L. D. Landau*, Nauka, Moscú (hay trad. inglesa: *Landau, the Physicist and the Man: Recollections of L. D. Landau*, Pergamon Press, Oxford, 1989).

Khalatnikov, I. M., y E. M. Lifshitz (1970), «The General Cosmological Solution of the Gravitational Equations with a Singularity in Time», *Physical Review Letters*, 24, p. 76.

Kiepenheuer, K. O. (1950), «Cosmic Rays as the Source of General Galactic Radio Emission», *Physical Review*, 79, p. 738.

Kim, S.-W., y K. S. Thorne (1991), «Do Vacuum Fluctuations Prevent the Creation of Closed Timelike Curves?», *Physical Review D*, 43, p. 3.939.

Klauder, J. R., ed. (1972), *Magic without Magic: John Archibald Wheeler*, W. H. Freeman, San Francisco.

Kruskal, M. D. (1960), «Minimal Extension of the Schwarzschild Metric», *Physical Review*, 119, p. 1.743.

Kuhn, T. (1962), *The Structure of Scientific Revolutions*, University of Chicago Press, Chicago (hay trad. cast.: *La estructura de las revoluciones científicas*, Fondo de Cultura Económica, México, 1971).

Landau, L. D. (1932), «Sobre la teoría de las estrellas» (en ruso), *Physikalische Zeitschrift Sowjetunion*, 1, p. 285.

— (1938), «Origin of Stellar Energy», *Nature*, 141, p. 333.

Landau, L. D., y E. M. Lifshitz (1962), *Teoriya Polya*, Gosudarstvennoye Izdatel'stvo Fiziko-Matematicheskoi Literaturi, Moscú, Sección 108. Hay trad. ing.: *The Classical Theory of Fields*, Pergamon Press, Oxford, 1962, Sección 110 (hay trad. cast.: *Teoría clásica de los campos*, Reverté, Barcelona, 1966).

Laplace, P. S. (1796), *Exposition du Système du Monde*, vol. II: *Des Mouvements Réels des Corps Célestes*, París. Publicado en inglés como *The System of the World*, W. Flint, Londres, 1809.

— (1799), «Proof of the Theorem, that the Attractive Force of a Heavenly Body Could Be So Large, that Light Could Not Flow Out of It», *Allgemeine Geographische Ephemeriden*, verfasset von Einer Gesellschaft Gelehrten. 8vo Weimer, IV, Bd. I St. Traducción inglesa en el Appendix A de Hawking y Ellis (1973).

Lifshitz, E. M., e I. M. Khalatnikov (1960), «On the Singularities of Cosmological Solutions of the Gravitational Equations. I.» (en ruso), *Zhurnal Eksperimentalnoi i Teoreticheskoi Fiziki*, 39, p. 149. Traducción inglesa en *Soviet Physics—JETP*, 12 (1961), pp. 108 y 558.

— y —(1963), «Investigations in Relativistic Cosmology», *Advances in Physics*, 12, p. 185.

Livanova, A. (1980), *Landau: A Great Physicist and Teacher*, Pergamon Press, Oxford.
Longair, M. S., M. Ryle y P. A. G. Scheuer (1973), «Models of Extended Radio Sources», *Monthly Notices of the Royal Astronomical Society*, 164, p. 243.
Lorentz, H. A., A. Einstein, H. Minkowski y H. Weyl (1923), *The Principle of Relativity: A Collection of Original Memoirs on the Special and General Theory of Relativity*, Dover, Nueva York.
Lynden-Bell, D. (1969), «Galactic Nuclei as Collapsed Old Quasars», *Nature*, 223, p. 690.
— y —(1978), «Gravity Power», *Physica Scripta*, 17, p. 185.
Mazur, P. (1982), «Proof of Uniqueness of the Kerr-Newman Black Hole Solution», *Journal of Physics A*, 15, p. 3.173.
May, M. M., y R. H. White (1965), «Hydrodynamical Calculation of General Relativistic Collapse», *Bulletin of the American Physical Society*, 10, p. 15.
— (1966), «Hydrodynamic Calculations of General Relativistic Collapse», *Physical Review*, 141, p. 1.232.
Medvedev, Z. A. (1978), *Soviet Science*, W. W. Norton, Nueva York.
— (1979), *Nuclear Disaster in the Urals*, W. W. Norton, Nueva York.
Michell, J. (1784), «On the Means of Discovering the Distance, Magnitude, Etc., of the Fixed Stars, in Consequence of the Diminution of Their Light, in Case Such a Diminution Should Be Found to Take Place in Any of Them, and Such Other Data Should Be Procured from Observations, as Would Be Further Necessary for That Purpose», en *Philosophical Transactions of the Royal Society of London*, 74, p. 35; presentado a la Royal Society el 27 de noviembre de 1783.
Michelson, P. F., y R. C. Taber (1984), «Can a Resonant-Mass Gravitational-Wave Detector Have Wideband Sensitivity?» *Physical Review D*, 29, p. 2.149.
Misner, C. W. (1969), «Mixmaster Universe», *Physical Review Letters*, 22, p. 1.071.
Misner, C. W., K. S. Thorne y J. A. Wheeler (1973), *Gravitation*, W. H. Freeman, San Francisco.
Mitton, S., y M. Ryle (1969), «High Resolution Observations of Cygnus A at 2.7 GHz and 5 GHz», *Monthly Notices of the Royal Astronomical Society*, 146, p. 221.
Morris, M. S., y K. S. Thorne (1988), «Wormholes in Spacetime and Their Use for Interstellar Travel: A Tool for Teaching General Relativity», *American Journal of Physics*, 56, p. 395.
Morris, M. S., K. S. Thorne y U. Yurtsever (1988), «Wormholes, Time Machines, and the Weak Energy Condition», *Physical Review Letters*, 61, p. 1.446.
Moss, G. E., L. R. Miller y R. L. Forward (1971), «Photon Noise Limited Laser Transducer for Gravitational Antenna», *Applied Optics*, 10, p. 2.495.
MTW: Misner, Thorne y Wheeler (1973).
Newman, E. T., E. Couch, K. Chinnapared, A. Exton, A. Prakash y R. Torrence (1965), «Metric of a Rotating, Charged Mass», *Journal of Mathematical Physics*, 6, p. 918.
Novikov, I. D. (1963), «The Evolution of the Semi-Closed World» (en ruso), *Astronomicheskii Zhurnal*, 40, p. 772. Traducción inglesa en *Soviet Astronomy—AJ*, 7 (1964), p. 587.
— (1966), «Change of Relativistic Collapse into Anticollapse and Kinematics of a Charged Sphere» (en ruso), *Pis'ma v Redaktsiyu Zhurnal Eksperimentalnoi i Teoreticheskoi Fiziki*, 3, p. 223. Traducción inglesa en *JETP Letters*, 3 (1966), p. 142.
— (1969), «Metric Perturbations When Crossing the Schwarzschild Sphere» (en ruso), *Zhurnal Eksperimentalnoi i Teoreticheskoi Fiziki*, 57, p. 949. Traducción inglesa en *Soviet Physics—JETP*, 30 (1970), p. 518.

Novikov, I. D., A. G. Polnarev, A. A. Starobinsky y Y. B. Zel'dovich (1979), «Primordial Black Holes», *Astronomy and Astrophysics*, 80, p. 104.

Novikov, I. D., y Y. B. Zel'dovich (1966), «Physics of Relativistic Collapse», *Supplemento al Nuovo Cimento*, 4, p. 810; Apéndice 2.

Oppenheimer, J. R., y R. Serber (1938), «On the Stability of Stellar Neutron Cores», *Physical Review*, 54, p. 608.

Oppenheimer, J. R., y H. Snyder (1939), «On Continued Gravitational Contraction», *Physical Review*, 56, p. 455.

Oppenheimer, J. R., y G. Volkoff (1939), «On Massive Neutron Cores», *Physical Review*, 54, p. 540.

Ori, A. (1991), «The Inner Structure of a Charged Black Hole: An Exact Mass Inflation Solution», *Physical Review Letters*, 67, p. 789.

— (1992), «Structure of the Singularity Inside a Realistic Rotating Black Hole», *Physical Review Letters*, 68, p. 2.117.

Page, D. N. (1976), «Particle Emission Rates from a Black Hole», *Physical Review D*, 13, p. 198, y 14, p. 3.260.

Page, D. N., y S. W. Hawking (1975), «Gamma Rays from Primordial Black Holes», *Astrophysical Journal*, 206, p. 1.

Pagels, H. (1982), *The Cosmic Code*, Simon and Schuster, Nueva York.

Pais, A. (1982), «*Subtle Is the Lord...*» *The Science and the Life of Albert Einstein*, Oxford University Press, Oxford (hay trad. cast.: «*El Señor es sutil...*» *La ciencia y la vida de Albert Einstein*, Ariel, Barcelona, 1984).

Penrose, R. (1965), «Gravitational Collapse and Spacetime Singularities», *Physical Review Letters*, 14, p. 57.

— (1968), «The Structure of Spacetime», en *Battelle Rencontres: 1967 Lectures in Mathematics and Physics*, editado por C. M. DeWitt y J. A. Wheeler, Benjamin, Nueva York, p. 565.

— (1969), «Gravitational Collapse: The Role of General Relativity», *Rivista Nuovo Cimento*, 1, p. 252.

— (1989), *The Emperor's New Mind*, Oxford University Press, Nueva York, pp. 419-421 (hay trad. cast.: *La nueva mente del emperador*, Mondadori, Madrid, 1991).

Phinney. E. S. (1989), «Manifestations of a Massive Black Hole in the Galactic Center», en *The Center of the Galaxy: Proceedings of IAU Symposium 136*, editado por M. Morris, Reidel, Dordrecht, p. 543.

Pimenov, R. I. (1968), *Prostranstva Kinimaticheskovo Tipa [Seminars in Mathematics*, vol. 6, Instituto Matemático, V. A. Steklov, Leningrado. Traducción inglesa: *Kinematic Spaces*, Consultants Bureau, Nueva York, 1970.

Podurets, M. A. (1964), «The Collapse of a Star with Back Pressure Taken Into Account» (en ruso), *Doklady Akademi Nauk*, 154, p. 300. Traducción inglesa en *Soviet Physics-Doklady*, 9 (1964), p. 1.

Poisson, E., y W. Israel (1990), «Internal Structure of Black Holes», *Physical Review D*, 41, p. 1.796.

Press, W. H. (1971), «Long Wave Trains of Gravitational Waves from a Vibrating Black Hole», *Astrophysical Journal Letters*, 170, p. 105.

Press, W. H., y S. A. Teukolsky (1973), «Perturbations of a Rotating Black Hole. II. Dynamical Stability of the Kerr Metric», *Astrophysical Journal*, 185, p. 649.

Price, R. H. (1972), «Nonspherical Perturbations of Relativistic Gravitational Collapse», *Physical Review D*, 5, pp. 2.419 y 2.439.

Price, R. H., y K. S. Thorne (1988), «The Membrane Paradigm for Black Holes», *Scien-

tific American, 258, n.° 4, p. 69 (hay trad. cast.: «El paradigma de la membrana en los agujeros negros», *Investigación y Ciencia*, junio de 1988).

Rabi, I. I., R. Serber, V. F. Weisskopf, A. Pais y G. T. Seaborg (1969), *Oppenheimer*, Scribners, Nueva York.

Reber, G. (1940), «Cosmic Static», *Astrophysical Journal*, 91, p. 621.

— (1944), «Cosmic Static», *Astrophysical Journal*, 100, p. 279.

— (1958), «Early Radio Astronomy at Wheaton, Illinois», *Proceedings of the Institute of Radio Engineers*, 46, p. 15.

Rees, M. (1971), «New Interpretation of Extragalactic Radio Sources», *Nature*, 229, pp. 312 y 510.

Renn, J., y R. Schulman (1992), Introducción a *Albert Einstein/Mileva Marić: The Love Letters*, editado por Jürgen Renn y Robert Schulman, Princeton University Press, Princeton, Nueva Jersey.

Rhodes, R. (1986), *The Making of the Atomic Bomb*, Simon and Schuster, Nueva York.

Ritus, V. I. (1990), «If Not I, Then Who?» *Priroda*, número de agosto. Traducción inglesa en Drell y Kapitsa, eds. (1991).

Robinson, I., A. Schild y E. L. Schucking, eds. (1965), *Quasi-Stellar Sources and Gravitational Collapse*, University of Chicago Press, Chicago.

Romanov, Y. A. (1990), «The Father of the Soviet Hydrogen Bomb», *Priroda*, número de agosto. Traducción inglesa en Drell y Kapitsa, eds. (1991).

Royal, D. (1969), *The Story of J. Robert Oppenheimer*, St. Martin's Press, Nueva York.

Sagan, C. (1985), *Contact*, Simon and Schuster, Nueva York (hay trad. cast.: *Contacto*, Plaza y Janés, Barcelona, 1987).

Sajarov, A. (1990), *Memoirs*, Alfred A. Knopf, Nueva York.

Salpeter, E. E. (1964), «Accretion of Interstellar Matter by Massive Objects», *Astrophysical Journal*, 140, p. 796.

Schaffer, S. (1979), «John Michell and Black Holes», *Journal for the History of Astronomy*, 10, p. 42.

Schmidt, M. (1963), «3C273: A Star-like Object with Large Red-shift», *Nature*, 197, p. 1.040.

Schwarzschild, K. (1916a), «Uber das Gravitationsfeld eines Massenpunktes nach der Einsteinschen Theorie», *Sitzungsberichte der Deutschen Akademie der Wissenschaften zu Berlin, Klasse fur Mathematik, Physik, und Technik*, 1916, p. 189.

— (1916b), «Uber das Gravitationsfeld einer Kugel aus inkompressibler Flussigkeit nach der Einsteinschen Theorie», *Sitzungsberichte der Deutschen Akademie der Wissenschaften zu Berlin, Klasse fur Mathematik, Physik, und Technik*, 1916, p. 424.

Seelig, C. (1956), *Albert Einstein: A Documentary Biography*, Staples Press, Londres, p. 104 (hay trad. cast.: *Albert Einstein*, Espasa Calpe, Madrid, 1968).

Serber, R. (1969), «The Early Years», en Rabi *et al.* (1969); también publicado en *Physics Today*, octubre de 1967, p. 35.

Shapiro, S. L., y S. A. Teukolsky (1983), *Black Holes, White Dwarfs, and Neutron Stars*, Wiley, Nueva York.

— y —(1991), «Formation of Naked Singularities-The Violation of Cosmic Censorship», *Physical Review Letters*, 66, p. 994.

Smart, W. M. (1953), *Celestial Mechanics*, Longmans, Green and Co., Londres, sección 19.03.

Smith, A. K., y C. Weiner (1980), *Robert Oppenheimer: Letters and Recollections*, Harvard University Press, Cambridge, Mass.

Smith, H. J. (1965), «Light Variations of 3C273», en I. Robinson, A. Schild y E. L.

Schucking, eds., *Quasi-Stellar Sources and Gravitational Collapse*, University of Chicago Press, Chicago, p. 221.

Solvay (1958), Onzième Conseil de Physique Solvay, *La structure et l'evolution de l'univers*, Éditions R. Stoops, Bruselas.

Stoner, E. C. (1930), «The Equilibrium of Dense Stars», *Philosophical Magazine*, 9, p. 944.

Struve, O., y V. Zebergs (1962), *Astronomy of the 20th Century*, Macmillan, Nueva York.

Sullivan, W. J., ed. (1982), *Classics in Radio Astronomy*, Reidel, Dordrecht.

—, ed. (1984), *The Early Years of Radio Astronomy*, Cambridge University Press, Cambridge.

Sunyaev, R. A. (1972), «Variability of X Rays from Black Holes with Accretion Disks» (en ruso), *Astronomicheskii Zhurnal*, 49, p. 1.153. Traducción inglesa en *Soviet Astronomy—AJ*, 16 (1973), p. 941.

Taylor, E. F., y J. A. Wheeler (1992), *Spacetime Physics: Introduction to Special Relativity*, W. H. Freeman, San Francisco.

Teller, E. (1955), «The Work of Many People», *Science*, 121, p. 268.

Teukolsky, S. A. (1972), «Rotating Black Holes: Separable Wave Equations for Gravitational and Electromagnetic Perturbations», *Physical Review Letters*, 29, p. 1.115.

Thorne, K. S. (1967), «Gravitational Collapse», *Scientific American*, 217, n.º 5, p. 96.

— (1972), «Nonspherical Gravitational Collapse-A Short Review», en J. R. Klauder, ed., *Magic without Magic: John Archibald Wheeler*, W. H. Freeman, San Francisco, p. 231.

— (1974), «The Search for Black Holes», *Scientific American*, 231, n.º 6, p. 32.

— (1987), «Gravitational Radiation», en S. W. Hawking y W. Israel, eds., *300 Years of Gravitation*, Cambridge University Press, Cambridge, p. 330.

— (1991), «An American's Glimpses of Sakharov», *Priroda*, número de mayo; en ruso. Traducción inglesa en Drell y Kapitsa, eds. (1991), p. 74.

— (1993), «Closed Timelike Curves», en R. J. Gleiser, C. N. Kozameh y D. M. Moreschi, eds., *General Relativity and Gravitation 1992*, Institute of Physics Publishing, Bristol, p. 295.

Thorne, K. S., R. W. P. Drever, C. M. Caves, M. Zimmermann y V. D. Sandberg (1978), «Quantum Nondemolition Measurements of Harmonic Oscillators», *Physical Review Letters*, 40, p. 667.

Thorne, K. S., R. H. Price y D. A. Macdonald, eds. (1986), *Black Holes: The Membrane Paradigm*, Yale University Press, New Haven, Connecticut.

Thorne, K. S., y W. Zurek (1986), «John Archibald Wheeler: A Few Highlights of His contributions to Physics», *Foundations of Physics*, 16, p. 79.

Thorne, K. S., y A. N. Żytkow (1977), «Stars with Degenerate Neutron Cores. I. Structure of Equilibrium Models», *Astrophysical Journal*, 212, p. 832.

Tipler, F. J. (1976), «Causality Violation in Asymptotically Flat Space-Times», *Physical Review Letters*, 37, p. 879.

Tolman, R. C. (1939), «Static Solutions of Einstein's Field Equations for Spheres of Fluid», *Physical Review*, 55, p. 364.

— (1948), *The Richard Chace Tolman Papers*, archivados en el Institute of Technology Archives de California.

Trimble, V. L., y K. S. Thorne (1969), «Spectroscopic Binaries and Collapsed Stars», *Astrophysical Journal*, 56, p. 1.013.

Uhuru (1981), «Proceedings of the Uhuru Memorial Symposium: The Past, Present, and Future of X-Ray Astronomy», *Journal of the Washington Academy of Sciences*, 71, n.º 1.

Unruh, W. G. (1976), «Notes on Black-Hole Evaporation», *Physical Review D*, 14, p. 870.

Unruh, W. G., y R. M. Wald (1982), «Acceleration Radiation and the Generalized Second Law of Thermodynamics», *Physical Review D*, 25, p. 942.

— y —(1984), «What Happens When an Accelerating Observer Detects a Rindler Particle», *Physical Review D*, 29, p. 1.047.

USAEC [United States Atomic Energy Commission] (1954), *In the Matter of J. Robert Oppenheimer, Transcript of Hearing before Personnel Security Board, Washington, D.C., April 12, 1954, through May 6, 1954*, U.S. Government Printing Office, Washington, D.C.

Van Stockum, W. J. (1937), «The Gravitational Field of a Distribution of Particles Rotating about an Axis of Symmetry», *Proceedings of the Royal Society of Edinburgh*, 57, p. 135.

Wald, R. M. (1977), «The Back Reaction Effect in Particle Creation in Curved Spacetime», *Communications in Mathematical Physics*, 54, p. 1.

Wald, R. M., y U. Yurtsever (1991), «General Proof of the Averaged Null Energy Condition for a Massless Scalar Field in Two-Dimensional Curved Space-time», *Physical Review D*, 44, p. 403.

Wali, K. C. (1991), *Chandra: A Biography of S. Chandrasekhar*, University of Chicago Press, Chicago.

Washington (1954), «Washington Conference on Radio Astronomy-1954», *Journal of Geophysical Research*, 59, pp. 1-204.

Weber, J. (1953), «Amplification of Microwave Radiation by Substances Not in Thermal Equilibrium», *Transactions of the IEEE, PG Electron Devices, 3*, número de junio, p. 1.

— (1960), «Detection and Generation of Gravitational Waves», *Physical Review*, 117, p. 306.

— (1961), *General Relativity and Gravitational Waves*, Wiley-Interscience, Nueva York.

— (1964), Cuadernos de anotaciones sobre investigación inéditos; documentados también en el Diario Personal, inédito, de Robert Forward No. C1338, p. 66, 13 de septiembre de 1964.

— (1969), «Evidence for discovery of Gravitational Radiation», *Physical Review Letters*, 22, p. 1.320.

Weiss, R. (1972), «Electromagnetically Coupled Broadband Gravitational Antenna», *Quarterly Progress Report of the Research Laboratory of Electronics, M.I.T.*, 105, p. 54.

Wheeler, J. A. (1955), «Geons», *Physical Review*, 97, p. 511. Reimpreso en Wheeler (1962), p. 131.

— (1957), «On the Nature of Quantum Geometrodynamics», *Annals of Physics*, 2, p. 604.

— (1960), «Neutrinos, Gravitation and Geometry», en *Proceedings of the International School of Physics, «Enrico Fermi», Course XI*, Zanichelli, Bolonia. Reimpreso en Wheeler (1962), p. 1.

— (1962), *Geometrodynamics*, Academic Press, Nueva York.

— (1964a), «The Superdense Star and the Critical Nucleon Number», en H. Y. Chiu y W. F. Hoffman, eds., *Gravitation and Relativity*, Benjamin, Nueva York, p. 10.

— (1964b), «Geometrodynamics and the Issue of the Final State», en C. DeWitt y B. S. DeWitt, eds., *Relativity, Groups, and Topology*, Gordon and Breach, Nueva York, p. 315.

— (1968), «Our Universe: The Known and the Unknown», *American Scientist*, 56, p. 1.

— (1979), «Some Men and Moments in the History of Nuclear Physics: The Interplay of Colleagues and Motivations», en Roger H. Stuewer, ed., *Nuclear Physics in Retrospect*, University of Minnesota, Minneápolis.

— (1985), Carta a K. S. Thorne con fecha 3 de diciembre.

— (1988), Cuadernos de notas en los que Wheeler registra su trabajo de investigación e ideas a medida que se van desarrollando; archivados ahora en la American Philosophical Society Library, Filadelfia, Pennsylvania.

— (1990), *A Journey into Gravity and Spacetime*, Scientific American Library, Nueva York (hay trad. cast.: *Un viaje por la gravedad y el espacio-tiempo*, Alianza Editorial, Madrid, 1994).

Whipple, F. L., y J. L. Greenstein (1937), «On the Origin of Interstellar Radio Disturbances», *Proceedings of the National Academy of Sciences*, 23, p. 177.

White, T. H. (1939), *The Once and Future King*, Collins, Londres, parte I, cap. 13: «The Sword in the Stone».

Will, C. M. (1986), *Was Einstein Right?*, Basic Books, Nueva York (hay trad. cast.: *¿Tenía razón Einstein?*, Gedisa, Barcelona, 1987).

York, H. (1976), *The Advisors: Oppenheimer, Teller and the Superbomb*, W. H. Freeman, San Francisco.

Zel'dovich, Y. B. (1962), «Semi-closed Worlds in the General Theory of Relativity» (en ruso), *Zhurnal Eksperimentalnoi i Teoreticheskoi Fiziki*, 43, p. 1.037. Traducción inglesa en *Soviet Physics—JETP*, 16 (1963), p. 732.

— (1964), «The Fate of a Star and the Evolution of Gravitational Energy upon Accretion» (en ruso), *Doklady Akademii Nauk*, 155, p. 67. Traducción inglesa en *Soviet Physics—Doklady*, 9 (1964), p. 195.

— (1971), «The Generation of Waves by a Rotating Body» (en ruso), *Pis'ma v Redaktsiyu Zhurnal Eksperimentalnoi i Teoreticheskoi Fiziki*, 14, p. 270. Traducción inglesa en *JETP Letters*, 14 (1971), p. 180.

— (1985), *Collected Works: Particles, Nuclei, and the Universe*, Nauka, Moscú; en ruso. Traducción inglesa: *Selected Works of Yakov Borisovich Zel'dovich*. Vol. II: *Particles, Nuclei, and the Universe*, Princeton University Press, Princeton, 1993.

Zel'dovich, Y. B., y O. K. Guseinov (1965), «Collapsed Stars in Binaries», *Astrophysical Journal*, 144, p. 840.

Zel'dovich, Y. B., y Y. B. Khariton (1939), «On the Issue of a Chain Reaction Based on an Isotope of Uranium» (en ruso), *Zhurnal Eksperimentalnoi i Teoreticheskoi Fiziki*, 9, p. 1.425; véanse también los artículos siguientes de los mismos autores en la misma revista: 10 (1940), p. 29, y 10 (1940), p. 477. Reimpreso como los tres primeros artículos en el volumen II de los trabajos recopilados de Zel'dovich (1985).

Zel'dovich, Y. B., e I. D. Novikov (1964), «Relativistic Astrophysics, Part I» (en ruso), *Uspekhi Fizicheskikh Nauk*, 84, p. 877. Traducción inglesa en *Soviet Physics—Uspekhi*, 7 (1965), p. 763.

— y — (1965), «Relativistic Astrophysics, Part II» (en ruso), *Uspekhi Fizicheskikh Nauk*, 86, p. 447. Traducción inglesa en *Soviet Physics—Uspekhi*, 8 (1966), p. 522.

Zel'dovich, Y. B., y A. A. Starobinsky (1971), «Particle Production and Vaccuum Polarization in an Anisotropic Gravitational Field» (en ruso), *Zhurnal Eksperimentalnoi i Teoreticheskoi Fiziki*, 61, p. 2.161. Traducción inglesa en *Soviet Physics—JETP*, 34 (1972), p. 1.159.

Znajek, R. (1978), «The Electric and Magnetic Conductivity of a Kerr Hole», *Monthly Notices of the Royal Astronomical Society*, 185, p. 833.

Zwicky, F. (1935), «Stellar Guests», *Scientific Monthly*, 40, p. 461.

— (1939), «On the Theory and Observation of Highly Collapsed Stars», *Physical Review*, 55, p. 726.

Índice analítico*

* Abreviaturas: f. = figura; n. = nota, y r. = recuadro.

Índice onomástico*

* Abreviaturas: f. = figura; n. = nota; y r. = recuadro. (Puede hallarse más información en la sección Personajes, pp. 488-494, y en la Bibliografía, pp. 534-549.)

Índice

Esta obra,
publicada por CRÍTICA, se acabó
de imprimir en septiembre de 2024